U0284034

国家出版基金项目

“十三五”国家重点图书出版规划项目

“十四五”时期国家重点出版物出版专项规划项目

中国水电关键技术丛书

复杂条件地质钻探与取样技术

中国电建集团华东勘测设计研究院有限公司

单治钢　周光辉　张明林　等　著

中国水利水电出版社
www.waterpub.com.cn

·北京·

内 容 提 要

本书系国家出版基金项目《中国水电关键技术丛书》之一，总结和提炼了中国水电开发建设过程中复杂条件地质钻探与取样方面的关键技术和最新成果，同时对钻探取样、声波钻探、大斜度定向钻进、大口径反井技术进行了前瞻性分析，并融合地质岩芯钻探、水文水井钻探和石油天然气钻探等领域的先进钻探技术，为复杂条件地质钻探与取样提供了新的解决方案。

本书内容翔实，重点突出，针对性强，具有较好的理论和实用价值，可供从事水电水利工程勘察、设计、勘探、管理等专业的工程技术和科研人员借鉴，也可供相关专业的大专院校师生参阅学习。

图书在版编目（CIP）数据

复杂条件地质钻探与取样技术 / 单治钢等著. -- 北京 : 中国水利水电出版社, 2022.2
（中国水电关键技术丛书）
ISBN 978-7-5226-0484-8

Ⅰ. ①复… Ⅱ. ①单… Ⅲ. ①水文地质勘探－研究 Ⅳ. ①P641.72

中国版本图书馆CIP数据核字(2022)第026541号

书　名	中国水电关键技术丛书 **复杂条件地质钻探与取样技术** FUZA TIAOJIAN DIZHI ZUANTAN YU QUYANG JISHU
作　者	中国电建集团华东勘测设计研究院有限公司 单治钢　周光辉　张明林　等 著
出版发行	中国水利水电出版社 （北京市海淀区玉渊潭南路 1 号 D 座　100038） 网址：www.waterpub.com.cn E-mail：sales@waterpub.com.cn 电话：（010）68367658（营销中心）
经　售	北京科水图书销售中心（零售） 电话：（010）88383994、63202643、68545874 全国各地新华书店和相关出版物销售网点
排　版	中国水利水电出版社微机排版中心
印　刷	北京印匠彩色印刷有限公司
规　格	184mm×260mm　16 开本　26.5 印张　645 千字
版　次	2022 年 2 月第 1 版　2022 年 2 月第 1 次印刷
定　价	**258.00** 元

#《中国水电关键技术丛书》编撰委员会

编 委 会 办 公 室

《中国水电关键技术丛书》组织单位

中国大坝工程学会
中国水力发电工程学会
水电水利规划设计总院
中国水利水电出版社

本 书 编 委 会

主　　编： 单治钢

副 主 编： 周光辉　张明林

编写人员： 胡郁乐　窦　斌　牛美峰　许启云　叶晓平

刘良平　李永丰　张文海　龙先润

审 稿 人： 周建平　孙世辉　范小平

丛书序

历经70年发展，特别是改革开放40年，中国水电建设取得了举世瞩目的伟大成就，一批世界级的高坝大库在中国建成投产，水电工程技术取得新的突破和进展。在推动世界水电工程技术发展的历程中，世界各国都作出了自己的贡献，而中国，成为继欧美发达国家之后，21世纪世界水电工程技术的主要推动者和引领者。

截至2018年年底，中国水库大坝总数达9.8万座，水库总库容约9000亿m^3，水电装机容量达350GW。中国是世界上大坝数量最多、也是高坝数量最多的国家：60m以上的高坝近1000座，100m以上的高坝223座，200m以上的特高坝23座；千万千瓦级的特大型水电站4座，其中，三峡水电站装机容量22500MW，为世界第一大水电站。中国水电开发始终以促进国民经济发展和满足社会需求为动力，以战略规划和科技创新为引领，以科技成果工程化促进工程建设，突破了工程建设与管理中的一系列难题，实现了安全发展和绿色发展。中国水电工程在大江大河治理、防洪减灾、兴利惠民、促进国家经济社会发展方面发挥了不可替代的重要作用。

总结中国水电发展的成功经验，我认为，最为重要也是特别值得借鉴的有以下几个方面：一是需求导向与目标导向相结合，始终服务国家和区域经济社会的发展；二是科学规划河流梯级格局，合理利用水资源和水能资源；三是建立健全水电投资开发和建设管理体制，加快水电开发进程；四是依托重大工程，持续开展科学技术攻关，破解工程建设难题，降低工程风险；五是在妥善安置移民和保护生态的前提下，统筹兼顾各方利益，实现共商共建共享。

在水利部原任领导汪恕诚、张基尧的关心支持下，2016年，中国大坝工程学会、中国水力发电工程学会、水电水利规划设计总院、中国水利水电出版社联合发起编撰出版《中国水电关键技术丛书》，得到水电行业的积极响应，数百位工程实践经验丰富的学科带头人和专业技术负责人等水电科技工作者，基于自身专业研究成果和工程实践经验，精心选题，着手编撰水电工程技术成果总结。为高质量地完成编撰任务，参加丛书编撰的作者，投入极大热情，倾注大量心血，反复推敲打磨，精益求精，终使丛书各卷得以陆续出版，实属不易，难能可贵。

21世纪初叶，中国的水电开发成为推动世界水电快速发展的重要力量，形成了中国特色的水电工程技术，这是编撰丛书的缘由。丛书回顾了中国水电工程建设近30年所取得的成就，总结了大量科学研究成果和工程实践经验，基本概括了当前水电工程建设的最新技术发展。丛书具有以下特点：一是技术总结系统，既有历史视角的比较，又有国际视野的检视，体现了科学知识体系化的特征；二是内容丰富、翔实、实用，涉及专业多，原理、方法、技术路径和工程措施一应俱全；三是富于创新引导，对同一重大关键技术难题，存在多种可能的解决方案，并非唯一，要依据具体工程情况和面临的条件进行技术路径选择，深入论证，择优取舍；四是工程案例丰富，结合中国大型水电工程设计建设，给出了详细的技术参数，具有很强的参考价值；五是中国特色突出，贯彻科学发展观和新发展理念，总结了中国水电工程技术的最新理论和工程实践成果。

与世界上大多数发展中国家一样，中国面临着人口持续增长、经济社会发展不平衡和人民追求美好生活的迫切要求，而受全球气候变化和极端天气的影响，水资源短缺、自然灾害频发和能源电力供需的矛盾还将加剧。面对这一严峻形势，无论是从中国的发展来看，还是从全球的发展来看，修坝筑库、开发水电都将不可或缺，这是实现经济社会可持续发展的必然选择。

中国水电工程技术既是中国的，也是世界的。我相信，丛书的出版，为中国水电工作者，也为世界上的专家同仁，开启了一扇深入了解中国水电工程技术发展的窗口；通过分享工程技术与管理的先进成果，后发国家借鉴和吸取先行国家的经验与教训，可避免少走弯路，加快水电开发进程，降低开发成本，实现战略赶超。从这个意义上讲，丛书的出版不仅能为当前和未来中国水电工程建设提供非常有价值的参考，也将为世界上发展中国家的河流开发建设提供重要启示和借鉴。

作为中国水电事业的建设者、奋斗者，见证了中国水电事业的蓬勃发展，我为中国水电工程的技术进步而骄傲，也为丛书的出版而高兴。希望丛书的出版还能够为加强工程技术国际交流与合作，推动“一带一路”沿线国家基础设施建设，促进水电工程技术取得新进展发挥积极作用。衷心感谢为此作出贡献的中国水电科技工作者，以及丛书的撰稿、审稿和编辑人员。

中国工程院院士 马洪琪

2019年10月

丛书前言

水电是全球公认并为世界大多数国家大力开发利用的清洁能源。水库大坝和水电开发在防范洪涝干旱灾害、开发利用水资源和水能资源、保护生态环境、促进人类文明进步和经济社会发展等方面起到了无可替代的重要作用。在中国，发展水电是调整能源结构、优化资源配置、发展低碳经济、节能减排和保护生态的关键措施。新中国成立后，特别是改革开放以来，中国水电建设迅猛发展，技术日新月异，已从水电小国、弱国，发展成为世界水电大国和强国，中国水电已经完成从“融入”到“引领”的历史性转变。

迄今，中国水电事业走过了70年的艰辛和辉煌历程，水电工程建设从“独立自主、自力更生”到“改革开放、引进吸收”，从“计划经济、国家投资”到“市场经济、企业投资”，从“水电安置性移民”到“水电开发性移民”，一系列改革开放政策和科学技术创新，极大地促进了中国水电事业的发展。不仅在高坝大库建设、大型水电站开发，而且在水电站运行管理、流域梯级联合调度等方面都取得了突破性进展，这些进步使中国水电工程建设和运行管理技术水平达到了一个新的高度。有鉴于此，中国大坝工程学会、中国水力发电工程学会、水电水利规划设计总院和中国水利水电出版社联合组织策划出版了《中国水电关键技术丛书》，力图总结提炼中国水电建设的先进技术、原创成果，打造立足水电科技前沿、传播水电高端知识、反映水电科技实力的精品力作，为开发建设和谐水电、助力推进中国水电“走出去”提供支撑和保障。

为切实做好丛书的编撰工作，2015年9月，四家组织策划单位成立了“丛书编撰工作启动筹备组”，经反复讨论与修改，征求行业各方面意见，草拟了丛书编撰工作大纲。2016年2月，《中国水电关键技术丛书》编撰委员会成立，水利部原部长、时任中国大坝协会（现为中国大坝工程学会）理事长汪恕诚，国务院南水北调工程建设委员会办公室原主任、时任中国水力发电工程学会理事长张基尧担任编委会主任，中国电力建设集团有限公司总工程师周建平、水电水利规划设计总院院长郑声安担任丛书主编。各分册编撰工作实行分册主编负责制。来自水电行业100余家企业、科研院所及高等院校等单位的500多位专家学者参与了丛书的编撰和审阅工作，丛书作者队伍和校审专家聚集了国内水电及相关专业最强撰稿阵容。这是当今新时代赋予水电工作者的一项重要历史使命，功在当代、利惠千秋。

丛书紧扣大坝建设和水电开发实际，以全新角度总结了中国水电工程技术及其管理创新的最新研究和实践成果。工程技术方面的内容涵盖河流开发规划，水库泥沙治理，工程地质勘测，高心墙土石坝、高面板堆石坝、混凝土重力坝、碾压混凝土坝建设，高坝水力学及泄洪消能，滑坡及高边坡治理，地质灾害防治，水工隧洞及大型地下洞室施工，深厚覆盖层地基处理，水电工程安全高效绿色施工，大型水轮发电机组制造安装，岩土工程数值分析等内容；管理创新方面的内容涵盖水电发展战略、生态环境保护、水库移民安置、水电建设管理、水电站运行管理、水电站群联合优化调度、国际河流开发、大坝安全管理、流域梯级安全管理和风险防控等内容。

丛书遵循的编撰原则为：一是科学性原则，即系统、科学地总结中国水电关键技术和管理创新成果，体现中国当前水电工程技术水平；二是权威性原则，即结构严谨，数据翔实，发挥各编写单位技术优势，遵照国家和行业标准，内容反映中国水电建设领域最具先进性和代表性的新技术、新工艺、新理念和新方法等，做到理论与实践相结合。

丛书分别入选"十三五"国家重点图书出版规划项目和国家出版基金项目，首批包括50余种。丛书是个开放性平台，随着中国水电工程技术的进步，一些成熟的关键技术专著也将陆续纳入丛书的出版范围。丛书的出版必将为中国水电工程技术及其管理创新的继续发展和长足进步提供理论与技术借鉴，也将为进一步攻克水电工程建设技术难题、开发绿色和谐水电提供技术支撑和保障。同时，在"一带一路"倡议下，丛书也必将切实为提升中国水电的国际影响力和竞争力，加快中国水电技术、标准、装备的国际化发挥重要作用。

在丛书编写过程中，得到了水利水电行业规划、设计、施工、科研、教学及业主等有关单位的大力支持和帮助，各分册编写人员反复讨论书稿内容，仔细核对相关数据，字斟句酌，殚精竭虑，付出了极大的心血，克服了诸多困难。在此，谨向所有关心、支持和参与编撰工作的领导、专家、科研人员和编辑出版人员表示诚挚的感谢，并诚恳欢迎广大读者给予批评指正。

《中国水电关键技术丛书》编撰委员会

2019年10月

前言

钻探工程是一门既古老而又年轻的工程技术学科，经过几十年的发展，已经形成包含众多分支的系统工程，其服务领域正逐步拓宽，得到广泛应用。与石油天然气钻探、地质岩芯钻探、水文水井钻探等相比，水电工程钻探工作具有更鲜明的特点，虽然其钻探深度不大，但作业环境和地质条件更为复杂，如钻场的地形复杂、位差大、毗邻水域或在水域面上施工、环境多变，目标地层多为堆积体、断裂带，地层条件复杂等。

本书为《中国水电关键技术丛书》之一，全书共分7章。第1章绪论，总结分析了钻探与取样的作用与特点、技术现状和发展趋势，厘定了复杂环境和复杂地层的内涵，分析了形成复杂条件的地质成因，并进行了相应的分类。第2章从经典钻探与取芯工艺出发，总结了钻进原理与取样技术，拉开了复杂地质钻探的序幕。第3章融合了众多行业的钻探取芯关键技术，系统总结了复杂条件下取芯取样技术，包括SDB系列半合管取芯钻具、超前型和隔离型取芯取样钻具、孔底局部反循环取芯技术、冲击回转取芯技术、多工艺组合取芯技术、声波钻进取芯技术、岩芯定向取样技术、密闭取芯技术和天然气水合物取芯技术等。第4章作为本书的重点之一，总结归纳了复杂地层钻探与取样技术，包括浅部杂填层、滑坡堆积体、砂卵砾石层、硬脆碎地层、软弱夹层、岩溶与漏失地层、水敏性地层、深厚湿陷性黄土层、冻土层、深厚覆盖层、松散砂层、含浅层气地层、高温地层等钻进特征和关键技术。第5章从复杂环境条件出发，系统总结了河流湖泊水上钻探、急流水上钻探、近海钻探、高海拔气候环境钻探、寒冷气候环境钻探和干旱缺水环境钻探技术，对类似环境条件的钻探工作具有较强的指导意义。第6章阐述了特殊孔钻探技术，包括定向钻探、倒垂孔、斜孔和大直径钻孔等，这些钻探技术在工程建设中具有特殊意义。第7章典型工程案例，作为本书的"收官"章节，列举了钻探工程的典型成果和亮点工程，也是本书的精华所在。

本书与其他钻探书籍相比，其主要特色在于：

(1) 以复杂环境和复杂地层为主线，针对复杂条件中的钻探技术进行了较详细阐述，对钻探工程实践具有较强的指导作用。

(2) 与常规钻探相比，急流水域、近海、高海拔地区以及其他特殊区域环境的钻探施工难度更大，钻前工程和钻探技术配套要求更为复杂，本书可为类似条件的钻探工程提供借鉴。

（3）复杂地质条件在水电行业中的钻探具有典型性，该书以复杂地层为研究单元，针对性地讨论了地层的工程特征，并提出钻探对策，对行业工程实战具有较好的指导价值。

（4）岩样采取质量是钻探工程中非常重要的指标，本书特色之一是全面总结、归纳了钻探取芯取样技术，涵盖了工程钻探取芯、地质和石油钻探取芯、科学钻探取芯、大口径取芯、声波钻进取芯、定向取样等技术，具有较高的实用价值。

（5）本书收集了16个标志性工程钻探成果，总结了钻探的经验和教训，此为本书的一大特色。系列案例对类似工程具有很好的参考价值和指导意义。

本书是作者根据多年的工程经验、钻探实践、教学和科研成果完成的，在行业系列标准的基础上，进一步融合了国内外最新技术，汇集了钻探行业的关键技术问题，集成了中国电建集团华东勘测设计研究院有限公司（以下简称“华东院”）、浙江华东建设工程有限公司、中国电建集团中南勘测设计研究院有限公司（以下简称“中南院”）、中国电建集团贵阳勘测设计研究院有限公司（以下简称“贵阳院”）等单位的钻探工程成果，并融入了中国地质大学（武汉）、中国地质调查局勘探技术研究所、无锡金帆钻凿股份有限公司（以下简称“无锡金帆”）的部分成果。全书针对性强，既有经典钻探技术理论体系，又有复杂条件钻探关键技术和工程案例支撑，适于工程地质及钻探技术人员阅读，也可作为大专院校相关专业师生和专业人员的参考教材和培训教材。

本书由华东院单治钢任主编，周光辉、张明林任副主编，并对全书进行统稿。牛美峰、许启云、叶晓平、赵金昌参与了资料收集和归整工作。组稿过程得到了中国地质大学（武汉）窦斌教授、胡郁乐教授的大力支持；中南院陈安重、刘良平、李永丰，贵阳院张文海、龙先润，无锡金帆罗强参与了系列工程案例的撰写工作。本书的参与人员还有中国地质大学（武汉）工程学院刘乃鹏、吴天予、肖鹏、夏杰勤等。

本书某些部分也引用了相关高校、科研院所和部分厂家的产品内容或理念，在此一并表示衷心感谢！

限于本书作者的水平，疏漏和错误之处在所难免，敬请广大读者批评指正。

作者

2021年4月

目录

丛书序
丛书前言
前言
第1章　绪论 …… 1
1.1　钻探与取样的作用与特点 …… 2
1.1.1　概述 …… 2
1.1.2　钻探的作用与特点 …… 2
1.1.3　取样的作用和特点 …… 4
1.2　钻探与取样的技术现状和发展趋势 …… 8
1.2.1　钻探与取样的技术现状 …… 8
1.2.2　钻探与取样技术的发展趋势 …… 8
1.3　钻探作业的主要复杂条件 …… 14
1.3.1　复杂环境 …… 14
1.3.2　复杂地层 …… 16
第2章　钻探与取芯 …… 25
2.1　钻探的基本过程 …… 26
2.2　钻探设备与机具 …… 28
2.2.1　钻机 …… 28
2.2.2　泥浆泵 …… 31
2.2.3　钻塔 …… 32
2.2.4　钻探机具 …… 33
2.3　钻进机理与钻头 …… 35
2.3.1　碎岩机理 …… 35
2.3.2　钻头 …… 39
2.4　钻探工艺与方法 …… 42
2.4.1　钻孔结构设计 …… 43
2.4.2　硬质合金钻进 …… 46
2.4.3　金刚石钻进 …… 47
2.4.4　冲击回转钻进 …… 49
2.4.5　管钻钻进 …… 51
2.5　取芯 …… 53

2.5.1 单层岩芯管取芯 …… 54
2.5.2 双层岩芯管取芯 …… 55
2.5.3 三层岩芯管取芯 …… 65
2.6 钻探泥浆与护壁堵漏 …… 68
2.6.1 钻探泥浆 …… 68
2.6.2 护壁堵漏 …… 73
第3章 复杂条件取芯取样器具与技术 …… 77
3.1 取土器 …… 78
3.1.1 贯入式取土器 …… 78
3.1.2 回转式取土器 …… 81
3.2 取砂器 …… 83
3.2.1 内环刀取砂器 …… 83
3.2.2 三重管单动取砂器 …… 84
3.2.3 双管单动内环刀取砂器 …… 85
3.3 底质取样器 …… 85
3.3.1 蚌式采泥器 …… 86
3.3.2 振动活塞取样器 …… 86
3.3.3 重力活塞柱状取样器 …… 86
3.3.4 双管水压式取样器 …… 86
3.4 SDB系列半合管取芯钻具 …… 87
3.4.1 结构特点 …… 88
3.4.2 规格参数 …… 90
3.5 超前型和隔离型取芯取样钻具 …… 90
3.5.1 隔水单动双管钻具 …… 92
3.5.2 活塞单动双管钻具 …… 92
3.5.3 内管钻头超前单动双管钻具 …… 93
3.5.4 超前型复杂地层绳索取芯钻具 …… 93
3.5.5 伸缩叠合型柔性管（袋）取芯钻具 …… 94
3.6 孔底局部反循环取芯技术 …… 95
3.6.1 无泵式反循环取芯技术 …… 95
3.6.2 喷射式孔底反循环取芯技术 …… 97
3.7 冲击回转取芯技术 …… 102
3.7.1 液动冲击回转取芯技术 …… 104
3.7.2 风动潜孔锤跟管钻进技术 …… 106
3.8 多工艺组合取芯技术 …… 109
3.8.1 钻进特点 …… 109
3.8.2 典型钻具 …… 110

3.9 声波钻进取芯技术 …… 114
3.9.1 钻进特点 …… 115
3.9.2 工作原理 …… 115
3.10 岩芯定向取样技术 …… 117
3.10.1 钻进特点 …… 117
3.10.2 工作原理 …… 118
3.10.3 典型钻具 …… 119
3.10.4 岩芯产状参数复位与测量 …… 121
3.11 密闭取芯技术 …… 124
3.11.1 密闭取芯工具 …… 124
3.11.2 保压密闭取芯工具 …… 127
3.11.3 保形密闭取芯工具 …… 128
3.11.4 新型密闭胶体取样工具 …… 130
3.11.5 强制型取芯钻具 …… 131
3.12 天然气水合物取芯技术 …… 135
3.12.1 取芯器的类型及技术指标 …… 135
3.12.2 天然气水合物保温保压取芯工具 …… 136
第4章 复杂地层钻探与取样技术 …… 141
4.1 浅部杂填层 …… 142
4.1.1 地层特征 …… 142
4.1.2 钻探与取样技术 …… 145
4.1.3 护壁工艺方法 …… 149
4.2 滑坡堆积体 …… 151
4.2.1 地层特征 …… 151
4.2.2 钻探与取样技术 …… 154
4.2.3 护壁工艺方法 …… 155
4.3 砂卵砾石层 …… 156
4.3.1 地层特征 …… 156
4.3.2 钻探与取样技术 …… 158
4.3.3 护壁工艺方法 …… 159
4.4 硬脆碎地层 …… 160
4.4.1 地层特征 …… 160
4.4.2 钻探与取样技术 …… 160
4.4.3 护壁工艺方法 …… 162
4.5 软弱夹层 …… 163
4.5.1 地层特征 …… 163
4.5.2 钻探与取样技术 …… 163

4.5.3 护壁工艺方法 …… 165
4.6 岩溶与漏失地层 …… 165
4.6.1 地层特征 …… 165
4.6.2 钻探与取样技术 …… 168
4.6.3 护壁工艺方法 …… 170
4.7 水敏性地层 …… 172
4.7.1 地层特征 …… 172
4.7.2 钻探与取样技术 …… 174
4.7.3 护壁工艺方法 …… 177
4.8 深厚湿陷性黄土层 …… 179
4.8.1 地层特征 …… 180
4.8.2 钻探与取样技术 …… 181
4.8.3 护壁工艺方法 …… 183
4.9 冻土层 …… 184
4.9.1 地层特征 …… 184
4.9.2 钻探与取样技术 …… 187
4.9.3 护壁工艺方法 …… 191
4.10 深厚覆盖层 …… 192
4.10.1 地层特征 …… 192
4.10.2 钻探与取样技术 …… 192
4.10.3 护壁工艺方法 …… 193
4.11 松散砂层 …… 193
4.11.1 地层特征 …… 194
4.11.2 钻探与取样技术 …… 195
4.11.3 护壁工艺方法 …… 198
4.12 含浅层气地层 …… 199
4.12.1 地层特征 …… 199
4.12.2 钻探与取样技术 …… 199
4.12.3 护壁工艺方法 …… 201
4.13 高温地层 …… 201
4.13.1 地层特征 …… 202
4.13.2 钻探与取样技术 …… 202
4.13.3 护壁工艺方法 …… 208
第5章 复杂环境钻探与取样技术 …… 213
5.1 河流湖泊水上钻探 …… 214
5.1.1 环境特征 …… 214
5.1.2 钻探与取样技术 …… 214

5.1.3 安全及注意事项 …… 224
5.2 急流水上钻探 …… 224
5.2.1 环境特征 …… 225
5.2.2 钻探与取样技术 …… 225
5.2.3 安全及注意事项 …… 228
5.3 近海钻探 …… 228
5.3.1 环境特征 …… 229
5.3.2 钻探与取样技术 …… 230
5.3.3 安全及注意事项 …… 242
5.4 高海拔气候环境钻探 …… 244
5.4.1 环境特征 …… 244
5.4.2 钻探与取样技术 …… 245
5.4.3 安全及注意事项 …… 248
5.5 寒冷气候环境钻探 …… 252
5.5.1 环境特征 …… 252
5.5.2 钻探与取样技术 …… 253
5.5.3 安全及注意事项 …… 257
5.6 干旱缺水环境钻探 …… 258
5.6.1 环境特征 …… 258
5.6.2 钻探与取样技术 …… 259
5.6.3 安全及注意事项 …… 268
第6章 特殊孔钻探技术 …… 269
6.1 定向钻探 …… 270
6.1.1 概述 …… 270
6.1.2 钻孔结构设计 …… 271
6.1.3 钻探设备与机具 …… 275
6.1.4 钻探工艺与方法 …… 284
6.1.5 钻孔轨迹控制技术 …… 288
6.1.6 常见问题处理 …… 289
6.2 倒垂孔 …… 290
6.2.1 概述 …… 290
6.2.2 钻探设备与机具 …… 291
6.2.3 钻探工艺与方法 …… 293
6.2.4 钻孔纠斜与防斜 …… 297
6.2.5 安全及注意事项 …… 301
6.3 斜孔 …… 302
6.3.1 概述 …… 302

6.3.2 钻孔结构设计 …… 304
6.3.3 钻探设备与机具 …… 305
6.3.4 钻探工艺与方法 …… 311
6.3.5 孔内事故预防与处理 …… 314
6.4 大直径钻孔 …… 319
6.4.1 概述 …… 319
6.4.2 钻探设备与机具 …… 319
6.4.3 钻探工艺与方法 …… 321
6.4.4 常见问题的处理 …… 327
6.4.5 反井钻井 …… 328
第7章 典型工程案例 …… 335
7.1 杭州湾淤泥层和含气地层钻探技术 …… 336
7.1.1 工程概况 …… 336
7.1.2 钻孔方案 …… 337
7.1.3 钻孔施工 …… 337
7.1.4 成果与经验 …… 340
7.2 巧家台地超深厚覆盖层钻探技术 …… 341
7.2.1 工程概况 …… 341
7.2.2 钻孔方案 …… 342
7.2.3 关键技术 …… 346
7.2.4 成果与经验 …… 347
7.3 某水电站深厚卵砾石层钻探技术 …… 348
7.3.1 工程概况 …… 348
7.3.2 工程特点 …… 348
7.3.3 施工工艺 …… 348
7.3.4 成果与经验 …… 349
7.4 白鹤滩水电站硬脆地层与软弱夹层钻探技术 …… 350
7.4.1 工程概况 …… 350
7.4.2 钻孔方案 …… 351
7.4.3 钻孔施工 …… 352
7.4.4 成果与经验 …… 353
7.5 甲茶水电站坝区岩溶地层钻探技术 …… 354
7.5.1 工程概况 …… 354
7.5.2 技术方案 …… 355
7.5.3 施工过程 …… 355
7.5.4 溶洞段探查与处理 …… 356
7.5.5 成果与经验 …… 358

7.6 堰塞湖水上钻探技术 …… 358
7.6.1 工程概况 …… 358
7.6.2 钻孔方案 …… 359
7.6.3 钻孔施工 …… 359
7.6.4 成果与经验 …… 360
7.7 向家坝水电站坝区破碎带水上钻探技术 …… 360
7.7.1 工程概况 …… 360
7.7.2 钻孔方案 …… 361
7.7.3 钻孔施工 …… 363
7.7.4 成果与经验 …… 363
7.8 白鹤滩水电站急流峡谷水上钻探技术 …… 363
7.8.1 工程概况 …… 363
7.8.2 钻孔方案 …… 363
7.8.3 急流水上钻探技术 …… 365
7.8.4 成果与经验 …… 367
7.9 钱塘江入海口钻探技术 …… 367
7.9.1 工程概况 …… 367
7.9.2 钻孔方案 …… 368
7.9.3 钻孔施工 …… 369
7.9.4 成果与经验 …… 369
7.10 干旱缺水地区钻探技术 …… 370
7.10.1 工程概况 …… 370
7.10.2 钻孔方案 …… 371
7.10.3 钻孔施工 …… 371
7.10.4 成果与经验 …… 372
7.11 超深水平孔钻探技术 …… 372
7.11.1 工程概况 …… 372
7.11.2 钻孔方案 …… 372
7.11.3 常见问题处理 …… 374
7.11.4 成果与经验 …… 375
7.12 倒垂孔钻探技术 …… 375
7.12.1 工程概况 …… 375
7.12.2 钻孔方案 …… 376
7.12.3 钻孔施工 …… 376
7.12.4 成果与经验 …… 378
7.13 坝区穿江斜孔钻探技术 …… 378
7.13.1 工程概况 …… 378
7.13.2 钻孔方案 …… 378

7.13.3 钻孔施工 …… 379
7.13.4 成果与经验 …… 381
7.14 大坝混凝土大直径取芯钻探技术 …… 382
7.14.1 工程概况 …… 382
7.14.2 钻探设备与机具 …… 382
7.14.3 钻孔施工 …… 382
7.14.4 成果与经验 …… 384
7.15 大口径钻探取芯技术 …… 384
7.15.1 工程概况 …… 384
7.15.2 钻孔方案 …… 384
7.15.3 钻孔施工 …… 385
7.15.4 成果与经验 …… 388
7.16 深厚覆盖层声波钻探技术 …… 388
7.16.1 工程概况 …… 388
7.16.2 钻孔方案 …… 389
7.16.3 钻孔施工 …… 389
7.16.4 成果与经验 …… 391
参考文献 …… 392
索引 …… 394

第 1 章

绪论

1.1 钻探与取样的作用与特点

1.1.1 概述

钻探是获取地下信息最有效、最直接的技术手段，其目标是地层。地层中蕴含着广泛的信息（如岩、矿、地温、地下水等），是记录地球演变的历史长卷，是记录地球发展状况的历史书。翻开这本硕大无比的书典，地质学家能找到许多隐埋其中的信息或秘密、资源和财富。

地层中包括各个不同地质年代所形成的沉积岩、变质岩和岩浆岩。不论在陆地还是水中，地层中堆积物的性质和组织结构都不尽相同。它代表着不同时间标尺和地质年代的自然地理状态、环境（如温度、光照等）和地质事件，即使是薄如纸张的某个地层也可能包含了大量地质信息或映射了某个地质事件的发生。

根据取芯要求的不同，钻探可分为取芯钻探和非取芯钻探。取芯钻探在工程勘察、地质找矿和科学钻探等方面广泛应用。国内外对于取芯钻探有很多不同的称谓，如岩芯钻探（core drilling）、矿山钻探（mining drilling）、地质钻探（geological drilling 或简称 geo－drilling）、取样钻探（sample boring）等。

“凿井者，起于三寸之坎，以就万仞之深。”地质钻探技术是一门古老的工程技术，人类早就通过凿井取卤、取水和获取地下矿产资源以满足生存和发展需求。随着工业技术的进步，钻探工程也取得了快速发展。在现代，水电工程和城市建筑、铁路、公路、桥梁的地基基础工程和地下管道铺设等各类工程建设为钻探工程技术的应用拓展了巨大的空间，地质钻探已经形成了一个庞大的具有多个分支的工程系统。

近些年来，地质钻探技术有了突飞猛进的发展，不仅能获取岩芯，还能钻取岩屑样、流体样；不仅能探查固体或液体矿产资源，还能为地球科学研究获取更为丰富的地下实物样品，打开信息采集通道。

钻探是工程勘察和资源勘查的重要技术方法之一。人类生存和发展依托于对地球的了解，钻探是直接从地下极深处获取岩层实物样品的唯一手段。长期以来，通过钻探获取地层和资源信息，成为基础设施建设及发现并开采地下资源的重要技术。

科学的目标在于“认识并揭示客观世界的本质和发展规律”，技术的目标和任务是“对客观世界的利用和改造”，而钻探的目标是获取“地质体的信息和性能”，进而为国民经济建设和人类社会的可持续发展服务。

1.1.2 钻探的作用与特点

按地质钻探的服务领域，钻探可分为普查找矿钻探、矿产资源钻探、岩土工程钻探、水文地质钻探、水井及地热钻探、水电工程钻探、工程施工钻探、科学钻探、石油天然气钻探等。

1.1.2.1　普查找矿钻探

为了揭露地表覆盖层，探查基岩的性质及实际状况，或为了解地质构造或验证物探结果等，必须进行普查找矿钻探。一般来说，这类钻孔较浅，常使用地表取样钻机或轻便型浅孔钻机。

1.1.2.2　矿产资源钻探

目前，矿产资源钻探工作量仍然占钻探工作量的绝大部分。地质矿产资源钻探、煤田资源勘探，以及油气资源勘探都离不开钻探技术。矿产资源钻探的目的是获取储量信息，了解产层或矿体的埋藏深度、厚度、产状、品位及构造和岩石的物理机械性质等，进而对矿产资源和油气资源进行综合评价。

1.1.2.3　岩土工程钻探

为了查明岩土工程中岩土的性质和分布，可通过钻探取样方法确定岩土体的物理力学性能，了解地层原位性质，为工程设计和施工提供重要依据。另外，通过岩土工程钻探还可了解地质构造和不良地质现象的分布，如构造断裂带、滑坡、岩溶或软弱夹层、淤泥、膨胀土、泥石流物源和堆积物等，为地质判断提供依据。

1.1.2.4　水文地质钻探

水文地质钻探是勘探开发地下水的一个重要技术手段，其任务就是在地面水文地质调查的基础上，进一步查明某地区地下水的埋藏条件、赋存状况、水质、水温和水量以及在地下的运动规律等水文地质情况，为合理开发利用、保护或补给地下水提供所需的资料，并为建筑区域的生活用水、结构防水、施工降水探明情况等。利用钻探可以揭露并测量地下水位，如初见水位、静止水位的深度，漏失层、漏水层深度等，采取水试样供试验室做水质分析，以了解地下水的物理、化学性质和侵蚀性。

1.1.2.5　水井及地热钻探

水井及地热钻探的目的是解决地表水资源贫乏问题或其他生产、生活需求而进行的地下水资源或热源的勘探开发，其钻探的特点介于固体矿产勘探与油气井勘探之间，同时还具备某些大直径桩基孔的特点。根据探采结合的实际需要，在进行了水文地质勘察或资源调查之后，下入井管和相应的过滤管而成为水井，并作为地下水开采水井或地下热源采取的通道。

1.1.2.6　水电工程钻探

水电工程钻探是为了探明水工建筑物区域的工程地质与水文地质条件，钻遇的地层包括覆盖层和基岩，要求钻取近原状的岩土样，正确地、全面地记录下钻孔中所遇到的各种情况，保持钻孔正确的方向和角度以防止偏斜。在所钻进的地层中，要进行水文地质观测、抽水试验或压水试验。水电工程钻探有以下特点：

（1）水电工程钻探工作通常地处偏远山区及江河水上，交通不便，机械设备搬迁费时费工，进出场费用高，有时还要架设高空索道和索桥。另外，水电工程勘探钻孔地理位置一般也较为复杂，岩芯采取率要求较高。机台设备材料搬迁非常频繁，机台设备材料搬迁、施工便道修建等所占的费用较大。

（2）对岩芯采取率普遍提出更高的要求，尤其是对风化层、断层、软弱夹层，缓倾角节理、滑动面、岩溶地层等，不但要保证一定的数量，而且在取芯质量上，希望能够获得近似原状的岩芯，以查明它们的产状和特性，在一定程度上降低了效率和增加了生产成本。

（3）对第四系松散地层，除查明地层的厚度外，还要求保持原状结构或颗粒级配，以测定其各项物理力学性能指标。

（4）需进行各种原位测试和渗透试验，以查明地层的力学性质、渗透特性和地下水的埋藏条件等，因此冲洗液的应用受到了一定的限制，钻孔结构也受到一定的影响。

与找矿、采煤钻探、石油勘探及其他类型的钻探相比，水电工程钻探在勘探目的、要求及钻进工艺等方面都有较大差别。

1.1.2.7 工程施工钻探

工程施工钻探为钻探工程开拓了新的工作领域，其工作服务项目将日益扩展，以大直径不取芯钻孔为主。最初用于大桥桥基建设中以管柱法代替沉箱人工直接下到江底开挖，取得了良好的经济和技术效益。工程施工钻探多用于基础桩的建设，即先钻成深入基岩的基桩孔，然后灌注成各类建筑物的基础。随着我国工程建设的不断发展，在高层建筑、重型厂房、桥梁、港口码头、海上采油平台以及核电站等工程建设中大量采用桩基础，桩基已成为我国工程建设中的一种重要基础型式。

1.1.2.8 科学钻探

科学钻探是近十年来人们关注的重点。对于科学钻探而言，深部取芯钻探被形象地誉为“伸入地球内部的望远镜”，是“入地”之门的钥匙。钻探是人类目前获得地球内部信息最直接有效的途径，通过数千米甚至上万米的科学钻探，科学家可以揭示大陆地壳的物质组成与结构构造，校正地球物理方法对地球深部的遥测结果，探索地球深部流体系统、地热结构，监测地震活动，揭示地震发生规律，研究全球气候变化及环境变迁，探索地下微生物的分布及潜育条件，预防环境及地下水污染，长期观察地球变化等，并可以解决一系列重大基础科学问题。

1.1.2.9 石油天然气钻探

石油天然气钻探是指利用钻探技术钻穿油气层，以达到检验物探资料、了解地下油气地质勘查资料、求算油气储量、提供开发远景情况为目的的钻探工程。此类钻探与地质岩芯钻探的原理基本相同，只是钻孔深、孔径大，以全面破碎为主，一般采用岩屑录井。常采用强力钻进规程（高泵压、大泵量），以牙轮、复合片钻头为主，少量使用天然金刚石钻头；钻机大型化，电驱动，机械化程度较高；钻具强度大，配套齐全；泥浆及固控系统较为复杂，要求较高。

1.1.3 取样的作用和特点

钻探取样用途和目的繁多，在岩土工程设计和施工中主要通过采取的岩芯或原状土试样，供试验分析，鉴定和描述岩土的岩性、成分和产状，确定岩土的物理力学性能指标、划分地层、量测界线等。对于水井及地热钻探和石油天然气钻探而言，更关注储层的埋藏深度、厚度、产状、品位及构造和岩石的物理机械性质等，为地下矿产资源和油气资源评价服务。

1.1.3.1 分类

取芯钻探相比非取芯钻探，虽然程序更加复杂，但获取的岩土信息更加丰富。同时取芯钻探的效果与岩土性质、工艺方法密切相关，不同的岩层具有不同的组分物性和结构构造，因此这些地层钻探取芯难易程度差异很大，为保证取芯质量达到岩芯钻探规范及工程技术要求，必须采用不同的技术方法。表1.1－1列举了钻探取芯技术的各种类型。

表1.1－1 钻探取芯技术分类

分类方法	取芯技术方法	
按取芯管层次结构分类	单层岩芯管取芯、双层岩芯管取芯、三层岩芯管取芯	
按岩石破碎方法分类	金刚石钻进取芯、复合片钻进取芯、硬质合金钻进取芯、钢粒钻进取芯、冲击回转钻进取芯	
按提取岩芯的方式分类	提钻取芯、绳索取芯	
按冲洗介质循环方式分类	正循环钻进取芯	提钻取芯、绳索取芯
	局部反循环取芯	无泵反循环取芯、喷射式反循环取芯、阻隔反循环取芯
	全孔反循环取芯	水力反循环取芯、气举反循环取芯
按取芯地层性质分类	松散型地层取芯	土层取芯、砂矿取芯、砂砾石层取芯
	固结型地层取芯	岩矿层取芯、易溶易碎易磨耗地层取芯、水泥及混凝土取芯
	特种地层取芯	冻土取芯、冰层取芯、海底取芯、天然气水合物取芯、月球表层取芯
按取芯用途目的分类	常规取芯	地质勘探取芯、工程地质勘察取芯、油气井取芯
	特种取芯	定向取芯、偏斜取芯、侧壁取芯、密闭取芯、保温保压取芯

对于水电行业，根据相应行业规程、规范，取芯钻具的种类见表1.1－2。

表1.1－2 取芯钻具的种类

序号	钻具种类		适应的地层	岩石可钻性	说明
1	单管钻具	普通单管	完整、致密和少裂隙地层或对取芯质量要求不高的地层	5～12级	可采用卡料、卡簧卡取岩芯，也可采用干钻法和沉淀法卡取岩芯
2		投球单管	胶结良好地层，软弱地层	3～4级	卡芯后，投入钢球，隔离钻杆内水柱，减少岩芯脱落机会
3	双管钻具	普通单动双管	完整和微裂隙或不均质和中等裂隙的地层	7～12级	内管短接与卡簧采用插入式，卡簧活动范围较小
4		SD系列钻具	砂卵石覆盖层和裂隙发育、松散破碎的复杂地层	1～12级	有两级单动机构，磨光内管和半合管，能取出原状样岩芯，卡簧弹性好
5		压卡式单动双管	软硬互层、脆碎、酥碎易散失的地层	1～6级	利用水压强制推动卡簧，卡紧岩芯，工作可靠
6		隔水双动双管	松软破碎、节理发育、易磨、易振碎、易冲蚀地层	3～7级	钻具结构简单，但岩芯易堵塞
7		隔水活塞式双管	易溶解、易污染、易冲蚀地层	4～5级	内管中装半合管，岩芯无污染，保持原始结构特点

续表

序号	钻具种类	适应的地层	岩石可钻性	说　明
8	无泵反循环钻具	松软脆碎地层，松散或节理发育、易坍塌地层，易冲刷、溶蚀地层；干旱缺水地区或钻孔漏失可钻性5级以内的地层	1～6级	钻具上下活动时，由于球阀作用而形成孔底反循环
9	喷反钻具	松软破碎地层，节理发育、硅化强的硬、脆、碎岩层	4～12级	岩芯有分选
10	冲击管钻具	含水砂卵石层、砂砾石层	1～6级	可保证颗粒级配正确，但扰动较大

1.1.3.2　特点

地质钻探中常用采取率、完整性、纯洁性及代表性来衡量取样质量，并且岩芯的采取率排在衡量钻探工程质量六项指标的首位。采集的样品一般有岩芯、岩（粉）屑和其他样品，其中岩芯较为常见，岩屑只在石油天然气行业得到应用。

采取完整的保形、保样、保真高质量岩芯，需要选用先进的取芯钻具和高水平的钻探工艺，但钻探施工成本会急剧增加。在现有钻探技术条件下，取芯工艺技术的选择原则是在满足钻探质量要求的前提下，考虑钻探效率和成本，选用性价比高的工艺技术。

影响岩芯采取质量的因素是多方面的，也是极为复杂的，综合归纳起来包括天然因素和人为因素两大类。

1. 天然因素

天然因素就是客观存在的地质因素，主要包括岩石强度、裂隙性、矿物组成的均质性、各向异性、层理、片理、软硬互层、产状条件以及层面与钻孔轴线的交角等，其中岩石强度、软硬互层、层面与钻孔斜交和裂隙性对岩芯采取率影响最大。

为降低地质因素对岩芯采取率的影响程度，须选用与之相适应的技术和工艺措施来提高岩芯采取质量，根据取芯难易程度的不同，大致可以将常见的岩层分为七类：

（1）完整、致密、少裂隙的岩层。这类岩层岩石可钻性为4～12级。钻进时经得起振动，不易断裂破碎，耐磨性强，不怕冲刷，取芯容易，采取率高，取出的岩芯完整，代表性强。一般用单层岩芯管正循环工艺取芯。

（2）节理、片理、裂隙发育，硬或中硬，性脆易碎的岩层。这类岩层岩石可钻性为4～9级。钻进时若受钻具回转振动和冲洗液冲刷，则易破坏成碎块和细粒，并相互磨损，导致岩芯损失。因此在此类地层较难获取完整的岩芯，一般选用喷射式反循环钻具和单动双管钻具取芯，对于可钻性级别低的岩层，还可选用无泵和双动双管钻具。

（3）软硬不均，夹石、夹层多，层次变化频繁，性质不稳定的岩层。这类岩层有薄煤层、氧化矿等。围岩与矿层、岩层与岩层之间可钻性级别相差悬殊。钻进时易破碎和磨损，软弱部分黏结性差，怕冲刷，煤层还易烧灼变质。一般采用隔水单动双管、爪簧式单动双管和双动双管钻具取芯。

（4）软、松散、破碎、胶结性差的岩层。这类岩层岩石可钻性为1～4级。松散破碎，胶结不良，钻进时易被冲蚀和烧灼变质，岩芯多呈细粒、粉末状。一般选用内管超前式单动双管钻具或半合管式单动双管钻具取芯，孔浅时亦可采用无泵钻具保证取芯质量。

(5) 易被冲洗液溶蚀的岩层。这类岩层有岩盐、冻土等，岩石可钻性为2～4级。由于地层的可溶性，岩芯常溶蚀成蜂窝状，严重时完全解体取不到岩芯。因此要根据不同的盐矿层配制不同的饱和盐水泥浆，选用无泵钻具或黄油护心双管钻具钻进，在缺水干旱地区或冻土层也可用空气钻进技术。

(6) 怕污染的岩层。这类岩层有滑石、型砂、石墨矿等，钻进时岩屑或冲洗液中的黏土颗粒易混入岩芯，改变岩样的品位和成分。为防止污染可选用活塞式单动双管钻具取芯，地层完整时可用清水做冲洗液，在缺水地区也可用空气钻进技术。

(7) 淤泥和流砂类岩层。对于这类岩层用一般取芯工具很难获取岩芯，须选用活阀式取样器。

2. 人为因素

人为因素主要包括技术因素、工艺因素和组织管理因素，其中技术因素和工艺因素是决定性因素。技术因素与工艺因素有着密切的联系，如通过取芯钻具和卡心装置等的特殊设计能改善工艺因素造成的不利影响，反之会加速岩芯的破坏和损失。

地质因素（天然因素）、工艺因素和技术因素不是相互独立，而是紧密关联的，不同地质、技术和工艺因素的组合会造成岩芯不同程度的破坏和损失。如果根据地层的性质和特点，选用正确的钻进方法和工艺措施，那么就能提高岩芯采取质量，取得合格的岩样品。

(1) 工艺因素。

1) 岩芯管的回转和振动。岩芯管的回转和振动会导致质量不同和回转角速度不一的岩芯在摩擦力的作用下相互磨损，且磨损程度与岩块接触面积成正比，特别是在裂隙发育、胶结物软弱和碎屑坚硬的非均质岩石中（如某些砂岩）这种相互磨损更为剧烈，岩芯磨损更为显著。

2) 冲洗液的冲刷和淋蚀。液流动力作用的大小取决于冲洗液单位消耗量的多少和流速的快慢，不同的钻进方法选用不同的冲洗液流量和流速。另外，液流动力作用还与冲洗液性质有关。黏度较大的冲洗液，由于其切力较大，致使流动时水阻力较大，因而产生较大的破坏。

3) 碎岩方法和钻进规程参数。碎岩方法选择适当，钻头结构合理，并与钻遇岩层相适应，可提高钻进速度，缩短岩芯在岩芯管中的时间，有利于提高岩芯采取率。钻进规程参数对提高岩芯的采取质量有着重要的影响。钻压过大，在松软岩层易造成糊钻和岩芯堵塞，在坚硬岩层则导致钻头变形和钻具变形弯曲，加速岩芯的机械破坏；转速过快，钻具受离心力作用大，导致横向振动剧烈，加剧岩芯的机械损坏。

4) 回次时间和长度。回次时间越长，进尺越多，则岩芯被磨损、分选和污染的概率越高，不利于岩芯的保真。

(2) 技术因素。影响岩芯采取质量的技术因素有取芯钻具和卡心装置的结构等，取芯钻具和卡心装置的选择必须与岩石性质相适应。岩芯管弯曲、不圆、与钻头不同心，钻进时会横向振动，挤压磨损岩芯。岩芯卡断器规格不合要求，结构不当则会引起岩芯堵塞岩芯管和附加磨损，或者不能保证岩芯断开及可靠地卡紧在岩芯管内。

钻进过程中岩芯会发生各种各样的磨损，其中岩芯在岩芯管内自卡的磨损最强烈。因岩石分层或裂隙而形成的楔状岩芯，当其楔面与岩芯轴线成锐角且又未卡死时，会产生周期性的折断和压碎；当其随岩芯管一起振动时，又会产生相互研磨。

冲洗液循环方式对保护岩芯起着重要作用：一方面会冲蚀松散软弱、易溶的岩芯（如亚黏土、亚砂土、砂土、软煤、岩盐等）；另一方面又会把因机械作用而破坏的破碎岩芯颗粒从岩芯管内带走。特别是细颗粒、易溶解和挥发的成分最容易损失，从而造成岩样成分的损失和失真。

1.2 钻探与取样的技术现状和发展趋势

1.2.1 钻探与取样的技术现状

钻探作为常用的工程地质技术手段，其发展与市场需求共生，同时也与工业发展相适应。钻探工程是将工业技术进步成果集中应用于地质工程的特种工程，其技术进步反映了多个工程技术领域的进步，如金属材料、金属冶炼、热处理工艺、液压技术、机械加工、电子技术、数据检测、计算机仿真与控制、超硬材料、精密化工、精密机械等。俗话说“没有金刚钻别揽瓷器活”，钻探工程正是随着超硬材料发展而不断进步，从而为地学研究和国民经济建设的可持续发展提供强有力的支撑。

现阶段，钻探技术的服务领域正逐步拓宽，在许多领域得到了应用，如：①工程地质和水文地质勘察；②基础工程施工钻进；③地质矿产勘探钻进；④水文水井钻进；⑤油气井钻进；⑥爆破孔钻进（采矿、物探）；⑦科学钻探（海洋、湖泊、大陆、环境、冰川、外星）；⑧地热、干热岩钻采；⑨水力采矿；⑩核废料掩埋、二氧化碳掩埋等；⑪地质灾害治理（边坡锚固、抗滑桩、止水帷幕等）；⑫非开挖铺管；⑬文物考古钻探；⑭竖井钻凿（矿山、地下核试验等）；⑮抢险救灾（地下灭火、通风孔等）。

虽然各种钻探技术工艺原理基本相同，但技术水平差异加大，其中石油天然气钻探技术代表了最全面、最先进的钻进技术；科学钻探是在石油天然气钻探技术的基础上，融合取芯技术的一种钻探技术。

1.2.2 钻探与取样技术的发展趋势

钻探与取样技术的发展进步主要体现在装备和工艺方法上，装备包括钻机、钻具、泥浆泵等，工艺方法包括钻进工艺和取样方法等。

1.2.2.1 钻探装备的发展趋势

钻探装备是实现钻探工艺的关键，随着科学技术的发展而不断改进和完善，并向多元化、自动化、个性化和智能化方向发展，目前已形成较完善的系列化产品。

1. 钻机

近些年，钻机的结构型式和驱动方式出现了多元化发展的趋势，由立轴、转盘结构向动力头、顶驱结构发展，并以液压传动和电驱动为主，如图 1.2－1 所示。中国传统钻探设备及其典型配套见表 1.2－1。

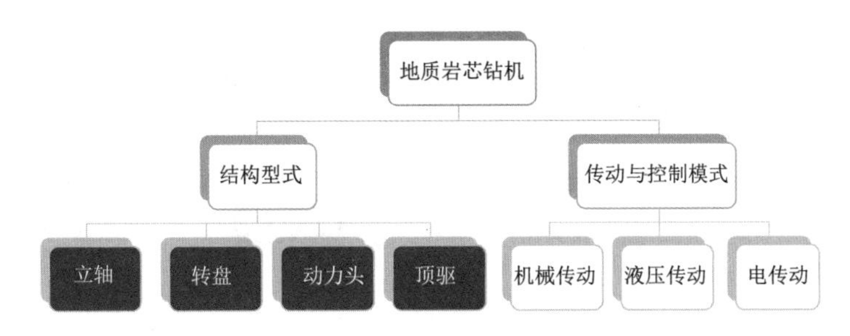

图 1.2-1　地质岩芯钻机分类

表 1.2-1　　中国传统钻探设备及其典型配套

钻孔深度	300～500m	600～1000m	1200～2000m
钻机	XY-2、XY-2B	XY-4、XU-1000、XY-42	XY-5、XY-6B、HXY-6B
泥浆泵	BW-150、BW-160/10	BW-250	BW-320、BW-300/10
钻塔	SGX-13	SGX-17、SG-18	SGZ-23
动力配备	电动机、发电机组＋电动机、柴油机		

在常规岩芯钻机方面，我国仍主要采用立轴式岩芯钻机，特别是 XY 系列钻机。近 20 年来，为满足地质勘查市场新需求，传统立轴式岩芯钻机系列逐步发展与完善，可钻进深度更深、自动化程度更高、能力更强的一系列新型号钻探设备已经投入市场，如 XY-8（9）、HXY-8B、HXY-9 等型号的机械传动岩芯钻机，满足了大深度岩芯钻探施工要求。同时，为了充分发挥立轴钻机的优势，一些厂家在原钻机的基础上进行了一系列改进设计，如立轴式塔机一体式钻机和长行程立轴岩芯钻机（给进行程超过 2m）等，减少了辅助工作时间，提高了钻进效率和取芯质量。有的在加接钻杆、斜孔施工、深孔钻进、交流变频驱动、参数控制显示等方面进行了改进，实现了个性化发展。

目前国际上已普遍接受并使用全液压动力头式钻机。近年来国内紧跟步伐，采用模块组合设计方法，开发多种结构型式、不同装载方式和钻进深度的全液压钻机，并逐步形成系列产品，促进了岩芯钻探设备的更新换代。

全液压动力头式钻机操纵控制简便，自动化程度高；能在给定范围内平稳的自动调节牵引速度，并可实现无级调速，调速范围可达 1∶100，如 HCD-5、XD-5、HYDX-8B 等型号的全液压岩芯钻机。这种钻机体积小、重量轻，同功率液压马达的重量只有电动机的 10%～20%，因此惯性力较小，当突然过载或停车时，不会发生大的冲击，在中深孔岩芯钻探施工中效率高、劳动强度低、安装搬运简便。

基于自动化控制技术、计算机技术、现场总线技术、网络技术等集成于一体的全数字化、智能化、网络化、可视化、高度集成化的智能钻机是未来发展方向。目前，多功能设计和模块化设计实现了一机多用，计算机控制的机、电、液一体化钻机的开发代表了国际地质岩芯钻机的发展方向，近十年来中国地质岩芯钻机电控发展模式如图 1.2-2 所示。

先进的钻机首先要实现辅助作业的自动化，减少辅助作业时间，提高作业效率，降低劳动强度，避免安全生产事故，并与电液控制技术相融合，实现卡、夹、拧、卸、吊、捞、摆、取等自动作业。另外要实现钻进过程的智能化，须能控制扭矩、钻压、钻速等参

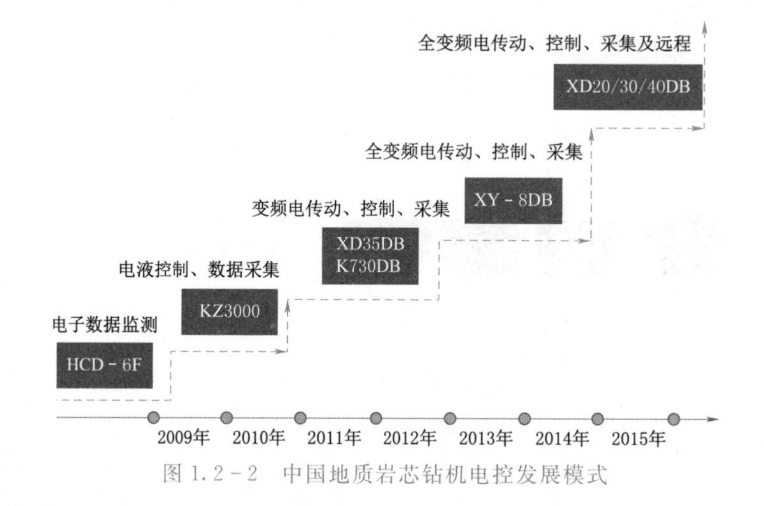

图 1.2-2　中国地质岩芯钻机电控发展模式

数，并能预警判断孔内工况，避免卡钻、烧钻等孔内事故的发生。

2. 钻具

在钻具方面，大深度绳索取芯钻具、螺杆马达、涡轮马达、液动冲击器、适用于水文水井钻探的贯通式冲击器等器具在钻探工程中得到了应用。

钻杆是钻探过程中最薄弱的环节，会随着材料技术和机械加工技术的进步而进步。现阶段我国钻杆设计和加工规程总体上向 DCDMA、API 等标准靠拢，因此钻具材质、加工精度、热处理工艺等均得到了较大的提升，特别是绳索取芯钻杆技术水平得到了显著的提高。过往，我国的无缝钢管性能受加工质量和尺寸的限制，导致绳索取芯钻杆应用孔深超过 1500m 后，常出现断钻杆、脱扣、母螺纹易变形、泥浆循环阻力大、泵压偏高等问题。为此，技术人员做了大量的试验研究工作，改善了钻具性能。目前，镦粗加强型绳索钻杆已经取代等厚壁加强型绳索钻杆，应用孔深超过了 2500m。

深孔高强度钻杆在表面双台肩接头加工、钻杆整体热处理与镀敷技术及螺纹优化和加工（包括负角梯形扣、双密封不对称梯形扣）等方面均取得长足进步，其中 75mm 口径绳索钻杆钻进深度达到 3309m，取得了较好的工程效果。

美国宝长年公司的绳索取芯钻杆引领了国内外绳索取芯产品发展趋势，处于国际领先地位，其规格系列得到了较多国家的认可。宝长年公司绳索钻杆螺纹型式主要有 Q 型普通梯形螺纹、R 型负角防脱扣螺纹和 HD 不对称梯形螺纹等类型。宝长年公司制造的绳索取芯钻杆规格和主要参数及钻深能力见表 1.2-2、表 1.2-3。

表 1.2-2　　宝长年公司绳索取芯钻杆规格和主要参数

规格	质量 /(kg/m³)	螺纹螺距 /mm	外径 /mm	内径 /mm	内容积 /(L/100m)
Q WIRELINE 系列					
BRQHP	18.0	8.5	55.6	46.1	167.0
BQ	18.0	8.5	55.6	46.1	167.0
NRQHP	23.4	8.5	69.9	60.3	286.0

续表

规格	质量 /(kg/m³)	螺纹螺距 /mm	外径 /mm	内径 /mm	内容积 /(L/100m)
NQ	23.4	8.5	69.9	60.3	286.8
HRQHP	34.5	8.5	88.9	77.8	475.0
HQ	34.5	8.5	88.9	77.8	475.0
PHD (HWT)	52.2	10.2	114.3	101.6	810.8
Q TK WIRELINE 系列(薄壁)					
ARQ™	10.7	6.4	44.7	37.5	110.0
BRQ™	14.3	7.3	55.8	48.4	184.0

注 TK=Thin Kerf(薄壁)。

表 1.2-3　宝长年公司绳索取芯钻杆钻深能力

规格	最小上扣扭矩 /(N·m)	钻深能力 /m	规格	最小上扣扭矩 /(N·m)	钻深能力 /m
Q WIRELINE 系列			Q TK WIRELINE 系列(薄壁)		
BRQHP	405	3000	ARQ™	340	1500
BQ	405	1500	BRQ™	405	1500
NRQHP	600	3000	UPSET-Q WIRELINE 系列(端部镦粗加厚)		
NQ	600	2000	NRQHP	600	3000
HRQHP	1010	2500	HRQHP	1010	3000
HQ	1010	1500	PHD	1010	2000
PHD	1010	1500			

Q系列钻杆是直接加工公母螺纹的钻杆，减少了螺纹数的同时降低了钻杆壁厚度，并相应减小了钻头唇面厚度，满足岩芯直径要求，技术规格见表1.2-4。

表 1.2-4　宝长年公司Q系列绳索取芯钻具技术规格　单位：mm

型号	钻孔口径	钻杆外径	钻杆内径	岩芯管外径	岩芯直径	环状间隙
AQ	48	44.5	34.9	46	27	1.75
BQ	60	55.6	46	57.2	36.5	2.2
NQ	75.8	69.9	60.3	73	47.6	2.95
HQ	96	88.9	77.8	92.1	63.5	3.55
PQ	122.6	114.3	103.2	117.5	85	4.15

1.2.2.2 工艺方法的发展趋势

在钻探工艺方面，多工艺空气钻探技术、多介质反循环钻探技术、绳索取芯钻探技术、液动潜孔锤钻探技术、受控定向分支孔钻探技术、垂钻钻探技术、地质导向钻探技术等是主要发展的新兴技术。多工艺组合钻探技术是近年兴起的一种技术，在科学钻探，水文水井、地热等钻探工程中得到了应用，并取得良好的效果，如在水井钻探中选用转盘和孔底动力复合驱动，配以常规泥浆进行正循环或反循环(气举，双壁管)钻进，从而实现多工艺组合钻探。

“上天、入地、下海、登极”是钻探人追求的终极目标，多年来一直为之努力奋斗，不断提高钻探装备和工艺技术。“嫦娥奔月、神舟飞天”，航天技术开辟了通往宇宙星际的大门，与之相呼应的“入地”钻探技术作为“深入地球内部的望远镜”，也开启了直接观测地球陆壳的“通道”，是传统地质向地球科学发展的“钥匙”。因此取芯钻探技术向深孔和超深孔方向发展。科学深孔和超深孔是通向地壳深部的通道，科学家要探索地球深部的奥秘，人类要真实、客观地了解地球深部地层矿藏资源，探测地壳与上地幔的结构、物质组分、地温、地应力、地震、地电、地磁、地热等情况都离不开“深部钻探”技术。因此，为保障国家能源安全，向地层深部进军，向深层要储量，发展地球科学和深部钻探技术，对发展社会经济、改善人们的生活意义重大。

在钻探取芯方面，地质岩芯钻探、工程勘察钻探和水电工程钻探等都是以岩样获取为主要目标的钻探。为了获得可靠的地质信息，必须确保获取岩样的质量，因此对岩芯采取技术有具体的要求，近些年的发展趋势归纳如下。

1. 标准和个性更加突出

根据钻探目的和任务不同，取芯要求更加细化，标准和个性更加突出。对建筑基础工程、市政工程、道路隧道交通工程、港口建设工程、地质灾害治理工程及水电工程而言，钻探取样标准更加差异化，如《岩土工程勘察规范》(GB 50021—2009)、《冻土工程地质勘察规范》(GB 50324—2004) 等。近些年随着水电工程建设不断进步，相继发布了多部钻探规程，如《水电工程覆盖层钻探技术规程》(NB/T 35066—2015)、《水电工程钻探规程》(NB/T 35115—2018)。随着海上风电项目的逐步增多，编制了《海上风电场工程钻探规程》(NB/T 10106—2018)。这些标准对钻探取样均进一步行业化和规范化，岩芯采取率的标准根据不同目的要求也不尽相同。

在地质岩芯钻探行业，根据普查与勘探程度及岩层的不同，对岩芯采取率要求也不尽相同。一般岩芯不低于65%、矿芯不低于75%的标准也悄然发生了变化。目前科学深钻岩芯采取率一般要求85%以上，甚至更高。很多涉外项目都要求岩芯采取率达到95%以上。

2. 采取率指标描述多样化

衡量岩芯采取质量的指标描述和厘定出现多样化。

(1) 按全孔取芯比率分为采取率、岩芯采取率和分层采取率：

$$\text{采取率}=\frac{\text{规定需要采取岩芯的孔段长度}}{\text{全部钻探孔段的长度}}\times 100\% \tag{1.2-1}$$

$$\text{岩芯采取率}=\frac{\text{岩芯长度}}{\text{取岩芯进尺长度}}\times 100\% \tag{1.2-2}$$

$$\text{分层采取率}=\frac{\text{分层岩芯总长}}{\text{分层总进尺}}\times 100\% \tag{1.2-3}$$

第一种指标要求在重要的井段才采取岩芯，为了降低钻探成本，根据工程目的，确定取芯孔段的位置和长度，而其他深度位置则通过岩屑录井或测井的方法来代替。

第二种指标称为全孔岩芯采取率，为全孔要求取芯孔段所采取的岩芯总长与取芯孔段总长度之比。理论上只要采用合适的措施，任何地层都可以达到100%的岩芯采取率，但要在综合考虑成本的前提下，确定既能满足地质编录要求又符合经济性的合适的指标，过分追求高的岩芯采取率只会增加钻进成本。

第三种指标作为地层分层取样质量的衡量标准。

(2) 根据采样回次来分类。

地质岩芯钻探采用回次岩芯采取率，而石油行业则采用岩芯收获率来描述：

$$\text{岩芯采取率}=\frac{\text{回次取芯长度}}{\text{回次进尺长度}}\times 100\% \tag{1.2-4}$$

在有些情况下，如勘探砂矿和矿化不均匀的矿床时，采用岩芯的体积或重量获得率（即回次进尺岩芯留存的体积或重量所占的百分比）来表征岩芯数量足够的程度更为合适。按长度和重量进一步细化如下：

$$\text{回次采取率}=\frac{\text{本次岩芯长度}-\text{上次残留岩芯长度}}{\text{本回次进尺}}\times 100\% \tag{1.2-5}$$

$$\text{回次采取率}=\frac{\text{本次岩粉质量}}{\text{本回次岩芯理论质量}}\times 100\% \tag{1.2-6}$$

(3) 岩石质量指标 RQD（Rock Quality Designation）。RQD 是用来表示岩体良好度的一种指标，指长度大于 10cm 的岩芯累计长度与回次进尺的比值，表示岩体的完整性，数值越大越好。在计算岩芯长度时，只计算大于 10cm 坚硬的和完整的岩芯。不管是 RMR 分类、Hoek - Brown 准则都离不开 RQD，因此可见其重要性。RQD 根据修正的岩芯采取率决定，所谓修正的岩芯采取率就是将钻孔中直接获取的岩芯总长度，扣除破碎岩芯和软弱夹泥的长度，再与钻孔总长之比。

3. 取芯工艺多样化

取芯措施和工艺多样化，作业效率和取样质量大幅提高。在复杂地层和深孔中，常选用钻探机具组合技术来保证岩芯采取率和质量。

钻探深度大、起钻辅助时间长时，宜选用绳索取芯钻探技术。许多科学钻探工程的实践证明这种技术是一种十分理想的取芯钻进工艺，如德国 KTB 先导孔（孔深 4000m，终孔直径 152mm）。目前国内绝大多数超千米级岩芯钻探孔都选用绳索取芯钻探技术来完成，台月效率高达 400m 以上。

在硬岩和孔深较大的钻孔中应用绳索取芯钻进技术的主要难点是：①钻头寿命低，导致提下钻次数多；②在破碎带岩芯采取率低并且堵塞岩芯管，导致回次进尺短，取芯次数多，绳索取芯优势得不到充分发挥。为了提高钻孔的施工效率，降低施工时间和成本，一般在金刚石绳索取芯工艺的基础上，对钻进方法和取芯工具做适宜的改进和优化。

近年来，随着高速涡轮、螺杆马达等工具的飞速进步，孔底马达取芯钻进工艺越来越受到重视。深部钻探钻孔直径和深度一般较大，地质钻探设备往往不能满足钻孔施工的要求，因而不得不选用石油转盘钻机。但此类钻机的转盘转速较低，不能满足金刚石钻进工艺高转速的要求（孕镶金刚石钻头的回转线速度不低于 2m/s），一般可采取以下方法解决：①采用孔底马达驱动金刚石钻头，如卡洪山口科学钻孔的取芯技术，但只适于提钻取芯，不能进行绳索取芯；②在转盘钻机上加装顶驱动力头，如德国 KTB 先导孔和美国 Paker 钻探公司的钻机，既有利于金刚石钻进，又可进行绳索取芯，但钻机改装成本较高。如果选用不提钻换钻头和孔底马达取芯钻进组合工艺方法，既可满足金刚石绳索钻进工艺的要求，又可免去钻机改装这一环节，可使施工达到高效、低成本。

多工艺组合取芯技术是在单一的钻探取芯技术基础上发展而来的，形成的新型钻探取芯技术，兼取了单种钻探取芯工艺的优点。“三合一”和“多合一”等钻具是近几年研制的，主要用于科学钻探，如在中国大陆科学钻探 CCSD－1 钻孔中螺杆马达＋冲击器＋金刚石取芯工具的应用取到了良好的应用效果。

4. 取芯工具结构的多样化

取芯工具结构型式多样化，以满足不同地层、不同工艺、不同装备和不同行业的需求。由于岩芯采取质量与地质条件、工艺因素等息息相关，为了保障岩芯采取的品质，因此在不同工艺方法中应选用不同的取芯方法和工具。提高岩芯采取质量的措施与方法主要有以下几种：①限制钻进过程中破坏因素作用的时间；②保全岩芯管内的破碎岩芯；③阻止钻进过程中破坏因素的作用或减弱其烈度。

在目前的钻探实践中，基于保全岩芯管内的破碎岩芯以获得合乎要求的岩芯-岩粉样品的方法应用比较普遍。这种方法基本上能够保持岩芯-岩粉样品的原有矿物成分，保证较高的化验准确度，主要是借助于冲洗液的孔底局部反循环来实现。

双层岩芯管取芯技术是获取高质量岩芯的主要技术手段之一，可阻止钻进过程中破坏因素的作用或减弱其烈度。双层岩芯管钻具内管一般不转动，在其他零部件的配合下具有防振、防冲、防污、防磨等多功能，可适应不同岩层的取芯需求。

对于每种具体的取芯方法和工具而言，可以是一种方法为主其他方法为辅，也可以是几种方法兼而有之。最简单的提高岩芯采取质量的工艺措施是限制回次进尺长度，钻进时通常把回次进尺限制在 1～2m，甚至 0.5m 以内，并且在采集最关键的岩样时，回次进尺则更短一些。但在勘探埋藏较深的矿床时，依靠限制回次进尺长度来提高取芯质量的方法成本很高，因此建议选用绳索取芯钻进工艺。

5. 特种取芯要求与质量越加严格

科学钻探的任务是为了解地球演化的历程提供高质量的岩芯，因此为了满足科学钻探高质量的取样要求，研制了多种高保真取芯工具。

石油行业密闭取芯技术就是使岩芯几乎不受钻井液污染的特殊取芯技术，岩芯密闭率越高，所取岩芯受钻井液污染越轻，获得的资料越准确。通过密闭取芯所获得的岩芯资料，可以检查注水效果，了解油水界面及油层水洗情况，综合分析剩余油饱和度、驱油效率的分布与变化规律和油层物性参数变化情况，为增产挖潜、改善水驱油效果制定合理的开发方案提供可靠的地质依据。

1.3 钻探作业的主要复杂条件

1.3.1 复杂环境

对钻探而言，复杂环境是指不利于钻探工程实施的环境条件。高山、高陡坡或湿地等环境要绕行或攀登，不利于钻机的搬迁和机场的架设；高海拔或高原环境对钻探设备动力要求更高，施工人员易出现高原反应，且昼夜温差大、植被脆弱生态保护问题突出；寒冷气候环境下钻探，对冲洗液要求高，施工效率低下，需要做好人员和设备防寒防冻工作；水上钻探受水文、气象、航运和潮汐等条件的影响，易发生事故，须配备必要的安全设备，采取有效的安全措施；海上钻探受海风、潮汐影响，须增设隔水套管，钻探过程易受海水波动影响，需要对水深、海底底质、地貌、气候等进行充分调研；在干旱缺水地区进行钻探时，因严重缺水钻探施工无法维持，须采用特种钻探工艺。这些钻探相比较常规钻探，需要有针对性的预案和措施，开钻前充分调研周边环境，同时应加强安全技术教育，保证钻探作业正常完成。

在高山、高陡坡地区施工，机场地基应平整、坚固、稳定、适用，钻塔底座的填土不得超过塔基面积的1/4。山坡修筑钻场地基，如果岩石坚固平稳，则坡度应小于80°；如果地层松散不稳定，则坡度应小于45°。在山谷、河沟、地势低洼地带或雨季施工时，地基应修筑拦水坝或防洪设施。正常钻探工作时，钻机对地基面积的基本要求见表1.3-1。

表1.3-1 钻机对地基面积的基本要求

钻机类型	地基面积		钻机类型	地基面积	
	总面积/m^2	长×宽/(m×m)		总面积/m^2	长×宽/(m×m)
XY-1	60	10×6	XY-4	154	14×11
XY-2	99	11×9	XY-5	180	15×12
XY-3	143	13×11			

水上钻探时"安全生产"应放在首要位置，配备专用交通和通信设备，严格遵守航行规程和相关规定，悬挂信号灯、号旗与航行标志等，保证水上施工安全。为防止钻杆或套管折断、钻船碰撞、钻孔报废等重大事故发生，应采取相应的技术措施规避。水上钻探时，易受水面风力影响，宜选择风力较小时段进行，当钻探平台横摆角度大于3°时，应停止钻探作业；遇有浓雾、视线不清或风力大于5级时，不得抛锚、起锚和移动钻探平台；水域钻探采用筏式钻探平台时，不得夜间作业，当遇雨雪、风力大于4级或浪高大于0.1m时应停止作业；水深大于10.0m或离岸大于5km的沿海钻探作业遇6级及以上大风或浪高3.0m以上等恶劣天气时，不得进行作业。地表景象与风力等级对照表见表1.3-2。

表1.3-2 地表景象与风力等级对照表

等级	名称	风速/(m/s)	风的特征	海面波浪	浪高/m
0	无风	0～0.2	烟几乎垂直上升，树叶不动	平静	0.0
1	软风	0.3～1.5	烟能表示风向，但风向标不动	微波峰无飞沫	0.1
2	轻风	1.6～3.3	人脸感觉有风，树叶有微响，风向标能转动	小波峰未破碎	0.2
3	微风	3.4～5.4	树叶及微枝摇动不息，旌旗展开	小波峰顶破裂	0.6
4	和风	5.5～7.9	能吹起地面灰尘和纸张，树的小枝摇动	小浪白沫波峰	1.0
5	劲风	8.0～10.7	有叶的小树摇摆，内陆的水面有小波	中浪折沫峰群	2.0
6	强风	10.8～13.8	大树枝摇动，电线呼呼有声，举伞困难	大浪白沫离峰	3.0
7	疾风	13.9～17.1	全树摇动，树枝弯下来，迎风步行感觉不便	破峰白沫成条	4.0
8	大风	17.2～20.7	可折毁树枝，迎风难行	浪长高有浪花	5.5

续表

等级	名称	风速/(m/s)	风 的 特 征	海面波浪	浪高/m
9	烈风	20.8～24.4	烟囱及平房顶受到损坏，小屋遭受破坏	浪峰倒卷	7.0
10	狂风	24.5～28.4	陆上少见，可使树木拔起或将建筑物摧毁	海浪翻滚咆哮	9.0
11	暴风	28.5～32.6	陆上很少，有则必有重大损毁	波峰全呈飞沫	11.5
12	飓风	>32.6	陆上绝少，其摧毁力极大	海浪滔天	14.0

青藏高原平均海拔在4000m以上，属于高原气候，辐射强烈，日照多，昼夜温差大。气温随高度和纬度的升高而降低：海拔每升高100m，年均温度降低0.57℃；纬度每升高1°，年均温度降低0.63℃。在高原钻探时，设备运输及后勤保障要求高，环境不利于钻探作业。我国根据地区环境差异确定了钻探作业系数，系数越高对钻探施工影响越明显，施工成本越高，钻探作业区域的地区调整系数见表1.3-3。

表1.3-3　　钻探作业区域的地区调整系数

系数	地 区 划 分
2.0	西藏藏北地区
1.9	西藏其他地区，青海昆仑山山脉，新疆昆仑山脉，唐古拉山脉
1.8	巴颜喀拉山脉，横断山山脉，阿尔金西南地区
1.7	大兴安岭依勒呼里山及原始林区
1.6	甘肃、青海祁连山山脉，新疆西天山山脉，阿尔金东北地区，阿尔泰山
1.5	四川阿坝地区，甘肃、新疆北山山脉，新疆东天山山脉，阿勒泰地区，大兴安岭其他地区
1.4	阿拉善地区，四川攀西地区，甘肃甘南地区、西南三江中南段地区、柴达木地区，塔里木沙漠区
1.3	内蒙古东部地区（扎兰屯、满洲里以北），小兴安岭，长白山，大巴山（川陕鄂相邻地区），秦岭（陕甘川豫相邻地区），青海其他地区，宁夏贺兰山
1.2	内蒙古其他地区，黑龙江其他地区，陕北地区，甘肃其他地区，宁夏其他地区，新疆其他地区，南岭，武夷山，云贵高原东部，大别山区，吕梁山，五指山地区
1.1	张家口及承德北部地区，辽宁其他地区，吉林其他地区，太行山，泰山，湘鄂赣相邻地区（幕阜山、九岭山、庐山），云开地区，桂西北地区，湘西北地区，广东其他地区，海南其他地区，贵州其他地区，云南其他地区
1.0	除上述地区以外的其他地区

注　摘自《中央地质勘探基金项目预算标准》（2011年版）、《地质调查项目预算标准（2010年试用）》。

在寒冷气候环境下进行钻探取样时，由于气候寒冷，常规的钻探取样设备和技术往往无法取得令人满意的效果。在这种条件下施工，需要因地制宜，对设备和工艺方法进行适应性调整，保证设备与机具达到施工要求，如泥浆配方的改进、柴油机等设备的优化。

在干旱缺水环境下进行钻探取样，由于地区缺水，采用常规的以泥浆体系为基础的钻探工艺与技术施工成本很高，特别是又钻遇漏失地层时。因此在这种环境下进行钻探工作，一般采用节水钻探技术，如空气泡沫钻进技术、气动潜孔锤钻探技术和孔底局部反循环钻探技术等，从而降低钻探成本和提高施工效率。

1.3.2 复杂地层

1.3.2.1 复杂地层的地质成因

地质作用是造成地层复杂的主要原因，主要有以下几种。

1. 地质构造运动

由于地质构造运动，地层受到压力、张力、剪力和扭力等作用，使岩层产生褶皱或断裂等情况，从而形成节理、裂缝和断层，在硬或中硬的脆性岩石中尤为强烈。

（1）节理。节理又称裂隙，是没有明显位移的微小破损。节理除由构造运动形成外，还有成岩节理（裂隙）和风化节理。多次不同方向的地质构造作用，在岩层中造成不同方向的交叉节理，把岩体分割成许多小块，钻进时易造成岩芯破碎、取芯困难和孔壁坍塌；节理还可成为地下水流的通道，进而造成钻孔漏失或涌水。

（2）裂缝。裂缝指相邻岩层有一定间距的情况，由剧烈构造运动产生，包括封闭的裂缝和连通的裂缝。裂缝间距从 1mm 至几米均有，较大的裂缝中可能有充填物。钻遇裂缝时，特别是连通性裂缝，可能会产生冲洗液严重漏失的情况。

（3）断层。断层指两侧岩层沿断裂面有显著相对位移的岩层，其运动距离从几厘米到数百米不等，有时甚至几十千米。断裂面附近常形成断层破碎带，特别是在几组断层交叉处地层破碎更为突出，钻进时常造成严重坍塌和漏失等情况。

2. 风化作用

风化作用主要是指地表岩层由于受阳光、风雨、大气、地表水与地下水长期物理化学作用，破碎、分解或由原生矿物变化为次生矿物和氧化矿物的作用。这些风化产物有的留在原地，有的被搬运、重新堆积，具有岩性较松散、胶结性很差或几乎没有胶结等特点。钻进风化层时，易产生孔壁坍塌和钻孔漏失。

3. 风力、河流、洪水的搬运和冲积

由风力、河流、洪水搬运而堆积的岩层，除风积黄土层（由较稳定的胶结黏土、细砂和粉砂层组成）外，一般为含黏土、流砂、砾石和卵石的冲积层。这类岩层松散、胶结性差，钻进时易产生孔壁坍塌和冲洗液漏失等问题。

4. 地下水的溶蚀

盐层、石膏、碳酸盐类等岩层都易受地下水的溶蚀作用而形成洞穴，当溶洞裂缝互相贯通时，可形成暗河。洞穴直径从几厘米至几十米不等，暗河可长达几千米。钻遇溶洞时，特别是大溶洞、溶洞群，会造成冲洗液完全漏失，并发生钻具折断等孔内事故。

5. 成岩作用

因成岩作用不同，岩浆岩、变质岩、沉积岩的性质（硬度、强度、空隙性、含水性、膨胀性等）有很大差异。当钻进胶结性差、遇水易膨胀、松软、松散的岩层时，常易出现孔壁坍塌、缩径等孔内复杂情况。

1.3.2.2 复杂地层的影响因素

影响地层复杂程度和特点的因素主要有岩石的性质、岩层的空隙性和地层的含水情况等。

1. 岩石的性质

岩石的性质决定了其在钻进过程中表现出不同的复杂特性，如钻遇坚硬而完整的岩层（包括大部分岩浆岩及部分变质岩）时，不会发生孔壁失稳和钻孔漏失（或井涌）等复杂情况；一些沉积岩在钻进时遇水膨胀、分散、崩解、剥落或产生溶蚀和溶解等复杂情况，如黏土层、页岩层、岩盐层、石膏层、光卤石层、自然碱等，因此称这些地层为“水敏性地层”；风化、堆积而成的地层钻进时因松散破碎孔壁易坍塌失稳，因此称之为“力学不稳定地层”。

2. 岩层的空隙性

岩层的空隙性是指岩层在形成过程中或形成后由于在内外动力地质作用下所产生的空隙。空隙种类不同，钻进时呈现出的复杂特性也不同。

(1) 松散性空隙，主要见于松散堆积岩层，其特点是：矿物颗粒间没有牢固的胶结，颗粒或颗粒集合体之间存在着孔隙，且孔隙相互连通，分布比较均匀，如风积砂层、洪积层、冲积层等第四纪沉积层。在这些地层钻进时，孔壁易坍塌、漏失。

(2) 裂隙性空隙，主要见于中硬及坚硬岩层，具有分布极不均匀的特点。按裂隙的成因，可分为构造裂隙、成岩裂隙和风化裂隙。在钻进时表现出的复杂特性主要是钻孔漏失和孔壁掉块，在交叉裂隙发育的孔段也会造成孔壁坍塌。

(3) 溶蚀性空隙，主要是由水对可溶性岩石长期溶蚀作用而形成，空隙小的称为溶隙或溶孔，大的称为溶洞。钻遇此类地层遇到的最主要的难题是钻孔冲洗液漏失。

3. 地层的含水情况

根据地层的含水情况，可将其分为透水而不含水、含潜水和含承压水三种类型。前两种钻遇时易产生钻孔冲洗液漏失，漏失量大小与岩层的渗透性密切相关。钻进承压水层时，根据含水层压力及冲洗液的密度可能产生涌水，也可能漏失。

1.3.2.3 复杂地层的分类

1. 按地层条件分类

为了正确分析复杂地层的存在状态和特征，有效地确定复杂地层的治理方案，克服钻孔护壁堵漏工作的盲目性，增强治理的有效性和针对性，以提高护壁堵漏的成功率，实现安全快速钻进的目的，多年来国内外学者从简单到复杂、定性到定量、经验到理性等对复杂地层分类方法进行了研究，并提出了行之有效的方案与措施，对指导生产、实践起到了积极作用。但复杂地层的分类受主客观因素影响较多，为适应生产需要，仍要不断地研究与完善。

a. 综合分类

根据复杂地层的成因类型、性质和状态，及其在钻进过程中可能出现的复杂情况，复杂地层综合分类见表 1.3－4。

表 1.3－4　复杂地层综合分类表

地层分类	成因类型	典型地层	复杂情况
各种盐类地层	水溶性地层	岩盐、钾盐、光卤石、芒硝、天然碱、石膏	钻孔超径、泥浆污染、孔壁掉块、坍塌
各种黏土、泥岩、页岩	水敏性地层（溶胀分散地层、水化剥落地层）	松散黏土层、各种泥岩、软页岩、有裂隙的硬页岩黏土胶结及水溶矿物胶结的地层	膨胀缩径、泥浆增稠、钻头泥包、孔壁表面剥落、崩解垮塌、超径
砂砾松散破碎地层	松散的孔隙性地层、风化裂隙发育地层、未胶结的构造破碎带	流砂层、砂砾石层、基岩风化层、断层破碎带	漏水、涌水、涌砂、孔壁垮塌、超径
裂隙地层	构造裂隙地层、成岩裂隙地层	节理、断层发育的地层	漏水、涌水、掉块、坍塌

续表

地层分类	成因类型	典型地层	复杂情况
岩溶地层	溶隙地层	溶隙、溶洞发育的地层（石膏、石灰岩、白云岩、大理岩）	漏水、涌水、坍塌
高压油、气、水地层	封闭的储油气水的孔隙型地层、裂隙及溶隙地层	储油、气、水的背斜构造；逆掩断层的封闭构造	井喷及其带来的一切不良后果
高温地层	岩浆活动带或与放射性矿床有关的地层	地热井、超深井所遇到的地层	泥浆处理剂失效、地层不稳定、H_2S 造成危害

从表 1.3－4 所列的复杂地层可以看出，在钻进过程中出现的复杂情况主要有两种：①孔壁失稳；②孔内冲洗液漏失或涌水，产生孔壁失稳和冲洗液漏失的地层分别称为不稳定地层和漏失（或涌水）地层。因此，为了针对不同性状和特征的地层采取有效的防治措施，对不稳定地层和漏失地层，还应做进一步的分类。

b. 按不稳定地层产生的原因分类

根据不稳定地层产生的原因和表现的性状，可将不稳定地层分为“力学不稳定地层”和“遇水不稳定地层”。

（1）力学不稳定地层。力学不稳定地层是指受地质成因、构造运动影响的破碎地层，或受太阳、大气、地表水、地下水和生物活动影响遭受机械与化学破坏的地层，有些分布在地表附近，有些则可能埋藏较深。

浅部的力学不稳定地层包括流砂、砂砾松散地层，如风化残积层、冲积层和洪积层、流砂层等（图 1.3－1），其具有胶结差或不胶结、松散、孔隙度大、稳定性差、透水性强、钻进时不仅孔壁易坍塌，而且还伴随着冲洗液漏失或涌水等特征。钻遇最不稳定的流砂层时孔壁极易坍塌，护壁非常困难。

图 1.3－1　砾石类力学不稳定地层

深部的力学不稳定地层主要有破碎地层和裂隙地层，如断层破碎带和交叉断裂裂隙形成的硬脆碎地层，特征为：被破碎成颗粒或被切割成大小不等的块体，颗粒或块体间无连结、空隙大、透水性强、稳定性差。钻进时孔壁坍塌、钻孔超径，同时常出现冲洗液的漏失。

（2）遇水不稳定地层。遇水不稳定地层是指孔壁与冲洗液接触后，产生松散、溶胀、剥落、溶蚀等孔壁失去稳定性的地层，亦称水敏性地层。钻进时遇到这类地层常出现钻孔缩径、超径与孔壁剥落、崩塌等孔壁失稳问题。根据孔壁遇水产生的不同情况，将遇水不稳定地层分为以下几种：

1）遇水松散地层。这类地层由于受风化或蚀变的影响，岩层遇水后经浸泡会产生松散性破碎，表现为掉块、塌孔、孔内沉渣较多等，如风化黄铁矿、风化大理岩、风化花岗岩、风化泥质砂岩等。

2）遇水溶胀地层。这类地层遇水后，颗粒或分子间的黏结力降低，岩层吸水膨胀，以胶体或悬浮状态分散在水中形成悬浮体，如黏土、泥岩、软页岩、绿泥石等。钻进这类岩层时易产生溶胀缩径或分散成悬浮体而超径。

3）遇水剥落地层。这类地层由于其结构的不均质性，以及其充填物和胶结物的水敏性，遇水后往往产生片状剥落或块状剥落，如泥页岩、片岩、千枚岩、滑石化高岭石化板岩、硬煤层等。

4）遇水溶解地层。这类地层与水接触后便溶解于水中，使孔壁出现超径，如岩盐、钾盐、石膏、芒硝及天然碱等。

地质因素是造成力学不稳定的主要原因，由于成因、构造运动、地表风化等不同，它们产生的复杂情况及复杂程度也不相同。遇水不稳定地层除地层本身的性质、结构等决定性因素外，水的作用是促使它们发生复杂情况的主要外界因素。

因此，力学不稳定与遇水不稳定既有区别又互相联系。地质因素是两者的客观原因，水的作用是造成不稳定的外界因素，并且力学不稳定又可因水的作用而加剧。不稳定地层分类见表1.3-5。

表1.3-5　不稳定地层分类

地层类型	形式	代表地层举例
遇水不稳定	水化分散	风化黏土、亚黏土、冲积淤泥、高岭土、糜棱岩、绿泥岩、碳质泥岩、断层泥、红层水云母、砂石胶结层
	水化膨胀	膨润土、沸石、膨胀泥岩
	水冲刷坍塌	构造岩粉（胶结性弱）
	水蚀溶解	可溶性碳酸盐、岩盐等
力学不稳定	角砾	张裂性结构、滚石堆积体
	砂砾	河床、冲积岩、充填式地洞
	节理、片理	长兴灰岩、等粒大理岩（白色中晶大理岩）
	岩砂	风化粗粒花岗岩、构造岩粉（无胶结）、无填充式地洞（溶洞、空洞、老矿坑）

c. 按漏失地层分类

钻孔冲洗液漏失是地质勘探过程中经常遇到的情况，为了解决冲洗液漏失问题，必须对漏失地层进行分析研究，以便有针对性地进行堵漏。关于漏失层的分类，从20世纪40年代起，国内外许多学者就已开始研究，至今已有许多分类方法，归纳起来，主要有以下几种：①根据冲洗液的消耗量和冲洗液流动的压力损失进行分类；②根据测定的单位时间内漏失层的漏失强度进行分类；③根据漏失通道的大小和形状进行分类；④根据漏失层的结构特性进行分类；⑤根据漏失层的一些主要参数进行综合分类。在上述几种分类方法中，最后一种分类方法是在总结前几种分类方法的基础上科学而全面的一种方法，通过各种测试手段对漏失层进行测试，在取得实测资料的基础上，利用数学方法，经电子计算机处理后综合分析而得出的。

（1）漏失层参数。分类时考虑了反映漏失层漏失通道特征、漏失量大小和地下水活动情况等的5个参数，依次为主通道类型（R）、漏失层厚度（H）、漏失层钻孔容量（V）、漏失量（Q）和漏失地层地下水径流量（U）。

1）主通道类型（R）。漏失层中冲洗液流失通道较大的称为主通道，表明漏失层的成岩与构造特征，是漏失最严重的部位和堵漏的重点，是决定堵漏材料种类、规格和堵漏工艺的关键参数。根据漏失层的孔、缝、洞特征，主通道类型分为孔隙类（R_1）通道、裂隙类（R_2）通道和洞穴类（R_3）通道。

2）漏失层厚度（H）。指漏失层上下界面的距离，可分为薄层（H_1）、厚层（H_2）和大厚层（H_3）三种。

3）漏失层钻孔容量（V）。指漏失层钻孔所揭穿的空间容量，它表征其结构的破坏程度（即垮塌程度），是选择堵漏工艺、方法和材料用量的重要因素，按容量大小可分为小容量（V_1）、中等容量（V_2）和大容量（V_3）三种。

4）漏失量（Q）。漏失量（Q）能说明漏失层在一定条件下的吸收或吞吐能力，可分为小漏失量（Q_1）、中等漏失量（Q_2）和大漏失量（Q_3）三种。

5）漏失地层地下水径流量（U）。指漏失层中含水层受推移速度影响产生的地下水流量，表明地下水的活动状态。流经漏失层的地下水径流量影响堵漏方法、堵漏工艺、堵漏材料性能及其配方用量等，是一个不可忽视的水力参数。径流量分为微弱（U_1）、较强（U_2）和强烈（U_3）三种。

（2）漏失层分类。通过对上述5个参数的综合统计分析，将漏失层分为11个类型、5个等级，具体见表1.3－6。

表1.3－6　漏失层分类表

类型		等级	参数组合	漏失层参数		
				名称	档次	划定指标
孔隙类	综合型	1	$R_1H_{1,2}Q_{1,3}U_{1,2}V_{1,2}$	主通道类型	孔隙 R_1	S条孔状
	大容量型	1～2	$R_1H_{1,2}Q_{1,3}U_{1,3}V_3$		裂隙 R_2	S条脉状
	大厚度型	1	$R_1H_3Q_{1,3}U_{1,2}V_{1,2}$		洞穴 R_3	S管洞状
裂隙类				厚度	薄层 H_1	＜1m
	综合型	2～3	$R_2H_{1,2}Q_{1,3}U_{1,2}V_{1,2}$		厚层 H_2	1～10m
	大容量型	3	$R_2H_{1,2}Q_{1,3}U_{1,2}V_3$		大厚层 H_3	＞10m
	大厚度型	3	$R_2H_3Q_{1,3}U_{1,2}V_{1,2}$	容量	小容量 V_1	$<3V_T$
	强径流型	4	$R_2H_{1,2}Q_{1,3}U_3V_{1,2}$		中等容量 V_2	$(3\sim10)V_T$
					大容量 V_3	$>10V_T$
洞穴类				漏失量	小漏失量 Q_1	$<0.5Q_P$
	综合型	3～4	$R_3H_{1,2}Q_{1,3}U_{1,2}V_{1,2}$		中等漏失量 Q_2	$(0.5\sim1.0)Q_P$
	大容量型	4	$R_3H_{1,2}Q_{1,3}U_{1,2}V_3$		大漏失量 Q_3	$>1.0Q_P$
	大厚度型	4	$R_3H_3Q_{1,2}U_{1,2}V_{1,2}$	径流量	微弱 U_1	＜1L/min
	强径流型	5	$R_3H_{1,2}Q_{1,3}U_3V_{1,2}$		较强 U_2	1～10L/min
					强烈 U_3	＞10L/min

注　V_T 为理论容量；Q_P 为泵量。

从表1.3－6可以看出，此分类方法较全面地考虑了影响漏失的各种因素，是较为全面地反映漏失层特点的一种分类方法。此方法应用后取得了较好的效果，钻孔堵漏成功率达80％～90％，经济效益和社会效益显著。另外，按地层裂隙和地层漏失分类见表1.3－7，严重漏失地层如图1.3－2所示。

表 1.3-7　　地层裂隙和地层漏失分类表

孔洞裂隙形式	裂隙类型	裂隙特征	漏失形态、特性
裂隙	风化裂隙	细长裂隙	岩芯破碎，漏失量缓慢增大，测漏仪测得的漏失变化率不大，短孔段呈微漏，长孔段且液柱差较大时呈大漏孔内，返水量在短时间内变小
	构造裂隙	中等裂隙	岩芯破碎或有溶蚀现象，测漏仪测得的漏失变化率较大，孔内少量返水或不返水、液柱大时不返水
	溶蚀裂隙	大裂隙	孔内突然不返水，立轴突然下降，无岩芯，堵不住，钻具管材丢失
	节理、片理		
地洞	萤石矿带、可溶地层、老矿坑	大裂隙	孔内突然不返水，立轴突然自动下落，岩芯破碎且采取率低，测漏仪测得的漏失变化率突变，全泵给水不返水
孔洞	岩石堆积层、胶结不良砂层、卵石层、废石堆		边钻边漏，采取率低，坍塌掉块

图 1.3-2　严重漏失地层

2. 按钻探分类

对钻探工程来说，复杂地层是指钻进时易产生不同程度的坍塌、掉块、漏失、涌水、井喷、孔壁膨胀或缩小等孔内复杂情况的地层。钻进复杂地层时，如果措施不当，易造成孔内事故多发，钻进效率低，钻孔质量差，有时甚至出现钻孔报废的严重后果。

在钻探工程中，常见主要的复杂地层有杂填土层、滑坡堆积体、卵砾石层、硬脆地层、软弱夹层、岩溶与漏失地层、水敏性地层、深厚湿陷性黄土层、冻土层、深厚覆盖层、高温地层、含浅层气地层、松散砂层等。

(1) 杂填土层是指以碎石土、盐渍土为主，黏性土等其他土体为辅。钻进工程中成钻孔孔壁失稳，易造成孔壁坍塌、掉块、漏失、涌水、缩径、超径等孔内复杂情况。

(2) 滑坡堆积体是指受河流冲刷、地下水活动、雨水浸泡、地震及人工切坡等因素影响，在重力作用下，沿着一定的软弱面或者软弱带，整体地或分散地顺坡向下滑动的地质体或堆积体。由于滑坡堆积体的成因复杂，且岩土为散体结构，物质组成多样，破坏模式有多种，钻探取样难度极大，易造成取样质量差、钻孔弯曲等情况。

(3) 卵砾石层是指包含卵石、砾石等一种或几种的地层，含砂土量较少，颗粒较大，比表面积很小，各颗粒间无连接，仅是由粒径大小不等的卵砾石相互堆积，形成不同密实度的结构。在此地层钻探，易出现钻进效率低、施工周期长、岩芯采取率低、取样质量差等问题，孔内易发生钻孔弯曲、超径、孔壁失稳等复杂情况。

(4) 硬脆地层是指由于地层软硬程度不均，致使钻探过程中易发生缩径、坍塌卡钻、超径、缩径、钻孔偏斜等情况，进而造成孔内事故给工程项目带来巨大的损失。

(5) 软弱夹层是指在坚硬的岩体中夹有强度低、泥质或碳质含量高、遇水易软化，厚度较薄的地层。此类地层在钻进过程易造成钻孔轨迹弯曲，偏离预定靶区，进而给工程项目带来巨大的损失，并且偏斜纠斜不易实现。

(6) 岩溶与漏失地层因受其特殊的地质构造影响，往往具有高水压、富水、溶洞及断层的特征，钻进过程中钻孔漏失是最大的问题。另外，钻遇岩洞时易造成钻具折断。如果钻进过程遇到此类地层较多，往往易造成钻孔报废等严重情况。

(7) 水敏性地层是指孔壁与泥浆接触后，因而产生松散、溶胀、剥落、溶蚀等孔壁失去稳定性情况的地层，此类地层由于遇水易水化膨胀，导致孔壁失稳，易发生膨胀缩径、扩径、松散垮塌等孔内事故，导致延误工期、增加工程成本，甚至钻孔报废。

(8) 深厚湿陷性黄土层是指当有水作用于土体，在自重应力、建筑物附加应力或者上覆土层自重应力作用下，土体结构破坏而发生显著附加变形的黄土。黄土地层具有大孔隙，垂直渗透大于水平方向，遇水时孔壁容易塌陷等特点。

(9) 冻土层是指常年处于冻结状态的土层，钻探时易导致冲洗液产生絮凝、流动性下降、黏度升高、钻孔冻结事故以及由于孔壁岩石吸热冻融而导致坍塌、缩径、漏失等现象。

(10) 深厚覆盖层是一种松散的包含土、砾石、块石等岩土体的地层，存在较大的空隙率，甚至有架空现象。由于其特殊的成分，钻探取样过程中易出现钻孔弯曲、坍塌掉块、缩径、埋钻等难题。

(11) 高温地层是指地层温度高于150℃的地层。钻探取样时，钻孔长期处于高温环境，钻具和泥浆性能会受到严重的影响和破坏，直接影响到孔壁稳定、携岩能力、施工安全及施工成本等，严重时可能还会导致井喷，产生严重的后果。

(12) 含浅层气地层是指含有埋深较浅气体的地层。钻进此类地层时易造成井喷，威胁钻进安全，产生人身安全及设备等重大事故。

(13) 松散砂层由于组成结构不稳定，在钻探取样过程中易发生孔壁坍塌、漏失、涌水等钻探事故，会造成钻进工作的困难，甚至钻孔的报废，由此带来了钻孔质量差、钻进效率低、钻进成本高等问题。

另外，按取芯的难易程度对地层进行分类，有利于提高钻进效率，保障岩芯采取率。地层按取芯难度划分的结果见表1.3-8，其中二类至五类地层为复杂地层，需要采用针对性的技术方法来保障岩芯的采取质量。

表1.3-8　按取芯难度划分的地层等级和采取岩芯推荐方法

地层类别			可钻性等级	主要物理力学性质	适用取芯方法和取芯钻具
一类	完整、致密、少裂隙、不怕冲刷的地层	板岩、灰质页岩、致密石灰岩、砂岩、花岗岩等	4～12	不易破碎，耐磨性高、不怕冲刷，取芯容易，采取率高	普通单管、卡料取芯，金刚石双管钻进，卡簧取芯
二类	节理、片理、裂隙发育的破碎地层	中硬、碎、脆砂卡岩，辉绿岩、千枚岩、轻硅化灰岩、滑石等	4～7	黏性低或无黏性，抗磨性低，回转振动易酥脆，怕冲刷，易磨损流失或污染	无泵钻进，双动双管，隔水单动，活塞单动，喷射式孔底反循环
	硬脆碎地层	石英二长斑岩、粗面岩、变质安山岩、花岗斑岩、强硅代灰岩	7～9，部分10～11	无黏性，易受钻具振动和泥浆冲刷碎成块状，易磨损、流失，不易取出完整岩芯	金刚石双管

续表

地层类别			可钻性等级	主要物理力学性质	适用取芯方法和取芯钻具
三类	软硬不均，变化频繁，极不稳定的地层	不稳定地层，氧化层，破碎带，砾石层	可钻性相差悬殊	易碎、易磨、黏性差，怕冲刷，不易钻进和取芯	爪式单动双管，隔水单动双管强制取芯钻具
四类	软、松散破碎的地层	表土、黏土、煤层，蚀变、非胶结破碎带	1～5	胶结性差，松散易破碎，易坍塌	无泵反循环，单动双管，喷射式孔底反循环
五类	易被冲洗液溶蚀、溶化地层	岩盐、冻土	2～5	易溶解，被冲刷流失	用不同介质的饱和冲洗液，进行无泵钻进

第 2 章

钻探与取芯

2.1 钻探的基本过程

钻探是获取地下的真实地质材料（如岩土、矿、地温、地下水等）和直接信息的一种技术。一般说来，地表以上的部分（如钻机、水泵、动力机、钻塔等）属于钻探设备部分，地表以下部分（包括钻头、钻具、钻杆柱及套管等）属于钻探工具部分。在实际钻探过程中，地表设备部分和地下钻进工艺是不可分割、相辅相成的。

地表的工作机械（钻机及水泵）与孔底工作面的联系通道有两条：①钻杆柱、钻具及钻头，用以形成地下钻孔；②冲洗液，通过钻杆柱中心孔道，流经孔底后从钻孔环状间隙上返至孔口。钻塔和绞车（升降机）是完成钻杆柱或其他工具升降的起吊设备，且动力机是驱动机械的动力源，其余部分则属于辅助工具和附属条件。

为了使钻进工作能够连续不断地进行，并延伸至预定靶区，必须完成破碎岩石、清除岩屑、维护孔壁稳定三项必需的基本工作。当然，在不同的地层中钻进时，三者的难度是不同的。例如在松软地层中钻进时，破碎岩石较为容易，清除岩屑的工作量就较大，维护孔壁就成为工作中的难点或重点；而在坚硬完整的地层中钻进时，破碎岩石就成为难点。

在完成这三项基本作业过程中，钻杆柱将随孔深的增加而增长。在作业过程中或因更换钻头和钻具，或因取芯需求，就必须提钻；而继续钻进时，则需再次下钻。因此，钻探工作包括钻进和升降两个必要的基本辅助作业程序（或称工序）。钻进工作是生产工序，而升降工作是必不可少的辅助程序。在钻探工程中，除了上述两项基本工序外，还有许多不可少的非生产性的辅助性工序，例如设备的运输、安装及维修，冲洗液的制备等。此外还包括测量孔斜、物探测井、水文观测、下入和起拔套管、事故处理等。但从钻进工作来说，这些都属于辅助性作业工序，这些作业过程并没有增加钻孔的深度。

为了获取地质或地层资料，地质钻探要求采取岩芯或收集岩屑，这是取芯类钻探的一个中心问题和必要环节。岩芯采取率和采取质量是衡量岩芯钻探的关键质量指标，获取的样品不仅要求有足够的数量，还要求有较高的质量，要保证岩芯不被污染、破坏，能准确无误地体现地层信息。在钻进作业中，实际钻孔轨迹可能偏离设计的轨迹，而发生空间位置偏差，称为钻孔弯曲或孔斜，这也是衡量钻孔质量的重要指标之一。因此，岩芯采取率和防止钻孔弯曲都是钻探工作的重要内容。

岩芯钻探全貌如图 2.1－1 所示。开钻前，在孔位平整场地，布置冲洗液循环系统，安装钻塔。在钻塔内地基上安装有钻机 7、水泵 18、电动机 19，在没有电力的情况下，钻机和水泵可采用柴油机驱动。钻探设备经检查和调整后，按规定方向开钻，然后采用导向管 6 加固和保护孔口。

钻孔开钻时先使用升降机 16 把钻具吊入孔内，钻具由钻头 1、岩芯管 3、异径接头 4、钻杆柱 5 等部分组成。钻杆柱长度随钻孔的加深而增加，钻具的所有部件都借助于密

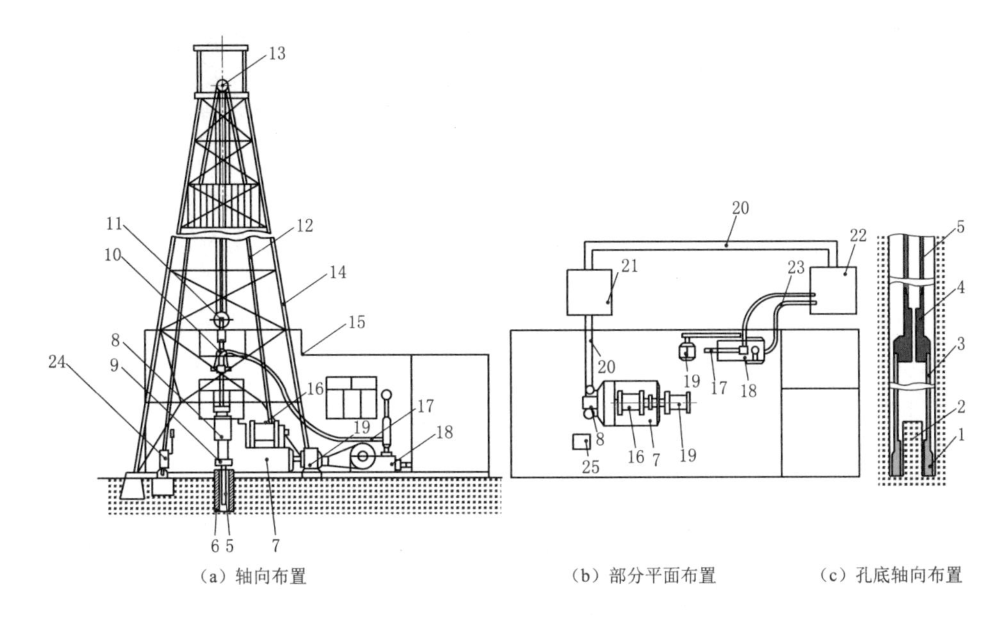

（a）轴向布置　　（b）部分平面布置　　（c）孔底轴向布置

图 2.1-1　岩芯钻探全貌

1—钻头；2—岩芯；3—岩芯管；4—异径接头；5—钻杆柱；6—导向管；7—钻机；8—回转器；9—卡盘；10—提引水龙头；11—游动滑车；12—钢丝绳；13—天车；14—塔腿；15—机房；16—升降机；17—高压软管；18—水泵；19—电动机；20—循环槽；21—沉淀池；22—泥浆池；23—吸水管；24—指重表；25—立根台

封的高强度螺纹接头彼此连接。

立轴钻机上部主动钻杆穿过钻机回转器 8，并卡在卡盘 9 中。主动钻杆上部接有提引水龙头 10，提引水龙头用高压软管 17 与水泵 18 连接。

根据所钻岩石的物理力学性质和钻头规格、类型，确定转速，使钻具以不同速度回转，并通过给进调节器向钻头施加轴向载荷。钻头回转切削破碎岩石，形成钻孔和岩芯。随着钻孔的加深，岩芯充满岩芯管。

为了冷却钻头、携带钻屑至地表，必须使用冲洗液冲洗孔底。水泵通过吸水管 23 从泥浆池 22 中吸出，经高压软管 17、提引水龙头 10 和钻杆柱 5 送入到孔底。

冲洗液从孔内流出经循环槽 20 流入沉淀池 21，岩石颗粒在沉淀池沉淀，净化的冲洗液流入泥浆池，再泵送进入孔内，如此循环。冲洗液量在钻进和循环过程中会随孔深增加而增加，同时也伴有损失，因此需要适时补充。

如果钻进是在稳定岩石中进行的，则可使用清水冲洗钻孔。在不够稳定的岩石中钻孔时，则用泥浆或其他可以维持孔壁稳定的溶液来冲洗钻孔。在相对无水岩石和冻结岩石中钻孔时，可以使用压缩空气等气体来吹洗孔底。

高转速金刚石钻进时，冲洗液有助于降低钻杆柱和孔壁之间的摩擦力，减少高转速时产生的钻杆柱振动。

岩芯管充满岩芯后，应将钻具提到地表。在硬岩和强研磨性岩层中钻进时，由于钻头切削刀具磨钝、钻速大大降低而只好停止钻进并提钻；在破碎岩层中钻进时，常由于岩芯阻卡而提钻。提钻前，应把岩芯牢固地卡在岩芯钻具的下部并扭断。岩芯卡住并扭断后关掉水泵，借助升降机16、钢丝绳12、天车13、带有大钩和提引器的游动滑车11把钻具提到地表上，并把钻杆柱卸成立根。立根长度取决于钻塔高度，由多根钻杆组合而成，比钻塔高度低3～6m，摆放在立根台25上。所提钻杆柱的重量借助于指重表24确定。

岩芯钻具提到地表以后，卸下钻头，并小心取出岩芯，然后配好钻具，再下入孔内继续下一个回次钻进。每一次下钻时，均应检查钻头磨损情况，确认钻头符合继续使用的要求。

冲洗岩芯并净化岩芯上的泥皮，测量岩芯长度，按次序把岩芯摆在岩芯箱内，标出提取岩芯时的钻孔深度和岩芯采取率。

如果钻遇容易塌落或膨胀等不稳定岩层时，可向孔内下套管柱以覆盖不稳定岩石，此后用较小直径钻头继续钻进。根据需要进行测斜，通常每钻进50～100m，测量一次钻孔倾角和方向（方位角），必要时进行孔内地球物理测井。钻孔质量检查还包括简易水文观测、校正孔深、原始报表记录和封孔等。

2.2 钻探设备与机具

钻探设备与机具是指钻探施工中所使用的机械设备和装置，包括钻机、泥浆泵、钻塔、动力机、冲洗液制备与固控设备、钻具和附属设备等。

钻机是钻探工作的主要设备，是驱动、控制钻具钻进，实现钻具升降的机械。

泥浆泵在钻探中的主要作用是向孔内输送冲洗液以清洗孔底、保护孔壁、冷却钻头和润滑钻具。在使用液动锤、螺杆马达和涡轮马达等孔底动力钻具时，泥浆泵还作为提供液体动力的装置。

钻塔在钻进过程中主要用于起下钻具、套管柱和悬挂钻具，要求钻塔有足够的承载能力及足够的刚度。

动力机是钻机、泥浆泵、固控设备及绞车等设备的动力源，一般使用电动机或内燃机作为动力驱动装置。

固控设备是用以清除冲洗液中无用固相、有毒有害物质的地面专用设备。

附属设备是为了完成钻探工作为钻机配备的辅助设备，主要包括提引装置、水龙头、钻杆夹持器、拧卸装置、绳索取芯绞车等。

2.2.1 钻机

钻机的回转机构又称为回转器，岩芯钻探中回转器结构型式可分为立轴式、转盘式和动力头式（移动回转器式）三种。在水电工程中立轴式和全液压动力头式钻机较为常用。

钻机主要由回转机构、升降机构、给进机构、传动机构、操纵装置及机座等基本部分组成。由于钻机类型不同，有些钻机还可配备控制测量仪表或其他附属装置。

回转器用于驱动钻具回转，实现钻头连续的破碎岩石。立轴式回转器以悬臂方式安装，有一根较长的中空立轴。立轴在钻进过程中能起到导正钻具的作用。移动式回转器称为动力头，安装在滑架上采用可移动式。它除了起回转器作用外，还可以提升或下放钻具，与孔口夹持器配合可实现拧卸钻杆。

升降机构用于提下钻具、套管或其他东西。多数钻机都专门配有升降机，而某些钻机不配备升降机，如利用动力头和给进机构配合实现升降机的功能。

给进机构用于调节和保持孔底钻头上的轴向载荷，并根据钻头的钻进速度给进钻具，保证钻头连续不断地钻孔。给进机构有手把-齿筒、手轮-齿筒、螺旋差动、钢绳-绳轮等机械传动式，也有油缸、油缸-钢绳（链条）、液压马达一链条等液压传动式。有些液压传动式给进机构还可以取代升降机用于升降钻具。

传动机构是传递动力的装置，有机械传动、半液压传动、全液压传动三种类型。机械传动机构由主摩擦离合器、变速箱、分动箱等组成。

操纵装置用于分配动力、调节钻机各工作机构的运动速度，改变工作机构的运动方向和形式。机械传动式钻机的操纵机构一般与有关的部件设置在一起，而液压传动的操纵机构多集中设置在一起成为独立的部件，称之为操纵台。

机座的作用是为钻机各部件提供安装空间和支撑，使各部件合理地组装成完整的机器。

钻机的技术参数包括额定钻进深度、采用的钻杆直径、钻孔直径、钻孔的倾角范围等参数，是选择钻机、使用钻机、设计钻机及评价钻机的重要依据，能综合反映钻机的经济技术指标。岩芯钻机的技术参数包括钻机的能力参数、各工作机构的工作参数，配备动力机的有关参数、钻机的重量及总体尺寸等。

由于钻探目的和施工对象不同，常采用不同特点的钻探设备，钻机可按用途、钻进方法、结构型式、传动方式、装载方式等进行分类，见表2.2-1。

表2.2-1　钻机分类

分类方法	钻机种类
用途	岩芯钻机、坑道钻机、水文水井钻机、浅层取样钻机、工程勘察钻机、工程施工钻机、石油与天然气钻机、特种钻机等
钻进方法	回转式钻机、冲击式钻机、冲击回转式钻机、振动钻机、复合式钻机等
结构型式	转盘式钻机、立轴式钻机、动力头式钻机、顶驱钻机等
传动方式	机械式钻机、液压传动式钻机、电驱动式钻机等
装载方式	散装式钻机、滑橇式钻机、拖车式钻机、自行式钻机等
施工场地	地表钻机、坑道钻机、海洋钻机等

2.2.1.1 立轴式钻机

立轴式钻机是指回转、升降钻具等主传动为机械传动，给进、卡夹等辅助动作为液压传动，以立轴为主要结构特征的岩芯钻机，简称立轴式钻机。

立轴式钻机主要适用于使用金刚石或硬质合金钻进方法，可用于固体矿产勘探，也可用于工程地质勘察、浅层石油、天然气、地下水钻探、堤坝灌浆和坑道通风排水等。

立轴式钻机具有以下特点：

（1）回转器有一根较长的立轴，在钻进中可起到导正和固定钻具方向的作用。

（2）回转器能调整角度，可用于斜孔施工。

（3）回转器采用悬臂安装，适合于小口径岩芯钻探。

（4）钻机调速范围较宽，机械传动，多级变速，有慢速挡和反转挡。

（5）升降作业用卷扬机与滑轮组配合完成，需要配备钻塔。

（6）有加减压机构，并配有钻压表，控制准确，给进均匀。

（7）钻机可按部件解体，能适应野外搬迁工作要求。

（8）倒杆频繁，易造成孔底岩芯堵塞，辅助工作时间长。

立轴岩芯钻机的工作参数包括回转器、升降机及给进机构的工作参数，它们反映了钻机各工作机构的性能。我国按照液压立轴式钻机制定了XY系列岩芯钻机标准，如图2.2－1所示系列钻机。XY系列岩芯钻机已经发展了XY－8和XY－9钻机，钻深能力达4000m。其中适应水利水电钻探的立轴式钻机主要技术参数见表2.2－2。

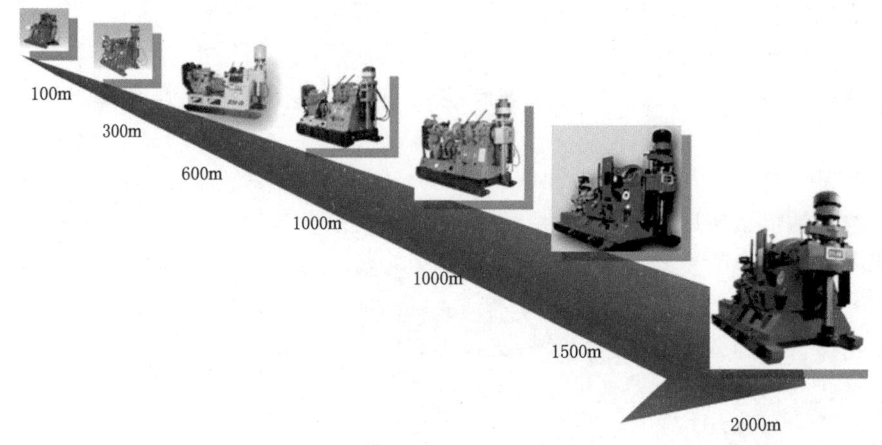

图2.2－1　XY－1～XY－6系列钻机

表2.2－2　常用立轴式地质岩芯钻机技术参数

参数名称	型号、参数和指标					
	XY－1	XY－2	XY－3	XY－4	XY－5	XY－6
钻进深度/m	100	300	600	1000	1500	2000
终孔直径/mm	46	46～59	46～59	59	59	59
钻杆直径/mm	42	42～50	50	42～50	42～89	50～89
立轴通孔直径/mm	60	76	76	76	90	90
可钻钻孔倾角/(°)	15～90	65～90	65～90	75～90	80～90	90
立轴正转级数/级	3～6	3～6	4～6	6～8	6～8	6～8
立轴正转最高转数/(r/min)	1200	1200	1100	1100	1000	1000
立轴反转最高转数/(r/min)	180	120	120	100	100	100
立轴反转最低转数/(r/min)	100	100	100	100	100	100
给进行程/mm	450	600	600	600	500	600
液压提升能力/kN	30	50	80	100	140	180
液压卡盘卡紧拉力/kN	30	40	60	80	100	140
升降机单绳额定起重量/kN	10	20	25	35～40	40～50	50～60
单绳提升线速度/(mm/s)	0.3～0.7	0.3～0.7	0.3～0.7	0.3～0.7	0.3～0.7	0.3～0.7
升降机钢绳直径/mm	18	12；13	14；15.5	15.5；17	17；17.5	18.5
驱动功率（柴油机）/kW	10.3	22	30	41	60	75

2.2.1.2　动力头式钻机

全液压动力头式钻机是指主、辅助传动均为液压传动，以动力头为主要结构特征的岩芯钻机，简称动力头式钻机。目前此类钻机已具备 3500m 钻深的能力。全液压动力头式钻机与立轴式钻机最本质的区别是钻机的主传动（回转与升降钻具）方式不同，前者是液压，后者是机械传动，具有以下特点：

（1）钻机工作过程中的所有动作均由液压系统中的液压元件完成，这样可远距离控制钻机操作，大大减轻操作者的劳动强度及减少操作人员数量。

（2）钻机过载保护性能好，回转及给进可实现无级调速，钻压可精确控制，可根据地层条件、机具情况优选钻进参数，较好地满足钻探工艺要求。

（3）机械传动系统简单，便于布局，重量相对较轻，易于安装和拆卸。

（4）全液压动力头式钻机由主机、液压动力设备和操纵台三部分组成，主机包括移动式回转器、给进滑板、给进液压缸、给进滑架、主升降机、绞车、轻便式钻塔，如图 2.2-2 所示。

动力头式钻机的优点为：①给进行程长；②工作平稳；③孔上钻杆柱导向性好，采用机上加接钻杆；④易于实现斜孔钻进；⑤搬迁方便；⑥钻进工艺适应性好；⑦无级调速。

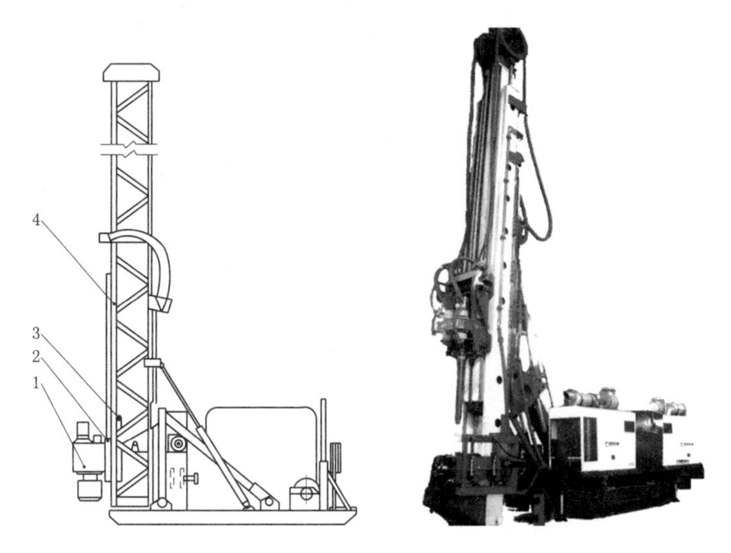

图 2.2-2　地表全液压钻机动力头钻机

1—移动式回转器；2—给进滑板；3—给进液压缸；4—给进滑架

动力头式钻机的缺点是：①设备造价较高；②动力消耗较大；③提下钻辅助时间长；④保养维修技能要求高；⑤处理事故难度较大。

尽管地表全液压动力头式钻机消耗功率大、传动效率低、造价高、维护保养相对较困难，但是，随着液压件制造技术水平及工人技术水平的提高，这些问题正逐渐得到解决。全液压动力头式钻机使用越来越广泛。

2.2.2　泥浆泵

钻探泥浆泵主要采用往复式，既可采用电机驱动也可采用液压马达驱动，如图 2.2-

3所示。

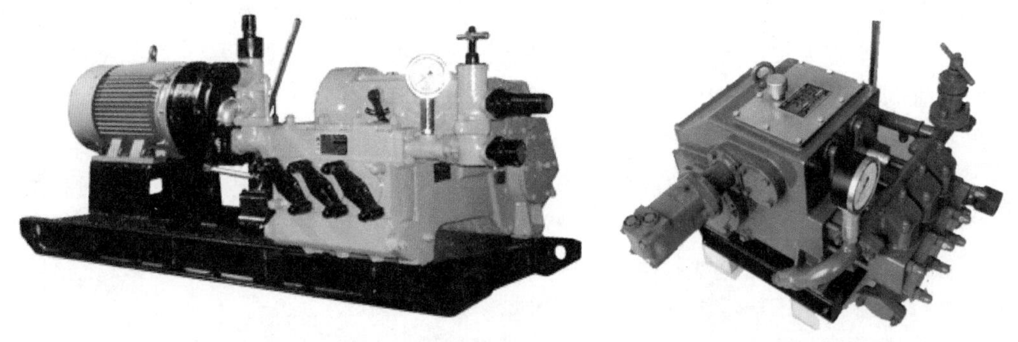

(a) 电动机驱动　　(b) 液压马达驱动

图2.2-3　BW-300/16型泥浆泵

钻探泥浆泵具有以下功用：①在钻进过程中向钻孔内输送冲洗液，循环孔内流体，携带出岩粉岩屑，保持孔底清洁；②输送具有能量的液体，这些液体可作为涡轮钻具、螺杆钻具、射流冲击钻具的动力介质，直接驱动这些钻具破碎岩石；③借助泵上的压力表所反映的泵压变化，间接了解孔内钻进的情况；④为钻探施工现场其他用途供水。

往复式泥浆泵根据缸的布置形式不同分为立式和卧式两种类型；根据缸数不同分为单缸、双缸、三缸；根据活塞往复一个循环、液缸吸排水的次数分为单作用泵和双作用泵；根据活塞的结构不同分为柱塞式泵和活塞式泵。虽然上述这些类型的泵在岩芯钻探中都有采用，但应用最为普遍的是卧式三缸活塞泵，国产的部分岩芯钻探常用泥浆泵主要技术参数见表2.2-3。

表2.2-3　岩芯钻探常用泥浆泵主要技术参数表

型　号	BW-100	BW-120	BW-150	BW-200	BW-200	BW-250	BW-320
活塞类型	三缸单作用	单缸双作用	三缸单作用		双缸双作用	三缸单作用	
泵量/(L/min)	18～90	120	32～150	102～200	125～200	35～250	66～320
泵压/MPa	2.5～5.6	1.3	1.8～7	5～8	3.92～5.88	2.45～6.86	4～10
泵缸内径/mm	60	85	70	70	80、65	80、65	80、60
活塞行程/mm	65	85	70	100	85	100	110
每分钟次数/次	38～181	150	47～222	107～209	145	42～200	78～214
驱动功/kW	5.5	4.4	7.35	23.53	15	15	30
内径/mm 吸水管	45	32	45	76	53	76	76
内径/mm 排水管	32	25.4	32	51	28	51	51

2.2.3　钻塔

钻塔是钻探设备的重要组成部分，其上安装有天车、悬挂游动滑车、大钩、提引器等，以便迅速地完成起下钻具、套管等工作。

根据钻探工作的需要，钻塔应满足下述要求：①应有足够的承载能力，满足正常及特殊情况下起下钻具、套管的需要；②应有足够的高度和有效空间，高度应与钻孔的深度相适应，空间大小直接影响设备的安装、操作者的视野和操作的安全；③结构要合理，尽可能轻便、易拆装、好搬运；④要尽可能降低制造成本。

钻塔按其总体结构型式的主要特征可以概括为四种基本类型，技术参数见表2.2-4。

表2.2-4　　四脚及A型钻塔主要技术参数表

钻探类型	角钢					钢管				
	直塔			斜塔		直塔		斜塔		人字
型号	12.5	17	22	12	16	SG-18	SG-23	SG-13	SG-17	13
钻塔高度/m	12.5	17	22	12	16	18	23	13	17	13
适用深度/m	350	650	1200	350	650	600	800			300
有效负荷/kN	58.8	78.4	165	58.8	78.4	98	147	98	147	78.4
顶宽/(m×m)	1.4×1.4	1.5×1.5	1.6×1.6	1.3×1.5	1.6×1.6	1.4×1.4	1.1×1.1	1.2×1.3	1.2×1.2	0.98×0.65
提升钻杆数	2×4.5	3×4.5	4×4.5	2×4.5	3×4.5	3×4.8	4×4.8	2×4.8	3×4.8	2×4.5
钻塔质量/t	29.4	44.4	57	36.3	46.2	18.5	28.6	22.2	27.9	22.1
工作台高度/m	8.30	13.20	17.60	9.00	13.00	15.00	20.00			
底框尺寸/(m×m)	4.3×4.3	5.0×5.0	5.5×5.5	4.5×7.6	5.0×9.2	5.0×5.0	5.0×5.0	4.5×5.15	4.5×6.4	4.3×3.7

注　摘自汤凤林、A.F.加里宁、段隆臣等主编的《岩芯钻探学》(中国地质大学出版社，2009年)。

2.2.3.1　四脚钻塔

四脚钻塔是由四个平面梯形桁架面构成的空间桁架，横截面一般为正方形或矩形，内部空间大，承载能力大，稳定性好，一般靠自重可以保持稳定，设置的绷绳只是为了防止飓风或其他特别意外情况的一种保险设施。安装、拆卸费工费时，一般用于钻孔周期长、钻塔负荷大、交通不便的钻探施工场合。

2.2.3.2　三脚钻塔

该类钻塔为四面体空间桁架结构。三根塔脚一般为整体或可伸缩式，结构较简单，整体稳定性好，拆装方便，但承载能力较小，多用于浅孔。

2.2.3.3　A型钻塔

A型钻塔是用小断面桁架结构或管材组成的两脚式钻塔，需要用绷绳及支架使之获得整体稳定。A型钻塔可减轻塔的自重，并可整体立放。

2.2.3.4　桅杆型钻塔

桅杆型钻塔也称为桅杆或钻架，可以做成独杆式、管式、板箱式、小断面桁架式等多种型式，多数不能靠自重稳定，必须采用绷绳或支架、立放塔油缸等以加强其稳定性。桅杆型钻塔尺寸小、重量轻、立放简便迅速，特别适用于车装钻机或拖车装钻机。

2.2.4　钻探机具

岩芯钻探常用钻杆的规格系列主要有42mm、50mm、60mm等几种，钻头、岩芯管、套管和辅助工具规格可参见表2.2-5～表2.2-8。

表 2.2-5　　金刚石钻头

型号	规格	备注
单管钻头	46、56、59、75、91、110、130、150、170、200、219、325	《地质岩心钻探钻具》(GB/T 16950—2014)、《水电工程钻探规程》(NB/T 35115—2018)
双管钻头	56、59、75、91、110、130、150、200	
绳索钻头	S56、S59、S75、S95、BQ、NQ、HQ、PQ、NQ3、HQ3、PQ3(3层管)	详见《地质岩心钻探钻具》(GB/T 16950—2014)
薄壁钻头、套管钻头	73、89、108、127、146、S59、S75、S95、BQ、NQ、HQ、PQ、AW、BW、NW、HW、PW	扫孔、保护钻杆/套管底端螺纹，钻具可以从中通过

表 2.2-6　　地质套管及岩芯管规格及材质要求

执行标准	规格/mm	外径×壁厚/mm	材质	备注
《钻探用无缝钢管》(GB/T 9808—2008)	73	$\phi73\times3.75$	DZ40	定尺长度和螺纹要求可根据用户要求定制
	89	$\phi89\times4.5$	DZ40	
	108	$\phi108\times4.5$	DZ40	
	127	$\phi127\times4.5$	DZ40	
	146	$\phi146\times5$	DZ40	
	168	$\phi168\times6.5$	DZ40	
	178	$\phi178\times7$	DZ40	
DCDMA	AW	$\phi57\times4.25$	R780	
	BW	$\phi73\times6.35$	R780	
	NW	$\phi88.9\times6.35$	R780	
	HW	$\phi114.3\times6.35$	R780	
	PW	$\phi139.7\times6.35$	R780	

表 2.2-7　　绳索取芯钻具辅助工具

名称		规格	备注
提引器	手搓	S56、S59、S75(A)、S95、S95T、S95A、BQ、NQ、HQ、PQ、CBH、CNH、CHH、CPH、CNH、CHH、S122	可直接与钻杆连接
	卡槽	65：10t、30t、40t、60t；75：10t、30t、40t、60t	需配提杆接头使用
	爬杆	N：10t、30t、40t、60t；H：10t、30t、40t、60t；P：10t、30t、40t、60t	需配蘑菇头使用
水龙头		$\phi50$、$\phi50$II、$\phi42\sim50$、$\phi89$、$\phi121$、Q系列水头	
绳索绞车		SJC-1000、SJC-1500、SJC-2000、SJC-3000	电动或柴油机驱动
自重夹持器		S75/NQ/71、S95/HQ、89、PQ/114	加强型，深孔使用
木马夹持器		S56、S59、S75、S95	浅孔使用
自由钳		73/89、89/108、108/127、127/146、146/168、168/194、194/219、AW、BW、HW、PW	拧卸管使用

表 2.2-8　国产地质管材机械性能表

	钢级代号	抗拉强度 σ_b/MPa	屈服强度 σ_s/MPa	延伸率 δ/%	牌号对照
国产地质管材机械性能（GB/T 9808—2008）	ZT-380	640	380	14	DZ40
	ZT-490	690	490	12	DZ50
	ZT-520	780	520	15	STM-R780
	ZT-540	740	540		DZ55
	ZT-590	770	590	12	DZ60
	ZT-640	790	640		DZ65
	ZT-740	840	740	10	DZ75

常规钻具由钻头、岩芯管、异径接头、取粉管、钻杆柱、连接接头和水龙头等组成，如图 2.2-4 所示。

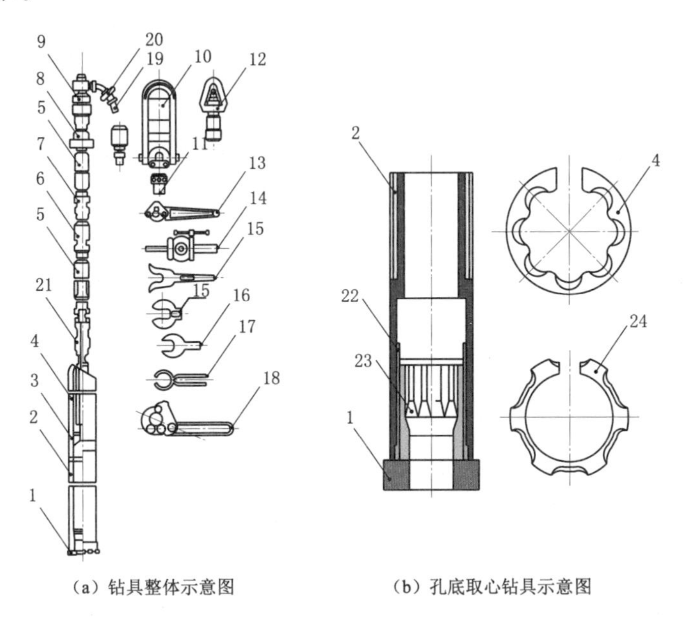

（a）钻具整体示意图　　（b）孔底取心钻具示意图

图 2.2-4　全套钻具

1—钻头；2—岩芯管；3—异径接头；4—取粉管；5—钻柱；6—外平锁接头；7—切口平接头；8—水龙头接头；9—水龙头；10—爬杆提引器；11—钻杆提引器；12—普通提引器；13—钻杆自由钳；14—铰链夹持器；15—垫叉；16—拧管机垫叉；17—钻头夹钳；18—自由钳；19—高压软管；20—夹板；21—卡心投球；22—提断器外壳；23—均质岩石岩芯提断器；24—裂隙岩石岩芯提断器

2.3　钻进机理与钻头

2.3.1　碎岩机理

目前在钻探工程中广泛使用的钻进碎岩方法是机械式破碎岩石法，利用钻头形成外部集中载荷，使岩石产生局部破碎。岩石破碎的效果与碎岩工具的形状、施加作用力的大小、作用的速度以及岩石本身的物理力学性质等密切相关，为提高生产效率，保证钻探质量，降低钻探成本，必须了解钻探作业中岩石的破碎机理和破碎过程。

2.3.1.1　钻头与岩石作用的主要方式

根据刃具对岩石作用的方式，碎岩机理可分为剪切型、冲击型、冲击剪切型三类。

剪切型刃具对岩石作用的方式如图 2.3-1（a）所示，钻头碎岩刃以速度 v_θ 向前移动而剪切岩石，工作参数主要有移动速度 v_θ、轴向力 P_z、切向力 P_θ 及介质性质，这是第一种方式破碎岩石的基本特征。

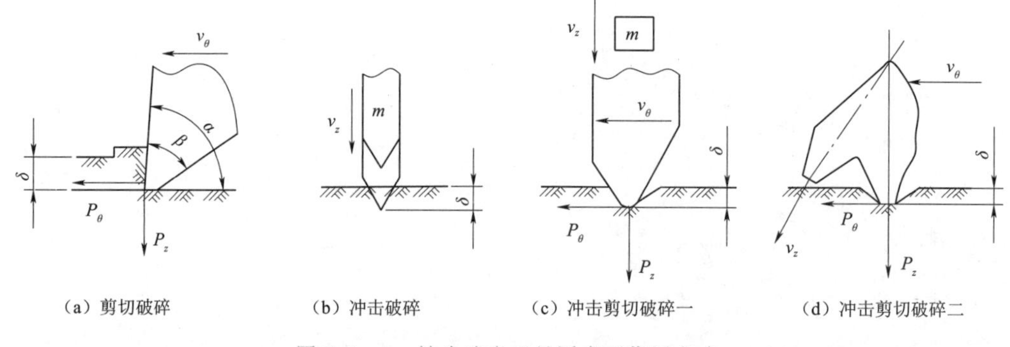

图 2.3-1　钻头碎岩刃具同岩石作用方式

冲击型刃具给孔底岩石以直接的冲击如图 2.3-1（b）所示。动载碎岩过程可用工具动能 T_k 和岩石变形位能 U 的方程式表达，即

$$T_k=\frac{1}{2}mv_\theta^2 \tag{2.3-1}$$

$$U=\int_0^{\delta_{\max}}P_z(\delta)\mathrm{d}\delta \tag{2.3-2}$$

式中：m 为钻头和冲击钻杆的质量；v_θ 为钻头同岩石碰撞时的速度；$P_z(\delta)$ 为岩石抵抗钻头侵入的阻力；$\delta_{\max}$为钻头侵入岩石的最大深度。

其中，$T_k=U$ 是分析工具对岩石发生凿碎作用的基本条件。

冲击剪切型刃具的作用方式复杂一些，如图 2.3-1（c）、（d）所示。同岩石相互作用的钻头刃具，不仅以 P_z 和 P_θ 力作用于岩石，而且还有使钻头向前回转的移动速度 v_θ 和冲锤对齿刃的冲击速度 v_z 或牙轮滚动时齿刃向下冲击速度 v_ω 对岩石的作用。齿刃对岩石作用的合成速度为

$$v_y=v_\theta+v_z=v_\theta+v_\omega=v_\theta+r\omega \tag{2.3-3}$$

$$v_z=\sqrt{\frac{2A_0g}{Q}} \tag{2.3-4}$$

式中：A_0 为冲击单次冲击功；g 为重力加速度；Q 为冲锤重量；ω 为钻头牙轮回转角速度；r 为齿顶到牙轮瞬时旋转中心的距离。

在回转钻进中，破碎岩石工具不仅以轴向载荷作用于岩石而且同时以切向载荷作用于岩石。此时接触面上和岩石内部的应力分布情况与只有轴向载荷时不同。

研究表明：只有轴向力单独作用于压头时，弹性半无限体内等应力线分布是均匀、对

称的（图2.3-2）。而轴向力和切向力共同作用时，等应力线分布则是非均匀、不对称的[图2.3-3（a）]。在接触面上，切向力作用的前方将产生压应力，而切向力作用的后方则产生拉应力，在半无限体内如图2.3-3（b）所示，形成压应力区（Ⅰ）、拉应力区（Ⅱ）和过渡区（Ⅲ）。

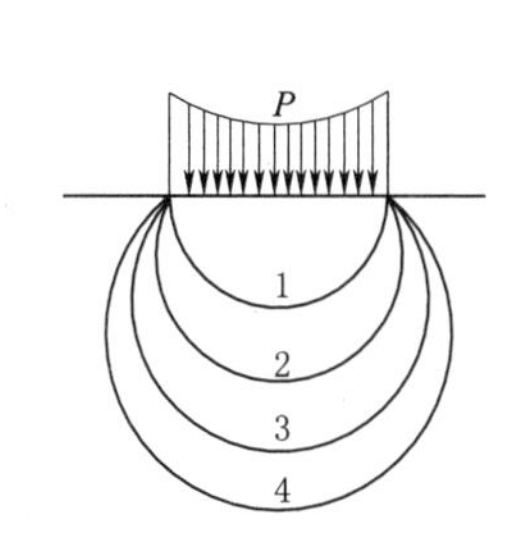

图2.3-2　轴向力作用时岩石内应力线分布

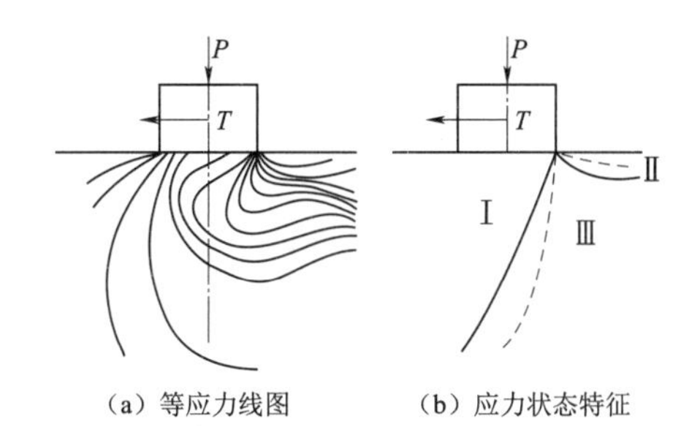

（a）等应力线图　（b）应力状态特征

图2.3-3　轴向力和切向力共同作用时岩石内的应力分布

Ⅰ—压应力区；Ⅱ—拉应力区；Ⅲ—过渡区

由此可以推知，在两向载荷作用下，碎岩工具对岩石的作用具有以下的特点：

（1）轴向力与切向力共同作用时，可视为碎岩工具对孔底岩石表面以某一角度施加作用力。岩石破碎效果将由此作用力的数值和方向来决定。轴向力和切向力之间存在最优的比值，或者说有最优的作用力方向。这一方向对于不同的岩石可能是不同的。所以钻进不同岩石时，轴向压力和回转速度应有一个合理的配合关系。

（2）轴向力与切向力共同作用时，碎岩工具下方岩石中产生不均匀的应力状态。压应力区（Ⅰ）随轴向力增加而扩大，随切向力的增加而缩小；拉应力区（Ⅱ）则与上述情况相反。压缩区与拉伸区之间为过渡区（Ⅲ），该区内既有正应力的作用，又有拉应力的作用。

（3）由前面介绍的岩石强度特性可知，岩石的抗拉强度最小。当岩石中出现拉应力时，在其他条件相同的情况下，岩石将在作用力比较小的时候，在拉应力区开始破碎。

2.3.1.2　岩石变形破碎方式

钻进破碎岩石，特别是破碎坚硬岩石时轴向载荷起主要作用。根据切削具对岩石的作用力的不同，岩石变形破碎方式不同，对钻进速度的影响也不同。按破碎特点和钻进效果，岩石破碎变形方式可分为3种（图2.3-4）。

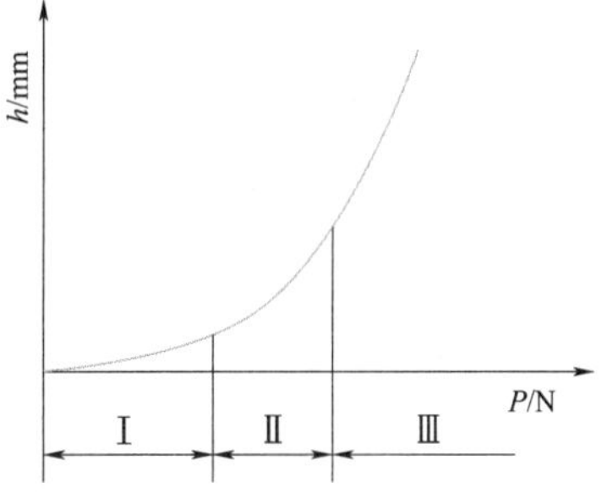

图2.3-4　岩石的不同破碎变形方式

Ⅰ—表面破碎区；Ⅱ—疲劳破碎区；Ⅲ—体积破碎区

切削具上轴向载荷不大时，切削具与岩石的接触压力远远小于岩石硬度（$P_{k}<P_{w}$），由于必须克服岩石的结构强度（岩石硬度），所以此时切削具不能破碎岩石。切削具移动时，将研磨孔底岩石，岩石的破碎是由切削刃与岩石接触摩擦所做的功引起的，因此分离下来的岩石颗粒很小，钻进速度低，钻孔进尺很慢。这种破碎方式称为岩石的表面研磨（磨损），这个区称为表面破碎区。

假如切削具上的轴向载荷增加，使岩石晶间联系破坏，岩石结构间缺陷发展，特别是孔底受多次加载影响产生的疲劳裂隙更加发展，于是众多裂隙交错，尽管切削具与岩石的接触压力仍小于岩石硬度（$P_k<P_w$），仍可产生较粗岩粒的分离，这种变形破坏形式称为疲劳破碎，这个区称为疲劳破碎区。

切削具上的载荷继续增加，达到切削具可有效地切入岩石，结果是：切削具在孔底移动时不断克服岩石的结构强度，切下岩屑。此时切削具与岩石的接触压力大于或等于岩石硬度（$P_k \geqslant P_w$），这种变形破坏方式称为体积破碎，这个区称为体积破碎区。体积破碎时，会分离出大块岩石，破碎效果好。体积破碎之前，切削具下先形成各向压缩的体积应力状态，分离时剪切应力起主要作用。

2.3.1.3 钻孔碎岩效果指标

碎岩效果指标通常用钻进速度衡量，常用的钻进速度有以下几种。

1. 机械钻速

机械钻速是反映所用的碎岩方法、所钻的岩石性质、所用的钻进工艺和技术状况的一个指标，为单位纯钻进时间内所钻钻孔的进尺，其计算式如下：

$$v_M=\frac{H}{t} \tag{2.3-5}$$

式中：v_M 为机械钻速，m/h；H 为钻孔进尺，m；t 为纯钻进时间，h。

2. 回次钻速

回次钻速表示从钻具开始下入钻孔进行钻进，直到把钻具从钻孔提出的工序中（即所谓一回次工作）单位时间的进尺。其计算公式如下：

$$v_R=\frac{H_R}{t+t_1} \tag{2.3-6}$$

式中：v_R 为回次钻速，m/h；H_R 为回次进尺，m；t 为回次纯钻进时间，h；t_1 为起下钻时间及完成一回次的其他非钻进时间，h。

3. 技术钻速

技术钻速表示一台工作钻机在一个月期间内完成基本工序和操作以及其他辅助工序和操作所花费的时间，与钻孔的进尺量相比，体现一个机台工作的技术水平、设备工具的维修及运转状态等。它用（2.3-7）表示：

$$v_T=\frac{H_T}{t_0+T+T_1} \tag{2.3-7}$$

式中：v_T 为技术钻速，m/h；H_T 为一个台月期间钻孔钻进量，m；t_0 为一个班内的纯钻进时间，h；T 为一个班内完成基本工序和操作所花费的时间，h；T_1 为一个班组用于辅助工序和操作所花费的时间，h。

4. 经济钻速

经济钻速表示一台工作钻机在一个月期间（用于基本工序、辅助工序和非生产工序所用的时间）内的钻孔进尺量。它用式（2.3-8）表示：

$$v_E=\frac{H_m}{(t_0+T+T_1+T_2)m} \tag{2.3-8}$$

式中：v_E 为经济钻速，m/h；H_m 为工作机台一个月期间的钻孔进尺，m；T_2 为一个台月期间用于非生产工作所消耗的时间（停待、事故），h；m 为一个月内台班数；t_0、T、T_1 符号意义同前。

5. 循环钻速

循环钻速表示一个工作机台从设备搬迁到钻完一孔后转移到其他孔的整个循环时间内所给进的钻孔深度，体现了钻探工程进行的组织和技术的总状态。它取决于经济钻速、安装及运输技术状态、基地的条件等，用式（2.3-9）表示：

$$v_c=\frac{H_h}{T_t} \tag{2.3-9}$$

式中：v_c 为循环钻速，m/h；H_h 为完成钻孔总深，m；T_t 为完成从钻探设备搬迁、安装到拆卸和封孔，即所有工作的总时间消耗，h。

2.3.2 钻头

在钻探工程中，钻头是破碎岩石的主要工具，通过破碎岩石形成钻孔。通常用适宜的方法将天然金刚石、人造金刚石、钨钴类硬质合金以及聚晶、复合片等硬或超硬耐磨材料固结在钻头钢体上或胎体中（图2.3-5），在回转或冲击回转钻进方式下实现破碎岩石。钻头的种类繁多，结构各异，可按用途、钻进方法及所用切削工具镶嵌形式、材料及制造方法等进行分类，见表2.3-1。

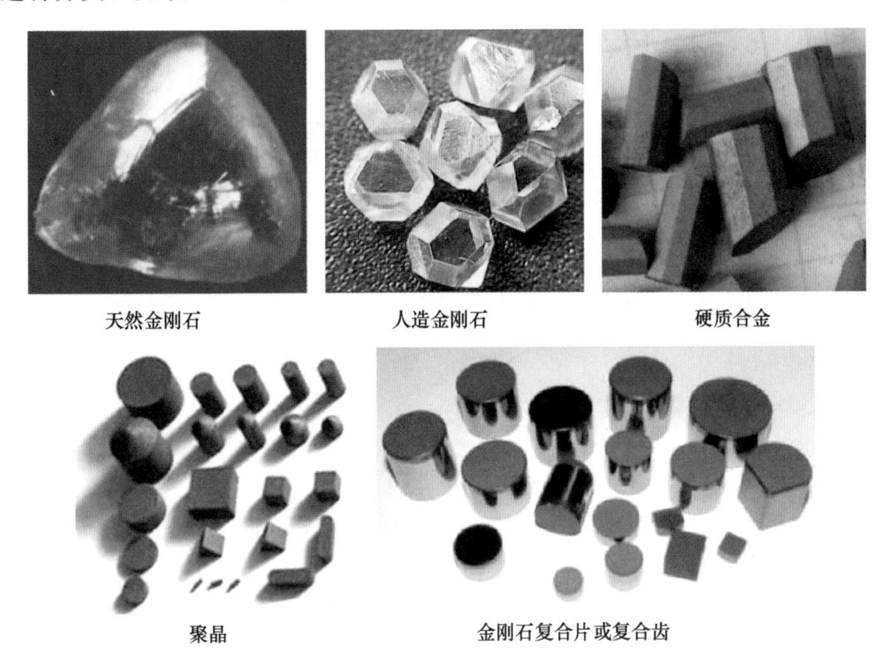

图2.3-5 钻头用切削齿和超硬材料

表 2.3-1　钻头分类

<table>
<tr><th>分类方法</th><th colspan="3">钻头种类</th></tr>
<tr><td>按用途分类</td><td colspan="3">全断面钻进钻头、取芯钻进钻头、定向钻头、套管钻头</td></tr>
<tr><td>按钻进方法分类</td><td colspan="3">单管钻头、双管钻头、绳索取芯钻头、反循环钻头、冲击回转钻头</td></tr>
<tr><td>按镶嵌形式分类</td><td colspan="3">表镶钻头、孕镶钻头、表孕镶钻头、镶块式钻头</td></tr>
<tr><td rowspan="6">按切磨材料分类</td><td>天然金刚石钻头</td><td colspan="2">天然表镶金刚石钻头、天然孕镶金刚石钻头</td></tr>
<tr><td rowspan="4">人造金刚石钻头</td><td>单晶钻头</td><td>人造金刚石孕镶钻头</td></tr>
<tr><td>聚晶钻头</td><td>柱状聚晶钻头、三角聚晶钻头</td></tr>
<tr><td colspan="2">金刚石复合片钻头</td></tr>
<tr><td colspan="2">金刚石烧结体钻头</td></tr>
<tr><td colspan="3">硬质合金钻头和牙轮钻头</td></tr>
<tr><td>按制造方式分类</td><td colspan="3">热压钻头、无压浸渍钻头、低温电镀钻头、二次镶嵌钻头</td></tr>
</table>

在工程地质钻探中，取芯钻头最为常用，根据切削齿种类可分为硬质合金取芯钻头（常简称：硬质合金钻头）和金刚石取芯钻头（常简称：金刚石钻头）。

2.3.2.1　硬质合金钻头的选型

硬质合金钻头适用于岩石可钻性 2～7 级的地层，可分为自磨式钻头和磨锐式钻头两种，具体选型见表 2.3-2。

表 2.3-2　硬质合金钻头推荐适用范围

<table>
<tr><th rowspan="2">类别</th><th rowspan="2">钻头类型</th><th colspan="8">岩石可钻性</th><th rowspan="2">代表性岩石</th></tr>
<tr><th>1</th><th>2</th><th>3</th><th>4</th><th>5</th><th>6</th><th>7</th><th>8～12</th></tr>
<tr><td rowspan="8">磨锐式</td><td>螺旋肋骨钻头</td><td>—</td><td>●</td><td>●</td><td>●</td><td>—</td><td>—</td><td>—</td><td>—</td><td>松散可塑性岩石</td></tr>
<tr><td>阶梯肋骨钻头</td><td>—</td><td>—</td><td>●</td><td>●</td><td>●</td><td>—</td><td>—</td><td>—</td><td>页岩，砂页岩</td></tr>
<tr><td>薄片式钻头</td><td>—</td><td>●</td><td>●</td><td>●</td><td>—</td><td>—</td><td>—</td><td>—</td><td>砂页岩，碳质泥岩</td></tr>
<tr><td>方柱状钻头</td><td>—</td><td>—</td><td>●</td><td>●</td><td>●</td><td>—</td><td>—</td><td>—</td><td>大理岩，灰岩，软砂岩，页岩</td></tr>
<tr><td>单双粒钻头</td><td>—</td><td>—</td><td>—</td><td>●</td><td>●</td><td>●</td><td>—</td><td>—</td><td>中研磨性砂岩，灰岩</td></tr>
<tr><td>品字形钻头</td><td>—</td><td>—</td><td>—</td><td>●</td><td>●</td><td>●</td><td>—</td><td>—</td><td>灰岩，大理岩，细砂岩</td></tr>
<tr><td>破扩式钻头</td><td>—</td><td>—</td><td>●</td><td>●</td><td>●</td><td>—</td><td>—</td><td>—</td><td>砂砾岩，砾岩</td></tr>
<tr><td>负前角阶梯钻头</td><td>—</td><td>—</td><td>—</td><td>—</td><td>●</td><td>●</td><td>●</td><td>—</td><td>玄武岩，砂岩，辉长岩，灰岩</td></tr>
<tr><td rowspan="4">自磨式</td><td>胎体针状钻头</td><td>—</td><td>—</td><td>—</td><td>—</td><td>—</td><td>●</td><td>●</td><td>—</td><td>中研磨性片麻岩，闪长岩</td></tr>
<tr><td>钢柱针状钻头</td><td>—</td><td>—</td><td>—</td><td>—</td><td>—</td><td>●</td><td>●</td><td>—</td><td>强研磨性石英砂岩，混合岩</td></tr>
<tr><td>薄片式自磨钻头</td><td>—</td><td>—</td><td>—</td><td>—</td><td>—</td><td>●</td><td>●</td><td>—</td><td>强研磨性粉砂岩，砂页岩</td></tr>
<tr><td>碎粒合金钻头</td><td>—</td><td>—</td><td>—</td><td>—</td><td>—</td><td>●</td><td>●</td><td>—</td><td>中研磨性硅化灰岩</td></tr>
</table>

注　“●”为选择；“—”为不选择。

2.3.2.2　金刚石钻头的选型

金刚石钻头适用于岩石可钻性 1～12 级的地层，可分为表镶金刚石钻头和孕镶金刚石钻头，具体选择见表 2.3-3。

表 2.3-3　　金刚石钻头推荐适用范围

软硬程度			软	中硬			硬			坚硬		
可钻性级别			1～3	4～6			7～9			10～12		
岩石研磨性			弱	弱	中	强	弱	中	强	弱	中	强
复合片钻头			●	●	●	●	●	●	—	—	—	—
表镶钻头	金刚石烧结体		●	●	●	—	●	●	—	—	—	—
	金刚石粒度/(粒/ct)	10～25	—	●	●	—	—	—	—	—	—	—
		25～40	—	—	●	●	●	●	—	—	—	—
		40～60	—	—	—	—	●	●	●	—	—	—
		60～100	—	—	—	—	—	—	●	●	●	●
	胎体硬度（HRC）	20～30	—	●	—	—	●	—	—	●	—	—
		30～40	—	—	●	●	—	●	—	—	●	—
		>45	—	—	—	—	—	—	●	—	—	●
孕镶钻头	金刚石粒度/目	20～40	—	●	●	●	●	●	—	—	—	—
		40～60	—	—	●	●	●	●	●	—	—	—
		60～80	—	—	—	—	●	●	●	—	●	—
		80～100	—	—	—	—	—	●	●	●	●	●
	胎体硬度（HRC）	10～20	—	—	—	—	—	—	—	●	—	—
		20～30	—	●	—	—	●	—	—	●	●	—
		30～35	—	—	●	●	●	●	—	—	—	—
		35～40	—	—	●	●	●	●	—	—	—	—
		40～45	—	—	—	●	—	●	●	—	—	—
		>45	—	—	—	—	—	—	—	—	—	●

注　1. 1ct 为 1 克拉或 200mg。
　　2. “●” 为选择；“—” 为不选择。

具体选用原则如下：

（1）软至中硬和完整均质岩层，一般宜用天然表镶钻头、复合片钻头、聚晶钻头，部分可用烧结体钻头。

（2）坚硬致密的岩层（分级为表中 7～12 级），一般宜用孕镶钻头、尖环槽同心圆或交错尖环槽钻头，或细粒表镶金刚石钻头。

（3）在破碎、软硬互层、裂隙发育或强研磨性岩层，如煤系地层，宜用尖齿型广谱钻头或耐磨性好的、补强的电镀孕镶钻头。

（4）强研磨性岩层，选用高耐磨性的胎体；中等研磨性岩层，选用中等耐磨性的胎体；弱研磨性岩层，选用低耐磨性的胎体。

（5）复杂岩层，研磨性越强、越硬，选用金刚石品级好、粒度相对细的钻头。

（6）强研磨性、较破碎岩层，在保证金刚石包镶良好的条件下，选用金刚石浓度较高的钻头。反之，均质致密、弱研磨性的岩层，选用金刚石浓度较低的钻头。

（7）岩层软，岩粉多，选用复合片钻头或聚晶钻头，易冲蚀的岩层取芯，应采用底喷式钻头。

常用的金刚石普通单管钻头和双管钻头规格见表2.3-4和表2.3-5。

表2.3-4 普通单管钻头规格 单位：mm

钻头规格	钻头胎体外径 D	钻头胎体内径 d	钻头钢体		总长 L	内螺纹		
			外径 D''	内径 d''		大径 D_1	小径 D_2	长度 L_1
R	30	20	28	21.5	80	26.0	25.0	25
E	38	28	36	30.0	80	34.5	33.5	32
A	48	38	46	40.0	100	44.5	43.5	32
B	60	48	58	50.5	100	56.5	55.0	40
N	76	60	73	62.0	120	69.0	67.5	40
H	96	76	92	79.0	120	86.5	85.0	45
P	122	98	118	102.0	140	111.0	109.0	45
S	150	120	146	124.0	140	133.0	131.0	50
U	175	144	170	148.0	140	162.0	160.0	50
Z	200	165	195	169.0	140	184.0	182.0	50

表2.3-5 普通双管钻头规格 单位：mm

钻头规格	钻头胎体外径 D	钻头胎体内径 d	钻头钢体		总长 L	内螺纹		
			外径 D''	内径 d''		大径 D_1	小径 D_2	长度 L_1
R	30	17.0	28	23	100	25	24.0	25
E	38	23.0	36	30	120	32	31.0	32
A	48	30.0	46	40	130	42	40.5	32
B	60	41.5	58	52	135	54	52.5	40
N	76	55.0	73	67	135	69	67.5	40
H	96	72.0	92	84	135	86	84.5	45
P	122	94.0	118	108	150	111	109.0	45
S	150	118.0	146	136	150	139	137.0	50
U	175	140.0	170	162	180	165	163.0	50
Z	200	160.0	195	187	180	190	188.0	50

2.4 钻探工艺与方法

钻探工艺与方法需要根据钻探目的、环境条件和任务情况进行方案研究，优选方案。首先需要依托地层柱状图进行钻孔结构设计，然后根据任务目的与要求、设备类型与能力等选择适宜的钻进工艺。

钻探工艺按碎岩方式可分为机械钻探方法和其他非常规物理钻进方法，如图2.4-1所示。目前水电工程地质钻探仍以机械式回转钻探工艺方法为主，其中硬质合金回转钻进和金刚石回转钻进最为常用。

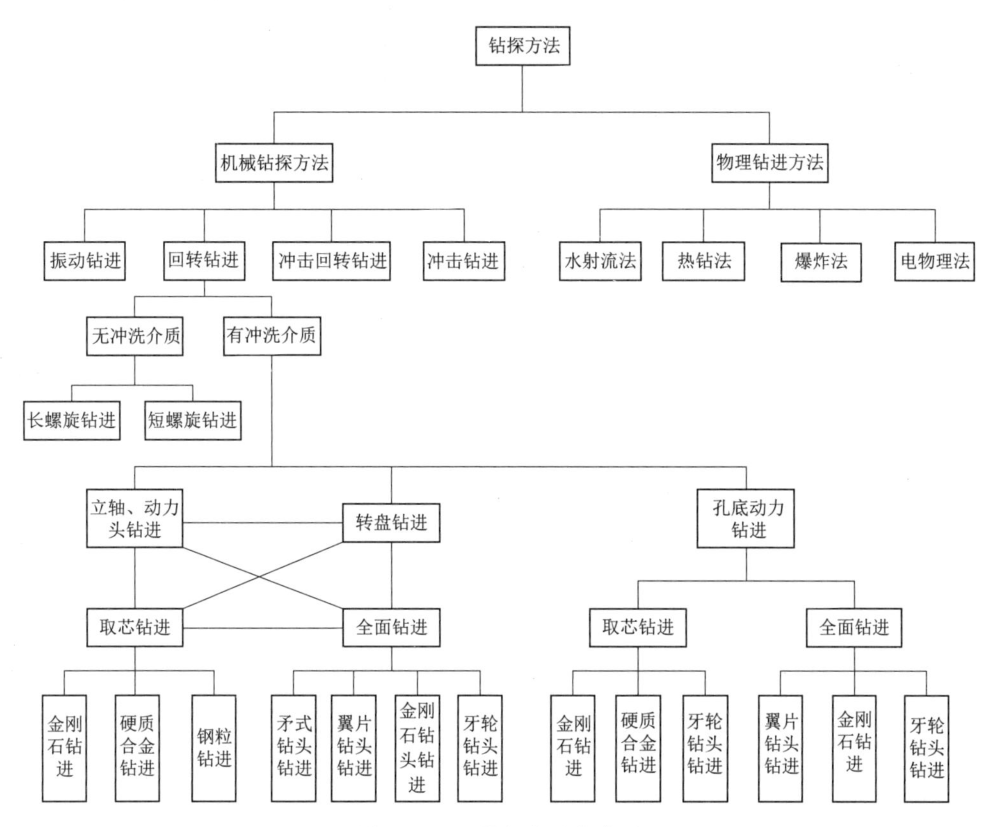

图 2.4-1 钻探方法分类图

2.4.1 钻孔结构设计

钻孔结构是指钻孔由开孔至终孔，钻孔剖面中各孔段的深度和口径的变化情况。一般来说，换径次数越多，钻孔结构越复杂；反之亦然。在可能地情况下，应使钻孔结构尽量简单。

2.4.1.1 设计的依据

为了确定钻孔结构设计，必须有以下原始资料：①钻孔的用途和目的；②该地层的地质结构、岩石物理力学性质；③钻孔的设计深度和钻孔的方位方向、顶角方向；④必需的终孔直径；⑤钻进方法、钻探设备参数。

在地层地质条件许可并能满足地质勘探要求的情况下，应力争少换径，少下或不下套管，以简化钻孔结构。再者，在满足地质要求的情况下，应尽可能使用小口径金刚石钻具钻进，以提高钻进效率，减少事故，降低钻探成本。

2.4.1.2 设计的内容

1. 确定各种岩层的钻进方法

选择钻进方法的主要依据是被钻进地层的地质条件、孔深、孔径和钻孔剖面以及施工位置的自然地理条件，还应根据已完工钻孔的统计资料的分析结果。若施工地区未曾钻过一个孔，则在选择钻进方法时，应考虑相近地质条件的其他地区的经验和情况。

不同钻进方法的合理应用范围建议如下：

（1）回转钻进。

1）孔深超过1200m（无论地层地质条件如何，决定钻进方法的关键是孔深）。

2）钻进沉积岩、基性和超基性岩、深部岩浆岩等弱研磨性的岩层。

3）钻进定向孔、分支定向孔和水平孔。

4）需要采用加重冲洗液钻进。

5）大口径钻头钻进（ϕ150以上）。

（2）液动冲击回转钻进。

1）钻进不同岩性岩石交替出现的岩层以及坚硬致密地层等强研磨性的岩层。

2）孔深达到1000～1200m，矿区水源、动力供应充足。

3）在强烈造斜地层和弱研磨性地层钻进。

（3）风动冲击回转钻进。

1）钻进花岗岩类和火山变质岩等强研磨性地层，但孔深不超过300m。

2）在沙漠以及半沙漠地区、常年冻土带和易产生大量漏失的岩溶和裂隙发育地区钻进。

对不同的岩层可以采用不同的钻进方法（表2.4-1），但应选择最经济的钻进方法。为此，提出一种比较简单的计算方法。以每钻进1m钻孔的经济效益作为相对指标予以衡量。每钻进1m钻孔的成本可用式（2.4-1）计算：

$$A=\frac{C\left(\frac{1}{v}+\frac{1}{l}T_1+T_2\right)}{T}+\frac{B}{L} \tag{2.4-1}$$

式中：A为单位成本，元/m；C为一个台班的成本（不包括磨料），元/台班；v为机械钻速，m/h；l为回次长度，m；T_1为每个回次的辅助时间，h；T_2为钻进1m的辅助作业时间，h/m；T为一个台班用于钻进工作的时间，h/台班；B为一个钻头的成本，元；L为钻头寿命，m。

表2.4-1 钻进方法选择表

钻进方法		岩石可钻性等级											
		1	2	3	4	5	6	7	8	9	10	11	12
回转钻进	硬质合金	▨	▨	▨	▨	▨	▨	▨					
	钢粒						▨	▨	▨	▨	▨	▨	▨
	金刚石							▨	▨	▨	▨	▨	▨
冲击钻进	硬质合金				▨	▨	▨	▨	▨	▨			
	金刚石							▨	▨	▨	▨	▨	▨

2. 确定钻孔终孔直径

影响终孔直径选择的因素很多，包括钻进方法、不同矿种允许最小岩矿心直径、钻孔用途、钻机动力容量和孔内测井仪器的规格等。

从经济角度出发，钻孔直径应尽可能小，但要能钻进至设计深度，满足取样要求。小口径钻头钻进有利于提高孔壁的稳定性，简化钻孔结构。

3. 确定套管层次、下放深度和套管直径

是否有必要下套管，首先取决于地层的复杂情况和对地质情况的了解程度。为了加快钻进速度和节约管材，应力求用一般的方法（如采用各类泥浆护孔等）处理钻孔中可能发生的坍塌、掉块、漏失或涌水等因岩性引起的事故。只有当钻孔有特殊用途或地质情况特别复杂且采用各种冲洗液处理无效时才决定下套管。一般遇到下列情况之一时需要下入套管，换径钻进：①钻进松散的砂砾石层、流砂层，受地下水的影响，泥浆护孔无效时；②穿过较厚的节理裂隙发育的破碎带，坍塌掉块严重时；③钻进含水构造或与大裂隙贯通，严重涌水或者漏失地层时；④钻孔达到一定深度后，大口径换小口径继续钻进以适应设备负荷能力，提高效益；⑤接近地面的表土层、风化层较松软易坍塌，一般下入孔口管后换径钻进；⑥套管层次主要依据地层情况和换径次数而定。

下入深度主要考虑复杂地层深度和各级孔段深度。套管柱鞋必须安置在牢固的基岩上，对于任何套管柱下端来说，都必须把钻孔钻到两侧薄弱接触带以下 2～5m 处，才能下入套管柱。钻孔柱状图中预计含有气层时，为安全钻开气层，中间套管下入最小深度由式（2.4－2）确定：

$$Z_{\min}=\frac{P_{u}}{A} \tag{2.4-2}$$

式中：$Z_{\min}$为套管最小下入深度，m；A 为地层破裂压力，MPa/m；P_{u} 为地层压力，MPa。

4. 拟定孔身直径和开孔直径

在上述工作的基础上，由下向上逐段确定各个钻孔孔段的深度和孔径，直至地表，确定开孔孔径和所需下入套管的层数、直径和深度（图 2.4－2）。

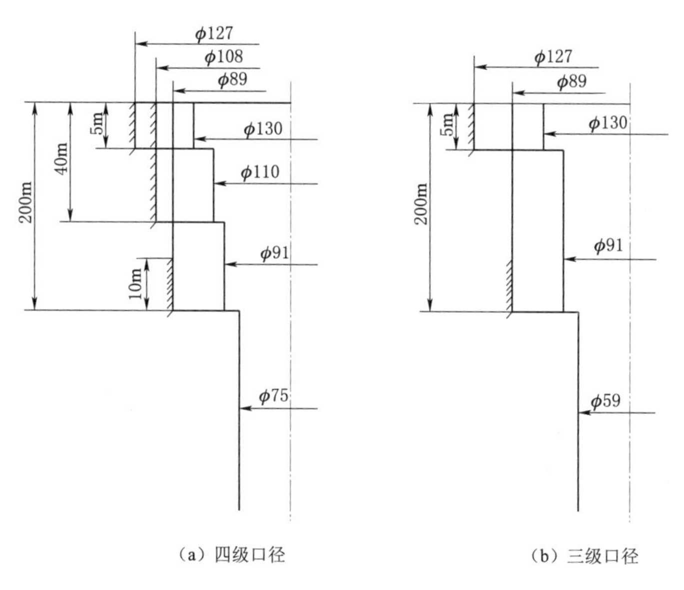

图 2.4－2 钻孔结构示意图（直径单位：mm）

为了发挥小口径钻进的优越性，依据地层情况又可能遇到一些复杂情况时，可以在下入孔口管后即可改用小两级口径的钻具钻进，以便在发生意外事故时采用扩孔处理。

总之，在钻孔设计与施工时，要充分考虑矿区的岩石性质、水文地质条件、钻孔终孔口径、钻孔深度、钻进方法、钻孔用途等因素。在保证钻孔质量和安全钻进的前提下，尽可能地采用泥浆护孔，力争少换径、少下或者不下套管，最大限度地简化钻孔结构，降低钻探成本。

2.4.2 硬质合金钻进

利用镶焊在钻头体上的硬质切削具作为碎岩工具的钻进方法称为硬质合金钻进，适用于软岩层及中硬岩层的钻进工作，即可钻进1～4级软的沉积岩及中硬的5～7级及部分8级岩浆岩和变质岩。

2.4.2.1 钻进规程参数

硬质合金钻进技术参数应根据岩性、孔径、钻头结构合理选择。硬质合金钻进钻压如表2.4－2所列，冲洗液量如表2.4－3所列，转速宜如表2.4－4所列，并符合下列要求：①应保持孔内洁净；②宜保持压力均匀；出现糊钻或岩芯堵塞等孔内异常现象时，应提钻处理；③应选择合适的卡料或卡簧取芯；④当采用硬质合金钻头干钻取芯时，应降低转速并控制钻进时间；⑤宜控制回次进尺，每次提钻后，应检查钻头磨损情况。

表2.4－2　硬质合金钻进钻压　　单位：kN/块

岩石可钻性	钻压	
	普通合金	针状合金
1～4级	0.3～0.6	1.5～2.0
5～7级	0.5～1.0	1.5～2.5

表2.4－3　硬质合金钻进冲洗液量　　单位：L/min

岩石性质	不同钻头直径的冲洗液量		
	76mm	96mm	110mm
松软、易碎、易冲蚀	<60	<70	<80
塑性、弱研磨性、均质	100～120	120～150	150～180
致密、强研磨性	80～100	100～120	120～150

表2.4－4　硬质合金钻进转速

岩石性质	圆周速度/(m/s)	不同钻头直径的转速/(r/min)				
		150mm	130mm	110mm	96mm	76mm
弱研磨性岩石	1.2～1.4	150～180	180～210	210～250	250～300	300～350
中等研磨性岩石	0.9～1.2	100～120	120～150	150～200	200～250	250～300
强研磨性岩石	0.6～0.8	80～100	100～120	120～160	140～160	160～180

2.4.2.2 操作技术要点

（1）硬质合金取芯钻头的规格要符合要求。钻头上的合金应镶焊牢固，不允许用金属锤直接敲击合金，超出外出刃的焊料应予以清除，出刃要一致。钻头切削具磨钝、崩刃、水口减小时，应进行修磨。

（2）新钻头下孔时应距孔底0.5～1m以上，慢转扫孔到底，逐渐调整到正常钻进参数。

(3) 孔内脱落岩芯或残留岩芯在0.5m以上时，应用旧钻头处理。

(4) 下钻中途遇阻，不要猛镦，可用自由钳扭动钻杆或开车试扫。

(5) 拧卸钻头时，严防钳牙咬伤硬质合金、合金胎块或夹扁钻头体。卸扣时不准用大锤敲击钻头。

(6) 钻进中不得无故提动钻具，需要保持压力均匀，不允许随意增大钻压倒杆后开车时，应降低钻压。发现孔内有异常如糊钻、憋泵或岩芯堵塞时，处理无效应立即提钻。

(7) 取芯时要选择合适的卡料或卡簧。投入卡料后应冲孔一段时间，待卡料到达钻头部位后再开车。采取岩芯时，不应频繁提动钻具。当采用干钻取芯时干钻时间不得超过2min。

(8) 经常保持孔内清洁。孔底有硬质合金碎片时，应捞清或磨灭。

(9) 使用肋骨钻头或刮刀钻头钻进时，应及时扫孔修孔。

(10) 合理掌握回次进尺长度，每次提钻后，应检查钻头磨损情况，调整下一回次的技术参数。

(11) 在水溶性或松散矿层钻进取芯，应采用单动双管钻具，并限制回次进尺。

2.4.3 金刚石钻进

金刚石钻进是当前钻探工艺中一种比较先进的钻进方法，与其他钻进方法相比，具有钻进效率高、钻探质量好、孔内事故少、钢材消耗少、成本低及应用范围广等特点。钻进时孔径和钻孔倾斜角不受限制，广泛用于固体矿产、水电工程、煤田、石油等地质勘探中。

2.4.3.1 钻进规程参数

金刚石钻进过程中应选用适宜的钻进规程。钻压应根据岩性、钻头唇面积、金刚石粒度、品级、浓度等进行选择，推荐值如表2.4-5所列；泵量应根据岩石的研磨性、完整程度、钻进速度和钻头直径等情况改进，推荐值如表2.4-6所列；转速应根据岩性、岩层完整程度、钻进速度及钻头直径等进行调整，推荐值见表2.4-7。另外，金刚石复合片钻进的规程参数见表2.4-8。

表2.4-5 金刚石钻进钻压 单位：kN

钻头规格		B	N	H
钻压	表镶钻头	4.0～7.5	6～11	8～15
	孕镶钻头	4.5～8.5	8～12	9～15

表2.4-6 金刚石钻进泵量 单位：L/min

钻头规格	B	N	H
泵量	35～55	46～70	50～80

表2.4-7 金刚石钻进转速 单位：r/min

钻头规格		B	N	H
钻进转速	表镶钻头	300～650	200～500	170～450
	孕镶钻头	500～1000	400～800	350～700

表 2.4-8　　金刚石复合片钻进技术参数

钻头规格	钻压/kN	转速/(r/min)	泵量/(L/min)
N	4.8～12.0	200～300	150～200
H	6.4～16.0	150～250	>200
P	8.8～22.0	120～200	>200

2.4.3.2　技术措施

选择钻头类型之后，为取得良好的技术经济效果，还必须采取以下技术措施：

(1) 金刚石钻头、扩孔器要排队轮换使用。根据岩层、设计孔深等情况，钻头、扩孔器应排队轮换使用，先用外径大的，后用外径小的。同时亦先用内径小的，后用内径大的。在轮换过程中，应保证使排队的钻头、扩孔器都能正常下到孔底，以避免扫孔、扫残留岩芯。提钻后必须用游标卡尺精确测量钻头和扩孔器的外径、内径以及孕镶钻头的高度，并做好记录，以作为下个回次选择钻头尺寸的依据。

(2) 钻头与扩孔器必须合理配合。扩孔器外径应比钻头外径大 0.3～0.5mm，坚硬岩层不得大于 0.3mm。如扩孔器外径过大，将使扩孔量增加，磨损加剧，钻进效率低。扩孔器外径过小，则起不到扩孔保径的作用。钻头内径和卡簧的自由内径必须合理配合。卡簧的自由内径过大，则取不上或卡不牢岩芯，造成中途脱落或残留岩芯过多；卡簧的自由内径过小，易造成岩芯堵塞。因此，每次下钻前，要注意检验钻头尺寸与卡簧的配合尺寸。机场应备 2～3 种尺寸的卡簧以供选配。

(3) 为金刚石钻头创造良好的工作条件。金刚石性脆，遇冲击载荷易碎裂，因此要求孔内清洁，孔底平整，孔径规矩；发现孔底有硬质合金碎屑、胎块碎屑、脱落的金刚石颗粒、金属碎屑、脱落岩芯、掉块等，要立即采用冲、捞、捣、抓、黏、套、磨、吸等方法清除；凡用金刚石钻进的钻孔，禁止采用钢粒钻进。当新钻头下孔前，要进行磨孔处理；换径和下套管前，必须做好孔底的清理和修整工作。换径和下套管后，用锥形钻头将换径台阶修成锥形，并取净孔底异物，方可钻进。

(4) 改善钻具稳定性。钻进过程中，因受钻进技术参数选择不当、孔斜严重、钻具级配不合理、钻孔超径等因素的影响，钻具会产生不同程度的振动。虽不能全部消除振动，但采取相应的预防措施是可得到改善的，例如可采取以下措施：

1) 采用圆断面、直的、与钻杆同级的机上钻杆和高速轻便水龙头、轻型高压胶管，以消除偏重现象，保持机上钻杆运转平稳，防止晃动；不使用弯曲度超过规定的钻杆和粗径钻具。

2) 采用级配合理的钻具，以减少钻具与孔壁或套管内壁的环状间隙，从而减少钻具的“径向”振动；不得采用过大钻压和泵量钻进；可采用减振器、扶正器或稳定接头；在强研磨性、破碎、软硬互层的岩层中，禁止盲目用高转速；使用乳化冲洗液、润滑膏以减少钻具回转时的摩擦阻力和振动；钻机与柴油机的传动轴中心线要对准，机身要周正水平，基础要牢固。

(5) 防止岩芯堵塞。采用单动双管钻进，在节理发育、破碎、倾角大的岩层，应设计专用取芯工具；吸水膨胀、节理发育等易堵岩层应采用内径较小、补强较好的钻头，使岩芯顺利地进入内管；为保证较破碎岩芯能平滑顺利地进入内管，内管壁可以涂适宜的润滑脂、喷涂塑料、镀铬等；采取相应的减振措施，减少由于振动造成岩芯、矿心破碎引起的堵塞；钻进过程中，不允许任意提动钻具，开、关车要平稳，钻压、泵量要均匀。

(6) 防止烧钻。烧钻指金刚石钻头在钻进过程中，因操作不当或孔内情况复杂，造成钻头被烧毁，无法再用的简称。烧钻轻者使钻头报废，使钻头费用剧增；重者，钻头胎体熔化，且和岩粉、残留岩芯烧结在一起，甚至发生连同岩芯管一起烧毁的事故，致使被迫终孔或报废。烧钻将引起卡钻事故，往往伴随有钻孔弯曲，应严格采取预防措施，具体如下：

1) 保证冲洗液循环畅通。金刚石钻进一般采用高转速钻进。由于钻头、钻具与孔壁间隙小，一旦孔底冲洗液补给不足或循环中断，致使钻头冷却不良，排粉不及时，瞬间即可把钻头烧毁。因此，在钻进过程中始终要保持循环畅通。

2) 控制合理的钻进速度。在金刚石钻进过程中，切忌盲目加压，追求进尺。钻速过快，造成孔内岩粉淤积，排粉不及时，会产生烧钻，甚至钻孔弯曲。要力求避免这种恶性连锁反应。还应再次强调金刚石钻进工艺三要素的有机配合。在钻进中硬至硬岩层时，转速是提高孕镶钻头钻速的主要因素；钻进硬岩层时，则应以提高钻压为主。随着钻速的增长，泵量亦相应增加。然而，切忌单纯靠盲目加压取得高转速。一般在中硬均质岩层中，钻速应适当控制，并配以适当泵量。

3) 集中精力，精心操作，观察各仪表显示的数据，及机械、传动皮带、胶管等的运转和动态变化。泵压下降，胶管会由突然跳动趋于平稳；钻具回转吃力，是泥浆泵供水不良，钻柱或孔底严重失水的征兆，有发生卡钻的危险，应及时处理。

(7) 孕镶钻头的初磨和修磨。新的孕镶钻头下孔后，采用轻压慢转，大致钻进0.2～0.3m后，使金刚石刃出露，并与孔底磨合，再进行正常钻进。采用喷砂方法，促使金刚石出刃。喷砂方法是利用携带硬质粒子的高速流体束，对旋转中的钻头唇面进行喷射，使钻头唇面的金刚石刃出露并锐化，以实现钻头有效钻进。当孕镶钻头出现打滑时，均可采用此方法。孕镶钻头水口小于3mm，要用砂轮或锉刀修磨加深，并尽量保持一致，以免冲蚀不均，造成钻头偏磨。

2.4.4 冲击回转钻进

冲击回转钻进是钻头在静压作用下进行回转，同时辅以纵向冲击动载，从而形成以回转切削和纵向冲击相结合的碎岩钻进方法，对破碎坚硬和强研磨性岩石有很好的效果。

回转钻进方法钻进坚硬和研磨性较高的岩石时，由于岩石抗压强度高，切削具必须在很大的轴心压力下才能切入岩石，而大的轴心压力将导致切削具的急剧磨损，从而使钻进效率大大降低。实践表明，破碎坚硬岩石时，冲击钻进比回转钻进更为有效。这是由于冲击钻进使岩石产生剪切破碎，而岩石的剪切强度只相当于抗压强度的1/6～1/12。在冲击载荷的作用下，岩石表面可产生瞬时接触应力，尽管岩石的动硬度比静硬度大，但岩石容易产生裂纹，并且随冲击速度的提高，岩石脆性将增大，有利于岩石裂纹的发育。因此，冲击载荷有利于破碎坚硬的岩石。

冲击回转钻进常常与冲击器配合使用，钻进时需要根据工艺方法、钻孔深度、钻孔直径、岩石可钻性、破碎程度及冲洗液等选择适宜的冲击器。冲击回转钻进一般采用硬质合金钻头、金刚石钻头和牙轮钻头，具有钻进效率高、取芯质量好、应用范围广等特点。

2.4.4.1 钻进规程参数

液动冲击回转钻进规程参数见表2.4-9。

表2.4-9 液动冲击回转钻进规程参数

钻头规格	钻压/kN	转速/(r/min)	泵量/(L/min)
B	4～8	400～800	50～80
N	10～12	400～600	70～110
H	12～15	300～500	>150

1. 钻压

冲击回转钻进时，切削刃在轴向压力（静载）及冲击力（动载）作用下破碎岩石。静、动载同时作用提高了岩石破碎效率，当冲击能量不变时，在一定范围内随着静载的增加，破碎穴的深度和体积相应增大。因为静载使岩石内部形成预应力，又克服冲击器的反弹力，切削具与岩石良好接触，减少冲击能量的传递损失。但是，随着轴向压力增大，切削刃的单位进尺磨损量也增加。所以选择钻压时，既要考虑克服潜孔锤的反弹力，保证足够的预加力，提高机械钻速，还须考虑降低钻头的单位磨耗。另外，钻压对直接破碎岩石不起主要作用，但对机械钻速有一定影响。所以选择轴向压力时既要注意瞬间钻速，又要注意整个钻进过程中的平均小时效率。

对硬度不大和研磨性弱的岩石，采用较大钻压，充分发挥回转切削碎岩的作用：对坚硬和研磨性强的岩石，则应充分发挥冲击碎岩的作用。通常用ϕ59钻头钻进时，在软岩中（5～6级），如泥页岩、粉砂岩、弱灰岩等，采用8～10kN，在硬岩中可控制在4～6kN。

2. 转速

冲击回转钻进时，转速主要是根据所钻岩石的性质、所用切削工具的种类以及冲击器冲击功的大小和冲击频率的高低等因素确定。

采用液动冲击回转钻进时，为了降低切削刃的磨损、增加回次长度，常选用较低的转速，若增大转速，则在冲击频率不变的情况下，会增加两次冲击的间距，从而增大了切削行程，也就是增大了切削具的磨损。采用金刚石冲击回转钻进时，为了充分发挥金刚石多刃刻取岩石的作用，转速应提高。

冲击器的冲击功较大时，可适当提高钻具转速；反之，应降低钻具的转速。同样，冲击器的频率较高时，钻具的转速也应适当增加；反之，应适当降低转速。

影响选择转速的主要因素是岩石性质。对于硬岩或强研磨性岩石，钻进碎岩主要靠冲击作用，两次冲击间距较小，转速应降低；对于裂隙发育的岩层或软岩层，合理的转速应能保证充分发挥切削碎岩的作用。

3. 泵压和泵量

泵压和泵量是液动冲击回转钻进的重要参数，因为在钻进过程中，冲洗液不仅是为了冷却钻头、清洗孔底，而且直接影响冲击器的冲击频率和冲击功的大小。在条件（泥浆泵及管路、钻孔环状间隙）允许时，应满足潜孔锤推荐的泵量，并适当增大以弥补钻具泄漏所造成的损失。泵压除克服冲击器及管路上的阻力损失外，还应满足冲击器做功的需要，随着泵压的增高，冲击器的冲击频率和冲击功都相应增加。通常泵量增大，平均机械钻速会提高，特别是岩石可钻性级较低时更加明显。一般来说，孔径为76～91mm时，泵量选160～200L/min。一般阀式冲击器需要（15～20）×10^5Pa泵压才能稳定工作。

液动潜孔锤采用不同的介质（如清水、乳化液、泥浆等）对工作性能产生不同的影响。在可能的条件下，尽量采用清水、低固相泥浆或无固相泥浆做冲洗介质，以使其流阻减小。另外，在泥浆循环系统中，应设置除砂净化设备和过滤装置。

2.4.4.2 技术要求

由于液动冲击回转钻进工艺及钻探装备与常规回转钻探基本相同，因而易于应用。技术要求如下：

（1）泥浆泵是液动潜孔锤的工作动力源，配套泥浆泵的压力和泵量要充分满足液动潜孔锤的参数要求。一般应选择最大泵压在额定泵压值的2/3范围内；由于液动潜孔锤和钻杆泄漏，泥浆泵的排量应比潜孔锤名义排量高30%，在循环系统中可采用分流或调速等方式调整排量。

（2）为保证潜孔锤获得足够的泵量和压力，要求钻杆的连接螺纹有良好的密封和耐压性能。

（3）由于泵压高且有脉动变化，泵压表应具有良好的抗震性能。

（4）液动冲击回转钻进的泵量和泵压比普通回转钻进时大，现场应配备一套高压管路系统，其中包括大通孔主动钻杆水龙头，耐压8MPa以上的铠装高压、胶管及其接头，大功率的钻探泥浆泵，稳压装置等。

（5）冲洗液为稳定液流，为减少水击波对泥浆泵的影响，需要在水泵输出管与高压胶管之间安装一个稳压罐（耐压大于工作压力10MPa以上，容积大于0.1m^3）。

（6）冲洗液中坚硬固相颗粒对潜孔锤的零件产生剧烈磨损，阻卡时应采用润滑性能好的高质量泥浆，做好固相控制，加强泥浆中杂物的过滤，含砂量不大于0.5%。在采用随钻堵漏剂进行堵漏施工时，或在泥浆中加入塑料微球等材料进行钻具减摩润滑措施时，不推荐使用液动冲击回转钻进。

2.4.5 管钻钻进

管钻钻进有冲击管钻钻进、振动管钻钻进和套管管钻钻进，其中套管管钻钻进最为常用，适用于土、砂、砂砾石、砂卵石层及部分卵石层和砾石层。

2.4.5.1 冲击管钻钻进

冲击管钻钻进应符合下列要求与规定：

（1）冲击管钻宜采用卷扬机操作。

（2）钻进前检查绞车的灵活性、钢丝绳磨损情况、钢丝绳与钻头连接的牢固情况、抽筒活门开启与关闭情况等。

（3）匀速升降钻具，在孔口与孔底不应猛提猛放，钢丝绳弹出天车槽时不得提放钻具。

（4）抽筒钻头钻进时，冲击高度不宜超过0.3m，回次进尺不宜超过抽筒长度的1/2；其他钻头钻进时，冲击高度不宜超过1.0m，回次进尺宜控制在2～3m。

（5）跟管钻进时，抽筒不宜超过套管管靴 0.5m；在流砂层中钻进，抽筒与管靴宜保持在同一深度，采用低冲程、紧跟管、慢提升等措施，钻具不得长时间停放在孔底。

2.4.5.2 振动管钻钻进

振动管钻钻进应符合下列要求与规定：

（1）钻进前检查振动器、升降机、钻架、吊环、钢丝绳、钻具性能等。

（2）开钻时扶正钻具，地面坚硬时先采用人工开挖。

（3）钻具连接牢固可靠，钻进中观察有无松动现象。

（4）钻进粒径较大的卵、砾石地层时，宜配置加重钻杆。

（5）钻进中监测电动机的温度。

（6）轻微拉紧并随钻进放松提升振动器的钢丝绳。

（7）及时处理钻具脱扣或钻杆折断等事故。

2.4.5.3 套管管钻钻进

套管管钻钻进是将钻进和下套管合二为一，采用专用套管（部分口径可采用绳索取芯钻杆）传递钻压和扭矩，驱动孔底套管及取芯钻具回转钻进；采用绳索打捞原理，在不提钻情况下，进行绳索取芯和更换孔底钻头，实现不提钻换钻头取芯钻进；钻至预定孔深或穿过预定复杂地层后，打捞出孔底取芯钻具，套管柱则留在孔内保护孔壁。

套管管钻钻进的最大特征是采用套管代替绳索取芯钻杆，将钻压和扭矩传递至孔底取芯钻具，钻进结束后，套管留在孔内保护孔壁。套管不仅具备了常规钻进过程中“钻杆”和“套管”的功能，还可用于绳索取芯钻进，故应采用符合要求的绳索取芯钻杆作为套管管钻套管。

套管管钻钻进工艺流程如图 2.4-3 所示。

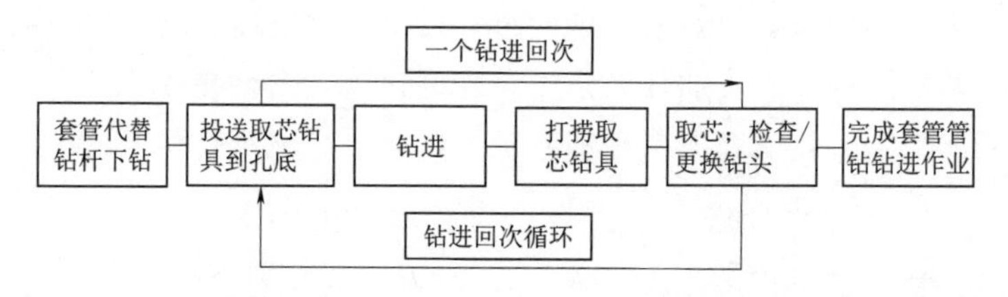

图 2.4-3 套管管钻钻进工艺流程图

套管取芯钻具有张开和收敛两种工作状态，在图 2.4-4（a）所示的张开状态下，张开后的副钻头将主、副钻具连接，钻具呈钻进工作状态，主钻头执行先导取芯钻进，副钻头承担扩孔任务；钻进回次结束后，采用打捞器捕捞住主钻具，在开始提升瞬间，副钻头收敛（缩回）钻头架内部，如图 2.4-4（c）所示，解除主、副钻具的连接，可将其打捞到地面，实施取芯和检查/更换钻头。然后，再将主钻具投送到孔底，通过冲洗液的水力作用驱动副钻头张开，钻具再次呈钻进工作状态。

套管管钻钻进技术特点如下：

（1）直接采用套管向孔内传递机械能和水力能。

（2）孔内钻具组合接在套管柱下面，边钻进边下套管。

（3）将钻进和下套管合并成一个作业过程。

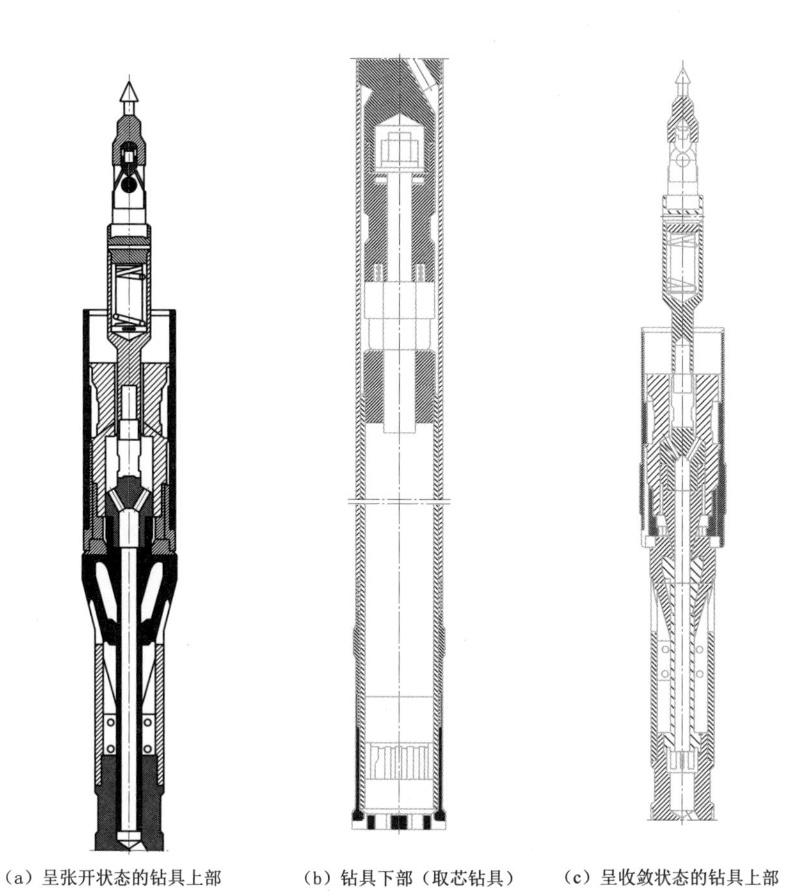

(a) 呈张开状态的钻具上部　(b) 钻具下部（取芯钻具）　(c) 呈收敛状态的钻具上部

图2.4-4　套管取芯钻具结构示意图

(4) 钻头和孔内工具的起、下在套管内进行，不再需要常规的起、下钻作业。

套管管钻钻进技术优点如下：

(1) 节省钻进时间。

(2) 减少孔内事故。

(3) 改善孔内状况。

(4) 保持冲洗液的连续循环。

(5) 改善提升水力参数和钻孔清洗状况。

2.5　取芯

取芯技术是指获取地层岩芯所使用的机具与工艺方法。获取岩芯是钻探的主要任务和最终目的。由于不同的地层具有不同的组分和结构构造，取芯难易程度较大，为保证取芯质量达到工程技术和规程规范要求，必须采用不同的取芯技术与方法。本节主要介绍单层岩芯管取芯、双层岩芯管取芯、三层岩芯管取芯的原理与方法。

2.5.1 单层岩芯管取芯

单层岩芯管取芯钻具一般由钻头、扩孔器、单层岩芯管及异径接头组成，可适用于金刚石钻进、复合片钻进和硬质合金钻进，具有钻具强度大、结构简单、易于加工、使用维护方便、取芯直径大等特点，一般用于钻进完整、致密、少裂隙的岩层或对取芯质量要求不高时采用。

2.5.1.1 单层岩芯管取芯方法

1. 卡料卡取法

这种方法适用于硬质合金钻进，一般在中硬以上、完整、致密的岩层中使用，卡料可采用碎石、石英砂砾、铁丝等材料。碎石应选用较硬的岩石如石英岩，敲成圆粒，直径一般2～5mm，投入量由岩芯直径的大小和长度决定，一般为40～100粒。铁丝一般采用8号或10号，长度为岩芯管直径的1.5～3倍，以单股、双股以及三股拧成麻花状做成三种不同直径规格（3～10mm），视岩芯直径与钻头钢体内径之间的间隙大小适当确定混配直径规格与比例，不同直径卡料的总投入量为8～15股。

2. 卡簧卡取法

卡簧卡取法在金刚石单、双岩芯管钻进中应用较普遍，适用于获取硬或中硬、较完整且直径较均匀的岩芯。卡簧一般是用弹簧钢65Mn或调质钢40Cr加工，硬度为HRC45～50。卡簧与卡簧座的锥度要一致，卡簧的自由内径应比钻头内径小0.3mm左右。现场应用时，对同一规格钻头一般按0.3mm级差匹配三种。在不更换钻头时，检查卡簧自由内径是否合适的简单方法：将卡簧套在岩芯上，卡簧对岩芯既有一定的抱紧力，又能在岩芯上被轻轻推动，即为合格，推动费力则为过小，停留不住则为过大。

3. 干钻卡取法

干钻卡取法无需投入卡料，利用某些岩层破碎易堵的特点达到取芯的目的。回次末了停泵，继续加压钻进20～30cm，利用没有排除的岩粉挤塞卡紧岩芯。该方法一般是在钻进松散、软质和塑性岩层时，用卡料和卡簧卡不住岩芯时采用。干钻取芯法容易造成孔内卡钻或烧钻。因此，干钻时间和进尺长度不宜过长，使用活动分水投球钻具，可以使干钻阀获得更好的效果。

4. 沉淀卡取法

该方法是一种以岩屑为卡料挤塞卡取岩芯的方法，多用于反循环钻进。回次钻进终了时，停止冲洗液循环，利用岩芯管内的岩粉沉淀作为卡料挤塞卡住岩芯。此法适用于松软、脆、碎岩层。使用中要注意岩粉沉淀时间，通常取10～20min，沉淀卡取法常与干钻卡取法结合使用。

2.5.1.2 典型单层岩芯管取芯钻具

常用的单层岩芯管钻具如图2.5-1所示。金刚石单管钻具一般由异径接头、岩芯管、扩孔器、卡簧、钻头组成，卡簧安装于钻头内锥面或扩孔器内锥面，为防止钻进中卡簧上窜或翻转，可在钻头内腔中设置卡簧座与限位短节。为防止钻孔弯曲和上部异径接头磨损，可在岩芯管与异径接头之间加装上扩孔器或在异径接头外表面喷焊或镶焊硬质合金。

为了避免钻柱内泥浆压力对岩芯的下压，在特殊情况下，在粗径钻具异径接头钻杆连

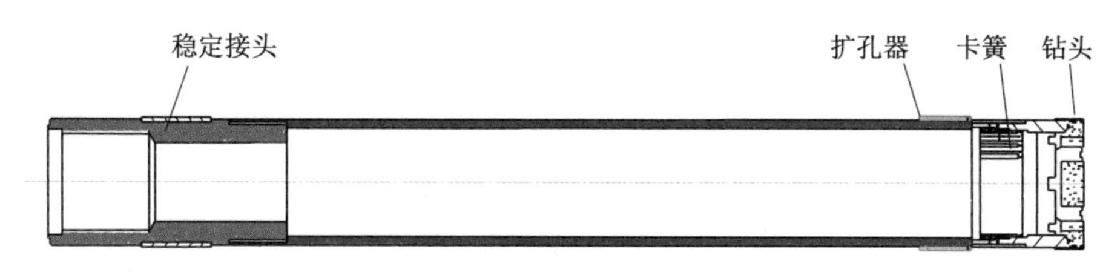

图2.5-1　金刚石单管钻具

接处，增设一个阀座，如图2.5-2所示。回次终了卡住岩芯之后，即可投入球阀关闭阀座内孔，隔离钻杆内水柱，可减少岩芯脱落机会。该钻具一般适用于可钻性3～4级具有黏性的岩层。其缺点是提卸钻杆时，钻杆内的冲洗液会在孔口喷出。可以进行其他改进或分流以达到最佳效果。

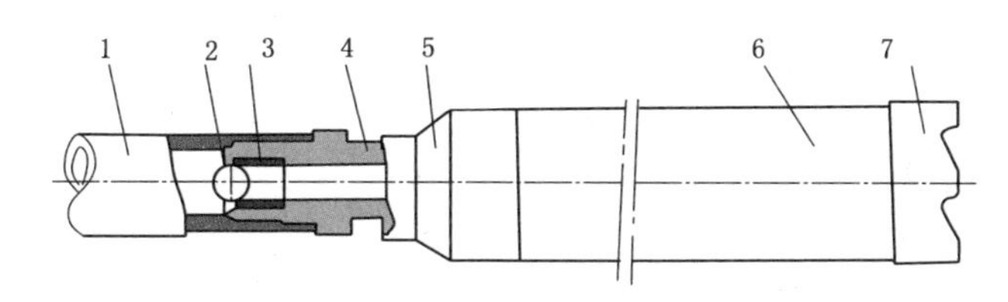

图2.5-2　投球接头单管钻具示意图

1—钻杆；2—钢球；3—球阀；4—投球接头；5—异径接头；6—岩芯管；7—钻头

2.5.2　双层岩芯管取芯

双层岩芯管钻具是目前提高岩芯采取率和质量的一种重要的工具。

2.5.2.1　双层岩芯管特点

双层岩芯管钻具由内外两层岩芯管组成。工作时外管与内管同时转动的称为双动双管，外管转动而内管不转动的称为单动双管；内管可以用绳索打捞器提到地表的称为绳索取芯单动双管。为了适应不同岩层取芯的需要，双层岩芯管钻具可以设计成多种多样的结构型式，具有如下特点：

（1）为避免或减弱机械力对岩芯的破坏作用，双管钻具中设置避振缓冲装置，如采用性能良好、灵活可靠、保证内管工作时不转动的单动装置、缓冲弹簧、扶正器等。

（2）为防止或减轻冲洗液对岩芯的冲刷作用，双管钻具中设置隔水和分流装置，如采用超前式内管、底泄式钻头、侧泄式钻头、隔水罩等。

（3）为防止或缓解岩芯在内管中的互磨作用，双管钻具中增加减磨防磨装置，如冲洗液反循环装置、岩芯自卡报信机构、内壁镀铬的岩芯容纳管、半合管、单向阀等。

（4）为防止岩芯污染，设置隔浆活塞、压入式内管钻头、密封装置等。

（5）为防止岩芯从岩芯管中脱落，设置爪簧、压卡装置、隔水球阀等。

2.5.2.2　主要结构类型

双层岩芯管钻具结构型式如图2.5-3所示，钻进完整和微裂隙岩层，用清水或乳状液洗孔时，为了提高钻进速度、回次进尺和岩芯采取率，可采用孔底正冲洗式单动双管钻具［图2.5-3（a）］。这种钻具的金刚石钻头胎体壁厚较小，这就保证了孔底破碎岩石工

作量小。冲洗液出口高于卡簧，内管下端置于扩孔器壳体内，扩孔器有防止内管和外管振动的作用。在完整岩层中钻进，还可采用内管与外管同时转动的双动双管钻具。

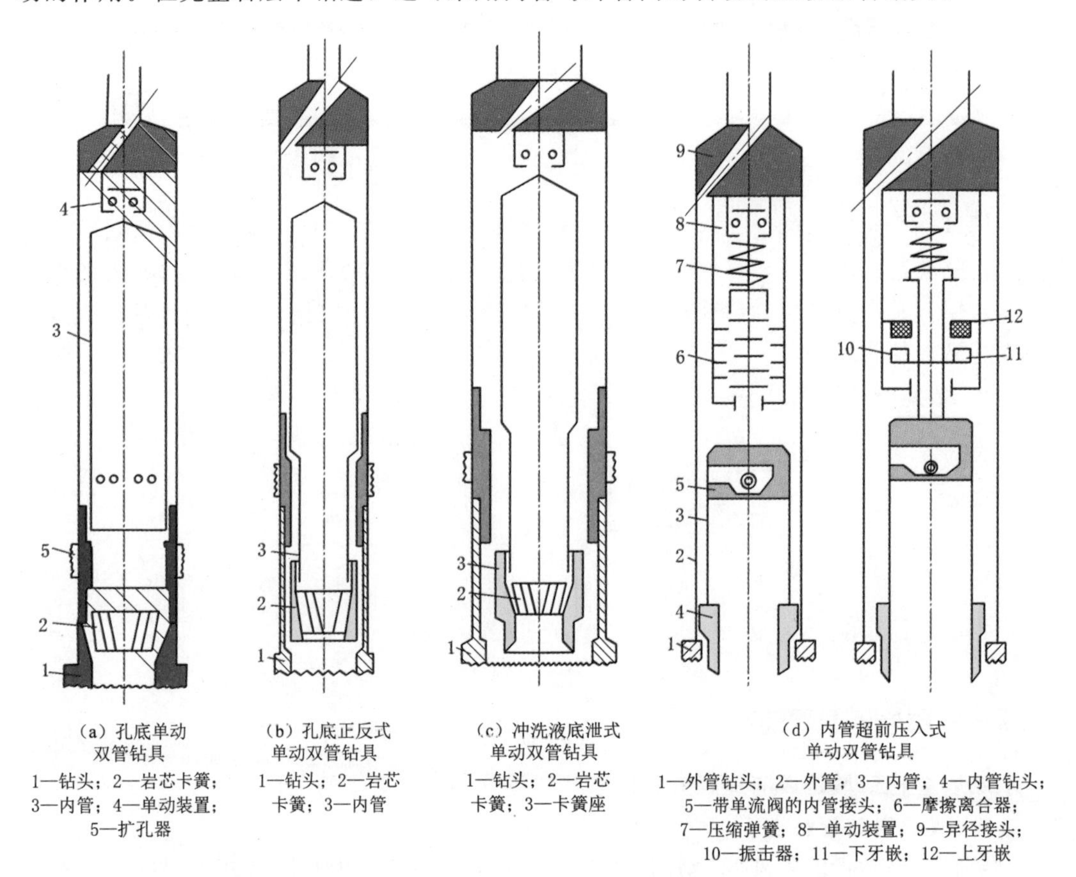

(a) 孔底单动双管钻具
1—钻头；2—岩芯卡簧；3—内管；4—单动装置；5—扩孔器

(b) 孔底正反式单动双管钻具
1—钻头；2—岩芯卡簧；3—内管

(c) 冲洗液底泄式单动双管钻具
1—钻头；2—岩芯卡簧；3—卡簧座

(d) 内管超前压入式单动双管钻具
1—外管钻头；2—外管；3—内管；4—内管钻头；5—带单流阀的内管接头；6—摩擦离合器；7—压缩弹簧；8—单动装置；9—异径接头；10—振击器；11—下牙嵌；12—上牙嵌

图 2.5-3　双层岩芯管钻具结构型式示意图

钻进中等裂隙岩层，用清水或无黏土冲洗液洗孔时，可采用孔底正反式单动双管钻具，如图 2.5-3（b）所示。

钻进可钻性为 6～11 级的强裂隙和破碎岩层时，可采用隔水（冲洗液底泄或侧泄）单动双管钻具［图 2.5-3（c）］。其特点是冲洗液出口安排在金刚石钻头底唇上，完全隔断冲洗液对岩芯根部的冲刷作用。卡簧也放在内管下端。

钻进松软岩层和煤层时，可采用内管超前压入式单动双管钻具［图 2.5-3（d）］，可分压入式与击入式两种。压入式用于采集松软煤心，钻进时内钻头（即压筒）超前于外钻头，煤心不与冲洗液接触，也不受外钻头的机械作用，压筒压入煤层，切出完整的煤芯。煤芯进入内管后，内管中的液体从单向阀处排出。如果煤层强度较高，则孔底对内钻头的反作用力增大，内管上移，弹簧压缩，同时摩擦离合器摩擦片压紧，内管被带动回转，帮助切削煤芯。击入式用于采集硬煤，用振击器代替摩擦离合器。当内钻头遇到硬煤时，内管上行使弹簧压缩，牙嵌振击器与内管连接的下盘不转，而与外管连接的上盘转动，牙嵌振击器产生频繁冲击，使压筒顺利击入硬层。需要采集煤层、油气层中的气体样品时，可在单动双管钻具中增设集气装置。

2.5.2.3　主要规格参数

取芯双管钻具公称口径从 R 至 Z。双管钻具分为 T、M、P 三种设计类型。T 型属于标准设计，适用于中等硬度和稍破碎岩层；M 型为薄壁设计，适用于较坚硬和完整的岩层；P 型为厚壁设计，用于破碎、松散的岩层；复杂岩层和特殊需要时可使用三层管或半合管。单管钻具以 S 表示；双管钻具直接以设计类型表示；绳索取芯钻具以 WL 表示。各类型取芯钻具类型代号、公称口径代号和规格参数见表 2.5－1～表 2.5－3。

表 2.5－1　　取芯钻具类型代号

钻具设计类型	口径代号									
	R	E	A	B	N	H	P	S	U	Z
单管	RS	ES	AS	BS	NS	HS	PS	SS	US	ZS
T 型双管	RT	ET	AT	BT	NT	HT	PT	ST	UT	ZT
M 型双管			AM	BM	NM	HM				
P 型双管					NP	HP	PP	SP	UP	ZP
绳索取芯			AWL	BWL	NWL	HWL	PWL			

表 2.5－2　　公称口径代号

代　号	R	E	A	B	N	H	P	S	U	Z
公称口径/mm	30	38	48	60	76	96	122	150	175	200

表 2.5－3　　取芯钻具规格参数（外径/内径）

钻具类型		部件	口径代号									
			R	E	A	B	N	H	P	S	U	Z
单管		钻头	30/20	38/28	48/38	60/48	76/60	96/76	122/98	150/120	175/144	200/165
		岩芯管	28/24	36/30	46/40	58/51	73/63	92/80	118/102	146/124	170/148	195/170
双管	T 型双管	钻头	30/17	38/23	48/30	60/41.5	76/55	96/72	122/94	150/118	175/140	200/160
		外管	28/24	36/30	46/39	58/51	73/65.5	92/84	118/107	146/134	170/158	195/182
		内管	22/19	28/25	36/31.5	47.5/43.5	62/56.5	80/74	102/96	128/121	152/144	174/166
	M 型双管	钻头			48/33	60/44	76/58	96/73				
		外管			46/40	58/51	73/65.5	92/84				
		内管			38/35.5	48.5/46	63.5/60.5	80/76				
	P 型双管	钻头					76/48	96/66	122/87	150/108	175/130	200/148
		外管					73/63	92/80	118/102	146/124	170/148	195/170
		内管					56/51	76/70	98/91	120/112	144/136	165/155
绳索取芯	T 常规型	钻头			48/25	60/36	76/48	96/63	122/81	150/108		
		外管			46/36	58/49	73/63	92/80	118/102	146/124		
		内管			31/27	43/38	56/51	72/66	92/85	120/112		
	P 加强型	钻头					77/46	97/61				
		外管					73/63	92/80				
		内管					54/49	70/64				

2.5.2.4 典型双管取芯钻具

钻进中内、外两层岩芯管同时回转的双层岩芯管钻具，一般适用于可钻性 1～6 级松软易坍塌以及 7～9 级中硬、破碎、怕冲刷的岩层钻进。

该类钻具结构简单、加工容易，钻进中可避免冲洗液对岩芯的直接冲刷和钻杆内水柱压力作用，缓和岩芯互相挤压和磨耗，但不能避免机械力对岩芯的破坏作用。在某些易堵塞地层中钻进，内层岩芯管的振动有利于岩芯进入岩芯管和防止岩芯管内岩芯自卡。

双动双管钻具结构如图 2.5-4 所示。岩芯管长度一般为 1.5～2m，回次进尺以接近岩芯管长度为宜。内外管钻头差距视地层而定，一般为 30～50mm，如岩层松软、胶结性差、易被冲刷，则差距要大，反之，则差距应减少，甚至为零或负差距。黏性大、膨胀易堵地层钻进可以增大内管钻头内出刃或使用内肋骨钻头。

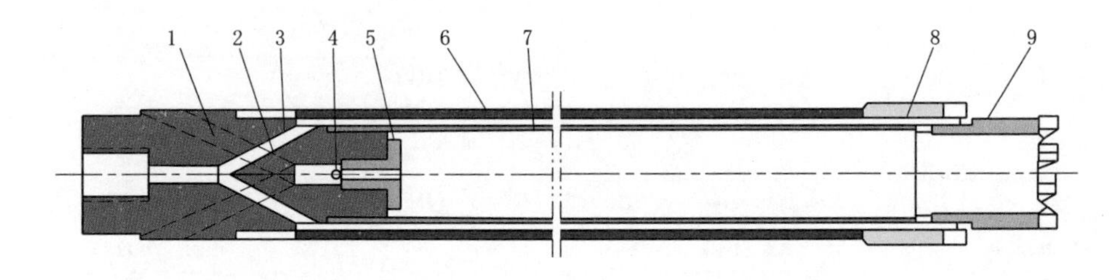

图 2.5-4 普通双动双管钻具结构示意图

1—回水孔；2—送水孔；3—双管接头；4—球阀；5—阀座；6—外管；7—内管；8—外硬质合金钻头；9—内硬质合金钻头

双动双管钻具合金钻头也可采用一体式厚壁钻头，如图 2.5-5 所示。钻头有底喷式和斜喷式，钻头底唇也可做成阶梯式。其钻进参数以 ϕ89/73 双管为例，钻压 600～800kN，转速 140～180r/min，泵量 80L/min 左右。

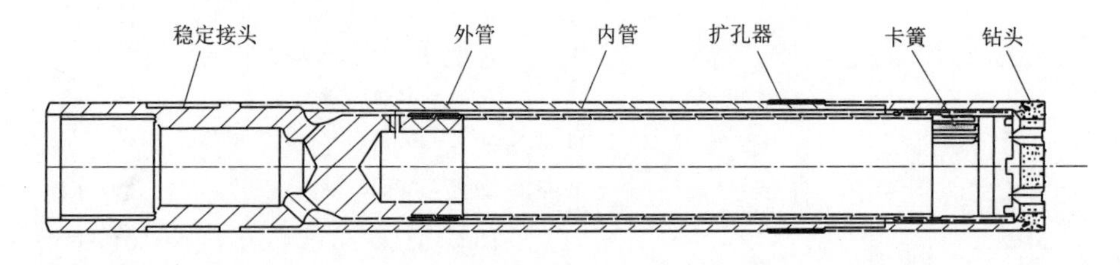

图 2.5-5 一体式厚壁金刚石钻头的双动双管钻具结构示意图

一种适用于可钻性为 7～12 级、不均质的完整、微裂隙或中等裂隙岩层的单动双管钻具结构如图 2.5-6 所示，内管短节与卡簧座一般采用插入方式，单动装置及内管由心轴和背帽调节卡簧座与钻头内台阶的间隙一般取 3～5mm，保证内外管单动及冲洗介质分流。

普通单动双管钻具钻进前应检查单动装置的灵活程度，内、外管的垂直度和同心度。取芯时，卡簧座应坐落于钻头内台阶上，提断岩芯拉力一般由外管承受。钻进规程参见金

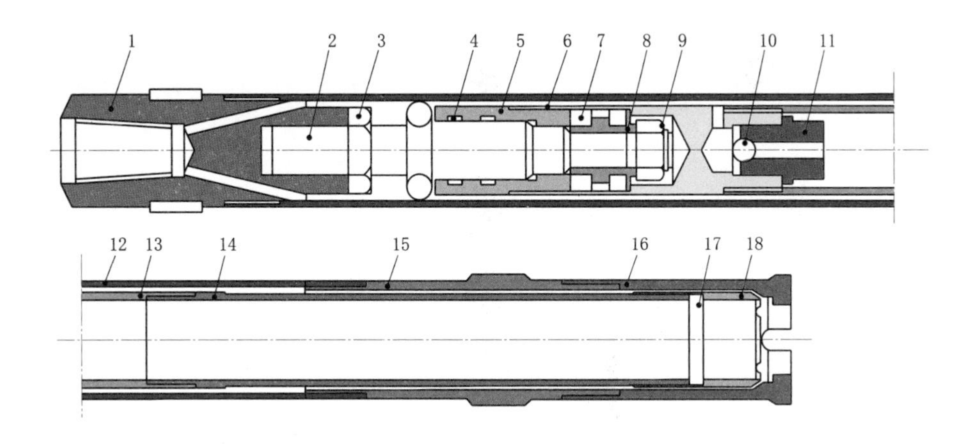

图 2.5－6　普通单动双管钻具结构示意图

1—异径接头；2—心轴；3—背帽；4—密封圈；5—轴承上接头；6—轴承套；7—轴承；8—内套；9—螺帽；10—球阀；11—球阀座；12—外管；13—内管；14—短节；15—扩孔器；16—钻头；17—卡簧座；18—卡簧

刚石钻进和硬质合金钻进，由于双管内外水路过水断面小，泵压一般要高于单管钻具0.2～0.3MPa。

2.5.2.5　绳索取芯

绳索取芯技术是一种特殊双层岩芯管取芯技术，因其可不提升钻杆柱而在钻杆内打捞岩芯管而广泛应用，即可应用于浅孔也可应用于深孔，并能在任意角度的钻孔中使用。该项技术已应用于水电工程钻探、固体矿产钻探、砂矿钻探、石油和天然气钻探、煤层气钻探、水文地质钻探、地热钻探、工程地质勘察、坑道钻探、冰层钻探、陆地及海洋科学钻探等领域。随着地质勘探事业的发展和绳索取芯钻探技术的进步，其应用范围亦将不断拓展。

绳索取芯钻进可用于钻进各种地层，在 6～9 级中硬岩层中效果最好。在目前的技术条件下，一般不宜钻进 10～12 级岩石，尤其是岩石的组织致密、颗粒细小无研磨性的极坚硬岩石，如石英闪长岩、石英砂砾岩、石英磁铁矿等或研磨性很强的硬、脆、碎岩石。但绳索取芯钻进与液动冲击器相配合，钻进此类地层有良好的前景。

1. 钻具结构特点与工作原理

虽然绳索取芯钻具的型式很多，规格各异，但其基本结构大同小异。下面以最常用的 Q 系列绳索钻具为例进行典型基本结构介绍，结构如图 2.5－7 所示。

Q 系列绳索取芯钻具由双管总成和打捞器两大部分组成。双层岩芯管部分由外管总成和内管总成组成。外管总成包括弹卡挡头、弹卡室、座环、上下扩孔器、外管及钻头组成。内管总成包括捞矛头、定位机构、调节机构、悬挂机构、到位报信与堵塞报信机构等。

(1) 内管总成工作原理。

1) 定位机构，主要由弹卡挡头、弹卡钳组件、弹卡室等部件组成。当内管总成沿钻杆柱内壁下放时，弹卡钳始终向外张开一定角度，当到达弹卡室时，弹卡继续向外张开使

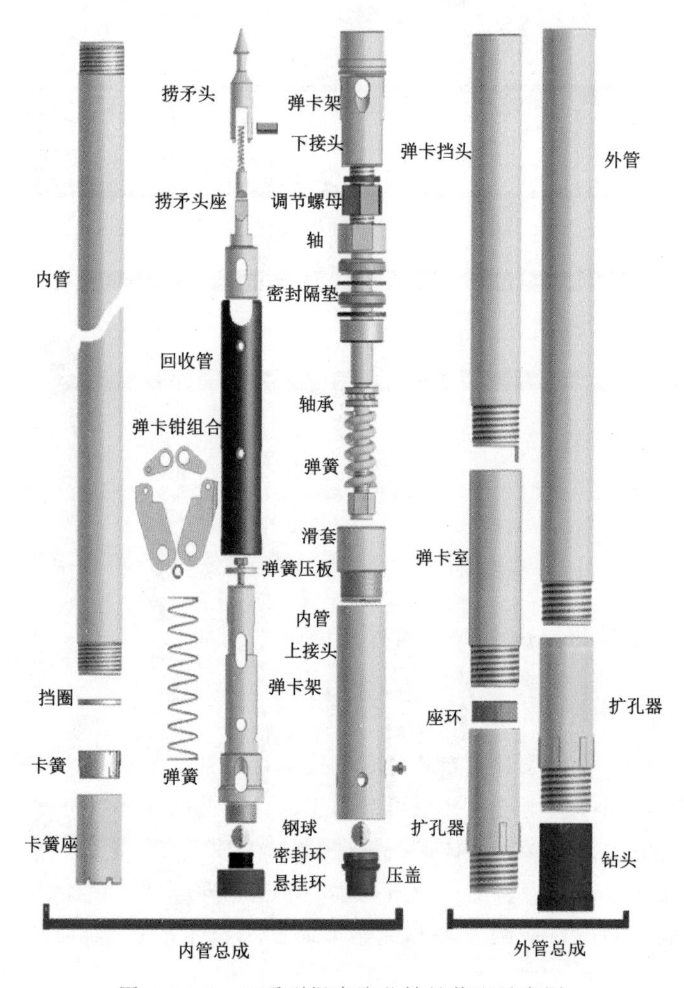

图 2.5-7　Q 系列绳索取芯钻具装配示意图

其两翼贴附在弹卡室内壁上，由于弹卡室内径较大，而其上端的弹卡挡头内径较小，并且有一个伸出的拨叉，在钻进过程中，可防止内管向上窜动，又可以使内管总成轴承上部随钻杆一起旋转，以免因相对运动造成弹卡钳的磨损。

2）悬挂机构。悬挂机构由内管总成中的悬挂环与外管总成中的座环所组成。悬挂环的外径尺寸稍大于座环的内径（一般相差 0.5～1mm），当内管总成下放到外管总成弹卡室位置时，悬挂环坐落在座环上，从而使内管总成下端的卡簧座与钻头内台阶之间保持 2～4mm 的间隙，以防止损坏卡簧座与钻头，同时保证内管的通水性能和单动性能。

3）单动机构。由两副推力轴承构成单动机构，主要目的是使内管在钻进时不旋转。

4）调节机构。主要由调节螺母、调节接头与内管一起组成。在组装时，如果卡簧座与钻头内台阶之间的间隙不合适，则可通过调节接头与弹簧套之间的距离来进行调节（调节范围在 0～30mm），以保证卡簧座与钻头内台阶之间的间隙。

5）到位报信机构。由弹卡架、钢球等组成。当内管总成下放到外管总成中的预定位置时，悬挂环坐落在座环上，这时冲洗液的通路被堵，迫使冲洗液改变流向，从弹卡架内部通道向下流动，为了使冲洗液通道打开，必须增大泵压迫使钢球向下运动，与此同时，地面压力表上的压力会明显上升，这时表示内管总成已到达钻进位置，可以开始扫孔钻进。

6）岩芯堵塞报信机构。该系列钻具采用胶圈报信机构，由密封胶圈和轴组成。钻进过程中，当岩芯堵塞或岩芯装满时对内管向上的推顶力，使密封胶圈受挤压变形向外膨胀，将内外管换装间隙减小或完全堵塞，冲洗液流通受阻，造成泵压急剧升高，从而起到堵塞报警作用，应停止钻进，捞取岩芯，防止烧钻事故的发生。

（2）打捞器工作原理。该系列钻具打捞器主要有打捞机构、安全脱卡机构和防脱机构组成（图2.5-8）。其主要机构工作原理如下：

1）打捞机构。由打捞钩、打捞架、重锤等组成，在捞取岩芯时把打捞器放入钻杆内，靠重锤快速下降，当接触岩芯管时打捞钩抓住捞矛头，从而把内管提上来。

2）安全脱卡机构。该机构主要是利用脱卡管进行工作。在正常钻进时，带有斜槽的脱卡管并不是装在打捞器上，而是放在地表。当需要安全脱卡时，可沿钢丝绳投放脱卡管，因其内径较小，可罩住打捞钩尾部，迫使尾部向内收缩，而头部向外张开，从而使打捞器与内管总成脱卡。

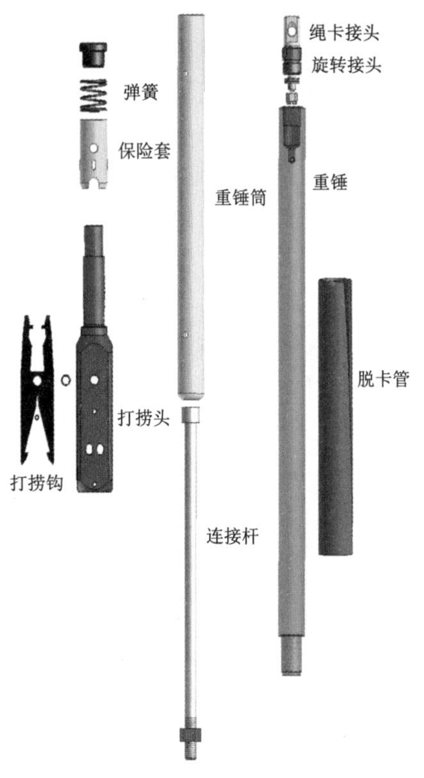

图2.5-8 钻具打捞器的打捞机构、安全脱卡机构和防脱机构

3）防脱机构。当打捞钩提升内管总成到井口时，需倾斜放倒取岩芯，为了防止捞矛头滑脱，可转动保险套锁紧打捞钩尾部，使打捞钩无法张开，从而使打捞钩紧紧勾住捞矛头。

（3）优缺点。绳索取芯钻探技术的主要优点：

1）提高钻进效率。由于减少了升降钻具的辅助时间，相对地增加了纯钻进时间，从而使钻进效率大幅度提高，且这种趋势随着孔深的增大而增大，一般可提高25%～100%。

2）提高岩芯采取率。绳索取芯比提钻取芯简便得多，打捞快速，提升平稳。钻进过程中能够做到遇堵即提，减少岩芯的损耗。对于难采芯地层，可以采用三层管及其他多种型式的绳索取芯钻具。所以绳索取芯采取率高，完整性好。

3）延长钻头寿命。由于提钻次数减少，因此钻头在升降过程中的拧卸、碰撞的机会相应减少，加之绳索取芯钻杆与孔壁间隙小，相当于满眼钻进，钻头工作稳定，从而相应地提高了钻头寿命。

4）有利于提高孔内安全性和复杂地层钻进能力。起下钻次数减少，钻具对孔壁的抽吸、冲击、碰撞造成的破坏减少，从而减少因孔壁坍塌掉块造成的卡钻、埋钻事故。另外，绳索取芯上一级钻杆可作为下一级钻具的套管，有利于钻穿复杂地层，且下放测斜仪器等测井设备时更加便捷。

5）降低劳动强度。普通取芯钻进起钻间隔为2～3m，一般需4人配合，而绳索取芯在正常条件下，起钻间隔为30～40m，甚至可达100m以上，由于起下钻具次数少，避免了频繁拧卸钻杆等工作，可以大大降低操作者的劳动强度，孔越深，钻杆柱越长，此优点越明显。

绳索取芯钻探技术的主要缺点：

1）钻杆内径大而管壁薄，连接强度要求高，加工精度要求高。

2）钻头底唇面厚，钻进时破岩功率消耗大。绳索取芯钻具内管直径缩小，使钻头底唇面加厚，钻进时破碎岩石表面积增大，因此其动力消耗大，特别是在深孔钻进中，影响开高转速。

3）深孔循环阻力过大。钻杆柱与孔壁的间隙小增加了钻杆柱的磨损，也使冲洗液循环阻力增大，往往钻进至较深地层时泵压已经很大。

4）冲洗液要求高。由于钻杆与内管、钻杆与孔壁间隙小，为降低环空压力，一般要求冲洗液是低黏、低切、低固相的。

2. 主要规格型号系列

我国在绳索取芯钻杆规格系列的形成发展过程中主要参考借鉴了国际标准。1997年8月，国家标准《金刚石绳索取心钻探钻具设备》（GB/T 16951—1997）正式发布，该标准借鉴了国际标准先进合理的内容，但受限于当时的环境，没有得到广泛应用。由国内各行业部门制定的“老地标”“新地标”“冶标”以及后续出现的镦粗加强型、改进型等，各型绳索取芯钻杆仍长期使用。

目前，绳索取芯技术已经成为地质岩芯钻探的常规钻进方法，形成系列化产品，常用的有N、H、P等口径，国内地质钻探部分常用的绳索取芯钻具规格参数见表2.5-4。

表2.5-4　　部分常用的绳索取芯钻具规格参数　　单位：mm

系列	规格	钻头		扩孔器外径	外管		内管		配套钻杆规格	打捞器
		外径	内径		外径	内径	外径	内径		
普通系列钻具	SC56	56	35	56.5	54	45	41	37	S56	S系列
	S59	59.5	36	60	58	49	43	38	S59	
	S75/S75B	75	49	75.5	73	63	56	51	S75/S75A	
	S91	91	62	91.5	88	77	71	65	S91	
	S95/S95B	95	64	95.5	89	79	73	67	S95/S95A	
a系列钻具	BQ	59.5	36.5	60	57.2	46	42.9	38.1	BC	Q系列
	NQ	74.6	47.6	75.8	73	60.3	55.6	50	NC	
	HQ	95.6	63.5	96	92.1	77.8	73	66.7	HC	
	PQ	122	85	122.6	117.5	103.2	95.3	88.9	PC	

续表

系列	规格	钻头		扩孔器外径	外管		内管		配套钻杆规格	打捞器
		外径	内径		外径	内径	外径	内径		
深孔复杂地层系列钻具	S75B-2	75	47	75.5	73	63	54	49	S75A/CNH	Q系列
	S95B-2	95	62	95.5	89	79	71	65	S95A/CHH	
	S75-SF	75	49	75.5	73	63	56	51	S75A/CNH	S系列
	S95-SF	95	62	95.5	89	79	73	67	S95A/CHH	
	S150-SF	150	93	150.5	139.7	125	106	98	S127	

3. 钻进规程参数

绳索取芯钻进选用不同规格钻头钻进时钻压见表2.5-5，转速见表2.5-6，泵量见表2.5-7。

表2.5-5　绳索取芯钻进不同规格钻头钻压　单位：kN

钻头规格		A	B	N	H	P
表镶钻头	最大压力	8	10	12	15	17
	正常压力	4～6	6～8	7～9	8～12	10～14
孕镶钻头	最大压力	10	12	15	18	20
	正常压力	6～8	8～10	10～12	12～15	14～18

表2.5-6　绳索取芯钻进转速　单位：r/min

钻头规格	A	B	N	H	P
表镶钻头	400～800	300～650	300～500	220～450	170～350
孕镶钻头	600～1200	500～1000	400～800	350～700	200～400

表2.5-7　绳索取芯钻进泵量　单位：L/min

钻头规格	A	B	N	H	P
泵量	25～40	30～50	40～70	60～90	90～110

冲洗液的选择：

1）由于绳索取芯钻具与孔壁之间的环隙较小，且内管需通过钻杆柱中心下投等原因，在地层条件许可的情况下，应尽量采用清水加润滑剂作为冲洗液，如聚丙烯酰胺冲洗液、水玻璃冲洗液等无固相冲洗液。这不仅有利于内岩芯管在钻杆内的升降，也可使钻杆的旋转阻力减小，有利于高转速钻进。

2）当所钻地层不能采用清水做冲洗液时，绳索取芯钻进仍需采用泥浆做冲洗液。根据绳索取芯钻进的特点，钻进时所采用的泥浆应具有黏度低、相对密度小、沉砂快、流动性好及有防坍塌性能等特性，这种泥浆的基本性能指标要求见表2.5-8。

表2.5-8　泥浆基本性能指标要求

相对密度/(g/cm³)	黏度/s	失水量/(mL/30min)	静切力/(10^{-5}N/cm²)	泥皮厚/mm
1.04～1.07	17～19	6～8	1～10	≤0.5

4. 技术要点与注意事项

(1) 绳索取芯技术要点。

1) 合理确定内管长度。选择长的内管可以减少捞取岩芯的次数,增加纯钻进时间,提高钻进效率。但是,内管越长越容易弯曲,下放也越困难。通常,钻进中硬完整岩层时,内管长度以3m为宜;钻进较完整松软岩层时,内管可加长至4.5m、6m乃至9m;钻进松软破碎、易溶等难以取芯的地层及易斜地层时,内管长度应适当减小。

2) 准确掌握开始扫孔钻进的时间。内管总成从钻杆柱中投放下去,当由报信机构报信确认已坐落到外管总成中的预定位置后,才能开始扫孔钻进。如内管总成未到达孔底就开始钻进,则岩芯过早地进入钻头,使内管总成不能到位,形成"单管"钻进,这样不仅取不上岩芯,还将导致内管总成的弹卡和金刚石钻头急剧磨损;反之,若内管总成已到达孔底而不及时开钻,将增加辅助时间,降低钻进效率。因此,准确掌握开始扫孔时间十分重要。

3) 岩芯堵塞应立即提钻。在钻进过程中,若发生岩芯堵塞,必须立即停止钻进,捞取岩芯,绝不能采用上下窜动钻具、加大钻压等方法继续钻进,否则除了和普通双管钻进一样加剧钻头内径的磨损外,严重的将导致卡簧座倒扣,内管总成上下顶死,弹卡不能向内收拢,造成打捞失败。

4) 提升钻具及打捞内管时,应及时向孔内回灌一定数量的冲洗液,避免因钻杆柱外的液面下降,造成钻杆柱内外之间压力差而使孔壁坍塌。

5) 提钻时,应先打捞出内管总成以增大冲洗液的流通断面,减小抽吸作用和压力激动对孔壁的影响;下钻时,应同样先下外管,再下内管,以减小下降的冲击力,有利于孔壁稳定。

6) 应合理控制起下钻速度,以减小钻具在升降过程中所引起的压力激动,在复杂地层中钻进时更应放慢起下钻速度。

7) 当孔底发生烧钻时,应先将钻具提离孔底,然后用打捞器提升内管总成,然后再提外管总成并进行检查。切勿内外管一起提升,否则有可能将内管留于孔内,使事故复杂化。

(2) 注意事项。

1) Q系列钻具的钻进规程与普通金刚石岩芯钻进有所不同,因钻头的唇面比普通钻头的唇面厚(约35%),而钻杆与孔壁之间的间隙小(间隙在2.25mm左右),所以在钻进时钻压相应的提高,而冲洗液的流量应减小,在钻进过程中如泵压忽然升高,这说明发生了岩芯堵塞,这时应立即停止钻进,进行打捞。

2) 将钻具提离孔底一小段距离,卡断岩芯,拧开机上钻杆,钻机退离孔口。

3) 从孔口钻杆中放入打捞器。打捞器在冲洗液中下降的速度一般为100~120m/min。由此,可根据孔深估算打捞器到达孔底的时间。一般在1000m孔深范围内,可听到打捞器到底的轻微撞击声。

4) 当打捞器到达孔底,可缓慢地提动钢丝绳。若因提动钢丝绳而造成冲洗液由钻杆中溢出时,说明打捞可能成功,否则需再次下放打捞器。

5) 若打捞成功,则用绳索将内管提出,否则应提钻处理。

6）内管提出后，应缓慢放下摆平，以免将调节螺杆镦弯。

7）当从所取岩芯中判明外管和钻杆内无岩芯时，将另一套备用岩芯管从孔口下入钻杆内。此时可开动钻机缓慢转动并开泵冲送，加快内管下降速度及防止在钻杆中卡塞。

8）在干孔中，不能直接把内管投入钻杆中，应采用具有干孔送入机构的打捞器将其送入，或在钻杆柱内注入冲洗液，然后迅速将内管投入。

9）通过钻具到位报信机构的显示或根据下降时间判断确认内管已经到位时，慢慢开始扫孔钻进。

10）在易斜岩层中钻进时要注意防斜。尽管绳索取芯钻杆与孔径配合比较合理，有利于防斜，但绳索取芯钻杆的壁较薄（一般为 4.5mm），而钻压又比普通双管钻进大 25%左右，所以在操作不当时，极易造成钻孔弯曲。因此，在易产生孔斜的地层中钻进时，应适当控制钻压和转速并采取相应的防斜措施。

2.5.3　三层岩芯管取芯

2.5.3.1　结构特点

三层岩芯管取芯钻具的基本结构特征是在双层岩芯管钻具的内管中增设一层岩芯管，可以是双动结构，也可以是单动结构，基本结构有多种组合形式，岩芯管可采用金属或非金属材料的完整圆筒式衬管，也可采用半合管组合结构。

三层岩芯管取芯可提高复杂地层取芯质量，钻进、起钻过程中可有效保护岩芯，地表退芯时减小对岩芯的扰动程度，避免岩芯散落，在松散、破碎、怕冲蚀地层能进一步提高取芯质量，但是钻具配合的精度要求高，特别是半合管式三层管，为保证配合精度，半合管长度一般为 1.5m 左右。采用的钻头底唇面较普通钻头一般要厚一些，对钻进效率有一定影响。

三层岩芯管取芯钻具还可与隔浆活塞式结构、喷反式结构、底喷式结构或内管钻头超前式结构等组合使用。

2.5.3.2　典型三层管取芯钻具

1. 活塞式双动三层管钻具

钻具采用内管钻头超前式结构，内管中设置隔浆活塞 10 和半合管 8，可有效防止冲洗液对岩芯的冲刷，主要用于滑石化菱镁矿、岩盐等岩层钻进取芯，钻具结构如图 2.5-9 所示，分水接头 1 上有两个送水孔和两个回水孔。冲孔、扫孔时先不投入球阀 2，泥浆经阀座 3 的中心孔直接进入半合管，推动活塞下行直到内钻头底端。此时，流体从分水接头上的两个回水孔流到内外管的间隙中排到孔底，并返至孔口。当钻具到达孔底后，投入球阀，再开泵送入泥浆，此时，内管直通水路被封闭，泵压推动球阀座下行，送水孔被打开，泥浆经内、外管之间的环状间隙进入孔底循环。

下钻前检查球阀座的灵活性与半合管的同心度，并在两个活塞盘之间装满黄油；送水 3min，将活塞推至内钻头平齐，然后开始扫孔。到孔底后，投入球阀，即可送水钻进；回次长度约 1m，钻进中禁止提动钻具，终了时，大钻压、小水量钻进，自卡取芯。

钻进参数以 ϕ110/91 钻具为例，钻压为 7～10kN，转速为 90～150r/min，泵量为 70～150L/min。

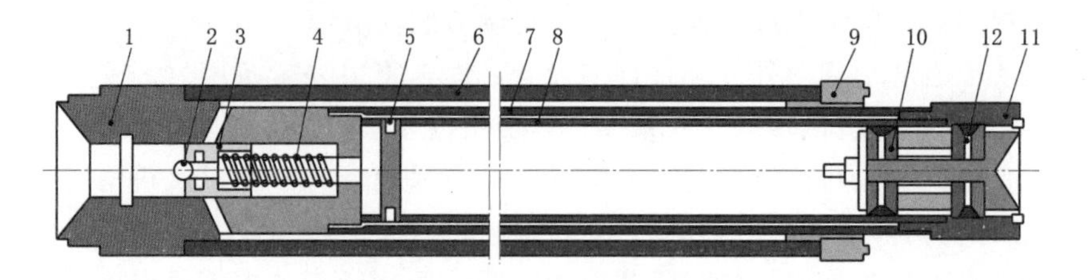

图 2.5-9 活塞式双动三层管钻具结构示意图

1—分水接头；2—球阀；3—阀座；4—弹簧；5—半合管定位销；6—外层岩芯管；7—内层岩芯管；8—半合管；9—外管钻头；10—活塞；11—内管钻头；12—螺钉

2. KT-140 三层管单动钻具

钻具结构如图 2.5-10 所示，单动由挂在心轴上的第二层管实现，容纳岩样的三层管（衬管）选用透光好、刚度高，物理、化学性质稳定且不易老化的 PVC 管。主要技术参数见表 2.5-9。

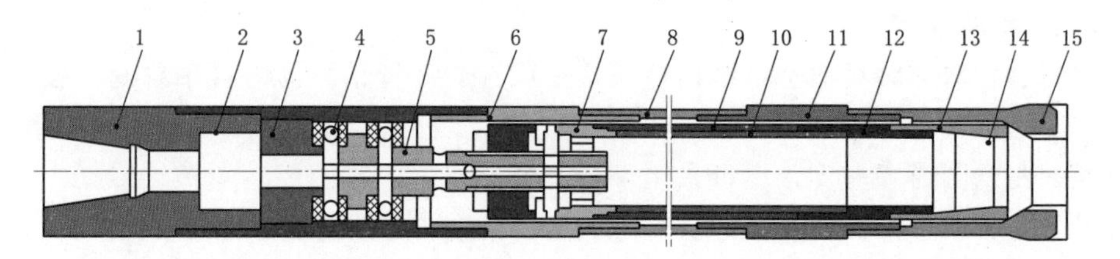

图 2.5-10 KT-140 三层管单动钻具结构示意图

1—接头；2—轴承套；3—压盖；4—轴承；5—心轴；6—扩孔器；7—内管、衬管接头；8—外管；9—内管；10—衬管；11—扩孔器；12—内管短节；13—卡簧座；14—卡簧；15—钻头

表 2.5-9 KT-140 三层管单动钻具主要技术参数

钻头直径/mm	外管规格/mm	内管规格/mm	衬管规格/mm	岩芯直径/mm		回次进尺/mm		钻压/kN
				双管	三层管	双管	三层管	
ϕ156	ϕ139.7×7.72	ϕ108×4.5	ϕ95×4	ϕ95	ϕ87	≤9000	≤3000	≤50

3. KZ-150 取芯钻具和 SS-150 取芯钻具

KZ-150 取芯钻具（图 2.5-11）和 SS-150 取芯钻具（图 2.5-12）主要用于松散地层与强塑性松软地层，既可采用双层管结构也可采用三层管结构，外管总成通用，现场可灵活地根据地层变化选择内总成而不用提钻。钻具内总成悬挂由下弹卡结构实现，较传统的座环-悬挂环设计，克服了内空间不足而被动地缩小内管规格的弊端。钻具外总成螺纹强度高，适合于超强工况下工作，在长钻铤、大规程、长回次钻进工况下，孔内安全性高，允许钻具在大钻压与高转速下工作。

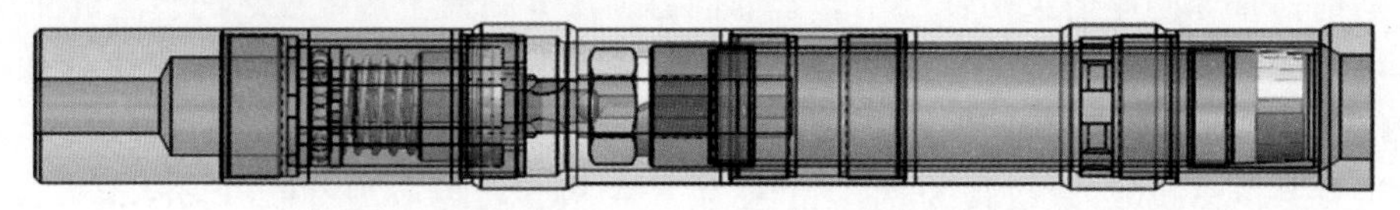

图 2.5-11 KZ-150 钻具三维透视图

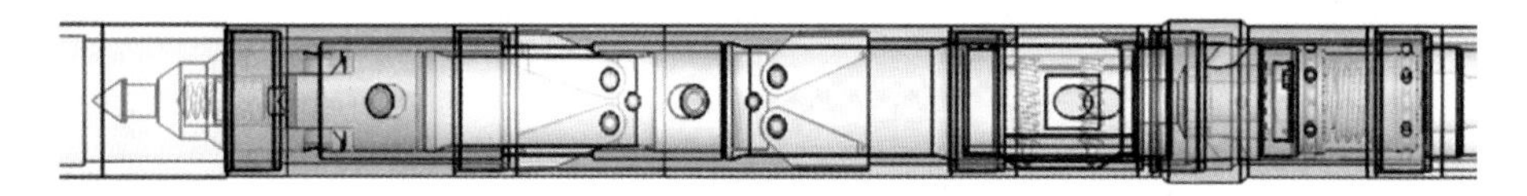

图 2.5－12　SS－150 取芯钻具三维透视图

4. 绳索取芯三层管钻具

该钻具主要用于松散、破碎地层的绳索取芯钻进，能有效提高复杂地层绳索取芯钻进的岩芯采取率。钻具结构如图 2.5－13 所示，钻具的外管总成、打捞机构、弹卡机构、悬挂机构、到位报信、岩芯堵塞报信、调节与缓冲机构等与常规绳索取芯钻具基本相同，但在单动内管中增设导向键滑移机构、爪簧总成、单动半合管和卡簧、卡簧座。

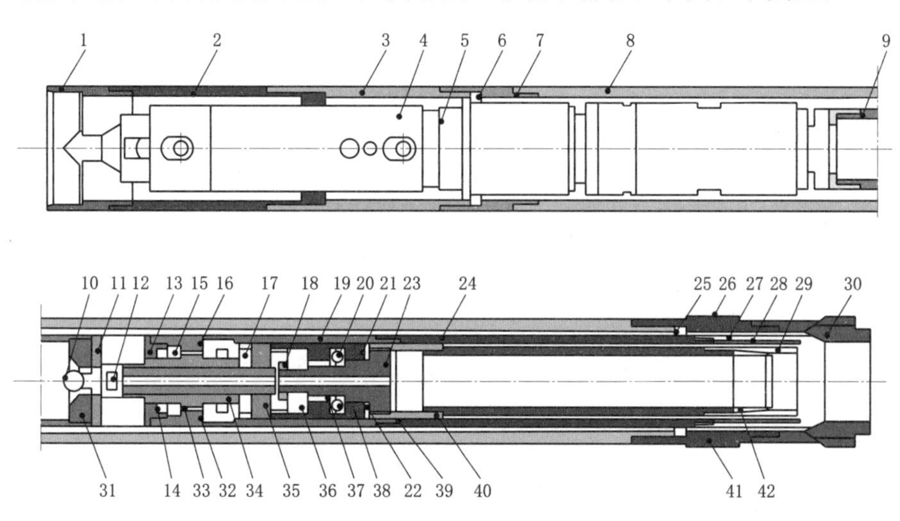

图 2.5－13　绳索取芯三层管钻具结构示意图

1—接头；2—弹卡挡头；3—弹卡室；4—弹卡总成；5—悬挂环；6—座环；7—上扩孔器；8—外管；9—连接管；10—钢球；11—弹性销；12—连杆轴；13—压盖；14—O 型圈；15—轴承；16—连接套；17—锁紧母；18—密封环；19—内管上节；20—轴承；21—下压盖；22—O 型圈；23—悬挂接头；24—内管下节；25—扶正环；26—扩孔器胎体；27—爪簧座；28—爪簧总成；29—卡簧座；30—钻头；31—上接头；32—键；33—轴承套；34—中间轴承套；35—压盖；36—锁紧母；37—开口销；38—轴承；39—半合管轴承套；40—半合管短节；41—下扩孔器；42—卡簧

单动机构主要由上接头、连杆轴、压盖、轴承、连接套、键、下接头等零部件组成，它是由两个单动回转机构和一个轴向滑移机构组成，以保证取芯机构的平稳性和单动性，同时也起到连接弹卡总成和取芯机构的作用。

取芯机构包含内管下节、爪簧座总成、半合管短节、半合管、卡簧座、卡簧等零部件。半合管短节、半合管、卡簧座、卡簧容纳和卡取岩芯，提取岩芯时，内管下节和爪簧座总成在自重力作用下通过单动装置的轴向滑移机构下滑，包裹半合管、卡簧座及岩芯，此时爪簧座总成的爪簧片收拢，从而在岩芯提取时对岩芯形成二次保护，提高岩芯的采集率。

绳索取芯三层管钻具的主要技术参数见表 2.5－10。

表 2.5-10　　绳索取芯三层管钻具的主要技术参数　　单位：mm

钻具型号	钻头直径		外层岩芯管		中层岩芯管		内层半合管			钻杆规格
	外径	内径	外径	内径	外径	内径	外径	内径	长度	
JSC75	75	44.5	73	63	55	51	50	46	1000	JS75/XJS75/NQ
JSC95	95	58	89	77	72	67	65	61	1000	JS95A/JS95B/HQ
JSC122	122	77.5	114.3	101.6	95.6	88.9	88	80	1400	JS122/PQ

2.6　钻探泥浆与护壁堵漏

2.6.1　钻探泥浆

泥浆是指钻探过程中为起到悬浮岩屑携带钻渣、冷却钻头、润滑钻具、平衡地层压力保护孔壁等作用而使用的工程流体，经泥浆泵、高压胶管、主动钻杆、钻杆柱、钻头从泥浆池输送至孔底，然后通过钻孔环空、地表循环槽等流入泥浆池。

（1）悬浮和携带岩屑是冲洗液最基本和首要的功能。通过冲洗液循环，将钻头破碎岩石产生的岩屑及时从钻孔中携带至地表，保持钻孔清洁，减小循环阻力，避免孔内事故发生，保证钻头始终接触并破碎岩石，减少重复破碎，提高钻进效率。

（2）冷却钻头润滑钻具。在钻进过程中，钻头以一定速度旋转切削岩石，由于摩擦力的作用导致钻头唇面产生高温，如果不及时降温极易产生烧钻事故。通过冲洗液的循环及时将产生的热量带走，从而延长钻头使用寿命，提高施工效率。另外，冲洗液的循环降低了钻杆柱与环空中岩屑、钻杆柱与孔壁的摩擦阻力，减小了钻杆柱回转时扭矩的损失和钻柱的磨损，起到了润滑钻具的作用。

（3）平衡土压稳定孔壁。冲洗液保护和稳定孔壁的作用机理体现在两个方面：一是泥浆压力平衡稳定孔壁，二是泥浆的黏性维持孔壁稳定。

2.6.1.1　泥浆的分类

按适用条件，泥浆分为：①松散层泥浆，主要用于砂层、砾卵石层、破碎带等分散地层；②水敏抑制性泥浆，主要用于土层、泥岩、页岩等水敏性地层；③水溶抑制性泥浆，主要用于岩盐、钾盐、天然碱等水溶性地层；④硬岩钻进泥浆，用于较为稳定、漏失较小的硬岩钻进；⑤低比重泥浆或加重泥浆，分别用于异常低压或异常高压地层。

按泥浆体系分类有清水乳化液、无固相泥浆、低固相膨润土泥浆、FCLS 泥浆、钙基泥浆、盐水泥浆、聚合物-MMH 泥浆、聚合醇泥浆、甲酸盐泥浆、合成基泥浆、泡沫泥浆等。

按照美国石油学会（API）和国际钻井承包商协会（IADC）的分类方法，泥浆包括以下几种体系：

（1）不分散体系。该体系包括开孔泥浆、自然原浆和其他通常用于浅孔或上部孔段的体系，不需要添加稀释剂、分散固相和黏土颗粒的分散剂。

（2）分散体系。在较深孔段，需要泥浆密度较高或孔壁条件可能比较复杂时，泥浆通常需要分散，典型的分散剂有木质素磺酸盐、褐煤或单宁等有效的反絮凝剂和降滤失剂。经常使用一些含钾化学品可提高泥岩和页岩稳定性。添加专门的化学品可调节或保持特定的泥浆性能。

(3) 钙处理泥浆体系。在淡水泥浆中加入钙、镁离子，能抑制地层黏土和页岩膨胀。高浓度可溶性钙盐用来控制页岩坍塌和扩径，防止地层损害。熟石灰（氢氧化钙）、石膏（硫酸钙）和氯化钙是钙处理体系的主要组分。

(4) 聚合物泥浆体系。长链高分子量聚合物在泥浆中用于黏附泥浆固顶以防止其分散，或覆盖泥页岩以提高其抑制性或提高黏度和降低滤失量。对此可使用不同类型的聚合物，包括丙烯酰胺类、纤维素和天然植物胶类产品。还经常使用像氯化钾和氯化钠这样的抑制性盐来增强页岩的稳定性。这些体系通常膨润土含量很少，对钙、镁这样的二价阳离子比较敏感。

(5) 低固相泥浆体系。该体系的固相体积含量和类型受到控制，总的固相体积含量不能超过6%～10%。黏土固相体积含量不超过3%。该体系是不分散体系，通常使用结合添加剂做增黏剂和膨润土增效剂。该体系的一个最显著优点是能极大提高钻孔速度。

(6) 盐水泥浆体系。该体系包括几种泥浆体系。用于钻含盐地层的饱和盐水体系中，氯化物的浓度接近190g/L。凹凸棒土、羧甲基纤维素和淀粉等其他一些专用产品可用来增加泥浆的黏度以提高孔内净化能力，降低滤失量。

(7) 修井液体系。修井液、完井液和打开油层钻井液是为减少地层损害而专门设计的体系，或用作完井作业之后的封隔液。这些体系对产层的影响必须是能用酸化、氧化或通过完井技术及一些生产作业等补救措施消除的。

(8) 油基泥浆体系。在高温井和深井钻井过程中，由于经常涉及卡钻和井壁稳定的问题，要求使用的流体具有很好的稳定性和页岩抑制性，此时可以使用油基体系。它们有两种类型：①逆乳化泥浆即油包水乳状液，典型的是使用氯化钙盐水做分散相，油做连续相；②仅用油做连续相的体系，通常用作取芯流体。

(9) 合成基泥浆体系。设计合成基流体时借鉴了油基泥浆的特性，但消除了油基泥浆对环境的危害。合成基流体的主要类型有酯、醚、聚a-烯烃和异构化a-烯烃钻井液。它们对环境无危害，能直接排到海里，无光泽，具有生物可降解性。

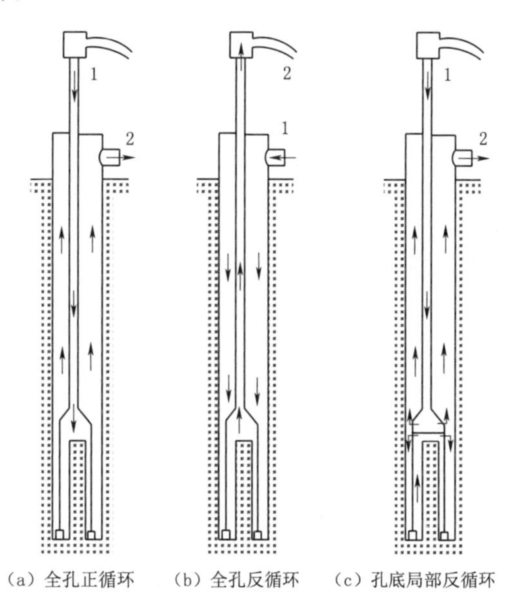

图2.6-1 钻孔冲洗循环方式

1—来自泥浆泵；2—流往泥浆池

2.6.1.2 循环方式

如图2.6-1所示，钻探冲洗液循环方式分为以下几种：

(1) 全孔正循环。来自泵的冲洗介质通过钻杆柱中心进入孔底，由钻头水口处流出，经钻杆与孔壁之间的环状间隙上返至孔口，流入地面循环槽中。

(2) 全孔反循环。冲洗介质由钻杆与孔壁之间的环状间隙进入孔底，由钻头水口进入钻具和钻杆中后上返至地表主动钻杆水龙头，经胶管返回循环系统或水源箱中。

(3) 孔底局部反循环。在整个钻孔的大部分孔段仍是正循环，仅在孔底岩芯管部分实现反循环。

2.6.1.3 选用原则

针对不同复杂地层需要解决的各种问题，可通过不同体系泥浆的功能进行优选，并根据工程实际情况进行调整，如加入处理剂、改进配方等。

常用的处理剂主要包括增黏剂、润滑剂、降失水剂、降黏剂、絮凝剂等，见表 2.6-1。

表 2.6-1 常用冲洗液处理剂

分类	处理剂品种
增黏剂	Na-CMC、植物胶、水解聚丙烯酰胺
润滑剂	皂化溶解油、太古油
pH 值控制剂	烧碱、纯碱、石灰
降失水剂	Na-CMC、单宁酸钠、煤碱剂、聚丙烯酸钠、水解聚丙烯酰胺、植物胶
水敏抑制剂	石灰、石膏、氯化钙
降黏剂、稀释剂	单宁酸钠、栲胶碱液、煤碱剂、木质素磺酸钠、腐殖酸钾
絮凝剂	水泥、石灰、石膏、氯化钙、水玻璃、水解度 30%聚丙烯酰胺、醋酸乙烯酯与顺丁烯酸酐共聚物

采用绳索取芯钻进工艺时，配制低固相泥浆的要求如下：①低固相泥浆膨润土加量小于 4%，泥浆密度不大于 $1.05g/cm^3$。固相粒度的 80%～90%控制在 20μm 以下；②表观视黏度小于 5mPa·s，屈服值小于 0.1Pa；③失水量不大于 18mL/30min。

另在少水或缺水地区钻进可采用空气泡沫冲洗液，应选择活性物含量较高、发泡能力强、流变性及润滑性好的发泡剂。空气泡沫冲洗液配比应根据泡沫液半衰期或出液时间，结合地层条件、钻孔深度通过现场试验确定。

根据《水电工程钻探规程》(NB/T 35115—2018)，按钻孔目的、地层特点和钻进方法选择冲洗介质种类见表 2.6-2 和表 2.6-3，采用乳化类冲洗液时推荐的种类和用量见表 2.6-4。

表 2.6-2 按钻孔目的选择冲洗介质种类

钻孔目的	冲洗介质	钻孔目的	冲洗介质
取芯	泥浆、无固相冲洗液、清水	孔内测试	清水、泥浆
水文试验、孔内摄像	清水		

表 2.6-3 按地层特点和钻进方法选择冲洗介质种类

地层特点		冲洗介质种类	备注
岩石	完整、较完整	清水/空气	金刚石钻进浅孔也可使用清水
		乳化液	
	完整性较差	泥浆、无固相冲洗液	泡沫液用于漏失层或缺水地区
覆盖层		清水、泥浆	
		无固相冲洗液	

表 2.6-4 乳化冲洗液采用的乳化剂种类和用量

种类	品种	体积加量/%		备注
		清水	泥浆	
阴离子型	太古油	0.1～0.5	1.0～5.0	
	皂化溶解油	0.3～0.5	1.0～5.0	
复合型	皂化溶解油＋OP－10	(0.3～0.5)＋0.1	—	有较强抗钙能力

注 1. 皂化溶解油＋OP－10 中复合比为阴离子：非离子＝3：1～4：1。
2. OP－10 为聚氧乙烯辛基苯酚醚。

水电工程钻探钻遇破碎地层时，植物胶类无固相冲洗液配制要求如下：①根据地层特性，植物胶干粉加量为 1%～4%，纯碱加量应为植物胶重量的 5%；②配制时应采用转速超过 600r/min 的高速立式搅拌机或软轴搅拌器；③混合好的植物胶和纯碱应加水浸泡 1～2h；④在浆液黏度高、除砂困难时，可加入适量水解聚丙烯酰胺；⑤气温较高时可加入甲醛防腐，发酵变质的浆液应弃用。

另外，不同地层对低固相泥浆主要性能的要求宜符合表 2.6-5 的规定。

表 2.6-5 不同地层对低固相泥浆主要性能的要求

性能指标	地层特点				
	坍塌掉块地层	水敏性地层	漏失层	涌水层	卵砾石层
漏斗黏度/s	23.00～30.00	18.00～25.00	30.00～60.00	＞30.00	＞40.00
比重	1.03～1.08	1.03～1.05	1.03～1.05	计算得	1.03～1.08
失水量/30min	15.00mL	＜10.00mL	15.00mL	15.00mL	＜15.00mL
静切力/Pa	2.5～5.0	0～5.0	3.0～8.0	2.5～5.0	3.0～5.0
含砂量/%	＜0.50	＜0.50	＜0.50	＜0.50	＜1.00
动塑比（τ_0/η_0）	＞3.00	＞3.00	＞3.00	＞3.00	＞3.00
pH	8.00～12.00	8.00～12.00	8.00～12.00	8.00～12.00	8.00～12.00

注 τ_0 为动切力，mPa·s 或 cP；η_0 为塑性黏度，mPa·s 或 cP。

2.6.1.4 S 系列植物胶泥浆

S 系列植物胶泥浆是继 MY 魔芋胶植物胶泥浆之后，针对我国西部地区深厚覆盖层取样技术配合 SD 系列钻具钻进工艺研究推出的一种植物胶泥浆，主要在水利水电钻探中使用。由于 SM 植物胶原料资源减少，之后又进一步研制开发了 SH 和 ST 两种类型的植物胶，与 SM 胶一起统称为 S 系列植物胶。

SM、SH 和 ST 胶配制的泥浆都是黏弹性冲洗液，不仅具有其他钻探冲洗液的基本性能，而且具有与其他冲洗液不同的特殊功能；可以配制无固相冲洗液，是多功能的泥浆处理剂。

SH 和 ST 植物胶配制的冲洗液，与 SM 胶一样，由于胶体的吸附成膜作用，失水量较低，一般在 10mL/30min，在钻孔中，尤其是软、酥、脆地层和砂卵石地层护壁效果较好；使用中因为配制的表观黏度比较高，即使采用较小的泵量，排粉的能力也很强，可以排除 3mm 以上的砂砾；它本身具有一定的润滑性，可降低水的润滑系数，起到润滑钻具的作用。在采用必需的泵量保证冷却钻头的条件下，它们能够起到普通钻探冲洗液的作用。

1. S系列植物胶的功效

（1）护胶作用。S系列植物胶是天然多糖类支链型高分子材料，用水溶胀后形成体型网状结构，在岩芯表面吸附形成胶膜，防止水分渗入和穿透，避免液化和崩塌，因此也避免岩芯被冲刷，起到隔水的作用。浓度越高，网状胶膜越厚而密实，因而护心、护壁效果越好。同时这种黏弹性胶体在砂样和软弱岩芯表面及一定深度的表层具有胶结作用和黏弹性强度，能够抵抗钻具的振动破坏和地表其他外力的破坏，保持原状结构。在孔壁上形成的泥皮是黏塑性体，胶体很少，大多是固体颗粒，护壁原理不一样，效果也就不一样，因而不能护芯。

（2）黏弹性减振作用。黏弹性是指流体既有黏性又有弹性，是高分子类流体的一种特性。它的性能有一个很重要的特点是时间效应，外力作用于该流体的时间越短，该流体的弹性模量越高，流体的变形和位移也就越小。钻杆在黏弹性冲洗液的钻孔中高速旋转时，转速越高，横向振动力越大，但钻杆某一点横向作用于冲洗液某一点的时间就越短，冲洗液对钻杆的径向反作用力就越大，这个力阻止钻杆弯曲变形就像钻杆在同口径的直孔中旋转一样，这样就增大了钻杆弯曲的半波长度，减小了振动，也减轻了钻杆对孔壁的敲击作用，这就是黏弹性冲洗液能减振的原因。

（3）减摩阻效应。在冲洗液中加入润滑剂可以降低冲洗液的摩擦系数，减少在循环通道中的摩擦阻力，而达到降低泵压，减小钻具振动的目的。

2. S系列植物胶冲洗液基本配方

（1）SH胶的配方：①无固相冲洗液，SH：水＝2：100（重量比），加入烧碱（氢氧化钠），加量为SH干粉重量的8%；②低固相泥浆，SH：水：钠土＝1：100：(5～6)（重量比），加入烧碱（氢氧化钠），加量为SH干粉重量的8%。（宜用钠土，不宜用钙土。SH胶先制浆加碱，后加钠土。）

（2）SH-1胶的配方：SH-1与水的比例为1.5%，其他类推。

（3）ST-1胶的配方：①无固相冲洗液，ST-1：水＝(0.8～1)：100（重量比），加入烧碱（氢氧化钠），加量为ST-1干粉重量的8%；②低固相泥浆，ST-1：水：钠土＝(0.4～0.5)：100：(5～6)，加入烧碱（氢氧化钠），加量为ST-1干粉重量的8%。（宜用钠土，不宜用钙土。ST-1先制浆加碱，后加钠土。）

（4）水温在15℃以上，SH和ST-1可以不加碱，直接与水搅拌后使用。

3. S系列植物胶冲洗液特殊地层的配方

（1）水敏性地层，易吸水膨胀、缩径的地层：①一般水敏性地层，SH和ST-1按无固相配方制浆后加入0.2%以上（按浆液体积）的Na-CMC（钠羧甲基纤维素），降低滤失量；②较强水敏性地层，SH或ST-1按低固相泥浆配方制浆后加入0.2%～0.3%（按泥浆体积）Na-CMC，可进一步降低滤失量，抑制地层水化膨胀。

（2）基岩挤压破碎带，护壁比较困难的、易坍塌掉块地层：可在SH或ST-1无固相或低固相泥浆中加入KHm（腐殖酸钾）1%～1.5%，Na-CMC 0.2%以上。

（3）承压水地层：植物胶类无固相冲洗液不能直接悬浮加重剂，承压水地层使用植物胶时，必须先将植物胶配成低固相泥浆，然后再加入加重剂（如重晶石粉或铁矿粉）才能制备成加重泥浆。

4. S系列植物胶冲洗液配置注意事项

（1）SH和ST两类植物胶使用的促溶剂只能用烧碱（氢氧化钠）不能用纯碱（碳酸钠）代替。

（2）配制好的S系列植物胶新浆漏斗黏度必须达到60s以上，低固相泥浆更高，才能表现出植物胶的优越性。

（3）S系列植物胶配制低固相泥浆时，植物胶的用量不得低于配制无固相浆液用量的一半。低于一半则植物胶的功能效果不明显。

（4）ST－1抗盐性能较差，不能用二价以上可溶性盐类作处理剂，不宜钻进水泥地层。

（5）SH胶抗盐性能强，可以使用任何泥浆处理剂，亦可以钻进任何地层。用水泥护壁堵漏时，SH胶浆液保护水泥不被水稀释，效果极好。

（6）ST－1胶不宜用于5℃以下气温条件下钻进。

（7）SH胶可用于低温条件下钻进。

（8）SH和ST植物胶抗高温性能较差，深孔温度在60℃以上不宜使用。

2.6.2　护壁堵漏

护壁堵漏对钻探来说是永恒的课题，特别是对复杂地层来说，钻孔能否顺利实施最核心的问题就是护壁，钻孔的漏失会导致孔壁失稳。

2.6.2.1　护壁堵漏关键技术方法和具体措施

（1）控制孔内液柱的压力，保持钻孔、地层间的压力平衡。主要是通过调节冲洗液的相对密度以平衡地层压力，如用泡沫或泡沫泥浆，降低孔内液柱压力以防止和解决漏失问题；用加重泥浆以防止钻孔涌水或喷水。

（2）采用各种类型的防塌泥浆以维护不稳定孔壁，特别是稳定水敏性地层的孔壁。防塌泥浆一般矿化度高，失水量低，相对密度和黏度适当。如聚丙烯酰胺-氯化钾泥浆、腐殖酸钾泥浆、钾-石灰泥浆、乳化沥青泥浆、有机阳离子聚合物泥浆等，可有效地抑制水敏性地层的坍塌、崩塌或掉块。

（3）采用水泥，各种化学浆液、黏土等黏结性材料来胶结孔壁破碎的岩石和堵塞岩石裂缝或洞穴以达到护壁或堵漏的目的。对于较大的漏失通道，如大的裂缝或孔洞等，可往浆液中适当加入惰性充填材料，如砂子、核桃壳、棉子壳等材料进行堵塞，减少漏失通道的断面，以提高其堵漏效果。

（4）采用套管隔离。对于严重坍塌的孔段可强行通过，然后下入套管隔离；也可采用跟套管钻进。严重漏失的孔段，如大溶洞，顶漏强行通过后用套管隔离，用小一级口径继续钻进。

（5）其他方法。对于一些特殊的情况，可采用冻结法、电化学方法加固孔壁。

2.6.2.2　钻孔堵漏的方法

（1）增阻法。增大漏失通道的流动阻力或减小至完全堵塞漏失通道的断面，这种方法一般是非固结硬化性的。治理后必须用泥浆恢复钻进。属于这一类的有各种堵漏泥浆及加有惰性充填材料的各种泥浆。

(2) 注浆固结法。采用各种堵漏浆液注入到漏失带，以封堵漏失通道，这种方法一般是固结硬化性的。治理后可得到强度较高的不漏失的固结圈，因而其后钻进可用不同种类的冲洗介质。属于这一类的有各种水泥浆液、化学浆液、沥青乳液等。

(3) 隔离法。用金属或其他材料的套管下到孔内漏失孔段隔离漏失带，下套管隔离后钻进可恢复正常，但需减小一级口径。

(4) 其他方法。包括改液体冲洗钻进为空气洗井钻进、气液混合液钻进、无泵钻进等。

上述四类方法中，在实际工作中应用最普遍的是前两类方法。概括起来讲，治理漏失主要是灌注浆液（非固结硬化性的和固结硬化性的），无效时才改用下套管隔离法，在条件适合时亦可改用其他钻进方法来处理。

非固结硬化堵漏浆液大多是加有惰性充填材料的各种类型泥浆，主要用于轻微漏失。常用类别有：①稠泥浆，稠泥浆静止时，岩粉和黏土沉淀，堵塞漏失通道。减小或消除漏失，一般需静止沉淀一天以上时间才能有效。②高黏高切低相对密度泥浆，用优质膨润土造浆，加增黏及降失水用高聚物，以致密坚韧的泥皮封闭微裂隙。③冻胶泥浆及其他结构泥浆，泥浆中加入水泥、氯化钙、水玻璃等结构形成剂，配成的高黏度冻胶状膏浆，静止后能形成强度不高的凝结物，以减小或消除漏失。④聚丙烯酰胺泥浆，利用未水解聚丙烯酰胺起完全絮凝的原理，以絮凝物堵塞漏失通道，从而减小或消除漏失。⑤石灰乳泥浆，在泥浆中加10%～25%的石灰乳形成高黏度高失水的泥浆，以聚结物堵塞漏失通道，从而消除漏失。⑥加有惰性充填材料的泥浆，泥浆中加入各种形状的惰性充填材料，以充填材料堵塞漏失通道，从而消除漏失。

在泥浆中使用惰性充填材料，既是预防漏失的手段，又是治理漏失的方法。其功用主要是由于滤失而形成的充填颗粒堆积物在漏失通道中填塞、堆积、膨胀，并由于过滤压力的作用而压实，从而堵塞漏失通道，解决钻孔冲洗液的漏失。

目前惰性充填材料已系列化和商品化，其材料来源大多是工业生产中的废料。惰性充填材料大体上可分为纤维状、片状和粒状3类，它们可以单独使用，也可以复配使用，在泥浆中的浓度依需要而改变。

惰性充填材料堵塞的有效性与堵漏材料的颗粒大小、形状、粒度数量（浓度）和颗粒的级配等有关。正确选择颗粒的粒度和级配，对堵塞漏失有重要意义。根据计算和实验得出，可靠地堵塞漏失通道的惰性充填材料的最大尺寸应等于裂缝张开量的1/2，而不同大小的填充材料应按照一定的比例配合，才能得到最佳效果。粗颗粒在裂缝中造成堵塞骨架，而细小颗粒则充填其中，减少渗透性和提高稳定性。

锯末、云母、棉子壳、核桃壳、赛璐珞、塑料粒、碎橡皮、纺织纤维的废料等，均可作为堵漏用惰性材料。

从工艺要求方面，堵漏浆液应使用方便且安全，因而它应具备以下特点：易于泵送；流变性能易调节；对搅拌不敏感；允许与其他冲洗液合用；无毒、无害；贮存不易变质；材料来源广、价格便宜。

固结硬化堵漏浆液常用的有下列几类：

1）水泥浆液。它是以水泥为基础成分，用水调成水泥浆，为调节其工艺性能，加有速凝剂、早强剂、减水剂等。因水泥品种不同和加入的外加剂不同，可形成多种类型的水泥浆液，以满足不同孔深、不同温度条件下的堵漏需要。水泥浆液的优点是：材料来源广、价格便宜、浆液性能可调、无毒、结石强度高、操作简便等。它是目前应用的主要堵漏浆液。其缺点是：相对密度较大、微裂缝难以渗入、泵送压力大、易被地下水稀释等。近年来以水泥为主要材料，另外加入适量的其他成分而形成多种组分的混合浆液或速凝混合物，以适应不同的漏失层，取得了较好的效果。如水泥、聚丙烯酰胺配成的混合浆液，具有抗水性强、速凝性能好、有一定弹性等特点，其配方为：水灰比为 0.5 的普通硅酸盐水泥，1%未水解的分子量为（300～600）$\times 10^4$ 的聚丙烯酰胺水溶液，3%氯化钙。又如水泥和泥浆配合形成的冻胶水泥浆液。水泥和脲醛树脂形成的速凝混合物，可封堵大裂隙漏失地层等。

2）合成树脂浆液，也称化学浆液。它是以人工合成树脂为主要原料，在固化剂的作用下迅速形成具有一定强度的固结物，从而封堵裂隙、洞穴等漏失地层。合成树脂浆液依树脂种类的不同，有多种类型，如脲醛树脂浆液、氰凝浆液、不饱和树脂浆液等。其中以脲醛树脂应用较多。应当指出，虽然化学浆液有流动性好、固结快等优点，但由于化学浆液本身的化学组分来源不足，并有价格较贵、有毒、易燃等缺点，在使用上受到了限制。

护壁堵漏材料及其适用范围见表 2.6-6。

表 2.6-6　护壁堵漏材料及其适用范围

材料名称	材料要求	适用范围
套管	符合现行国家标准《地质岩心钻探钻具》（GB/T 16950—2014）的有关规定	（1）松散覆盖层； （2）中漏及以上、严重坍塌地层； （3）洞穴、溶洞
泥浆或无固相冲洗液	根据地层特性，配制不同性能的泥浆或无固相冲洗液	（1）覆盖层； （2）小漏及以下、破碎坍塌、掉块地层； （3）水敏性地层
黏土	（1）用 IP 值大于 17 的黏土； （2）黏土中加纤维物； （3）制成黏土球	小漏及以下地层
水泥	（1）高标号普通硅酸盐水泥＋促凝型减水剂； （2）硅酸盐水泥＋促凝早强剂＋高效减水剂； （3）铝酸盐型水泥＋高效减水剂	（1）覆盖层； （2）严重坍塌、破碎岩层； （3）大漏及以上地层
化学浆液	（1）有效固结岩石； （2）可控制固化时间	（1）大漏及以上地层； （2）破碎、坍塌地层

第 3 章

复杂条件取芯取样器具与技术

3.1 取土器

在地质勘探中，为了解土体的物理力学性能指标，目前主要采用钻探取样后进行室内土工实验。钻探取样时用于获取土样的设备称为取土器，分为贯入式取土器和回转式取土器。

影响获取土样质量的因素有很多，如钻进方法、取土方法、取土器结构、试样的保管和运输等。取土器选用时应考虑：①取土器进入土层要顺利，摩擦阻力小；②取土器要有可靠的密封性能，取土时不至于掉土；③结构简单，便于维修和操作。

此外，还应考虑以下因素：①土样顶端所受的吸力，包括钻孔中的水柱压力、大气压力及土样与取土筒内壁摩擦时的阻力所产生的压强；②土样下端所受的吸力，包括真空吸力、土样黏聚力和土样自重；③取土器进入土层的方法和深度。

3.1.1 贯入式取土器

贯入式取土器分为敞口式和活塞式两大类型。敞口式按管壁厚度分为厚壁和薄壁两种；活塞式包括固定活塞、水压活塞、自由活塞等类型。常见贯入式取土器技术指标见表3.1-1。

表3.1-1 常见贯入式取土器技术指标

<table>
<tr><th colspan="2" rowspan="2">取土器</th><th rowspan="2">外径
/mm</th><th rowspan="2">刃口角度
/(°)</th><th rowspan="2">面积比</th><th colspan="2">间隙比/%</th><th colspan="2">长度/mm</th><th rowspan="2">说明</th></tr>
<tr><th>内</th><th>外</th><th>薄壁管</th><th>衬管</th></tr>
<tr><td rowspan="5">薄壁取土器</td><td>敞口式</td><td>50，75，100</td><td rowspan="4">5～10</td><td rowspan="2">＜10</td><td rowspan="2">0</td><td rowspan="5">0</td><td rowspan="4">500，700，1000</td><td rowspan="4">—</td><td rowspan="5"></td></tr>
<tr><td>自由式</td><td rowspan="3">75，100</td></tr>
<tr><td>水压固定式</td><td rowspan="2">10～13</td><td rowspan="2">0.5～1.0</td></tr>
<tr><td>固定式</td></tr>
<tr><td>改进型</td><td>76.2</td><td>7</td><td>9.68</td><td>0</td><td>76.2</td><td>—</td></tr>
<tr><td colspan="2">束节式取土器</td><td>50，75，100</td><td colspan="5">管靴同薄壁取土器，长度至少为内径的3倍</td><td>200，300</td><td></td></tr>
<tr><td colspan="2">厚壁取土器</td><td>75，89，108</td><td>＜10</td><td>13～20</td><td>0.5～1.5</td><td>0～2.0</td><td>—</td><td>150，200，300</td><td>废土200</td></tr>
</table>

3.1.1.1 敞口式取土器

敞口式取土器具有结构简单、取样操作简便等优点，但其缺点是土样质量不易控制，且易掉落。

（1）薄壁敞口取土器只用薄壁无缝管作取样管，是可采取Ⅰ级土样的取土器，如图3.1-1所示。其缺点是薄壁取土器内不能设衬管，一般是将取样管与土样一同封装运送到实验室，只能用于软土或较疏松的土层取样；若土质过硬，取土器易受损。

(2) 厚壁敞口取土器是在取样管内加装内衬管、下接厚壁管靴的取土器，具有易于卸出衬管和土样的优点，能应用于软硬变化范围很大的多种土类，如图 3.1-2 所示。其缺点是对土样扰动大，只能取得Ⅱ级以下的土样。将厚壁敞口取土器下端刃口段改为薄壁管，能减轻厚壁管面积比的不利影响，取出的土样可达到或接近Ⅰ级。

(3) 束节式取土器是在厚壁和薄壁取土器的基础上设计的，同时具备两者的优点，因此岩土工程勘察规范中允许用束节式取土器代替薄壁取土器，如图 3.1-3 所示。

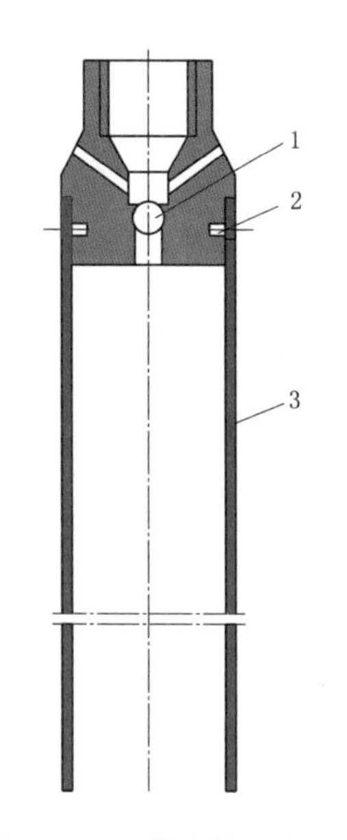

图 3.1-1 薄壁敞口取土器
1—球阀；2—固定螺钉；
3—薄壁取样管

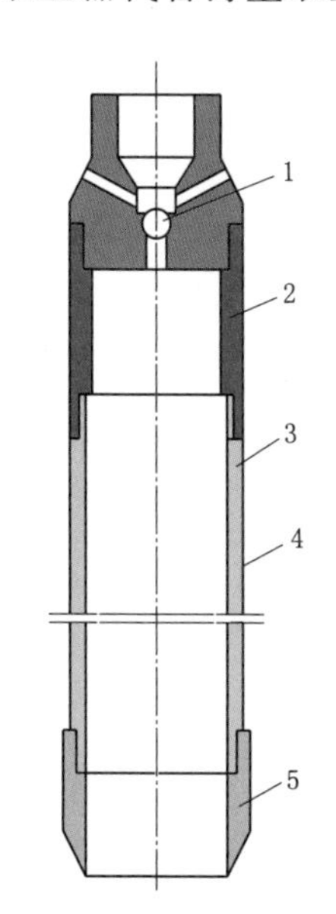

图 3.1-2 厚壁敞口取土器
1—球阀；2—废土管；3—半合取样管；4—衬管；5—加厚管靴

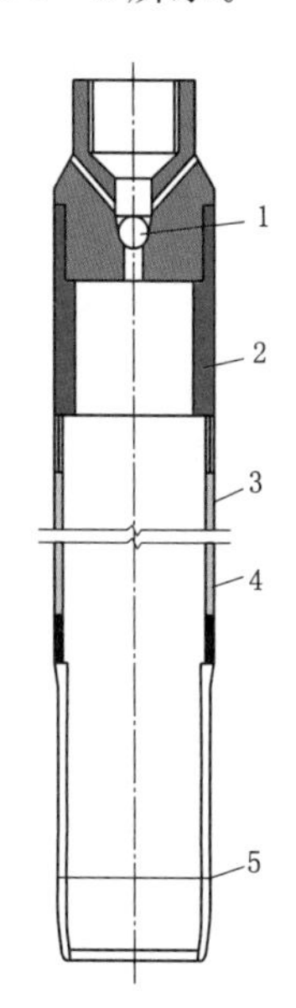

图 3.1-3 束节式取土器
1—阀球；2—废土管；3—取样管；4—衬管或环刀；5—束节薄壁管靴

3.1.1.2 活塞式取土器

如果在敞口取土器的刃口部装一活塞，在下放取土器的过程中，使活塞与取样管的相对位置保持不变，即可排开孔底浮土，使取土器顺利达到预计取样位置。此后将活塞固定不动，贯入取样管，土样则相对地进入取样管，但土样顶端始终处于活塞之下，不可能产生凸起变形。回提取土器时，处于土样顶端的活塞即可隔绝上部水压、气压，也可以在土样与活塞之间保持一定的负压，防止土样失落而又不会出现过分的抽吸。

活塞式取土器操作流程如下：

(1) 压下锁接头，使卡位装置脱空，向上抽拉芯杆使活塞上升至顶点然后安装取样管。

(2) 下压芯杆使活塞处于取样管底部刃口处。

(3) 上拉锁接头卡位装置处于工作状态，芯杆活塞被定位。

(4) 自由活塞式薄壁取土器操作：接上钻杆，将取土器置于孔底，采用连续压入法取土；对固定活塞式薄壁取土器操作：延长杆穿于钻杆内孔，分别将芯杆与延长杆、上接头与钻杆锁接头相接，同步将取土器放置孔底。耳环与延长杆顶端相接，将钻机钢丝绳与耳环相接，收住钢绳以保证取土器活塞与地面距离不变。下压钻杆 700mm。

（5）上提钻杆、取土器至地表，清洗样管表面，刃口部盖上橡胶封盖。

（6）内六角扳手卸下三只固定螺丝，拔出样管，以残土充填上部空间，盖上橡胶封盖，含水量高可蜡封。

依照这种原理制成的取土器称为活塞式取土器，活塞式取土器有以下几种：

（1）固定活塞取土器是在敞口薄壁取土器内增加一个活塞以及一套与之相连接的活塞杆，活塞杆可通过取土器的头部并经由钻杆的中空延伸至地面，如图 3.1-4、图 3.1-5 所示。下放取土器时，活塞处于取样管刃口端部，活塞杆与钻杆同步下放，到达取样位置后，固定活塞杆与活塞，通过钻杆压入取样管进行取样。固定活塞薄壁取土器是目前国际公认的高质量的取土器，但因需要两套杆件，操作比较复杂。

（2）水压固定活塞取土器的特点是去掉了活塞杆，将活塞连接在钻杆底端，取样管与另一套在活塞缸内的可动活塞连接，取样时通过钻杆施加水压驱动活塞缸内的可动活塞，将取样管压入土中，其取样效果与固定活塞式相同，操作较为简单，但结构仍较复杂，如图 3.1-6 所示。

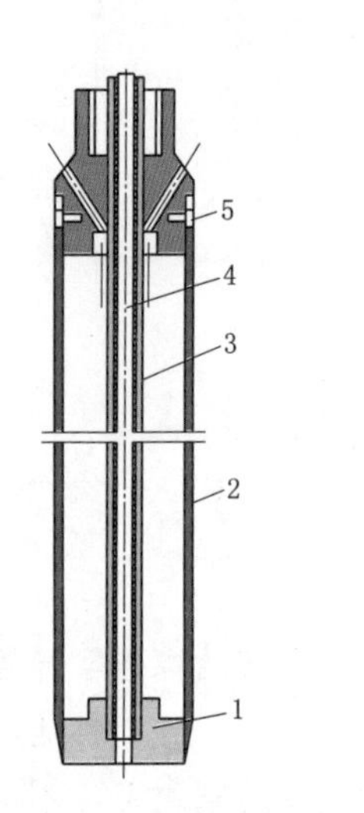

图 3.1-4　固定活塞取土器二维图

1—固定活塞；2—薄壁取样管；3—活塞；4—消除真空杆；5—固定活塞

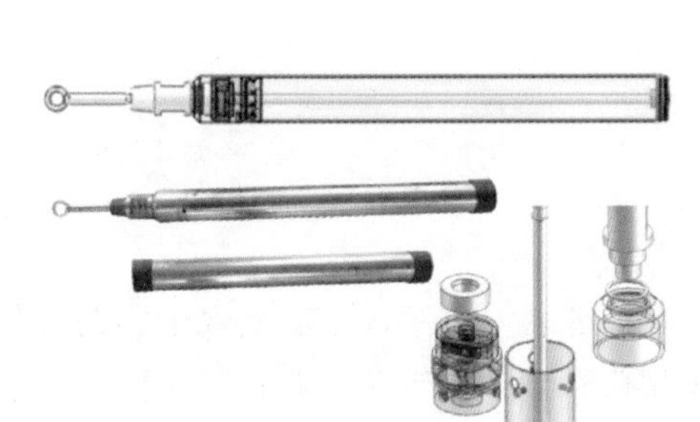

图 3.1-5　固定活塞取土器三维图

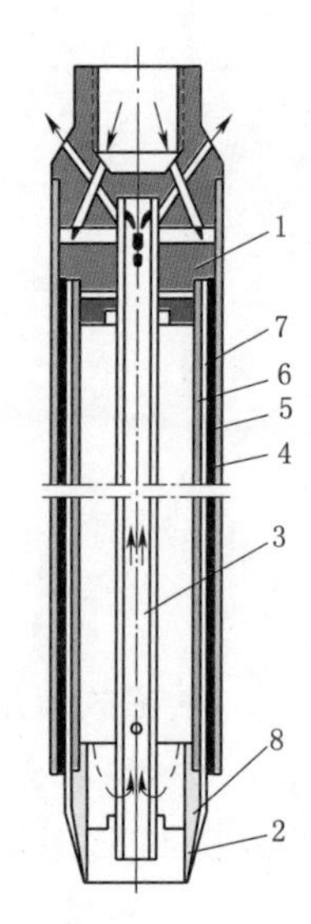

图 3.1-6　水压固定活塞取土器二维图

1—活塞；2—固定活塞；3—活塞杆；4—压力缸；5—竖向导管；6—取样管；7—衬管；8—取样

（3）自由活塞取土器与固定活塞取土器的不同之处在于活塞杆不延伸至地面，而只穿过上接头，用弹簧锥卡予以控制，取样时依靠土试样将活塞顶起，操作较为简便，如图 3.1-7、图 3.1-8 所示。但土试样上顶活塞时易受扰动，取样质量不及固定活塞取土器和水压固定活塞取土器。

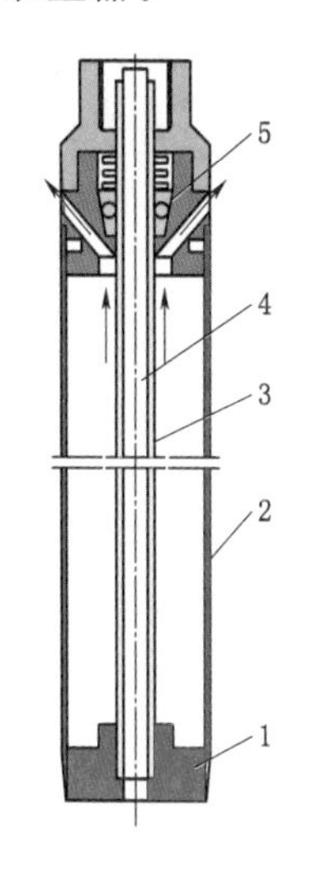

图 3.1-7 自由活塞取土器二维图

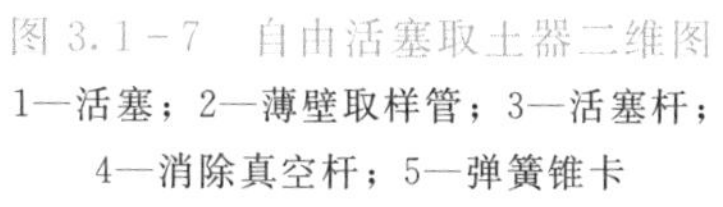
1—活塞；2—薄壁取样管；3—活塞杆；
4—消除真空杆；5—弹簧锥卡

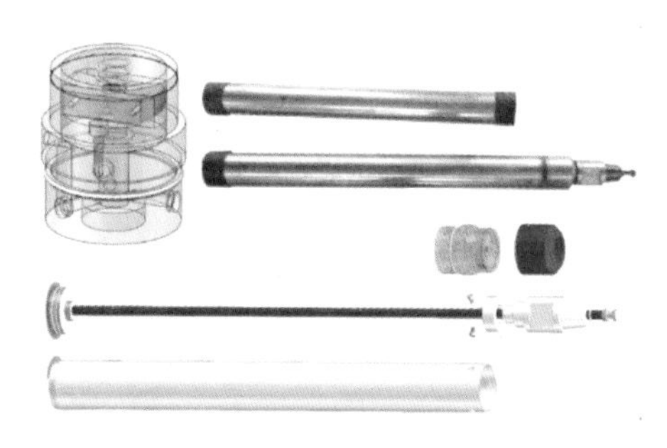

图 3.1-8 自由活塞取土器三维图

（4）改进型取土器。在钻探工程中，为了采取Ⅰ级质量的土样，在活塞式取土器基础上增加了底部活塞和锥卡装置。底部活塞在放置孔底时能有效防止残土进入；锥卡装置能自锁，防止活塞下移，压缩土样，且取样过程不对土样产生压密扰动。这种取土器外径 3 英寸（76.2mm），长 30 英寸（762mm），一次取样长度小于 700mm，面积比为 9.86%，间隙比为 0，刃角为 7°，刃宽为 0.6mm，可在钻孔中采取一级质量的流塑、软塑、可塑及部分粉土、粉砂原状结构试样。另外，常规的取样器不能采取空心圆柱土样，无法直接满足空心扭剪及循环剪切试验的要求，常利用实心样或重塑样制备空心样，对原状样扰动过大。中空圆柱取土器可直接采取原状空心样，降低了对原状样的扰动，取样质量好，取土器如图 3.1-9 所示。

图 3.1-9 中空圆柱取土器

3.1.2 回转式取土器

贯入式取土器一般仅适用于软土及部分可塑状土，而不适用坚硬、密实的土类，对于这些土类，必须改用回转式取土器。回转式取土器主要有两种类型，见表 3.1-2。

3.1.2.1 单动三重（二重）管取土器

类似于岩芯钻探中的双层岩芯管，取样时外管切削旋转，内管不动，故称单动。如在内管内再加衬管，则成为三重管，其代表型号为丹尼森（Denison）取土器（图 3.1-

10)，可用于中等至较硬的土层中。丹尼森取土器的改进型为皮切尔（Pitcher）取土器（图 3.1－11），其特点是内管 2 刃口的超前值可通过一个竖向弹簧按土层软硬程度自动调节。

表 3.1－2　　回转式取土器技术指标

取土器类型		外径/mm	土样直径/mm	长度/mm	内管超前	说　明
双重管	单动	102	71	1500	固定可调	直径尺寸可视材料规格稍做变动，但土样直径不得小于 71mm
		140	104			
	双动	102	71	1500	固定可调	
		140	104			

注　双重管加内衬管即为三重管。

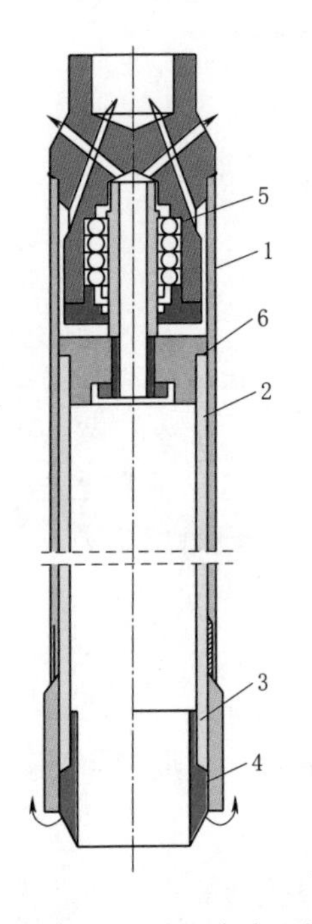

图 3.1－10　丹尼森取土器
1—外管；2—内管；3—外管钻头；4—内管管靴；5—轴承；6—内管头

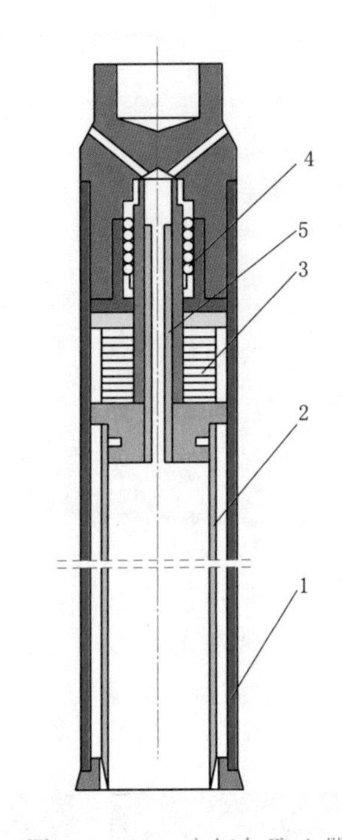

图 3.1－11　皮切尔取土器
1—外管；2—内管（取样管及衬管）；3—调节弹簧；4—轴承；5—滑动阀

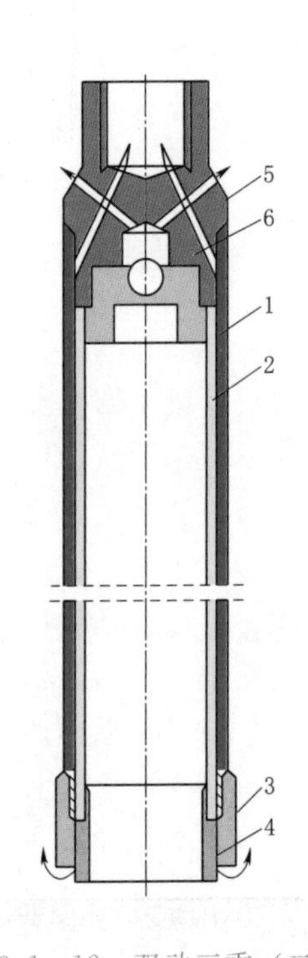

图 3.1－12　双动三重（二重）管取土器
1—外管；2—内管（取样管及衬管）；3—外管钻头；4—内管钻头；5—取土器头部；6—逆止阀

3.1.2.2　双动三重（二重）管取土器

与单动不同之处在于取样时内管也旋转，因此可切削进入坚硬的地层，一般适用于坚硬黏性土、密实砂砾及软岩，如图 3.1－12 所示。但所取土样质量等级低于单动三重（二重）管取土器。

3.1.2.3　三重管单动取样器

三重管单动塑料内管取样器符合《岩土工程勘察规范》（GB 50021—2001）要求，如

图3.1-13所示，可采取部分一级质量的可塑、硬塑、粉土、粉砂、细砂，具有使用方便、开土方便、取样率高、取样质量好等优点。该取土器适于泥浆回转钻机，不需吊锤，钻进取样一次完成。具有以下特点：①六角芯杆、弹簧、球阀座、第二层管均以不锈钢制造，耐腐蚀性强且经久耐用；②增设防落土球阀，取样率高；③缩束式管靴可提高取样质量，管靴超前视不同，在取样过程中有0～35mm范围内的自动伸缩；④内管以PVC塑料管开缝制造，圆度好、光洁度高，两端封盖牢固厚实，安装方便。

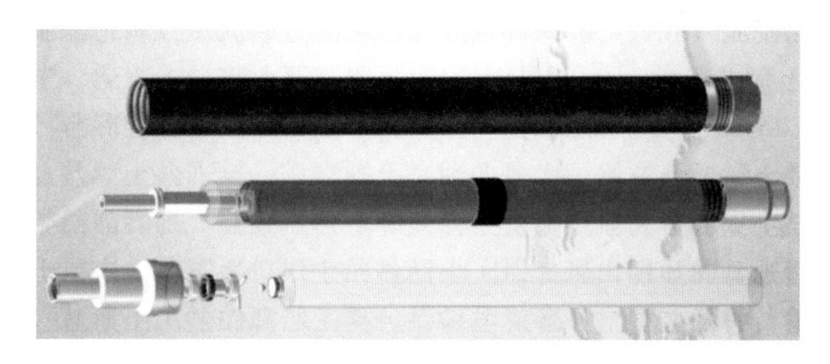

图3.1-13　三重管单动塑料内管取样器

三重管单动塑料内管取样器操作要点及说明：①取样器放至孔底，接上主动钻杆，注水（浆）回转加压钻进小于105cm，停钻，泄压，提钻；②连钻头卸下外管，卸下管靴，拔出塑料内管，盖上封盖，用防水胶布或棉纸、熔蜡封土；③清洗后重新组装，螺纹部分涂少量润滑油。如地层较硬，也可不装塑料内管，待试样取上之后，再装入不开缝的塑料管中，封盖；为方便拔出塑料内管，可在塑料管外壁涂润滑剂。塑料内管采用PVC材料，直径75mm，壁厚1.5～1.8mm。

3.2　取砂器

在钻进取样过程中由于砂土没有黏聚力易受到扰动，且提升取土器时砂样极易掉落砂，常规的取样器具很难获得质量较高的砂样。取砂器是获取高质量等级砂样的重要工具，主要有内环刀取砂器、三重管单动取砂器和双管单动内环刀取砂器等类型。

3.2.1　内环刀取砂器

内环刀取砂器在钻孔中采取粉砂、细砂、中砂、粗砂和砂砾的一级、二级土试样，也可采取软塑、可塑的黏性土及部分粉土的一级、二级土试样。取砂器一次可采取8只61.8mm×2cm的标准试样，并可连同环刀直接放入试验仪器，满足常规容重、颗分、压缩、直剪等土工试验要求，具有使用方便、取样效率高、开土方便、取样质量好等优点。

使用时只需将试样推出，端面切割后连同环刀直接装入固结容器内或直接推至剪切盒内，防止试样因结构松散、软弱造成开土扰动。范围扩大到淤泥质土甚至一般土层，以期提高取芯质量。上提活塞头部总成、环刀、对开隔环均以不锈钢制造，抗腐蚀性能强；样筒封盖采用ABS工程塑料制造，并配有防漏平软垫，使用方便；操作时将取样器置于孔底，以压入法或击入法入土 35～38cm，地面旋转使底部土体断开，即可提钻，如图 3.2-1 所示。

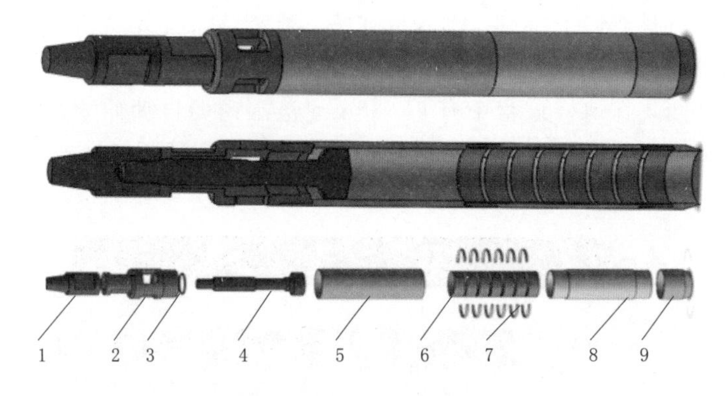

图 3.2-1　内环刀取砂器

1—钻杆接头；2—异径接头；3—O 型密封圈；4—六角提杆；5—废沙管；6—内环刀；7—哈夫式隔环；8—取样筒；9—管靴

3.2.2　三重管单动取砂器

该取砂器于 20 世纪 80 年代初投放市场，用于采取难以制备的松散软弱砂土样，一次可采取 8 只 61.8mm×2cm 的标准试样，并可连同环刀直接放入试验仪器，满足常规容重、颗分、压缩、直剪等土工试验要求，如图 3.2-2 所示。多年来经勘察单位推广应用，取样范围扩大到淤泥质土甚至一般土层。具有使用方便、取样效率高、开土方便、取样质量好等优点。三重管单动取砂器适用于泥浆循环回转工艺，不需吊锤，钻进取样一次完成。

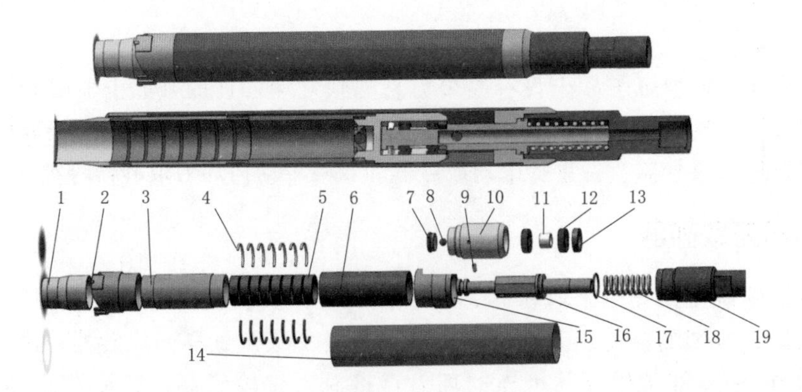

图 3.2-2　TS2 型三重管单动取砂器

1—管靴；2—钻头；3—取样筒；4—哈夫式隔环；5—内环刀；6—废沙筒；7—球阀座；8—钢球；9—定位螺钉；10—轴承筒；11—挡圈；12—轴承；13—油封；14—外管；15—过渡接头；16—中心轴；17—O 型圈；18—弹簧；19—钻杆接头

三重管单动取砂器具有以下特点：①钻孔直径小，外管直径一般为 89mm，有残土管，样管内环刀间有哈夫式隔环，增设防落土球阀，取样率高；②缩束式管靴可提高取样质量。管靴超前，视不同地层在取样中0～35mm范围内自动伸缩；③样管两端封盖以ABS工程塑料制造并内衬防漏密封软垫，不需封土，使用更方便。

三重管单动取砂器使用步骤：①将取样管放置孔底，接钻杆，送浆回转加压钻进350～380mm（泥浆颗粒小于1mm），停钻，打开地表回水阀门提钻；②连钻头卸下外管，卸下管靴，切割后拧上封盖；③卸下样管，切割后拧上封盖，放入专用防震箱内送检；④卸下残土管，清洗后螺纹部涂黄油重新组装。

3.2.3 双管单动内环刀取砂器

双管单动内环刀取砂器（图3.2-3）可采取粉砂、细砂、中砂、粗砂和砾砂的Ⅰ级、Ⅱ级土样，也可采取可塑的黏性土及部分粉土的Ⅰ级、Ⅱ级试样，可避免取砂时砂样的二次扰动，具有以下特点：

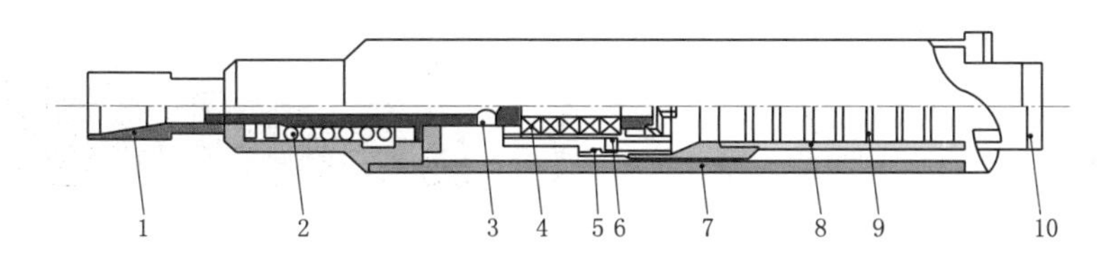

图3.2-3 双管单动内环刀取砂器结构示意图

1—接头；2—弹簧；3—水冲口；4—回转总成；5—排气排水孔；6—钢球单向阀；7—外管钻头；8—环刀；9—隔环；10—管靴

（1）内管超前于外管，取土时外管回转，内管不转但直接切入土层，循环液通过内外管之间的间隙形成底喷式。土质硬时弹簧压缩，内管超前量缩短，土质软时弹簧伸长，超前量也相应增加，用在软硬交替的成层土取样尤为适宜。

（2）内管装有内环刀取砂筒，可避免开土时的二次扰动。

（3）采用束节式管靴，可避免开土时的二次扰动。

双管单动内环刀取砂器使用时的注意事项：

（1）使用时要保持排气排水孔畅通。

（2）隔环是为给环刀平端面时留出余量而设计的，使用后其弧度会缩小，因此在每次装配时可手工适量增大其弧度，使其与取样筒内壁贴合良好。

3.3 底质取样器

针对一些特殊工程，如海上风电工程勘察，常规取样方法无法完成取样工作或取样质量差，不能反映海底表层和海水与海床地表界面土层的情况，因此出现了一类特殊的取土器——底质取样器。底质取样器是采取底质样品的器具，用于各种河流、湖泊、港口、海洋等不同水深条件下各种表层底质的取样工作，主要有蚌式采泥器、振动活塞取样器、重力活塞柱状取样器和双管水压式取样器等。

3.3.1 蚌式采泥器

蚌式采泥器是为表层沉积物调查而设计的底质取样设备，用于海底0.3～0.4m的浅表层采样，如图3.3-1所示。

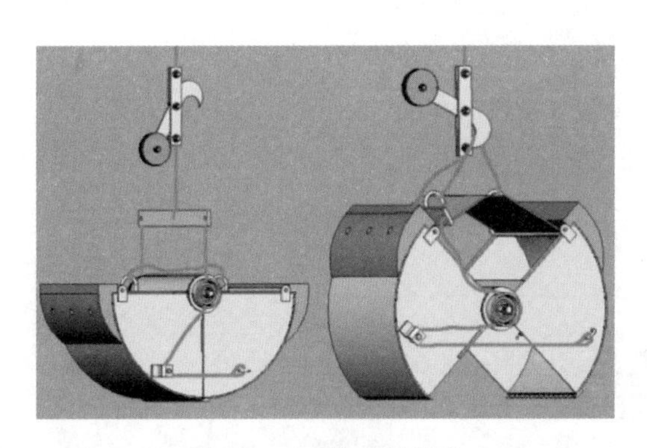

图3.3-1 蚌式采泥器

图3.3-2 振动活塞取样器

3.3.2 振动活塞取样器

振动活塞取样器（图3.3-2）是一种柱状取样器，适用于水深5～200m致密沉积物取样。7.5kW交流垂直振动器利用高频锤击振动将取样管贯入沉积物中获取柱状样品，取样管内使用标准PVC衬管，采用活塞、单向球阀门和分离式刀口技术以提高采样率，减少扰动和漏失。

3.3.3 重力活塞柱状取样器

重力活塞柱状取样器在软土地层中广泛应用，取样长度可达8m，试样直径为104mm，适用于水深大于3m的各类水域软至中硬底质取样。由管头体、提管、连接法兰、取样管、活塞或单向球阀门、样管连接器、刀口（活动花瓣式密封）、杠杆、释放器及重锤和作业小车等部件组成，如图3.3-3所示。

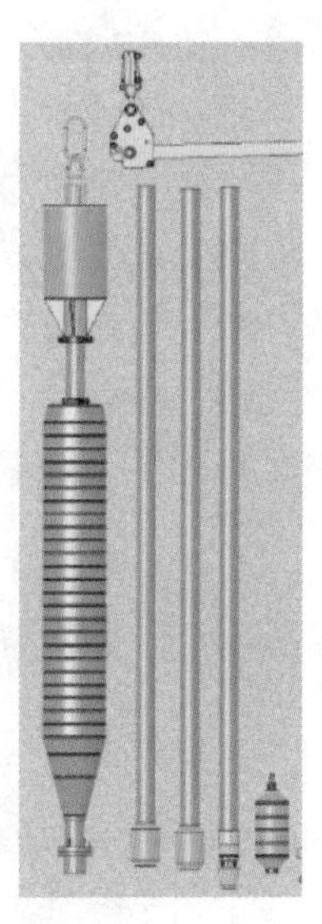

图3.3-3 重力活塞柱状取样器

3.3.4 双管水压式取样器

针对海底表层0～1.0m范围内高含水量流塑状淤泥而研制的双管水压式原状取样器（图3.3-4），取样率可达到100%。取土器与钻杆连接至孔口以上，确定好取样位置后利用钻杆自重或人工施压完成取样；上部钻杆与钻进供水管路连接，启动水泵向钻杆内供水，水压使取样器上部活塞从上死点运行到下死点，从而关闭管靴上的阀门，取土器通过钻机卷扬机提出孔外，该取土器内管为有机玻璃管，使所取位置的土试样清晰可见，取样结果如图3.3-4（c）所示。

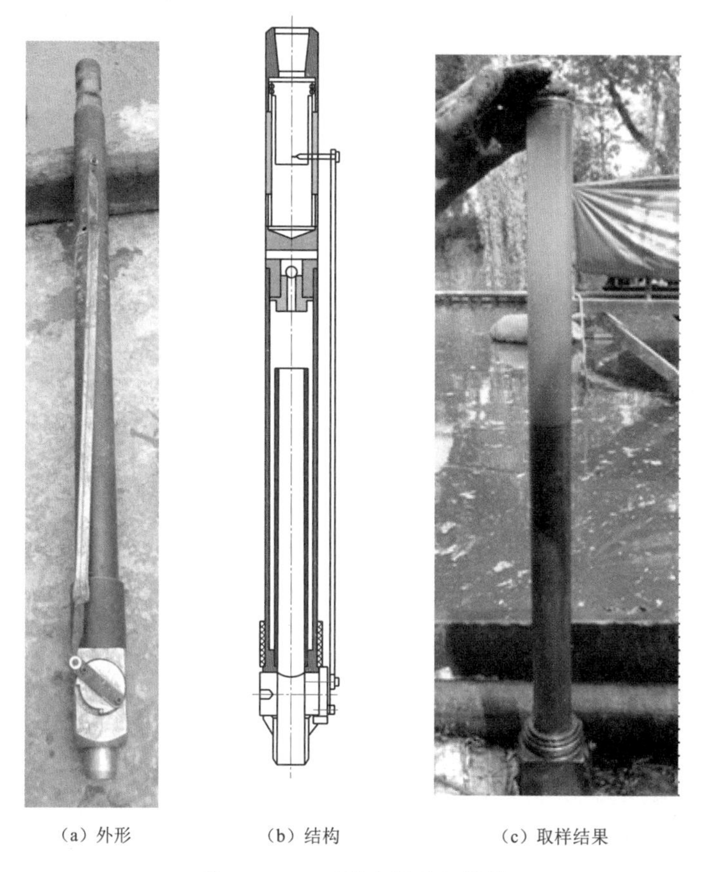

（a）外形　　（b）结构　　（c）取样结果

图3.3-4　双管水压式取样器

3.4　SDB系列半合管取芯钻具

SDB系列钻具是最常用的半合管取芯钻具，是可实现双级单动的双层岩芯管钻具，适用于砂卵石覆盖层和中深孔以内的松散破碎、基岩复杂地层岩芯钻探，既可用于植物胶冲洗液和低固相泥浆钻进，又可用于清水钻进，具有功能齐全、单动性能好等特点，配合S系列植物胶冲洗液在砂卵石覆盖层和基岩破碎地层钻进，岩芯采取率可达95%～100%，而且可以取得松散、破碎地层的原结构柱状岩芯，如图3.4-1所示。

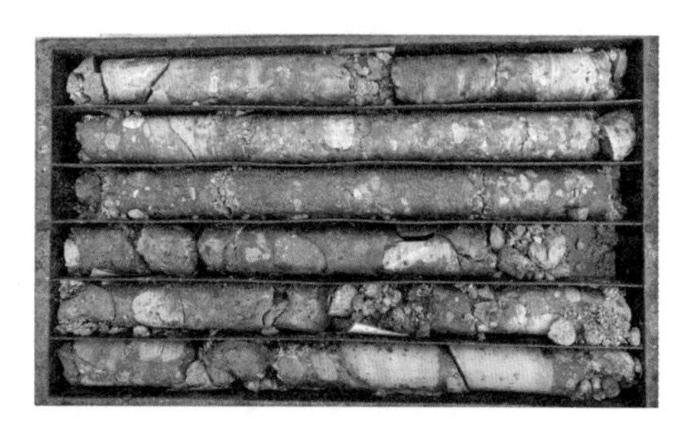

图3.4-1　SDB钻具在深厚覆盖层中获取的岩芯

SDB系列钻具可根据地层特点选配相应的热压金刚石钻头、电镀钻头、复合片钻头、硬质合金钻头等，不仅用于水电勘探，还广泛应用于城市建筑、公路、铁路、地铁、桥梁勘探，金属矿床勘探，煤田地质勘探，地质灾害勘探等。

3.4.1 结构特点

3.4.1.1 SDB系列钻具的结构

SDB系列钻具结构包含除砂打捞机构、单向阀机构、双级单动机构、内管机构和外管机构五个部分，如图3.4-2所示，其结构和工作原理如下所述。

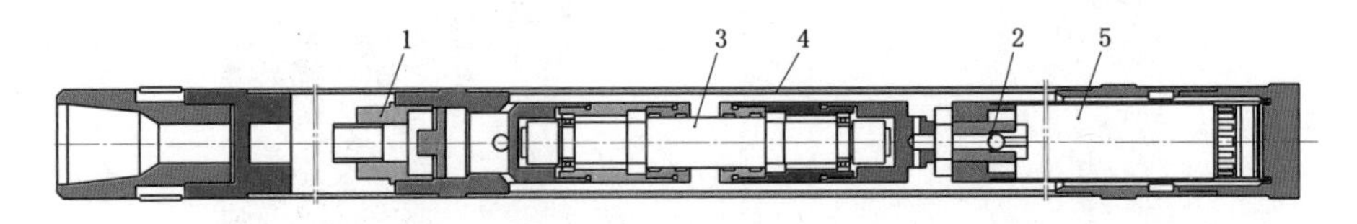

图3.4-2 半合式内管单动双管钻具结构示意图

1—除砂打捞机构；2—钢球；3—单向阀机构；4—外管机构；5—内管机构

1. 导向除砂打捞机构

在钻具的上部，钻杆和单动接头之间增设一根与岩芯外管同口径的，长度可任定的沉砂管，以便增加粗径钻具长度，防止孔斜，并作为除砂管用。外管接头内装有单向阀机构，单向阀上阀座安有一根隔砂管，冲洗液不能从沉砂管下端直接进入单向阀，而必须从隔砂管上部的侧孔经隔砂管进入单向阀，经外管接头进入内外管之间。

沉砂管内径比钻杆内径大，泥浆进入沉砂管后流速降低，由于钻杆和钻具的高速旋转，带动泥浆高速旋转使泥沙分离。沉砂管起到了离心除砂的作用，泥浆中的岩屑沉积于管壁和沉砂管下部。进入隔砂管的泥浆则是比较纯净的，含砂量较低的浆液，起到净化孔内返出泥浆的作用，这就是除砂机构的原理。

2. 单向阀机构

由于砂卵石覆盖层和基岩破碎地层钻进，采用浓度较高的泥浆（或植物胶），钻孔底部浆液含砂量较重，而且孔底沉积的岩屑和砂子也多，钻具下钻时，钻杆内液柱压力低，快速下到孔底，造成较大的内外压差，孔底泥浆夹带着泥沙从钻头进入内外管并从钻杆上返，有时直达孔口，停止下钻后，粗颗粒泥沙迅速下沉，堵塞在内外管之间及钻杆下部，重者造成憋泵和钻具失去单动作用无法钻进，轻者影响钻具单动性能，降低取芯质量。因此在外管接头内设置有单向阀机构，下钻时封闭，钻进时泥浆下压阀体，实现正循环钻进，避免了上述故障。

3. 双级单动机构

SDB系列钻具的单动作用由两副结构完全一样的单动接头通过一根轴串联，上下两副单动机构的结构和密封圈也不一样，下单动接头的O型密封圈直径大，摩擦力也大，且耐磨性和密封效果不如YX密封圈好，下单动接头的单动性能不如上单动接头好。单动作用主要由上单动接头承担，较难起到双级单动接头的作用。

SDB系列钻具上下单动机构由一根轴串联，容易保证同轴度，上下单动副结构和密封圈（YX密封圈）完全一样，摩擦系数一样，则单动性能完全相同。

双级单动机构两个单动副结构同时起单动作用，降低了每个单动副结构的相对转速差，如钻杆转速1000r/min，理论上每副单动机构的轴和轴承套相对转速差是500r/min。显然，在相对转速差较低的情况下，单动的效果更好，部件的使用寿命更长；在孔内即使其中有一个单动副结构损坏，另一个单动副结构则承担起全部作用，避免内管转动，因此双级单动机构比单级单动接头单动效果好，性能可靠，使用寿命长。这一点对取芯质量至关重要。

4. 内管机构

内管机构包括半合管、定中环、卡簧座和卡簧。半合管由钢质卡箍箍抱，半合管取芯是为了防止内管中柱状的松散、破碎岩芯在地表人为损坏，保持原状结构。半合管只是在要求取原状结构岩芯时使用。

半合管和整体式内管每次只用其中一种，可以互换。短节管与内管（半合管）成为一体，提高内外管同轴度，有利于保障单动性能；它们的内壁都是磨光的，减少岩芯堵塞现象，有利于增加回次进尺和提高取芯质量。

5. 外管机构

外管机构与普通单动双管钻具一样，包括外管、扩孔器（或连接管）、钻头。它的特点重点在钻头上。SDB钻具的钻头是非标准钻头，可以是热压金刚石钻头，电镀金刚石钻头、复合片钻头和硬质合金双管钻头。

钻具内外管长度差是固定的，内管（半合管）标准长度是1.5m，可以根据钻孔深度和用户需要同时加长内外管，但内管（半合管）长度不应超过3m，过长会影响单动性能。

3.4.1.2 SDB系列钻具的特点

1. 双级单动机构

为了提高钻具的单动性能，保障单动机构的可靠性，设置上下两级单动机构，更好地防止内管转动从而避免管内岩芯的磨损。

2. 内壁磨光的内管和半合管

钻具有内壁磨光的普通内管和内壁磨光的半合管两种，可以根据需要互换。内管及半合管内壁光滑（图3.4-3），可以减小岩芯进入的阻力以及岩芯的磨损。半合管是在钻进松散、破碎地层时为了取原状结构岩芯时才使用，避免了在取出破碎岩芯时对岩芯造成再次人为的破坏和扰动。半合管通过销钉定位，上端与内管接头内螺纹相连，下端与定中环相连起抱紧半合管的作用。半合管中部每隔20～30cm设置抱紧机构，通过开口钩头抱箍与半合管外壁上梯形槽相配合。半合管上每道环槽开有两条轴心槽缝，槽缝呈梯形分布，梯形槽在轴向不同位置所夹弧长不同，开口抱箍两端钩头在梯形槽缝小弧长处置于槽缝内，然后推到下端大弧长位置，则抱紧半合管。

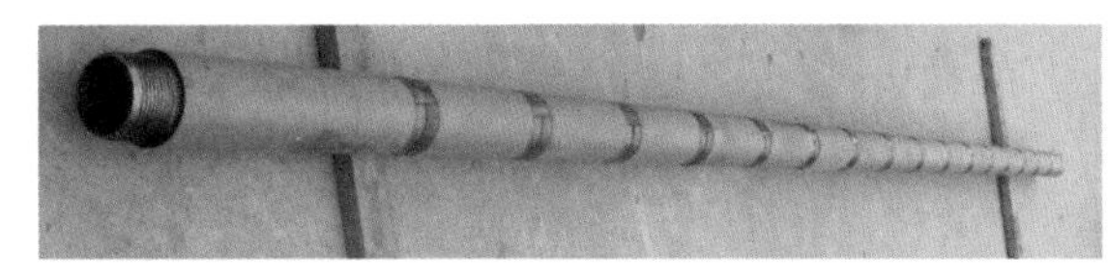

(a) 内管　　(b) 半合管

图3.4-3　内管和半合管

3. 沉砂管和隔砂管

随着回次时间和进尺的增加，岩芯被破碎、磨损、分选和污染的机会增大，因此有效地保护了岩芯，缩短了内外管长度，同时也保证了钻具有良好的单动性。在沉砂管内设有隔砂管，进入沉砂管内的泥浆，由于高速转动时的离心分离作用，岩屑分离下沉，避免进入单向阀和内外管之间，起到了除砂作用，同时避免因此造成的单动失效。

3.4.2 规格参数

SDB系列钻具的管材规格见表3.4-1。

表3.4-1 SDB系列钻具的管材规格

钻具	SDB150-1	SDB150-2	SDB110	SDB94	SDB77
内管	ϕ114×5	ϕ108×5	ϕ89×4	ϕ77×3.5	ϕ62×2.75
外管	ϕ139.7×7.72	ϕ139.7×9.19	ϕ102×4.5	ϕ89×4	ϕ73×3.75

3.5 超前型和隔离型取芯取样钻具

在易冲蚀、松软破碎的地层钻进时，为了避免冲洗液冲刷岩芯，在岩芯进入岩芯管之前，常采用超前保护或隔离保护法。超前保护取样钻具有内管超前型（图3.5-1）或钻头超前型，延伸卡簧座超出外管一定距离，通常在0～35mm之间。外管钻头切削之前，岩芯已经进入内管，避免岩芯被泥浆冲刷。由于内管较薄，受力时容易变形破坏，超前距离过大易压坏或造成岩芯堵塞，距离过小不能起到保护岩芯的作用。因此，卡簧座超前距离需要根据地层的软弱情况进行调整。

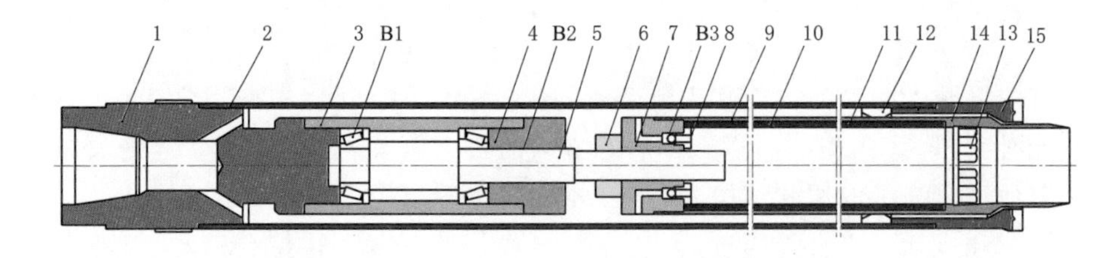

图3.5-1 内管超前保护钻具基本结构

1—转换接头；2—外管；3—轴承外套；4—轴承下端盖；5—心轴；6—调节螺母；7—内管堵头；8—螺栓；9—内管上接头；10—内衬半合管；11—内管；12—导正环；13—卡簧；14—延伸卡簧座；15—钻头；B1—轴承；B2—O型圈；B3—钢球

隔离型保真钻具钻头能有效地保持岩样的原状性，既可用于极难取芯地层，也可用于常规地层，这种钻头内侧超前于外侧。另外，通过设计特殊结构的钻头，如底喷式钻头、侧喷式钻头和带隔离环槽型钻头等，如图3.5-2为底喷式钻头，图3.5-3和图3.5-4分别为勘探技术研究所设计的侧喷式钻头和内隔离环钻头，都可以很好地隔离泥浆，避免岩芯被冲刷，保障岩芯采取率和原状性。

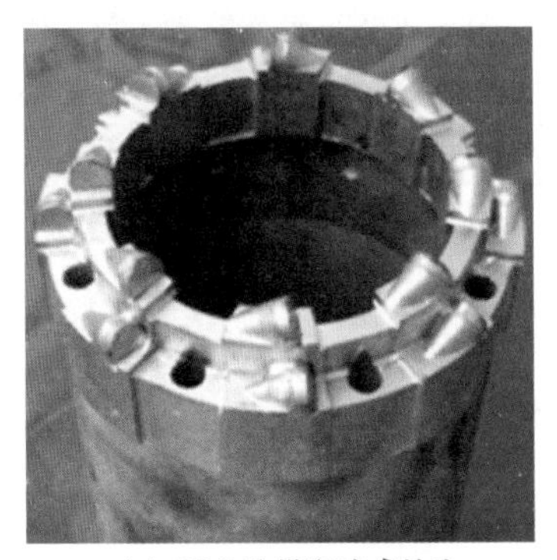

(a) PDC 阶梯底喷式钻头

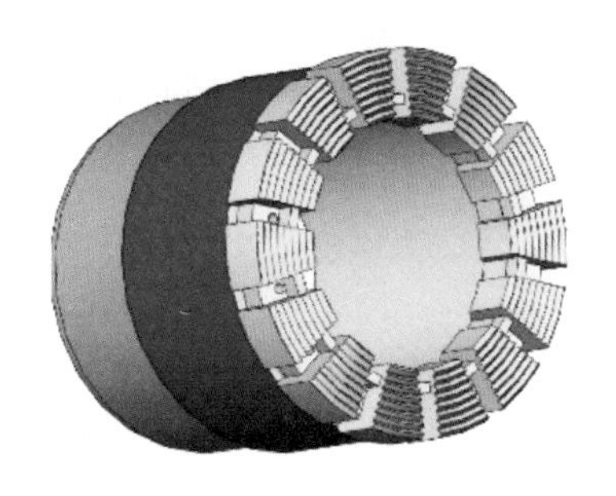

(b) 水口隔环底喷金刚石孕镶钻头

图 3.5-2　底喷式钻头

图 3.5-3　侧喷式钻头

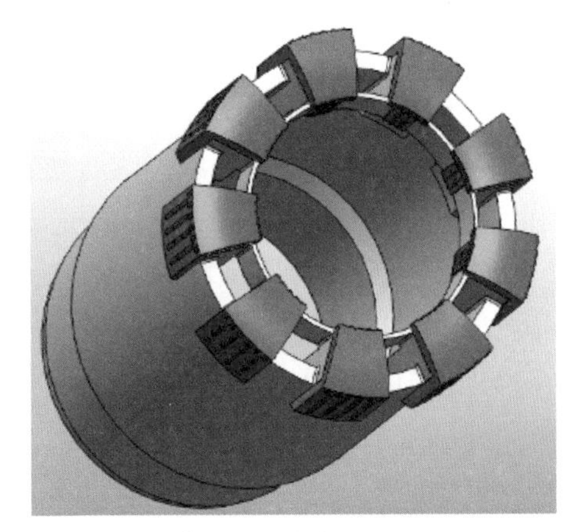

图 3.5-4　内隔离环钻头

这类隔离型钻头常与双层管一起使用，可实现孔底局部反循环，使泥浆在钻具中分流，大部分以正循环方式进入环空中，实现携带岩粉、冷却钻头等作用；其余随岩芯进入内管，再经上部单向阀返出。这部分泥浆从钻头底唇面进入岩芯管，托举岩芯上升，对岩芯有一定的润滑减阻作用，避免岩芯管堵塞和岩芯磨损。可通过调整取芯工具结构尺寸或输入泥浆流量，控制正、反循环流量比例。通常情况下，小口径钻具内管卡簧座与钻头内台阶的间距设置为 2～4mm，此时正循环流量占总流量的一半以上，而反循环流量较小。

底喷式钻头和侧喷式钻头通过减小钻头底唇面内水口的过水截面积来实现隔离，有的专门设计了隔水环，钻头与隔水卡簧座配合或卡簧座采用密封式结构（图 3.5-5），甚至在卡簧座与钻头内台阶处之间加入密封圈来达到减少反循环比例的目的。内部设计独立 U 形水

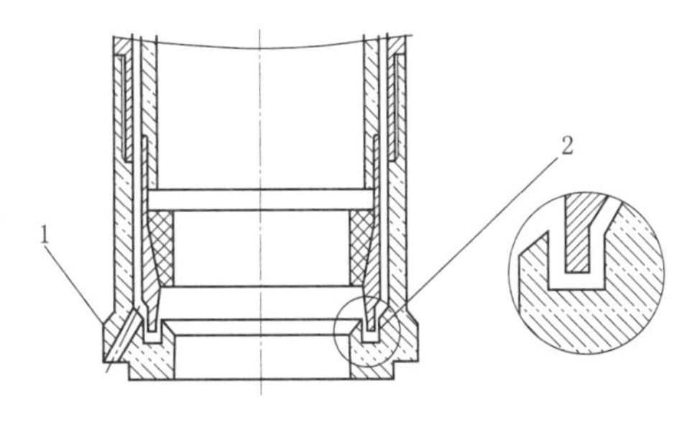

图 3.5-5　隔水钻头的密封式结构图

1—底喷式钻头或侧喷式钻头；2—隔水面

槽，设计斜向水眼，水眼顶部采用径向设计，泥浆径向冲向井壁而非井底，保证松软岩芯不被冲洗液冲蚀。图 3.5-6 为某单位设计的隔水环钻头，既可有效隔离泥浆对破碎、酥松岩芯的冲蚀，又具良好的排水性能，用于钻进酥松—中硬的、裂隙充填物发育的地层。

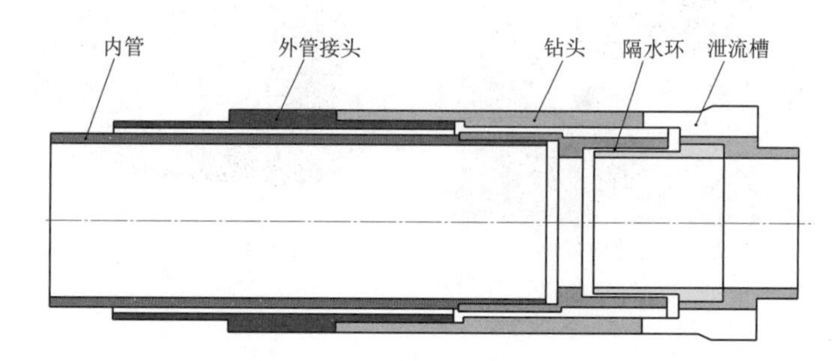

图 3.5-6　隔水环钻具结构示意图

3.5.1　隔水单动双管钻具

隔水单动双管钻具适用于可钻性为 3～7 级的中等硬度、松散、破碎、节理发育的岩层，其结构如图 3.5-7 所示，具有特制的侧泄式钻头 22 和隔水罩 19，另外还配备 3 种岩芯提断器 21（单卡簧，单爪簧，爪簧加卡簧），可满足不同岩层取芯的需要。钻头外侧开有水槽，将内外管间隙内的冲洗液引向孔底，钻头内侧有隔水罩，可防止钻进时内管的摆动和冲洗液进入冲刷岩芯。

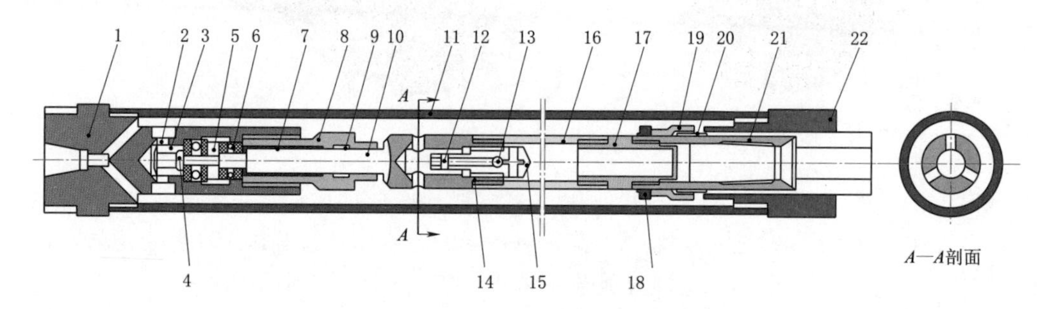

图 3.5-7　隔水单动双管钻具结构示意图

1—外管接头；2—油堵；3—开口销；4—螺母；5—轴承垫圈；6—推力轴承；7—轴承套；8—螺丝套；9—密封圈；10—心轴；11—外管；12—挡销；13—球阀；14—胶皮圈；15—回水阀座；16—内管；17—内管接头；18—导向块；19—隔水罩；20—提断环座；21—岩芯提断器；22—钻头

当这类钻具下至距孔底 1～1.5m 时，即要开泵输送泥浆，待孔口返浆后开始扫孔作业。钻进过程中，禁止上下往复提拉钻具，回次进尺一般控制在 0.8～1.5m，提钻时方可上下活动钻具，拉（扭）断岩芯。

3.5.2　活塞单动双管钻具

活塞单动双管钻具适用于可钻性为 4～6 级的松散、粉状、节理发育的岩层，在蚀变带取芯效果尤其显著，通过采取一定的技术措施避免了冲洗液接触、污染和冲刷岩芯，结构如图3.5-8所示，主要由分水接头1、半合管17和18、胶质活塞和阶梯钻头22等组成。为了保持岩芯的原状性，在内管中设有咬合紧密的半合管，半合管内装有胶质活塞，使岩芯与泥浆隔绝。胶质活塞在钻进中还起刮浆和减振作用，并且随着岩芯顶着活塞进入半合管，产生一定的抽吸作用，保护岩芯，避免重复破碎。另外，在阶梯钻头体中部开有斜水口，使冲洗液不直接冲刷孔底。半合管下端伸入到钻头内台阶上，在其与钻头水口下部之间还设置了密封圈，能防止岩芯受到污染。

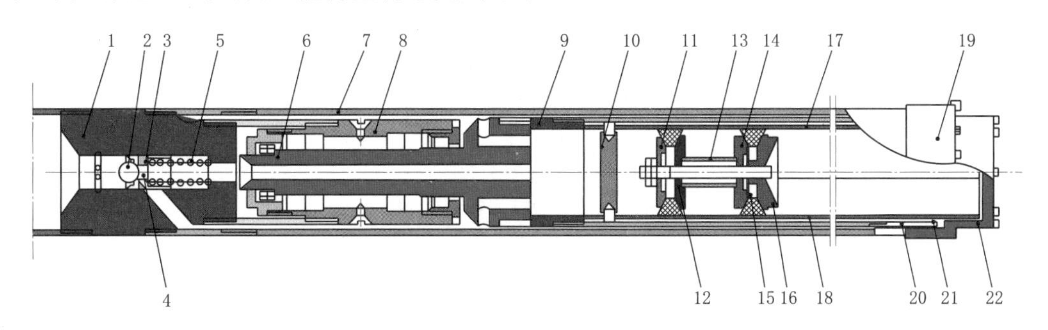

图3.5-8　活塞单动双管钻具结构示意图

1—分水接头；2—球阀；3—球阀垫；4—球阀座；5—弹簧；6—单动轴；7—外管；8—轴承外壳；9—上接头；10—加固横梁；11—上压盖；12—上托盘；13—支撑管；14—下压盖；15—胶圈；16—下托盘；17、18—半合管；19—下接头；20—稳钉；21—密封圈；22—钻头

活塞单动双管钻具下钻前，要检查半合管的同心度和稳固性及与钻头内台阶的间距等，保证其符合技术要求。扫孔时，需要先利用泥浆将活塞推到底部，然后再开始扫孔。扫孔完毕后，从钻杆中投入钢球钻进。钻进时要保证水压推动球阀向下打开通水孔，改变液流方向，使活塞上部免受动水压力的负荷，防止孔底缺水烧钻。钻进软硬互层时，特别要注意由硬变软过程中回次进尺长度不得超过1m。

3.5.3　内管钻头超前单动双管钻具

内管钻头超前单动双管钻具适用于可钻性为1～3级的松软煤系地层或易被冲刷的松散的矿层（如松散磷矿、氧化矿等），如图3.5-9所示，由异径接头、内管、外管、内外管钻头、单动装置、缓冲装置、摩擦离合器等组成。

钻进松软岩层时，内管钻头超前于外管钻头，隔离冲洗液对岩芯的冲刷，并且此时扭矩不传递给内管和内管钻头。钻遇到硬夹层时，内管钻头受到的地层反力增大，压缩碟形弹簧与摩擦离合器中摩擦片结合，扭矩就传到内管和内管钻头。

钻具下钻前，岩芯管要清洗干净，否则残留岩芯会堵住内管钻头，使岩芯严重磨损。下至距孔底1m左右时，先开泵循环，冲孔5～10min后再将钻具轻放到底。钻进中不得随意提动钻具，回次进尺要限制。回次结束时，要停泵静止1～2min后再提钻。

3.5.4　超前型复杂地层绳索取芯钻具

SQR型绳索取芯钻具适用于钻进松软地层、煤系地层，具有取芯效果好等特点，结构如图 3.5－10 所示，由于超前钻头在地层中受到的阻力不同，在软地层时，钻头不旋转可保护岩芯，在硬岩地层时，钻头旋转可保护岩芯。

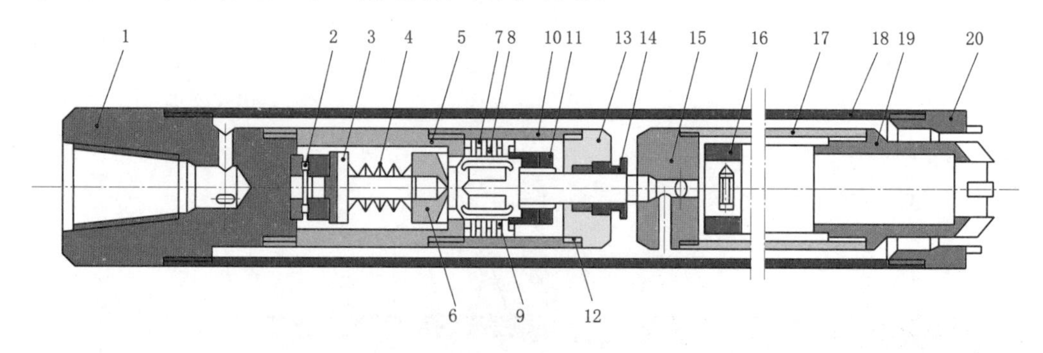

图 3.5－9　内管钻头超前单动双管钻具结构示意图

1—异径接头；2—轴承；3—支承垫；4—碟形弹簧；5—连接管；6—花键轴；7、8、9—摩擦片；10—花键套；11—轴承；12—密封圈；13—接头；14—螺母；15—内管接头；16—半合管；17—内管；18—外管；19—内管钻头；20—外管钻头

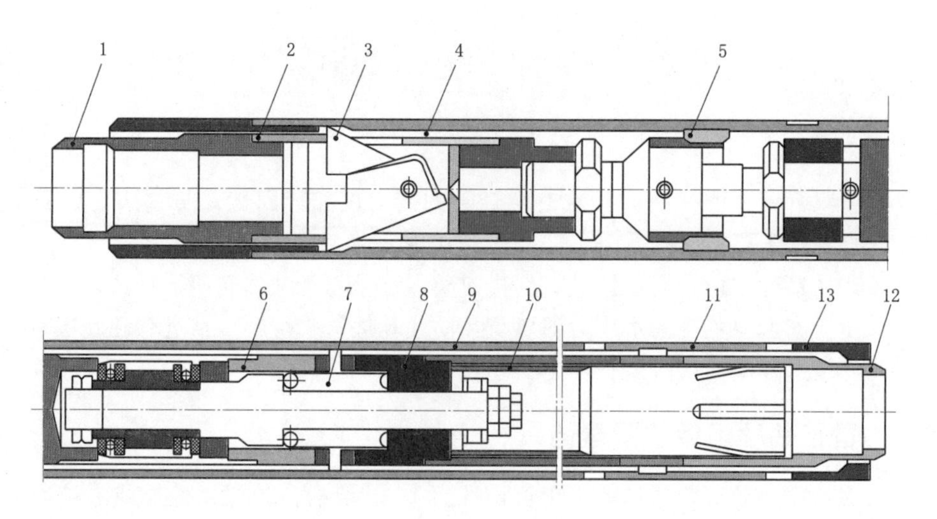

图 3.5－10　SQR 型绳索取芯钻具结构示意图

1—提引接头；2—回收管；3、7—弹簧；4—弹卡室；5—座环；6—上牙嵌；8—下牙嵌；9—内管；10—三层管；11—拦簧；12—超前钻头；13—钻头

3.5.5　伸缩叠合型柔性管（袋）取芯钻具

伸缩叠合型柔性管（袋）取芯钻具折叠的柔性管轴向折叠套在柔性袋管支撑节上，随着岩芯的进入，塑料袋把岩芯包裹起来实现岩芯的保护。结构及工作原理如图 3.5－11～图 3.5－13 所示，取芯管由本体筒、塑料质袋管、导向堵头、屏蔽式保护管等组成，本体筒与卡簧座丝扣连接后，将柔性管（袋）

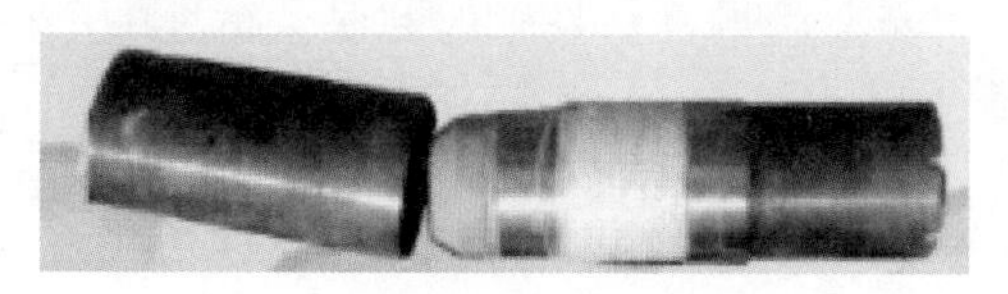

图 3.5－11　柔性袋短接

叠合套入本体筒另一端，头部用堵头作双层封闭，堵头同时起导向、防冲和减压的作用。再将屏蔽管插入本体筒，管内组成安装完毕。最后将内管总成置入外管中，当岩芯经卡簧进入取粉管中顶升堵头，柔性管（袋）同步逐次向前伸出直至回次结束。卸出外管后，岩样靠自重脱出，分段截取原状样保存。

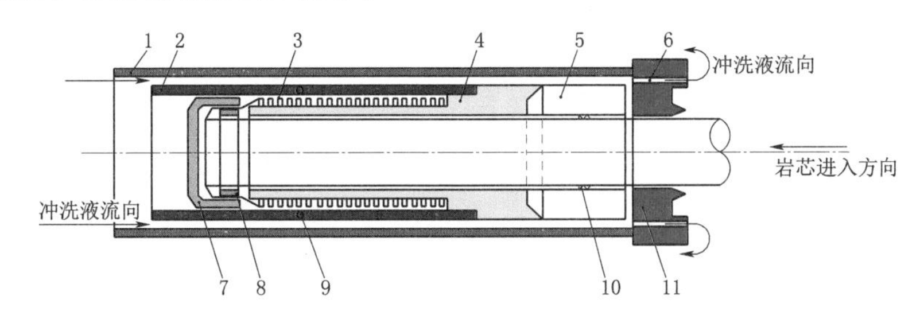

图 3.5-12　伸缩式柔性袋囊取芯钻具初始状态

1—外管；2—屏蔽保护管；3—伸缩式柔性取芯管；4—本体筒；5—卡簧座；6—底喷水口；7—堵头外管；8—堵头内管；9—排气孔；10—卡簧；11—钻头

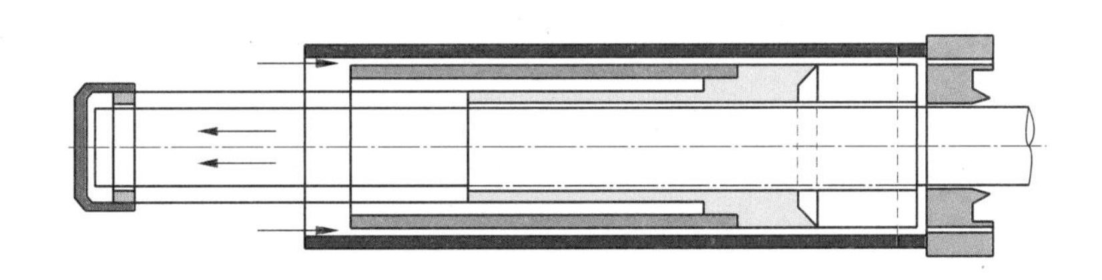

图 3.5-13　伸缩式柔性袋囊取芯钻具岩芯进入时状态

此型钻具与配套的取芯钻头、单向性罩爪簧一起钻进，可使样品扰动度小于5%、水分保真度大于90%、取芯率达到80%～95%。

3.6　孔底局部反循环取芯技术

孔底局部反循环钻进是指钻进中冲洗液的循环路径在粗径钻具上部为正循环、下部为反循环的钻进方式。冲洗液孔底反循环与孔底正循环相比有如下的优点：由于冲洗液的反向循环，它与岩芯进入岩芯管的方向一致，避免了冲洗液对岩芯的正面冲刷和液柱压力对岩芯造成的挤夹和磨损，从而有利于岩芯进入岩芯管，减少流失和重复破碎；同时还能使岩芯在岩芯管呈悬浮状态，减轻相互研磨和选择性磨损，因此能够提高裂隙发育、破碎、性脆、软硬不均的岩层的取芯质量。孔底局部反取芯技术可分为无泵式反循环取芯技术和喷射式反循环（简称“喷反”）取芯技术两种。

3.6.1　无泵式反循环取芯技术

3.6.1.1　钻进特点

无泵式反循环取芯技术无须借助泥浆泵循环泥浆，而是利用孔内的静水压力和上下提动钻具在孔底形成局部反循环，一般只适用于孔深150m左右，钻具及钻具的提动范围必须在孔内水位以下，主要适用于可钻性1～6级松软脆碎地层，松散或节理发育易坍塌的岩层，怕冲刷、易溶蚀的岩层，干旱缺水地区或钻孔漏失可钻性5级以下的岩层。无泵式反循环钻进规程包括钻压、转速、提动频率和提动高度等，钻进规程参数见表3.6－1。

表3.6－1　无泵式反循环钻进规程参数

地层	钻压/kN	转速/(r/min)	提动频率/(次/min)	提动高度/mm	岩芯卡取措施
松散地层	1.5～2.5	100～200	10～20	50～150	减少提动次数或不提动，干钻50～100mm，实现岩芯堵塞自卡
坚硬地层	1.9～3.9	适当降低	8～15	适当提高	

钻压不宜过大，一般为1.5～3.9kN，否则可能造成岩芯堵塞或糊钻。转速也不宜过快，以便保护岩芯。尤其在松软地层中钻进更应慢些，转速一般为100～200r/min。提动频率一般为10～20次/min，提动高度一般为50～150mm，视孔底岩粉多少和孔壁稳定程度而定。岩层松散，岩粉较多，孔壁不稳定，为了增大反循环强度，串动频率高些，提动高度大些。钻进过程中要不停地串动钻具，并且慢提快落，以增强反循环效果。无泵钻进时孔内的静止水位必须超过粗径钻具高度，以保证反循环的形成。

3.6.1.2　工作原理

在钻进难以取芯的岩层或缺少专门的取芯技术手段时，可采用无泵式反循环钻进工艺。无泵式孔底反循环方法示意如图3.6－1所示。

为了实现无泵钻进，在取芯钻具1上装有带孔的专用接头2、单向阀3和开口或闭口的岩粉收集管4。在孔底已有一段水柱的情况下，钻具无须水泵送水，利用钻进时上下窜动，也就是将钻具周期性地上提和下落，即可实现冲洗液的孔底反循环。

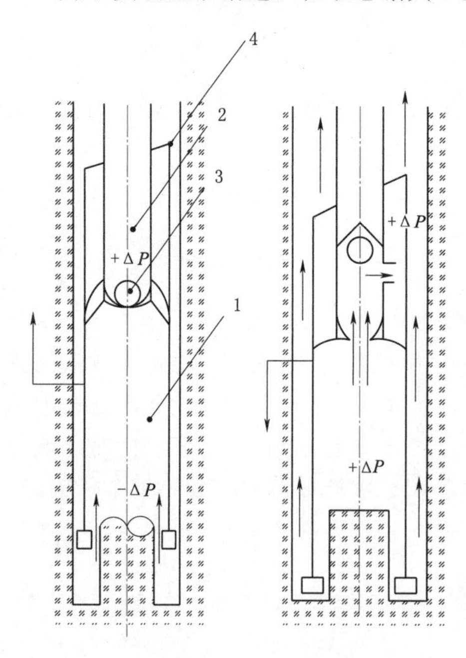

图3.6－1　无泵式孔底反循环方法示意图
1—取芯钻具；2—带孔的专用接头；3—单向阀；4—岩粉收集管

当钻具向上运动时，在岩芯钻具内部空间形成低压区，压力降低值$-\Delta P$相当于岩芯钻具向上运动的液压阻力。在压差作用下液体携带钻头破碎下来的岩芯和岩粉，从孔壁间隙进入岩芯管内部，此时球阀处于关闭状态。

当钻具向下运动时，在岩芯钻具内部空间形成压力增高区，压力增加ΔP，而在岩芯钻具上部孔壁间隙中形成压力偏低区，压力减小ΔP。因此，冲洗液携带重量较轻的岩粉，从岩芯管经过球阀排到岩粉收集器中。这样，一方面避免了冲洗液对岩芯的正面冲刷破坏，另一方面捕集了钻进时产生的所有岩屑和岩粉。但是，这种方法的钻进效率非常之低，实际上不适用于深孔和金刚石钻进。

3.6.1.3 典型钻具

1. 开口式无泵孔底反循环钻具

开口式无泵孔底反循环钻具结构示意如图 3.6-2 所示，具有结构简单、使用维护方便等特点，但强度较低，一般仅适用于孔深 150m 以内的浅孔钻进。

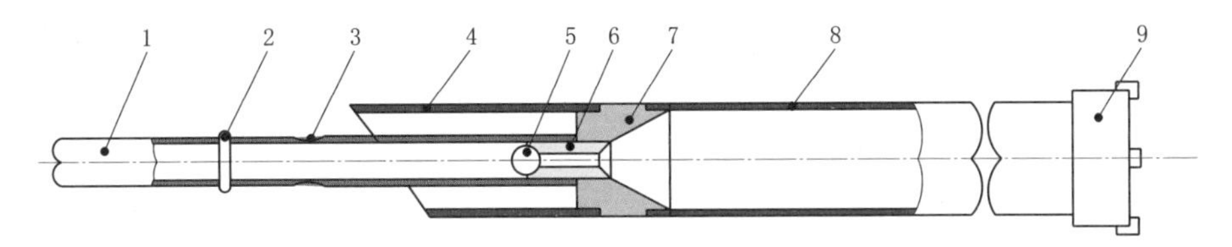

图 3.6-2 开口式无泵孔底反循环钻具结构示意图

1—钻杆；2—挡销；3—回水孔；4—取粉管；5—球阀；6、7—接头；8—岩芯管；9—钻头

2. 闭口式无泵孔底反循环钻具

闭口式无泵孔底反循环钻具结构示意如图 3.6-3 所示，与开口式相比，强度较高，适用于破碎、松散、黏性大、相对密度大的岩层。如果遇到坍塌掉块和产生岩粉较多的岩层时，还可在返水接头 2 上增加一个开口取粉管，以便收集更多的岩粉。如果遇到黏性塑性较大的岩层，钻具中可再增加一个球阀，以隔离钻杆柱内的水柱，成为双球阀无泵钻具。此时岩芯进入岩芯管就不会受到钻杆柱内液柱压力的影响，岩芯进入岩芯管的阻力减小，岩芯不易堵塞，从而使钻进效率提高，回次进尺增加。

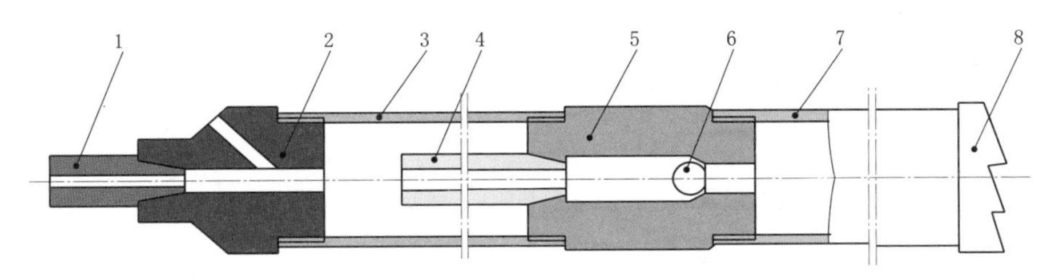

图 3.6-3 闭口式无泵孔底反循环钻具结构示意图

1—钻杆；2—返水接头；3—岩粉收集管；4—导粉管；5—特制岩芯管接头；6—球阀；7—岩芯管；8—钻头

3.6.2 喷射式孔底反循环取芯技术

3.6.2.1 钻进特点

喷射式孔底反循环取芯技术利用射流泵原理形成孔底反循环作用，在可钻性Ⅳ～Ⅵ级松软、破碎的复杂地层中钻进时，可采用硬质合金钻头；在Ⅶ级以上节理发育、硅化强的硬、脆、碎岩地层，可采用金刚石钻进。喷射式孔底反循环钻具是这种取芯技术的关键核心部件，结构多种多样，除单层钻具以外还有双层钻具，在双层钻具中承喷器出口的液流被引导到内管与外管的间隙，这样能够增大返水量，提高返水效率（返水量与给水量之比）。

喷射式取芯技术与无泵式取芯技术相比，操作使用方便，劳动强度小，钻进效率高，孔底比较干净，埋钻事故少，但是其缺点是反循环液流速度与被携带的岩粉量成反比。随着冲洗液中岩粉的饱和，喷射装置的工作效率降低，超过临界值时，喷射装置就停止工作，此时冲洗液完全向上流送，可能导致烧钻。因此，钻进产生大量岩粉的软和中硬的岩层时，不用喷射式钻具，并且在钻进极易破碎岩层时，已造成堵塞，缩短回次进尺；在孔深大于500m的钻孔中使用时，钻具性能会下降。

喷反元件是实现射流泵原理的关键结构单元，主要由喷嘴、混合室、喉管、扩散室等组成，如图3.6-4所示。当流体以一定流速喷向扩散器时，在一定的范围内则产生负压，负压使部分流体反流，实现反循环。衡量喷反元件抽吸性能的指标有给水量 Q_1、返水量 Q_2、负压 h 和返水效率 η，其中 $\eta=(Q_1/Q_2)\times100\%$，地表试验装置如图3.6-5所示。

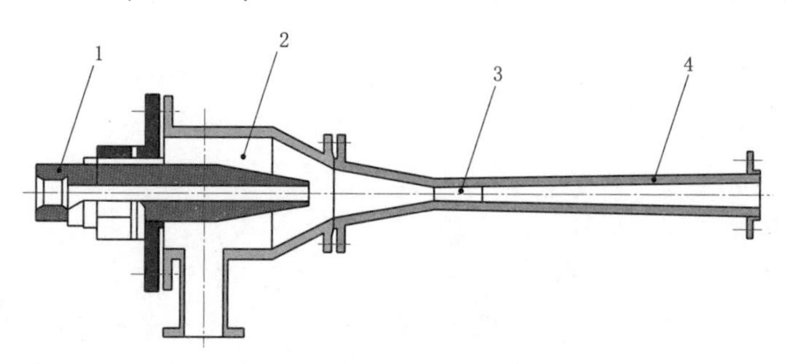

图3.6-4　常见喷反元件
1—喷嘴；2—混合室；3—喉管；4—扩散管

喷射式孔底反循环取芯钻具钻进规程参数要求如下：①钻压与一般正循环钻进相同，但与单管喷射钻具相比，须提高1.3～1.5倍，为7～8kN；②泵量由所钻地层和选用的喷嘴直径共同确定，常用钻具的启动流量为80～100L/min；③使用金刚石钻头时转速不宜超过400～500r/min，采用硬质合金钻头时转速为180～200r/min；④喷射钻具的回次进尺一般不超过1.5m。

3.6.2.2　工作原理

喷射式反循环取芯钻具的工作原理如图3.6-6所示。这种钻具是利用冲洗液流的喷射效应建立孔底反循环的。所谓喷射效应乃是高速运动的液流，流束附近压力降低的一种现象。喷射式反循环取芯钻具的主要部件是喷射装置。喷射装置由喷嘴和承喷器组成。冲洗液流在压力下从喷嘴高速喷出，在承喷器上部入口附近形成低压区，然后沿孔道进入孔壁间隙。承喷器入口附近的低压区借助于孔道与岩芯管内腔发生水力联系。岩芯管内腔中形成的压力比孔壁间隙中液体的压力低些，因此液体从孔壁间隙，经过钻头水口，抽吸到岩芯管的内腔，并携带岩粉，通过过滤进入到

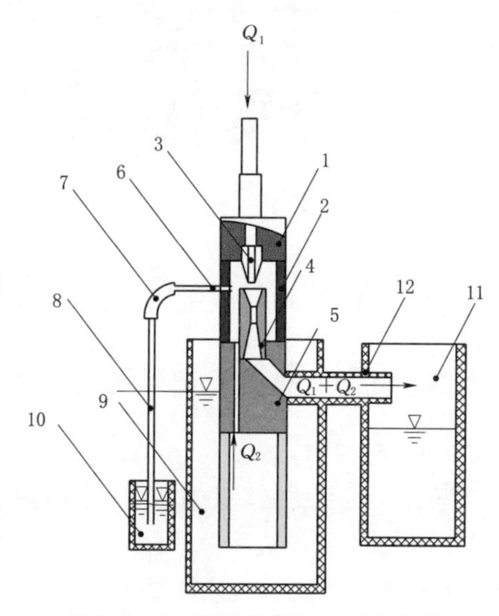

图3.6-5　喷反元件地表试验装置
1—异径接头；2—接头管；3—喷嘴；4—扩散管；5—分水接头；6—钢管；7—胶皮管；8—玻璃管；9、11—水箱；10—水银桶；12—水管

岩粉收集器。在液体流动过程中，岩芯和岩粉重量较大的和块度较大的沉积于岩芯管内，而重量较小的和粒度较细的则收集于岩粉收集器中。

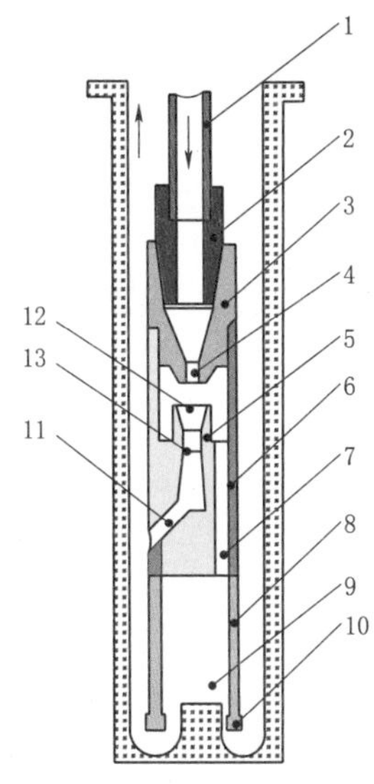

图 3.6-6 喷反钻具工作原理图
1—钻杆；2、3—接手；4—喷嘴；5—扩散管；6—短节；7—返水眼；8—岩芯管；9—岩芯；10—钻头；11—出水眼；12—混合室；13—喉管

3.6.2.3 典型钻具

1. 喷射式孔底反循环双动双管钻具

弯管型喷射式孔底反循环双动双管钻具（简称弯管型钻具）和分水接头型喷射式孔底反循环双动双管钻具（简称分水接头型）分别如图 3.6-7 和图 3.6-8 所示。当喷射反循环钻具与金刚石钻头配合使用时，一般采用分水接头型钻具，与弯管型钻具相比，其出水口以分水接头取代弯管，结构紧凑、强度高，钻具的加工精度容易得到保证，且便于安装，但其过流截面积比弯管型小，阻力有所增加。

2. 喷射式孔底反循环单动双管钻具

(1) 喷射式孔底反循环金刚石单动双管钻具。喷射式孔底反循环金刚石单动双管钻具结构如图 3.6-9 所示，它的单动装置采用外套式，喷射器部分置于单动装置与内管之间，内管连接在分水接头的下部。钻进时，内管和喷射器部分不转动。这种钻具在硬、脆、碎地层中的钻进时效、回次长度和岩芯采取率都高于普通金刚石单动双管。还可以用于捞取孔底岩芯碎块和岩粉。

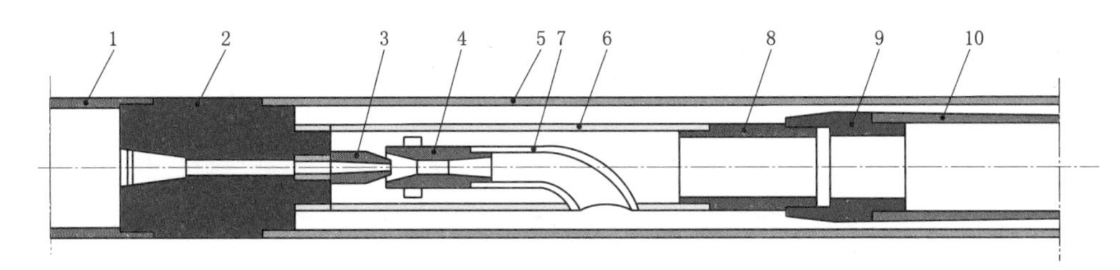

图 3.6-7 弯管型喷射式孔底反循环双动双管钻具结构示意图
1—导向管；2—喷嘴接头；3—喷嘴；4—扩散管；5—外管；6—连接管；7—弯管；8—接箍；9—接头；10—内管

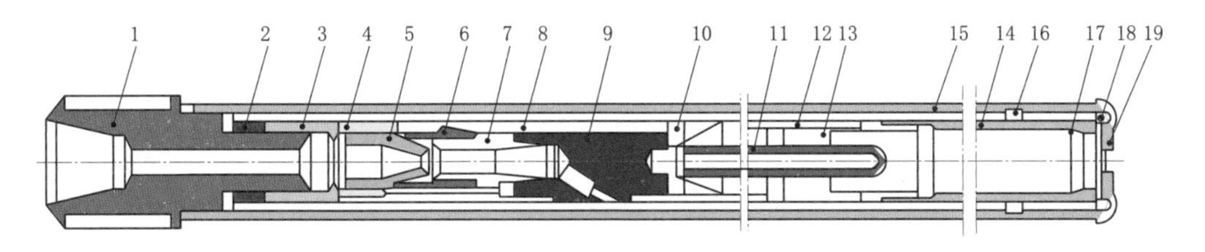

图 3.6-8 分水接头型喷射式孔底反循环双动双管钻具结构示意图
1—异径接头；2—螺母；3—内接头；4—密封环；5—喷嘴；6—衬套；7—承喷器；8—连接管；9—分水接头；10—反射锥体；11—导粉管；12—岩粉收集器；13—接头；14—内管；15—外管；16—短节；17—卡簧；18—密封环；19—钻头

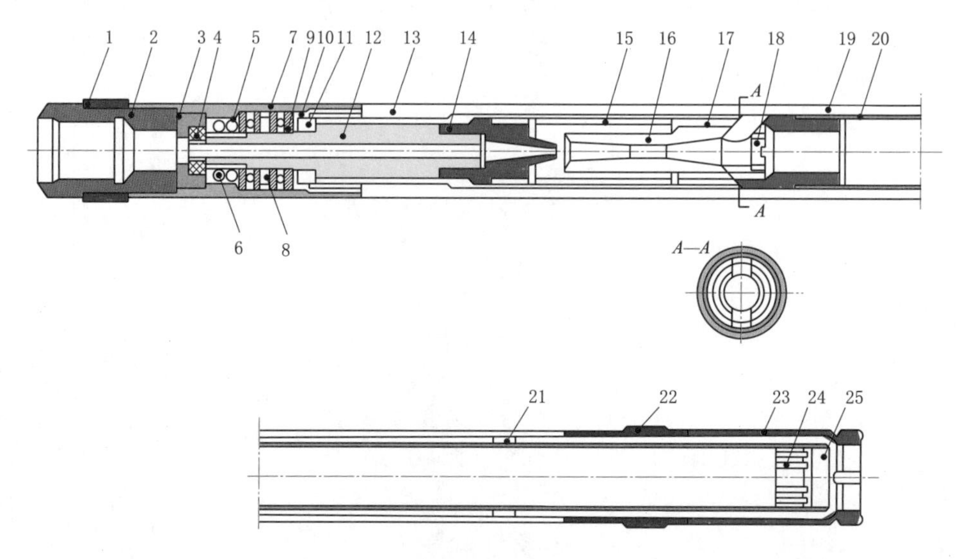

图 3.6-9 喷射式孔底反循环金刚石单动双管钻具结构示意图

1—合金；2—异径接头；3、10—上密封圈壳；4—密封圈；5—锁母；6—垫圈；7—轴承外壳；8—轴承套；9—推力轴承；11—密封圈；12—空心轴；13—外管接头；14—喷嘴接头；15—连接管；16—承喷器；17—分水接头；18—丝堵；19—外管；20—内管；21—内管短接；22—扩孔器；23—钻头；24—卡簧；25—卡簧座

(2) TG-1 取芯钻具。TG-1 取芯钻具结构示意如图 3.6-10 所示，单动系统采取轴承腔置外总成、开式润滑的形式，上轴承规格大一级，有利于整体提高钻具寿命；在心轴上设置了喷嘴与承喷室；在内管中增设了一个石墨岩芯标，通过观察岩芯标是否滑落到卡簧座上，可判断管内岩芯是否已取净。

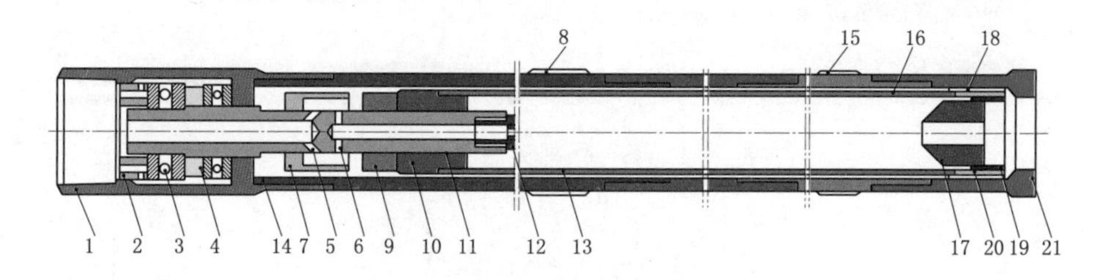

图 3.6-10 TG-1 型取芯钻具结构示意图

1—上接头；2—压盖；3—轴承；4—心轴；5—喷嘴；6—回流孔；7—挡圈；8、15—上扩孔器；9—背帽；10—内管接头；11—防松键；12—岩屑过滤器；13—内管；14—外管；15—下扩孔器；16—内管短节；17—岩芯标；18—扶正环；19—卡簧；20—卡簧座；21—钻头

(3) 双卡簧喷反单动双管取芯钻具。双卡簧喷反单动双管取芯钻具结构如图 3.6-11 所示，具有如下特点：单动结构上仍采用轴承外置形式，以便加大轴承规格；在内总成上放置了簧片式卡簧和卡簧两道卡心工具。在内总成下端的短接和卡簧座上各打一圈斜水眼，一部分水流从内、外管环隙正循环到水眼处即可返至内管悬浮岩芯；钻头为底喷形式，水眼底部有一护圈将岩芯与液流隔开。

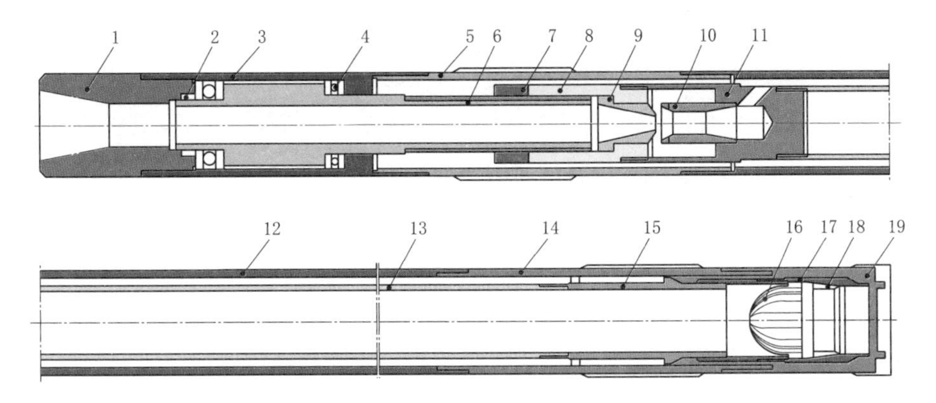

图 3.6-11　双卡簧喷反单动双管取芯钻具结构示意图

1—上接头；2—压盖；3—轴承腔；4—轴承；5—上扩孔器；6—心轴；7—背帽；8—喷嘴座；9—喷嘴；10—射流腔；11—内接头；12—外管；13—内管；14—下扩孔器；15—短节；16—簧片式卡簧；17—卡簧座；18—内槽卡簧；19—钻头

3. 喷射式反循环绳索取芯钻具

在钻进可钻性为6～11级的破碎、强裂隙、松软、胶结性差和软硬互层等复杂岩层时，利用喷反式绳索取芯钻具能大幅度地提高钻进速度，改善取芯质量，但也存在回次长度缩短、施工周期增长等问题。苏联研制的CCK系列钻具是常用的喷反式绳索取芯钻具之一，主要有CCK-46、CCK-69、CCK-76和KCCK-76等型号，其技术规格见表3.6-2。

表 3.6-2　苏联CCK系列钻具技术规格　单位：mm

型号	孔径	扩孔器外径	钻头		外管		内管		钻杆	
			外径	内径	外径	内径	外径	内径	外径	内径
CCK-46	46.4	46.4	46	23	41	33	30	25.6	43	33.4
CCK-69	59.4	59.4	59	35.4	55	45	42	37	55	45.4
CCK-76	76.4	76.4	76	48	76	60	56	50	70	60.4
KCCK-76	76.4	76.4	76	40	73	60	48	42	70	61

另外，为了解决此类系列钻具存在的问题和缺陷，研制了CCK-59ЭB型钻具，如图3.6-12所示，优化了钻具结构，提高了回次进尺长度，缩短了施工周期。

4. 水平孔取芯喷射式反循环金刚石单动双管钻具

水平孔取芯喷射式反循环金刚石单动双管钻具（图3.6-13，资料来源于中国地质大学（武汉）张晓西），专用于水平孔中，在硬、脆、碎岩层中钻进时，钻进效率、回次长度和岩芯采取率都高于普通金刚石单动双管，还可以用于捞取孔底岩芯碎块和岩粉。其单动的内管具有居中能力，喷射器部分置于单动装置与内管之间，内管连接在分水接头的下部。钻进时，内管和喷射器部分不转动。

3.6.2.4　操作技术要求

（1）孔内必须保持清洁，孔内残留岩芯过长或岩粉过多（超过0.3m）应专门捞取。

（2）钻进时，必须保证泥浆泵工作性能稳定，中途不得停泵或减小泵量。否则，易发生沉淀自卡或堵塞水路，甚至发生烧钻和卡钻事故。

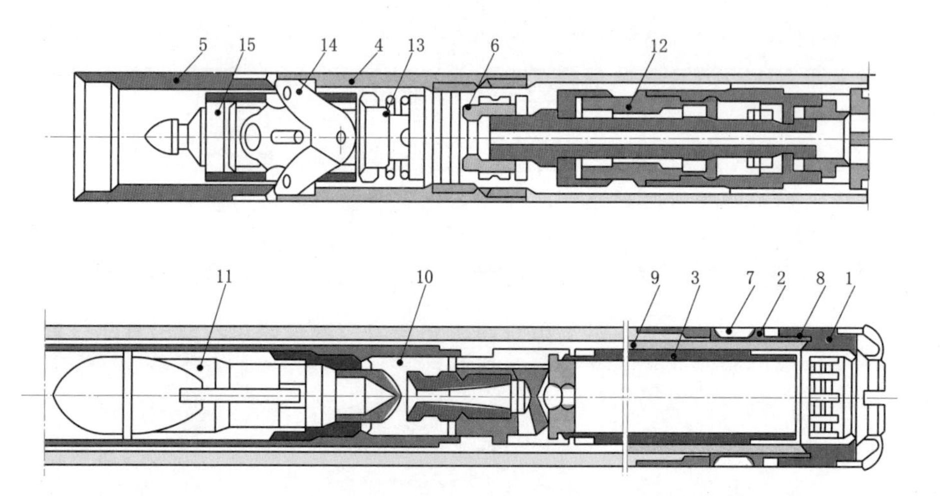

图 3.6-12　带有喷射器和振动器的 CCK-59ЭB 绳索取芯钻具

1—钻头；2—扩孔器；3—岩芯管；4、5—异径接头；6—支撑环；7—稳定器；8—打捞器；9—岩芯采集管；10—喷射器；11—振动器；12—轴承滑块；13—阀动机构；14—定位器；15—回收部件

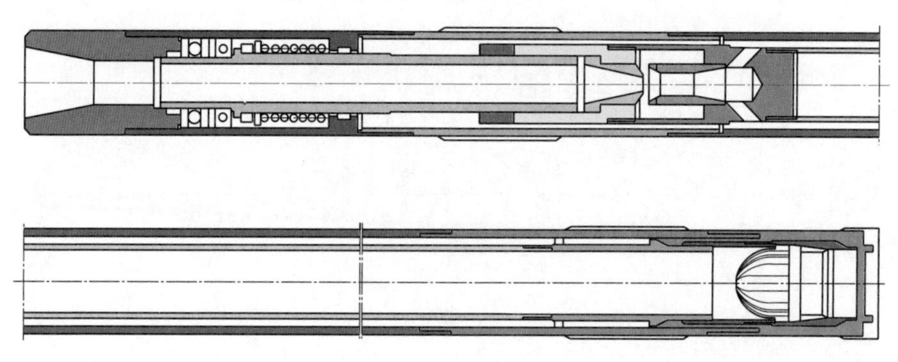

图 3.6-13　水平孔取芯喷射式反循环金刚石单动双管钻具

（3）下钻到离孔底 0.5m 左右时，先调好所需泵量，形成反循环后再缓慢扫孔到底钻进。

（4）喷反装置可以安放在孔内水位以下的适当位置，使用时要防止钻具的泄漏。喷反装置安放位置距孔底过高，对反循环效果有一定影响，最好经过试验确定安放位置。

（5）由于反循环的循环压力不大，保证反循环水路的通畅是进行正常钻进的关键。钻进时，密切注意孔内情况的变化，发现异常及时提钻。

（6）注意清除冲洗液中的岩粉杂质，以免堵塞喷反元件，影响喷反性能。使用泥浆时，黏度一般控制在 18～23s。

3.7　冲击回转取芯技术

冲击回转钻进是钻头在静载的作用下回转钻进，同时施加纵向冲击动载荷，从而在纵向冲击力和横向切削力的共同作用下破碎岩石的一种钻进方法。施加的冲击动载荷在岩石内瞬时产生应力集中，使岩石脆性急剧增加，岩石产生V形大体积破碎穴，不同钻进方法的碎岩特征如图3.7－1所示。另外，横向切削力会对突起的脊部岩石进行剪切，使其成大颗粒体积破碎，这样钻头在轴向动载和径向切削力的联合作用下破碎岩石。冲击回转钻进利用了岩石脆性大、抗剪强度小的特点，解决了在坚硬地层中钻进效率低、钻头寿命短和钻孔质量差等问题。冲击回转钻进取芯技术适用于粗颗粒不均匀、岩石可钻性较高而脆性较大的地层。应用冲击回转钻进工艺时，岩石在静压力的作用下，刀刃会将岩石表面局部压碎，同时使压碎部位处于预压应力状态，在施加冲击动载荷时就更容易破碎。正因为这种碎岩特点，现阶段冲击回转钻进取芯技术被认为是解决硬岩难题最有效的方法之一。

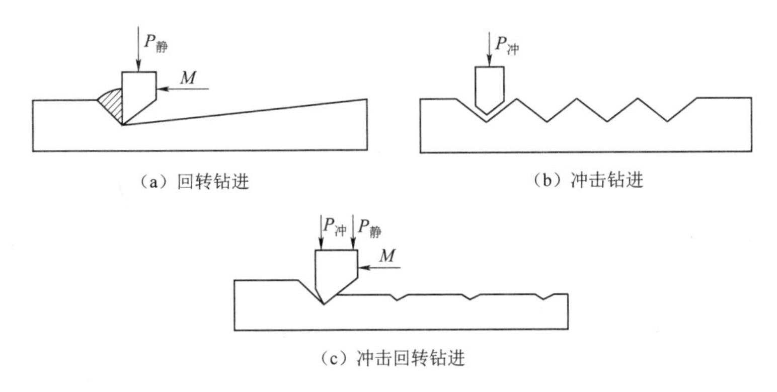

图3.7－1 不同钻进方法的碎岩特征

冲击回转钻进取芯技术不仅应用于硬质合金钻进，还应用于金刚石钻进及牙轮钻进，既可钻进软岩，又可钻进硬岩。冲击回转钻进应用于小口径金刚石钻进，不仅可提高钻进效率和钻头寿命，一定程度上解决了坚硬致密地层的"打滑"问题。另外，冲击回转钻进取芯技术有利于解决岩芯堵卡的难题，尤其是在破碎带地层钻进时，堵心概率小，提高了岩芯采取率和回次进尺长度。

冲击器是一种将其他形式的能量转化为动能、实现冲击回转钻进取芯技术的重要装置，安装在钻头或岩芯管的上部。根据动力采用形式的不同，分以下三种：①液动冲击器，采用高压水或泥浆作为动力介质；②风动冲击器，又称风动"潜孔锤"，压缩空气为动力介质；③机械作用式冲击器，利用某种机械运动，使冲锤上下运动而产生冲击力。这些机械可以是电机、电磁装置，也可以是涡轮或特种机构（如牙嵌离合器）等。

上述分类中以液动、气动两种型式较成熟，在地质勘探中又以液动冲击器使用比较广泛。本小节主要介绍液动冲击回转取芯技术与风动冲击回转取芯技术，其中风动冲击回转取芯技术以风动潜孔锤跟管取芯技术为例。

冲击回转钻进取芯技术具有以下特点：

(1) 回程或冲程由冲洗液驱动。

(2) 在静载和动载联合作用下破碎岩石，改变了碎岩方式，且以大颗粒的体积破碎为主。

(3) 钻进过程中碎岩工具（钻头）的磨损显著减少，延长了使用寿命，提高了钻进效率。

（4）增加了能量利用率，降低了能耗。

（5）降低并预防发生孔内事故。

（6）能提高回次进尺和作业效率，延长回次钻进时间，缩短辅助作业时间和工期，特别是钻进松散破碎岩层时，效果更明显。

3.7.1 液动冲击回转取芯技术

液动冲击器是实现液动冲击回转钻进取芯技术的关键核心部件，其结构类型多种多样，没有统一的分类标准，根据施加冲击力的方向，可以将液动冲击器分为扭力冲击器和轴向液动冲击器。轴向液动冲击器就是液动冲击器，包括正作用、反作用、双作用、复合式及其他类型等，如图 3.7-2 所示。

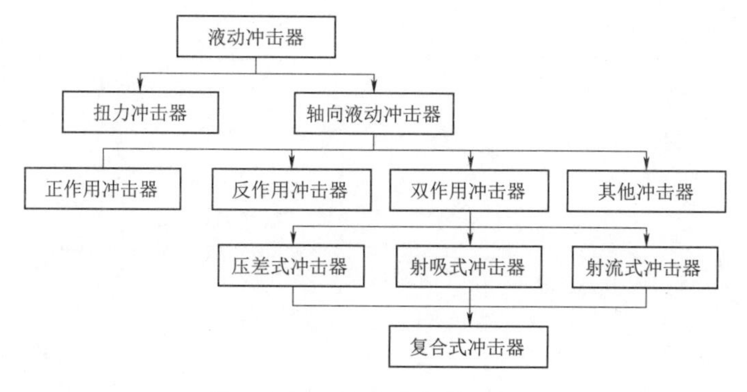

图 3.7-2 液动冲击器分类图

3.7.1.1 正作用液动冲击器

正作用液动冲击器是最先研制成功并且投入生产使用的，利用液压力推动冲锤快速下行冲击砧座，弹簧释放能量使冲锤复位，具有结构简单、工作性能稳定、可靠和容易调试等特点，但因其结构参数复杂、锤簧寿命短等原因使用较少，结构如图 3.7-3 所示。

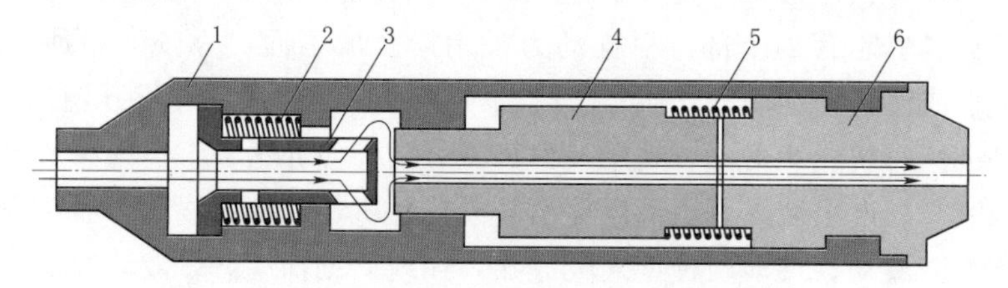

图 3.7-3 正作用液动冲击器结构示意图

1—外壳；2—阀簧；3—活阀；4—冲锤活塞；5—锤簧；6—砧座

工作原理：冲击器在运动周期开始前，冲锤活塞 4 不能压缩锤簧 5，因此处于上位。当中心液流通道被活阀 3 瞬时截断时，由于水击作用液体压力会迅速增大。液流压力会推动冲锤和活阀组合体加速下行，压缩锤簧和阀簧 2 储存能量；当活阀运动一段距离后会被外壳 1 限位停止下行，与冲锤分离，此时液流通道再次打开，液压迅速降低。此后，阀簧克服重力使活阀复位，冲锤在惯性力和弹簧张力联合作用下继续下行，压缩锤簧击打砧座，冲击功经传功系统传递给钻头。之后，冲锤依靠锤簧释放能量复位，系统又恢复至工作初始状态，进入新的工作周期。

3.7.1.2　反作用液动冲击器

反作用液动冲击器将高压液能转变成冲锤的机械能和弹簧的弹性势能迫使冲锤上行，然后弹簧释放弹性势能实现冲锤复位，击打砧座做功，具有对泥浆要求低、冲击功大、压力降小等特点，但因工作流量范围小、弹簧寿命低等问题限制了其应用，结构如图3.7-4所示。

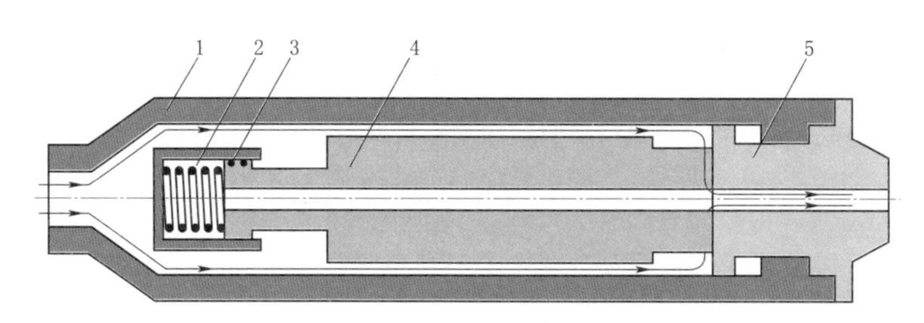

图3.7-4　反作用液动冲击器结构示意图

1—外壳；2—工作弹簧；3—O型密封圈；4—冲锤活塞；5—砧座

当冲洗液流入后，由于砧座泄流通道被冲锤活塞截断，冲击器内液体压力会迅速上升，并且作用于冲锤活塞下端。冲锤在压差作用下克服弹簧的弹簧张力和冲锤重力实现上行，将高压液能转变成冲锤的机械能和弹簧的弹性势能。此时，砧座泄流通道被逐步打开，流体开始流出冲击器，系统压力快速降低。冲锤依靠惯性继续上行，直至最高点。冲锤势能和弹簧弹性势能同时释放能量驱动冲锤快速下行撞击砧座，输出冲击功；同时，砧座的中心泄流孔又被冲锤瞬间截断，系统压力迅速增大。当压力增大到一定程度时，再次迫使冲锤活塞上行，开始下一个周期。

3.7.1.3　双作用液动冲击器

双作用液动冲击器是一种工作冲程和回程均由液动驱动的冲击器，整个结构中没有弹簧零件，结构简单。YS系列阀式双作用液动冲击器结构示意如图3.7-5所示。

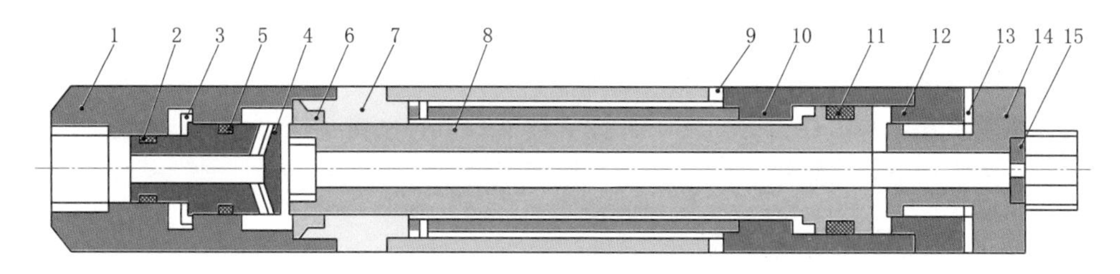

图3.7-5　YS系列阀式双作用液动冲击器结构示意图

1—上接头；2、5、11—组合密封件；3、13—垫圈；4—活阀；6—密封压盖；7—中接头；8—冲锤；9—呼吸孔；10—缸套；12—花键套；14—下接头；15—节流环

工作原理：冲击器开始工作前，活阀4和冲锤8在重力的作用下均位于各自行程的下限。冲洗液从冲击器上端钻杆内进入其内部，经活阀4流入冲锤内部通道，由于节流环15的通孔面积很小，冲洗液在冲锤的下腔形成高压液流，活阀和冲锤的下端有效承压面积均大于上端有效承压面积，在上下端面压力差的作用下，活阀和冲锤上行至行程最上

端。在具体设计方面，上阀回程上行超前于冲锤的回程上行过程。当冲锤上行至上阀接触后，冲锤内部通道被上阀封堵，此时上阀流道内产生较大的水击效应，活阀和冲锤会在液流高压和重力的作用下加速下行。由于冲锤的行程大于上阀的行程，上阀下行至其行程下死点时与冲锤脱离，冲锤继续下行，直至冲击下接头（铁砧）14，此时各元件回到冲击器工作前的相对位置。冲锤冲击铁砧反弹后上行，开始下一周期的工作。冲洗液经铁砧和下接头后流入孔底进行清洗作业。

3.7.1.4 复合式液动冲击器

复合式液动冲击器是在双作用液动冲击器的基础上发展而来的，是液动冲击器未来的发展方向，具有结构简单、使用维护方便等优点。YZX系列液动冲击器结构如图3.7-6所示。

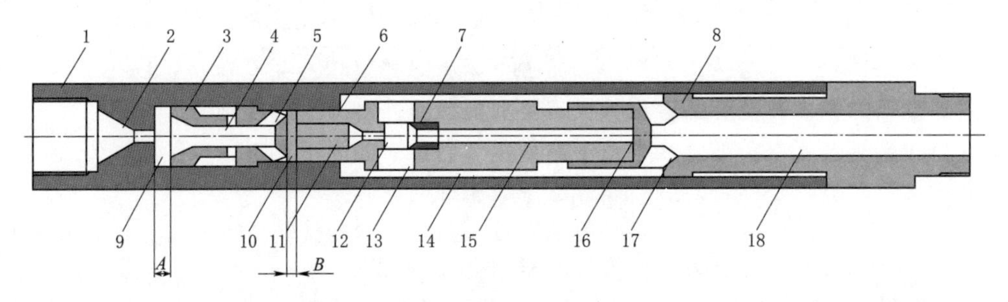

图3.7-6 YZX系列液动冲击器结构示意图

1—外壳；2—上喷嘴；3—上阀；4—上阀中心孔；5—上阀旁通孔；6—冲锤；7—冲锤承喷口；8—下接头；9—上阀上腔；10—冲锤上腔；11—冲锤喷嘴；12—承喷腔；13—旁通水口；14—低压环腔；15— 冲锤中心孔；16—冲锤下腔；17—下接头旁通孔；18—下接头中心孔；*A*—活阀行程；*B*—自由行程

工作原理：在初始状态时，上阀和冲锤在重力作用下处于下位。高压液流经上接头流入冲击器，流经上喷嘴时产生高速射流，上阀上腔介质抽往下部，上腔压力迅速降低，上阀迅速上升；然后高压液流经上阀、冲锤上腔流入下喷嘴，产生高流速的射流束，射流直接射向锤杆中心孔进入锤杆下腔（下活塞腔）。流经喷嘴形成的高速射流，与其周围的流体产生速度差，从而产生压力差推动冲锤上行。当冲锤和上阀接触时，冲锤中心液流通道被截断产生水击作用，推动阀锤系统一起加速下行。下行一段距离 A 后，上阀首先被外壳限制与冲锤脱开，在惯性力的作用下冲锤继续下行击打砧座，输出冲击能量。此时冲击器又恢复至初始状态，开始进入下一个工作周期。

3.7.2 风动潜孔锤跟管钻进技术

风动潜孔锤跟管钻进技术是基础工程施工中用于覆盖层造孔的先进工艺技术，是将钻进效率高的同心式潜孔锤跟管钻进和取芯技术结合起来，通过对同心式潜孔锤跟管钻进设备的移植改进而研发的一种新的技术。风动潜孔锤跟管钻具是其关键核心部件。

3.7.2.1 钻进特点

1. 钻具特点

（1）钻具采用同心式同步跟管钻进原理，结构合理，钻具容易到位，不受地层垮坍因素的影响。

（2）采用中心钻头超前套管钻头的阶梯钻进原理，高压气流通道与低压通道相互分开，使高压气流直接从高压排气孔排出，避免高压气流冲刷孔底岩芯，岩芯始终处于岩芯管的屏蔽保护下，所以能够取得高质量的岩芯和高的采取率。

（3）钻具采用双管和三层管结构，可以满足不同结构的砂卵石和松散地层的取芯要求。

（4）钻具采用的外管和内管均为地质钻探以及石油钻井的标准管材系列，市场货源充足，互换性好。

（5）与金刚石回转钻进不同，风动潜孔锤跟管取芯钻进由于采用以冲击力为主破碎岩石，钻具回转速度慢，进度快，从而消除了金刚石钻进时高速回转对岩芯的扰动破坏因素，所以取得的岩芯能够较客观地反映地层情况（层位、结构情况等特性）。

（6）发挥潜孔锤钻进效率高的技术优势，钻进效率可以大幅度提高。

（7）钻具结构简单，操作简便，实用性较好。

2. 规程参数

正常钻进时应根据卵砾石覆盖层的密实程度、漂石和卵砾石的硬度及粒径大小等确定，具体如下：①钻压为2～4kN，必要时可采用较大钻压，尽量减轻高频冲击振动的反弹力对岩芯的破坏；②转速为20～30r/min；③风量大于等于12m^3/min；④风压大于等于1.2MPa。可在给定范围内调整钻进参数，调整基本原则为：地层较松散，宜采用小钻压和大风量为主的规程参数；遇较大的漂石，宜采用低转速和大钻压为主的钻进规程参数。

3.7.2.2　工作原理

1. 结构

风动潜孔锤跟管取芯钻具（图3.7－7）主要由上接头1、O型橡胶圈2、分水接头3、外管4、岩芯管5、中心取样钻头6、调节垫11、短节12、O型橡胶圈13和卡簧14组成，中心取样钻具和套管靴总成是其核心部件。中心取样钻具主要执行钻进取芯任务，在完成回次取芯钻进后，可随钻杆将其提出地表。

套管靴总成主要执行同步跟管钻进任务，在钻孔施工期间，始终留在孔内；由套管7、卡环8、套管靴9和套管钻头10组成，套管靴上端连接跟进套管。实现风动潜孔锤跟管取芯钻进的主要机构和系统有高压和低压气流通道系统、扭矩传递机构、传递压力机构、套管分动机构、瞄向定位到位机构和取芯（岩芯容纳）机构6个系统。各系统主要功能作用如下所述：①气流通道系统，钻具设有相互独立、互不串通的高压气流和低压气流两个通道；②扭矩传递机构，由中心取样钻头的内凹形花键槽与套管钻头的内凸形花键组成传扭花键付，实现传递扭矩功能；③传递压力机构，由中心取样钻头和套管钻头的凸台构成承冲传压付；④套管分动机构，由套管钻头、套管靴、卡环组成；⑤定位机构，由中心取样钻头的内花键和套管钻头的内凸花键组成；⑥取芯机构，由外管、内管、短节、中心钻头和卡簧组成。

2. 工作原理

风动潜孔锤跟管取芯钻进如图3.7－8所示，钻进时的轴向动力，其一是来自高压空气驱动与跟管取芯钻具上端连接的潜孔锤产生的高频冲击力，其二是来自地面钻机通过钻杆和潜孔锤施加给钻具的钻进压力，合并传给中心取样钻具；然后，钻具根据地层情况和

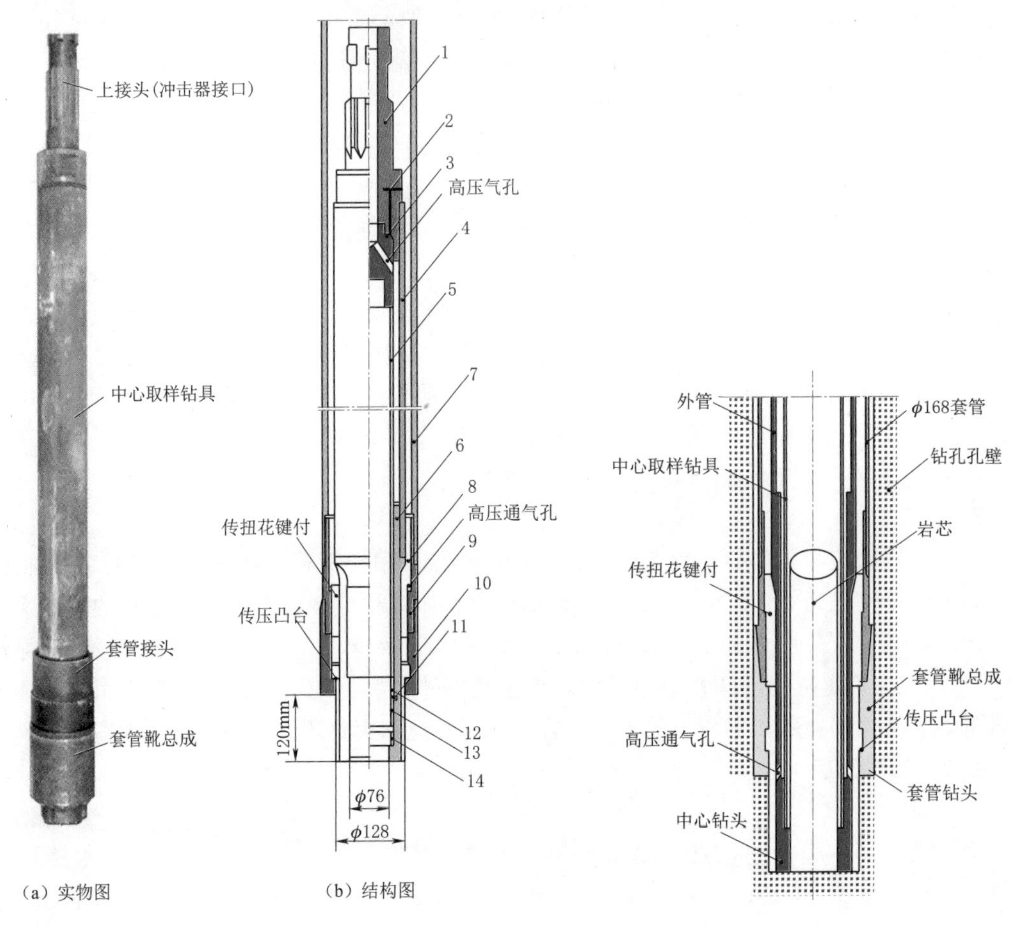

(a) 实物图　　(b) 结构图

图 3.7-7　风动潜孔锤跟管取芯钻具结构示意图

1—上接头；2、13—O 型橡胶圈；3—分水接头；4—外管；5—岩芯管；6—中心取样钻头；7—ϕ168 套管；8—卡环；9—套管靴；10—套管钻头；11—调节垫；12—短节；14—卡簧

图 3.7-8　风动潜孔锤跟管取芯钻进示意图

跟进的套管阻力自动调节进行动力分配：①直接将动力传给中心取样钻头；②通过传压凸台将轴向动力传给套管靴总成。钻杆回转时，通过潜孔锤直接带动中心钻具回转，同时通过传扭机构将回转扭矩传给套管钻头，中心取样钻头和套管钻头同时进行冲击回转钻进。

3.7.2.3　操作注意事项

（1）在下钻过程中，由于中心取样钻具的内凹花键槽进入套管钻头的内凸花键是通过人工辅助到位，为避免二者方位不一致而导致高速碰击或冲击变形，每次下钻接近孔底（距孔底 0.4～0.5m）时，应严格控制下钻速度，只有当准确判断确认钻具到位后，才能进行正常的钻进操作。

（2）为避免因孔内钻具长度误差而导致中心钻具到位判断失误，下钻时，必须拧紧每一根钻杆。

(3) 下入孔内套管的螺纹应完好无损，并必须用加力杆（长力臂）拧紧。
(4) 地面退出岩芯时，应尽可能保持岩芯原始状态，严禁人为混淆。
(5) 钻进过程中，出现异常现象，应及时停钻检查并排除故障。
(6) 钻进工作遵守安全规程，在起下钻、跟管和退出岩芯等工序时，应高度注意安全。

3.8　多工艺组合取芯技术

深孔和超深孔钻进会遇见许多浅孔钻进中没有的难题，如地层复杂多变、钻孔结构复杂、事故概率高、钻进效率低、辅助作业时间急剧增多、工期长、设备和材料损耗大等。面对这些难题，单一的钻探工艺往往不能难以满足钻探和地质研究的要求，因此需要采用适宜的钻探取芯技术。根据地层复杂程度和工艺要求，常将绳索取芯钻探工艺和提钻取芯工艺与孔底动力（冲击器、螺杆马达、涡轮等）相结合，优化出适宜的多工艺组合钻探取芯技术，以满足钻进和取样的各种需求。

3.8.1　钻进特点

多工艺组合取芯技术是在单一的钻探取芯技术基础上发展而来形成的新型钻探取芯技术，兼取了单种钻探取芯工艺的优点，如绳索取芯不需提钻取芯的优越性、液动冲击回转钻进取芯技术效率高及岩芯堵塞概率少的优越性、螺杆马达作为孔底动力不需全孔钻柱回转扭矩损失少的优越性，具有取芯质量好、钻进效率高、能耗低等优点，可根据需要组合适宜的取芯技术应用于各种复杂地层及深孔、超深孔，多工艺取芯钻进工艺种类和选用原则见表3.8－1，并且已经在CCSD等重大钻探工程中应用，取得很好的效果，解决了一系列技术难题。中国大陆科学钻探（CCSD－1）不同取芯钻进方法的使用效果和螺杆马达＋液动锤金刚石取芯钻进方法的使用效果见表3.8－2和表3.8－3。

表3.8－1　　多工艺取芯钻进工艺种类和选用原则

取芯工艺		选择原则与特点
提钻取芯	常规	工艺及设备成熟程度较高，主要采用金刚石双管取芯钻具总成
	液动锤提钻取芯	可提高钻进效率，减少岩芯堵塞和孔斜的产生，提高取芯质量
	螺杆钻提钻取芯	钻柱不回转，负荷及磨损小，安全性较高；主要采用金刚石双管取芯钻具总成
绳索取芯	常规	工艺及设备成熟程度较高
	液动锤绳索取芯	优选的组合技术，可进一步提高钻进效率、取芯质量，降低孔斜
	螺杆钻绳索取芯	只有孔底的钻具回转，因而扭矩小、负荷及磨损小，安全性较高
	涡轮钻绳索取芯	只有孔底的钻具回转，因而扭矩小、负荷及磨损小，安全性较高

表3.8－2　　CCSD－1不同取芯钻进方法的使用效果

取芯钻进方法	钻进回次	进尺/m	回次长度/m	钻速/(m/h)	岩芯采取率/%
转盘取芯钻进	12	19.55	1.63	0.47	58.2
顶驱取芯钻进	8	5.87	0.73	0.36	5.1

续表

取芯钻进方法	钻进回次	进尺/m	回次长度/m	钻速/(m/h)	岩芯采取率/%
顶驱+绳索取芯	5	7.62	1.52	0.63	13.8
顶驱+液动锤+绳索取芯	3	8.27	2.76	0.89	99.5
螺杆马达+绳索取芯	8	6.72	0.84	0.33	71.9
螺杆马达取芯	398	908.36	2.28	0.74	88.2
螺杆马达+液动锤取芯	640	4038.88	6.31	1.13	85.8

表 3.8-3 螺杆马达+液动锤金刚石取芯钻进方法的使用效果

井段	回次数	总进尺/m	回次长度/m	钻进时间/h	钻进速度/(m/h)	岩芯长度/m	岩芯采取率/%
CCSD-PH	269	1096.69	4.14	990.93	1.11	956.58	87.22
CCSD-MH	109	838.59	7.69	637.29	1.32	674.03	80.38
CCSD-MH-1C	79	634.85	8.04	506.16	1.25	533.25	84
CCSD-MH-2C	185	1473.05	7.96	1429.3	1.03	1304.25	88.6

3.8.2 典型钻具

3.8.2.1 “多合一”取芯钻具

依托于中国大陆科学钻探（CCSD-1），我国已经陆续研制成功了绳索取芯与液动潜孔锤钻具二合一、绳索取芯与螺杆马达钻具二合一及螺杆马达与液动潜孔锤钻具二合一等三类组合型钻具。

1. 绳索取芯液动冲击回转钻进取芯技术

传统的绳索取芯钻具在钻进硬岩地层时效果往往不好，一般不适合钻进致密及坚硬岩石，而应用于松、散、软的地层时，又常见岩芯堵塞事故，造成取芯比较困难。将绳索取芯钻具与液动冲击回转钻进相结合起来形成一套“二合一”钻具，充分发掘了冲击回转钻进方法破碎岩石的性能优势，提升绳索取芯在对打滑、致密、坚硬的地层进行钻进取芯的效率。引入的冲击振动会减少在松、散、软地层中进行钻进时常会出现的岩芯堵塞事故。

绳索取芯液动锤钻具能解决在破碎岩层岩芯易堵塞、回次进尺少、打捞频繁、纯钻进时间低、台钻效率低问题。75SYZX型绳索取芯液动锤钻具主要性能参数见表3.8-4，该钻具由双管和打捞器两部分组成，其中打捞器和 ϕ75 绳索取芯钻具是通用的。

表 3.8-4 75SYZX 型绳索取芯液动锤钻具主要性能参数

参数	型号/数值	参数	型号/数值
配套绳取钻具	S75	冲击功/J	10～50
配套液动锤型号	YZX54	长度/mm	5200
钻具外径/mm	73	质量/kg	75
钻头直径/mm	75.5	推荐冲洗液类型	清水、乳化液或低固相泥浆
自由行程/mm	5～18	冲击频率/Hz	25～40
工作泵量/(L/min)	60～90	工作泵压/MPa	0.5～2.0

钻具包括外管总成和内管总成，如图3.8－1所示。外管总成含异径接头、弹卡室、上扩孔器（内装上扶正环）、上外管、承冲环接头（内装承冲环）、下外管、下扩孔器（内装下扶正环）和钻头等；内管总成包括打捞、弹卡、冲击（YZX液动锤）、传功和到位报信、上下分离、调节、缓冲、单动、岩芯容纳及卡取岩芯和扶正等机构，其中打捞机构、弹卡机构、扶正机构、缓冲机构、单动机构和岩芯容纳及卡取岩芯机构与常规绳索取芯内管机构一样。

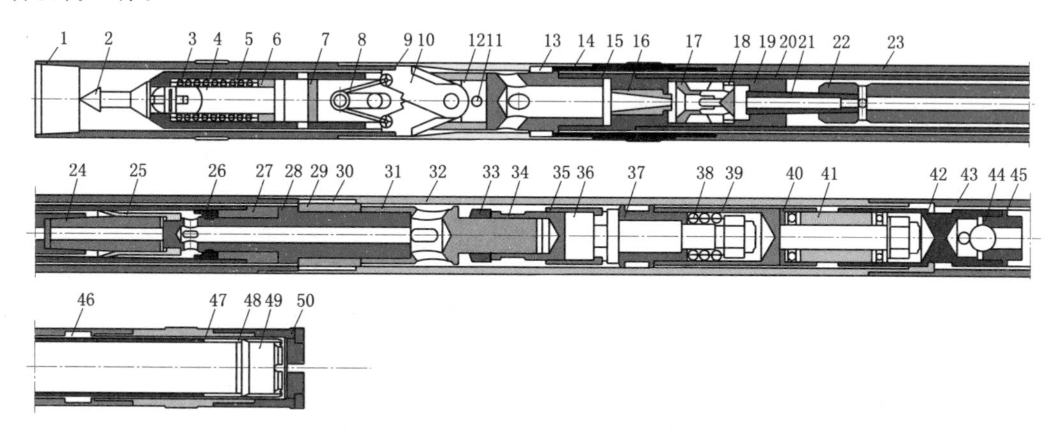

图3.8－1　绳索取芯式液动锤结构示意图

1—异径接头；2—上锥轴；3—锥轴弹簧；4—伸缩轴；5—提引套筒；6—弹簧垫座；7—主轴；8—卡板弹簧；9—弹卡室；10—卡板；11—铆钉；12—卡板座；13—上扶正环；14—扩孔器；15—上接头；16—上喷嘴；17—上阀；18—阀程调节垫；19—上缸套；20—液动锤外管；21—上活塞；22—冲锤体；23—上外管；24—下活塞；25—下缸套；26—卡瓦；27—锤套；28—锤轴；29—传功环；30—承冲环；31—锤轴接头；32—承冲环接头；33—调整螺母；34—活接头；35—活接头套；36—上芯轴；37—上轴套；38—减震弹簧；39—下芯轴；40—轴承挡盖；41—连接套；42—下轴套内管接头；43—外管；44—球阀座；45—内管；46—导正环；47—卡簧座；48—卡簧挡环；49—卡簧；50—钻头

绳索取芯液动冲击回转钻进取芯钻具特殊机构工作原理：

（1）冲击（YZX液动锤）机构，由上接头、上喷嘴、上阀、上缸套、上活塞、外管、冲锤体、下活塞、下缸套、卡瓦、锤轴和锤套等件组成，利用水泵送入的冲洗液产生冲击功作用到锤轴上，传功机构将冲击功传到钻头上，提高钻进效率，增加回次进尺长度。岩芯堵塞时，内管总成受力上移，传功环相对承冲环上移，此时，液动锤产生的冲击载荷几乎全部作用在内管总成上。岩芯受冲击振动，可顺进卡簧中，实现解堵。

（2）传功和到位报信机构，由传功环、承冲环和接头组成，其作用与工作原理与绳索取芯钻具类似。

（3）上下分离机构，由活接头、下芯轴和活接头套等部件组成。其作用是打捞内管总成时，可以将其分成上下两部分，防止因内管总成过长造成其弯曲或折断。其操作步骤为：当下芯轴提到孔口时，把垫叉插入上轴套卡槽内，平放在孔口的绳索取芯钻杆上，上移活接头套，即可拆开为上、下两部分。摘下内管总成的上部分，再用打捞器与组合式提引接头相连，即可将下芯轴及下部分提出，投放过程则相反。

（4）调整机构，由锤轴接头、调节螺母和调活接头等件组成。其作用是调整卡簧座与钻头内台阶之间的间隙（调整范围为±15mm），保证其间隙为3～5mm。

2. 绳索取芯“三合一”钻具

绳索取芯“三合一”钻具是由绳索取芯技术、螺杆马达钻进取芯技术以及液动潜孔锤钻进取芯技术组合成的新型取芯钻具，结构如图3.8-2所示，兼具三者的优越性，钻进效率高、岩芯堵塞少、取芯速度快，不需全孔钻柱回转，大大改善钻杆受力状况，有利于孔壁的稳定，还可解决深孔取芯钻进钻杆摩阻损耗过大、地表钻机动力不足或转速不够、钻进效率低等问题，在中深孔、深孔和超深孔复杂地层取芯钻进中有着广阔的应用前景。这套钻具主要结构由三种结构共同形成的连接机构、冲洗液分流机构、扭矩与反扭矩的传递机构、外管单动机构、到位补偿机构等组成。这种钻具可以将螺杆马达用作孔底动力发动器，避免了全孔段钻柱回转，减少了扭矩损失，液动潜孔锤钻进工作效率得到提高、发生岩芯堵塞的情况也相对减少，融合绳索取芯钻探时达到了不提钻取芯的优点。

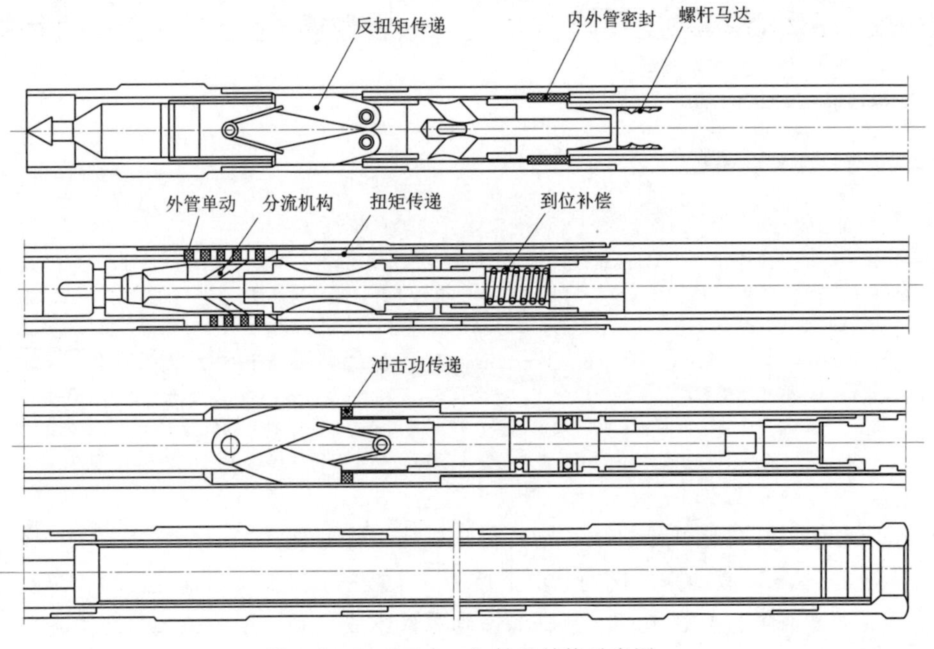

图3.8-2 “三合一”钻具结构示意图

如以S系列绳索取芯钻具为主要机构，则需加装阀式结构的液动潜孔锤和多头螺杆钻具，利用绳索取芯钻具的悬挂机构解决螺杆马达与外管总成的密封问题，保证全部冲洗液供螺杆马达工作；利用绳索取芯钻具的定位弹卡消除螺杆马达定子产生的反扭矩；利用伸缩式传扭板将螺杆马达输出的扭矩传递到外管总成并带动钻头回转钻进；设计的分流机构解决了螺杆马达与液动潜孔锤所需流量不匹配问题，按比例进行分流并保证液动潜孔锤工作性能不受影响；内管总成到位补偿机构使内管总成悬挂到位后，液动潜孔锤的传功机构同时到位；径向微调机构可以防止内管总成投放过程中因弯曲被卡在钻杆或外管总成中。钻进回次结束后，用绳索打捞器将螺杆马达、液动潜孔锤和装满岩芯的内管总成提升到地表。

以ϕ157为例，钻头外径为157mm，钻头内径为85mm，岩芯管长4.5m，钻具总长

16.64m，匹配螺杆马达、液动锤绳索取芯钻具的主要技术参数见表3.8-5。

表3.8-5 匹配螺杆马达、液动锤绳索取芯钻具的主要技术参数

液动潜锤					液动螺杆马达			
外径/mm	流量/(L/s)	压力/MPa	冲击功/J	频率/Hz	型号	流量/(L/s)	输出扭矩/(N·m)	输出转速/(r/min)
98	4～6	2～4	80～100	10～20	C5LZ95	5～13.3	1490	140～320

提钻取芯“三合一”钻具结构如图3.8-3所示，在普通单动双管钻具的基础上，以螺杆钻具提供回转动力，以液动锤提供冲击载荷，可避免钻柱回转所带来的问题，保证了取芯钻具性能（单动性能、卡芯性能、岩芯管强度等）、液动锤工作性能（可靠性、工作寿命等）和金刚石取芯钻头性能（与地层的匹配性、抗冲击能力、工作寿命等），从而获得较高的钻进效率和岩芯采取率。该类型的钻具在我国钻探工程中有成功应用。

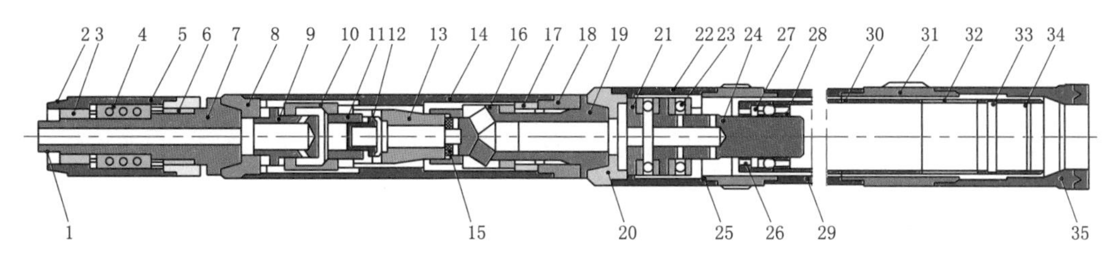

图3.8-3 螺杆马达+液动锤驱动+双管取芯钻具结构示意图

1—螺纹连接头；2—马达外壳连接结构；3—上硬质合金轴承；4—推力球轴承；5—马达外壳；6—下硬质合金轴承；7—井底马达驱动轴；8—阀式冲击器上接头；9—上阀；10—缸套；11—上活塞；12—心阀；13—冲锤；14—阀式冲击器外管；15—传功座密封套；16—传功座；17—密封套；18—花键套；19—带外花键下接头；20—取芯工具上接头；21—压盖；22—轴承腔；23—轴承；24—心轴；25—扩孔器；26—背帽；27—钩头楔键；28—岩芯管接头；29—外管；30—岩芯管；31—扩孔器；32—短节；33—卡簧座；34—卡簧；35—钻头

3.8.2.2 长筒取芯单动双管钻具

长筒取芯单动双管钻具是可用于深孔钻进的高效取芯钻具，并已成功应用于松科二井科学钻探工程，回次取芯长度可达30～40m，结构如图3.8-4所示，基于KT型单动双管钻具发展而来的。钻具由上接头、单动机构、调节结构、外管、内管、卡簧组件、取芯钻头及其他配套工具组成。外管和内管可以根据回次长度灵活调整。钻具单动机构采用全泵量开式循环及重型推力轴承设计，强制开式润滑确保单动可靠性，且便于现场维护保

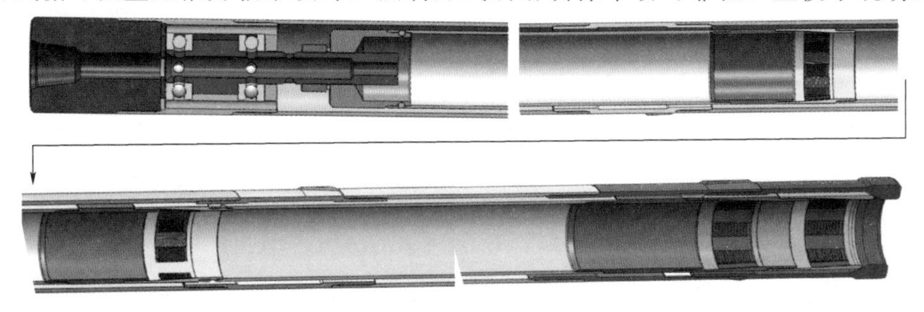

图3.8-4 基于KT系列钻具的长筒取芯多卡簧双管钻具

养；单动机构和调节结构合为一体，结构紧凑，调节方便，内管与钻头内台阶间隙调节通过心轴与内管螺纹调节，可调范围大，卡簧座与钻头内台阶间隙一般为5～10mm，便于现场调配内、外管等钻具配件；在钻进破碎等复杂地层时，可选用半合管作为内管，方便退芯；可配合金刚石、PDC、合金等多种钻头使用；可使用转盘、动力头、顶驱地表回转驱动，也可采用螺杆钻、涡轮钻及液动锤井底动力驱动，提高深孔钻进效率。

该钻具采用全泵量开式润滑轴承，轴承平均寿命大于等于80h；轴承安放在外总成上，提高承压和抗冲击能力；心轴和内管接头上沿轴向开设半合槽，插入勾头键约束内管；背帽压紧内管，防止内管晃动损坏和勾头键脱槽；内管总成各连接取螺距4mm、丝高0.75mm的5°梯形直扣，抗拔断力远大于岩芯拉断力，略去拔心缓冲机构。

KT系列取芯钻具集成了传统石油钻井大口径钻具及岩芯钻探金刚石钻进技术的优点，结构简单、可靠性好、强度高，并兼顾薄壁取芯技术的特点，钻具适应性强，尤其在钻穿多套地层的连续取芯作业中具有巨大的技术优势。KT系列取芯钻具的规格型号和取芯钻进参数见表3.8-6和表3.8-7。

表3.8-6　　KT系列取芯钻具规格型号

型号	外筒规格/mm	内筒规格/mm	最大岩芯直径/mm	推荐钻头外径/mm	顶端扣型
KT-114	114	89	77	122	NC31
KT-140	140	108	95	152	NC38
KT-194	194	140	128	216	NC50
KT-273	273	219	198	311	NC56
KT-298	298	245	214	311	7-5/8REG

注　实际钻头外径可在一定范围内调整。

表3.8-7　　推荐取芯钻进参数表

钻具型号	推荐参数			
	钻头尺寸/mm	钻压/kN	转速/(r/min)	排量/(L/s)
KT-114	122	6～30	60～300	5～9
KT-140	152	6～40	60～300	10～15
KT-194	216	10～60	60～250	20～25
KT-273	311	20～90	60～200	35～45
KT-298	311	20～90	60～200	35～45

注　使用孕镶金刚石钻进时，转速可增加50%。

3.9　声波钻进取芯技术

在堆石层、松散砂砾层、强风化层、回填层中的碎石较硬、易产生塌孔的复杂地质条件下，采用常规的回转钻进工艺方法成孔非常困难，获取的岩芯质量差，而声波钻进取芯技术的应用则不会出现这种难题。

声波钻进取芯技术是利用高频振动力、回转力和压力三者结合在一起使钻头切入土层或软岩进行钻探或其他钻孔作业的一种新型钻探取芯技术。

3.9.1 钻进特点

声波钻进具有以下技术特点：

(1) 应用领域多。广泛适用于工程勘察、环境保护调查孔、地源热泵孔、砂金地质勘探、大坝及尾矿监测孔、海洋工程勘察、大坝基础的钻探取样及微型桩、水井孔等。

(2) 适应地层范围广。在0～300m的深厚堆积体、各种松散层（如砂土、粉砂土、黏土、砾石、粗砾、漂砾、冰碛物、碎石堆、垃圾堆积物及软岩等）能有效、高速地进行连续原状取样钻进，快速成孔。

(3) 钻进速度快。声波钻进是振动、回转和加压三种钻进力的有效叠加，特别是振动作用，不仅有效破碎岩石，而且能使土壤产生液化，从而获得较高的钻进速度，通常钻速在20～30m/h，是常规回转钻进和螺旋钻进的3～5倍，在某些地层中甚至可达9倍。

(4) 岩土样保真度好。可在覆盖层和软基岩中应用获取不混层的连续岩土样，从而可准确确定地层接触界面的深度、岩土物理性质和成分、含量。

(5) 环境污染少，绿色施工。声波钻进可不使用泥浆钻进，钻进时产生的废弃物比常规钻进少70%～80%。另外，施工时噪声低，对周边环境影响小。

(6) 施工安全性好。声波钻进和取样一般都采用双管系统，岩芯管与外层套管先后单独推进，提取岩芯后立即将外套管跟进到先前取芯的孔底。这样外套管能够很好地保护孔壁，防止钻孔坍塌，同时还可隔离含水层，避免交叉污染。由于有外层套管的保护，因此卡钻、埋钻等孔内事故少。

(7) 施工工艺多样。既可使用绳索钻进工艺，实现不提钻取样，又可采用单管、单动双管取样钻进。

(8) 钻进成本低。与传统的钻进方法相比，声波钻进由于速度快，缩短了施工周期，降低了劳动力费用；同时钻进时产生的废物少，减少了现场清理的费用；加上获取的岩土样品准确，地质信息可靠，带来了较好的间接效益。

3.9.2 工作原理

声波钻进取芯技术的主要设备是振动回转动力头，结构原理如图3.9-1所示。动力头能够产生可以调节的高频振动及实现低速回转，通过围绕平衡点进行重复摆动而形成振动，能量在钻杆中积累，当达到其固有频率时，引起共振而得到释放、传递。能量通过钻杆的高效传递，使钻杆和钻头不断向岩土中钻进，振动波能量垂直传递到钻柱上，频率一般可达到4000～10000次/min，瞬时冲击力可达到2～30t。由于属于较低的机械波振动，其振动范围在人的听觉范围内，所以习惯上称为声波钻进。声波钻进被认为是钻进深厚覆盖层和砂砾石层等复杂地层的最好方法，主要应用于环境保护调查孔、地源热泵孔、砂金地质勘探孔、大坝及尾矿监测孔、复杂地层导引孔、水文水井孔、微型桩、抗浮锚杆孔等钻孔。目前，国内常用的声波钻机如图3.9-2所示，主要技术参数见表3.9-1。

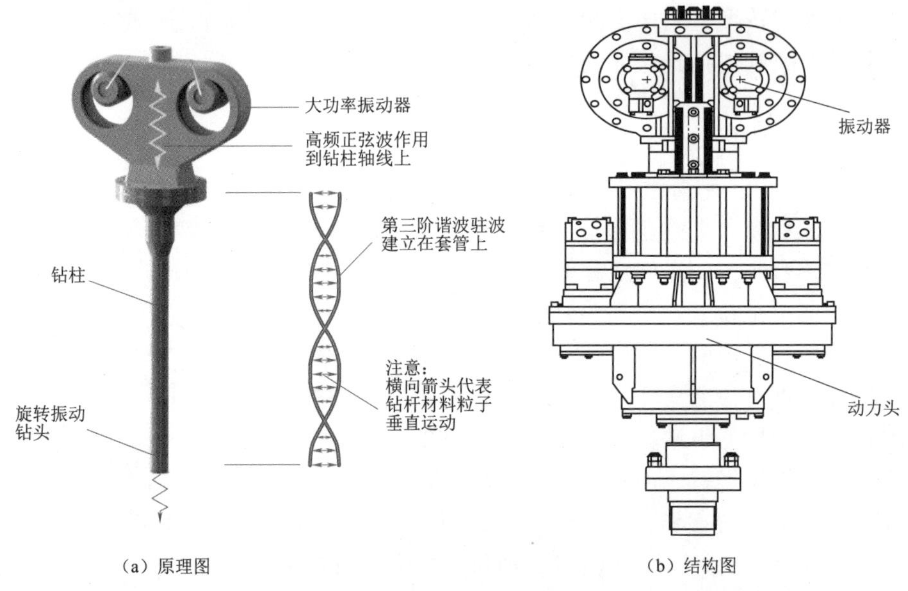

(a) 原理图 (b) 结构图

图 3.9-1 声波钻进原理与结构示意图

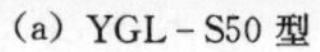

(a) YGL-S50 型 (b) YGL-S200 型

图 3.9-2 声波钻机

表 3.9-1 声波钻机主要技术参数

	型号		YGL-S50	YGL-S100	YGL-S200
1	能力	名义钻深/m	50	100	200
		孔径/mm	50～110	86～126	125～200
2	动力头	回转转速/(r/min)	30/60	0～33/66	0～52/103
		回转扭矩/(N·m)	3240/1620	5400/2700	9300/3900
		振动频率/Hz	66.7	66.7	100
		振激力/kN	38	78	200
		重量/kg	359	575	1800

续表

	型 号		YGL-S50	YGL-S100	YGL-S200
3	绞车	单绳拉力/kN	11	11	11
4	给进系统	加压力/kN	20	45	50
		起拔力/kN	50	65	75
		给进行程/mm	2300	3500	3500
5	柴油机动力	功率/kW	46	125	160
		转速/(r/min)	2200	2200	2200
6	重量/t		3.8	8.5	12
7	外形尺寸	运输/(mm×mm×mm)	5600×1450×2200	6560×2250×2560	8130×2300×3270
		工作/(mm×mm×mm)	3400×1450×5600	5100×2250×6560	5130×2300×8200

钻柱的低速回转保证能量和磨损平均分配到钻头的工作面上，当振动与钻杆的自然谐振频率叠合时，就会产生共振。此时钻杆的作用就像飞轮或弹簧一样，把极大的能量直接传递给钻头。高频振动作用使钻头的切屑刀刃，以切削、剪切、断裂的方式排开其钻进路径上的岩土，甚至还会引起周围岩土粒液化，让钻进变得非常容易。在岩层钻进时，高频振动力使岩石内部分子被迫振动而产生疲劳破坏，并降低强度，再加上轴向静压和回转，因而提高了碎岩效率。另外，振动作用还把土粒从钻具的侧面移开，降低钻具与孔壁的摩擦阻力，也大大提高了钻进速度，在许多地层中钻速高达20～30m/h。

3.10 岩芯定向取样技术

岩芯定向取样技术是利用专用的钻具从孔底取出具有方向标记的岩芯，结合取芯处钻孔弯曲参数确定地下岩层产状的特殊取芯方法，在我国已初步用于工程地质钻探和岩芯钻探中，其取样工艺过程的关键是在钻孔内未断离基岩面的岩芯柱上做定向标记。

3.10.1 钻进特点

利用钻探取得的岩芯确定岩层或断裂面产状，或地下地应力状态，是地质勘探工作的重要内容之一。层面产状数据对正确认识深部地质构造，查明矿体形态和延伸情况，指导勘探工程布置和矿床开采具有很大价值，同时，对于研究钻孔弯曲规律、指导定向孔设计也有重要意义。

在覆盖层较厚或上下岩层不整合的地区，通常利用三个钻孔穿过同一层面的标高来计算岩矿层或断裂面的产状要素。三孔法是以岩矿层或断裂为平面做基础的，因此它不能反映三个钻孔之间层面产状的变化，当标志层不明显时，也难以判定三孔穿过的同一层面，因此不能准确了解层面产状。

用两个钻孔或一个钻孔的岩芯和孔斜资料来求解地下层面产状，能节约钻探工作量，比三孔法优越。如果使用专门工具采集定向岩芯，知道了岩芯在地下的本来位态后，确定层面或断裂面产状的问题很容易解决。

定向岩芯技术不仅能够反映不同钻孔中同一层面的产状，而且能够反映同一钻孔中不同层面产状的变化。另外，利用定向岩芯并结合声发射凯塞效应的测定或其他检测方法，还可确定地下岩层地应力的方向和大小。

要采集定向岩芯，首先必须对岩芯实行定向。在孔内给岩芯定向，其操作方便，费时不多，并且多数定向工具结构简单，制造容易，故便于推广应用。

3.10.2 工作原理

该技术岩芯定向的实质是用打印、刻痕或钻眼的方法在孔底岩芯表面做出定向标记，然后确定此标记与钻孔弯曲平面的关系，再加上岩芯定向点的孔斜资料，便可确定岩芯在地下的真实位置，最后通过复位实测、图解或计算，即可求出地下层面或断裂面的产状。

采用该技术需要满足以下三个条件：①已知取芯段钻孔的顶角和方位角；②岩芯上能观察到结构面；③在岩芯端面和侧面上人为的造成刻痕标记。根据刻痕方向、钻孔弯曲方向和结构面方向这三者间的关系，可得出结构面方向与钻孔弯曲方向的关系，以此得出结构面的走向和倾角。岩芯定向方法主要有打印法、刻痕法、钻眼法。

3.10.2.1 打印法

先利用专用钻头将孔底磨平并冲洗干净，然后用钻杆下入偏重打印器，如图 3.10-1 所示。打印器下部装有一根可以冲出印痕的硬质合金压头或一只可以打出色点的色笔，压头或色笔与偏心重锤的方向一致，利用钻杆和打印器的自重在孔底或未断根的岩芯顶端留下一个冲痕（或色点）。该冲痕（或色点）位于岩芯下侧的最低位置，它与岩芯中心点的连线在水平面上的投影就是该钻孔的方位线。提出偏重打印器后，下入卡取岩芯的工具即可取出带定向标记的岩芯。

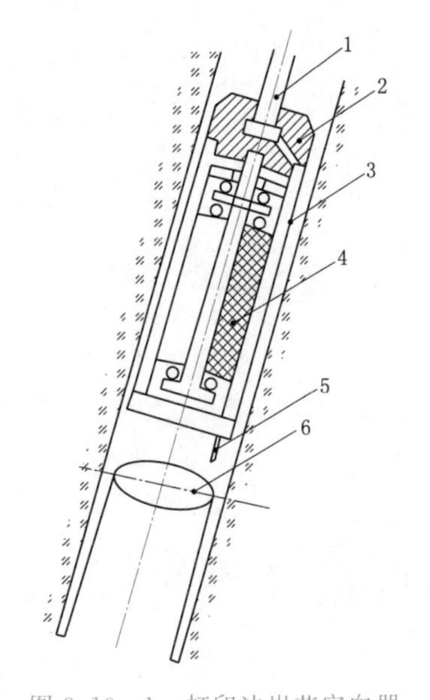

图 3.10-1 打印法岩芯定向器示意图

1—钻杆；2—接头；3—外管；4—偏心重锤；5—压头（色笔）；6—印坑（色点）

打印法的优点是定向和打标记的工具比较简单，缺点是偏心重锤工作可靠性差，当钻孔顶角小于 5°时，定向效果欠佳，不能用于垂直孔。另外，磨孔、打印、卡芯、测斜要分 4 个回次完成，工序繁杂。

3.10.2.2 刻痕法

刻痕时可采用单管钻具或单动双管钻具，是对岩芯做定向标记的较好方法，但是要求刻痕时岩芯不断离孔底岩石母体。采用单管钻具时，钻出岩芯、刻痕与上定向岩芯分二回次完成；先用不带卡簧的钻具钻进 15～20cm，将岩芯留在孔底不提断，然后下入带刻痕器及卡簧的取芯管专程采集定向岩芯。

刻痕器（图 3.10-2）为一内壁镶有一颗粗粒金刚石或者装有硬质合金尖齿的空白钻头。硬质合金尖齿通过钻头壁上的小孔伸出内壁，而外端用弹簧钢圈套封。当刻痕器沿未断根的岩芯下移时，就在岩芯柱的侧面刻出沟痕。接头容纳器内装有测斜装置（或氢氟酸管），氢氟酸管表面上刻有起始母线。装置氢氟酸管时，使其上的起始母线与硬质合金尖齿（或金刚石刃）的方向一致。这样，硬质合金尖齿在岩芯侧面划出沟痕的方向与氢氟酸管上的起始母线一致。而氢氟酸管上起始母线的方向与氢氟酸液面蚀痕高、低点连续方向之间成一定角度，这一角度是岩芯侧面刻痕方向与钻孔弯曲平面之间的角度。如果采用数值测量型定向测斜装置，将测斜装置定向母线与硬质合金尖齿（或金刚石刃）的方向一致，测斜装置测得的重力高边面向角也就是岩芯侧面刻痕方向与钻孔弯曲平面之间的角度。如若测斜装置测得的是磁高边面向角，则该角度直接代表岩芯侧面刻痕方位角。

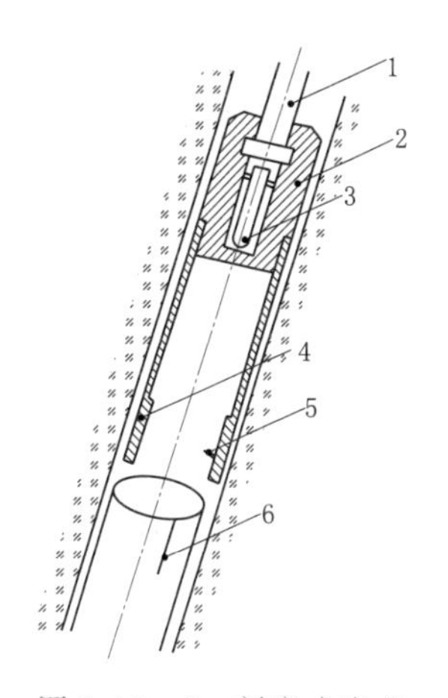

图 3.10－2 刻痕式岩芯定向器示意图

1—钻杆；2—接头容纳器；3—测斜装置；4—定向钻头；5—硬质合金尖齿；6—刻痕

3.10.2.3 钻眼法

钻眼法的实质是用微型钻头或小钻头在孔底钻偏心小眼作为定向标记，与打印法类似，钻眼器下入孔内之前，应先用铣刀钻头将孔底磨平，去除残留岩芯或岩石碎块，并且把岩粉排净，然后用钻杆下入钻眼器，接触孔底后，钻眼器驱动微型钻头在孔底钻眼形成标记。同时，钻眼器中的测角装置测定偏心小眼方向与钻孔轴线方向之间的终点角。提出钻眼器后，下入另一套取芯钻具钻进 15～20cm，最后取出带有偏心小眼的岩芯。

与打印法相比，这种方法可得到更为清晰的偏心小眼标记，不存在先钻出岩芯而可能产生岩芯折断和扭转移位的问题。打出的偏心小眼可靠，数据比较准确。

3.10.3 典型钻具

3.10.3.1 SDQ－94A 型定向取芯器

该取芯器由传递钻压及扭矩的外管系统和定向刻痕取芯的内管系统两部分组成，如图 3.10－3 所示。冲洗液通道经测量仪容纳管与上外管间的间隙、通水接头、内外岩芯管间环状间隙、内管导正环、卡簧座与钻头间隙到达孔底，再经钻头水口从钻具与孔壁间隙返回。

外管系统：来自钻杆柱的钻压和回转扭矩，经异径接头、上外管、通水接头、钻具外管，传递到钻头破碎孔底岩石，钻取岩芯。

内管系统：重力加速度定向测量仪定向置于容纳管内，测量仪与内管短节上的刻刀处在同一母线上，测量数据内存于仪器内。容纳管由定向接头与内管轴连接，内管由调节螺杆及定位螺钉连接于轴上，内管底端连接内管短节和卡簧座。内管短节内安装有三把弹簧刻刀，岩芯进入内管时对其侧面刻痕做定向标记。内管轴上下端分别设置了推力轴承，起到与外管系统悬挂连接的作用，保证内、外管系统具有良好的单动性。

定向标记刻刀采用 YG8 硬质合金，刻刀圆锥顶角为 60°，焊接于弹簧钢片上，弹簧钢片对刻刀施加正应力，可在较硬岩芯表面刻划出清晰的定向标记刻痕，并且当岩芯直径发生变化时弹簧钢片可起到自动调整刻刀位置的作用。弹簧钢片与硬合金刻刀成悬臂梁结

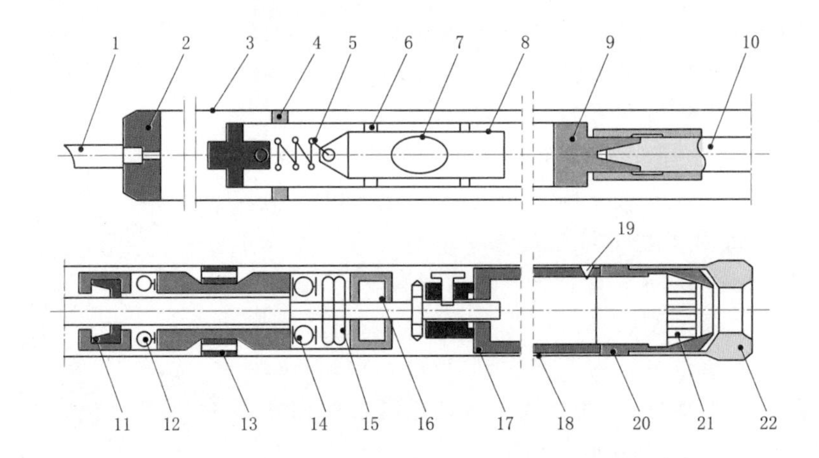

图 3.10-3　SDQ-94A 定向取芯器结构示意图

1—钻杆柱；2—异径接头；3—上外管；4—扶正器；5—弹簧；6—定向键；7—加速度计；8—仪器容纳管；9—定向接头；10—轴；11—密封圈；12、14—轴承；13—通水接头；15—调节螺母；16—定向螺钉；17—内管；18—外管；19—弹簧刻刀；20—卡簧座；21—卡簧；22—钻头

构，刻刀悬臂长度 50mm，弹簧片宽度 10mm、厚度 2.0mm，刻刀允许伸缩量为 1.0～2.0mm。

SDQ-94A 型定向取芯器将常规的磨孔、做定向标记、采取定向岩芯简化为随钻定向取芯一回次完成。定向取芯器性能：适用孔径不小于 ϕ94，适用孔深不小于 10m，适用可钻性 4 级以上完整及微裂隙岩层，适用钻孔顶角不小于 1°，定向方位误差为±4°。

3.10.3.2　KO 型岩芯定向器

该定向器由乌拉尔地质局研制，结构如图 3.10-4 所示，由打偏心小眼钻具、导向楔体和硫酸铜溶液测斜管等组成。打偏心小眼钻具包括小型钻头、加长管、接头、万向节和对中接头。它通过牙嵌离合器与钻杆连接。另外，还借助于销钉固定在壳体接头上。测斜管中装有硫酸铜溶液，中心部分是一钢杆，钢杆上有零线标记，该标记与壳体下部导向槽中心线方向一致。

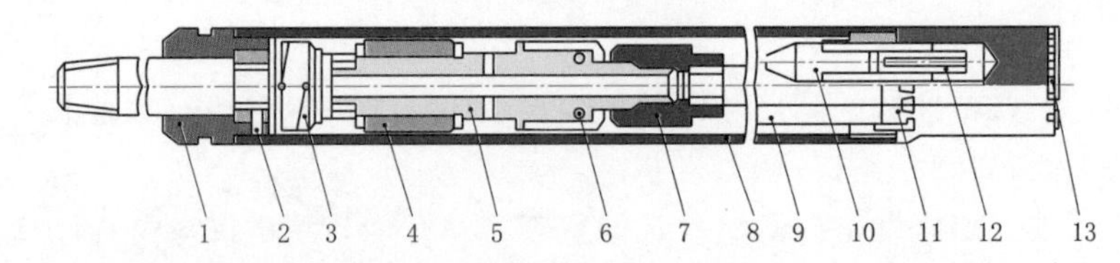

图 3.10-4　KO 型岩芯定向器结构示意图

1—钻杆；2—销钉；3—牙嵌离合器；4—对中接头；5—内传动轴；6—万向节；7—接头；8—壳体；9—加长管；10—测斜管容纳接头；11—打偏心小眼的钻头；12—硫酸铜溶液测斜管；13—钻头

操作时，用钻杆将钻眼器下到孔底，先施以较小钻压，转矩通过牙嵌离合器从钻杆传至清孔底钻头，磨平孔底之后，加大钻压，销钉剪断，牙嵌离合器脱开，偏心小钻头沿导向槽下到孔底，钻出 15～20cm 深的偏心小眼后，停转 20～25min，使钢杆表面有明显的

沉积痕迹。提钻后，再下取芯钻具钻取带有偏心小眼的岩芯。

3.10.3.3　其他类型的岩芯定向器

国内外典型的岩芯定向工具见表 3.10－1。

表 3.10－1　国内外典型的岩芯定向工具

国别	研制单位	型号	外径/mm	打标记方法	定向方法	测斜方法	取芯方法	适用地层	适用钻孔倾角
苏联	哈萨克斯坦地质局	K－5	89	扭簧动力钻眼	偏心重锤	单点测斜	普通单管	致密微裂隙	0°～87°
	哈萨克矿物科学研究所	АЛГа И－57	57，73	涡轮偏心钻眼	偏心重锤	单点测斜	普通单管	致密微裂隙	0°～87°
	科沃夫斯克地质勘探队	КГЦГ	73，89	岩芯卡簧刻刀	钢球自重	单点测斜	单动双管	较完整	0°～87°
美国	Odgers	—	150	钻头刻刀	HF 酸玻璃管	单点测斜	普通单管	完整	0°～87°
	Christensen	—	75	三刻刀管鞋	多点照相向	多点测斜	绳索取芯	完整	0°～90°
瑞典	Atlas	CCO－56	56	岩芯端面打印	钢球重力向	单点测斜	单动双管	完整	0°～87°
澳大利亚	Geoco	—	75	偏心钻眼	偏心重块	单点测斜	单动双管	完整或微裂隙	0°～87°
中国	冶金部勘察科研所	YD－56	56	钢管端面打印	钢球重力向	单点测斜	单动双管	完整	0°～85°
	有色金属矿产地质所	YCO－Ⅱ	110	卡簧座三刻刀	钢球重力向	测斜仪	单动双管	完整	0°～80°
	探矿工艺研究所	KDS－1	56	内筒卡环刻刀	照相显影	照相显影	单动双管	完整	0°～90°
	成都理工大学	YDX－1	89	液力马达钻眼	磁针罗盘	磁针重锤	单动双管	完整	0°～50°
	成都理工大学	SDQ－91	89	卡簧刻刀	偏重磁球	偏重磁球	单动双管	完整或微裂隙	0°～90°
	中国地质大学（北京）	DX101	172	三刻刀岩芯爪	电子磁力计	电子多点	单动双管	完整	0°～90°
	四川集结能源科技有限公司	DQX133	133	岩芯爪刻刀	照相测斜仪	多点测斜	单动双管	完整	0°～90°

3.10.4　岩芯产状参数复位与测量

岩芯产状参数可采用产状测量器直接测定，也可采用作图法或计算法求得。

3.10.4.1　岩芯产状参数复位测量

岩芯产状复位测量如图 3.10－5 所示，整个复位实测过程按钻孔复位、岩芯复位、产状测量分三个顺序进行，具体操作步骤如下。

1. 钻孔复位

复位测量仪方位度环与方位游标盘依次套装在底座上，并可在水平面内绕底座中心轴转动。固定安装在方位游标盘上的支承架以水平轴支撑岩芯卡盘（卡盘可绕水平轴在垂直

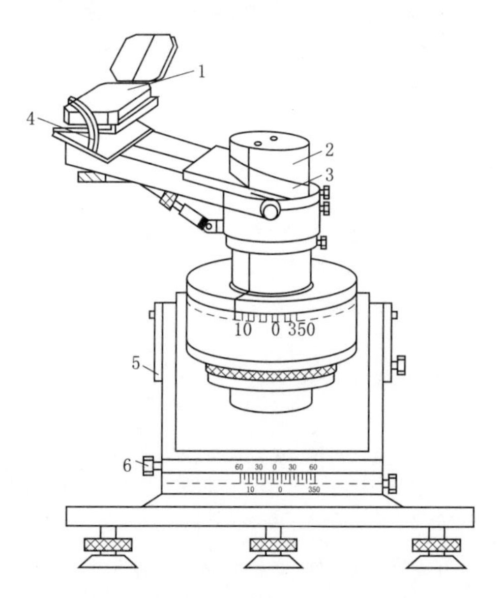

图 3.10-5 岩芯产状复位测量示意图
1—岩层倾向读数；2—定向岩芯；3—层面；
4—岩层倾角读数；5—顶角读数；
6—方位角读数

平面内转动）。复位时，首先调节底座三个支腿，使测量仪保持水平，借助罗盘调节方位度环，使其刻度与罗盘方位一致，然后根据已知的钻孔方位角转动支承架和方位游标盘至相应读数，钻孔方位角复位。钻孔顶角复位只需将岩芯卡盘绕水平轴在垂直平面内转动至相应顶角刻度。

2. 岩芯复位

用三卡瓦岩芯卡盘将岩芯夹持在卡盘中心，并使岩芯上的定向刻痕线对准卡盘顶部的径向刻线。转动卡盘顶盖（岩芯柱随之转动），按实际的岩芯标记线与钻孔方位面之间的终点角使岩芯柱侧面的定向刻痕线对准卡盘套上相应角度线，即可使岩芯定向角复位。

3. 岩层产状测量

将产状测量架套装在复位后的岩芯柱上，使岩芯柱层理面通过测量架向外延伸。测量架一端的下测板始终与测量架面及岩层层理面平行，调节上测板处于水平时，上下测板间的夹角即为岩层倾角。垂直于上下测板面相交线的岩层倾角指向即为岩层倾向，岩层倾向借助罗盘读数，岩层倾角为刻度读数。

3.10.4.2 岩芯产状参数的作图法求解

1. 常规通用方法

从钻孔采集的带有定向标记的岩芯根据定向标记的位置角（定向角），并结合取芯孔段的测斜资料，即可复位实测或计算出层面或断裂面产状。

定向岩芯中层面、水平面与岩芯正横断面的关系如图 3.10-6 所示。

如果把图 3.10-6 中地△ade 看成是球面三角形，则就是球心三面角，存在以下的数学关系：

$$\cos\theta_1=\cos\theta\cos\omega+\sin\theta\sin\omega\cos\varphi \tag{3.10-1}$$

$$\cos\omega=\cos\theta\cos\theta_1+\sin\theta\sin\theta_1\cos\angle dae \tag{3.10-2}$$

由于 ab 和 ac 相当于从 a 点作球面三角形两个边 ad 和 ae 的切线，因此 ε 与 $\angle dae$ 相等，即

$$\cos\omega=\cos\theta\cos\theta_1+\sin\theta\sin\theta_1\cos\varepsilon \tag{3.10-3}$$

将式（3.10-3）代入式（3.10-1）并进行简化，得到

$$\tan\varepsilon=\frac{\sin\varphi}{\tan\delta\sin\theta-\cos\theta\cos\varphi} \tag{3.10-4}$$

即

$$\varepsilon=\arctan\left(\frac{\sin\varphi}{\tan\delta\sin\theta-\cos\theta\cos\varphi}\right) \quad (3.10-5)$$

岩层倾向 α_0 可计算得到

$$\alpha_0=\alpha+\varepsilon+180° \quad (3.10-6)$$

式中：α 为钻孔轴线方位角。

从球面三角形 ade 中还可以得到

$$\frac{\sin\omega}{\sin\varepsilon}=\frac{\sin\theta_1}{\sin\varphi} \quad (3.10-7)$$

而 $\omega=90°-\delta$，$\theta_1=\lambda$，所以

$$\frac{\cos\delta}{\sin\varepsilon}=\frac{\sin\lambda}{\sin\varphi} \quad (3.10-8)$$

因此岩层倾角 λ 可计算得到

$$\lambda=\arcsin\left(\frac{\cos\delta\sin\varphi}{\sin\varepsilon}\right) \quad (3.10-9)$$

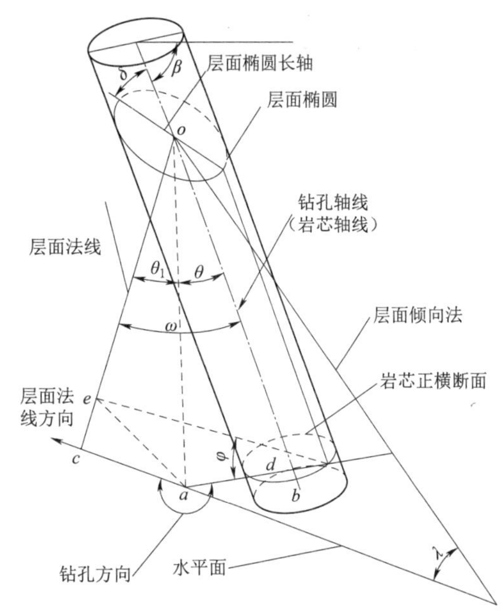

图3.10-6　定向岩芯中层面、水平面和岩芯正横断面的几何关系

β—钻孔轴线倾角；θ—钻孔轴线顶角，$\theta=90°-\beta$；δ—层面椭圆长轴与钻孔轴线的夹角（层面假倾向与钻孔轴线的夹角）；θ_1—层面法线顶角；ω—层面法线与钻孔轴线的夹角，$\omega=90°-\delta$；φ—层面椭圆长轴面与钻孔倾斜面的夹角（椭圆长轴终点角）；λ—层面倾角；ε—钻孔轴线方向与层面法线方向之间的夹角［正层面法线方向对于钻孔轴线方向的增量（顺时针为正）］

由此可见，只要测知钻孔的顶角 θ 和方位角 α（由测斜数据可知），层面椭圆长轴方向面与钻孔轴线方向面的夹角 φ（根据定向标记位置角可确定钻孔轴线方向面位置，根据层面椭圆长轴倾斜方向可确定椭圆长轴方向面，然后量出 φ），以及层面椭圆长轴与钻孔轴线的夹角 δ（在定向岩芯上确定）等4个原始数据，即可按式（3.10-5）、式（3.10-6）和式（3.10-9）求出岩层的倾向和倾角。

2. 水电工程特殊方法

根据《水电工程钻探规程》(NB/T 35115—2018）有关规定，岩芯定向参数采用图解法求取时可按图3.10-7进行，这种岩芯定向参数的测取与上述常规通用方法有一定差异但原理是一致的。

岩芯定向参数测取应符合下列要求：①应从测斜仪读取所测孔段的顶角 θ、方位角 α 和刻痕方位角 α_k；②测取定向参数应将岩芯柱直立在桌面上，代表岩层下部的岩芯应在下方；③宜用游标卡尺或借助卡规量取岩芯直径 d；④在岩芯表面上，宜用色笔过层面椭圆最低点 A 画岩芯横断面的圆周线 $ADECA$；⑤应准确量取层面椭圆最高点 B 至圆周线 $ADECA$ 的距离 h；⑥应在圆周线 $ADECA$ 上，用钢卷尺量取由刻痕与圆周线 $ADECA$ 的交点 D 沿顺时针方向到 A 点的弧长。

钻孔遇层角 δ 可按式（3.10-10）计算：

$$\delta=\arctan\left(\frac{d}{h}\right) \qquad (3.10-10)$$

式中：δ 为层面椭圆长轴与钻孔轴线的夹角，(°)；d 为岩芯直径，mm；h 为层面椭圆最高点 B 至圆周线 $ADECA$ 的距离 BC，mm。

Φ_1 应按式（3.10－11）计算：

$$\Phi_1=\arctan\left[\frac{\arctan(\alpha_k-\alpha)}{\cos\theta}\right] \qquad (3.10-11)$$

式中：Φ_1 为在 $ADCEA$ 截面上，OD 线与 OA 线之间的夹角，(°)；O 为 $ADCEA$ 截面上的圆心；α_k 为刻痕方位角，(°)；α 为方位角，(°)；θ 为所测孔段的顶角，(°)；当 $\theta<10°$时，$\Phi_1=\alpha_k-\alpha$。

Φ_2 应按式（3.10－12）计算：

$$\Phi_2=\frac{2DA}{d}\times\frac{180°}{\pi} \qquad (3.10-12)$$

式中：Φ_2 为在 $ADCEA$ 截面上，OD 线与 OE 线之间的夹角，(°)，O 为 $ADCEA$ 截面上的圆心；DA 在 $ADBCA$ 截面上圆周线 D 沿顺时针方向到 A 点的弧长，mm。

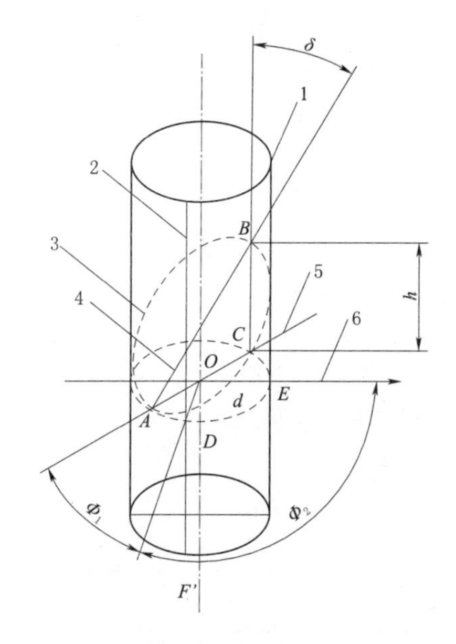

图 3.10－7　岩芯定向参数测取

1—岩芯；2—岩芯刻痕线；3—岩芯层面椭圆周线；4—岩芯层面椭圆长轴；5—岩芯层面椭圆长轴投影；6—钻孔方向投影

终点角 Φ 应按式（3.10－13）计算：

$$\Phi=\Phi_1+\Phi_2 \qquad (3.10-13)$$

式中：Φ 为层面椭圆长轴在水平的投影与钻孔轴线在水平投影面的夹角。

3.11　密闭取芯技术

采用密闭取芯工具与密闭液在水基泥浆条件下钻取几乎不受泥浆污染岩芯的取芯技术称为密闭取芯技术。依据工具结构与工作原理，密闭取芯工具主要有加压式密闭取芯工具、自锁式密闭取芯工具。此外，根据取芯质量要求，还有保压密闭取芯工具、保形密闭取芯工具。

3.11.1　密闭取芯工具

3.11.1.1　钻进特点

1. 技术参数

国内密闭取芯钻具主要型号及技术参数见表 3.11－1。

2. 密封液

国内几种密封液配方（重量比）见表 3.11－2～表 3.11－4。

表 3.11-1　国内密闭取芯钻具主要型号及技术参数　单位：mm

取芯方式	工具型号	取芯钻头 外径×内径	外岩芯筒 外径×内径	内岩芯筒 外径×内径	钻具长度	接头螺纹	密闭液用量
加压密闭	QMB194-115	215×115	194×154	140×127	9000	5½FH	
	DQJ215	215×115	190×154	140×125	6100	5½FH	80
	WB243	243×136	219×196	168×150	9000	5½FH	165
	RM-9-120	235×120	194×170	146×132	9500	5½ FH	116
自锁密闭	MQJ215B	214×98	178×144	127×112	9500	5½ FH	100
	YM-8-115	215×115	194×154	140×121	9500	5½ FH	105
	QXT133-70YM	215～152×70	133×101	89×76	9900	5½ FH	

表 3.11-2　密闭液配方 1（重量比）

类型	应用单位	蓖麻油	过氯乙烯树脂	硬脂酸锌	膨润土或重晶石
油基	大庆、胜利、青海	100	12～14	0.84～1.68	依比重而定
	中原、河南	100	8～9	0	

表 3.11-3　密闭液配方 2（重量比）

类型	应用单位	应用范围	$CaCl_2$ 或 $CaBr_2$	$CaCO_3$	HEC	$BaSO_4$	H_2O
水基	大庆	保压取芯	56	40	1.4	33	100
		密闭取芯	0	30	1.8	24	100

表 3.11-4　密闭液配方 3（重量比）

类型	应用单位	H_2O	PAM（干粉）	田菁粉	硼酸	消泡剂（NDL-1）
水基	胜利、滇黔桂	100	2～2.5	2～3	0.8	—

3. 技术参数

加压式密闭取芯工具一般仅适用于松软或岩芯成柱性差的地层密闭取芯，自锁式密闭取芯工具主要适用于中硬至硬地层密闭取芯，对岩芯成柱性较好的软地层也适用。推荐取芯钻进技术参数见表 3.11-5。

表 3.11-5　推荐取芯钻进技术参数（以直径为 215mm 钻头为例）

取芯地层		树心钻压/kN	树心进尺/m	取芯钻压/kN	转速/(r/min)	排量/(L/s)
松软	胶结差	5～10	0.2～0.3	100～120	50～60	10～15
	一般	7～15	0.2～0.3	30～50	50～60	15～20
	良好	7～15	0.2～0.3	50～70	50～60	20～23
硬度	中硬	7～15	0.2～0.3	30～50	50～60	15～20
	硬	7～15	0.2～0.3	50～90	50～60	20～23

注　树心钻压是指取芯钻进开始时，将岩芯顶端磨圆，使得岩芯能顺利地进入岩芯筒的钻压。

3.11.1.2　加压式密闭取芯工具

1. 结构特点

该工具主要由密封活塞、取芯钻头、岩芯爪、岩芯筒组合和机械加压接头等部分组成，如图 3.11－1 所示。该工具具有以下特点：①整个内筒是密封的，里面装满了密闭液，上端由丝堵密封，下端由密封活塞及内筒插入钻头腔的盘根密封，密封活塞连接活塞头并通过销钉固定在钻头进口处；②内筒的悬挂总成中无轴承、无单向阀，工具的岩芯筒为“双筒双动”结构；③取芯钻头多采用斜水眼且偏向井壁。

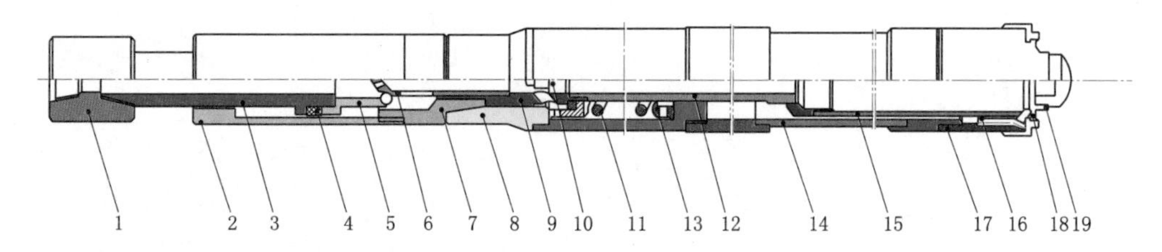

图 3.11－1　加压式密闭取芯工具结构示意图

1—加压上接头；2—六方套；3—六方杆；4—密封盘根；5—加压球座；6—加压中心杆；7—加压下接头；8—工具上接头；9—分水接头；10—密封丝堵；11—悬挂弹簧；12—悬挂中心管；13—弹簧壳体；14—外岩芯筒；15—内岩芯筒；16—岩芯爪；17—钻头；18—活塞固定销；19—密封活塞

2. 工作原理

取芯钻进前，在泥浆中加入示踪剂——硫氰酸铵（NH_4SCN），API 滤失量不大于 3mL，开泵循环，使其分散均匀且含量达到（1±0.2）kg/m³，然后将工具缓慢下到井底，逐步加压。由于活塞头伸出钻头一段距离，所以当钻头接触井底之前，活塞固定销先行被剪断，整个活塞开始上行，筒内的密闭液开始排出并在井底逐步形成保护区。取芯钻进时，岩芯推着活塞上行，由于内筒上端是密封的，故筒内的密闭液从内筒与岩芯之间的环形间隙向下排出，并涂抹在岩芯表面形成保护膜，从而达到保护岩芯免遭泥浆自由水污染的目的。由于内外岩芯筒无相对运动，内筒组合与钻头配合面成为可靠的静密封，防止冲洗液浸入内筒。取芯钻头的水眼偏向井壁，泥浆射流不直接冲刷岩芯根部。钻进完毕，投球加压割芯。取出的岩芯在不受任何污染的条件下按规定取样，并及时送到化验室分析。当岩芯受泥浆污染时，示踪剂浸入岩芯，可利用显色剂鉴别岩样中有无示踪剂存在，通过比色法可确定岩样中示踪剂含量，再根据已知泥浆的示踪剂含量换算出泥浆自由水对岩芯的浸入量。

3.11.1.3　自锁式密闭取芯工具

1. 结构特点

自锁式密闭取芯工具结构如图 3.11－2 所示，内筒组合由缩径套、内岩芯筒、限位接头和分水接头组成，岩芯爪置于缩径套之中；上接头之下同时连接着分水接头和外筒，密封活塞通过销钉固定在取芯钻头进口处，内筒与钻头的配合面上装有密封圈，内筒在井口灌满密闭液，浮动活塞置于限位接头之上，形成密闭区，其特点有：①内筒上部采用浮动活塞结构，以消除井眼液柱压力对工具密封性的影响，在下钻过程中工具密闭区内外的压力能自动保持平衡，因此工具应用不受孔深的限制，另外，固定在钻头上的密封活塞基本不受力，既减少了固定销的数量，又降低了拆销操作施加的静压载荷；②在有密闭液润滑的条件下采用自锁式岩芯爪，实现提钻自锁割心，适用于深井；③取芯钻头为切削型和微切削型，斜水眼结构；④岩芯筒仍为双筒双动结构，但内筒组合与外筒组合为螺纹连接，简单可靠。

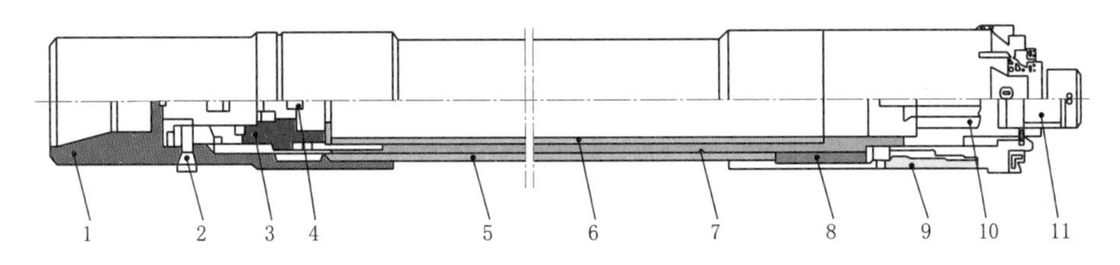

图 3.11－2 自锁式密闭取芯工具结构示意图

1—上接头；2—分水接头；3—浮动活塞；4—Y 型密封圈；5—外筒总成；6—限位接头；7—内筒总成；8—密封活塞；9—缩径套；10—钻头；11—岩芯爪

2. 工作原理

下钻时随井深的增加，密闭区外压增大，推动浮动活塞压缩密闭液，使密闭区内外的压力自动保持平衡，从而保证了内筒密封的可靠性。钻进前，先在泥浆中加入一定量的示踪剂。开始取芯时，不需要专门静压井底剪断密封活塞固定销，由钻压作用自然剪销。取芯钻进完毕，上提钻具自锁割心，岩芯密闭过程及分析化验方法与加压式密闭取芯工具一样。

3.11.2 保压密闭取芯工具

能获得接近地层原始压力并取得几乎不受泥浆污染岩芯的取芯技术称为保压密闭取芯技术，保压密闭取芯工具是实现这一技术的基础。

3.11.2.1 钻进特点

1. 结构特点

常见保压密闭取芯工具结构如图 3.11－3 和图 3.11－4 所示。由钻头卡心部分、球阀机构、内外岩芯筒总成、压力补偿系统、轴承悬挂总成及上部差动机构等部分组成。其结构特点为：①具有在割心后能密封内筒保持地层压力的球阀关闭机构；②具有能够保持内筒压力恒定的压力自动补偿机构；③具有充压、测压与泄压的阀门组机构；④具有能释放外筒、关闭球阀、打开气室调节阀并能自锁的差动机构；⑤国产工具采用密封内筒的方法，压力能直接向内筒补偿，工具从井口起出后，可直接抽出内筒进行岩芯冷冻与切割。美国采用密封外筒的方法，从井口起出后，需要在服务车间内用专用设备高压冲洗，之后才能进行岩芯冷冻与切割。

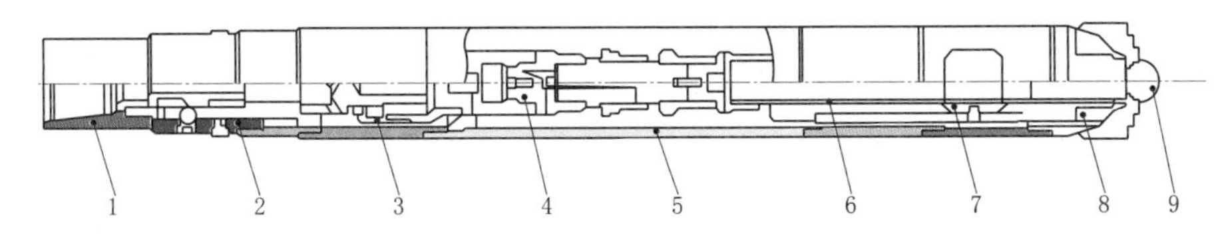

图 3.11－3 国产 MY－215 保压密闭取芯工具结构示意图

1—上接头；2—差动装置；3—悬挂总成；4—压力补偿装置；5—外筒；6—内筒；7—球阀总成；8—钻头；9—密闭头

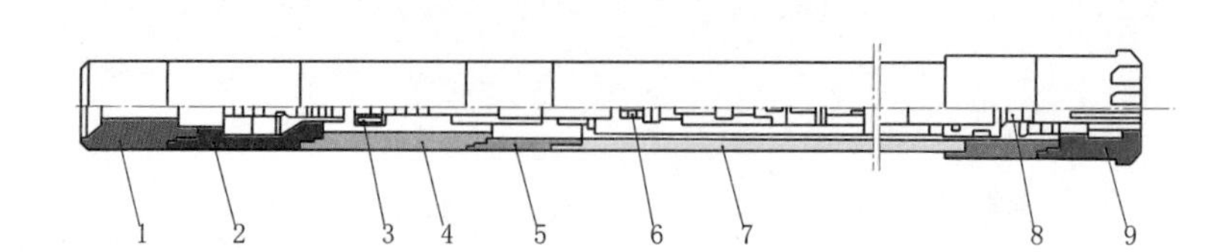

图 3.11-4　美国克里斯坦森保压密闭取芯工具结构示意图

1—上接头；2—释放塞；3—锁块；4—花键接头；5—配合接头；6—弹簧；7—外筒总成；8—球阀及操作器；9—钻头

2. 技术参数

国产 MY-125（QBY193-70）与美国克里斯坦森保压密闭取芯钻具技术参数见表 3.11-6，适用于在完整地层。推荐取芯钻进技术参数见表 3.11-7。

表 3.11-6　国内外密闭取芯钻具技术参数

产地	外径×内径/(mm×mm)			钻具长度/mm	接头螺纹	密闭液用量/L	冲压/MPa	
	取芯钻头	外管	内管				高压室	低压室
中国	215×70	194×168	89×76	4500	5½FH	40	40～50	10～25
美国	165.1×63.6	146×101.6	76.2×69.8	6600	4½FH	25	30～140.6	10～52.1

表 3.11-7　推荐取芯钻进技术参数

产地	钻压/kN	转速/(r/min)	排量/(L/s)	适用地层
中国	60～80	60～80	15～20	软—中硬地层
美国	20～30	60～80	7～10	软—硬地层

3.11.2.2　工作原理

保压取芯筒是一种双筒单动式取芯筒，非旋转的薄壁管内筒悬挂在用泥浆润滑的轴承上。工具上部差动装置具有伸缩功能，并带有锁闭和释放机构，通过内外六方钻杆传递扭矩。工具下部是球阀总成，是工具下部密封系统。取芯时，上提钻具割断岩芯，然后投入 ϕ50 钢球坐于滑套球座上，待冲洗液返出且泵压正常，说明滑套到位。此时在外筒重力作用下，内外六方脱开，外筒下移，其重力作用在球阀半滑环上，半滑环使球体旋转 90°关闭密封岩芯于内筒中。压力补偿系统包括高压氮气储气室、压力调节器及阀门组机构，阀门机构可预先调节到规定压力，起钻过程中可恒定地向内筒补充压力，直到与地层压力平衡为止。工具下井前，内筒预先填充一种非侵蚀性的胶体密闭液，在钻进过程中不断把岩芯包封起来，保护岩芯免遭冲洗液污染。割芯时，上提钻具，岩芯爪卡断岩芯，并把岩芯扶正到球阀之上。

3.11.3　保形密闭取芯工具

取得几乎不受冲洗液污染且保持岩芯形状的取芯技术称为保形密闭取芯，所使用的取芯工具称为保形密闭取芯工具。

3.11.3.1 钻进特点

1. 结构特点

QBM194-100保形密闭取芯工具结构如图3.11-5所示。该工具由定位接头、外岩芯筒、内岩芯管、保形衬管、岩芯爪、取芯钻头、密封活塞等部分组成，外岩芯筒7顶端设有定位接头1，内部自上而下依次设有分水悬挂接头3、密封丝堵4、内岩芯筒5、保形衬管6、密封压套8、岩芯爪10；底端设有取芯钻头9，密封活塞与钻头之间设有限位销钉。各部分结构特征为：①内外筒连接，分水悬挂接头3通过悬挂销钉2及设有外螺纹的T型空心直圆柱体销套配合固定在定位接头1上，实现内外筒连接；②内筒密封，分水悬挂接头3与密封丝堵4通过丝扣连接实现上密封，密封压套8与取芯钻头9通过O型密封圈实现下密封；③保形衬管，保形衬管6采用非金属MC尼龙复合材料，预留热膨胀间隙30～50mm，呈自由状态置于内岩芯筒5中，底端通过密封压套8定位，顶端通过分水悬挂接头3限位；④密封压套，密封压套8是变直径空心双圆柱体，大端设有内螺纹，小端外侧距底边边缘10mm处等间距设有四个密封槽；⑤取芯钻头，取芯钻头9底部喉道处圆周均布8个$\phi8$的通孔，中部设有自内腔丝扣根部向外偏向井壁的倾斜水眼；⑥密封活塞，密封活塞上部沿圆周均匀设置有6个椭圆通槽的空心圆柱体，中部为下端带有内螺纹的空心圆柱体，内腔设有实心圆柱体堵板，外侧下部圆周均匀设置8个限位销钉通孔，外侧上部设有两个O型密封圈的密封槽，密封活塞下部为一实心圆柱体，上端设有4个$\phi12$工作通孔，密封活塞通过限位销钉固定在取芯钻头9上。

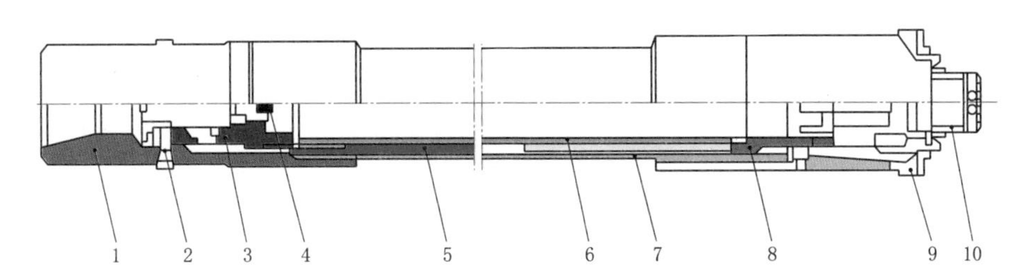

图3.11-5 QBM194-100保形密闭取芯工具结构示意图

1—定位接头；2—悬挂销钉；3—分水悬挂接头；4—密封丝堵；5—内岩芯筒；6—复合材料保形衬管；7—外岩芯筒；8—密封压套；9—取芯钻头；10—岩芯爪

2. 技术参数

QBM194-100保形密闭取芯钻具适用于高含水、高渗透率、疏松地层的密闭取芯，并保持岩芯出筒前的原始形状，推荐的技术参数见表3.11-8。

表3.11-8 QBM194-100保形密闭取芯钻具技术参数

外岩芯筒/mm			内岩芯筒/mm			钻头直径/mm	岩芯直径/mm
外径	内径	长度	外径	内径	长度		
194	154	9000	139.7	127	8200	215.90	100

3.11.3.2 工作原理

取芯作业时，先将外岩芯筒与预先装有岩芯爪、密封活塞、限位销钉定位固定好的取芯钻头连接紧，置于井口中，内岩芯筒底部装好密封压套，内部装好复合材料保形衬管，上部装好分水悬挂接头并通过悬挂销钉固定连接在定位接头上，置入外岩芯筒中，通过丝扣连接紧密，然后将密闭液充满内岩芯筒组合体，再将密封丝堵与分水悬挂接头内丝扣上紧下至井底。

开始取芯钻进时，密闭活塞首先接触井底，施加 5～7t 钻压剪断密封活塞与钻头之间的限位销钉，密封活塞进入取芯钻头和内岩芯筒，内岩芯筒中的密闭液开始被挤出，在井底形成保护区。钻进中，岩芯推动密闭活塞上行，由于内岩芯筒上端是密封的，密闭液只能通过岩芯与保形衬管之间的间隙向下等体积排出，并涂抹在岩芯柱表面形成保护膜，保护岩芯免遭冲洗液自由水污染的目的。取芯钻进完毕，割芯起出地面，抽出装有岩芯的保形衬管进行定位切割、冷冻和取样，从而获得既能保持岩芯原始形状又具有较高密闭率的岩芯。

3.11.4 新型密闭胶体取样工具

3.11.4.1 钻进特点

1. 结构特点

在硬、脆、碎和节理、片理、裂隙发育的破碎地层中使用常规取样钻具取芯时，由于岩矿层无黏性或黏性低，易受钻具振动和冲洗液冲刷而破碎成块状，并且磨损、污染、流失，提钻过程中岩芯易脱落，不易取出完整岩芯，而使用新型密闭胶体取样工具就不会出现这种情况。硬、脆、碎地层用密闭胶体取芯钻具结构如图 3.11－6 所示，其结构特点

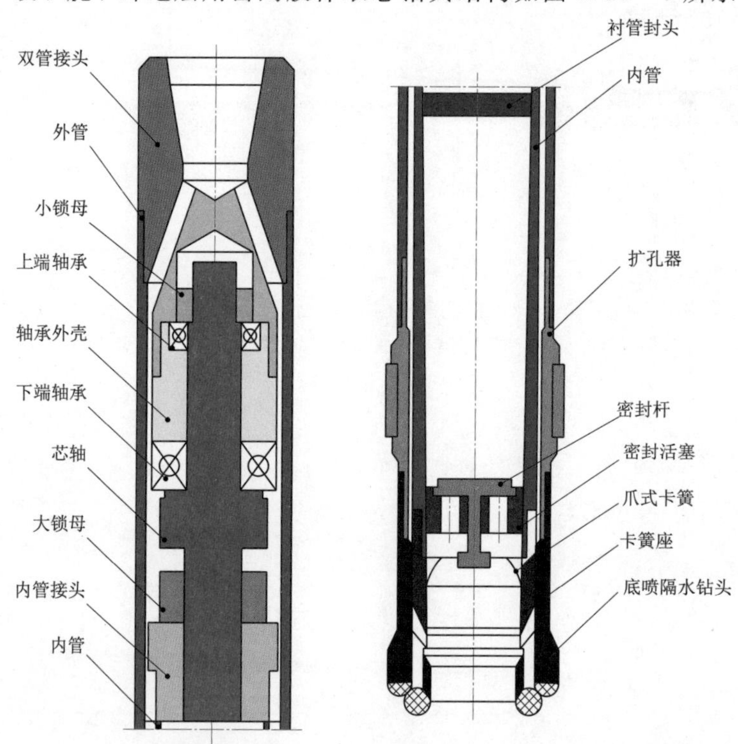

图 3.11－6 硬、脆、碎地层用密闭胶体取芯钻具结构示意图

为：①减少岩芯机械磨损，采用单动双管可避免岩芯横向磨损，采用内壁光滑的内衬管可减少纵向磨损，采用密闭液既可减少岩芯与内管之间的磨损，也可减少岩芯之间的相互磨损，保护岩芯；②避免冲洗液冲刷，用三层管钻具可避免在岩芯管内冲刷岩芯，采用底喷隔水钻头，可分流冲洗液、以减少冲蚀岩芯，有效保护岩芯；③避免岩芯脱落，密闭胶体材料对进入内衬管中的破碎岩芯起到一定的黏结作用，并采用自然向内收拢的爪式卡簧防止提钻过程中的碎岩脱落。

2. 技术参数

该型取样钻具总长 2.5m，取芯长度 2m，取样外管采用 $\phi89\times5$ 规格的地质钻探用岩芯管，内管采用 $\phi73\times4.5$ 规格地质钻探用岩芯管，内衬管尺寸 $\phi65/59\times2000$，内衬管材料为 PC 管。钻具配套取芯钻头尺寸 $\phi104/54.5$，内衬管的材料既要求保证一定的强度和耐磨性，同时要求其摩擦系数低，材料密度小，因此最终选用透明 PC 管作为内衬管的材料。由于 PC 管的密度仅为钢管的 1/6，同时其摩擦系数小，减小了岩芯进入取样筒的阻力，同时透明的 PC 管便于观察内管中的岩芯状态。

3.11.4.2　工作原理

密闭胶体取样钻具采用了单动三层管结构，在取样器内管内部安置透明的塑料内衬管，密闭胶体由密封活塞封闭在内衬管中。取芯钻进前，下钻至距孔底 0.5m 左右，开泥浆泵循环冲洗液，然后方可继续缓慢下放钻具，取芯钻进时，随岩芯进入内衬管，驱动密封杆与密封活塞相对位移，内衬管中密封的密闭胶体开始流出，岩芯继续进入内衬管驱动密封杆与密封活塞一起向上运动，密闭胶体被不断顶出，一部分及时地包裹岩芯，另一部分从钻头底部挤出排到外环状空间，破碎岩芯在内管中被半胶结，碎岩之间由胶体充填，缓冲岩芯之间的摩擦，固定破碎岩芯的位置。取芯钻进结束后，用爪式卡簧卡紧岩芯上提钻具进行割芯，同时爪式卡簧上的爪式弹簧片自动收缩，抱紧岩芯，防止岩芯在提钻过程中脱落。起钻到地面后，将内衬管与其内部的岩芯一起取出，并可进行封装处理，以避免岩芯在运输的过程中受到破坏。该技术可以有效减少岩芯脱落、避免岩芯受冲洗液冲刷，提高破碎、无胶结复杂地层的取芯率，但胶体包裹岩芯，对岩芯的原状性保持不够。

3.11.5　强制型取芯钻具

对完整的地层来说，岩芯不易脱落，但对复杂地层尤其是硬、脆、碎地层来说，往往会产生岩芯脱落的现象。强制取芯是指在内管总成的下方安装可强制取芯的岩芯爪，当回次结束取芯时，内管在机械剪切力或泥浆液压力的作用下下行，岩芯爪遇到钻头斜内台阶时，迫使爪向内收缩，卡断岩芯的同时封闭内总成，有效防止钻具内松散的岩芯脱落。如图 3.11-7 所示。

图 3.11-7　强制封闭的岩芯爪

强制取芯钻具结构与密闭取芯工具类似，都有岩芯爪等结构，前者主要注重于保证岩芯采取率，后者除此之外还有额外的更严格的要求，因此可以将强制取芯钻具看成是密闭取芯工具的简化结构，具有针对性强的特点。

3.11.5.1 结构特点

悬挂机构和岩芯爪机构是强制型取芯钻具的两个关键核心机构，悬挂机构实现了在下钻和钻进过程中的可靠悬挂，并且回次结束提钻前使悬挂装置脱离悬挂下行；岩芯爪机构的重点是基于钻头内台阶产生下行变形封闭，需要考虑受力关系和材料的形变特性，提高了在松散、破碎地层的岩芯采取率，避免了取芯过程中岩芯的掉落。

3.11.5.2 工作原理

岩芯爪割心封闭变形的过程如图 3.11－8 所示，正常钻进时，岩芯爪处于自由状态，如图 3.11－8 (a)所示，岩芯通过岩芯爪不断进入岩芯管；当内管下行时，岩芯爪逐渐封闭，如图 3.11－8 (b)、(c) 所示，最后完成强制抓心的过程如图 3.11－8 (d)所示。

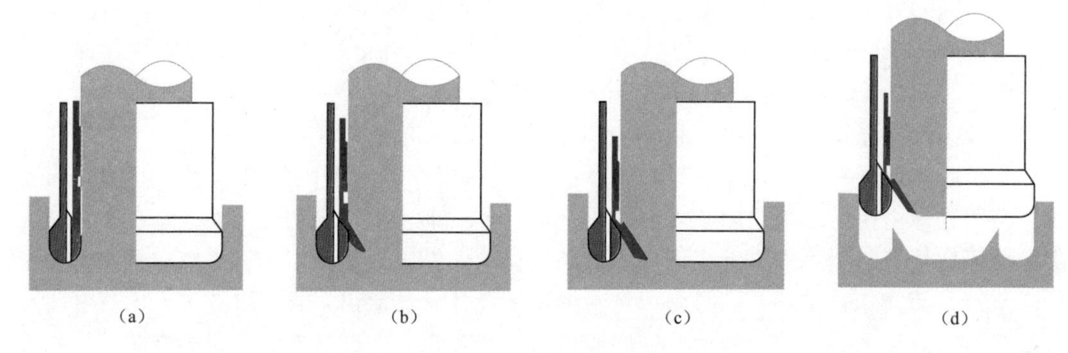

图 3.11－8 岩芯爪割心封闭变形的过程

3.11.5.3 典型的强制取芯结构

1. 机械加压式结构

根据悬挂部件结构不同机械加压式强制取芯结构可分为常规销钉悬挂结构和球形悬挂结构两种类型。

常规销钉悬挂结构如图 3.11－9 所示，定位接头下端连接取芯工具外筒，悬挂接头与取芯工具内筒组合相连，整个内筒总成的重量全部作用在销钉上。当取芯钻进结束后，机械加压机构给承压座一个向下的压力，剪断悬挂内筒总成的销钉，使内筒总成向下移动，随之迫使岩芯爪瓣收缩割芯。该结构型式的不足之处就是在取芯钻具入钻孔过程中，时常出现突进、突停现象，内筒总成在突然行进和停顿的过程中容易出现较大的加速度，产生冲击力，此力经常会剪断钉，使内筒总成提前被释放，岩芯爪提前开始收缩，最终致使取芯作业失败。

球形悬挂结构如图 3.11－10 所示，钢球悬挂固定于内外管之间，克服了销钉悬挂加工精度要求高及在钻进中遇到不可预知的因素而被提前剪断的问题，球悬挂效果较销钉更可靠。由于钢球悬挂的可靠性远高于销钉悬挂，故常采用球悬挂加压方式。球悬挂结构增加了滑套，加压接头施压剪断控制销钉，使滑套向下滑行。当滑套压到轴承头上时，滑套上孔对准钢球，钢球脱出，球悬挂解除，内筒随之下行，在加压接头作用下，迫使岩芯爪沿钻头内腔斜坡向下收缩变形。如果去掉加压接头，可以变为水力加压割心的方式，通过投球憋压，剪断销钉，继续憋压，可以收缩岩芯爪，实现加压割芯护芯的目的。

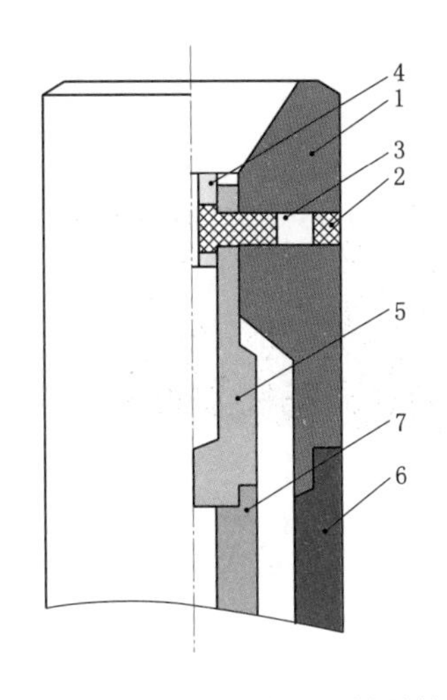

图 3.11-9　常规销钉悬挂结构

1—定位接头；2—销套；3—销钉；4—承压座；5—悬挂接头；6—外岩芯筒；7—内岩芯筒

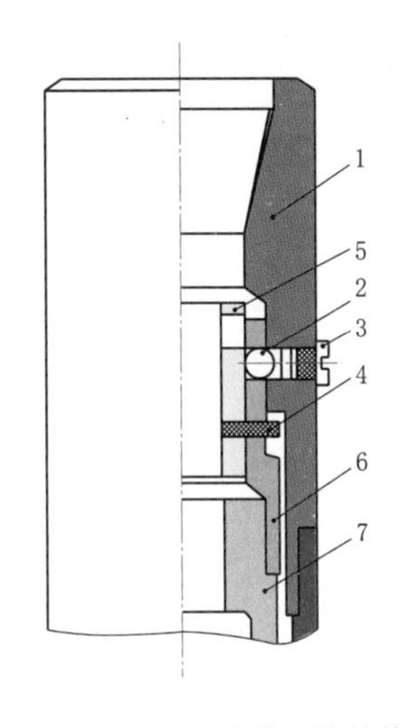

图 3.11-10　球形悬挂结构

1—上接头；2—球套；3—钢球；4—销钉；5—滑套；6—悬挂轴；7—轴承头

2. 液力加压式结构

同机械加压式取芯工具一样，液力加压式也是靠加压收缩岩芯爪达到割断岩芯和保护岩芯的目的。由于不是靠钻杆柱的压力，故省去了加压接头，只需在钻进结束向钻杆柱投入一特定尺寸的钢球，然后加大泥浆泵压力，进行憋压加压，直到下部的岩芯爪瓣全部压缩到位。液力加压式悬挂装置与岩芯爪装置如图 3.11-11 所示。

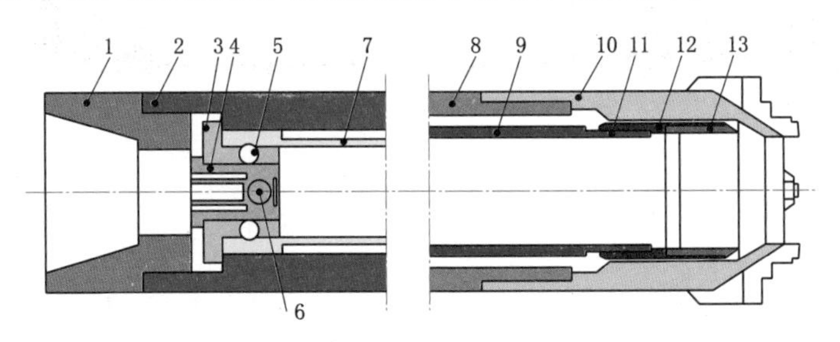

(a) 上部加压机构　　(b) 下部岩芯管机构

图 3.11-11　液力加压式悬挂装置与岩芯爪装置

1—上接头；2—外管；3—悬挂轴；4—滑套；5—钢球；6—投球；7—内筒悬挂套；8—外筒；9—内筒；10—取芯钻头；11—岩芯爪挂套；12—岩芯爪锁；13—岩芯爪片

该工具的上部结构是通过带劈槽滑套的变形来达到锁住和解锁目的，当投球后滑套 4 下行，解开球悬挂，内筒靠自重下行，使岩芯爪沿截面收缩，抱住岩芯。

液力加压式取芯工具适用于特别松软的地层及高含水地层，岩芯爪片在内筒（含岩芯）重力下可完全收缩，同时避免球悬挂销钉提前失效的现象，且在钻进前可大排量清洗内筒泥沙。

岩芯爪是其关键的核心部件，设计时需要考虑向下受力和形变机制。岩芯爪尖端为梯形面，形变处设计形变槽和应力减弱孔，如图 3.11-12 所示。

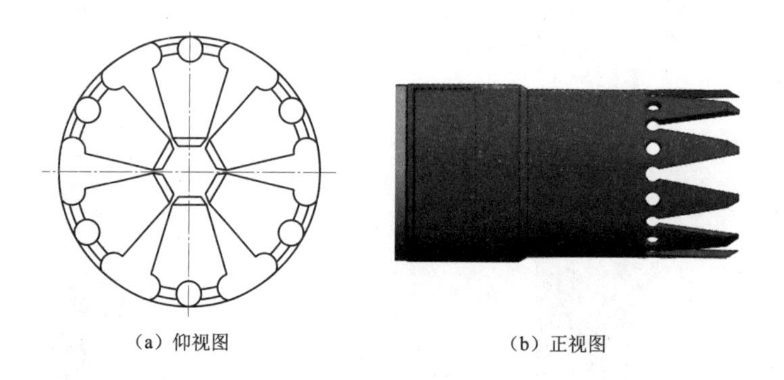

图 3.11-12　岩芯爪设计图

3.11.5.4　典型钻具

GW 系列取芯工具是一种结合松散地层和硬地层取芯工具优点而设计的强制取芯钻具，主要由加压总成、悬挂分流总成、扶正器、外筒、内筒、双岩芯爪复合割芯总成、取芯钻头等组成，采用液压全封闭割心和自锁式卡箍岩芯爪割心相结合的方式。取芯工具结构如图 3.11-13 所示。

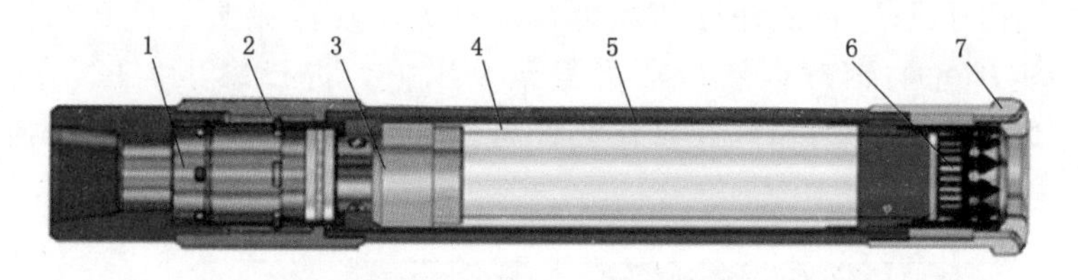

图 3.11-13　取芯工具结构图
1—加压总成；2—扶正器；3—悬挂分流总成；4—内筒；
5—外筒；6—割芯总成；7—钻头

对于软地层取芯，该工具在钻进结束后，在取芯工具不离开井底的情况下投入加压钢球憋压。在高压作用下，整个内筒下移，割芯总成的全封岩芯爪收缩切断岩芯，卡箍岩芯爪起辅助作用；双岩芯爪复合割芯总成如图 3.11-14 所示。软地层以全封闭岩芯爪为主，硬地层以卡箍岩芯爪为主，二者互为补充，起到双重割芯与承托岩芯的作用。

对于硬地层、破碎地层取芯，复合割心岩芯爪的全封岩芯爪不能收缩切断岩芯，导致内筒无法下移而憋泵，加压泄压总成会在高压下将高压安全销钉剪断而自动泄压，通过上提取芯工具启动割芯总成的自锁式卡箍岩芯爪直接拔断岩芯。取芯工具在较低的工作压力下实现加压功能，在高压实现自动泄压功能，其压力值的大小通过泄压与加压的压力梯度进行控制，不需要额外单独使用泄压接头。在硬地层、软地层、破碎地层中取芯中

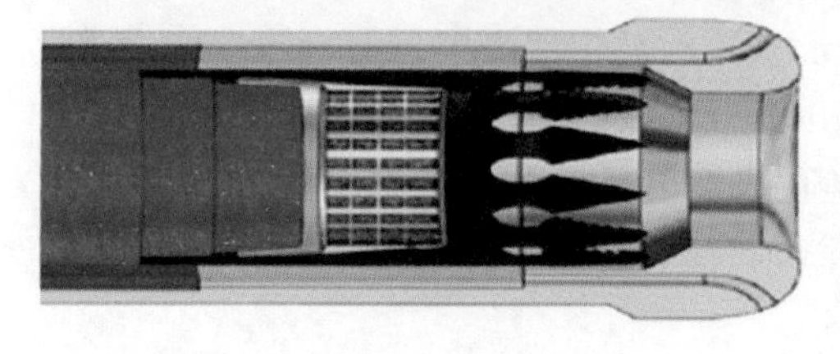

图 3.11-14　双岩芯爪复合割芯总成

均可采用同一套取芯工具和相同的工艺，实现了工具的全适应。

加压泄压一体化总成是该套钻具的关键技术之一。该总成的外体即为取芯工具的安全接头，活塞采用两级活塞原理，一级活塞和二级活塞的受力面大小不同，从而形成不同的剪切压力梯度，在全封岩芯爪工作压力内一级活塞实现加压功能，当高于额定工作压力时，为防止高压憋泵的事故，第二级活塞在设计的安全预设压力下自动泄压。一体化设计总成简化了取芯工具结构，提升了取芯工具的可靠性，降低了配件成本。

GW系列取芯工具具有高压下的自动泄压功能，因此对于软、硬地层均可采用相同的割芯工艺，即：停钻→投球加压→上提取芯工具→提钻取芯。该工具也可在对地层认识比较清楚的情况下采取针对性强的特殊割芯工艺。对于软地层，当钻完取芯进尺后，工具不提离井底，投入加压钢球，推动全封闭岩芯爪弯曲切断并承托岩芯，割芯完成后起钻出芯；对于胶结良好成柱状的地层，取芯完成后，直接上提取芯工具，依托卡箍岩芯爪割心；对于坚硬、破碎地层，根据孔深先上提钻具0.5～1.0m，保证取芯钻头刚好提离井底，依托卡箍岩芯爪割断岩芯，然后投入加压钢球，推动全封闭岩芯爪弯曲并承托岩芯从而保证岩芯收获率。

3.12 天然气水合物取芯技术

天然气水合物又称可燃冰，在低温（0～10℃）及高压（>10MPa）环境下形成，常储存在深海海底或冻土层中，为了取得高保真样品，这种特殊地层的取样一般须采用保温、保压取芯工具。然而，由于保温保压取芯器结构复杂，成本价高，工序烦琐，且保温、保压及岩芯回收率等性能参数不稳定，在一个地区进行天然气水合物取芯时，针对不同的天然气水合物区域，常会综合使用几种不同的取芯器，每种取芯器的工作原理及性能有所差异。

3.12.1 取芯器的类型及技术指标

国际天然气水合物取样器主要技术指标见表3.12-1，国内近些年相继研制了重力活塞式、液压油缸式、提钻式和绳索取芯式等保温保压取芯器。

表3.12-1 国际天然气水合物取样器主要技术指标

取样器型号	主要技术指标	应用情况
APC等活塞取样器	（1）有振动式、液压式、重力活塞式等； （2）ODP-APC适用深度达250m，取芯外管内径为86mm，取芯长度最大为9.5m； （3）最高压力为14.4MPa； （4）工作温度为-20～+100℃； （5）取活塞式岩芯的同时开始测量温度，除了取芯必需的时间外，需要时间很少； （6）受到深度限制，一般为120～150m； （7）主要用于海底沉积土样、非专门的水合物取样	ODP必备取样器，各航次都有使用，广泛应用于各国海底表层水合物取样

续表

取样器型号	主要技术指标	应用情况
ODP (IODP)-PCS	(1) 自由下落式展开、液压驱动、绳索提取； (2) 岩芯室长1.8m，直径92.2m，可取到长86cm、直径42mm的芯样； (3) 保持压力70MPa； (4) 工作温度为－17.78～＋26.67℃； (5) 可与APC/XCB BHA联合使用	在ODP Leg124及IODP Leq311等航次中及美国"国家水合物研究开发计划"各勘查项目中应用，取样长0～0.86m，压力0～50MPa
欧盟HYACE、FPC、HRC	(1) 通过液压循环产生的锤击驱动岩芯筒进入到沉积物层，由于锤击很快，在沉积物中就像是挤岩芯； (2) 通过绳索下入和回收，能回收1m长的沉积物岩芯； (3) 采用高压釜保压	在ODP Leg 194等航次均得到了成功应用，岩芯平均采取率为38%。在IODP Leq311、南海GMGS1、珠江口GMGS2、印度NGHP和韩国东海UBGH等的水合物勘查中均成功应用
DSDP-PCB	(1) 机械式驱动，绳索提取； (2) 可取长6m、直径57.8mm的保压岩芯； (3) 工作压力不大于35MPa； (4) 工作水深小于6100m； (5) 不打开岩芯筒可测量岩样的压力温度； (6) PCB的使用频率受球阀的限制（调整需要2～5h）； (7) 只能与RCB BHA联合使用	DSDP Leg42、62、76等航次中使用
日本PTCS	(1) 绳索下放、回收式内岩芯管； (2) 钻头直径269.9mm，可取岩芯直径66.7mm，取芯长度3m； (3) 保压系统为30MPa，利用氮气蓄能器控制压力； (4) 保温系统采用绝热型内管和热电式内管冷却方式； (5) 采用219.1mm钻铤和168.3mm钻杆	在加拿大马更些三角洲、日本石油公司柏崎试验场、"南海槽"海洋探井（采芯率37%～47%）水合物勘探和试采中使用
ESSO-PCB	(1) 岩芯直径为66mm； (2) 钻具外径152.4mm，总长为5.82m； (3) 可适当补偿岩芯管的体积和容积	未见水合物取芯报道
Christensen-PCB	(1) 岩芯直径63.5mm； (2) 保持压力70MPa； (3) 取芯长度10m	未见水合物取芯报道
美国PCBBL	(1) 岩芯直径63.5mm； (2) 保持压力53MPa； (3) 取芯长度6m	未见水合物取芯报道

3.12.2 天然气水合物保温保压取芯工具

3.12.2.1 海底保温保压取样器

依据取样器切入海底沉积物方式的不同，海底保温保压取样器有静压式、重力式、振动式等多种类型，多用于海底表层、浅层沉积物或水合物的保真取样。

一种重力活塞式保温保压取样器（图3.12-1），由重力活塞式取样机构、保真腔和附件、取样接口三部分组成，保真取样筒体与活塞、密封舱设有密封装置，蓄能器通过管路连通保真取样筒内部实现保压，保温方式采取隔热涂层。取样器利用船上绞车投放和回收，重锤触及海底时，松开释放缆，保真取样筒在取样器自重的作用下，以自由落体方式插入海底，无须其他动力源即可获得保温保压样品。

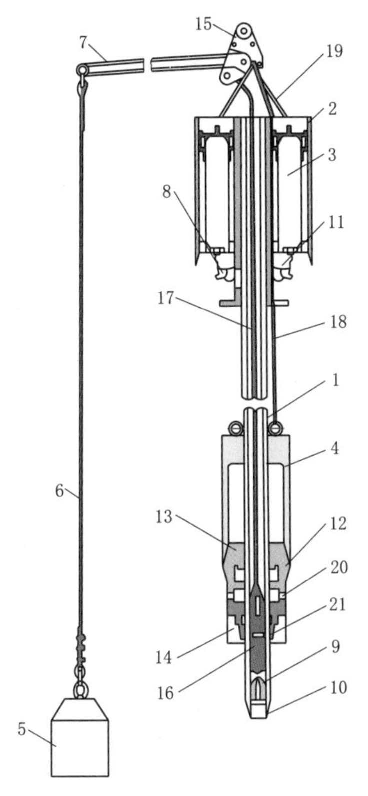

图3.12-1　重力活塞式保温保压取样器结构示意图

1—保真筒；2—导流舱；3—蓄能器；4—密封舱；5—重锤；6—重锤缆；7—杠杆；8—双向舱；9—花瓣机构；10—刀头；11—释压舱；12—隔离舱；13—翻板阀；14—半圆舱门；15—夹板；16—活塞；17—主缆；18—密封舱缆；19—释放缆；20—孔；21—环形接头

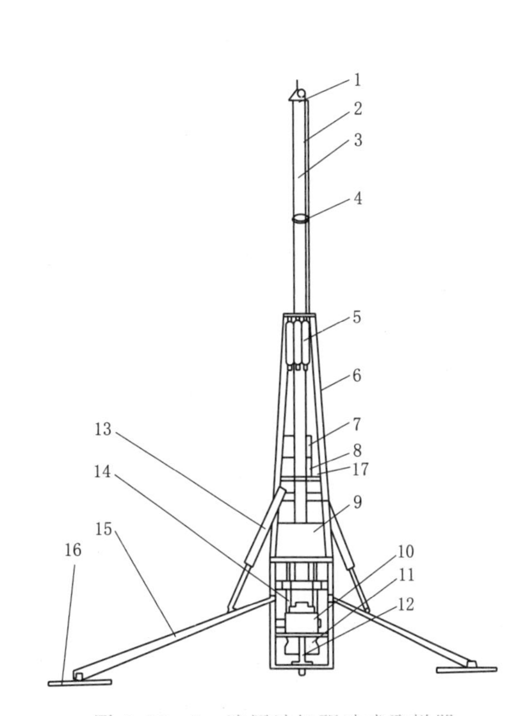

图3.12-2　液压油缸驱动式取样器结构示意图

1—吊装盖；2—保温保压筒；3—取芯筒；4—连接卡；5—压力存储瓶；6—三脚架；7—控制仓；8—能源仓；9—交变液压驱动装置；10—平板闸阀；11—推进机闸；12—取芯钻头；13—支撑腿油缸；14—推进油缸；15—支撑腿；16—触底板；17—提升绞车

取样器主要工作技术性能指标：①取样深度为海底表面以下0～10m（改进型可达到30m），取样直径65mm，刀头外径113mm；②最大工作水深为3000m，样品保压为6小时内压力变动量不超过20%；③设计工作温度为0～25℃；④取样器总长度为12m，总重量为1.5t。

液压油缸驱动式海底取样器，结构如图3.12-2所示，由三脚架、保温保压装置、交变液压驱动装置和沉积物取芯装置等组成。保温保压装置包括保温保压筒、取芯管和带导流孔的平板闸阀，保温保压筒和取芯管形成双层结构，长约1m，夹层抽真空、内表面涂隔热漆、外表面喷设防紫外线涂层以到达保温的目的。每一节保温保压筒的接头处设有连接密封装置，取样管上端的活塞和保温保压筒下部的平板闸阀将保温保压筒内完全密封起来，压力补偿机构采用储气瓶保压，当取样管内压力低于设定值时，压力补偿机构会自动打开气瓶向内补压。

液压油缸驱动式海底取样器在交变液压油缸往复装置的驱动下，取样管交替向下获取海底沉积物岩芯。取样器可用于3000m或以下的深海进行天然气水合物的取样，钻孔深度10m，岩芯从海底取出的温升不超过5℃。

3.12.2.2 OPD-PCS保压取样器

OPD-PCS保压取样器结构如图3.12-3所示，主要有锁紧、启动、蓄能器、多支管、球阀和可拆卸的样品腔六个装置组成。

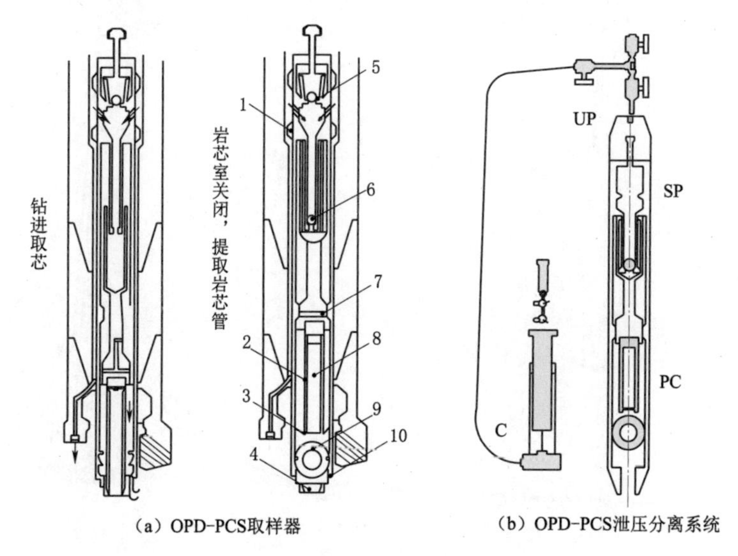

图3.12-3 OPD-PCS保压取样器结构示意图

1—台肩；2—岩芯管；3—岩芯爪；4—循环喷嘴；5—球卡；6—启动球；7—岩芯管轴承；8—保压岩芯室；9—球阀；10—导向钻头；PC—心样；C—气体收集器；UP—取样端口；SP—取样侧口

（1）锁紧装置。锁紧装置是一个改进了的XCB锁闩，它有一个固定点供PCS自由落体展开时支撑它，并通过它传递BHA的扭矩给PCS。PCS的切削管靴与BHA一同回转。

（2）启动装置。启动装置有一个双弹卡系统，它锁住球阀使之在取芯过程中保持打开状态，而在启动后又使之关闭。启动装置接收由锁紧装置释放落下来的启动球，并让所有流经PCS的流体流往启动活塞。在启动球释放后，对PCS加压，此时启动装置会自动开锁并可上下运动，从而推动心管通过球阀进入样品腔。当心管通过球阀时，机械回转球阀并使之关闭。

（3）蓄能器装置。蓄能器装置含有一个蓄能器。当球阀关闭时，会有一个小的体积变化，蓄能器会驱使液体进入样品腔，在样品腔内保持孔底压力。此外蓄能器还能补偿在提取PCS时由于样品腔压差的增加而使密封盖渗漏所产生的液体损失，PCS蓄能器装置还含有一个减压装置，当样品腔超压时，有一个集成止逆阀释放压力。

（4）多支管装置。多支管装置含有一些集成阀，用来隔离样品腔并使它能够在保压情况下将气体或液体从 PCS 中分离走，如图 3.12-3（b）所示。两个用来收集由上述集成阀控制的气体或液体，样品的取样口也位于多支管装置里，这两个取样口有各自独立的流往取样腔的通道，其中一个通往芯管内部，另外一个通到芯管环状间隙里。

（5）球阀装置。球阀装置使样品腔在被启动时具有较低的密封性，当启动装置推动芯管通过球阀装置时，球阀在机械力的作用下关闭。球阀装置还用作 PCS 切削管鞋的连接头。

（6）可拆卸的样品腔。可拆卸样品腔由多支管装置、球阀装置和压力管组成。PCS 的岩芯捕捉主要有两种方式：带岩芯爪（岩芯捕捉器）和无岩芯爪。岩芯爪一般有打捞式和活瓣式。打捞式岩芯爪工作性能较好，但易损坏。活瓣式岩芯爪，其工作性能不稳定，有时在活瓣关闭之前岩芯已从活瓣中滑出。在坚固地层可不用岩芯爪，尽管在许多场合这种方法取得了成功，但有风险。

PCS 的工作过程：一旦孔底岩芯样品被切断提取，钻探泥浆泵关闭，取芯钢丝绳和 PCS 相连接，上提 BHA 上的固定座以释放启动球，然后下降 PCS 使之回到 BHA 固定座上，钻探泥浆泵重新启动以加压，PCS 的启动装置工作，样品腔关闭。之后通过取芯钢丝绳将 PCS 提取出来。提出后，采用图 3.12-3（b）的方法从 PCS 中分离出气体或液体样品；也可将可拆卸的样品腔迅速取出并放到一个温度受控制的液缸中，然后采用专用的分离系统将气体或液体样品分离出来；还可以将样品腔直接放入冷藏库保存。

3.12.2.3　提钻式保真取样钻具

该钻具是一种由地表（钻船）钻探设备驱动的回转钻进保温保压取样钻具，取样（芯）时需将孔内所有钻杆和钻具提出孔外。

1. 钻进特点

提钻式保真取样钻具结构如图 3.12-4 所示，外接头 1 和内接头 2 之间采用花键连接，内连轴上端与内单动机构连接，下端与压力补偿装置连接，多通分流接头上端与压力

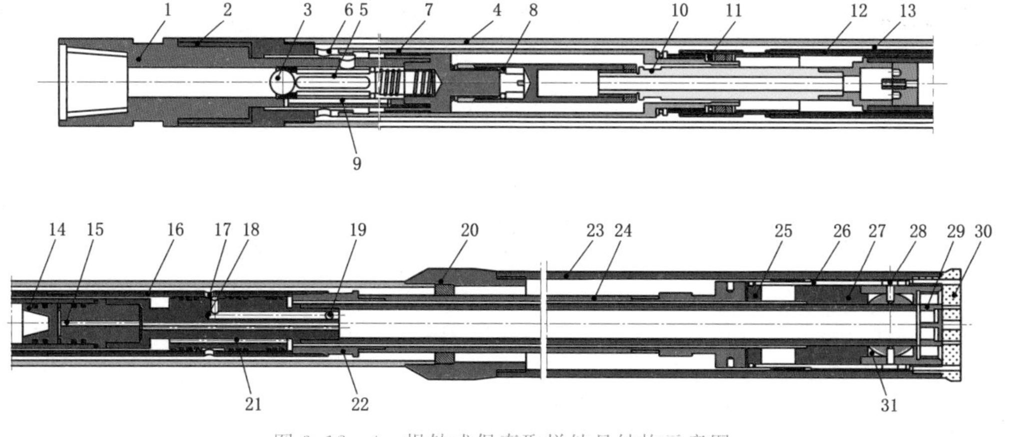

图 3.12-4　提钻式保真取样钻具结构示意图

1—外接头；2—内接头；3—钢球；4—外管；5—滑阀导流变向机构；6—水眼；7—外连轴；8—内单动机构；9—内通道；10—内连轴；11—中间单动机构；12—中间短接；13—外环隙；14—压力补偿装置；15—补压孔；16—进水钢套；17—分流接头；18—回水孔；19—回水球阀；20—扶正器；21—液压过流孔；22—内环隙；23—钻头上短接；24—岩芯管；25—环形活塞；26—齿条；27—球阀；28—齿轮；29—卡簧及卡簧座；30—钻头；31—球体

补偿装置连接，下端与岩芯管连接，多通分流接头设有回水球阀及通道、液压过流孔和压力补偿孔，进水钢套上有回水孔。

钻具主要技术参数：钻具长度 9m；钻具外径 219mm；取芯直径 50mm；取芯长度 3m；保真压力 30MPa；钻孔直径 245mm；钻杆直径 114～140mm。

该型钻具曾应用于地热井取芯钻进，钻具保压能力达到了设计压力的 89%，在 736m 处取出了保压的岩芯样品，但尚有几个技术问题需进一步改进与完善。

2. 工作原理

下钻时，暂不投放钢球 3，花键处于伸开状态，达到孔底后，外接头 1 向下移动并和内接头 2 完全啮合，岩芯卡簧及卡簧座 29 下移并穿过球阀 27 到达取芯钻头 30 的内台肩，钻压、扭矩通过外接头 1 及内接头 2 的公母花键和外管 4、扶正器 20、钻头上接头等传递给取芯钻头 30。取芯时，上提钻杆并带动外接头 1 和内接头 2 之间的花键相对滑动，内管上行，岩芯卡簧及卡断器卡断岩芯，并随卡簧及卡簧座 29 上行到球体 31 的上端，开泵输送液流，推动活塞与机构使球阀转动 90°关闭，达到密封岩芯容纳管的目的。蓄能压力补偿装置的一端与岩芯容纳管相通，在关闭球阀的同时，一旦容纳管发生泄漏，蓄能器可向岩芯容纳管内补充压力，达到尽可能保持水合物样品原始压力的目的。钻具采用被动保温方式，岩芯管采用双层结构，双层岩芯管之间充填聚氨酯隔热材料。

3.12.2.4 PTCS 保温保压取芯器

PTCS（Pressure and Temperature Core Sampler）保温保压取芯器是由日本石油公司开发技术中心委托美国 Aumann&Associates 公司进行设计和制造的，采用单动双管绳索投放和回收式取芯方法，取芯器的基本结构如图 3.12-5 所示。

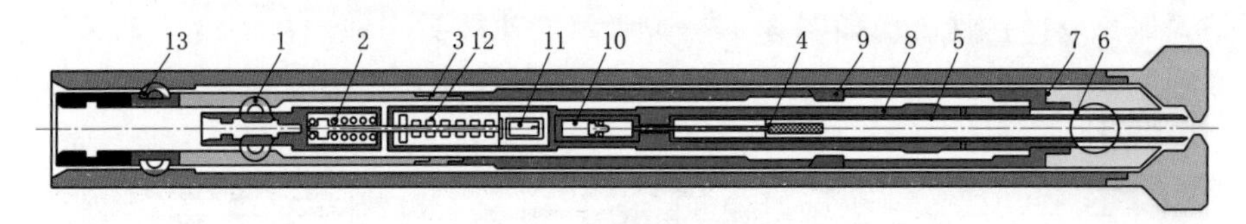

图 3.12-5 PTCS 保温保压取芯器结构示意图

1—球阀；2—轴承和弹簧；3—电池和控制电路；4—TEC 和控制电路；5—内筒；6—球阀；7—球阀座；8—上部密封；9—密封短节；10—压力控制系统和蓄能器；11—磁性开关；12—磁性短节；13—内筒门

盛放岩芯的内筒由电缆通过 168.30mm 钻杆送入，内管通过球阀机构维持井下压力，利用氮气蓄压器控制压力，压力最高可保持 30MPa。保温系统采用热电式内管冷却方式和绝热型内管，热电式冷却方式是利用珀耳帖效应，通过电池动力驱动的热电冷却装置维持井下温度，绝缘内管以利于冷却装置冷却作用的发挥，其保温功能主要通过在岩芯衬管和内管之间增加保温材料和注入液态氮，并在钻进过程中配合泥浆制冷系统和低温泥浆来实现。当取样器到达地面，将其放入特殊设计的装置中，样品的温度被冷却至 5℃ 或更低。

第 4 章

复杂地层钻探与取样技术

复杂地层是指钻进时易产生坍塌、掉块、漏失、涌水、水化膨胀、缩径等孔内复杂情况的地层。钻进复杂地层时，如果措施不当，往往造成孔内事故多发，钻进效率低，钻孔质量差，钻进成本高，甚至出现不能继续钻进和钻孔报废的严重后果。为此，必须认真研究与分析复杂地层特征，根据不同情况采取针对性的有效措施，解决钻进过程中的护壁、取芯等难题，以便顺利地完成钻探取样任务。本章主要讲述在浅部杂填层、滑坡堆积体、砂卵砾石层、硬脆碎地层、软弱夹层、岩溶与漏失地层、水敏性地层、深厚湿陷性黄土层、冻土层、深厚覆盖层、松散砂层、含浅层气地层、高温地层等复杂地层中的钻探与取样技术。

4.1 浅部杂填层

随着我国工业与民用建筑的快速发展，在浅部杂填层中进行的钻探工程量日益增多。在这类地层中进行钻探作业时，会使其原来相对稳定或平衡的状态被破坏，造成钻孔孔壁失去约束而不稳定，常见的孔内复杂情况有孔壁坍塌、掉块、漏失、涌水、缩径、超径等，若处理不当，会造成钻进困难，有时甚至引发各种孔内事故，以致钻孔报废，从而产生钻孔质量差、钻进效率低、钻进成本高等问题。本节主要描述浅部杂填地层包括碎石土、盐渍土等地层的形成及其工程地质特性，并根据其钻探特征论述钻探与取样技术。

4.1.1 地层特征

浅部杂填层以碎石土、盐渍土为主，黏性土等其他土体为辅。

4.1.1.1 碎石土

根据《岩土工程勘察规范》(GB 50021—2009)，碎石类土指粒径 $d>2\text{mm}$ 的颗粒含量超过全重 50%的土，根据颗粒形状以及大小，由大到小依次称为漂石、块石、卵石、碎石、圆砾、角砾。碎石土成分复杂多样，因母岩而异，母岩以灰岩、砂岩、白云岩最为常见。当碎石土中黏性土、粉土含量较大时，表现出细粒土的特点，但由于其骨架颗粒主要由相对稳定的坚硬原生矿物或岩石碎屑组成，也具有部分无黏性土和粗粒土的特点。碎石土的成因有多种类型，其中以冲积、洪积、坡积、残积、物理化学风化等为主，工程上有特殊用途的人工破碎法也是碎石形成的重要途径。

碎石类土复杂的成分决定了它的特性，其中对于工程活动的影响主要体现为不均匀性、渗透性、密实度等，这些特性及其对工程建设的影响如下所述。

1. 不均匀性

由于碎石土的粒径分布广、成分多样，因此其块体和层厚的不均匀性极强，对工程建设造成的影响具体体现在以下两个方面：

（1）块体大小影响钻进质量和钻探成本。在钻穿以灰岩、白云岩为主的卵石层揭露地层岩性时，一般的合金钻头就可以顺利地完成任务，若卵石层中夹杂既有大于钻头直径又有一定厚度的由坚硬岩石形成的碎石土时，在经济效益的驱使下，如监管不力施工方极易不进行难度较大、艰苦的施工，而改由经验来处理，有时还会出现将大块的漂石当成基岩的情况，给工程勘察质量带来极大隐患。

（2）土层厚度不均匀给工程施工造成极大的安全隐患。由于形成历史和过程的差异性，造成了卵石层厚度不均，并导致整个土层的不均匀性。土层的不均匀易造成整个工程场地的不均匀，有时甚至发育为不良地质地段，不但增加了工程投入，更存在一定的安全隐患。

2. 渗透性

由于填充物的性质、颗粒级配、密度的不同，不同地区的碎石土层渗透性差异很大。当碎石土为砂质充填时，一般可形成紊流，有时甚至可以形成地下径流，可作为良好的排水渠道。当碎石土为泥质黏性土充填时，透水性较差，可能形成符合达西定律的层流，充填密实或半胶结状态的土层时甚至可以成为隔水层。在实际工程中很难确定碎石土的渗透性，因为其结构不稳定、易坍塌，在钻进过程中必须使用泥浆维持孔壁稳定，避免孔内事故。但是在泥浆护壁的过程中，碎石土孔隙之间的充填物很容易因卵石的扰动破碎而被泥浆带走，因此容易将泥质充填和砂质充填混淆。另外，护壁泥浆容易封死含水层，而一般的工程项目不会进行专项的水文地质勘察，所以其渗透性及其含水状况一般难以查清。

3. 密实度

由于具有良好的颗粒级配，碎石土可以达到很高的密实度。一般情况下，地层年代越早的卵石层密实度及承载力也越大，第四纪晚更新世及更晚形成的碎石土层上述指标一般较低，但相对于粗粒组及细粒组的土层，其密实性及承载力还是很高的。有一定厚度的密实性土层受附加应力作用时产生的沉降变形较小，是高层及重型建筑或对变形沉降有特殊要求建筑物的优良地基。与动力触探击数、密实度对碎石土的承载力及单桩极限摩阻力、桩端极限承载力可在有关规范表格中获取，但实际取值时往往有极强的经验性。

4.1.1.2　盐渍土

盐渍土指岩土体中易溶盐总量大于0.3%并具有溶陷、盐胀、腐蚀等工程特性的土，是盐土和碱土以及各种盐化、碱化土壤的总称。盐土是指土壤中可溶性盐含量达到对作物生长有显著危害的土类，盐分含量指标因不同盐分组成而异。碱土是指土壤中含有危害植物生长和改变土壤性质的多量交换性钠土。盐渍土的含盐量等于盐渍土所含盐的质量与干土质量的比值，以百分数表示。盐渍土主要分布在内陆干旱、半干旱地区，滨海地区也有分布。

1. 分类

盐渍土的分类方法很多，但其分类原则都是根据盐渍土本身特点（如含盐的性质、盐在水中溶解的难易程度、含盐量的多少等）及其对工业、农业或交通运输业的影响和危害程度进行分类。例如，农业上考虑对一般农作物生长的有害程度，按可溶盐类别和含量进行分类，而工程上则主要考虑对工程使用的影响。

（1）按分布区域分类。可将盐渍土分为海滨盐渍土、内陆盐渍土和冲积平原盐渍土三类。

（2）按盐的性质分类。可分为氯盐土类（$NaCl$、KCl、$CaCl_2$、$MgCl_2$）、硫酸盐类（Na_2SO_4、$MgSO_4$）和碳酸盐类（Na_2CO_3、$NaHCO_3$）三类。盐渍土所含盐的性质，一般采用100g土中所含阴离子的氯根（Cl^-）、硫酸根（SO_4^{2-}）、碳酸根（CO_3^{2-}）、碳酸氢根离子（HCO_3^-）的含量（毫摩尔数）的比值作为分类指标，其分类见表4.1-1，可分为氯盐渍土、亚氯盐渍土、亚硫酸盐渍土、硫酸盐渍土和碱性盐渍土。

表4.1-1　盐渍土按含盐性质分类

盐渍土名称	$c(Cl^-)/[2c(SO_4^{2-})]$	$[2c(CO_3^{2-})+c(HCO_3^-)]/[(c(Cl^-)+2c(SO_4^{2-})]$
氯盐渍土	>2	—
亚氯盐渍土	2～1	—
亚硫酸盐渍土	1～0.3	—
硫酸盐渍土	<0.3	—
碱性盐渍土	—	>0.33

（3）按盐的溶解度分类。盐渍土中固态盐晶体遇水后是否溶解为液态以及溶解的程度将直接影响地层的变形和强度特性，所以盐渍土按含盐的溶解度分类对建筑物地基有很大的实用意义。根据土中含盐的溶解度，盐渍土通常可分为易溶盐渍土、中溶盐渍土和难溶盐渍土，具体见表4.1-2。

表4.1-2　盐渍土按盐的溶解度分类

盐渍土名称	含盐成分	溶解度/%
易溶盐渍土	氯化钠（$NaCl$）、氯化钾（KCl）、氯化钙（$CaCl_2$）、硫酸钠（Na_2SO_4）、硫酸镁（$MgSO_4$）、碳酸钠（Na_2CO_3）、碳酸氢钠（$NaHCO_3$）等	9.6～42.7
中溶盐渍土	石膏（$CaSO_4 \cdot 2H_2O$）、无水石膏（$CaSO_4$）	0.2
难溶盐渍土	碳酸钙（$CaCO_3$）、碳酸镁（$MgCO_3$）等	0.0014

注　溶解度为20℃时。

（4）按含盐量分类。按土中可溶盐含量的多少来分类是国内外盐渍土分类的主要方法，但不同国家、部门的规定并不尽相同。在《岩土工程勘察规范》（GB 50021—2001）中，根据盐含量将盐渍土分为四种，详见表4.1-3。

表4.1-3　盐渍土按含盐量分类

盐渍土名称	平均含盐量/%		
	氯及亚氯盐	硫酸盐及亚硫酸盐	碱性盐
弱盐渍土	0.3～1	—	—
中盐渍土	1～5	0.3～2	0.3～1
强盐渍土	5～8	2～5	1～2
超盐渍土	>8	>5	>2

2. 工程特性

盐渍土的工程特性根据其所在地区其含盐或碱的种类不同有所区别，主要包括溶陷性、盐胀性和腐蚀性等性质。

(1) 溶陷性。当盐渍土地区建筑物的地基遭到水的浸入时，建筑物除了受荷已产生的地基压密沉降以外，还将产生因盐渍土溶陷而引起的附加沉陷。盐渍土地基一旦浸水后，因土中可溶盐的溶解，结构强度的降低使地基承载力下降并产生较大的沉降。不均匀的浸水产生不均匀的地基沉降，从而导致建筑物的开裂和破坏。另外，地基溶陷变形的速度很快，如在砂类土中，浸水一昼夜地基基础可下降10～20cm，并且盐渍土地基的溶陷性对塔、罐、槽、井、池和管道等地下设施也会造成一定的危害。

(2) 盐胀性。盐渍土盐胀与一般膨胀土膨胀的最大区别在于盐渍土是因为失水或因温度降低导致的盐类结晶膨胀，硫酸盐渍土和亚硫酸盐渍土地区容易发生盐胀。在温度和湿度变化比较大的土层内，地下水位以上的盐渍土土层表现出明显的盐胀性。

(3) 腐蚀性。盐渍土中盐的腐蚀主要包括氯盐和硫酸盐腐蚀两种：氯盐对金属有强烈的腐蚀作用，尤其是钢铁；硫酸盐对混凝土、黏土砖等有很强的腐蚀作用，并对金属也有一定的腐蚀作用。腐蚀性对盐渍土地区建设工程的危害相当严重，研究分析表明，建筑物因腐蚀而破坏的原因主要有两方面：①液相盐溶液和含盐的地下水，通过毛细作用或直接浸入基础、管、沟等地下设施内，造成晶胀物理腐蚀或直接与建筑材料发生化学反应；②建筑材料中含有盐类，遇水后因温度、湿度的变化，在材料内盐结晶产生很大的内应力，造成破坏。

(4) 吸湿性。氯盐渍土含有较多的一价钠离子，由于水解半径大，水化膨胀厉害，故在其周围形成较厚的水化薄膜，从而使氯盐渍土具有较强的吸湿性和保湿性。盐渍土的这种性质使其在潮湿地区土体极易吸湿软化，强度降低；而在干旱地区，使土体容易压实。氯盐渍土吸湿的深度，一般只限于地表，深度约为10cm。

(5) 有害毛细作用。盐渍土有害毛细水上升能引起地基土的浸湿软化和造成次生盐渍土，并使地基土强度降低，产生盐胀、冻胀等不良作用。影响毛细水上升高度和上升速度的因素主要有矿物成分、粒度成分、土颗粒的排列、孔隙的大小和水溶液的成分、浓度、温度等。

(6) 起始冻结温度和冻结深度。盐渍土的起始冻结温度是指土中毛细水和重力水溶解土中盐分后形成的溶液开始的温度，起始冻结温度随溶液浓度的增大而降低，且与盐的类型有关。根据试验资料，当水溶液浓度大于10%后，氯盐渍土的起始冻结温度比亚硫酸盐渍土低得多。当土中含盐量达到5%以上时，土的起始冻结温度下降到－20℃以下。盐渍土的冻结深度可以根据不同深度的地温资料和不同深度盐渍土中水溶液的起始冻结温度判定，也可在现场直接测量。

4.1.2 钻探与取样技术

4.1.2.1 碎石土地层钻探方法

碎石土具有粒径变化幅度大、成因多样、密实度高、级配各不相同的特点，且力学性质差别较大，容易造成地基承载力的较大偏差、基础型式的不正确选用、地基不均匀沉降及失稳等质量和安全问题。引起这些问题的主要原因是：勘察过程中对碎石土的成因判定不清楚、钻探未能正确揭露其赋存的真实状态、编录描述不准确导致定名有误、密实度确定出现偏差及分层出现问题等。

碎石土钻进难题有以下方面：

（1）碎石土胶结性差，在钻进过程中其结构极易发生破坏，取芯比较困难，常出现取芯偏少的情况，给地层描述带来很大困难。

（2）卵石或碎石在钻进过程中经钻头研磨或相互摩擦使颗粒粒径发生较大改变，影响定名的准确性。

（3）在使用泥浆钻进时，孔底的粗、细颗粒重新分选，形成细颗粒在上、粗颗粒在下的情形，取芯时上部细颗粒易获取，而下部的粗颗粒残留孔内，造成碎石土定名的偏差。

因此，选用合理的钻探工艺和取芯方法至关重要，常用的方法有反循环工艺、无泵取芯及双管单动钻探取芯方法等。由于碎石土工程特性变化较大，钻进此类地层时应根据碎石土的类型选用不同的钻探工艺和钻进方法，见表4.1－4和表4.1－5。

表4.1－4　碎石土钻探工艺表

类型	适用条件	钻头类型	工艺措施
冲击钻	均质大颗粒，松散	“一”字、“十”字、“工”字、棱锥形	钻头击碎、泥浆循环、捞砂筒取料
管钻	颗粒较细、深厚	阀门钻头	阀门钻头抽料，套管护壁
孔内爆破回转钻进	漂卵石	铁砂钻头	同岩芯钻探，先放炸药爆破岩石后跟套管护壁
砂石泵反循环钻进	砂砾石颗粒均一、无大漂砾		

表4.1－5　破碎岩层及软弱岩层钻进方法的选择

岩层性质		特性	钻进方法
节理、片理裂隙发育的岩层	硬、脆、碎岩层	可钻性属中等坚硬岩层及部分坚硬岩；岩芯里块状，不易卡取，同时易被磨	（1）金刚石单动双管钻具； （2）喷射式孔底反循环钻进； （3）软泥取样； （4）用钢丝钻头或抓筒打捞失落岩芯
	中硬、脆、碎岩层或断层角砾	可钻性属较软至中等岩，黏性低或无黏性，抗磨性低、岩芯易破碎成块状、碎屑粉粒状，易冲蚀	（1）合金无泵钻进； （2）合金双层岩芯管钻进； （3）孔底局部反循环合金钻进
破碎带或层次软硬相间极不稳定的岩层		层间的可钻性相差悬殊，软硬不均，变化无规律，易被破碎和磨损，黏性差，怕冲刷	（1）爪簧式或隔水的单动双管取芯钻具钻进； （2）孔底局部反循环钻进
断层带，破碎软弱层、软弱夹层		可钻性属松软层，胶结性差、松软易被冲蚀、坍塌	（1）合金无泵钻进； （2）洗孔干钻法； （3）双层岩芯管钻进
易被冲刷溶蚀的破碎、软弱层		可钻性属松软层，易被泥浆所冲刷或溶解	（1）合金无泵钻进； （2）干钻法； （3）空气循环钻进； （4）肋骨钻头钻进

4.1.2.2 盐渍土对钻探的要求

盐渍土地区的工程地质勘察，除满足一般地区勘察的要求外，应进行下列工作：

（1）查明盐渍岩土的分布范围、形成条件、含盐类型、含盐程度、溶蚀洞穴发育程度和空间分布状况及植物生长分布状况。

（2）对含石膏为主的盐渍岩，应查明硬石膏的水化深度；对含芒硝较多的盐渍岩，在隧道通过地段应查明地温情况。

（3）查明大气降水的积聚、径流、排泄、洪水淹没范围、冲蚀情况、地下水类型、埋藏条件、水质、水位及其变化。

（4）查明有害毛细水上升高度值，对粉土、黏性土宜采用塑限含水量法确定，对砂土宜采用最大分子含水量法确定。

（5）收集气象资料，包括气温、地温、降水量、蒸发量和水文资料。

（6）调查当地建筑经验。

（7）查明盐渍岩土的盐胀性和溶陷性。

因此，根据盐渍土勘察内容，钻探工程需满足以下要求：

（1）勘探工作量布置在符合相关规范规定的基础上，其勘探孔类型、勘探点间距和勘探深度确定均应以查明盐渍土分布特征、采取原状试样等为主要前提。

（2）钻探采取岩土试样宜在干旱季节进行。

（3）要根据地层情况，及时调整泥浆配方，最好采用盐水泥浆体系，避免泥浆污染岩样。

（4）取样等级高，不能使用冲击钻进或振动钻进，减少土样扰动。

（5）由于盐渍土具有吸湿性，因此必须采用适宜的方法，增高钻进效率，防止孔内事故发生。

（6）修正场地时，要做好防陷处理。

4.1.2.3 取样技术

1. 钻进要求

（1）应选用合适的钻进工具及合理的技术与方法。一般情况下，采用平稳性较好的回转式钻进方法。如果应用振动、冲击、水冲等方式进行钻进的时候，应在距设计取样孔深小于1m时，换用回转钻进的方法。高于地下水位时，一般可采用干钻的方法。

（2）在砂土与软土中使用泥浆进行护壁。如果应用套管护壁，应注意在下入套管的过程中，管靴对土层的扰动，并且套管底部应控制在设计取样深度上不小于3倍孔径的位置。

（3）应注意保持钻孔内水头不高于地下水位的位置，防止出现孔底涌水，在细砂土与饱和粉中须特别注意。

2. 取原状样要求

（1）对于取原状土样的钻孔，取样器应根据土层选择，孔径应大于取土器外径一个等级。

（2）孔深在地下水位以上时，选用干法钻进的办法，不可注水或者使用泥浆；孔深在地下水位以下时，在钻进的过程中，应用通气通水的取土器、螺旋钻头或岩芯钻头。在鉴别地层的过程中，如果没有严格要求，可应用侧喷式钻头成孔，但不可应用底喷式钻头。如果土质较硬，可应用二（三）重管回转取土器。

（3）在饱和粉土、黏性土以及砂土中进行钻进时，使用泥浆护壁。下套管过程中，应先钻进再下套管跟进，套管下入深度与取样孔深间应保留大于三倍管径的距离，不可向未钻过孔的土层强行击入套管；采用回转钻进工艺取原状土样的钻进过程中，不宜使用振动或冲击的钻进方法。

（4）取土器下放前应进行清孔操作，使用敞口式取样器时，孔内残留浮土厚度不可大于5cm。

（5）平稳下入取土器的过程中，不可出现冲击孔底的情况。取土器下入后，应对孔深及钻具长度进行核对，如果出现残留浮土厚度大于标准要求时，应取出取土器重新清孔。

（6）当取Ⅰ级原状土试样时，采用连续快速的静压方式贯入取土器，贯入速度应大于0.1m/s。如果利用钻机给进系统施压，则应确保具有可连续贯入的足够行程。采取Ⅱ级原状土试样时可使用重锤少击法或间断静压法。

（7）获取的土样须由专人进行包装，及时放入铁皮盒内，加盖后用胶布密封，避免水分蒸发影响土样分析结果。同时，现场人员还应及时在铁片盒表面粘贴标签，样品运输过程中应尽可能避免雨淋或震动。

3. 取样方法

在钻探取样过程中，获取原状土是最为复杂和最难的工作。由于土质天然形成，没有被人工破坏过，因此有些原状土样的提取并非轻而易举。采取原状土样的方法有连续压入法、断续压入法、回转压入法和击入法四种方法。

（1）连续压入法。选用钢丝绳滑轮组或钻机液压装置时应将取土器快速均匀地一次性压入土层，此法对土样扰动最小，应优先采用。

（2）断续压入法。选用杠杆、千斤顶、钻机手把或手轮加压等方式，将取土器不连续压入土层，操作时应加大压入行程，此法适用于浅层软土。

（3）回转压入法。在半干硬或硬塑的黏性土中可选用回转压入法配合双层单动岩芯管式取土器采取原状土样。

（4）击入法。在黏性土层中采用压入法取样较为困难时，可选用击入法，并使用重锤少击取土器。对于土质较软的样本，取样时须使用可采取高质量原状样的薄壁圆筒取土器。在取样过程中应注意取土器入土角度，保证取样器一直处于垂直状态，在运送样本的过程中须注意尽量避免震动，从而提高检测结果的精确性。对于较硬的黏性土质，可以使用的方法是击入式取样；对于土质较硬的样本，需要使用的是半弧形的取土器。

4. 取样注意事项

在进行取样操作时，以下几个方面的问题须引起高度重视：

（1）在针对原状土的钻进取样过程中，钻孔孔径应根据取土器外径扩大一个等级，以确保钻进取样的整体效果。

（2）在地下水水位以上钻进取样时，应当以干钻为主，避免使用泥浆；在地下水位以下钻进取样时，则可以使用提土器或螺旋钻头进行取样。在地层鉴别过程中，可以使用侧喷式钻头，严禁使用低喷钻头。

(3) 在黏性土或砂土中钻进取样时，泥浆护壁十分关键。在实际施工中，首先需要进行钻进，然后再套管跟进，套管的下入深度与取样器间的距离须保证在三倍管径以上。

(4) 取土器下入前首先应当进行清孔处理，采用敞口式取样器时，还须确保表面浮土残留厚度不可大于 5.0cm 以上。

(5) 在固定活塞取土器压入过程中，须将活塞杆和钻塔进行紧密连接，避免活塞移动。

4.1.3 护壁工艺方法

4.1.3.1 碎石土

在碎石土中钻进时，由于土颗粒间空隙较大，易产生压缩变形及湿陷变形，要求泥浆滤失量较小，且在孔壁上形成的泥饼要有一定的强度和黏结能力，能有效稳定孔壁，为钻孔安全作业提供条件。目前在碎石土中使用的泥浆主要有以下几种。

1. 植物胶泥浆

植物胶溶解于水后即可在岩石表面吸附形成一层薄薄的胶膜，能防止流体的渗入，避免岩石液化崩塌，从而可以起到维护孔壁稳定、保护岩芯的作用。

植物胶泥浆具有快速成膜性、高效润滑减振性及良好的泵吸性等优点：

(1) 成膜性。植物胶泥浆能在岩芯表面（或孔壁）快速形成一层胶膜，使松散、破碎、软弱的岩石表层被胶结包裹，从而可以在维护孔壁稳定的前提下能取出原状结构的岩芯。

(2) 润滑减振性。同样的条件下，使用植物胶泥浆时钻机钻速明显快于使用普通低固相泥浆时，平均转速可提高 1.5 倍，钻进效率显著提高。

(3) 泵吸性。植物胶泥浆与其他一些高分子溶液一样，不仅具有降摩阻的效能，而且其可泵性能也十分突出。如漏斗黏度 40s 以上的植物胶泥浆，在 50m 深的孔内施工，泵压不到 0.5MPa，而清水或低固相泥浆在同样的孔深，泵压则达到 1.0MPa，并且当植物胶泥浆漏斗黏度达到 5min 时仍不影响它的泵吸性，泵压未见升高。

2. PHP 系列泥浆

水解聚丙烯酰胺（PHP）是由聚丙烯酰胺（PAM）水解而成的。PAM 是非离子型高分子聚合物，分子量大且变化范围广，分子链长并由多个链节组成，柔性强。由于 PHP 是伸展的长链高分子化合物，具有多种非离子吸附基团，如—$CONH_2$ 等，可通过氢键吸附黏土表面，在岩层表面因多点吸附而形成薄的吸附膜，不仅对水敏性地层可减轻泥浆滤液对地层的侵蚀作用，而且对破碎地层也可因阻止滤液渗入裂缝和多点吸附膜的保护，维持孔壁稳定，故 PHP 泥浆具有较好的护壁性能。同时，PHP 可看作是长链的阴离子和非离子混合型高分子表面活性剂，可吸附在金属和岩石表面起润滑作用，减小钻杆柱与孔壁间的摩擦阻力，因而可采用较高的回转速度钻进。不同分子量和水解度的 PHP 还具有选择絮凝和降失水的作用。随着合成技术的发展，现阶段国内大量使用 PHP 分子量一般都大于 1000 万，其絮凝、包被作用更加明显，主要用于配制无固相泥浆。

3. 水泥-水玻璃浆液

水泥-水玻璃浆液采用水泥浆＋水玻璃双液护壁堵漏。钻遇严重漏失地层时，可采用水泥＋水玻璃浆进行钻孔堵漏灌浆处理。水泥可采用普通硅酸盐水泥，浆液水灰比宜小于1，水玻璃模数应为2.4～3.2，浓度小于40°Be′。当水玻璃掺量小于5%时，可直接在水泥浆中掺加水玻璃浆液混合搅拌后进行单液孔内纯压式灌注；当水玻璃掺量大于5%时，宜采用水泥浆与水玻璃分别搅拌后进行双液孔口或孔内混合纯压式灌注，水泥浆＋水玻璃浆液灌注量可根据地层特性、漏失程度进行估算确定。堵漏灌浆完成后需待凝6～8h，再进行扫孔与正常护壁钻孔。配制浆液所用的原材料为P·O42.5水泥和水玻璃，配合比（重量比）为1∶(0.75～1)∶(0.015～0.02)（水∶水泥∶水玻璃）。配制步骤如下：①根据漏浆层位、钻孔直径、充填高度，先计算出需要充填的环状空间体积，再计算出所需的水、水泥、水玻璃质量；②搅拌桶内先计量水的量，然后水玻璃按比例倒入搅拌桶内搅拌均匀；③按比例将所需的水泥倒入搅拌桶内，再次搅拌均匀后，注入储浆池内混合，双液浆即配置完毕。

4.1.3.2 盐渍土

在盐渍土土层中钻进时，一般要求泥浆有良好的抗盐污染能力，同时要有比较优秀的防塌性能，在实际应用中以下几种泥浆较为常见。

1. LBM泥浆

LBM泥浆具有良好的流变性能，用3%LBM配制而成，其黏度、动塑比都很小，具有以下特点：①较低的滤失量。泥浆滤失量大不但会引起水敏性地层的膨胀与分散，造成缩径、坍塌等孔内事故，而且不利于松散、破碎地层的稳定；LBM泥浆的滤失量比PHP无固相泥浆小，可有效阻止泥浆中自由水或滤液进入地层孔隙、微裂隙、节理之中，从而防止孔壁坍塌。②较强的造壁性能。造壁性能一般指泥皮的厚度、强度和对地层的黏结特性。LBM泥浆中含有聚合物成分，聚合物较低的分子量以及LBM特殊的加工工艺，使得聚合物能够以极细的状态均匀分散于泥浆中，形成高质量的泥皮。③较强的抑制性。泥浆的抑制性强对保护水敏性地层非常有利。

2. 低黏Na-CMC泥浆

低黏Na-CMC可作为泥浆的降失水剂和护胶剂，其原理是可以形成“穿针引线”的网状效果，使岩芯表面形成一层胶膜，有效地防止水分子的出入，起到了隔水的作用，有效地防止岩芯被冲刷，因而具有很好的护芯和护壁作用。对盐膏层，泥浆应具备抗盐、护胶、剪切稀释等能力。抗盐是指泥浆抵抗岩污染的能力，可用抗盐黏土如海泡石、凹凸棒土；护胶就是保护黏土胶粒在钠离子浓度较高的环境仍然具有足够的数量，泥浆的性能表现在较低的增黏效果下能达到较低的滤失量，如钠羧甲基纤维素（Na-CMC）、磺甲基酚醛树脂（SMP）等；剪切稀释就是在剪切力的作用下可以拆散已经形成的絮凝网架结构，恢复被污染前的泥浆性能，如铁铬木质素磺酸盐（FCLS）、磺甲基单宁（SMT）等。

3. 饱和盐水泥浆

盐水泥浆分为欠饱和盐水泥浆、饱和盐水泥浆和海水泥浆。由于饱和盐水泥浆矿化度极高，因此具有很强的抑制性，并具有很好的抗盐侵、钙侵和抗高温的能力，及对地层损害小等特点，特别适用于钻进埋藏较深、厚盐层及岩性复杂的复合盐层。饱和盐水泥浆的设计原则是有效地抑制盐溶和水敏性地层水化膨胀，在深孔高温条件下仍能保持良好的流变性能，具有良好的防塌性和润滑性，高温高压下仍具有较低的滤失量，并能形成薄而韧的泥饼。有新浆转化、在技术套管内用旧浆转化、裸眼转化和裸眼替浆四种配制方法，在现场维护过程中，应注意严格控制膨润土量、处理剂应配成胶液加入、重视泥浆 pH 变化和固相控制等。

4.2 滑坡堆积体

滑坡是指受河流冲刷、地下水活动、雨水浸泡、地震及人工切坡等因素影响，在重力作用下，沿着一定的软弱面或者软弱带，整体地或分散地顺坡向下滑动的地质体或堆积体，是我国常见的一种地质灾害类型。滑坡堆积体对周围环境和人民群众生命财产安全均有较大影响，尤其库区滑坡堆积体在水库蓄水后还可能对水电站工程的安全运行和经济性影响较大，同时由于滑坡堆积体的成因复杂，且岩土为散体结构，物质组成多样，破坏模式有多种，因此是水电工程设计前期勘察的重点和难点。本节内容主要包括滑坡堆积体的地层特征、钻探与取样技术和护壁工艺方法等。

4.2.1 地层特征

滑坡体是斜坡经历长期变形破坏演化，并在外力影响下形成的。准确评价滑坡体稳定性并对未来失稳模式判别的前提是对其形成机理进行分析，即通过对滑坡地区地形地貌特征、原岩结构面发育程度及组合条件、滑坡现状赋存条件以及区内水文气象条件等进行研究，并借此评判稳定条件，预测未来失稳破坏趋势，为滑坡体勘察和地质勘探取样提供指导。

4.2.1.1 分类

滑坡堆积体属于堆积层滑坡，其特征是由前期滑坡形成的块碎石堆积体，沿下伏基岩或体内滑动，块碎石堆积体结构松散，黏结力小，透水性强，其稳定性主要受水的作用、地震及人为因素的影响。由于自然界的地质条件和作用因素复杂，各种工程分类的目的和要求又不尽相同，且不同滑坡体形成的主控因素和诱发因素都有所不同，因此可以从不同角度进行滑坡分类。《滑坡防治工程勘查规范》（GB/T 32864—2016）根据滑坡岩土体组成和结构、厚度、滑动形式、发生原因等进行了分类，具体见表 4.2-1 和表 4.2-2。

表 4.2-1 按岩土体和结构因素分类

类型	亚类	特 征 描 述
堆积层（土质）滑坡	滑坡堆积体滑坡	由前期滑坡形成的块碎石堆积体，沿下伏基岩顶面或滑坡体内软弱面滑动
	崩塌堆积体滑坡	有前期崩塌等形成块碎石堆积体，沿下伏基岩或滑坡体内软弱面滑动
	黄土滑坡	由黄土构成，大多发生在黄土堤中，或沿下伏基岩面滑动
	黏土滑坡	由具有特殊性质的黏土构成
	残坡积层滑坡	由基岩风化壳、残坡积土等构成，通常为浅表层滑动
	冰水堆积物滑坡	冰川消融沉积的松散堆积物，沿下伏基岩面或软弱面滑动
	人工填土滑坡	由人工开挖堆填弃渣构成，沿下伏基岩面或软弱面滑动

表 4.2-2 按其他因素分类

有关因素	名称类别		特征说明
滑体厚度	浅层滑坡		滑坡体厚度在10m以内
	中层滑坡		滑坡体厚度为10～25m
	深层滑坡		滑坡体厚度为25～50m
	超深层滑坡		滑坡体厚度超过50m
发生原因	人工型工程滑坡		由于切脚或加载等人类不合理的工程活动引起的滑坡
	自然滑坡	地震型	有地震等相关地质作用诱发的滑坡
		暴雨型	在自重应力、不利结构面组合、卸荷变形的作用下，由冰川作用、地下水以及暴雨等诱发的滑坡堆积体
滑体体积 V/万 m^3	小型滑坡		$V<10$
	中型滑坡		$10\leqslant V<100$
	大型滑坡		$100\leqslant V<1000$
	特大型滑坡		$1000\leqslant V<10000$
	巨型滑坡		$V\geqslant 10000$

4.2.1.2 形成机理

1. 形成条件

产生滑坡的基本条件是斜坡体前有滑动空间，两侧有切割面。从斜坡的物质组成来看，具有松散土层、碎石土、风化壳和半成岩土层的斜坡抗剪强度低，容易产生变形面下滑；坚硬岩石中由于岩石的抗剪强度较大，能够经受较大的剪切力而不变形滑动。但是如果岩体中存在着滑动面，特别是在暴雨之后，由于水对滑动面的浸泡，使其抗剪强度大幅度降低而产生滑动。

另外，滑坡的形成与地质地貌条件、内外动力和人为作用等因素有关：地质地貌条件包括岩土类型、地质构造条件、地貌类型和水文地质条件等；内外动力因素包括地震、降雨和融雪、地表水的冲刷、浸泡、河流等地表水体等；人为因素包括开挖坡脚、坡体上部堆载、爆破、水库蓄（泄）水、矿山开采等。

2. 形成过程

一般来说，滑坡的发育过程是一个长期的变化过程，通常可分为蠕动变形、滑动破坏和渐趋稳定三个阶段。

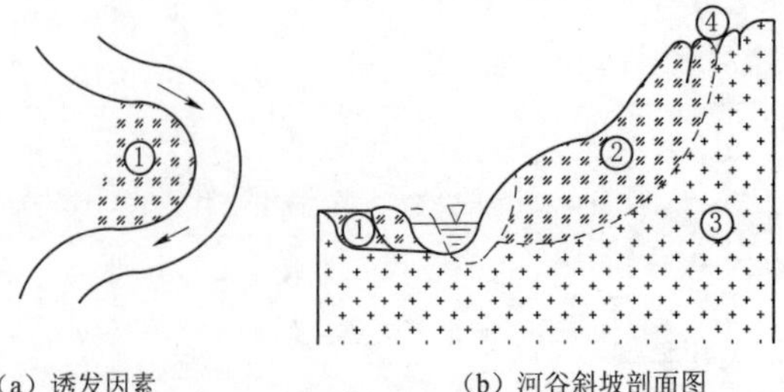

(a) 诱发因素　　(b) 河谷斜坡剖面图

图 4.2-1 蠕动变形阶段

①—河漫滩沉积物；②—风化破碎的花岗岩；③—比较完整的花岗岩；④—斜坡上部的拉张裂缝

(1) 蠕动变形阶段。从斜坡的稳定状况受到破坏，坡面出现裂缝，到斜坡开始整体滑动之前的这段时间称为滑坡的蠕动变形阶段，如图 4.2-1 所示，河流不断下切和侧蚀，使斜坡变陡，高差增大，下部支撑力减小，上部出现拉张裂缝和剪切裂缝。蠕动变形阶段所经历的时间有长有短，长的可达数年之久，短的仅数月或几天的时间。一般说来，滑动的规模愈大，蠕动变形阶段持续的时间愈长。

斜坡在发生滑动之前通常是稳定的。由于某些因素的作用土石强度逐渐降低，或斜坡内部剪切力不断增加，使斜坡的稳定状况受到破坏。在斜坡内某一部分因抗剪强度小于剪切力而首先变形，产生微小的滑动，之后变形逐渐发展，直至坡面出现断续的拉张裂缝。随着裂缝的出现，渗水作用加强，变形则会进一步发展。后缘拉张裂缝加宽，开始出现较小的错距，两侧剪切裂缝也相继出现。坡脚附近的土石被挤压，滑坡出口附近潮湿渗水，此时滑动面已大部分形成，但尚未全部贯通。斜坡变形继续发展，后缘拉张裂缝进一步加宽，错距不断增大，两侧羽毛状剪切裂缝贯通并撕开。斜坡前椽的土石挤紧并鼓出，出现大量鼓胀裂缝，滑坡出口附近渗水混浊，这时滑动面已全部形成，接着便开始整体地向下滑动了。有些大型滑坡在开始整体滑动之前，由于滑动时岩石挤压错动会发出响声。

(2) 滑动破坏阶段（图 4.2-2）。滑坡体整体往下滑动，滑坡后缘迅速下陷，滑坡壁越露越高，滑坡体分裂成数块，并在地面上形成阶梯状地形。滑坡体上的水管、渠道被剪断，各种建筑物严重变形以致倒塌毁坏，随着滑坡体向前滑动，滑坡体向前伸出，形成滑坡舌，前面的道路、建筑物被推出或被掩埋。在河谷中的滑坡，或者堵塞河流，或者迫使河流弯曲转向。

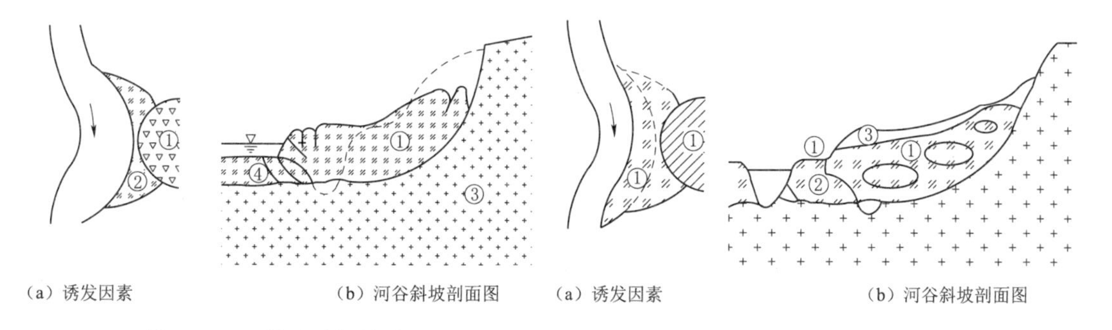

(a) 诱发因素　(b) 河谷斜坡剖面图

图 4.2-2　滑动破坏阶段

（大量土石沿花岗岩风化带整体滑动，滑坡将河流阻断，河水漫溢，在凸岸上流动。）

①—滑坡体；②—弯道水流沉积物；

③—比较完整的花岗岩；

④—河漫滩沉积物

(a) 诱发因素　(b) 河谷斜坡剖面图

图 4.2-3　滑坡稳定阶段

（河流已离开滑坡前缘，滑坡舌前已堆积有新的河流沉积物，滑坡体逐渐压密，坡面平缓，滑坡两侧裂缝已被水流深切成沟谷。）

①—渐趋稳定的滑坡体；②—河漫滩沉积物；

③—滑坡体表面的耕作层

(3) 渐趋稳定阶段。滑动停止后，除形成特殊的滑坡地形外，在岩性、构造和水文地质条件等方面都产生了一些变化。与邻近地段相此，地层的整体性已被破坏，岩石变得松散破碎，透水性增大，含水量增高。经过滑动，岩层的倾角或者变缓，或者变陡，断层、节理的方位也发生了有规律的变化。地层的层序也受到破坏，局部的老地层覆盖在第四系地层之上。斜坡滑动之后，水文地质条件变得更加复杂，地下水常无一定规律可循等。在自重的作用下，滑坡体上松散的土石逐渐压密，地表的各种裂缝逐渐被充填。滑动面和滑动带附近土石的强度由于压密、固结又重新增加，这时整个滑坡的稳定性也大为提高。这是滑坡趋于稳定的一种现象。滑坡稳定之后，如果滑坡产生的诱发因素已经消除，滑坡将不再活动，而转入长期稳定（图 4.2-3）。

4.2.2 钻探与取样技术

4.2.2.1 钻探工艺方法

在滑坡体上进行勘探时，由于受破碎岩体钻孔取芯技术限制，滑动结构面准确位置确定存在较大难度，也很难获取滑带原状样，但是由于滑坡滑面位置在滑坡研究中并不要求定位非常精确，并且利用钻孔勘探进度快、技术成熟、工艺多样，在滑坡勘察中仍大量使用钻孔勘探的办法，其中干钻钻进、无泵反循环钻进、空气钻进是几种常用的钻进方法。

1. 干钻钻进

干钻是指不用冲洗介质的钻进工艺，常用于探明滑坡面埋藏深度、水文地质情况，在黏性土中使用最多。

干钻钻进对于环境的影响很小，在某些特殊场合（如干旱地区）没有泥浆供应的情况下也能够顺利工作。由于不需要钻孔冲洗介质，这种方法具有安全环保、节约成本等优点。但干钻阻力大，研磨时间长，钻头与岩石/混凝土的摩擦会产生高温，易导致钻头中金刚石石墨化，从而降低钻头性能，影响钻头寿命，最终影响施工。另外，钻具发热会使岩芯改变天然湿度以致岩粉无法清除，造成糊钻，因此岩芯常被扰动，土体原状结构遭破坏，并且钻进速度慢，故一般应用于滑动面和含水层附近。

2. 无泵反循环钻进

无泵反循环钻进是指下钻前向孔内加入少量泥浆，依靠钻具上下活动，造成孔内泥浆局部循环，从而冷却钻头、排除孔底岩粉，提钻前应减少钻具上下活动次数，有意造成反循环失灵，促岩粉糊钻，借此卡住岩芯并将其提取出来。这种方法因为有泥浆局部反循环，能够克服干钻的缺点，岩芯采取率可达90%以上，且岩芯大体能保持原状结构。

在操作过程中要注意以下三点：①提钻前必须使反循环失灵，使岩粉糊能卡牢岩芯；②下钻前、提钻后及时测定孔内水位，以判定有无地下水补给；③及时鉴定岩芯，从岩性上分析是否为含水层。

3. 空气钻进

工作原理和泥浆循环类似，所不同的是用空气压缩机代替水泵，用压缩空气代替泥浆。经试验证明，压缩空气能起到冷却钻头，吹起岩粉和保护孔壁的作用。空气钻进的优点有：①钻进效率高；②岩芯损耗少，且能大体保证原状结构，天然含水量不变；③根据吹出岩粉和含水状态的改变，可以及时判断地层的变化，并能及时发现地下水；④在缺水地区，用此法钻进更为适宜。

因此，空气钻进是一种适宜的滑坡钻探方法，但是此种方法的主要缺点是空压机笨重，运输不方便。

4.2.2.2 取样工具

金刚石单动双管钻具是滑坡体勘察中常用的取芯钻具，由于地层条件比较复杂，钻具结构与普通单动双管钻具有所不同。金刚石单动双管钻具结构如图4.2-4所示。

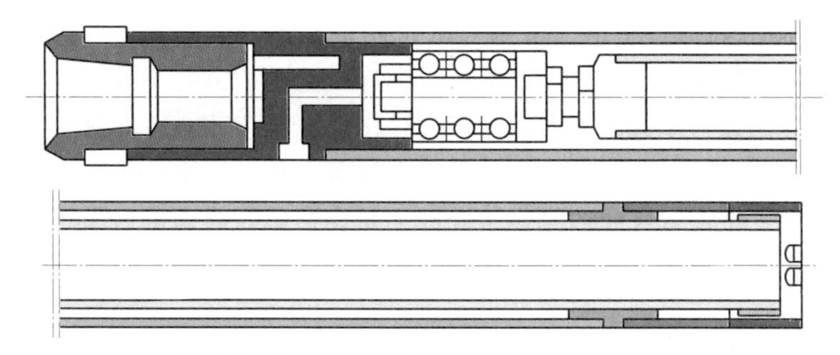

图 4.2-4 金刚石单动双管钻具结构示意图

1. 取样钻具结构

(1) 根据滑坡地层特性，钻头底部镶焊有 T107、Q0310 硬质合金。底喷水路、泥浆由钻具环状间隙到钻头底部，避免直接冲刷岩芯。

(2) 在内管钻头下部开设有回水孔，其目的是使泥浆有效润滑岩芯，并使岩芯顺利进入内管，减少岩芯堵塞，提高岩芯采取率。

(3) 内管采用半合管，拆开钻头和外管后可取出岩芯，样品代表性强，避免用榔头敲打岩芯管，造成岩芯再次破碎，特别是滑坡、软弱层、破碎带钻取的岩样都不能用榔头敲打退芯。

(4) 半合管底部带抓簧，可以有效防止提钻时岩芯从内管滑出。

(5) 钻具单动性能决定于内管心轴数量，一般不少于 3 盘，否则会成双动双管，岩样受到磨损。

2. 钻具操作技术要点

(1) 钻具下至距孔底 0.5～1.0m 时应开泵冲洗孔底，保持孔底清洁，并清除孔底残留物。

(2) 采用轻压恒速低泵量有利于岩芯进入内管，不要随意活动钻具，防止抓簧抱住岩芯。

(3) 半合管内壁在下钻前涂抹润滑剂 (PHP)，有利于岩样的进入和取芯。

(4) 内管底部间隙调整在 3～5mm 范围即可，因为间隙小容易堵水。

(5) 接近滑动面时，回次进尺不应大于 0.3m，以便准确找到滑动面。在黄土层取芯时，需将取出的岩芯掰开认真查看，发现有光滑擦痕的面即为滑坡面。

4.2.3 护壁工艺方法

4.2.3.1 护壁方法

在滑坡堆积体中钻进常使用下套管和优质泥浆的方法保护孔壁，钻进过程中应结合地层情况、滑坡体稳定程度、滑坡面位置及下部岩石岩性等情况，优选下套管的方法和下入深度，以防滑坡体移动推剪套管，造成拔管困难。一般在密实的滑动体中钻进时，可不下套管，但应密切关注钻进情况，迅速钻穿滑动体。如果中断钻进，应将套管拔至滑动面以上；如为极松散的滑动体，移动的可能性较大，应下厚壁套管，其深度不应超过滑动面。

4.2.3.2 泥浆要求

由于滑坡体地层比较复杂，传统的泥浆护壁效果无法令人满意，而使用 SM 植物胶泥浆可以获得比较好的取样效果。

SM植物胶泥浆是用植物根茎加工成的粉末与水溶解而成，为半透明的棕红色胶体，黏度高，具有一定的黏弹性作用和突出的减振作用，同时，润滑性、流动性好，可润滑钻具，减少回转阻力，提高钻速和钻进效率，降低钻头、钻具和钻杆的磨损。在某些破碎地层，由于岩质坚硬、钻探进尺慢，且岩体破碎、易塌孔，能够保护孔壁并在慢进尺回转钻进过程中保护岩芯的原状结构。

由于单纯的SM植物胶泥浆静切力小，且黏弹性液体的蠕变效应对固结效果不够理想，因此须提高SM植物胶泥浆性能。加入降水剂（CMC）和腐殖酸钾（KHm）等处理剂可以大幅度改善SM植物胶泥浆的性能，使护壁防塌效果更加显著。将SM植物胶与Na_2CO_3、CMC不同配比的泥浆进行比重、黏度、失水量、初切力等流变性能的实验，实验结果证明SM植物胶加入Na_2CO_3、CMC后，具有较好的排砂、携带岩粉的能力。同时，对高速旋转的直杆有突出的爬杆现象，说明SM植物胶泥浆是典型的黏弹性流体，具有黏弹减阻、减振和成膜作用等功能，有利于保护岩芯和维持孔壁稳定。

4.3 砂卵砾石层

随着我国经济的飞速发展，一些大型工业民用建筑基础和水电坝基基础等选择建造在第四系卵砾石层上，特别是在我国西南地区，如大渡河上游众多水电站坝址区覆盖层厚度均超过100m。因此必须在砂卵石层及其他松散覆盖层中进行勘探取样，以查明覆盖层的厚度、结构及分布，地层的成分、结构、物理力学性质，含水层的渗透系数各层间的水力联系，并将获取岩样进行室内或现场试验，从而得出正确的工程地质评价，为坝基设计等提供可靠的地质依据，保障建筑物安全。砂卵砾石层施工时虽钻孔深度较浅，但面对的地层情况较为复杂，施工难度大，易出现钻进效率低、施工周期长、岩芯采取率低、取样质量差等问题。本节内容主要描述砂卵砾石层的分类及其工程地质特征，并在此基础上论述其钻探与取样技术的机理。

4.3.1 地层特征

砂卵砾石层是指包含砂、卵石、砾石等一种或几种的地层，含砂土量较少，颗粒较大，比表面积很小，各颗粒间无连接，仅是由粒径大小不等的卵砾石相互堆积，形成不同密实度的结构。在河流中流水沉积形成的卵砾石土层级配较好，卵砾石间隙中充填有少量砂粒，因而其压缩性较好。对于浑圆状颗粒，可分为圆砾石、卵石、漂石、砾石土、砂卵石等；对于棱角状颗粒，分为角砾石、碎石、块石、碎石土等。

4.3.1.1 分类

将砂卵砾石层分类是对其进行系统评价的基础，其目的是为工程师提供一个比较确切地描述砂卵砾石层的方法，以便根据已知组分的结构性质去评价其性能。由于各类工程侧重点不同，其分类的依据有所区别，但都离不开其自身性质，也就是级配、粒径、胶结情况和密实度等基本要素。参考这几个方面，可以将砂卵砾石层分类，具体见表4.3-1。

表 4.3-1　砂卵砾石层分类表

类型	描　　述	现场鉴别	钻进方法
Ⅰ	（1）粒径大于200mm的漂石层或漂（卵）石夹土层或漂（卵）石质土层； （2）级配良好（$C_u \geqslant 5$，$C_c = 1 \sim 3$），强胶结的卵石粒或砾石或砂石； （3）胶结性能很好，其胶结物一般为硅质砾岩、石英质砾石、铁质砾石、铁锰质等的砂砾石层； （4）骨架颗粒交错紧密，空隙填满，充填物密实。砂砾石层抗剪强度大于1000kPa，剪切波速大于500m/s	（1）冲击钻进时，钻杆、吊锤跳动剧烈； （2）铁锹难以挖掘，用撬棍才能松动； （3）粒径大于200mm的漂石	（1）冲击钻进； （2）爆破钻进； （3）钢粒钻进； （4）金刚石钻进
Ⅱ	（1）粒径单一、半胶结的卵砾石层、砂砾层； （2）级配良好（$C_u \geqslant 5$，$C_c = 1 \sim 3$），胶结性能较好的含细粒土砾、砂石或长期冻结的砾石层； （3）骨架颗粒疏密不均，部分不连续，空隙填满，填充物中密。此类砂砾石层的抗剪强度为500～1000kPa，剪切波速大于200m/s	（1）铁锹难以挖掘，用撬棍可以松动； （2）钻进困难，冲击钻探时钻杆、吊锤跳动较激烈，孔壁稳定	（1）冲击回转钻进； （2）冲击压入式钻进
Ⅲ	（1）级配良好，无胶结或弱胶结的细粒土质粒、砂类土； （2）级配不好、胶结性能不好的粗砂、中砂； （3）具有少量钙质、硅质、砂质、石英质、铁质、铁锰质等充填物的砂石，$N > 15$的细粒土层； （4）填充物少或胶结性能差，部分不连续，抗剪强度为200～500kPa，剪切波速大于100m/s	（1）铁锹可挖掘，孔壁有掉块； （2）钻进较难，冲击钻探时钻杆、吊锤跳动激烈，孔壁稳定	（1）螺旋转进； （2）振动钻进； （3）冲击回转钻进
Ⅳ	（1）级配不好，无胶结或弱胶结性的砾石质土、砂石质土； （2）充填物为软塑土或松散的杂填土，级配不限的砾石质土、砂石质土； （3）松散的细砂层和松散的或含泥量大于20%的细粒土层； （4）此类土多数骨架颗粒相互不接触而被松散的填充物包裹；此类砂砾石层的抗剪强度小于200kPa，剪切波速小于100m/s	（1）铁锹可挖掘； （2）钻进容易，冲击钻探时，钻杆稍有跳动，孔壁易坍塌	（1）跟管钻进； （2）抽筒钻进； （3）泵吸反循环； （4）优质泥浆钻进； （5）水泥固结钻进

4.3.1.2　工程地质特点

砂卵砾石层是一种典型的不稳定地层，其基本特征是结构松散、无胶结、表现为大小不等的颗粒状，在自然界中分布较广，多数由第四系河流冲洪积、冰川堆积和滑坡堆积形成和未胶结的火成岩、变质岩组成，在老河床、河漫滩、山前坡地、山区河流的中上游等处广泛分布。

砂卵砾石地层的特点主要有：①一些地区埋藏比较深，厚度比较大，达50～100m；②结构松散、无胶结，还有局部架空，泥浆漏失严重；③质地坚硬，结构复杂，其成分主要由坚硬的火成岩、变质岩等组成，可钻性级别一般在7～11级；④颗粒级配无规律，分选性差，从细砂到粒径10m以上的漂砾均有。

基于以上特点，卵砾石地层钻探施工过程中的主要表现为：①钻进效率低，钻进速度缓慢；②岩芯采取率低，取芯质量差，难以达到地质要求；③孔壁不稳定，护孔困难，经常发生孔内事故；④钻头易损坏、寿命短。

因此，需要系统研究能够快速钻进卵砾砂层、深厚覆盖层，高效保质取芯，高效成孔的钻进设备、钻具、施工工艺等；集成现代先进钻探技术成果，并结合现场实际需求，形成优化组合钻探技术成果，为解决钻探难题提供技术支撑。

4.3.2 钻探与取样技术

在粒径大于20mm的颗粒总质量中所占比例小于75%的砂卵砾石层中，卵砾石相对较少，其颗粒间堆砌呈散粒结构，常用的钻进方法有回转钻进、钢丝绳冲击钻进、跟管钻进、SM植物胶金刚石钻进、黏土回填钻进等方法。

4.3.2.1 回转钻进法

该类地层可采用回转钻进，用小型滚刀钻头或牙轮钻头将卵砾石研磨成较小的颗粒后由泥浆携带至地面。一般在没有大砾石的时候，钻压为3920～5880N，转速为120～150r/min，泵量为30～50L/min，泵压为1.96～2.45MPa。

不取样时，这种地层应采用三翼钻头钻进，岩屑由泥浆排出，并且每钻进1m后，改换简易的螺旋式捞石钻头将落入孔底或挤入孔壁的石块捞出，然后再换用三翼钻头依次循环钻进。取土样时，应采用下列几种方法。

1. 不供水干钻法

这种方法适用于钻进各种黏土层取芯。方法是用普通钻具下入孔底，不供水干钻0.3～0.5m后提钻，即可把土样带出。应注意的是单次进尺长度不宜过长，每次下钻后都应开水泵冲孔，而后停水干钻。

2. 无水泵钻进

无水泵钻进也称停泵钻进法，适用于黏结性能较差的砂质黏土层和流砂层取芯，岩芯管长2～2.4m，取粉管长1.8～2m，挡砂管长1.5m，钢球的活动范围以0.18～0.22m为宜。这种钻进法主要是利用钻具与钻孔间的环状间隙和钻具内水柱压力差，产生反循环，从而使岩芯保持原状结构。

4.3.2.2 钢丝绳冲击钻进法

该方法宜选用圆筒形钻头，其破碎原理是钻头刃口借助钻具重力和冲击力切削土层钻进，遇砂卵砾石层时由于其自由度很大，在土层中可轻易活动，在钻头有挤压和掏出的作用下，将卵砾石挤入孔壁或将其一并取出钻孔。对于粒径大于孔径的漂石和块石来说，钻进效率比较高。

一般地，沉积时间较长、受扰动较少的土层密实度较高，这种地层采用钢丝绳冲击钻探效果较好。若采用回转钻进，因为土层中所含卵砾石相对较多，回转阻力较大，钻具易折断。若选用三翼钻头钻进，卵砾石和钻头的翼片外缘经常会卡在孔壁较大的卵石上，从而产生卡钻、孔斜、掉钻头和塌孔等事故。若采用孔底全面破碎回转钻进，卵砾石非常容易转动，少部分的卵石被切削和研磨成碎屑，粒径较小的砾石可从钻齿的间隙漏走，当泥浆泵的流量不是足够大时，泥浆难以将其带出，从而形成许多砾石在孔底随钻头转动的现象，钻进效率低，钻头损耗大。若采用环状肋骨硬质合金钻头钻进，利用钻头对卵砾石的挤压和切削作用切削土层，只有孔底恰好处于孔壁周边和环状面积下的卵砾石被切削，其他位置的砾石和小卵石、块石可被掏进岩芯管或挤入孔壁，从而达到钻进目的。

4.3.2.3　跟管钻进法

跟管钻进法常选用厚壁套管护壁，在工程勘察中常用的厚壁套管主要有 ϕ108、ϕ127、ϕ146、ϕ168 等规格。一般先选用合金钻具在砂卵砾石层中钻进几十厘米，然后将厚壁套管用重锤下入，待套管基本到底后，继续钻进、下套管，也就是边钻进，厚壁套管边跟进护壁，钻进过程中一般选用泥浆作为冲洗介质。具有以下优点：①技术比较成熟，可以适用于各种砂卵砾石层；②钻进过程中孔内一般比较安全，泥浆漏失比较少。但也存在较为明显的缺点，主要有：①岩芯采取率低，无法采取原状样；②使用器材比较多，辅助工作多，钻进效率低，钻孔结束后要起拔套管，易发生事故；③由于厚壁套管比较笨重，起下工序多，劳动强度较大。

另外，由于受厚壁套管管径的制约和常用钻探设备能力的限制，跟管钻进法一般只在工程地质勘察砂卵砾石层中应用。

4.3.2.4　SM 植物胶金刚石钻进法

此钻进方法具有以下优点：①可以明显提高钻进效率；②可以提高岩芯采取率，获取原状样；③节约成本，降低劳动强度。

但也存在较为明显的缺点，主要有：①需要配套专用的设备，包括高转速金刚石钻机、变量泥浆泵、立式高速泥浆搅拌机等；②SM 胶泥浆配置需要一定的时间和经验，严重漏浆段不宜使用；③影响质量的因素较多，如钻孔结构、转速、钻头、钻具、压力、泵压等，需要掌握一定的经验和理论知识；④技术成熟的 SD 金刚石钻具口径一般小于 110mm，主要适用于工程地质勘察中，不推荐在大口径钻进孔中使用。

4.3.2.5　黏土回填钻进法

黏土回填钻进，也就是加工一个带弹簧合金钻头的筒子钻具，在砂卵砾石层中钻进一段后，使用黏土将上部回填，然后继续钻进、回填，利用筒子钻具将黏土挤入砂卵砾石层，使黏土与砂卵砾石胶结在一起，以保护孔壁，保证钻探顺利进行。具有以下优点：①不需要其他的设备，仅须加工一个筒子钻具；②钻孔的直径适用范围较广，在钻机的能力内可根据需要进行调整，XY-2 钻机可直接进行 450～500mm 口径的钻孔钻探；③方法简单易用，成本低。

其缺点为：①岩芯采取率低，粒径较小的卵砾石在钻进过程会被泥浆携带离孔底，并且岩样易受扰动不能保证原状性；②可钻进深度小，一般为 30～50m；③钻进效率低，进尺缓慢。

4.3.3　护壁工艺方法

在砂卵砾石层钻进时，发生的大部分孔内事故都与孔壁失稳有关，因此提高孔壁稳定性是提高砂卵砾石层钻进效率的关键。在砂卵砾石层中主要采用以下几种方法提高孔壁稳定性。

4.3.3.1　黄泥护壁

层厚为 30～50m、易见地下水位的表层砂卵砾石层极为松散，粒径较大，漏失严重，通常采用边施工边造壁的方法钻进，即每回次钻进 1～2.4m 后投入黄泥球，捣实、挤压，使黄泥挤附于孔壁，形成比较坚固的人工孔壁。虽然这种方法实施过程较为缓慢，但是实际效果较好，成功率较高，可大幅度提高钻进效率。

4.3.3.2 套管护壁

在使用其他护壁措施失效或效果不明显时，宜采用套管护壁，通过下入的套管形成稳定的孔壁，避免发生孔内事故，有效提高钻进效率。这种方法一般在钻穿砂卵砾石层后使用，能从根本上解决孔壁失稳的问题。

4.3.3.3 泥浆护壁

1. 植物胶泥浆护壁

植物胶泥浆护壁是卵砾石层钻进保护孔壁的主要措施，能取得很好的护壁效果，应用广泛，配置方法如下：①先把纯碱与植物胶干粉按比例混合均匀，然后加水搅拌至均匀；②按照黏土加量将黏土加入水中搅拌造浆，再加入纯碱，使 pH 值为 9 左右；③将植物胶碱液按比例加入已搅拌好的泥浆中，充分搅拌均匀。

2. 水泥护壁

当卵砾石层极为松散、粒径较大、漏失严重时，采用植物胶泥浆护壁的方法会由于地下水的入侵而降低泥浆性能，甚至失效。同时，泥浆在循环过程中也会不断地冲刷孔壁，随着钻进的继续，已封堵的漏失地层，由于钻具的震动，泥浆压力的变化，可能会发生重新漏失，迫使停钻进行二次堵漏。此时，应采用水泥护壁堵漏。向孔内注入所需的水泥，待水泥凝固后方可继续钻进，一般后凝时间为 36～48h。

4.4 硬脆碎地层

硬脆碎地层钻探既是钻探工程中的主要难题之一，又是国内钻探工程师研究的主要方向之一。钻探过程中易发生缩径、坍塌卡钻、超径、缩径、钻孔偏斜等情况，进而造成孔内事故给工程项目带来巨大的损失。本节主要阐述硬脆碎地层的地层特性，并针对地层特性进一步论述钻探与取样技术。

4.4.1 地层特征

硬脆地层节理、片理、裂隙发育，黏性低或无黏性，抗磨性差，岩芯容易在钻进过程中被机械破碎成小块状，且岩芯质量差。钻具回转钻进时岩芯易松散、破碎、冲蚀、磨损，不易获得完整的岩芯，并造成钻头寿命短、取芯难度大、泥浆漏失严重、成孔率低、报废率高等问题。这类地层由于裂隙发育，钻进时由于钻具的振动碰撞和泥浆的冲刷，容易造成孔壁围岩破碎、坍塌失稳的情况。因此，施工中常会出现提钻后再次下钻钻进时需要重新扫孔的情况。

在该类地层中，如使用普通喷射式孔底局部反循环钻进，会产生岩芯被分选的现象，并将一部分碎成细粒状的岩芯携带进入循环的泥浆中，可能会造成获取的岩芯层次紊乱。

4.4.2 钻探与取样技术

硬脆碎及断层破碎带的钻探与取芯一直是水电工程勘探中的难题，常常由于钻进速度很快，钻完后既没取出岩样也没有发觉。如果使用普通单动双管钻具和常规卡簧取芯，岩矿芯采取率往往很低，或者根本取不上岩矿芯。针对这类地层，采用 SDB 双管单动钻具配合 SM 胶泥浆的钻进方法，取得的勘探成果较好。

4.4.2.1　主要钻探工具

1. 钻头

硅质岩强度高、性脆，勘探时宜采用胎体硬度为 HRC35～40、金刚石粒度为 80～100 目的孕镶式或电镀式钻头，断层破碎带宜采用胎体硬度为 HRC40～45、金刚石粒度为 60～80 目的孕镶式钻头；泥质成分大、颗粒细小时采用硬质合金钻头，为增强钻头的抗冲击性能，采用厚胎体，并减少水口数量，加大水口的深度，以防止崩刃。

2. 钻具

为了取得质量较高的岩样，采用 SDB 系列两级单动双管钻具（图 4.4－1）。钻具单动接头采用两盘圆锥滚珠轴承，保持了良好的单动功能；卡簧与钻头内径相同，减少了岩芯的堵塞。为提高复杂地层钻探取芯质量，应尽可能采用高黏度的植物胶类泥浆，植物胶泥浆具有护胶作用，可成膜包裹岩芯，同时具有黏弹性减振作用，避免岩芯破碎和溃散，如在砂卵石地层和破碎地层等地层钻进时，应用高黏植物胶，采用单动性能好的钻具，运用合适的规程参数，如“高转速、小压力、小泵量”，可达到原结构柱状岩芯样。

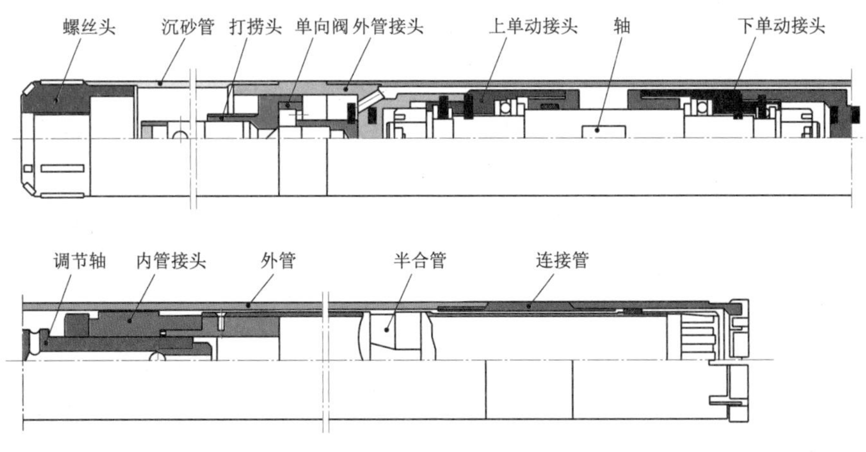

图 4.4－1　SDB 金刚石钻具结构总成

4.4.2.2　钻具规程参数

1. 转速

转速是影响钻进效果的重要因素，转速高低既影响钻进效率，又影响取芯质量。一般规律如下：转速越高，钻进越快，钻杆挠度越小，钻具越稳定，进尺越快，钻头对岩芯的研磨时间就越短，取芯质量越好。植物胶泥浆由于黏弹性减振作用，为高转速提供了条件。转速高，机械钻速成倍提高，对岩芯冲刷时间减少，有利于提高取芯质量，但应注意的是选择钻机的功率要满足高转速的要求。

2. 钻压

钻压要根据岩石硬度和完整程度来调整，如果钻压过大，钻杆会压弯、挠曲，与孔壁产生强大摩擦，影响钻速和钻进效果，严重时会导致发生孔内事故。钻压一般不宜大于传统钻进规程的2/3，否则容易产生岩芯堵塞和重复磨碎。在硬脆碎地层中，建议钻压为5～7kN，并随时调整保持钻具平稳进尺。

3. 泵量

泵量是影响取芯质量关键的因素之一。泵量过大，会直接冲毁松散、破碎的岩芯；过小，会导致烧钻、埋钻等。在硬脆碎地层中钻进，采用适宜大小的泵量尤为重要。泵量的大小直接决定了泥浆对岩芯冲刷情况。在钻进过程中，应经常注意泥浆上返流量及泵压情况，根据钻进速度及时调整。另外，为了减少泥浆对岩芯的冲刷，采用底喷式钻头分流是一个较好的办法。

4. 泵压

采用SM胶植物胶泥浆钻进，由于泥浆具有黏弹性减振作用，且润滑性和滑动性能较好，故正常钻进泵压较低，一般为0.1～0.4MPa，钻具平稳，进尺正常。若泵压增大，甚至产生憋泵现象，说明泥浆回路受阻，若钻具产生上下窜动，将直接影响采芯质量。

4.4.2.3 钻进过程优化

(1) 始终要保持SM植物胶泥浆具有良好的性能。当泥浆黏度高、固相分离慢时，应向沉淀池中加入少量聚丙烯酰胺水溶液，使胶体能够满足排除岩粉和护壁等要求。

(2) 钻具下至离孔底约0.5m时应开泵冲洗，待孔口返浆后方可轻压慢转扫孔到底，以防下钻过快，孔底沉淀堵塞水口。

(3) 正常钻进时，转速和钻压不要忽高忽低，且不宜频繁活动钻具。若发现岩芯堵塞，处理无效时，应立即提钻，检查原因。

(4) 根据断层破碎带地层的特点，为防止泥浆冲刷孔壁，破坏岩芯的原状结构，应适当减少泵量。钻进过程中应及时提钻取芯，减少岩芯磨损。

4.4.3 护壁工艺方法

目前，硬脆地层可用的护壁工艺方法有泥浆护壁、化学浆液护壁、黏土护壁、水泥护壁、套管护壁等。

4.4.3.1 泥浆护壁

这种方法利用泥浆上返过程中在孔壁形成的泥皮，把破碎的岩石粘连起来实现对孔壁的加固；孔内泥浆的液柱压力对孔壁产生支撑作用，维持孔壁稳定。在此类地层中，泥浆一般都会在孔底漏失，无法上返在孔壁形成泥皮和在孔内形成液柱压力。即便钻孔返水，因岩石极度破碎，孔内地层压力高，泥浆的液柱压力也很难支护孔壁。因此，泥浆护壁不宜使用。

4.4.3.2 化学浆液护壁

化学浆液堵漏的效果较好，但因化学浆液的凝胶强度低，在钻头的挤压及钻杆的撞击下易破碎，且需要专用的灌注工具，现场操作较麻烦，因此不建议使用。

4.4.3.3 黏土护壁

黏土由于其黏性较好，黏接作用强，挤入破碎岩石的空隙后能很好地把破碎岩石粘连起来，使不坍塌掉块。它的缺点是不能胶结，没有强度，经不住水力冲刷。

4.4.3.4　水泥护壁

水泥是岩石钻探中广泛应用的护壁材料，它对岩石的胶结作用强，胶结强度高，护壁效果好，但在破碎地层中注水泥浆会因为漏失掉而失效。在水泥中加入粗砂、稻草等后再倒入孔内，一般有效果，但待凝时间长，最快也要12h。

4.4.3.5　套管护壁

套管护壁是最安全可靠的护壁方法，护壁效果最好。为顺利把护壁剂送到孔底及孔壁岩石的空隙中，把套管安全下到孔底，可以采用跟管和黏土-水泥相结合的组合护壁措施。这种护壁措施结合各种护壁措施的优点，在此类地层中使用有很好的效果。

4.5　软弱夹层

软弱夹层是指在坚硬的岩体中夹有强度低、泥质或碳质含量高、遇水易软化、厚度较薄的地层。基于水电工程水工建筑物基础抗滑稳定考虑，水电工程钻探对地层中软弱夹层钻进取样十分重视，工程地质人员希望能对软弱夹层取出原状芯样。

4.5.1　地层特征

软弱夹层是指岩体中那些性质软弱、有一定厚度的软弱结构面或软弱带，一般上、下岩层硬度差异较大，而且单层厚度也比较小，其组成物质常见的有泥质、碎屑、角砾等。

软弱夹层是在原软弱岩石的基础上，经过一系列物理化学的改造作用形成的、岩体性质与形态非均质的岩层，软弱夹层厚度、颗粒成分、矿物成分和工程地质特性等各方面都存在巨大差异，即便是同一条夹层也是如此。另外，软弱夹层的工程地质特性有明显的分带性。在钻进过程中，易出现如下问题：①上下岩层硬度不均，钻遇时易往硬度低的方向弯曲，特别是顺着层理方向，导致不能钻至目标地层和靶区；②钻孔弯曲，钻杆柱一侧贴着孔壁，摩擦阻力较大，易发生断钻杆事故和孔径“大肚子”。

在软弱夹层钻进时，易发生岩芯堵塞岩芯管的情况，从而导致岩芯被研磨而损失，降低取芯质量。另外，由于钻进速度快，难发现软弱夹层，从而影响工程地质钻探质量，带来的后果是软弱夹层被磨蚀，地质现象无法判断，影响工程地质评价，严重时会产生错误结论。

4.5.2　钻探与取样技术

大量资料表明，软弱夹层的强度只是岩体强度的几十分之一或几分之一，且沿节理裂隙还有集中渗流现象，采用普通单动双管钻具不但取芯率低，而且提取出的岩芯几乎不含软弱层。针对这种情况，可以采用孔底反循环钻进。

4.5.2.1　工作原理

反循环钻进就是通过喷反接头来改变泥浆的流向，实现反循环。当泥浆从钻杆内经过喷反接头时，泥浆不经过钻具内，而是从钻具外壁与孔壁之间到达孔底，起到冷却钻头和携带孔底岩粉的作用，从而避免了泥浆对岩芯的冲蚀，提高了岩芯的采取率。

4.5.2.2　钻具结构

孔底反循环钻具主要由取粉管、喷反接头、岩芯管、扩孔器、钻头等组成，由于金刚石钻头易烧钻，所以必须保证泥浆能够到达孔底，使金刚石钻头能够得到充分的冷却。

4.5.2.3 钻进规程参数

金刚石反循环钻进主要适用于破碎地层以及软弱夹层，其目的在于提高岩芯采取率，因此必须选用合理的钻进技术参数。

（1）钻压：在软弱夹层中钻进，如果钻压太大，可能会导致钻孔偏斜或岩芯堵塞，影响正常钻进。因此，根据经验钻压应控制在 6～7t。

（2）转速：在金刚石反循环钻进中，转速是保证钻进效率的重要因素。对于在软弱夹层中钻进，如果转速过快，钻具振动加剧，很容易造成钻孔倾斜或者由于出现掉块而产生卡钻事故，同时也会造成岩芯采取率降低，因此宜采用低转速。

（3）泵量：在金刚石反循环钻进中，泥浆不仅起到冷却钻头的作用，避免烧钻事故，同时又作为钻孔内的循环介质携带钻孔内的岩粉返回地面，避免发生埋钻事故，而且泥浆在循环的过程中对孔壁和岩芯又有一定的冲蚀作用。如果泵量太大，就会发生孔壁坍塌，并且影响岩芯的采取率。对于在软弱夹层中采用金刚石反循环钻进，泵量要综合考虑钻进中各种影响因素来确定，根据经验一般控制在 60L/min 左右。

4.5.2.4 取样技术

1. 取芯难点

金刚石反循环钻进的泵量与泵压，往往使软弱夹层荡然无存，即使取上少量的，大多也只有劈理带与节理带的碎屑，而无泥化物，这说明其有被水蚀的可能性。

发生岩芯堵塞，这是引起岩芯对磨的主要原因。岩芯堵塞后，使下部岩芯进入受阻，此刻如果岩芯出现相对运动，便会造成岩芯对磨。岩芯对磨往往不为人们所重视，因其绝对长度磨耗很小，对岩芯采取率影响甚微。但对坝基工程地质钻探质量却有重要影响，带来的后果是：软弱夹层被磨蚀，地质现象无法判断，影响对坝基的工程地质评价。

2. 取芯工具及技术

（1）设计与岩层有一定夹角的钻孔。在设计钻孔前，应搞清岩层的产状，设计与岩层倾角相同的斜孔，这样就能充分利用缓倾角岩层自身的倾角，这既能减小钻孔的施工难度，又能减少岩芯对磨，有利于提高软弱夹层的完整采取率。

（2）绳索取芯工艺是提高软弱夹层采取率的有效方法。

（3）取芯装置：敲振倒芯对取软弱夹层是不合理的，若用三层半合管水力推芯装置则比较合理。水力推出带岩芯的半合管，然后用半圆的塑料 PVC 管翻转半合管，便能最大限度地保持软弱夹层的原始状态。

（4）钻具长短的影响：试验表明，短钻具的钻进质量优于长钻具，因钻具内管如同一端铰链梁，当铰链端产生振动时，悬梁端同样产生振动，梁愈长，愈不稳定，则振幅愈大。故短钻具能相应减小对岩芯的破坏力量，也适应小回次钻进的要求，给取芯与内管投放都创造了相当方便的条件，这在工程地质复杂地基浅孔勘探中是值得提倡的。

（5）操作要求：由子软弱夹层的特性，必须对其加强保护，注意操作，否则，再好的机具也无法保证采取率。首先要保护软弱夹层不受水的冲刷，下放间隙要调整好，一般控制在 3～5mm；然后，采用较大钻进参数，强力钻进、快速穿透，使软弱夹层在最短的时间内进入内管，以减少受冲刷的机会；每次投放内管后，不得先给水，而应将钻具轻压到底，然后给水低速开钻，因为孔底残留岩芯可能正是夹层层面。

4.5.3 护壁工艺方法

钻遇此类地层时，由于软弱夹层一般易冲蚀，造成孔壁失稳，常采用泥浆护壁、套管护壁和黏土-水泥护壁等方法。

4.5.3.1 泥浆护壁

在此类地层中，泥浆不会溶蚀软弱夹层，并且能在其表面形成致密的泥皮，维持孔壁稳定，一般由较小的滤失量、适宜的黏度、具备较好的润滑减阻效果。

4.5.3.2 黏土-水泥护壁

把黏土、水泥、粗砂与少量水混合，倒入孔内，用锥形钻头挤到孔壁岩石空隙中，初期依靠黏土的黏性把孔壁破碎的岩石黏接在一起，经过一定的时间后，水泥慢慢凝固，形成有足够强度的胶凝体，能把孔壁破碎岩石牢牢地固定，这种方法结合黏土和水泥的长处，不需等待水泥凝固，大幅度节省作业时间。

4.6 岩溶与漏失地层

地下水和地表水对可溶性岩石的破坏和改造作用叫岩溶作用，这种作用及其所产生的地貌现象和水文地质现象总称为岩溶，国际上统称为喀斯特（Karst）。在地质构造以及岩溶等作用下，地层中会产生大量的裂缝型、孔洞型等复杂漏失地层。

岩溶和漏失地层与工程建设密切相关，水电工程建设中库坝区经常遇到岩溶与漏失地层造成的渗漏问题，威胁水库安全和正常使用，它是水工建设中拟解决的工程地质问题之一。在水电工程勘察中，岩溶与漏失地层由于其特殊性给勘察工作带来了很多问题。因此研究岩溶与漏失地层的钻探与取样技术对于水电工程建设等具有重大的意义。

4.6.1 地层特征

岩溶地区因受其特殊的地质构造影响，往往具有高水压、富水、溶洞及断层的特征。岩溶作用的结果表现为以下两方面：一方面形成地下和地表的各种地貌形态，如石芽、溶沟、溶孔、落水洞、漏斗、洼地等；另一方面形成特殊的水文地质现象，如冲沟、地表水系不发育等。喀斯特化岩体是指溶隙-溶孔并存或管道-溶隙网-溶孔并存的高度非均质的岩体，透水性强，常伴有良好的地下含水层。岩溶空间分布极不均匀，动态变化大，流变复杂多变，地下水与地表水互相转化敏捷，且地下水的埋深一般较大，山区地下水分水岭与地表水分水岭常不一致等。

影响岩溶发育的因素有岩性、气候、地形地貌、地质构造、新构造运动等。岩溶作用对工程产生的工程地质灾害有地表塌陷、岩溶渗漏和涌水等。

4.6.1.1 地表塌陷

1. 工程特性

在自然条件下产生的地面塌陷或沉陷是地面垂直变形破坏的一种形式。岩溶地面塌陷是指覆盖在溶蚀洞穴发育的可溶性岩层之上的松散土石体在外动力作用下向洞穴运移而导致的地面变形破坏，其表现形式以塌陷为主，并多呈圆锥形塌陷坑。岩溶塌陷一般规模较小，发展速度缓慢，不会给人类生活带来突然的影响。但在一些工程活动中，诸如抽取岩溶水作为供水来源、岩溶地区矿山排水疏干时，产生的岩溶塌陷规模较大、突发性强，给地面建筑物和人类安全带来严重的威胁，可构成地区性的环境地质灾害。

在覆盖型岩溶区，由于水动力条件的变化，常在上覆土层中形成土洞，若在这种区域内进行工程建设时，则土洞的存在是威胁地基稳定性的潜在因素。有时在土洞的形成过程中，因上覆土层厚度较薄，不可能在土层中形成天然平衡拱，洞顶垮落不断向上发展，达到地表时突然引起塌陷，形成不同规模的陷坑和裂缝，这种作用和现象在自然条件下可能发生，但其规模较小，发展速度较慢，分布也较零星，对人类工程及经济生活的影响不大。但是，人类工程活动对自然地质环境的改变则是十分显著和剧烈的，如因城市、工况部门的供水需要开采大量地下水，各种矿床的开采需要排水，都会大幅度地降低地下水位，在降落漏斗中心，地下水埋深可达数十米至数百米，其波及范围也很广。在这种新的条件下，可导致短期内在大范围面积上形成地表塌陷，常引起铁路、公路、桥梁、水气管道、高压线路的破坏，使工业与民用建筑物等开裂、歪斜、倒塌，破坏农田，甚至造成人身安全事故。有时由于地面开裂，河水、农田和池塘水灌入并淹没矿坑，使采矿不能正常进行，因而它所造成的危害比自然条件下大得多。

2. 分布特征

根据我国大量的实例分析，地表塌陷的分布具有以下特征：①地表塌陷在裸露型岩溶区极为少见，主要分布在覆盖型岩溶区。当松散覆盖层厚度较小时，地表塌陷比厚度大时要严重。一般来说，覆盖层厚度小于 10m 者，塌陷严重；厚度大于 30m 者，塌陷极少。②地表塌陷多发生在岩溶发育强烈的地区，如在断裂带附近、褶皱核部、硫化矿床的氧化带、矿体与碳酸盐岩接触部位等。③在抽、排地下水的降落漏斗中心附近，地表塌陷最为密集。④地表塌陷常沿地下水的主要径流方向分布。⑤在接近地下水的排泄区，因地下水位变化受河水位的变化频繁而强烈，故地表塌陷亦较强烈。⑥在地形低洼及河谷两岸平缓处易于塌陷。

4.6.1.2 岩溶渗漏

碳酸盐岩经岩溶作用后，形成各种复杂的岩溶通道和洞穴，使岩体水文地质条件更加复杂，透水性加大且各向异性。在这些地段兴建水电工程，由于渗透量较大，常使水库不能正常蓄水甚至干涸，而不能正常使用。因此岩溶渗漏是水利水电工程中主要的工程地质问题之一。

1. 分类

渗漏按照渗漏通道可以分为裂隙分散渗漏和管道集中渗漏。裂隙分散渗漏的岩溶作用分异性不明显，以溶隙为主。库水通过溶隙或顺层面渗漏，为裂隙脉状分散型渗漏，其分布范围较大。地下水既有层流也有紊流运动，从宏观上可近似认为是均匀裂隙中的层流运动。管道集中渗漏主要分布在岩溶发育强烈的地段，岩溶作用分异性明显，库水通过岩溶通道系统集中渗漏，渗漏量较大，地下水以紊流运动为主。按库水渗漏特点又可将岩溶渗漏分为暂时性渗漏和永久性渗漏。暂时性渗漏是指库水饱和库底包气带的岩溶洞穴和裂隙消耗水量，待洞穴裂隙饱水后，渗漏即停止。库水储于岩体空隙中，不会造成水量的损失。永久性渗漏是指库水通过岩溶流向本河下游、邻谷、低地及干谷等处，造成库水的损失，是工程地质研究的重点。

2. 影响因素

影响岩溶渗漏的因素有很多，诸如地形地貌、地层岩性、地质构造、岩溶发育和水文地质条件等。在预测是否产生渗漏及其严重程度时，应关注反映渗漏问题的两个关键因素：

（1）渗漏通道，研究分析通道的类型（洞穴、裂隙、孔隙、断层破碎带）、规模、位置、延伸方向和连通性，其中自库水入渗段至可能渗漏的排泄区之间渗漏通道的规模和连通性对水库渗漏的影响最大；若通过连通性好的岩溶管道渗漏，则其渗漏量较大，应予以重视。渗漏通道是水库渗漏的必要条件。

（2）水文地质条件，其核心是分析拟建水库的河流和库水位与地下水位的关系。只要河间地块和河湾地段的地下水分水岭高于设计库水位，即便岩体中的通道规模较大，连通性能较好，也不会向邻谷经河弯地段向本河下游产生永久性渗漏。

查明地下分水岭高程与河水位及库水位的关系，是分析水库渗漏的本质和关键，它是水库渗漏的充分条件，但是查明地下水分水岭需要投入大量的勘探工作；同时，地下水分水岭的高程和位置是随时间季节而变动的。因此用地下水分水岭与河水位及库水位的关系来评价水库渗漏时，在初勘阶段应该谨慎。全面地说，应把它与渗漏通道的分析结合起来。

4.6.1.3 涌水

涌水是指在地下洞室、巷道施工过程中，穿过溶洞发育的地段，尤其遇到地下暗河系统、厚层含水砂砾石层，以及与地表水连通的较大断裂破碎带等所发生的突然大量冒水现象。

涌水是岩溶工程施工和运营过程中常见的一种水患。涌水严重危及工程施工的安全，影响施工进度，而且如果施工措施不当，常常会使工程建成后运营环境恶劣，地表环境恶化，给人们的生产和生活造成重大的损失，具体表现为以下方面：

（1）高压、富水、岩溶隧道开挖过程中，涌水事故特别是突发性涌水事故时常发生，并伴随涌泥、涌砂，从而淹没坑道、冲毁机具，造成施工被迫中断，甚至造成重大人员伤亡事故。

（2）引起岩溶地面塌陷和地面沉降。岩溶地面塌陷是隧道涌水突出的地质环境效应，它往往具有突发性、发展迅速、波及范围广、危害性大等特点。对铁路系统全路岩溶塌陷分布规律及其与岩溶水关系的分析研究表明，涌水引起上覆松散土层内有效应力的改变和动水压力的增加是岩溶地面塌陷的最根本原因。地下水位急剧变化带和强径流带往往是塌陷产生的敏感区，而水动力条件的改变是产生岩溶塌陷的主要诱导因素，这已为不少实际资料所证实。

（3）造成水资源减少和枯竭。隧道开挖将不可避免地揭露充水围岩，疏排地下水。随着地下水不断地涌入隧道，地下水的储存量势必大量消耗，使降落（位）漏斗不断扩展，从而袭夺其影响范围内的补给增量，引起地下水渗流场和补排关系的明显变化，继而导致地表井泉干涸、河溪断流，直接影响当地工农业生产及人民的生活。隧道涌水尤其是岩溶和断裂带的突水，因其量大，影响范围极广。

(4) 导致水质污染。隧道涌水造成的水质污染主要有两种方式：①隧道大量涌水，疏干了充水围岩，加速了水交替的速度，利于氧化作用充分进行，从而促使地下水中某些金属元素（Fe、Cu、Pb、Zn 等）含量增加或 pH 发生显著变化；②将受其他水体补给时被污染的或在隧道施工环境中被污染的地下水不经处理就直接排入周围环境，引起地表水和地下水二次污染。第一种方式，除造成水环境的污染外，还由于围岩中硫化物等的强烈氧化，形成酸性水，使地下水具有较强的腐蚀性，从而腐蚀和毁坏隧道的二次衬砌结构和其他施工设备，危害作业人员的健康。在岩溶地区，由于地表水直接进入地下水循环系统，因此在岩溶地区建设交通、水利工程时，非常容易导致工程附近溶洞和地下水资源的污染与破坏，而且破坏后很难治理，因此在工程规划和施工中应对环境影响问题高度关注，并应进行慎重评估。

4.6.2 钻探与取样技术

在钻进过程中，如遇到裂隙岩溶性地层时，要求探明裂隙岩溶发育的规律性，研究其对工程建筑物的影响，查明裂缝和溶洞的大小、数目、深度，其中有无填充物、填充物的性质成分、水文地质情况等。钻进此类岩层的特点是，泥浆突然严重漏失，有时孔口甚至不返泥浆，取出的岩芯有钟乳石及溶蚀现象，进尺加快、有异声等都是遇到空洞的预兆。如钻具突然急骤下落，说明已钻入空洞。

4.6.2.1 钻探设备配备

设计孔深在 650m 以下，可使用 XY-4 型钻机，动力系统采用 45kW 的发电机组，确保其钻进稳定；设计孔深为 650～850m，宜采用 XY-44 型钻机，59mm 口径最大钻进深度为 1200m，动力系统选用 45kW 或 75kW 的发电机组；设计孔深为 850～1250m，则采用 XY-5 型钻机，动力系统采用 75kW 的发电机组。

钻头选用孕镶金刚石钻头，胎体硬度为 HRC35～45 或 HRC45～50；宜采用绳索式取芯技术，具有取芯速度快、岩芯采取率高、操作劳动强度低等特点，适合于较破裂岩层及断层破碎带的钻进施工。

4.6.2.2 钻探工艺

1. 钻孔结构

一般采用两级或三级口径成孔，但是相邻两级口径间需要预留一个口径，作为备用孔径用于处理孔内复杂情况（如钻遇未知溶洞或地层漏失非常严重）时下套管使用，例如设计孔深 550～850m，以 110mm 口径开孔，下入 ϕ108 套管后，以 75mm 口径钻进直至终孔，其中 91mm 口径作为备用孔径；设计孔深大于 850m，宜采用 130mm 口径开孔，分别下 ϕ126 和 ϕ108 两层套管，最后以 75mm 口径钻进直至终孔。

钻孔开孔直径和终孔直径需要根据钻孔任务书、钻进工艺、钻探设备等选择，不是一成不变的，但是开孔直径应尽量大一点。

2. 钻进规程参数

(1) 泵量。泵量是指钻进过程中泥浆流量（水量或泥浆量），在金刚石深孔钻进中是一个很重要的参数，要求泵量均匀、连续，不能过大或者过小。在岩溶与渗漏地层钻进过程中，钻孔开孔地层一般地层性质较为稳定，岩体结构相对完整，硬度较小，无复杂钻探取芯工程难题，宜采用较大泵量；当钻进至岩溶与漏失地层时，地层厚度较大，岩石较破碎，研磨性强，且裂隙及节理较发育，应采用较小泵量，以利于孔底保留较少的岩粉来研磨钻头使其保持出刃；随着孔深进一步加大，泥浆在孔内循环时所经过的孔段越长，产生的阻力损失也就越大，此时宜选用较大泵量。深孔钻进泵量选择见表4.6-1。

表4.6-1　深孔钻进泵量选择表

钻孔直径/mm	110	91	76
泵量/(L/min)	60～80	40～60	50～70

(2) 钻压。钻压是决定钻进效率的主要因素之一，其计算公式如下：

$$F=F_2+F_3+F_4-F_1 \tag{4.6-1}$$

式中：F 为钻机液压系统压力，正值为加压，负值为减压，N；F_1 为钻杆自重，N；F_2 为泥浆对钻具的浮力，N；F_3 为泥浆对钻具的上顶力，N；F_4 为钻头部位压力，N。

(3) 转速。转速是指钻头在单位时间内转动的圈数。理论上讲，转速越高，单位时间内钻头切削岩石的次数也就越多，钻进效率自然就高。转速选择主要取决于地层特性，但也受设备、管材、泥浆、钻孔直径等因素的制约。通常情况下，颗粒细、均质完整、研磨性较弱的岩层可用较高转速；而颗粒粗、裂隙发育、研磨性强的岩层则应降低转速。根据圆周线速度与直径的关系，转速相同的钻头直径越大，圆周线速度越快。因此在相同条件下，钻头直径大时转速应相应降低。

4.6.2.3 操作技术要求

岩溶与漏失地层地质构造比较复杂，钻具在钻孔中受力不均匀，若操作不当，极易造成钻杆脱扣、折断甚至跑钻，因此常采用多种技术措施避免发生孔内事故，具体要求如下：

(1) 钻杆脱扣、折断的预防。开始钻进时，先用轻压、慢转，待钻头工作适应孔底情况后，再将钻压和转速提高到需要值；正常钻进时，给压要均匀，不得无故提动钻具，同时要保持孔内清洁，遇到孔内有阻力时不能猛拉猛顶；取岩芯时，不得用高速晃车，以免造成钻杆大幅震动致使钻杆脱扣或折断。

(2) 防止跑钻。应定期检查升降机的制动带与卷筒的同心度是否一致，制动带与卷筒之间的间隙是否合适，操纵手柄是否灵活，刹车磨损是否严重等。提引器上下运行过程中，操作者的视线应始终盯着提引器，并随着提引器上下移动；提下钻时，操作者不能猛拉猛墩，塔上塔下要保持协调一致，注意力要集中；提钻时，提引器一定要拧紧。

(3) 起下套管。依据设计要求确定终孔口径，再反推至孔口，对于超深或复杂地层的钻孔，一般在中间预留一径或两径做备用。套管下入深度主要取决于地层的复杂程度。下套管前，套管外壁应涂有废机油或防锈润滑材料，有时可考虑向孔内注入适量黏度较大的泥浆，以冲填孔壁间隙或防止黏土层膨胀。下套管时，应在每节套管丝口处涂抹适量松香防滑剂并拧紧，使其封闭严密防止泥浆漏失；套管下端应坐落在稳固的地层中并加以密封，以防套管内外水力相通；套管上端也要密封，防止岩粉落入套管和孔壁间，造成起拔困难。起拔套管困难时，宜先用升降机来回提拉，然后再逐根起拔；若来回活动无效，可用千斤顶对准孔口中心进行起拔，操作时压力应均匀，避免将套管顶断；用千斤顶起拔无

效时，则须用公锥将套管逐根返上来。

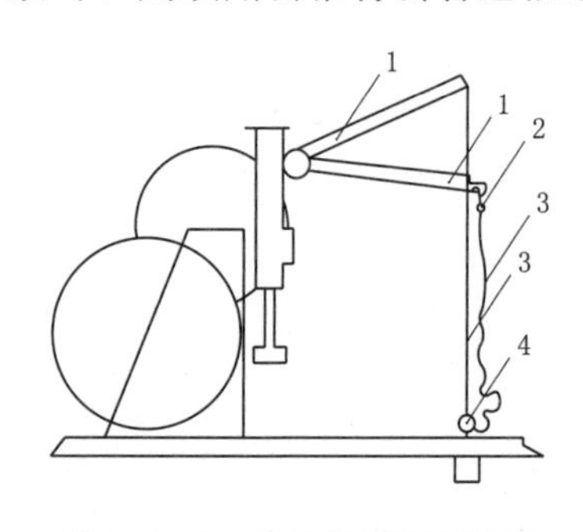

图 4.6-1　给进把手防翻装置示意图

1—加力把手；2—铁扣；3—钢绳；4—带圈螺栓

另外，在岩溶漏失地层中钻进时，必须特别注意以下几点：①钻进中宜采用较低钻压慢速度钻进；②出现空洞的预兆时，若原来用钢粒钻进的需改为硬质合金钻进，并以低钻压慢转速旋转钻进，能不加压的就不加压；③当钻入溶洞后，立即停钻，洞内如有填充物时，应进行取样，因洞（裂隙）底面常有斜面易造成孔斜，钻进时一般不能加压；④钻入岩溶底板以下 2～3m 后，即下套管或导向套管，如溶洞不影响正常钻进时，可暂时不下套管；⑤在岩溶，裂隙地区钻探应及时注意安全，为防止突然钻至空洞，加力把手翻转伤人，除不得用身体加压外，必须有加力把手防翻装置，如图 4.6-1 所示；⑥将裂隙溶洞的顶板底部充填物等详细情况记录。

4.6.3　护壁工艺方法

4.6.3.1　常规堵漏方法

岩溶和漏失地层钻进堵漏技术是关键，地质勘探中处理钻孔漏失的方法很多，按其特点可以大致分为四类（详见 2.6.2.2 小节），在实际工作中应用比较普遍的是前两类方法，处理岩溶渗漏先采用灌注水泥浆，无效时才改用下套管隔离法，在条件适合时亦可改用其他钻进方法。

4.6.3.2　随钻堵漏方法

堵漏可以分为停钻堵漏和随钻堵漏。随钻堵漏泥浆是在常规泥浆中添加一些特殊的堵漏剂，占泥浆体积的 1%～4%。一般用在漏失量不大的情况下，可一边循环一边堵漏，维持孔壁稳定，不需要停钻处理，从而不会影响正常钻进作业。因此，在条件允许的情况下，采用随钻堵漏泥浆来处理漏失层不失为上策。

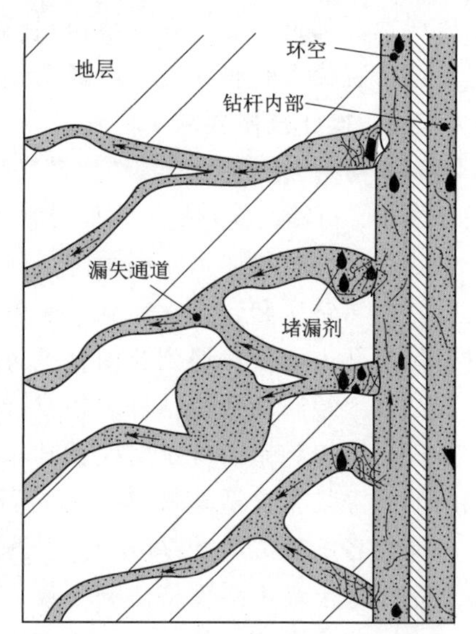

图 4.6-2　随钻堵漏泥浆原理

如图 4.6-2 所示，造成泥浆漏失的主要原因是井眼地层中存在着畅通型的裂隙、孔隙、溶洞等，泥浆中的随钻堵漏剂会在循环过程中封堵这些孔隙，使用时需要使堵漏剂均匀地分散在泥浆体系中，避免其快速沉降或漂浮。由于是在钻进过程中使用，泥浆性能要满足相关技术要求，保证钻进安全。因此堵漏剂选用时，材质、密度、尺寸和加量等是关键。

当地层漏失状况复杂到一定程度后，封堵漏失所需要的堵漏剂性状及其泥浆性能若超出合理范围时，就不能采用，如当地层孔、裂隙尺寸明显大于井眼环状间隙时，所需的大尺寸堵漏剂就很容易堵死环空上返通道而不能使用。

以地层孔裂隙宽度尺寸作为衡量依据，将漏失地层分为微漏隙（≤1mm）、小漏隙（1～3mm）、中漏隙（3～10mm）和大漏隙（≥10mm）四类，各类型的照片如图4.6－3所示。通常情况下，随钻泥浆堵漏只适于微、小漏隙和部分中漏隙的情况，大漏隙和部分中漏隙需要采用停钻堵漏法处理钻孔漏失。

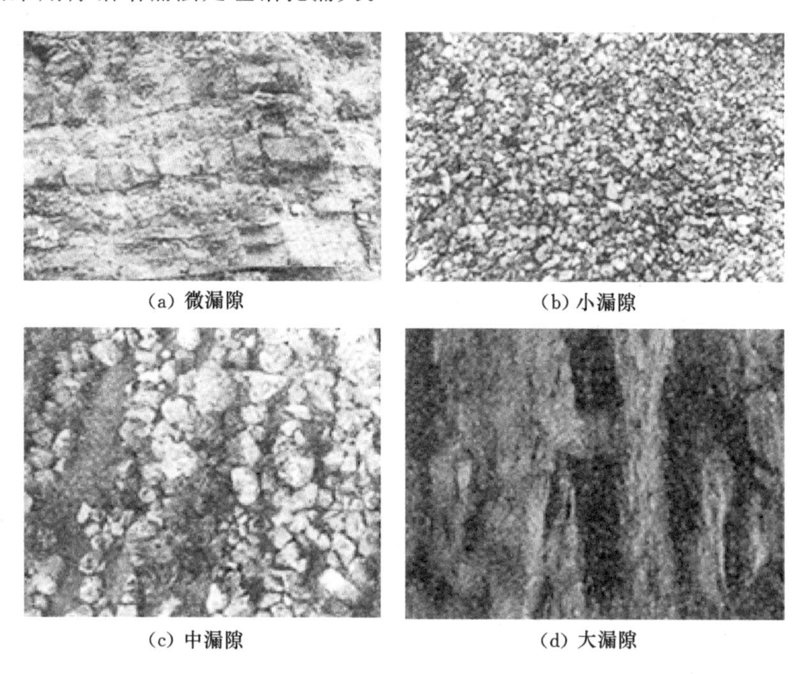

图4.6－3　不同程度漏失地层照片

当遇到较大溶洞或严重漏失地层时，一般采用水泥浆堵漏的方法。为了降低水泥浆的大量流失，最好采用膜袋注水泥或投放干料，以控制水泥浆的扩散流失范围，如图4.6－4所示。以水泥为主要材料，加入适量的其他成分后形成多种组分的混合水泥浆或速凝水泥浆，以适应不同类型的漏失层，取得了较好的效果。

用于钻孔堵漏的水泥浆液应具有如下的性能：

（1）水泥浆液应具有良好的可泵性和可泵期。水泥浆液的可泵性能主要是指水泥和水拌和，并加入适当的水泥附加剂的情况下，其流动性能好，便于用水泵抽送并通过管柱压入孔内预定的堵漏孔段。根据生产实际表明，水泥浆的流动度只有在150mm以上，水泵才能顺利工作，因此要求可泵性和流动度要依据孔深、灌注量、灌注方法等因素的不同而可在一定范围内调节。水泥浆的可泵期，主要是指水泥浆能用水泵抽送的时间期限。考虑到水泥浆拌和时间，泵送中可能遇到的问题，要有一定的处理时间，因而水泥浆的可泵期至少应在40～60min范围内，其间流

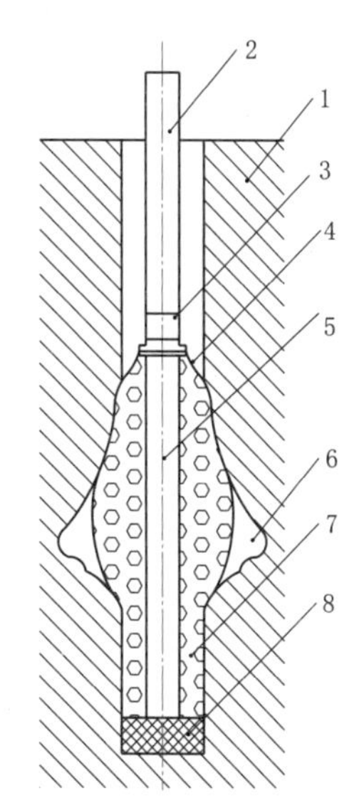

图4.6－4　膜袋灌注水泥示意图
1—钻孔；2—钻杆；3—正反接头；
4—布袋；5—带孔眼的钻杆；
6—溶洞；7—水泥浆；
8—堵塞物

动度要保持在 150mm 以上。

(2) 水泥石应具有较高的早期强度。在护壁堵漏使用水泥时，都属于临时工程，为了减少水泥浆在孔内的候凝时间，尽快恢复正常钻进，要求水泥早期强度增长速度要快。

(3) 水泥的初凝和终凝时间要适宜。在保证上述两个性能之后，水泥浆初凝后，能尽快终凝，终凝后能迅速增长其强度。它对裂隙较大，漏失严重的地层有较大的意义。初凝时间随孔深、灌注量和孔内温度不同而调整，一般采用加入水泥速凝剂、缓凝剂和早强剂等来调节。

4.7 水敏性地层

水敏性地层是指孔壁与泥浆接触后，而产生松散、溶胀、剥落、溶蚀等孔壁失去稳定性情况的地层，大部分含黏土矿物的地层属此类，另外还包括有某些水溶性矿物胶结充填的地层。这类地层之所以有不同的水敏性，主要在于所含黏土矿物本身的类型、性质和含量不同，如含大量钠或钙蒙脱石矿物的松软地层水敏性最强，含矿物以高岭石、伊利石为主的硬黏土岩水敏性较弱。水敏性地层以泥岩、页岩、土层为主，其中存在着大量的黏土矿物，尤其是蒙脱石黏土矿物，使近孔壁地层受到泥浆中自由水分的浸渗时，即发生黏土的吸水、膨胀、分散，导致钻孔孔壁缩径、坍塌。水敏性地层是钻探施工中经常遇到的复杂地层，该类地层容易发生膨胀缩径、扩径、松散垮塌等孔内事故，导致延误工期、增加工程成本，甚至钻孔报废。

在地质勘探、水利水电及其他工程施工中，经常会遇到各种水敏性地层，其中包括松散黏土层、各种泥岩、软页岩、有裂隙的硬页岩、黏土胶结及水溶矿物胶结的地层，稳定性很差，尤其当其与水基泥浆接触时岩体强度、内部应力都将随泥浆类型及地层与泥浆的接触时间的变化而变化，且易膨胀缩径，使泥浆增稠，造成钻头泥包、孔壁表面剥落、崩解垮塌超径，从而导致卡钻、钻杆折断及孔壁失稳等事故。因此研究水敏性地层与水作用的机理，采取有效的防治对策有重大的实际意义。

4.7.1 地层特征

4.7.1.1 分类

根据孔壁遇水后产生的不同情况，水敏性地层可分为以下几类：

(1) 遇水松散地层。主要在成矿期热液蚀变作用下形成。这类地层由于受风化或蚀变的影响，岩层遇水经浸泡后，产生松散性破碎，表现为掉块、塌孔、孔内渣子多等。这类岩层如风化黄铁矿、风化大理岩、风化花岗岩、风化泥质砂岩等。

(2) 遇水溶胀地层。主要受水化膨胀作用，这类地层遇水后，颗粒或者分子间的联结力降低，岩层吸水后体积膨胀，进而以胶体或悬浮状态分散在水中形成悬浮体。含黏土质地层遇水膨胀，具有塑性、黏性。这类地层有黏土、泥岩、软页岩、绿泥石等。钻进这类地层时，因溶胀而产生缩径，因分散成悬浮体而产生超径及泥皮糊钻、夹钻等情况。这类地层常见的有含高岭石的泥岩、黏土岩、页岩软煤层、泥质砂岩等。

(3) 遇水剥落地层。主要受构造不均衡作用，这类地层由于其结构的不均匀性，如层理、节理、片理的存在，以及其填充物和胶结物的水敏性，遇水后往往产生片状剥落或块状剥落，如硬页岩、片岩、千枚岩、高岭石化板岩、硬煤层等。钻进这类地层时，跨孔严重、剥落崩解以致卡钻，并且伴有层间漏失。

(4) 遇水溶解地层。主要是受溶解作用，这类地层含有钙镁等离子与水接触后便溶解于水中，由于溶解的结果，使孔壁出现超径。属于这类地层的有岩盐、钾盐、石膏、芒硝及天然碱。钻进这类地层时常遇到孔壁坍塌钻孔超径，普通泥浆钻进常被污染等工程问题。

4.7.1.2　工程特征

水敏性地层和松散性地层均是钻探施工中经常遇到的复杂地层。研究表明，在勘探、非开挖及其他工程施工中更多遇到得是两种地层的复合体——水敏、松散性地层。该类地层容易发生膨胀缩径、扩径、松散垮塌等孔内事故，导致延误工期、增加工程成本，甚至钻孔报废。水敏性泥页岩浸水膨胀，其强度低、孔隙率高、容重小、具有明显的膨胀性和时效特性，在地应力、地下水和强风化作用下，具有显著的膨胀、渗流特性，对工程而言，其稳定性非常差。

泥页岩具体特性如下：

(1) 单轴抗压强度。泥页岩结构松散复杂，它的强度与石英矿物、黏土矿物的含量有着密切关系。内部颗粒的尺寸形状、不连续面和黏土矿物（如蒙脱石和伊利石）的含量、孔隙率、含水饱和度以及各向异性特征影响其强度。

(2) 孔隙水和渗透性。泥页岩的孔隙相互联系，其基体可模拟成集束毛细管，其渗流规律符合达西定律。一般渗透率值很小，大多数泥页岩具有沿裂隙和不连续面渗流的性能。

(3) 崩解与膨胀。崩解是泥页岩的特点之一，含有黏土矿物的泥页岩往往由于浸水而发生解体现象。泥岩因失水而崩解成碎裂的块体。蒙脱石等黏土矿物具有强烈的干缩与湿胀性，因而含量较高的泥页岩浸水后一般都表现出明显的体积增加现象，从而产生可观的膨胀压力而导致结构破坏。有的泥页岩自由膨胀率可达7.1%～35%，最大可达128%～430%，其膨胀力为0.1～1MPa，泥页岩的膨胀机理是十分复杂的。

(4) 流变特性。泥页岩具有明显的时效特征。岩土体开挖后出现持续变形，对于不稳定泥质夹层、节理弱面等，往往有流变性、黏弹性、黏弹塑性等。泥页岩的流变规律是很复杂的，它和膨胀、崩解一样给现场的工程带来极大的危害。在实际工程中，岩土体的失稳往往是流变、膨胀和崩解的综合效应。因此，很难区分何种效应起主导作用。泥页岩流变的一个重要特征是其强度随时间的延长而降低。

水敏性地层既有上述水敏性泥页岩的特性，又有松散性地层松散、胶结差的特性，因此水敏性地层结构复杂，具有膨胀、吸水、渗透等特性。

水敏性地层除地层本身的性质、结构等自身决定性因素外，水的作用是促使它们发生复杂情况的主要外界因素。

钻遇水敏性地层表现为钻头泥包、泥岩水化缩径、井眼冲刷、页岩剥落、井眼扩大、椭圆井眼、固相微粒的积累，容易形成砂桥或下钻不到底、卡钻或打捞“落鱼”困难以及清洁井眼困难等。

4.7.1.3 地层稳定性影响因素

孔壁稳定问题是非常复杂的，是地层原地应力状态、液柱压力、地层岩石力学特性、泥浆性能以及工程施工等多因素综合作用的结果。依据发生机理，孔壁失稳可归结为两方面的原因：一方面是钻开地层后孔内泥浆液柱的压力取代了所钻岩层对孔壁的支撑，破坏了地层原有的应力平衡，引起井周应力重新分布，从而导致孔壁失稳；另一方面是泥浆进入地层导致地层孔隙压力变化，并引起地层水化，导致岩石强度降低，进而加剧孔壁失稳。所以孔壁失稳既是力学问题，又是化学问题，是化学与力学问题的结合，在寻找解决途径的时候也必须将此两方面结合考虑才能找到有效的办法。

结合力学分析可知，松散性地层稳定性的影响因素有上覆岩层压力、最大水平地应力、最小水平地应力、地层孔隙压力、黏聚力、内摩擦角、单轴抗拉强度、静态泊松比、有效应力系数、泥浆性能和钻井作业等。

4.7.2 钻探与取样技术

当钻遇以泥岩、页岩、黏土为主要成分的水敏性地层时，泥浆侵入后吸水膨胀，会造成钻孔缩径；对于遇水溶蚀的盐岩、石膏、光卤石等地层时，一方面使孔径增大，另一方面污染泥浆，降低性能，恶化钻进条件。因此必须重视由于岩层本身性质及所处的赋存条件造成的复杂情况。

裸眼长度和时间对孔壁稳定性有重大影响，在水敏性地层中表现更为突出。水敏性岩层失稳有一个变化过程，即需要一个时间。裸眼浸泡时间越长，孔壁破坏越严重，越容易出现缩径、卡钻等情况。因此，对水敏性地层不论是力学的不稳定或遇水不稳定，都应尽量提高钻进速度，缩短施工作业周期，以快制胜，钻穿后要及时下入套管阻隔。

常用的钻进技术有空气潜孔锤偏心跟管钻进技术、潜孔锤同心跟管钻进技术和冲击式金刚石取芯跟管钻进技术。

4.7.2.1 空气潜孔锤偏心跟管钻进技术

空气潜孔锤偏心跟管钻具主要由潜孔冲击器、偏心跟管钻具、管靴、套管等构成。在潜孔锤偏心跟管钻进时，孔径都大于套管外径，并当钻进至预定地层时，可将跟管钻具收敛，使跟管钻具的最大外径小于管靴、套管的内径，从而从套管内取出跟管钻具，套管则留在地层内继续保护孔壁。

工程上使用的跟管工具主要有偏心跟管和同心跟管两种，其中偏心跟管使用的比例较高，约占工程总使用量的95%。较之于同心跟管具有以下优点：①需要相同孔径的孔，同心跟管往往比偏心跟管的需要大一个等级的套管，这无疑增加了材料成本，同时由于同心套管的等级较大，这既导致进尺慢又造成空压机耗油量增大；②偏心跟管和同心跟管相比，由于同心跟管的钻进是同口径进入，尤其是遇到岩石或漂石时，钻进将非常困难，即使钻孔成功，由于钻孔缩径，起拔套管也非常麻烦，甚至经常造成套管断裂等孔内事故。

图 4.7-1是SPA型单偏心跟管钻具示意图。单偏心跟管钻具由中心钻头、偏心扩孔钻头、导正器、管靴等组成。

1. 工作原理

单偏心三件套潜孔锤偏心跟管钻具工作时由钻机提供回转扭矩及给进动力，由空气压缩机提供潜孔冲击器工作的动力和排出岩屑的冲洗介质。正常钻进时，潜孔冲击器工作的动力为空气，由空气压缩机提供，经钻机、钻杆进入潜孔冲击器使其工作，冲击器的活塞冲击跟管钻具的导正器，导正器将冲击波和钻压传递给偏心钻头和中心钻头，对孔底岩石进行破碎。同时，钻机带动钻杆回转，钻杆将回转扭矩传递给冲击器并由冲击器通过花键带动跟管钻具的导正器转动，导正器上有偏心轴，导正器转动时偏心钻头张开，并在开启到设计位置后被限位，使中心钻头、偏心钻头同时随导正器旋转。偏心钻头钻出的孔径大于套管的最大外径，使套管能不受孔底岩石的阻碍而跟进。套管的重力大于地层对套管外壁的摩擦阻力时，套管以自重跟进；当套管外壁的摩擦阻力超过套管的重力时，内层跟管钻具继续向前破碎岩石，直到导正器上的台肩与套管靴上的台肩接触，此时，导正器将潜孔锤传来的冲击能量部分施加给套管靴，再加上钻压的作用，迫使套管靴带动套管与钻具同步跟进，保护已钻孔段的孔壁。

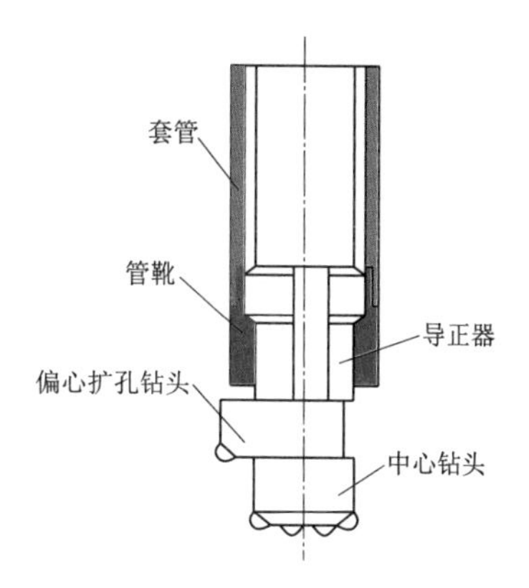

图 4.7-1 SPA 型单偏心跟管钻具示意图

2. 结构参数

对该钻具进行了系列化，可以跟进 $\phi108$、$\phi127$、$\phi146$、$\phi168$ 等规格的套管，可配多种型号的潜孔锤，SPA 型单偏心跟管钻具有多种规格，主要技术参数见表 4.7-1。

表 4.7-1 SPA 型单偏心跟管钻具主要技术参数

跟管钻具型号	SPA127	SPA146	SPA168
跟进套管规格	$\phi127\times(5.5\sim8)$	$\phi146\times(6\sim8)$	$\phi168\times(6\sim10)$
潜孔锤规格	CIR110、J100B 等	CIR110、J100B 等	CIR110、DHD350 等
扩孔直径/mm	137	156	178
套管靴通径/mm	103	122	142

3. 注意事项

(1) 严格按照钻进技术参数作业，不能盲目追求进尺而加大钻压，防止钻杆折断、钻头掉齿、断齿等事故发生。

(2) 随时观察气压表。如发现压力急剧上升或下降，应立即提钻，查明原因，排除故障。

(3) 钻进中经常注意潜孔锤冲击频率。如发现冲击频率变低或不稳定，潜孔锤出现异常，应立即提钻进行修理。

(4) 钻进中，如发现钻杆抖动厉害或周期性滞转现象，说明遇到破碎带或较大裂隙，应立即提动钻具，再缓慢下放，以较低钻压通过该区，防止造成钻杆折断等事故。

(5) 如发现孔口不返气、进尺缓慢，说明遇到大裂隙，应反复上下提动钻具进行周期性碎岩和吹孔工作，把大颗粒岩屑冲成粉末并吹入裂缝中，保证正常钻进。必要时，应加入泡沫剂以堵死裂隙。

(6) 回次结束后，应上提钻具 0.3～0.5m，进行吹孔，待孔口不返岩屑时，才可停风加接钻杆。

(7) 停风时，应缓慢关闭送风阀，不可突然中断供风，防止潜孔锤倒吸岩粉，造成潜孔锤堵塞事故。

(8) 定期向钻杆加入少量机械油，确保潜孔锤充分润滑（冬季施工机械油应加热）和高效能，延长使用寿命。

(9) 下钻时应边回转边下放。当钻具接近孔底时，应放慢速度；当空压机风压不足时，可采用两台或多台并联的办法，以加大风压。

(10) 应经常保持孔底清洁。当钻进时，孔内岩粉过多应进行专门吹孔，清除孔内岩粉；为防止灰尘危害，孔口应设置除尘设施，确保作业人员身体健康。

4.7.2.2　潜孔锤同心跟管钻进技术

潜孔锤同心跟管钻具结构如图 4.7-2 所示，中心钻头的花键与冲击器相连。管靴通过螺纹与套管连接。钻进时，钻机通过钻杆一方面给钻具一个轴向推力，另一方面带动冲击器、中心钻头和环形钻头实现旋转运动。环形钻头与管靴之间通过卡簧实现环形钻头转动而管靴和套管不转动的目的。钻具的轴向传力主要依靠中心钻头、环形钻头、管靴的肩环。套管跟进钻孔完成后，反转钻杆一个小角度就能将钻杆、冲击器、中心钻头一起提出，环形钻头暂留孔内，外管起护壁作用。

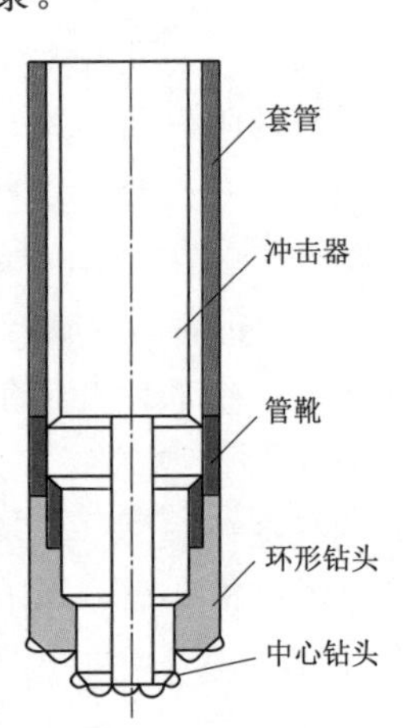

图 4.7-2　潜孔锤同心跟管钻具结构示意图

4.7.2.3　冲击式金刚石取芯跟管钻进技术

冲击式金刚石取芯跟管钻进技术是钻具在同级套管护壁的情况下进行冲击回转钻进的技术，冲击回转钻进为跟进套管创造必要的空间条件，以便套管靠其重力作用随钻孔加深跟进，利用套管随钻隔离保护孔壁，同时钻具又能在套管内部实现起下钻工序。实现这种钻进方法，首先，必须配备高性能的孔内跟管钻进器具，以满足在套管下面钻进和管内升降的技术要求；其次，根据复杂地层特点配备相适应的取芯工具，确保岩芯采取质量；此外，针对复杂地层钻进岩芯容易堵塞的问题，配备液动冲击器，通过冲击回转钻进方式改善钻头碎岩效果，消除岩芯堵塞和自磨现象，提高纯钻进时间和回次长度，最终实现提高综合钻进效率和钻孔质量。因此，合理选择不同功能的器具并将其优化组合，是实现这种钻进方法的技术关键。

根据岩芯钻探标准，冲击式金刚石取芯跟管钻具的规格有 ϕ108/89（简称 ϕ108）、ϕ89/73（简称 ϕ89）两种。ϕ108 跟管钻具钻孔直径为 116mm，钻具直径（升降时）为 94mm，可跟 ϕ108 套管，其套管是在复杂地层钻进中主要采用的直径系列，属跟管钻进技术的常用直径系列，直接用于跟管钻进。ϕ89 跟管钻具钻孔直径为 94mm，钻具直径为 77mm，岩芯直径为 54mm，可跟 ϕ89 的套管，也是常用直径系列。

1. 工作原理

冲击回转根管钻具钻进原理示意如图 4.7-3 所示，采用常规下钻方法将处于图 4.7-3 (a) 所示的跟管钻具通过同级套管下到孔底后，开泵送水便可在流体的作用下使钻具在套管下张开至图 4.7-3 (b) 所示的钻进状态，此时可进行金刚石冲击回转钻进，钻孔直径与套管同级；钻进回次结束后开始提钻的瞬间，钻具凭重力自动收敛（复位）为图4.7-3（a）的升降状态，钻具可通过套管提到地表；根据回次进尺长度加长套管并控制其向孔底延伸；下钻继续钻进。

2. 钻具主要技术参数

冲击式金刚石跟管钻具主要技术参数见表4.7-2。

3. 操作注意事项

（1）每回次下钻之前，必须严格检查钻具张敛动作是否灵活，水路是否畅通，以及钻具的磨损情况，严禁将带故障的钻具下入孔内。

（2）钻时必须将钻具下至套管以下的裸孔中才能开泵送水，严禁钻具在套管内开泵和回转钻具。如果出现操作疏漏，开泵后地面将出现憋泵报警信号，此时应关泵并提升钻具使其收敛，再把钻具下到套管下部，然后重新开泵。

（3）提钻时如果钻具在套管脚受阻，转动钻杆便可解除阻力，严禁强力提拔。

（4）注意观察和判断孔内情况，一旦孔内出现异常情况、孔口套管出现跑管现象，立即停钻并检查和排除。

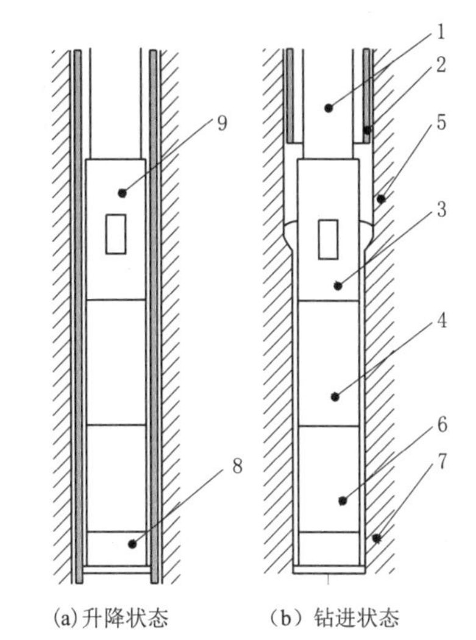

图4.7-3 冲击回转根管钻具钻进原理示意图

1—ϕ50钻杆；2—ϕ108套管；3、9—ϕ108钻具（张开直径116mm）；4—液动冲击器；5—孔壁；6—ϕ89取芯钻具；7—导向孔壁；8—ϕ94钻头

表4.7-2 冲击式金刚石跟管钻具主要技术参数

规格		ϕ89	ϕ108	备注
钻孔直径/mm		94	116	
岩芯直径/mm		54	68	
跟进套管/mm		89	108	
钻具直径/mm	钻进状态	94	116	
	升降状态	77	94	
钻具张开报信压力/MPa		2.0～2.5	2.5～3.0	
钻头类型	扩孔钻头	94/77组合张敛式	116/94组合张敛式	电镀金刚石
	取芯钻头	77	94	
冲击频率/Hz		22～40	20～38	
单次冲击功/J		7～40	15～60	
泥浆类型		清水、无固相、低固相		

4.7.3 护壁工艺方法

4.7.3.1 泥浆特点

针对水敏性地层，使用特殊的泥浆技术可取得较好的效果，其配方的思路为：①尽量减少泥浆对地层的渗水，也就是降低泥浆的滤失量；②即便有“流体”渗入孔壁，这类流

体也对孔壁稳定影响较小。

针对水敏性地层易吸水膨胀、蠕变、坍塌、缩径、扩径等特点，结合上述分析，该类地层所用的泥浆应具备以下几个特点：

（1）合理的泥浆密度。孔内液柱压力是影响孔壁稳定性的一个重要因素，而液柱压力除了与钻孔深度有关外还与泥浆的密度息息相关，因此根据需要配制适宜的泥浆密度，平衡地层压力。

（2）高效封堵裂缝和高渗透孔隙。钻遇泥页岩时，由于钻头对泥页岩层的作用使近孔壁的渗透率比远处更高，较高的渗透率致使液体浸入速度加快。有一种方案是采用封堵剂填塞在裂缝内形成渗透阻碍体，降低液体对岩土体的侵蚀。

（3）较好的剪切稀释性。泥浆在循环系统中流动时，具有不同的流态如尖峰型层流[图 4.7－4（a)]、平板型层流［图 4.7－4（b)］和紊流等。相对于尖峰型层流和紊流来说，平板型层流具有以下特点：①可实现用环空速度较低的泥浆有效地携带岩屑，一般将环空返速控制在 0.5～0.6m/s 就可满足携岩要求；②解决了低黏度泥浆能有效携带岩屑的问题，只要动塑比（动切力/塑性黏度）较高，使环空液流处于平板型层流状态，再加上具有一定的环空返速，在一般情况下便能做到有效携带岩屑，保持井眼清洁的问题；③避免了泥浆处于紊流状态时对孔壁的冲蚀，有利于保持孔壁稳定；通常用动塑比和 n 值来表征泥浆的剪切稀释性能，若动塑比较高或 n 值较低，则其具有较强的剪切稀释性；此时的泥浆携岩能力强，能较好地保持井眼清洁，能避免因为各种钻屑引起的黏度上升情况，从而降低泥浆的循环压降。就有效携带岩屑而言，动塑比宜为 0.36～0.48Pa/(mPa・s) 或 n 为 0.4～0.7；如果动塑比过小，会导致尖峰型层流；如果动塑比过大，则因为动切力的增大而引起泵压的显著升高。

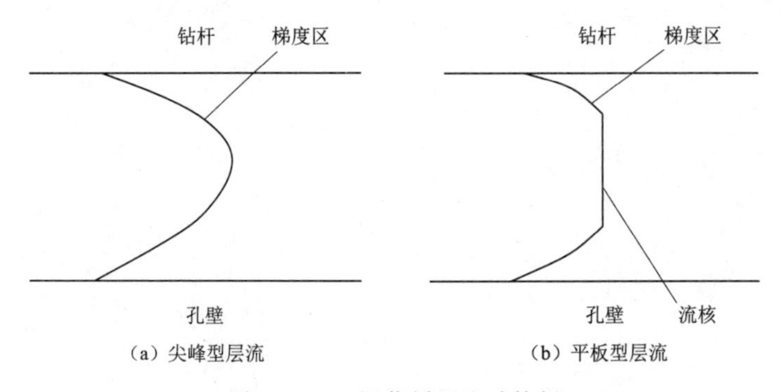

（a）尖峰型层流　　（b）平板型层流

图 4.7－4　泥浆循环流动特征

（4）改善成膜的理想性。在钻孔开钻时，泥浆会与孔壁快速接触渗入地层，此时若渗入地层的泥浆能形成有效的保护膜，就可以抑制接下来在孔内循环的泥浆进一步侵入地层而导致孔壁失稳。油基泥浆基本可以靠油基的天然作用在孔壁形成憎水油基保护膜来保护孔壁，因此可以从这点出发，寻求具有油基性能的材料来进行水基泥浆的配制。

（5）降低滤失量。泥浆中侵入地层的除了固相填塞物外，大部分为滤液成分，因此控制泥浆的活度，尤其是控制泥浆中自由水的活度是降低滤失量有效的办法。降低有害的滤失量就可以降低地层失稳的危险性。加入无机或有机电解质是目前通用的降低泥浆活度的办法。泥浆降滤失的主要途径有：①平衡或减小泥浆与地层孔隙流体之间的压差；②选用优质造浆黏土和有关处理剂，增加水化膜厚度；③增加泥浆中黏土的含量；④选用能提高水溶液黏度的处理剂，增加泥浆滤液黏度；⑤选用造壁性能优越的添加剂，降低泥饼厚度及泥饼的渗透率；⑥加快在复杂地层段的钻进速度，减少孔壁裸露时间；⑦减少泥浆循环对孔壁的冲刷。

（6）改善泥饼质量。在泥浆中添加小到能够进入页岩空隙的物质，其可以强烈吸附在页岩上，在井筒周围泥页岩骨架内形成一种内泥饼，由于内泥饼的渗透通常比页岩的更低，因此沿着它有一个突变的压力降，这将延缓孔隙压力的扩散，来延长孔壁稳定时间。

（7）可适当地增加泥浆黏结力的黏度。对于水敏性松散地层来说，泥浆的黏度要适当控制。水敏性地层会自然造浆，若泥浆黏度过大则容易造成大的环空压力而使得孔壁由于抽吸而缩径。若松散性地层所用泥浆黏度过低，地层中的松散物质则会随着泥浆而被冲刷循环泵出。松散性地层要求钻进液有一定的黏结力，这样可以使松散的颗粒黏结在一起而增加强度。且黏结力大的泥浆在循环进入孔壁时会在孔隙中形成弹性膜来保护孔壁稳定。

（8）较好的润滑减阻性。泥浆在钻孔内循环，与孔壁及钻具间存在摩擦，摩擦力迫使泥浆在孔壁形成的泥皮及孔壁颗粒剥落，润滑性优的泥浆可以减小这一现象的发生，有利于稳定孔壁。泥浆在孔内循环有一定的阻力，若循环阻力大则容易形成环空压力激动，对孔壁稳定造成负面影响。

（9）提高泥浆的抑制性。泥浆的抑制性不仅能有效抑制钻屑中黏土的水化分散，还可以抑制泥浆增稠的趋势，从而能降低循环压降，减小压力激动，稳定孔壁。

4.7.3.2 不分散低固相泥浆的配制与维护

（1）配浆时要使膨润土预水化，如为钙膨润土则应加纯碱处理。

（2）用硬度高的水配浆时，应将水进行预处理，使钙离子量低于150×10^{-6}，否则会影响造浆率且不利于PA发挥作用。

（3）泥浆中应尽量不加有机分散剂，以免影响PAM的絮凝作用，降失水剂用非分散的水解聚丙烯腈或聚丙烯腈钙等。

（4）若岩粉中膨润土成分使泥浆的固相含量增加时，可加水稀释；当泥浆自然造浆后变稠可以加水稀释，配合机械除砂，使絮凝颗粒从泥浆中除去。

（5）调制泥浆和补加絮凝剂时，要在孔口泥浆流出时或在循环槽中慢慢加入，加量要控制，一次不能过量，黏度和切力应尽量降低，保持低比重低固相。

（6）膨润土消耗后要补充新浆，且要及时除去劣质黏土和岩屑，不能依靠增加膨润土含量来调整岩屑与膨润土的比例，用海水配制低固相泥浆时要用抗盐黏土来配制。

泥浆在化学、物理、机械等多方面对孔壁稳定及施工工艺产生影响，因此泥浆的研究和使用是非常重要的。但是，泥浆除了在性能方面能满足作业要求外，还要在性价比方面有所提高，使得各个工程领域均能用较低的成本使用性能较优的泥浆产品。

4.8 深厚湿陷性黄土层

黄土是第四系的一种特殊堆积物，以粉粒为主，天然含水量小，多孔隙，呈黄色、褐黄色，含钙质的黏质土。湿陷性黄土是指当有水作用于土体，在自重应力、建筑物附加应力或者上覆土层自重应力的作用下，土体结构破坏而发生显著附加变形的黄土。黄土在世界范围内具有广泛的分布，尤其是在我国，其分布面积占到世界黄土分布总面积约5%。黄土自身具有比较特殊的工程地质特性，因此黄土在我国的大面积分布为工程建设带来了诸多亟须解决的问题。针对黄土的工程地质特性进行研究可以帮助人们进一步认识和了解其在不同地区、不同环境和不同工况下的变化规律，为在广大黄土分布地区开展工程建设提供有力的科学和技术保障。

4.8.1 地层特征

典型的黄土由黄灰色或棕黄色的尘土和粉砂细粒组成，质地均匀，以手搓之易成粉末，含多量钙质或黄土结核，多孔隙，有显著的垂直节理，无层理，在干燥时较坚硬，一被流水浸湿，通常容易剥落和遭受侵蚀，甚至发生坍陷。在干燥、半干燥的气候条件下，它们相互之间结合得很不紧密，一般只要用肉眼就可以看到颗粒间具有各种大小不同和形状不同的孔隙和孔洞，所以通常有人将黄土称为大孔土。

4.8.1.1 湿陷性影响因素

黄土的湿陷是一个相当复杂的过程，其中包括物理及化学反应，受到多方面因素的影响和制约，包括外界条件和黄土本身特性两方面，如在某种压力下受水的浸湿作用后黄土才能发生湿陷。

黄土的湿陷性的影响因素非常多，可以归纳为内因和外因两个方面。内因主要是由于土本身的物质成分（颗粒组成、矿物成分和化学成分）和其结构；外因则是水和压力的作用，具体如下：

（1）黄土微结构的影响。黄土微结构是由许多单粒和集合体共同组成的，黏粒、粉粒、腐殖质、易溶盐与水形成的溶液，与沉积在该处的碳酸、硫酸钙一起形成胶结物，其聚集的形式随地区不同，且差异较大。黄河中游黄土总的趋势是西北部黏粒含量少而东南部较多，前者胶结物集聚类型以薄膜状、镶嵌状为主，后者以团聚状为主。因此，前者湿陷性强，而后者湿陷性弱。

（2）黄土物质成分的影响。

1）颗粒组成的影响。一般情况下，黏粒含量越多，湿陷性越弱，当然也有例外。因此，不能单看黏粒的总含量，还要分析黏粒中小于0.001mm颗粒的含量及其赋存状态。

2）化学成分的影响。对黄土湿陷性有明显影响的化学成分主要是碳酸钙和石膏的含量及其赋存状态、易溶盐含量和酸碱度等。若易溶盐的比例较大，那么湿陷的敏感性比较大，且发生突然的沉陷；若是难溶盐的比例较大，那么出现的现象是湿陷滞后。

（3）黄土物理性质的影响。主要取决于孔隙比（干容度）和含水量这两项指标。在其他条件相同的情况下，黄土的孔隙比越大，湿陷性越强。黄上的湿陷性还随天然含水量的增加而减弱。

（4）压力的影响。黄土的湿陷必须在一定的压力（自重应力、建筑物附加应力或者上覆土层自重应力）下才会发生。如果土中含水量及孔隙比一定，则压力越大，黄土湿陷性越强；但是，当压力增加到特定值后，若继续加大压力，反而使湿陷性降低了。尤其是新近的堆积黄土，小压力作用下，变形相当的敏感，表现出高的压缩性。具有湿陷性的黄土地基遇水的概率大小，也影响了湿陷发生的可能性。

4.8.1.2 工程特性

湿陷性黄土作为一种特殊性土，其特殊性更突出地表现在它的结构性、欠压密性和湿陷性三个方面：

（1）结构性。湿陷性黄土是一种结构性土。形成初期，季节性的少量雨水把松散的粉粒黏聚起来，而长期的干旱又使水分不断蒸发，于是少量的水分以及溶于水中的盐类都集中到较粗颗粒的接触点上，可溶盐逐渐浓缩沉淀而形成胶结物，从而形成以粗粉粒为主体骨架的多孔隙结构。该结构具有显著的强度，在一定条件下具有能保持土的原始基本单元结构而形成不被破坏的能力，由于结构强度的存在，使得湿陷性黄土的应力应变关系和强度特性表现出与其他土类有明显不同的特点。但一旦受水浸湿，结构性遭受破坏时，其结构迅速破坏，将呈现出屈服、软化、湿陷等特性。

（2）欠压密性。湿陷性黄土由于特殊的地质条件，沉积过程一般比较缓慢，在此漫长的过程中，上覆压力增长速率比颗粒间固化强度的增长速率要慢得多，颗粒接触点间的结构强度始终超过上覆土重，黄土的颗粒保持着比较疏松的高孔隙度结构而未在上覆荷重作用下被固结压密，处在欠压密状态。欠压密状态是黄土产生湿陷的充分条件。

（3）湿陷性。湿陷性是湿陷性黄土最主要的核心问题。湿陷性黄土的结构性在力和水的作用下，将遭受破坏使其强度丧失，而其欠压密性、高孔隙度则为浸水时产生附加下沉提供了必要的体积变化条件，没有结构性和欠压密性，就不可能有黄土的湿陷性。

黄土的湿陷性可以通过原状土样的室内试验进行测定，将土样放入具有侧限约束的单轴压缩仪中进行加荷，测定土样在一定加压条件下，浸水前和浸水后的高度，其差值与土样原始高度的比值称为湿陷系数。

湿陷性黄土还有其他的工程性质：①黄土层巨厚，结构疏松，在水和外荷载共同作用下，导致土的连接强度降低，使整个结构体系失去稳定，且浸水易失稳，易引起坍塌；②黄土由于结构特殊，孔隙率高，导致其水敏性，吸水后变形大，孔径易扩大，易孔斜；③垂直裂隙发育，承压能力低，环空循环阻力大时易压漏，钻孔黄土层漏失严重；④每当土层浸湿时或在重力作用的影响下，黄土层本身就失去了它的固结性能，因而也常常引起强烈的沉陷和变形。

4.8.2 钻探与取样技术

由于湿陷性黄土地层也属于水敏性地层的范畴，故这里仅作简单介绍。

4.8.2.1 钻探工艺

黄土地层具有大孔隙、垂直渗透大于水平方向、遇水时孔壁容易塌陷等特点，针对上述情况，可分为浅层黄土与深层黄土两种：

（1）浅层黄土。视黄土层的厚度选择用泥浆钻进还是用干钻钻进。当选用清水泥浆钻进时，宜用肋骨钻头，因为黄土耐黏性小，而肋骨钻头或者刮刀钻头可以求得高速度钻进。因为用泥浆钻进时，须争取在极短时间内钻过去，拖长时间就会出现孔径收缩或塌孔。当用干钻时，速度虽然要慢些，但可避免由于垂直方向渗水性大造成塌孔的危险。

（2）深层黄土。厚度大于40m，钻进方法可用无泵反循环冲击或回转钻进。前者冲程0.2～0.3m，注入少量水，使孔底黄土水浸后耐黏性降低并冷却钻头，孔壁也不因垂直渗水性大而发生缩孔。后者每个回次2～3m，以防止岩芯因回次时间长而湿化。

此外，还可以选用优质泥浆高速回转钻进，泥浆须选用失水量小、造壁性好的，因失水量小泥浆内水分不至于过多的为黄土所吸收，避免其产生膨胀塌陷。但开孔要大，备有多种套管，宜采用跟管钻进，每钻进一段后，即下一次套管，以防孔径收缩。

4.8.2.2　取样工艺

为求得黄土层的物理力学性质，要求在钻孔中能取出保持自然结构和含水量的原状土样。但实际上取得完全自然状态下的样品几乎是不可能的。因为不管用哪种取样工具，都有一定的体积与厚度，当切入地层时，都必须使取样器挤开周围土层后取出样品来；再者，土样取出后，便失去了天然状态下周围土层的压力。由于黄土层内部应力的变化，也将引起内部结构的破坏。因此，所讲取原状土样，就是指力求以最轻的动作，使取样时的一切过程和所加外力对土样结构可能引起的破坏降低到最小程度的方法，不允许采用振动和搅动的方法。

取原状土的工具即原状取土器如第3章所述，结构简单实用，上部为异径接头与钻杆相连，下部是压入靴，有锐利的并经过淬火的刃切口，中部是外壳，壳的上部有出气孔，以便压入时排水、泄气。为了便于取出土样，外壳由对开的两半合成，以螺纹和异径接头与压入靴连接。内腔里放一个开缝的圆铁皮筒，土样压入即进入铁皮桶内。起钻后，卸开异径接头及压入靴，将铁皮筒连同土样取出，两头用预制的铁皮盖盖上，再用砂布包好，蜡封后，送至实验室。土样在运输过程中不能振动，箱内周围用软物塞牢，一切动作要轻，以防受冲击。在冬季要注意保暖，防止受冻。

取样时，常用的压入法、压力设备可以根据条件和需要选用，常用的有钻机、压杆、千斤顶等，此外还可采用人工轻捶多击的方法压入取土器。

压取土样要选择质量好的钻杆放入孔内，避免压断。在黄土层里压样，需用与取土器同规格的套管代替钻杆传递压力，以防止孔壁坍塌埋住钻具。

4.8.2.3　钻探取样注意事项

（1）合理选择取土器。为顺利取得原状土样，并使取得的土样质量达到Ⅰ～Ⅱ级试样要求，必须根据土的状态合理选择取土器，取土器的选型可依据《岩土工程勘察规范》（GB 50021—2001）。

（2）合理确定钻进参数。在湿陷性黄土地基可采用高压、慢转、干钻的钻进方法，钻进压力可采用5～6kN，转速可采用600～900r/min。

（3）确保施工质量。在采用适合土特性的取土器和合理的取样方法时，应确保每次取样前均要测量孔深，并保证孔内残留土厚度达到技术要求。

（4）严格执行相关规范和技术标准。在合理选择钻探取样设备和机具，采用正确的钻探、取样方法和措施的前提下，必须严格按照《建筑工程地质勘探与取样技术规程》（JGJ/T 87—2012）进行钻探和取样，以提高勘察成果质量。

4.8.3 护壁工艺方法

湿陷性黄土因为具有一些特殊的特征，对泥浆性能有一些特殊的要求，具体见表4.8-1。

钻进此类地层时常采用高抑制性泥浆体系，降低泥浆的滤失量，避免大量自由水进入地层；向泥浆中加入K^+或NH_4^+等，提高泥浆的抑制性能；利用高分子聚合物的吸附、交联及包被作用；加入沥青类产品、超细碳酸钙等，对孔壁上的毛细管通道具有封堵作用，以下举例说明：

表4.8-1 黄土地层特性与泥浆性能要求

黄土地层特征	泥浆性能要求
水敏性，湿陷性	泥浆具有抑制性
孔隙性，节理性，易漏失	低密度，优质泥浆
含砂量，泥皮松散，黏附卡钻	低固相

(1) 聚合物无固相泥浆。聚合物有包被作用，水溶性高聚物吸附在土层表面，形成高分子吸附膜，包被土层，同时封闭其微裂隙及层理，增强胶结强度，PHP与广谱护壁剂（GSP）配制的无固相泥浆性能见表4.8-2。

表4.8-2 PHP-GSP泥浆性能

体系名称	表观黏度/(mPa/s)	漏斗黏度/s	滤失量/mL	泥皮厚度/mm	相对膨胀降低率/%	润滑系数
PHP体系	4	19	全失	0	59	0.21
PHP-GSP体系	8	33	110/129	0.1	67	0.21

(2) 钾基泥浆。含有KCl、KOH、KPAM等处理剂的泥浆（表4.8-3）。K^+有两种作用：①离子交换，K^+离子进入蒙脱石晶层中，形成伊利石结构；②晶格固定，K^+离子直径与黏土六方晶格大小相符，离子交换后嵌入六方晶格，起封闭作用。NH_4^+有类似作用。控制蒙脱石地层，K^+含量应大于20000ppm。

表4.8-3 钾基聚合物泥浆配方

材料或处理剂	功 用	参考用量/(kg/m³)	材料或处理剂	功 用	参考用量/(kg/m³)
钠膨润土	增黏	20～30	钾盐	降失水剂	5～15
KCl	提供K^+	40～100	CMC	降失水剂	3～10
KOH	调节pH，提供K^+	8～15	淀粉类产品	降失水剂	10～30
聚丙烯酸钾	包被、增黏	1～3	改性沥青	孔壁稳定	10～20
生物聚合物	增黏	1～3	GLUB	润滑剂	5～10
铵盐	降黏剂、降失水剂	10～20			

如某钾基配方为1m³水+30kg钠膨润土+40kg氯化钾+5kg抗盐共聚物+10kg改性沥青时，其性能参数见表4.8-4。

表 4.8-4 钾基泥浆性能

体系名称	表观黏度 /(mPa/s)	漏斗黏度 /s	滤失量 /mL	泥皮 /mm	相对膨胀降低率 /%	润滑系数
钾基泥浆	9	22	14	1	78	0.20

4.9 冻土层

当地层温度降至0℃以下时，土中部分孔隙水将冻结而形成冻土。冻土层是指常年处于冻结状态的土层，主要分布在一些高山、高原地带以及南北极地区。

随着寒区经济的发展，人们在冻土层地区大兴土木，如道路工程、水利工程、隧道工程、工业与民用建筑等的建设。随着冻土层地区工程建设越来越多，问题也越来越多。为开发冻土地区，保证冻土地区工程建设的稳定与安全，进行冻土层钻探取样技术研究有着重要的意义。

4.9.1 地层特征

冻土层在很低的温度下，仍然有一部分未冻水存在，这部分未冻水对冻土的特性有着很重要的影响，也就是说通常情况下融土是三相体系，而冻土是四相体系，两者物质组成对比如图 4.9-1 所示。

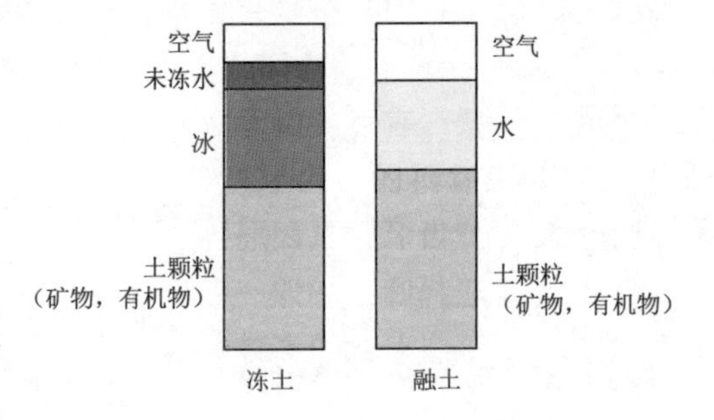

图 4.9-1 冻土和融土的物质组成

4.9.1.1 工程特性

冻土层土体在冻结状态下具有极高的压缩模量，具有弹性体的工程地质特征，但是在冻土地温升高过程中，这种特征急剧衰减，产生蠕变和流变，因此冻土层土体又具有相变性、流变性和蠕变性等特点，使其工程性质异常复杂多变。

冻土层长年处于冻结状态，但其上表层由于受到太阳辐射热年际变化的影响，形成了寒季冻结、暖季融化的活动层。多年冻土活动层的寒、暖交替及其下卧冻土层的温度变化是造成冻土工程不良影响的基本原因。

4.9.1.2 力学特征

冻土层冻土的形成过程实质上是土中水结冰并将固体颗粒胶结成整体的力学性质质变的过程。水结冰一方面起着分离土粒的作用，使土粒间不能发生显著的摩擦力，另一面又将土粒胶结成为一体。当土体冻结后，并不是全部的液态水都转化成固态的冰，土层中始终存在部分未冻水，冻土中未冻水的含量将直接制约冻土的力学特性。冻土层冻土的力学特征主要包括冻土的强度特性和动力学特性等。

1. 强度特性

冻土的强度特性是冻土力学特征中最重要的指标之一，由冰的强度、土颗粒骨架的强度以及冰土相互作用导致的强度等方面共同决定，表征冻土的强度特性有单轴抗压强度、抗拉强度和抗剪强度等。

(1) 抗压强度。冻土在冰的胶结作用下，其抗压强度比融化状态下大得多，其大小与温度和含水量有关。冻土温度越低，抗压强度也就越大，其随着负温度的变化而产生急剧的变化（图4.9-2），这是因为温度降低时不仅含水量增加，而且冰的强度也增大的缘故。在一定的负温度下，冻土的抗压强度随土的含水量的增加而增加。但是当含水量超过某一定值时，含水量的进一步增大将导致冻土抗压强度的降低，最后趋于某一个定值（表4.9-1），即相当于纯冰在一定温度下的强度。富冰冻土总含水率超过土体饱和状态的含水率时，冻土的抗压强度随着总含水率的升高而降低。

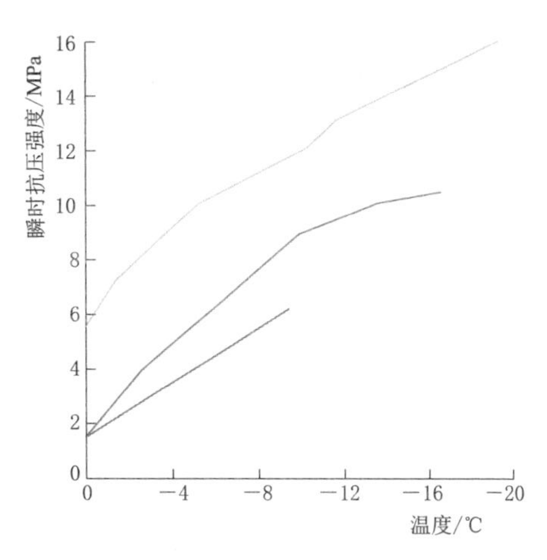

图4.9-2 冻土瞬时抗压强度与负温的关系

表4.9-1 冻土的瞬间抗压强度受含水量变化影响的试验结果 单位：MPa

含水量/%	砂类土	黏土	含水量/%	砂类土	黏土
5	6.2	2.8	25	4.5	
10	11.2	3.9	30	4.0	3.6
15	13.0	4.5	35	3.1	2.4
20	13.8	4.6	40	2.8	2.3

注 砂类土试验温度为−10℃，黏性土的试验温度为−5℃。

(2) 抗拉强度。冻土在拉应力作用下，由于其中的空隙、缺陷等导致的应力集中作用，使裂纹迅速扩展，并引起脆断，所以抗拉强度远比抗压强度低。冻土的抗拉强度主要受含水率和温度的影响。含水率、温度与冻土的抗拉强度的关系：含水率在14%～25%且一定时，温度在−1～−20℃内，抗拉强度随着温度的降低而逐渐增加，在−20℃达到抗拉强度最大值。而温度在−20℃以下，抗拉强度随着温度的降低而降低；温度在−1～−24℃且一定时，含水率为14%～25%，冻土的抗拉强度随着含水率的升高而逐渐降低。

(3) 抗剪强度。多年冻土抗剪强度的状况与抗压强度类似。由于冻土的内摩擦角不大，通常可近似认为$\varphi=0$，因此黏聚力c在冻土的抗剪强度组成中占有重要的权重，在大多数情况下决定了冻土的抗剪强度数值。冻土的黏聚力随含水率的增大而减小，主要原因是冰与水的流变特性，冻土瞬时抗剪强度随含水量的增大而减小，在相同温度条件下，多年冻土中的未冻土含水率随冻土的总含水率的增大而增大，未冻土含水率增大是冻土中的土颗粒分散程度增大，在这种情况下，未冻水和冰对冻土抗剪强度影响显著，总含水率低的冻土抗剪强度高。

2. 动力学特性

冻土的动力学特性是冻土力学研究的重要组成部分。在受载荷过程中，冻土的应变随载荷作用时间的增长而加大，冻土的内部结构也有所变化，反映出弹性模量的减小。冻土在振动荷载作用下的蠕变破坏准则与静载下具有相同的形式，在振动荷载作用下颗粒发生了明显的定向排列，这是导致蠕变强度和破坏应变减小的主要原因。温度与破坏时间对冻土的动蠕变强度有重要影响。破坏时间相同时，冻土动蠕变强度随着温度的降低而变大；温度相同时，动蠕变强度随着破坏时间缩短而变大。动强度是指在一定振动循环次数下使试样产生破坏应变时的振动剪应力。影响冻土动强度的因素主要有温度、土质、含水量、围压、振频及应变等。冻土动强度随着温度的降低而增大，随着围压的增大而增大，随着应变速率的变大而增大，随着振频的增加而降低。冻土的动剪切模量随着冻土温度的降低而增大，随着荷载振动频率的加快而增大。

4.9.1.3 钻探特征

冻土层钻进涉及地层大部分为冻结岩土层。冻结岩土层是由多种矿物颗粒、冰块、未冻结的水以及充满水蒸气的空气等组成的多成分的岩土系。冰块和未冻结的水的相互比例关系随着外部条件变化（如温度和压力的波动）时，会引起冻土层自身物理性质发生改变，孔隙中存在的冰能提高其塑性，而岩石塑性会造成钻头在钻进中会遇到很高的阻力。采用机械钻探时，按照过去常规的钻探技术要求，钻进过程中由于钻具与孔壁碎石土层的相互摩擦，冻土温度升高，含冰层融化，甚至被摩干，取出的试样不能反映冻结土层的真实情况，重者甚至导致错误判断建筑场地的岩土工程地质性质，导致建筑物破坏。由于冰充填于土层及碎石的空隙中，在钻进过程中往往难以取出含有冰的岩芯。因此在钻探过程中，首先要尽量避免和减小冻土的融化，这是多年冻土地区钻探工作中应特别注意的问题，也是保证钻探质量的关键，应注意操作安全，提高钻探进度和效率。

冻土层的钻探特征主要有冻土的可钻性和钻进过程中钻孔内的温度分布。

1. 冻土的可钻性

冻土的可钻性是指钻进时冻土破碎的难易程度，即指冻土对钻进工具的抵抗程度。坚硬冻土的冲击破碎机理与岩石的破碎机理相似，冲击荷载破碎坚硬冻土的特征是作用力作用时间短，冻土中的接触应力瞬间可达到最大值，冻土不易产生塑性变形，表现为脆性增加，而且力的作用范围比较集中，颗粒受到冲击时，变形来不及扩展，就在碰撞处产生相当大的局部应力，发生局部破碎。不断对坚硬冻土施加冲击荷载，迫使冻土内部分子产生振荡，激起综合应力，加速使冻土产生应力集中，瞬时作用的载荷和应力集中特性使冻土裂隙扩张，冻土破碎效果增加，提高钻进速度。冻土在静载荷作用下进行冻土破碎时，切削具在轴压作用下，克服冻土抗压强度和硬度不断压入冻土，同时钻头不断旋转克服抗剪强度，将冻土切割下来，该过程是刀刃切入和撕裂冻土的过程。

冻土可钻性的影响因素主要有冻土波速、冻土硬度、冻土强度、凿碎比功、钻速、研磨性等。由于影响冻土可钻性的因素很多，每一因素均在一定程度上反映了冻土的可钻性，但不全面，只是反映了冻土在某一方面的特性，还不能较精确地评定冻土可钻性的级别，所以采用综合指标评价冻土可钻性才是可行的。

2. 钻孔内的温度分布

冻土钻孔内的温度分布指循环泥浆介质在钻杆柱内通道和外环状通道中的温度分布情况，沿钻杆柱内通道向下流动的冲洗介质与在外环状空间中返流的冲洗介质处于不断的热交换过程中。外环状空间中返流的冲洗介质又直接地或通过套管与周围岩石接触，岩石的自然温度不是定值，通常是随深度的增加而不同程度地增加的，因此其温度随时间和深度的不同而改变。由于与孔内循环介质的热交换而破坏岩体内的热平衡，热从孔壁向周围岩石流动（或相反），与冲洗介质的性能及其循环的时间有关，并随时间的不同而变化。冲洗介质在孔底吸收钻头破碎岩石机械做功所产生的热量。这个局部热源，使孔内热交换过程更复杂，它不仅影响返流的温度，而且也影响沿钻杆柱向下流动的冲洗介质的温度，钻杆柱与孔壁的摩擦是个独立的热源。

孔内任何时间和任何循环点的温度，都是许多因素联合作用的结果，这些因素包括：冲洗介质的用量和初始温度，冲洗介质流动的速度和流态，冲洗介质和所钻岩石的物理性质和热物理性质，所钻岩石的自然温度及其随深度而变化的情况，钻杆和套管的结构特性和材料特性，机械钻速和回次时间，孔底钻头碎岩功率等。在多年冻结岩石中钻进时，由于岩石中有水的存在，产生相变而复杂化了，这种变化对热流的强度和方向都有很大的影响。

4.9.2　钻探与取样技术

在冻土层中钻探作业时，常规手段将遇到诸多难以解决的问题，主要表现在以下方面：

（1）普通泥浆在0℃以下的低温环境中极易产生絮凝、流动性下降、黏度升高甚至冻结的现象，施工中因孔内事故或机械事故停钻时，钻孔内泥浆将自孔壁开始冻结直至将钻孔封冻密实，导致泥浆循环中断，整套钻具冻结于孔内。

（2）在地表温度相对较高的季节施工时，进入钻杆柱内的泥浆温度大于0℃，在循环过程中通过外环状间隙返流的泥浆与周围地层岩石处于不断的热交换中，导致部分孔段温度升高，岩土层融冻，在松散破碎和裂隙发育部位发生坍塌掉块或漏失现象。

（3）第四系覆盖层及基岩上部松散破碎且裂隙发育地段是发生坍塌掉块和漏失现象的主要部位，在钻探施工中应予以高度重视。

因此，在冻土层钻探施工时，选择合理有效的施工工艺，选取与地层相适应的钻探设备和冲洗介质，以防止钻孔冻结事故以及由于孔壁岩石吸热冻融而导致坍塌、缩径、漏失等现象的发生。

4.9.2.1　钻具选择

1. 钻头选择

在永久冻土层钻进时，需要采用钻头出刃好、钻进效率高的钻头，使用扩孔器，并减少钻头在孔内的研磨时间，适当增大钻头和扩孔器的外径。选择钻头时根据不同的地层条件，硬质合金钻进和金刚石钻进可以互换使用。采用硬质合金钻进时，宜使用肋骨式钻头或外出刃大的钻头。采用金刚石钻进时，应对常规形式钻头结构进行改进，增加水口数量，调整水口排列，钻头侧面设计成肋条式，以减小钻头阻力，改善钻头冷却条件。一般应根据岩性、设备能力、孔壁稳定情况、质量要求和经济造价等因素综合考虑选用具体的钻头。

根据冻土土层“硬、脆、碎、易融、易塌”的特点，可采用S95和S75两级相配套的绳索取芯钻具系列。钻井中根据冻土层中钻进的技术要求，首先将浅部易融、易塌的冻土层钻进穿过后，采用套管封闭，然后换用S95绳索取芯钻具钻进，穿过冻土层或到达完整基岩后，下入ϕ89技术套管，再换用S75绳索取芯钻具钻进至终。

2. 钻杆选择

钻杆根据情况可用螺纹钻杆或空心钻杆，如岩层中含水量低可用空心钻杆。井下特殊钻进时，特别是需仰角钻进时，钻杆在轴心压力和自重力作用下向孔壁下方弯曲，容易造成钻杆折断，要选用厚壁钻杆，并改进螺纹连接，提高抗扭矩能力。

3. 稳固器选择

地表勘探钻进时，钻具稳固较容易，采用普通方法即可。但在井下特殊钻进时，要保证钻孔质量，要采用稳固器改善钻杆的受力情况。最好采用扶正器，其特点是空心轴随钻杆转动时，它的外壳、端盖等起稳固扶正作用而不回转。

4. 钻进设备选择

施工设备可采用体型轻、分体式、运输要求低的CSD500C型全液压钻机和HXY-4型立轴式钻机，两种钻机在以往的钻探生产应用中均表现稳定，能够适应各种钻进环境。

4.9.2.2 钻孔结构设计

根据《冻土工程地质勘察规范》（GB 50324—2014）的规定，冻土钻探的成孔口径应符合下列规定：冻土钻探的开孔直径不应小于130mm，终孔直径不应小于91mm（一般110mm为宜）。对于取不出完整冻结土样的岩土可按常规钻探的有关规定执行。

根据多年冻土层钻进和绳索取芯钻进的技术要求，以及考虑钻孔孔径、孔深、倾角等因素，钻具转速高，必须有级配合理的技术套管来确保钻具的稳定性，以防止钻杆折断；为保证高黏、低失水低温泥浆的正常循环，可通过适当加大环状空隙的方法，降低泥浆紊流状态时对冻土层孔壁的冲蚀。

4.9.2.3 钻进规程参数

由于冻土受冻结后岩石性质有所变化，钻进参数不能一律按照既定的钻进工艺流程进行，要结合实际钻进条件进行。

1. 钻压的选择

钻压要保证钻头发挥切削岩石的作用。如岩石韧性较大，而且普氏系数$f<4$时，钻压应小些，一般要小于15kN；而当$f>4$时，钻压应大于15kN。

2. 转速的选择

转速不仅影响钻速，而且对防止埋钻起着决定作用。理论计算表明，在其他条件相同时，转速小于150r/min时，产生的岩屑较250r/min时多出1倍以上，易造成卡钻，故要选择大于150r/min的转速钻进。

3. 泵压的选择

水力排渣对孔壁下部有一定的冲刷作用，泵压要严格控制。风压排渣时，要根据不同岩性随时调整，以保证岩屑排出。

虽然冻土钻进技术有了新的发展，但不同地区，地质条件不同，要根据岩层的不同性质，具体确定钻具型号和钻进参数。

4.9.2.4 钻进操作要求

（1）多年冻土地区广泛分布着含冰量较少、土体比较致密的冻结碎石土类及含冰量较高、土层松软的泥炭土类，他们的钻探技术要求各不相同。含冰量少而较密实的冻结碎石土类：该类土体的含冰量较少，通常情况下都小于20%，冰层主要充填于土层及碎石的空隙中，钻进过程中往往难以取出含有冰的岩芯，因此钻进时均应用低转速、中等的主轴压力，宜用“少钻勤提”的方法。含冰量高而松软的泥炭层等冻结软土类：该类土多属于层状冰冻土构造，碎石含量较少，应选用中速钻进，回次进尺为0.3～0.6m，钻具轴心压力一般以600～1000kg为宜。在泥炭层钻进时，钻具轴心压力还可以大一些，因为合金钻头底出刃压入冻土层越深，采取的岩芯率越高。在钻进中提取岩芯样时，一定要加大钻具轴心压力，使钻头与岩芯紧密卡住，这样可以防止岩芯脱落，提高岩芯采取率。

(2) 在一般情况下均不宜采用“干钻”法施工，因为“干钻”不但机械钻速低，破坏了岩芯的原始结构，而且极易发生孔内烧钻、糊钻等事故。

(3) 可以充分利用现场自然条件对泥浆进行冷却。比如在施工现场冻土层上挖掘泥浆坑，泥浆坑的四壁和底部的温度为−5～−2℃。使用的泥浆在其中能够得到充分的冷却，这就降低了钻进使用泥浆与冻土层之间的热量交换，因而钻进穿过冻土层时，冻土层不会融解。

(4) 钻进时，如果中途停钻，应及时将钻具提出孔外，以防止钻具冻结在孔内。当地下温度很低时，即使停钻时间短，也会造成冻结事故。

(5) 当天气很冷时，要将使用的工具适当均匀加热，以防止工具在低温下冷冻脆裂破损，待机械运转一段时间后，再开始工作。

(6) 钻进回次控制是操作技术指标的重要环节，冻土回转钻进回次时间不宜太长，回次进尺不宜过多，具体应根据冻土类型及其岩性特征确定，详见表4.9-2。

表4.9-2 冻土钻进回次控制

类型	颗粒组成	含水量/%	状态	回次数	进尺/m
少水冻土	碎石类土、砾、粗砂、中砂、细砂、粉黏粒含量大于15%的粗颗粒土	$W\leqslant 14$	半、干硬～硬塑	3	0.3
多冰冻土	粉黏粒含量小于等于15%的粗颗粒土	$14<W\leqslant 19$	硬塑～软塑	4	0.5
富冰冻土	粉黏粒含量大于15%的粗颗粒土	$19<W\leqslant 25$	软塑～流塑	5	0.8
饱冰冻土	粉黏粒含量大于15%的粗颗粒土	$25<W\leqslant 44$	流塑～流动	5	1.0

注 此表仅限于野外钻探参考使用。

(7) 多年冻土地区工程钻探应结合多年冻土的特点、工程类型、勘探目的，选择在适当的时间内进行。经验表明，查明冻结或融化作用形成的不良冻土现象的发生、发展及分布规律的调查和勘探宜分别在其发育期2月、3月或7月、8月、9月进行；查明多年冻土上限埋深及工程特性的勘探宜在9月、10月进行。

(8) 钻探作业时，随时认真判断孔内情况。升降钻具要迅速平稳，防止岩芯脱落。下钻时，必须扶正钻具，速度要慢，钻头不得与孔口和孔壁互相撞击。扫孔时，压力要小，转速要慢，待钻头到孔底工作平稳后逐渐增加压力，方可慢慢开足转速。采芯时，如孔内有残留岩芯或脱落岩芯，要设法及时清孔，以免影响钻进效率和由于岩芯自摩擦生热破坏冻层的结构。提取岩芯时，不得开快机或猛提钻具。在外界气温较高时，下钻前应将钻具清洗冷却后降入孔内，最好配备两套同径钻具，更换使用。在遇到融区，地下涌水时，应下入套管严密封闭，防止水渗入冻层，而引起岩性融化。遇有机械或其他因素影响，如停钻时间较长，需将钻具全部提出孔外，同时孔口应加保温盖，使孔内温度不受地面气温的影响。冻土层内不宜采用磨钝的钻头，应将锋利钻头用于含冰量较高的层位。

4.9.2.5 取样技术

准确地获取冻土上限及表征冻土天然状态时的技术指标，保质、保量地取出岩芯和试样，是钻探取样的主要目的。只有根据实际地质情况合理地选择适应的取芯工具，才能避免原状岩芯受到压碎、振松、磨耗、冲失、污染及变形扰动破坏。

根据《冻土工程地质勘察规范》(GB 50324—2014) 的规定，冻土钻探的岩芯管接头应带弹子，在钻进过程中提钻前需瞬时加压。当提钻发现岩芯脱落时，可改用直径小一级的岩芯管钻进取芯，但此法只能在岩芯直径仍可满足试验要求时采用。岩芯管中取芯，通常使用锤击钻头、热水加温岩芯管、空墩岩芯管及缓慢泵、压退芯等方法。对取出的岩芯要注意摆放顺序、深度位置及尺寸。护孔管或套管应固定在地表以稳定地面标高和防止套管脱落于孔内。起拔冻土孔内的套管，一般采用振动拔管和用热水加温套管以及在四周钻小口径钻孔辅以振动拔管。在冻土地区钻探因故（如风、雨、雪天、休息日等）不能连续工作时，应将钻具及时提出，以防止钻具冻在孔内。

1. 取芯工具

常见的取芯工具有管式、半合管和抽心式等。

(1) 管式取芯工具。长度 1m、直径为 108mm 或 127mm、壁厚为 4.5mm 的 DZ-40 号无缝钢管，经加工后将顶部接在设计有排压及封浆功能的专用变径接头上，下部连接到团结式硬质合金钻头上。这样在回转钻进、取芯时，既可将管内的气压和泥浆通过排压装置顺利排出，又能把来自钻杆柱的泥浆压力封至管外，使岩芯样不受外界因素的破坏。这种取芯工具，使用比较方便，主要应用于路基填方、松散破碎层及粗颗粒成分的冻土层，回转钻进、采取试样可一次进行，岩芯采取率高达 95%以上。

(2) 半合管取芯工具。长度 0.8m、直径为 108mm 或 89mm、壁厚为 6.5mm 的 DZ-65 号无缝钢管，加工制造成台阶式咬口的两个半管，然后扣合。根据需要可用接头、专用变径接头和单粒硬质合金钻头连接成一整体，长度任意选择。这种取芯工具便于拆开，又能保持原状岩芯天然状态不易破坏，可分选试样，直观地鉴定岩性，适用于含冰量较高的冻结地层，在富冰冻土、饱冰冻土和含土冰层这几类地层中使用，效果更佳。

(3) 抽心式取样器。为了不增加任何人为破坏，并准确地识别和获取冻土上限以及天然状态下需要提供的力学指标参数和层位的原状试样，应用外管钻进，衬管取样的双动双管可为抽心式取样器。使用时可以通过回转钻进、使岩芯自动进入管内，然后提出取样器，拧掉提头，抽出内管，擦净后，去掉两端多余岩样，封上管口，贴好标签，放入土样保温箱内，最后提供给试验室。

2. 冻土取样器使用方法

为了直接取得多年冻土岩芯样品与资料，以划分地层，测定冻土界线，鉴定和描述冻土的岩性、成分和产状，了解不良地质现象的分布及状态，为试验室提供各类原状或扰动样品等应采用最有效的施钻方法。为此，在路基钻探中可采用无泵干钻的方法。在桥基钻探中，对冻土覆盖层仍采用无泵干钻，当进入基岩顶面后，下入套管隔住冻层，防止融化坍塌，再采用泥浆循环回转钻进。

4.9.3　护壁工艺方法

4.9.3.1　冻土层钻进对泥浆的要求

冻土层钻进时，土层逐渐受热，传递给它的热量不仅使岩层的温度升至0℃，而且还使岩层中所含的冰胶结物转化成液态，从而使岩层开始丧失黏结性。如果将这种受热过程理想化，假设传递给岩石的热量仅仅使孔壁的温度升至0℃，从而确定冲洗介质的最大允许温度，而由冰胶结的冻土土层组成的孔壁将不会丧失黏结性。可见，泥浆的温度对孔内温度影响较大，泥浆的温度高将造成原来的岩土的胶结状态发生变化，使岩土开始丧失黏结性，因此应该选用能够保证孔壁岩土不解冻的钻井初始温度。

为降低施工成本，同时保证施工质量，开孔和钻进表层松散冻土含冰地层时应采用低温泥浆，钻透穿过该段地层后下入套管护壁，继续钻进可采用一般泥浆。低温泥浆的配制是在一般泥浆中加入防冻剂，通过改变防冻剂在泥浆中的含量，降低泥浆冻结的冰点，使其在－4～－8℃时不冻结，从而达到钻进通过冻土层的目的。

泥浆既要符合绳索取芯钻进的“三低一好”（低黏度、低切力、低密度、润滑性好），又要满足不同地层的护壁要求。根据俄罗斯冻结岩层钻进经验，抗低温、散热系数小、黏度适中、滤失量低的泥浆在冻土层钻进中是最有效的。冻土层钻进中除了考虑泥浆的抗低温性能和适合的密度外，泥浆对孔壁稳定和孔内安全控制的作用也是泥浆体系设计必须考虑的重点。

在冻土层泥浆体系设计时，主要考虑泥浆的以下4个性能指标：①泥浆低温性能；②泥浆相对密度；③泥浆护壁性能；④泥浆流变性。

4.9.3.2　低温泥浆组分的选择

（1）低温泥浆类型的选择。根据极地钻探、冻土土层钻探条件对泥浆性能指标的要求，可以使用的类型有油基泥浆和水基泥浆。

（2）耐低温介质的选择。根据已有资料，可供选择的耐低温介质很多，主要有煤油、低分子量的醇类等，如乙醇、丙醇、异丙醇、烯丙醇、乙烯乙二醇、聚乙烯乙二醇和表面活性剂。

（3）泥浆其他组分的选择。提高泥浆的孔壁稳定性，一般从两个方面考虑：一方面，聚合物能在孔壁形成有效的屏蔽层，降低进入所钻地层的滤液的速率；另一方面，无机盐可与有机聚合物进行适度交联、调节滤液的矿化度，降低泥浆中水的活度，抑制泥页岩的水化。

4.9.3.3　泥浆体系

（1）无固相泥浆。无固相泥浆即无黏土泥浆，不用黏土，是在清水中加入高分子聚合物、高分子量纤维素、生物聚合物（XC131）、野生植物胶等人工配制成具有一定黏度、静切力等性能的泥浆。

（2）低固相泥浆。低固相泥浆是指泥浆体系中的固相含量（造浆黏土和钻渣等所有固相）按体积计不超过4%。以优质钠膨润土为基本造浆材料，添加一定量的泥浆处理剂调整泥浆性能，使之既能达到良好的润滑性能，提高钻进的机械钻速，又能达到护壁的目的。其特点是比重低，对孔壁压力小，漏失少，泥皮薄，这种泥浆造价低，制造方便，性能容易控制。

4.10 深厚覆盖层

4.10.1 地层特征

地壳表层存在着各种各样的松散层，坚硬岩石表面的松散堆积物被统称为覆盖层，包括各类土层、砂卵砾石、淤泥等。对于深厚覆盖层目前未有明确的定义，曾经有人提出大于150m称为深厚覆盖层。从工程意义上看，应当与工程地质相结合来综合分析，按工程的要求来说，一般存在于建筑物下部，有足够深度，不能清除或清除代价相当大的覆盖层可统称为深厚覆盖层。如果从数量上划分，可以认为大于30m就可以称之为深厚覆盖层了。

覆盖层的成因是多种多样的。从沉积环境看，有海相和陆相沉积，陆相沉积又分为河相、湖相、河湖混合相等。从搬运沉积物的地质营力分，有风积、冲积、洪积、冰积等。因沉积环境、沉积方式、沉积地点的不同，其粒径大小、颗粒级配、松散程度、物理力学性质差别是很大的。

覆盖层是一种松散的岩体，存在较大的空隙率，甚至有架空现象。受外力作用其颗粒容易发生搬运，覆盖层又多为含水层，所以在钻探取样过程中，小颗粒容易流失，大颗粒容易滚动颠倒，岩样易分选，失真严重，取样率低。对于不同卵砾石层、砂砾石层、砂层等，要查明其性质、成因、厚度、分布、层状等特征，特别是工程地质性质不良的特殊土层、夹层或透镜体的分布及特点，仅依靠常规钻探并不能作出准确地质鉴定。

4.10.2 钻探与取样技术

4.10.2.1 合金钻进

由于合金的抗冲击强度低，在松散的卵砾石中钻进短时间后就会断裂损坏。随着钻探技术的发展，出现了一些新型的针对覆盖层的合金钻头，如金刚石硬质合金复合齿钻头，由金刚石和硬质合金支撑体组成，由于复合柱齿的超硬部分具有很高硬度和耐磨性，球冠型齿顶结构能耐强大冲压，硬质合金支撑体有利于在钻头体上镶焊，这种形式钻头钻进卵砾石层十分有效，钻进效率可以提高15倍以上。

4.10.2.2 管钻钻进

管钻用冲击的方法钻进砂卵石层是比较合理的，冲击时可在管钻上部连接加重钻杆，以提高冲击能量。直径过大进不到活门内的卵石，可以换成冲击钻进钻头连接加重钻杆将其击碎，再继续用管钻钻进。这种钻进方法采用钢丝绳连接进行冲击，以减少起下钻的辅助时间。管钻钻进只要采取合理的措施，其取样质量比合金钻进有较大的提高，如不采用较大的冲击行程（一般采用20～25cm）回次进尺不超过0.4m，颗粒分选就不会那么严重，可以区分出不同的层次层位；活门处安装少量纤维物质，如线麻等就可以取出细小颗粒。因管钻钻进要采用击打法跟进厚壁套管，钻孔深度宜小于30m。

4.10.2.3　金刚石钻进

中国电建集团成都勘测设计研究院有限公司在 20 世纪末研究了“SM 植物胶冲洗液金刚石钻进工艺在砂卵石层中的应用”，取得了丰硕的成果。此工艺在小浪底工程中也多次采用，成本虽高，但质量要比上述钻进方法好很多，效率也提高 60%～100%。SM 植物胶冲洗液能在所有没被泡的物体上形成一种有一定强度的薄膜，它可以将松散的砂卵石包裹起来，使之不松散开，能保护地层的原始状态，准确地分辨出不同的岩性、层次、层位，细砂层也能保持柱状取出，甚至细小的夹层。此方法使覆盖层勘探质量上了一个台阶，是目前覆盖层取样的最优手段。

SM 植物胶冲洗液可在孔壁上形成一层胶膜，保护孔壁不坍塌，但阻止了地下水向孔内的流动，无法得到准确的水文地质资料。无论是用泥浆还是用 SM 植物胶做冲洗液，下滤管后，通过洗井，都可以收集到较准确的水文地质资料。如果覆盖层内有承压水，或地下水流速较快时，SM 植物胶金刚石钻进工艺实施有一定的难度，可考虑用不同性能的泥浆代替。

4.10.3　护壁工艺方法

4.10.3.1　植物胶护壁

植物胶类冲洗液适用一般覆盖层，遇承压水或地下水丰富、流速快的覆盖层仍不能较好地使用。实际工程要求比重大、流动性好、不易被稀释、有一定强度、适合深厚覆盖层钻进护壁的冲洗液。

4.10.3.2　套管护壁

深厚覆盖层用套管护壁是最安全的，但增加了施工的难度，因为套管无法自动跟进，静压是无法压进的，采用振动加静压或者是吊锤击打才可使套管跟进，但振动器笨重，也没有配套设备。采用击打法，一般薄些的套管强度不够，难以承受其击打，只能采用 10mm 以上的厚壁套管，结果套管自身的质量很大，使用吊锤的质量也加大。目前国内生产的液压起管机，完全是一种静力硬性起拔，一般起拔深度只能在 20m 以内。另外一种桅杆式带有液压振动器的钻机，它带有加减压油缸，给起下套管带来很多方便，但是当套管过深，直径过大时，该钻机能否保持这样的性能，还没有实践过。从以上情况来看，要保证深厚覆盖层的勘探深度、提高深厚覆盖层勘探质量与钻探效率，仍应在护壁上多做工作。让泥浆护壁或 SM 植物胶护壁成为勘探深厚覆盖层的主要方法，这是一个很重要的途径。

4.11　松散砂层

松散砂层由第四系与新近系地层的土质、砂、砾石、卵石层等组成。它们是坚硬的岩石经过了侵蚀、搬运和沉积等地质作用后，由于尚未固结硬化成岩而形成的疏散沉积物。一般把厚度超过 50m 的松散层称为厚松散层，厚度超过 100m 的则称为巨厚松散层。在现有的力学模型（弹性、黏弹性、塑性、弹塑性）中，松散层的力学性质与移动规律最接近随机介质。

由于松散砂层的物理化学性质不稳定，在进行钻进时十分容易发生孔壁坍塌、漏失、涌水等钻探事故，会造成钻进工作的困难，甚至钻孔的报废，由此带来了钻孔质量差、钻进效率低、钻进成本高等问题。因此，在松散砂层的钻探中，需要考虑包括地层渗透压力、原地应力、地层孔隙压力、孔壁稳定性等因素对钻孔的影响。本节主要内容包括松散砂层的地层特征分析、相应的钻探与取样技术介绍以及其护壁工艺方法。

4.11.1 地层特征

4.11.1.1 胶结性能

松散砂层的地层组成影响地层的胶结性能，主要包括黏性土颗粒和砂层颗粒。黏性土颗粒与砂层颗粒的胶结性能有显著差别，黏性土颗粒比表面积很大，颗粒很薄，重量很轻，起主导作用的粒间作用主要是范德华力、库仑力及矿物胶结力，在上述粒间力的作用下黏性土颗粒往往表现出较强的胶结性能。砂颗粒的比表面积小，在粒间作用力中重力起决定性的作用，其所形成的结构为松散的单粒结构，基本没有胶结能力。

松散砂层中胶结能力主要由其中的黏性土组分提供，但是砂层的主要颗粒组成是0.075～2mm的砂粒，所以砂层整体胶结能力较差，表现为黏聚力低，自稳性差。在钻进过程中，当浆液不能以渗透的方式进入砂层孔隙空间加固砂层时，砂层压密效应是砂层提高自身胶结能力的主要方式，黏性土含量越多，压密后的砂层具有越高的胶结性能，若砂层中黏性土含量很少，则砂层即使在很大的压力下压密，其胶接性能依旧很差。

4.11.1.2 压缩特性

浅部砂层、黏土层失水压缩特性主要反映其组成、结构的特性。一般来说，浅部土层失水后，产生压缩变形的主要是黏土层。随着埋深的增加，深部砂层、黏土层失水压缩特性将发生较大的变化。

深部土体的上覆压力增大，逐渐失水压密，黏土层长期固结，失水后孔隙率降低，液性指数呈下降趋势，黏土状态逐渐进入半固态，可压缩性逐渐减小且变化较大。而深部砂层一方面属高承压含水层，孔隙中充满高承压水，与浅部砂层状态相比变化不大；另一方面，深部砂层中通常含有一定量的黏粒，可改变砂砾间骨架密切接触的关系，也使得砂层的压缩性增大。

根据深部砂层和黏土层的变形特性可以得出，随着松散层埋深的增加，砂砾层更易发生压缩变形，中粗砂、细砂层孔隙率小于砂砾层，其压缩变形程度也小于砂砾层；黏土层的压缩性受埋深的影响，取决于其含水率或物理状态，对于处于可塑状态的深部黏土层，仍具有较大的压缩变形能力。

4.11.1.3 孔隙结构特征

松散砂层是由粒径大小不一的颗粒所构成，其地层空间一部分被颗粒骨架所占据，另一部分空间为孔隙所占据，孔隙大小及连通性对砂层注浆过程影响显著。当孔隙尺寸较大且连通性较好时，浆液可以充分注入砂层中并有效填充砂层孔隙空间；当砂层孔隙尺寸较小且连通性较差时，颗粒类浆液很难以渗透的方式注入砂层中，浆液无法进入砂层的孔隙空间，浆液凝胶固结体难以对砂层施加黏接作用。

4.11.1.4 应力状态

松散砂层往往由大量的不同粒径大小的颗粒组成，其组成结构基本上可看作单粒结构，颗粒尺寸相对于整个地层来说尺寸微小，所以颗粒形状、尺寸及分布的离散性不会引起地层整体性能随方向而改变，所以松散砂层的力学性能往往表现出各向同性的特征。

然而，地层竖向应力状态和水平应力状态存在明显差别，钻进过程中，当浆液以渗透形式进入砂层时，由于砂层骨架不会发生改变，所以地层应力状态对渗透注浆过程影响不大；但是当浆液劈裂等形式扩散时，砂层的非均匀地应力状态会造成浆液扩散方向具有一定的方向性，经过多次注浆后，最终形成多条近似平行浆脉贯穿砂层的“三明治”结构，造成砂层注浆加固体力学性能的各向异性。

4.11.1.5 钻进时的具体表现

(1) 大部分层位岩性结构松散，胶结性差或无胶结，呈现为不稳定状态，钻进中孔壁极易发生坍塌，或形成涌砂现象，造成钻孔底部沉渣过多，下钻困难、下钻不能到底，频频发生埋钻、卡钻事故。地下水发育层位、承压水层更易引发孔内坍塌。

(2) 由于砂岩、砂体、砾岩粒径较大，通常为0.5～3mm，部分达5mm，受泥浆泵、泥浆性能、孔径等因素的限制，钻进过程中形成的孔内钻渣上返困难，在孔内悬浮，对孔内安全不利。

(3) 渗透性能好，泥浆漏失严重，增加泥浆消耗量，且不利于孔壁稳定。

4.11.2 钻探与取样技术

4.11.2.1 施工难点

松散砂层由于强度较低，而且地层组成颗粒不稳定因素多，钻进成孔过程中，孔壁稳定性差，易发生坍塌，因此护壁难度大，对冲洗液要求高。松散砂层钻探施工经常出现的问题包括以下几种：

(1) 塌孔。很多松散砂层松散、颗粒级配较差，几乎不含胶结物，很容易出现钻孔坍塌。地层的扰动会使钻探套管出现起伏而与孔壁之间出现间隙，循环泥浆会从形成的空隙中渗漏，很难形成有效的泥浆循环。在泥浆钻进难以实施的情况下，可以考虑采用跟管钻进的方案。但是由于跟管钻进时套管不能脱离钻机，套管受地层扰动时，钻孔底部孔壁容易塌落，塌落物往往会阻挡套管的下放，在砂层的扰动下，套管会从钻孔底部被推高，而塌孔现象依旧存在。

(2) 涌砂。涌砂现象是松散砂层钻进中最常见也最难解决的难点之一。当涌砂达到一定程度时，回转钻进将很难顺利进行，这时候只能采用管钻（抽砂筒）冲击钻进。当管钻冲入砂层后，砂会进到管钻的岩芯管里，提起管钻时，管钻底端的阀门自动关闭，将砂留在管钻里，这样经过多次的上、下反复冲击，进入管钻岩芯管内的砂会越来越多。在松散砂层中，提起管钻时钻孔底部会形成负压，在承压水和孔内负压的作用下，砂粒会不断从套管底部涌入套管内，管钻提起的速度越快，涌入的砂粒也越多，有时涌进套管的砂粒可厚达2.0m，根本不能进行原位测试。

(3) 埋钻与抱钻。由于钻孔护壁不好，再加上承压水的作用，坍塌的砂粒就会随水流涌到管钻上部，同时管钻的冲击震动会造成上部孔壁的坍塌，往往就会把管钻埋在砂层中，这样砂粒涌入套管与钻具之间的空隙就会造成抱钻，钻具与套管不能分离就无法继续成孔。

4.11.2.2 钻进方案

针对松散砂层钻进过程中遇到的一系列问题，需要制订钻进类似地层的方案，根据钻进条件、设备的限制，主要有以下几种方案可供参考：

(1) 向孔内加入黏土球。在扰动较大的松散砂层钻进时，当扰动程度较大，套管的护壁作用无法发挥，循环泥浆护壁又无法采用时，可以考虑向钻孔底部投入黏土球的办法进行护壁。黏土球可由膨润土、水、纯碱按照一定的比例人工搅拌，阴干制备。在钻进时，当钻孔进入砂层 0.5m 时可停止钻进并将管钻提出，再沿套管将事先制备好的黏土球投入孔底，每次约投放 200 颗，再下管钻冲击钻进。再次冲击钻进时提钻不宜过高，黏土球在经反复冲击破碎后，受钻孔底部水的侵蚀而形成泥浆，在管钻的反复冲击作用下泥浆会在孔壁上形成泥皮，而进入管钻岩芯管的泥浆会被砂粒上推由管钻上部开口处溢出，再进入管钻与孔壁间的空隙内形成泥皮，这样就对孔壁形成了有效的保护。当最后提出钻具时，由于有泥皮的保护钻孔就能够保持相对稳定，钻孔底部在冲击时形成的泥浆重度大于周围砂层内承压水的重度，砂层内的承压水不易涌入孔内，孔壁就不会再坍塌。在实际钻探过程中，一般每次钻进均需投黏土球 1 次，每次钻进间隔 1.0m，这样能保证钻孔底部泥浆的浓度不会发生大的变化，从而保持钻孔孔壁的稳定。

(2) 向孔内加注密度较大的泥浆。为有效地抑制涌砂、塌孔，需要使用密度较大的泥浆，重泥浆可以根据钻探地区本身的资源条件有针对性地进行配置，常用的有 Fe_3O_4、$BaSO_4$ 等，可以有效降低泥浆成本。配置好重泥浆后，可以将其搅拌均匀后加注到管钻的岩芯管内，把钻杆柱慢慢地下放至钻孔底部进行冲击钻进。冲击钻进时，砂粒不断进入岩芯管将重泥浆从取芯钻具上部开口处顶出，当砂粒充满岩芯管后提出，重泥浆就留在了钻孔底部，此时钻孔底部的侧压力大于钻孔的围压，孔壁又有泥皮保护，在重泥浆和泥皮的双重作用下，钻孔的孔壁就不会再发生坍塌、涌砂等现象。

(3) 超前支护。钻进前，向地层打入钎、管、板等构件，用以预先支护，防止钻进时出现岩体崩塌。支护方式包括：①超前锚杆或超前小钢管：这种方法是将超前锚杆或小钢管打入钻进线路上的稳定岩层内。超前锚杆宜采用早强型砂浆锚杆，以尽早发挥超前支护作用。②超前管棚法：此法适用于围岩为砂黏土、砂土、亚黏土、粉砂、细砂、砂夹卵石夹黏土等非常散软、破碎的土壤，钻孔后极易塌孔的地层。采用此法时，管棚长度应按地质情况选用，但应保证管棚有足够的超前长度。为增加管棚刚度，可在钢管内灌入混凝土或设置钢筋笼，注入水泥砂浆。

(4) 超前小导管预注浆。超前小导管预注浆是以一定角度打入管壁带孔的小导管，并以一定压力向管内压注水泥或化学浆液的措施。它既能将孔壁周围岩体预加固，又能起超前预支护的作用。此法适用于自稳时间很短的砂层、砂卵（砾）石层等松散地层施工。

4.11.2.3 取样要求与技术

松散砂层结构破碎，整体性弱，而且钻进过程中孔壁和成孔条件都对取芯十分不利。因此，对于松散砂层取样的总体要求是能满足地质工作的实际需要，保证所采取的岩矿心具有可靠的代表性，能反映所钻孔段地层的实际情况。

1. 取样要求

取样要求包括岩芯采取率、完整度、纯洁度、代表性等。

（1）岩芯采取率。钻孔平均采取率不得低于 65%，重要标志层以及矿层顶板、底板各 3～5m 范围的采取率不得低于 75%；专门设计的水文孔、物探参数孔及有特殊要求的钻孔，采取率不低于 85%；矿层厚度按设计计算（厚度不小于 0.5～1m），相邻两回次的平均采取率不低于 75%。

（2）完整度。指取出的岩矿心所保持的原生结构、构造的完整程度。要求尽量防止对岩矿心的人为破碎、颠倒和扰动，以提高其完整度，便于划分矿石类型，观察矿物原生结构和共生结构关系。

（3）纯洁度。要求尽可能保持岩矿心原有物质成分，避免外来物质的污染。要防止泥浆对矿心的污染。

（4）代表性。要求保证岩矿心的代表性：一是避免选择性磨损和溶蚀、淋滤、烧灼等造成矿心的人为破坏或变质，从而丧失其代表性；二是岩矿心的取出位置深度、厚度要准确。

2. 影响取芯质量的因素

为了保证取出的岩芯满足以上要求，主要影响因素包括工艺技术和组织管理两方面。

（1）工艺技术因素是主要因素，主要有钻进方法、规程、钻具结构、操作水平等。

（2）组织管理与规章制度，健全的管理组织和制度对提高取芯质量有重要作用。钻探人员要重视取芯质量，认真贯彻有关制度、规程，精心组织、实施，就能减少或避免人为因素对取芯质量的影响。

3. 松散砂层取芯技术

根据上述影响因素，可以归纳出关于松散砂层钻进时提高岩芯采取率和采取质量的几个措施：

（1）认真进行地层分析。钻进松散砂层，由于结构不稳定、地下水分布情况未知，在客观上增加了取芯难度。因此要进行地层分析，了解所钻地层的钻探取芯特点、难点和地质要求，有针对性地做好技术、物质准备，是提高取芯质量的前提。

（2）根据地层的物理力学特征选择适宜的取芯工具和方法。为了提高岩芯采取率，保证其完整度、纯洁性和代表性，取芯钻具应满足以下要求：

1）避振。避免或减轻钻具回转的振动和摆动。为此，钻具要直，内外管要同心，双管单动装置要灵活，采用减振弹簧以及尽量减少钻具与孔壁的间隙等。

2）减磨。主要是减少岩芯在进入内管时和进入内管后的磨损。因此，单动装置、伸缩装置、卡芯装置要灵活，对岩芯不能有破坏和磨损作用，内管及卡芯装置的内壁要平滑。

3）隔水。防止冲洗液冲刷和污染岩芯。因此要有隔水装置，如分水接头、回水阀、隔水活塞等。使用双动双管钻具，要调好内外钻头级差。

4）卡芯要牢靠。

5）退芯操作要方便。如采用泵压退芯、半合管、三层管等。

（3）重视泥浆的护芯作用。根据地层的不同，采取合适的技术措施，保证在岩芯外表面形成一定厚度的“泥皮”是保证岩芯原状结构的关键。

4.11.3 护壁工艺方法

4.11.3.1 护壁方法

在钻进过程中，遇到松散砂层时，如果护壁不好，不仅影响钻进，而且容易造成塌井埋死。若采用好的护壁方法，则可以有效防止此类问题的出现。对于松散砂层，常用的护壁方法有以下方面：

（1）沿砂层用套筒护壁至完全阻隔砂层为止。开钻前，可用人工挖坑，将套筒放入坑内，调好泥浆后可开钻。

（2）丘陵地表颗粒砂层采用高浓度泥浆护壁，一般大于低固相泥浆黏土含量10%左右，泥浆比重大于1.1。

（3）采取注浆增加地层强度，提高稳定性。

4.11.3.2 泥浆要求

针对松散地层易吸水膨胀、蠕变、坍塌、缩径、扩径等特点，结合上述分析，该类地层所用的冲洗液应注意以下几点：

（1）合理控制冲洗液的密度。井壁稳定中一个主要的影响因素是孔内液柱压力，而液柱压力除了与钻孔深度有关外，还与冲洗液的密度息息相关。根据需要合理控制冲洗液的密度有助于平衡地层压力而顺利施工。

（2）高效封堵裂缝和高渗透孔隙。当井眼一钻到泥页岩时，由于钻头对泥页岩层的作用使近井筒的渗透比远处更高，较高的渗透率致使液体浸入速度加快。有一种方案是采用封堵剂填塞在裂缝内形成渗透阻碍体。降低液体对岩土体的侵蚀。

（3）改善成膜的理想性。在钻孔初钻开时，冲洗液会与井壁快速接触渗入地层，此时若渗入地层的冲洗液能形成有效的保护膜就可以抑制接下来在孔内循环的泥浆进一步侵入地层而导致井壁失稳。油基泥浆基本可以靠油基的天然作用在孔壁形成憎水油基保护膜来保护孔壁，因此可以从这点出发寻求具有油基性能的材料来进行水基冲洗液的配制。

（4）降低滤失量。冲洗液中侵入地层的除了固相填塞物外，大部分为滤液成分，因此需要严格控制冲洗液的滤失量。冲洗液降低滤失量的主要途径有：①平衡或减小泥浆与地层孔隙流体之间的压差；②选用优质造浆黏土和有关处理剂，增加水化膜厚度；③增加泥浆中黏土的含量；④选用能提高水溶液黏度的处理剂，增加泥浆滤液黏度；⑤选用造壁性能优良的添加剂，降低泥饼厚度及泥饼的渗透率；⑥加快在复杂地层段的钻进速度，减少井壁裸露时间；⑦减少冲洗液循环对井壁的冲刷。

（5）改善泥饼质量。在冲洗液中添加小到能够进入页岩空隙的物质，其可以强烈吸附在页岩上，在井筒周围泥页岩骨架内形成一种内泥饼，由于内泥饼的渗透通常比页岩的更低，因此沿着它有一个突变的压力降，这将延缓孔隙压力的扩散来延长井壁稳定时间。

（6）适当的可增加冲洗液黏结力的黏度。对于水敏松散地层来说，冲洗液的黏度要适当控制。水敏性地层会自然造浆，若冲洗液黏度过大则容易产生较大的抽吸压力而使得井壁由于抽吸而缩径。若松散性地层用冲洗液黏度过低，地层中的松散物质则会随着冲洗液而被冲刷循环泵出。松散性地层要求冲洗液有一定的黏结力，这样可以使松散的颗粒黏结在一起而增加强度，且黏结力大的冲洗液在循环进入孔壁时会在孔隙中形成弹性膜来保护孔壁稳定。

（7）较好的润滑性减阻性。冲洗液在钻孔内循环，与井壁及钻具间存在摩擦，摩擦力迫使冲洗液在井壁形成泥皮及井壁颗粒剥落，润滑性优的冲洗液可以减小这一现象的发生，有利于稳定井壁冲洗液在孔内循环有一定的阻力，若循环阻力大则容易形成环空压力激动而对井壁稳定造成负面影响。

（8）提高冲洗液的抑制性。抑制性冲洗液不仅能有效抑制钻屑中造浆黏土的水化分散，还可以抑制冲洗液增稠的趋势，从而能降低循环压降，减小压力激动，稳定井壁。

4.12　含浅层气地层

4.12.1　地层特征

浅层气是指埋藏深度比较浅、储量比较小的各类天然气资源，主要包括生物气、油型气、煤层甲烷气、水溶气等。浅层气一般存在于大空隙、高渗透率的砂岩中，这些砂岩被渗透率很低甚至非渗透的泥岩或者页岩圈闭，在沉积过程中，砂岩里面的气体由于泥岩或页岩的圈闭无法释放，随着沉积的进行，圈闭气体的压力越来越大，直到沉积过程结束，浅层气能量的大小取决于圈闭压力的大小以及圈闭气体的总量。圈闭压力越大，圈闭气体越多，其能量就越大，处理起来越困难。浅层气如果发生井喷损失往往很大，气体携带着泥沙高速喷出，很容易与井架摩擦产生火花，导致井架烧毁，随着气体能量的枯竭、泥沙的喷出，甚至会引起地面下沉，对于海上的钻井船，如果大量的气体从海底喷出，会导致海水密度降低，引起钻井船浮力减少，钻井船将会有沉没的风险。地层具有以下特点：①埋藏深度浅；②地层极为松散，地层承能力弱，极易漏失；③浅层气发生的突然性，即从预兆至发生所用的时间短暂。

浅层气属于典型的高压、小体积、位于浅层的气体储层。存在快速沉积的地区，通常会钻遇浅层气，因为浅海有的沉积层沉积速度很快，地层压力来不及释放。钻遇浅层气极易产生安全风险，原因为：①这些小储气层是很局部的，且难于预测，经常是突然出现的；②浅层气的压力能够很快释放，一旦井喷，即使流量小也可以使所有泥浆喷出；③警报信号的反应时间短促，特别危险的是在起钻过程中向井眼内灌泥浆时；④浅层存在着蹩裂地层和起火的危险，浅层气存在的地层一般属于薄弱地层，压力稍大就可能造成井漏；⑤防喷设备少，通常为了防止蹩裂地层，钻井时只使用分流器，分流器只能疏导井喷，而不能压住井喷。

4.12.2　钻探与取样技术

4.12.2.1　钻进浅层气的原则

（1）应进行主要的浅层气调研，预测是否存在浅层气的风险。

（2）尽可能避免浅层气积累。

（3）可能的话选择的井位应避开已确定的浅层气区域。

（4）地表浅层气分离设备不宜在很长时间内承受浅层气影响。它仅仅是赢得时间的一种方法，以便允许从井位处安全撤离。

（5）上部井段钻井应强调维持对井眼的静液压力控制、井队人员与钻机安全以及环境保护。

4.12.2.2 钻井设计时应考虑的事项

（1）适当的泥浆密度，防止井眼压力过大引起地层破裂、套管破裂或危险的地面情况发生。

（2）使用设计很好的分流器系统。

（3）井队人员的培训和设备的正确安装和维护，确保程序正确，立即可用。

（4）从有关显示识别潜在的井控问题：在钻进时、钻进中、起钻时进行溢流检测及泥浆录井和电测井。

（5）控制井眼以确保人员、设备和环境安全。

4.12.2.3 早期检测溢流的方法

（1）在边缘地区或预期有浅层气的区域钻井时，每次接钻杆时进行溢流检查。

（2）钻进中间套管段以前，对气体检测设备和各种钻井仪表进行合适的标定和校验。

（3）观察并记录气体读数，如果返回的泥浆中含气量大大增加，停止钻进，进行溢流检查，循环排气。

（4）钻进时保持钻井参数不变，以便检测岩性变化。如果机械钻速有很大的增加，可能钻遇了渗透性砂岩。在浅层沉积很软的区域钻井时，要求控制机械钻速大小。

（5）使用泥浆计量罐。出现任何可疑迹象即进行溢流检查。

（6）无论钻进时，还是下套管固井时，泥浆密度都是应对井涌的主要方法。泥浆密度必须足以防止井涌，但又不能导致循环漏失。

4.12.2.4 遇可疑情况后的操作

如果泥浆池体积增加、返出泥浆流量增加、泥浆中气体含量快速上升或机械钻速突然增加等，那么应执行下述步骤：

（1）如果使用方钻杆，需要把方钻杆提至转盘上、停泵、进行溢流检查。

（2）如果没有溢流发生，重新开始钻井作业。但在接单根或起下钻前要进行溢流检查。如果观察到泥浆中气体含量上升，溢流检查后根据需要确定是循环泥浆还是加重泥浆。

4.12.2.5 井涌后的操作

（1）进行井涌报警、关闭分流器分流。

（2）以最大可能的排量泵入泥浆动态压井。

（3）对人员撤离工作做必要的准备。

（4）泵完动态压井泥浆后，停止泵入，检测井眼。

（5）若继续外溢，如有泥浆则继续泵入，一旦用完现有的泥浆应立即泵入海水。此时，泥浆工程师应重新配制较高密度的压井泥浆，只要监督认为可继续使用分流器系统处理，就应继续动态压井作业。如果溢流已经对钻机和人员构成危害，即使正在被分流，平台经理也应决定是否继续留在井上进行作业，还是撤离。

4.12.2.6 钻井技术

因为浅层气埋深较浅，所以在钻井过程中，可能会在一开或者二开过程中遇到。如果一开就钻遇浅层气，应非常小心，因为此时没有循环通道和井控设备，所以检测和控制相对困难。

浅层气的破坏性主要来自它的压力和总气量，当钻遇浅层气时，首先可以考虑通过改变气体单位时间喷出数量来减少浅层气的危害，即需要先钻一个小井眼，就是所谓的领眼，气层暴露面积减少，气体的喷出量自然会减少。

如果二开钻遇浅层气，此时冲洗液循环通道已经建立，井控设备也已经安装，所以浅层气的检测和控制就相对容易一点，分流系统就是针对浅层气的井控装置，分流系统由分流器、分流四通和分流管线组成，其中分流器可以是特制的，也可以用低压大通径的环形防喷器来代替，利用液压防喷器控制系统提高的高压油可以封闭方钻杆、钻杆、钻杆接头、钻铤、套管等各种形状和尺寸的管柱，同时分流井内流体。分流系统不是用来关井憋压的，而是按预先铺设的分流管线将井内流体从井场引至安全距离之外，使井内流体回压最低，利于井眼和设备的安全。

钻遇浅层气后，应采取以下措施：①立即钻；②迅速将钻头提离井底，最好有一个单根的距离；③循环观察，确认是否浅层气井涌；④如果是浅层气井涌，关闭分流器，同时自动打开导流管；⑤以最大泵速用钻井液或清水通过导流管线循环排气，让气层能量慢慢释放；⑥当感觉气层能量明显减小时，以最大泵速泵入适当比重的重钻井液，停泵观察，如果无异常，就可以进行下一步操作，如果依然有溢流或者大量气体涌出，继续用清水大排量循环排气，重复这个操作，直到气层能量枯竭为止。

综上所述，浅层气的特点决定了应对的措施，主要方法是分流，而且是限量分流，这主要受限于分流器的处理能力以及地层的破裂压力，所以需要钻小井眼作为领眼，将浅层气的能量逐步释放。虽然应对浅层气有一系列措施，但是浅层气从发现到井喷的时间往往非常短，所以在钻井施工设计上，尽量避开浅层气才是最稳妥的办法。

4.12.3 护壁工艺方法

在含浅层气地层中，常使用套管护壁、泥浆护壁等方法，这些方法的工艺过程和流程与常规工艺一样，无特殊性，因此可参照其他地层的方法实施。

4.13 高温地层

随着能源需求的增加和钻探技术的发展，浅地层埋藏的资源已不能满足人们生产和生活的需求，在深部地层寻找资源已成为必然趋势，深部地层钻探与取样必然会碰到高温地层。随着钻孔深度的增大，地层温度会逐渐增加，井底地层温度可能高达300℃以上，特别是在地温梯度异常区域和地热钻探中，因此研究高温地层钻探与取样技术是十分必要且具有重要意义的。

4.13.1 地层特征

高温地层是指地层温度高于150℃的地层，在深孔、超深孔及地热钻探中经常遇到。在高温地层中钻探取样时，钻孔长期处于高温环境，钻具和泥浆性能会受到严重的影响和破坏，直接影响到孔壁稳定、携岩能力、施工安全及施工成本等。高温地层具有以下工程特性：

（1）高温地层易导致泥浆中的黏土分散、钝化及泥浆处理剂失效，使泥浆性能迅速降低，加剧钻具的腐蚀。

（2）高温地层往往伴随着高压，高压会造成孔隙压力与破裂压力值非常接近，使钻井液安全密度窗口很小，容易造成井喷或井漏。

（3）钻井施工时间长，侵入地层的泥浆流量大，不利于保护储层的保护。

（4）孔底压力高，要求钻井液密度高，需要加较多加重剂，这会导致固相含量增加和钻井液的黏度、切力升高，且加重剂沉降问题突出。通常采用降黏剂减稠，但降黏剂一般只能降低钻井液的结构黏度，随后还需采用结构稳定剂提高切力以悬浮加重剂，这会导致流变性变差，于是经常陷入“加重增稠—降黏—加重剂沉降—密度下降—再次加重”的恶性循环。

（5）高的钻井液密度不仅会增加造成压差卡钻的机会，而且会造成循环压力升高，产生压力激动、钻具磨损、钻头使用寿命减少等问题。

4.13.2 钻探与取样技术

高温地层钻探施工对施工场地要求相对较高，所需的产地面积较大，除了钻井设备相对较大外，泥浆池、泥浆循环系统和净化系统也占用了较大的场地。高温地层采用的钻探取样技术与常规技术有一定区别，主要表现在钻头、钻杆、钻机、泥浆泵等设备与工艺上。

4.13.2.1 钻探机具与设备

1. 钻头选择

高温地层钻探取样时，由于牙轮钻头具有冲击、剪切和压碎岩石的能力，其最为常用，金刚石钻头在此类地层中也使用较多。

牙轮钻头一般由牙掌、牙轮、切削齿、轴承、锁紧元件、储油密封系统、喷嘴装置等部件组成，其结构及实物图如图4.13-1所示。

牙轮钻头在旋转时具有冲击、压碎和剪切破碎地层岩石的作用，所以牙轮钻头能够适应软、中、硬各种地层。牙轮钻头按牙齿类型可分为铣齿（钢齿）牙轮钻头、镶齿（牙轮上镶装硬质合金齿）牙轮钻头；按牙轮数目可分为单牙轮钻头、三牙轮钻头和组装多牙轮钻头。牙轮钻头具有以下特点：①牙轮在孔底绕钻孔轴线和绕牙轮轴滚动时，对岩石起压入压碎剪切作用的同时，带有一定频率的冲击，从而提高了碎岩效果；②牙轮靠滚动和滑动轴承支撑在轴颈上，回转时转矩小，消耗的功率也小；③轴心载荷均匀分布在碎岩牙轮上，在牙轮齿与岩石不大的接触面上，造成很高的比压，提高了碎岩效果；④牙轮岩孔底

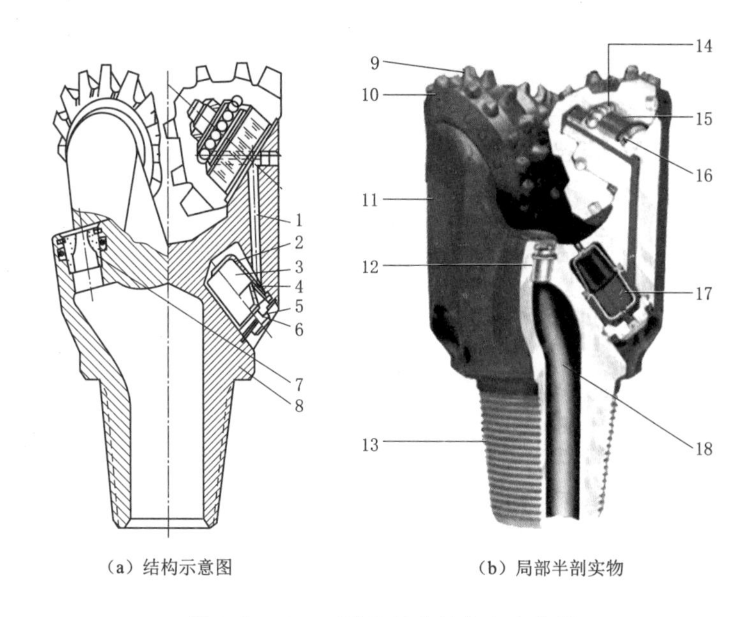

(a) 结构示意图　　(b) 局部半剖实物

图 4.13-1　三牙轮钻头结构与实物图

1—长油孔；2—护膜杯；3—储油腔；4—压力补偿眼；5—压盖；6—传压孔；7—喷嘴；8—本体；9—切削齿；10—牙轮；11—牙掌；12—喷嘴；13—连接螺纹；14—锁紧元件；15—滑动轴承；16—密封元件；17—储油系统；18—流道

滚动时，牙轮齿与岩石的接触时为瞬时载荷，由于接触时间短，减少了牙轮齿的磨损，延长了牙轮齿的寿命，同时瞬时接触造成的动载亦强化了碎岩效果；⑤牙轮齿与岩石的接触时间短，因摩擦而产生的热量少，在牙轮回转一周中可由冲洗介质完全带走，因此钻头不会因为过热而降低牙齿的力学性能。

牙轮钻头的工作原理：牙轮钻头在井底的运动取决于牙轮与牙轮齿的运动，钻头在井底的运动有公转、自转、纵振、滑动。其中钻头的滑动就是牙轮的滑动，通常情况下软地层钻进时钻头具有较大的滑动量；在硬地层及高研磨性地层钻进时，所用钻头滑动量要尽量减少，以避免牙轮齿的迅速磨损。牙轮齿相对于井底的滑移，包括径向（轴向）滑动和切向（周向）滑动。超顶和复锥引起切向（周向）滑动，移轴引起径向（轴向）滑动。牙轮在滚动过程中，其中心上下波动，使钻头做上下往复运动，引起纵向振动，包括单齿、双齿交替接触井底，使牙轮中心上下波动引起的振动，也包含井底凹凸不平引起牙轮中心的上下振动。

牙轮钻头在井底工作时上述四种运动同时产生，钻头的运动是上述四种运动的复合运动。

在选用牙轮钻头时，应注意以下几点：①在浅孔段，选用机械钻速高的钻头，使用尽可能长的“牙齿”，以取得较高的机械钻速，尤其是在较浅和软的地层，长“牙齿”的钻进效率更为明显；②在深井段选用进尺多的钻头；③当发现钻头的外排齿磨圆而中间齿磨损较少时应选用带有保径齿的钻头；④所钻的地层有砂岩夹层时应考虑用镶齿保径的钻头；⑤对于易产生井斜的地层，宜选用无移轴、无保径、齿多而短的钻头，当用重泥浆钻井时使用楔形齿钻头；⑥所钻地层页岩占多数时用楔形齿钻头，钻灰岩地层时使用抛物体形或双锥形齿钻头；⑦当所钻地层中页岩成分增加或泥浆比重加大时，用偏移值大的钻头；钻灰岩或砂岩地层时选用偏移值小的钻头；⑧钻硬的研磨性灰岩、硬白云岩、燧石、石英岩时，用无移轴或双锥齿（或球齿）钻头；⑨当“牙齿”磨损速率比轴承磨损速率低得多时，应选择一种较长“牙齿”、较好的轴承设计或在使用中施加更大的钻压；⑩当轴承的磨损速率比“牙齿”的磨损速率低得多时，要选择一种较短的“牙齿”+较经济的轴承设计或在使用中施加更小的钻压。

2. 钻探设备选择

钻机选用时要根据预定的钻孔深度合理选择钻机类型，选择的钻机过大会增加成本，过小则可能达不到预定的目标。在探采结合井作业时，由于地下情况尚不很清楚，应适当留有余地，以便必要时加大钻孔深度。目前国内钻进高温地层常采用石油钻机和水源钻机两种，常用的钻机类型主要有 TSJ 系列、GZ 系列、ZJ 系列。石油钻机具有配制马力大、效率高等特点，但是价格昂贵，并且采用采油机驱动时噪声大、污染严重。水源型钻机相对石油钻机，具有搬迁安装方便、配制动力小等特点。石油钻机是指在石油勘探、开发中带动钻具破碎岩石，向地下钻进，钻出规定深度的井眼的设备，一般由八大系统（起升系统、旋转系统、钻井液循环系统、传动系统、控制系统和监测显示仪表、动力驱动系统、钻机底座、钻机辅助设备系统）构成，具备起下钻能力、旋转钻进能力、循环洗井能力。

（1）TSJ 系列水源钻机。该类钻机为机械传动，转盘回转，可采用油缸液压搓扣，也可采用石油钻探拧卸钻具，有 TSJ－1500/435、TSJ－2000/435、YSJ－2000/445 等型号。其主要特点是：重心低、传动平稳、密封性能良好、机械拧卸钻具并备有搓扣油缸，另外还配备水刹车装置、辅助抱闸机构，可降低卷筒、闸带的损耗。TSJ－2000 型钻机性能指标见表 4.13－1，主要用于水源、中浅层石油、天然气、煤层气、地热等钻探。

表 4.13－1　TSJ－2000 型钻机主要技术参数

技术参数		TSJ－2000/435	TSJ－2000/660
钻探深度/m	ϕ89 钻杆	1350	
	ϕ73 钻杆	2000	
转盘通径/mm		435	660
转盘转速（正、反）/(r/min)		48、69、110、190	37、52、84、145
转盘扭矩/(kN·m)		18、12.5、8、4.5	21、14.9、9.2、5.4
转盘最大搓扣扭矩/(kN·m)		55	86
卷扬单绳最大提升能力/kN		90、45、30	
可配动力		110kW（电动机）、150HP（柴油机）	
外形尺寸（长×宽×高）/(mm×mm×mm)		4340×2372×1290	
主机重量（不含动力部分）/t		6.98	

（2）ZJ 型石油钻机。ZJ 型石油钻机（图 4.13－2）可拆性好，易于安装、拆卸和运输，动力装置可选电动机或柴油机，钻机转盘与变速箱之间增加转盘离合器和惯性刹车离

合器，以适应钻井工作，有 ZJ15、ZJ20、ZJ25 等型号，ZJ20 型钻机主要性能参数见表 4.13-2。

(3) 泥浆泵。泥浆循环系统由泥浆池、泥浆泵、水龙头、循环管线、振动筛、除砂器、除泥器等组成。泥浆池用于存放配置好的泥浆，泥浆泵主要用于维持泥浆循环，通过钻杆柱将泥浆送至孔底，再将钻头破碎岩石产生的岩屑通过孔壁与钻柱间的环状间隙携带至地表。

钻井越深需要的泥浆压力越大，井径越大需要的泥浆排量越大，岩石在孔底被破碎之后。在环形空间里，一方面钻井液携带岩屑颗粒向上运动，另一方面岩屑颗粒由于重力作用向下滑落。钻井液携带岩屑颗粒向上运动的速度取决泥浆的上返速度和颗粒自身滑落速度之差，泥浆上返速度的计算公式：

$$v_{a}=\frac{1273Q}{d_{h}^{2}-d_{p}^{2}} \tag{4.13-1}$$

式中：v_a 为钻井液上返速度，m/s；Q 为流量，L/s；d_h 为孔径，mm；d_p 为钻杆外径，mm。

图 4.13-2　ZJ 型石油钻机

表 4.13-2　ZJ20 型钻机主要性能参数

<table>
<tr><td colspan="2">钻进深度（ϕ114 在钻杆）/m</td><td>2000</td></tr>
<tr><td colspan="2">转盘通径/mm</td><td>ϕ445</td></tr>
<tr><td colspan="2">转盘转速（正、反）/(r/min)</td><td>45、65、103、178</td></tr>
<tr><td colspan="2">转盘最大搓扣扭矩/(kN·m)</td><td>25</td></tr>
<tr><td colspan="2">钢丝绳直径/mm</td><td>24.5</td></tr>
<tr><td colspan="2">卷扬机单绳最大提升能力/kN</td><td>100</td></tr>
<tr><td colspan="2">卷扬机提升速度（按二层计算）/(m/s)</td><td>1.0、2.3、3.9</td></tr>
<tr><td colspan="2">离合器输入转速/(r/min)</td><td>901</td></tr>
<tr><td rowspan="2">可配动力</td><td>柴油机</td><td>154kW、1500r/min、6135AZN-1-SM</td></tr>
<tr><td>电动机</td><td>160kW、1480r/min、Y315L1-4</td></tr>
<tr><td colspan="2">外形尺寸（长×宽×高）/(mm×mm×mm)</td><td>4477×2288×1245</td></tr>
<tr><td colspan="2">主机重量（不含动力部分）/kg</td><td>9100</td></tr>
</table>

环空返速越大，岩屑越容易上返，越不易形成重复破碎；否则岩屑不能及时上返，岩屑会沉聚在孔底，井底的岩屑越聚越多，形成二次甚至多次重复破碎，降低钻进效率，甚至引起埋钻事故。在一定范围内，排量与钻速呈正相关关系，即排量越大，钻速越快。在高温地层中，想要提高钻井速度，须选择大泵量、高压力的泥浆泵，泥浆排量大，上返速度就大，携渣能力强，井底干净，减少了埋钻等孔内事故，从而提高钻探施工效率。

在此类地层中，常使用的泥浆泵有 3NB-800 型、BW-1200 型、TBW-1200 型等。

另外，泥浆泵可以通过变换缸径来改变泥浆泵的排量和压力。

BW－1200 型水泥泵为地质和水文钻探泥浆泵，采用更换不同直径的缸套、活塞来改变泵的排量与压力，更换皮带轮的直径可改变泵的冲次，从而也可达到改变泵的排量与压力。其主要性能参数见表 4.13－3。

表 4.13－3　　BW－1200 型泥浆泵主要性能参数

性能参数	数　值	性能参数		数　值
活塞行程/mm	250	排出压力/MPa	75kW	3.2、4.4、6.2、11
冲次/min	71		90kW	4、5.5、7.5、13
缸套直径/mm	150、130、110、85	外形/(mm×mm×mm)		2845×1300×2100
理论流量/(L/min)	1200、900、630、360	质量/kg		4000

3NB－800 型泥浆泵主要用于 4000m 地热、石油钻探，或用于 500～2500m 水平定向井螺杆钻。3NB－800 型泥浆泵排量见表 4.13－4。

表 4.13－4　　3NB－800 型泥浆泵排量表

采油机转速/(r/min)	冲数/spm	输入功率/HP	不同缸套直径排量/(L/min)					
			110mm	120mm	130mm	140mm	150mm	160mm
1400	160	800	16.42	19.56	22.93	26.59	30.53	34.73
1300	149	745	15.29	18.22	21.35	24.77	28.43	32.34
1200	137	685	14.06	16.42	19.63	22.77	26.15	29.74
1100	126	630	12.93	15.40	18.06	20.94	24.05	27.35
1000	114	570	11.70	13.94	16.31	18.95	21.76	24.75
900	102	510	10.47	12.47	14.62	16.95	19.47	22.14
相应缸套最大工作压力/MPa			32.9	27.6	23.6	20.3	17.7	15.6

TBW 型泥浆泵为卧式双缸双作用活塞泵，主要用于地质、地热、水源、浅层石油、煤层气等钻进中供给冲洗液用，介质可为泥浆、清水等，亦可作为以上的输液泵。该泵通过更换不同直径的缸套＋活塞套和活塞，可获得不同的流量与压力。TBW 系列泵的主要性能参数见表 4.13－5。

表 4.13－5　　TBW 系列泵的主要性能参数

型号	流量/(L/min)	压力/MPa	直径/mm		活塞行程/mm	配备动力/kW	外形尺寸/(mm×mm×mm)	重量/t
			活塞	吸水管				
TBW－1200	1200	7	160	203	270	180（电机）或 206（柴油机）	3045×1440×2420	7.2
TBW－1000	1000	8	150					
TBW－880/9	880	9	140					
TBW－800/10	800	10	130					

（4）固控设备。高温地层钻探取样时，对泥浆性能要求高，因此在循环过程中必须将泥浆中的固相及其他杂物去除。根据场地情况采用长距离的泥浆槽和沉淀池及必要的除砂设备（振动筛和旋流器一体型设备，见图 4.13－3）。泥浆首先经过在泥浆槽内的流动将

大颗粒岩屑沉淀在泥浆槽再流到沉淀池，然后经过振动筛将大颗粒的岩屑除去，再利用旋流器除去小颗粒岩屑，从而达到净化泥浆的目的。

图 4.13-3 振动筛和旋流器一体型设备

图 4.13-4 双联振动筛

双联振动筛（图 4.13-4）使用的好坏直接影响下一级固控设备的效果，泵排量、筛网面积、固相浓度、泥浆黏度等因素影响振动筛网的选择以及分离的效果，应选择合适的筛网。除特殊情形外（如加入堵漏材料），一般以泥浆覆盖筛网面积的 70%～80%为宜。某型号双联振动筛技术参数见表 4.13-6。

表 4.13-6 某型号双联振动筛技术参数

型号	电机功率/kW	质量/kg	处理量/(m^3/h)	振幅/mm	晒布目数/目
ZSG-310×2	1.1×4	2900	180～200	5	80～140

旋流器是一种内部无运动部件的圆锥筒形装置，根据其直径尺寸可分为除砂器、除泥器等，直径 150～300mm 的称为除砂器，进浆口压力为 0.2MPa 时处理量不低于 20m^3/h，一般能除去 95%大于 40μm 的岩屑和 50%大于 15μm 的岩屑。振动筛和旋流器一体型固控设备参数见表 4.13-7。

表 4.13-7 振动筛和旋流器一体型固控设备参数

旋流器	工作压力/MPa	0.1～0.2	推荐砂泵排量/(m^3/h)	40～60
	处理量/(m^3/h)	40～60	分离粒径/μm	40～70
	进液管直径/mm	80	排液管直径/mm	100
	砂泵电机/kW	11	砂泵转速/(r/min)	1450
振动筛	电机功率/kW	0.5	振动频率/(次/min)	1420
	电机转速/(r/min)	1420	激振力/kN	10
	筛面面积/m^2	1.50×0.6	双振幅	0～10
	外形尺寸（长×宽×高）/(mm×mm×mm)		2020×1200×1620	

4.13.2.2 钻进规程参数

确定钻压和转速的原则是：既要能有效地破碎地层，又要注意钻压和转速对钻头“牙齿”和轴承的影响，使钻头具有较长的工作寿命。选择牙轮钻头的钻压和转速主要考虑以下几方面：

（1）钻压对钻速的影响。在适当的范围内（钻压为1.36～2.7t/in），钻压和钻速呈线性关系。开始时，钻压较低，岩屑少，钻速基本上与钻压的平方成正比。钻压加大后，岩屑增多，孔底净化条件变差，钻速与钻压呈线性关系，当钻压升到一定值后。井底净化条件变恶劣，钻速增长缓慢，甚至下降。

（2）转速对钻速的影响。在转速较低时（30～55r/min），井底净化条件好，钻速基本随转速呈线性增加。增加转速虽然可提高钻速，但轴承和“牙齿”磨损加快，常用转速范围：55～110r/min，超出这个值后，钻速与地层岩性、孔底净化程度有关。

（3）钻进参数选择。钻压以达到所钻岩石的破碎强度值为宜，并结合设备能力和钻具强度等安全因素合理选择。按钻头直径单位长度所需压力计算，根据所钻岩石的性质，当钻压在0.05～0.10t/mm直径范围内，钻速与所加钻压成正比。一般常用最佳范围为0.07～0.09t/mm直径。钻头外缘回转线速度以0.8～0.5m/s为宜，遇卵砾石层或严重破碎地层可降低到0.6m/s，地层完整、硬度较低、钻孔较浅、用常规口径钻进的转速为70～200r/min，大口径为30～60r/min。泵量以满足钻井液上返速度0.4～0.8m/s为宜。为了有效地从孔底清除岩粉，冲洗液的上升流速在钻进软岩时不小于0.8m/s，钻进硬岩时不小于0.4m/s。钻头接触井底后，在低钻压、低转速下（钻塔10～30kN，转速60r/min）钻进0.5h以上，造好井底形状后，方可逐步提高钻压和转速。

（4）钻压和转速对钻头轴向寿命的影响。对密封滑动轴承钻头而言，钻压与转速的乘积$W \times n$值是一个很重要的参数，称为轴承能力数。钻头“牙齿”的损坏如“牙齿”折断、碎裂或脱落，大多是由于疲劳和应力过大引起的，主要原因是“牙齿”受到冲击。因此钻压和转速都直接或间接地影响着钻头“牙齿”的寿命。一般钻压和转速都应在允许的范围内选择，钻压高时，转速应小；反之，钻压较低时应选较高的转速。

4.13.3 护壁工艺方法

在高温地层钻探时，常采用的护壁方法主要有套管护壁和泥浆护壁两种，其中套管护壁技术与其他类似，在此不再叙述。

高温地层由于地温梯度和压力梯度的存在，孔内的温度和压力就会变得越高，严重影响钻井过程及钻井液性能。在高温条件下，钻井液中的各种组分均会发生降解、增稠、胶凝、固化等变化，从而使钻井液性能发生剧变，并且不易调整和控制，严重时将导致钻井作业无法正常进行，而伴随着高的地层压力，钻井液必须有很高的密度。这种情况下发生压差卡钻及井漏、井喷等井下复杂情况的可能性大大增加，欲保持钻井液良好的流变性和较低的高温高压滤失量亦会更加困难。因此，如何解决钻井液在高温高压条件下的性能问题，是高温地层钻探面临的首要问题。高温地层对钻井液的难题主要表现在以下几个方面：

（1）井越深，井下温度、压力越高，钻井液在井下停留和循环的时间越长。钻井液在低温条件下不易发生的变化、不明显的作用和不剧烈的反应都会因深井高温的作用而变得容易发生，使得深井钻井液的性能变化和稳定性成为一个突出的问题。

（2）深井裸眼长，地层压力系数复杂，钻井液密度的合理确定和控制则更为困难，且使用重泥浆时，压差大会导致井漏、井喷、井塌、压差卡钻及由此带来的井下复杂问题，从而成为钻井液工艺的难点之一。

(3) 深井钻遇地层多而杂，地层中的气、水、盐、黏土等污染的可能性大，且会因高温作用对钻井液体系的影响更大，从而要求钻井液体系具备强的抗污染能力。

(4) 钻井液对钻具的腐蚀作用因高温而加剧。

(5) 钻井液对地层的损害会因为高温高压条件而加大。

(6) 为了保证钻井液的性能，往往要添加一些处理剂，其中相当一部分为有机化合物，甚至带有毒性，这将会导致土壤、地表和地下水污染，对环境造成影响。

另外，高温地层会严重影响水基钻井液性能，主要体现在以下方面：

(1) 高温降低了钻井液的热稳定性。在不改变钻井液组分的情况下，高温加剧了钻井液中黏土颗粒的分散和因处理剂的高温降解、断链和交联黏凝而引起的钻井液高温增稠、高温胶凝、高温减稠和高温固化，使钻井液性能发生变化，热稳定性降低。

(2) 高温降低了钻井液造壁性能。高温破坏了胶体悬浮液的聚结稳定性，使钻井液的造壁性能与流变性能恶化，高温促使可溶性盐类的溶解，易发生井壁掉块坍塌地层蠕变，井径缩小，起下钻困难，高温使钻井液滤失量增加，滤饼增厚，造壁性能受到破坏。

4.13.3.1 高温地层对泥浆的要求

从高温地层钻探特点可知，常规钻井液是无法满足施工要求的，因此高温地层钻井液必须满足以下要求：

(1) 具有良好的抑制性和防塌性。特别是在高温条件下，对黏土的水化分散具有较强的抑制作用，在有机聚合物中使用阳离子聚合物比使用阴离子聚合物具有更强的抑制和防塌性能。

(2) 具有良好的抗高温性能。在优选设计钻井液配方时，必须优选各种抗高温的处理剂。

(3) 具有良好的高温流变性。在高温下能否保证钻井液有良好的流变性和携带、悬浮岩屑的能力至关重要，对深井高密度钻井液，尤其应加强固控，控制膨润土含量，以免高温增稠和固化。

(4) 具有良好的润滑性。由于深井钻井液密度高增加了压差卡钻的概率，所以钻井液必须具有良好的润滑性。

4.13.3.2 抗高温泥浆添加剂

高温地层钻探，抗高温钻井液体系是其关键技术之一，如何选择高温泥浆材料是维持和控制钻井液在高温高压条件下各种性能的关键。高温材料主要包括抗高温黏土和抗高温处理剂。

1. 抗高温黏土

抗高温黏土主要有海泡石和凹凸棒土两种。

海泡石具有良好的热稳定、抗盐性、流变性等特殊性能，海泡石的颗粒外形呈不等轴针状，聚集成稻草束状，当遇到水或其他极性溶液时则迅速溶胀并解散，形成的单束纤维无规则地分散成互相制约的网络，并且体积增大，这样就形成了具有流变性能的高黏度、稳定的悬浮液，其造浆性能随浓度、剪切应力、时间、pH、电介质及其他因素不同而异。

凹凸棒土具有较高的热稳定性和抗盐性，适用于地质钻探、海洋钻井、地热钻井，可保护井壁减少废井率，提高钻井效率，降低钻井成本。

2. 抗高温处理剂

对处理剂抗温能力的概念说法并不统一，目前钻井液界公认的处理剂抗温能力包括：①处理剂本身的热稳定性（高温降解），处理剂热稳定性是指将其配成水溶液发生明显降解时的温度，又称为处理剂热稳定性温度；②处理剂所处理的钻井液在所使用的温度下的热稳定性，此温度即为处理剂抗温能力；③处理剂所处理的钻井液在高温度下仍能保持合格的性能，如流变性和滤失性等，此温度即为钻井液抗温能力；④处理剂所处理的钻井液能够使用的井底最高温度，此温度即为钻井液抗温能力。

无论如何，抗高温处理剂的基本要求如下：①高温稳定性好，在高温条件下不易降解；②对黏土颗粒有较强的吸附能力，受温度影响小；③有较强的水化基团，使处理剂在高温下有良好的亲水特性；④能有效地抑制黏土的高温分散作用；⑤在有效加重范围内，抗高温降滤失剂不得使钻井液严重增稠；⑥在 pH 值较低时（7～10）也能充分发挥其效力，有利于控制高温分散，防止高温胶凝和高温固化现象的发生。

4.13.3.3 常用的护壁泥浆体系

1. 钙处理混油钻井液

这类钻井液是我国 20 世纪 60—70 年代初使用的一类深井钻井液。这类钻井液是以石灰、石膏、氯化钙作为絮凝剂，单宁栲胶碱液、铁铬盐作为稀释剂，CMC、水解聚丙烯腈作为降滤失剂，混油降低滤饼摩擦系数，改善润滑性能的一套钙处理混油钻井液体系。抗盐、抗钙、抗污染能力强，抗高温可达 200℃。

2. 三磺钻井液

这是四川石油管理局 20 世纪 70 年代率先研制成功的深井钻井液体系，用此体系的钻井液曾先后钻成了孔深 6011m 和井深 7175m 两口超深井，后被广泛推广使用。

三磺即磺甲基褐煤（SMC）、磺甲基橡椀单宁酸钠（SMK）和磺甲基酚醛树脂（SMP）。三磺钻井液能有效地控制高温高压滤失量，改善滤饼质量及环空流变性能，大大提高了钻井液的防塌、防卡、抗盐膏、抗盐（至饱和）、抗钙（至 4000mg/L）及抗温等性能（密度加至 2.25g/cm^3，加入重铬酸钠与表面活性剂，抗温能力可达 200～220℃）。

3. 聚丙烯酸盐钻井液

不同的聚丙烯酸盐产品可分别在深井钻井液中作絮凝剂、提降黏剂、降滤失剂、页岩抑制剂，以聚丙烯酸盐为主配的深井钻井液有以下几种：

（1）聚丙烯酰胺低密度钻井液。这类钻井液采用大分子量的水解聚丙烯酰胺（PHP）、丙烯酰胺与丙烯酸钠共聚物（80A51）、复合离子型丙烯酸盐（PAC-141）和水解聚丙烯腈，氨基聚丙烯腈或 CMC 作降滤失剂或流变性能调整剂，混入少量的预水化膨润土浆提黏+降滤失量，钻井液密度通常低于 1.15g/cm^3，为提高钻井液热稳定性，可加入 0.02%～0.04%的重铬酸钠，加适量的润滑剂防卡。

（2）聚丙烯酰胺 PMA 钻井液。这类钻井液在胜利油田普遍用于深 3500～4500m 的钻孔，它是以 PMA 或 PHP 浓度 2%的胶液与钻井液按比例混合而成，可用于淡水、盐水和饱和盐水钻井液，最高密度使用到 1.95g/cm^3。

4. 聚磺钻井液

聚磺钻井液是在聚丙烯酸盐钻井液基础上加入一些磺化处理剂，如磺化褐煤、磺化酚醛树脂、磺化沥青等抗高温处理剂而成。这类钻井液既保留了聚合物钻井液的优点，又改善了聚合物在高温高压下滤饼质量和流变性能，其抗温能力可达200～250℃，抗盐至饱和，适用于各种矿化度钻井液与复杂易塌地层钻井，是目前国内使用最广泛的一类深井钻井液。

5. 阳离子聚合物钻井液

它以高分子量的阳离子聚丙烯酰胺（PAM）作为包被剂，低分子量的有机离子化合物NW-1作为泥岩抑制剂，SPNH（磺化褐煤、磺化树脂）、CMC作为降滤失剂，FT-1（磺化沥青）作为封堵剂，用FCLS与$Ca(OH)_2$调整钻井液流变性能，NaOH控制pH的一类深井钻井液。此类钻井液有较强的抑制黏土水化、膨胀、分散能力，有较好的造壁性、流变性与抗盐能力。

第 5 章

复杂环境钻探与取样技术

5.1 河流湖泊水上钻探

水上钻探又称水域钻探，是指在江河、湖泊、海上对水下地层进行钻进取样，以取得水下工程地质勘察、水下基础处理和固体矿产勘查资料的钻探工程，是水上地质勘察广泛采用的重要手段之一。通过水上钻探可以为水利枢纽坝址收集翔实可靠的地质资料，提供科学的工程设计与施工依据。水上钻探包括河流湖泊水上钻探、急流水上钻探和近海钻探等类型，本节主要介绍河流湖泊水上钻探。

5.1.1 环境特征

河流湖泊的水上钻探环境主要分为普通水域、急流环境、深水（>50m）开阔水域和变水位水域。

普通湖泊水一般流动性较差，浑浊度较低，透明度较高，但水流不易混合，会出现水质分布不均匀的情况，尤其是深水湖泊或容量大的湖泊更为显著，因此其换水周期较长。一般来说，由于水对底质的溶蚀作用较强，加上湖面水蒸发，一般湖水矿化度比河流高。另外，湖泊面积与水中生物因素对湖泊的水质也有较大的影响。

河流湖泊水上钻探具有以下特点：

（1）在施工过程中，水上钻探平台受水位、流速、季节、气象、风浪、潮水、地质等自然条件及航行船舶的影响，容易移动或被撞，造成套管弯曲、折断，有时还会受到洪水的威胁。

（2）在设备或操作方面，比陆上钻探复杂。如钻探平台的抛锚、定位、起锚、起下套管受深水急流、水位涨落的影响。

（3）为隔绝流水对钻进工作的影响，首先应在孔位上下入隔水保护套管，并保证其沿垂直方向下入江底，该工序较为复杂与繁重。

（4）水上钻探的钻探用水比较丰富、方便。

5.1.2 钻探与取样技术

5.1.2.1 钻探装备选择

1. 水上钻探平台

工程地质水上钻探，可根据河流湖泊等水域的具体情况，选择合适的水上钻探平台，常见水上钻探平台见表5.1-1。

目前，在水电行业中水上钻探平台多种多样，主要有漂浮式钻探平台、架空式钻探平台等类型。漂浮式钻探平台是将钻探平台搭建在水面上，如钻探船就是漂浮式钻探平台的一种形式，需要因地制宜根据需要选用合适的类型。架空式钻探平台是在河流湖泊岸边悬

表5.1-1 常见水上钻探平台

平台类型	优　点	缺　点
构架式平台	(1) 不易受一般潮流、风浪的影响，平台稳定； (2) 操作人员不会有晕船现象	(1) 工作平台需要在水上搭置，操作较困难； (2) 每台钻机一般需另配置一个工作平台作为钻机移位备用； (3) 水上钻孔数量多时，工作平台必须进行多次的构件安装、拆卸及运输，钻机亦需多次搬移、就位安装； (4) 钻探的辅助准备工作时间过多，纯钻进时间减少，钻探的工作效率受影响； (5) 专项成本随着孔数的增多而增大，经济效益受到制约
船只式平台	(1) 平台面积较大，设备安装可一次性完成； (2) 迁移方便，有动力驱动，不易受风浪的影响，安全性能较好； (3) 适应流速较大的水上钻探	(1) 船只因渗漏或积水过多有发生沉没的可能，需配备抽水设备以排除船舱内积水； (2) 有时因水深不足或潮汐的因素，钻船受吃水位影响无法移动而造成窝工现象，在不能满足船只吃水位的浅水区域无法开展钻探工作； (3) 对船只工作平台拼装的材料和操作要求较高，钻探专项成本随时间延长而增加； (4) 船上操作人员容易出现晕船的现象
油桶式平台	(1) 吃水位较船只浅，能满足浅水域的水上钻探要求； (2) 拼装较简单	(1) 油桶因渗漏而降低平台的承载能力，存在安全隐患； (2) 铁皮油桶在海水中会发生锈蚀而造成强度降低，使用时间不宜过长，重复利用率低，一次性成本开支较大； (3) 承载能力及安全系数低，移动较困难； (4) 牢固性较差，水深和流速大时安全性低
排筏式平台	(1) 吃水位较浅； (2) 材料可利用当地竹子拼装，成本不高	(1) 竹子存在渗水而降低承载能力； (2) 平台的拼装操作要求较高； (3) 移动较困难； (4) 水深和流速大时安全系数低； (5) 重复利用率低，一次性成本较大

空搭建的平台，将水上钻探转变为陆上钻探，减少了施工过程中的不稳定因素。

水上钻探平台选择应满足地质条件和勘探技术要求，具体见表5.1-2。另外，无论选取何种钻探平台，都要满足以下条件：

(1) 有足够的浮力，能承担钻机、钻具及其附属设备的重量，并且平台要有良好的吃水深度。

(2) 有良好的稳定性，便于钻探的时候保持钻机的稳定性，保证钻探的角度。

(3) 有良好的移动性，便于钻探平台的移动定位。

(4) 有足够的强度，避免因触礁等不可避免的碰撞而破损。

(5) 有足够的空间，方便钻探施工。

(6) 结构合理，整体性强，组装拆卸方便，便于以后的搬移运输。

表 5.1-2　　水上钻探平台类型选择

水上钻探平台		钻探期间水文情况			安全系数	安全距离/m	
		水深/m	流速/(m/s)	浪高/m			
漂浮式钻探平台	专用铁驳船	≥2.0	<4.0	<0.4	5.0～10.0	全载时吃水线与甲板面距离	>0.5
	木船	≥1.0	<3.0	<0.2	5.0～8.0		>0.4
	浮箱（筒）	≥0.8	<1.0	<0.1	>4.0		0.2～0.3
	舟桥	≥1.0	<4.0	<0.4	5.0～8.0		>0.4
架空式钻探平台	桁架	≤3.0	<4.0	<1.0	5.0	平台与水面距离	>1.0
	近海平台	≤30.0	<3.0	<2.0	5.0～8.0		>3.0

注　摘自《水电工程钻探规程》(NB/T 35115—2018)。

(1) 漂浮式钻探平台。水上钻探时必须根据作业水域水文地质与航运情况、钻探工艺和设备类型，合理选择与安装漂浮式钻探平台，以保证钻探作业的顺利进行，可分为单体式平台和双体船式平台两种。

单体钻探船主要应用于河水较浅、水位变幅不大、流速平稳的水上钻探，尤其是池塘、库区钻探。这类水上钻孔深度浅，一般不超过 100m。单体钻探船的主要特点是搭建容易，在水中移动灵活，通常使用抛锚法、缆绳法和撑杆法等方法定位。

双体钻探船主要用于河水较深、流速快、波浪大、钻孔较深、地层复杂、地质要求孔径大的工程地质勘探。钻船组合搭建成后，在钻船的四周设有 4 个人工绞车，主要用来移动钻船和固定钻船，在水位变化时调节钻船特别灵活。将两船横排并连，连接材料为方木，并连后的外侧用钢绳串连。船体中间留有一定的空隙，空隙大小根据具体情况而定。

在水深流急、浪大漩涡多、航运频繁的大江大河中或近海地区进行水上钻探时，为保证施工安全，建议选用铁驳船式钻探平台。由于钻探作业人员需要在平台上工作与生活，因此铁驳船式钻探平台要求有适宜的长度、宽度、吃水深度和载重量，以便安排厨房、宿舍、值班室等场地。铁驳船式钻探平台如图 5.1-1 所示。

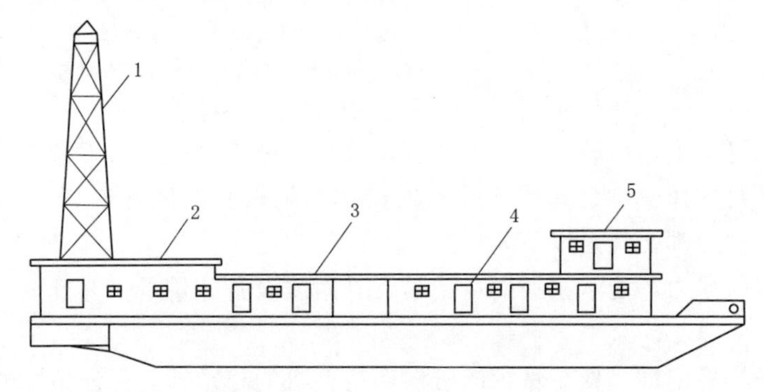

图 5.1-1　铁驳船式钻探平台

1—四角钻塔；2—平台作业面；3—厨房；4—宿舍；5—船员值班室

铁驳船的载重量应根据钻探设备（包括钻机、泥浆泵、管材、工具、材料等）和作业人员的总质量并考虑必要的安全系数后确定。大江大河水深、流急，通航轮船较多，为避免对水上钻探造成较大影响，一般应选用300～400t的铁驳船，长度为40～50m，宽度为8～10m，既能满足钻探作业的需要，又能满足人员居住生活的需要。双体铁驳船由两只120t的铁驳船组成，长度为30～40m，宽度12m，两船间距1.5m，便于接卸大型保护套管。

（2）架空式钻探平台。

1）木笼基脚式钻探平台。在水电工程勘探中，某些钻孔布置在河漫滩上，一旦涨水就会被淹没，无法工作，不宜使用船筏等平台，在这种情况下可以使用木笼基脚式钻探平台。河漫滩上多为砂卵石层，木笼基脚可选用直径大于120mm、长3～4m的圆木做桩，埋入地下1m及以上。每个基脚约需6根桩，用毛竹片或柳条围绕木桩，编制成笼状，形成上小下大的木笼基脚，上部直径为0.6～1.0m，下部直径为1.5m。木笼编好以后，可装入卵石或块石，填满压紧。在底部周围堆压大块石，构成基脚，每个钻探平台需要基脚12～16个。基脚上面布置钻探平台，安装基台木与台板。基台木应摆好放平，与木笼基脚连成一体，确保牢固可靠。这种钻探平台高出地面或水面2～3m。如涨水不超过这个高度，仍可继续工作。

2）管桥式钻探平台。在急流险滩而且水深不大的河段上进行钻探，采用其他钻探平台都比较困难时，可以采用管桥式钻探平台。在收集、核实水文地质资料后对拟采用的平台管柱在水中受力情况进行计算分析，根据管柱受力情况，合理选择管柱的规格尺寸，如采用1.5英寸、2英寸白铁管或直径73～108mm钢管等。例如：在岷江上游太平驿水电站勘探时，水面宽50～60m，最大水深3m，最大流速7m/s。在对水流阻力进行计算后选用1.5英寸白铁管做管柱，共使用白铁管10t，圆木20m^3，管夹1000个。管桥身长60m、宽度5m，可承载6t。为保持桥身稳定，分为上下两层。上层铺设方木和台板，形成桥面。可布置钻探平台，也可做交通桥。管柱间距1m，水面以上0.5m设第一层横拉手。其上1m为第二层横拉手，两层之间形成1m^{2}的格架，作为管桥的主体。为保持桥身稳定，应在下游加固顶角为30°的斜撑。在架设管桥的河段上应架设4根与桥宽相同的过河钢丝绳，其直径不得小于22mm，其高度与桥面一致。钢丝绳可作为管桥架设中的辅助钢丝绳，也可对管桥起保护作用。

3）索桥式钻探平台。在河谷狭窄、水流湍急、山洪水头高的河段，可用钢丝绳架设索桥式钻探平台（图5.1-2和图5.1-3）。首先在两岸选择锚点，锚点应设在通过钻孔位置垂直两岸的直线上。在锚点打桩或埋锚，并修筑稳固的锚绳台，安装好绞车，底绳与吊绳在两岸的锚台同一高程上。拉钢丝绳时，应先将钢丝绳一头固定好，用引绳拉过河，用绞车绞紧固定第一根钢丝绳，拉好后再做溜索用，用以拉其余的钢丝绳过河。底绳拉好后再拉吊绳，底绳与枕木用螺栓联结。底绳与吊绳之间用正反螺栓拴紧，使底绳呈拱状。基台木与枕木联结后，平台即成为一个整体。索桥式钻探平台最低点，应高于作业期间最高水位3m，并应符合当地航运要求。索桥式钻探平台的方向应与桥平行，底绳用5～6根直径25mm的钢丝绳。吊绳比底绳位置要高，桥两侧各用2根直径25mm钢丝绳作吊绳。索桥上方应架设安全绳，安装紧急撤退吊斗一台，其最大载重量为1t，由岸上牵引驱动。索桥式钻探平台应有专业的设计资料，并经相关的政府机关批准后才能施工。索桥各部结构的安全系数应符合国家桥梁设计规定，有关安全规定应随同索桥设计文件一并呈报，批准后执行。索桥在使用前应进行检查验收。

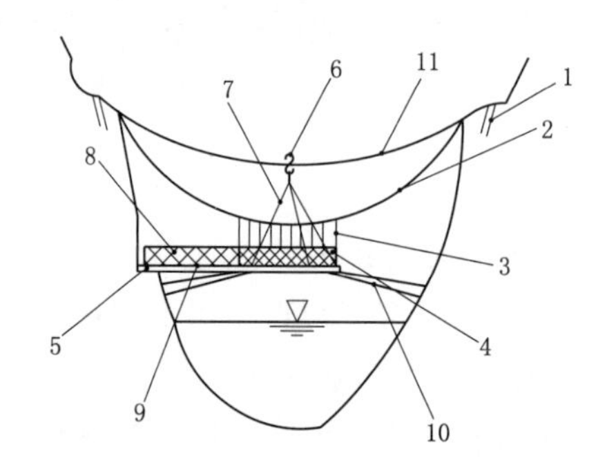

图 5.1-2 索桥式钻探平台侧视图

1—铁桩；2—主索；3—挂钩螺栓；4—平台栏杆；5—基台；6—游动滑车；7—三脚架；8—便道栏杆；9—便道；10—稳索；11—吊索

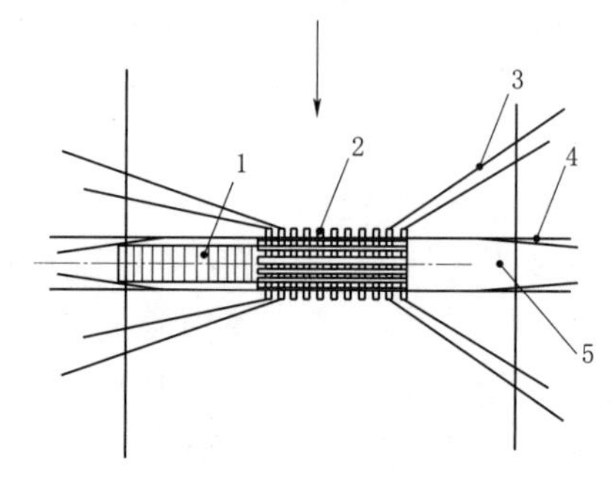

图 5.1-3 索桥式钻探平台俯视图

1—稳索；2—主索；3—吊索；4—基台；5—便道

2. 钻探设备

钻探设备应根据钻孔任务书要求及施工工艺、钻孔结构、作业水域水文地质情况等因素综合选择，合理搭配。

(1) 在满足钻孔要求的情况下，单船式钻探平台钻探设备应选用体积小、重量轻、拆卸方便、易吊装的设备。常用设备有 XY-2PC 钻机、XY-1 钻机、BW-250/50 泥浆泵、S195 柴油机、3kW 柴油发电机组及管子三角塔架等。

(2) 双体钻船钻探设备的选择原则与单体钻船相同，都是在满足钻孔要求的前提下选小型设备。常用设备有 XY-2 型钻机、XU-300-2 型钻机、BW250/50 型泥浆泵、S195 柴油机或 S1115 柴油机，以及 8kW 和 12kW 柴油发电机组、管子三角钻塔等。

(3) 索桥、木笼、桁架式钻探平台设备的选择和漂浮式平台钻探设备的选择类似。由于木笼式钻探平台木笼由各种重物垫实而成，可承载重量大，因此对设备的选择要求不高，满足钻孔要求即可；索桥和桁架式钻探平台由于索桥和桁架稳定性差、承载力有限，设备选用要求比漂浮式平台高。在条件许可的情况下，设备应尽可能安装在岸上。常用设备有 XY-2 型钻机、BW250 型泥浆泵。

5.1.2.2 钻探工艺

水上钻探与陆地钻探有很大的不同，在钻进工艺流程上表现为增加了平台抛锚定位、起锚和起下孔口套管等工序，其中抛锚定位和下孔口管为起始工序，起拔孔口套管和起锚为终止工序，在两者之间为正常的钻进工序，与陆地钻探工艺一样。

平台的抛锚定位、起锚移位工作和起下孔口套管是水上钻探极为重要的工序，对钻探作业和取样质量有重要影响。

1. 平台抛锚定位与起锚

水上钻探采用漂浮式钻探平台时，为了使平台能固定在孔位上，保证钻进过程安全、平稳，必须利用锚具加以固定。抛锚定位与起锚移位的成败，直接影响钻探平台的安全和水上钻探的顺利进行。

（1）平台在水中承受的外力。在抛锚以前，必须考虑平台在水流中所承受的各种外力，且受力情况将作为选择铁锚质量与数量的依据。钻探平台除本身质量与设备载荷外，主要承受三种外力：①水流摩擦阻力，即船体两侧吃水部分与船底对水流的摩擦阻力；②水流冲击力，主要是逆水流方向、船头吃水部分所受的冲击力；③风力，平台四周各方向都承受风力，风力不仅与风速有关，而且和风向有关。当风向与平台方向成30°左右的交角时，受风面积最大，阻力也最大。

（2）铁锚的要求。根据铁锚抛锚位置与作用，可将其分为前主锚、后主锚、八字锚和边锚等类型，对每种锚的要求如下：①前主锚应考虑最不利的情况，即可能有水流摩擦阻力、水流冲击力与风力三者同时作用于钻探平台，而且各种作用力都是最大的；②后主锚应考虑逆流方向的水流冲击力、摩擦阻力与风力同时作用于钻探平台；③八字锚与边锚的主要作用是防止平台左右摆动，且八字锚也承担部分主锚所受之力。

（3）铁锚类型。要使铁锚易于插入砂卵石层并保证锚固稳定可靠，一般选用的铁锚类型有：①霍尔锚，也称兔耳锚（图5.1-4），此种铁锚拉力大、携带方便、使用可靠。可在砂卵石层河床上使用，其质量有300kg、500kg、800kg、1000kg等四种规格；②将军锚（图5.1-5）一般在大型钻探平台上使用，主要优点是拉力特别大，可用于任何地层的河床，缺点是比较笨重，携带不便，其质量有1000kg、1500kg、2000kg等三种规格；③燕子锚（图5.1-6）形状如燕尾，适用于有砂卵石层的河床，当它插入砂卵石层后会越拉越紧。常用的燕子锚有123.6kg、227kg、340.5kg等三种规格。

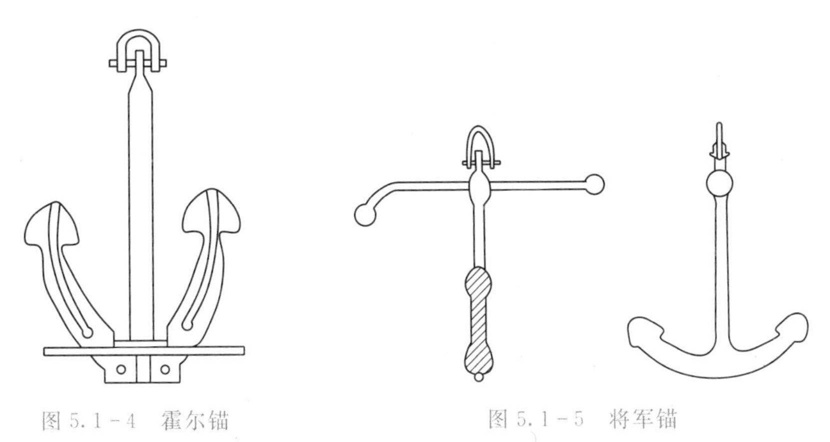

图5.1-4　霍尔锚　　　　图5.1-5　将军锚

（4）锚绳。锚绳采用钢丝绳，其直径的大小由钻探平台所承受的复合外力所决定。锚绳直径主锚与前八字锚一般采用25～38mm，后八字锚采用20～25mm，边锚宜采用18.5～20mm。

1）钢丝绳的破断拉力：ϕ18.5钢丝绳破断拉力为176.4～252.4kN；ϕ20钢丝绳破断拉力为207.3～296kN；ϕ25钢丝绳破断拉力为314.1～252.4kN；ϕ20钢丝绳破断拉力为774.38～1058.4kN。

2）锚绳长度应根据水深、流速与水流方向等因素来确定，一般应为水深的5～10倍。锚绳与水面的夹角以10°左右为宜，但水深较大的地区，其夹角应根据水深而适当调整。主锚锚绳长度一般为200～300m，前后八字锚锚绳长度一般为150～250m，边锚锚绳长

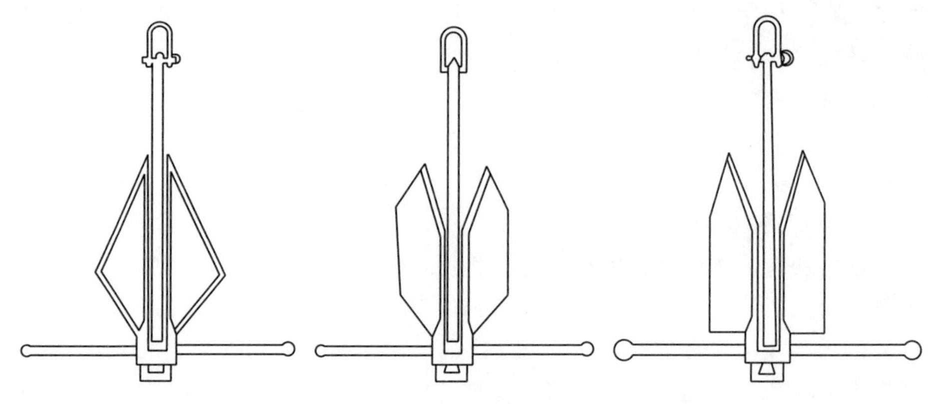

图 5.1-6　燕子锚

度一般为 150m 左右。

3）水深流急的河道、砂质或砂卵石层河床，为保证钻船稳定，抛锚时锚与锚绳间应增设锚链。锚链长度与锚的稳固有密切关系。钻船经常受到水流、风、浪等外力的冲击，铁锚与锚链所产生的抓力，必须能承受上述诸力的冲击而不发生走锚。一般认为锚的抓力约为锚本身质量的 3～5 倍；锚链横卧在河底所产生的摩擦力，约为锚链长度与单位质量之积的 0.6～0.7 倍。规格大的锚链更能增加钻船的稳定性，锚链每根长度为 25～30m。凡是受力较大的主锚、八字锚与边锚，均应使用锚链。主锚用锚链 2～3 根，前后八字锚使用 2 根，边锚使用 1～2 根。必要时应增加锚链根数。

（5）抛锚所用设备与工具。钻探平台抛锚时应采用以下设备与工具：

1）拖轮：根据水域流速、风浪和航运情况，在平台起抛锚时，应配备 300～500 马力的轮船作为拖轮。

2）起锚船：载重量较高。装有负荷较大的绞关，用作抛锚与起锚。绞关根据实际情况决定，可用人力绞关或柴油机驱动。

3）交通船：用小型机动船作为起抛锚和平时往返的交通船。

4）通信设备：高频通信设备和对讲机，用以指挥起抛锚定位以及施工期间与来往船舶和现场管理部门及监督艇的联系通信工作。

5）铁锚、锚绳、锚链、铁钩、绳卡、救生衣、救生圈等。

（6）抛锚定位。抛锚前，应将铁锚、锚链、锚绳在起锚船上连接牢固并按顺序摆好。操作人员应合理分工，需要工人 10～15 人。用拖轮将平台与起锚船拖至孔位上游适当位置（视主锚抛投距离远近而定），先将主锚抛下，然后拖轮携带平台与起锚船慢慢向下游行驶，在离孔位一定距离处，把锚绳转移至平台绕在系缆桩上。在系缆桩上缓慢松动锚绳，利用 GPS 定位或岸基人员测量定位的办法将平台停留在孔位上，然后拴紧锚绳，拖轮与锚艇驶离。抛锚式按前、后八字锚和边锚次序，将各锚逐个抛下，锚位如图 5.1-7 所示。抛锚的数量一般为 5～9 个，前主锚可设 1 个或 2 个，锚绳应与水流方向一致。前八字锚 2 个，在船头两侧，主锚绳与前八字锚绳夹角为 35°～45°。后八字锚 2 个，在船尾两侧，其夹角同上。必要时可增设一个后主锚，也可在钻船两侧各加 1～2 个边锚。如钻孔靠河道一边较近时，可将锚绳直接固定在岸上，以节约抛锚时间。

（7）抛锚注意事项：

1）抛锚时应有专人指挥，各锚抛定位置应准确。铁锚质量与锚绳长度应满足规定要求。

2）为保证安全，平台抛锚时，人员必须穿戴救生衣并不得站在锚绳与锚链活动范围以内。

3）抛锚时，拖轮与平台活动区域较大，应加强现场安全监督与管理，要求过往船只注意避让和慢速通过。

4）平台抛锚定位后，应立即通知航道部门按计划安排在周围设置正确航标，指引过往船舶避让航驶，避免发生海损事故。

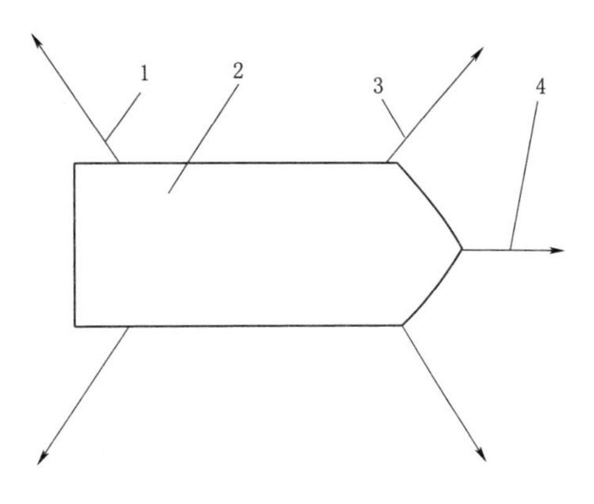

图5.1-7 锚位示意图
1—后八字锚绳；2—钻探平台；
3—前八字锚绳；4—主锚绳

（8）起锚移位。钻探平台的起锚工作，要特别注意安全。尤其是在航运频繁、水深流急的河段进行起锚，更应该采取有效措施。起锚程序起锚时，工作人员应有明确分工，由专人统一指挥。起锚程序与抛锚相反，即后抛的锚先起，先抛的锚后起。铁驳钻船起锚时，用小铁链将锚绳拉紧，再将锚绳端头从系缆桩上解开，从钻船上转移到起锚船缠绕在绞关上，此时可将小铁链放松，再用拖轮将起锚船拖离钻探平台，同时沿着锚绳方向，推动绞关，逐渐收紧锚绳。当起锚船到达铁锚位置时，即可将铁锚起拔上来。特殊情况的处理：当河床上有大孤石时，锚链与锚绳容易被挂住或缠绕而造成起拔困难，如用力过猛，会将锚绳拉断，导致丢失铁锚与锚链的事故，应开动拖轮带动起锚船左右摆动顶拔，使锚绳脱离孤石，将铁锚起拔上来。但有时铁锚或锚链卡塞严重，无法拔出，就会造成锚、链丢失事故。

（9）起锚注意事项：

1）利用人力绞关起锚时，严防绞棒反转伤人，中途停止作业时，应将绞关卡块卡牢。

2）绞锚时，工作人员不得站在锚绳活动范围内，防止锚绳折断造成工伤或落水事故。

3）应认真检查所用工具，发现损坏，及时处理。

4）使用动滑轮时，必须认真检查其可靠性。在滑轮受力方向，任何人不得停留。

5）用铁链暂时锁紧锚绳，应特别注意安全。当放松时，工作人员不得站在锚绳活动范围内。

6）起锚时，应注意来往船舶，避免造成撞船事故。

2. 起下孔口套管

在进行水上钻探的过程中，平台易受水流冲击的影响，增加钻探作业难度。为防止水流对钻具的冲击，保证钻进工作顺利进行，必须下入孔口保护套管，主要作用为隔绝流水、保护小口径套管和钻具，对钻孔起导向作用。

孔口套管主要受以下几种力作用：

1）弯曲应力。孔口套管在急流中受到冲击，因而产生很大的弯曲应力，这是一种主要应力，这种应力容易造成套管弯曲和折断。

2）扭应力。在覆盖层下入套管时为了提高打管效率，用链子钳扭动套管，因此产生扭应力。

3）剪应力。保护套管在水流中受到冲击，会产生剪应力。

4）径向挤压应力。当套管打入覆盖层后，因覆盖层不稳定而产生径向挤压应力。

5）张应力。下入或起拔保护套管时，由套管本身质量和强力起拔而产生张应力，会造成套管螺纹损坏使套管脱节。

如上所述，孔口套管受力复杂，因此其性能必须达到一定的技术要求。如果强度不够，就会造成套管弯曲、折断等事故，影响钻进安全，甚至造成钻孔报废。选择套管应注意其钢材质量、性能和加工工艺，要求无裂痕，连接后无弯曲，螺纹松紧适度、密封性好。另外，套管内外径和壁厚均应符合国家或行业技术要求，能抵抗在工程中所承受的各种应力。

（1）保护套管的连接和管靴。保护套管在复杂的应力作用下，螺纹部分容易损坏或折断。为增加螺纹连接强度，必须采用外接箍连接。在水深超过 60m、流速大于 5m/s 的河流中下入保护套管时，其接箍处必须采取加固措施，防止套管折断。主要的方法有两种：一是套管夹板加固法，夹板长 700～800mm；二是电焊支撑钢筋法，用 5 根 500mm 长 ϕ20 的钢筋在直径 219mm 套管外接箍圆周均布，将两节管体焊牢，拔管时用氧气切割。套管下端必须连接管靴，对套管底端起保护作用。保护套管下到江底后，为了竖立稳固、增大抗弯强度，也要打入冲积层一定深度。在冲积层用的护壁套管，要不断向下击打，经常遇到坚硬的卵石，易造成管靴损坏。所以要求管靴强度大、硬度高、材质好。一般应选用合金钢或碳素钢制成，其表面应进行淬火或渗碳处理，增加表面硬度及内部韧性。

（2）下入保护套管。确认钻探平台定位稳定后，即可下入保护套管。无覆盖层的河流应用带钉管靴，防止套管沿岩面滑动。根据水深、流速、覆盖层厚度与孔深等情况，正确选择保护套管与护壁套管的直径与厚度。保护套管选用 ϕ219 或 ϕ168 厚壁套管。护壁套管采用 ϕ168 厚壁套管，也可采用 ϕ127 厚壁套管。

（3）保护套管下入方法。保护套管下入方法主要有单根连接下入法、整体连接下入法和连接整体下入法三种：①单根连接下入法，将所要下入的套管按其编号逐根连接下入水中，直至计划深度，这种方法应用比较广泛；②整体连接下入法，在水浅、流速较小的河段，可将所有的套管在钻船上连接好，然后整体下入水中，此法可节约起下套管的时间；③连接整体下入法，此法是单根连接下入法和整体连接下入法的综合方法。第一次用单根连接下入法，以后各孔不必将所有套管全部起拔上来，只用升降机将保护套管提离水底 3～5m，然后固定在钻船上即可，在水面以下的套管应不影响起锚和移位工作。最常用的是单根连接下入法。下管步骤：第一根套管长度 4m 左右，江水较深时，长套管可多下几根，江水较浅时，长套管应该少下，顶部应采用短节套管（长度 0.5～1.0m），以便江水涨落时接卸之用。

（4）保护套管。下保护套管时，须在套管上设置定位绳、保险绳、减压绳以保证套管的安全，避免失稳，如图 5.1-8 所示。

1）保险绳。下入第一节套管时，应在顶部接箍以下套活动铁环，并拴好保险绳（ϕ12～15 柔心钢丝绳）。陆续下入每节套管时，均应套活动铁环，穿入保险绳，直到下完全部套管，最后将保险绳固定在钻探平台上。如果套管折断，可以避免套管丢失。

2）定位绳。根据水深、流速和拉引的位置，选择定位绳的规格、长度，定位绳一般采用两根，拴在保护套管柱的中间部位，其与水平面的夹角应为45°左右。定位绳必须穿过船底拉向上游，固定在船头的系缆桩上，用以调整保护套管的垂直度，起到套管的定位作用。

3）减压绳。水深超过70m的河段，套管柱自身质量较大，压于套管下部，容易造成弯曲、折断现象。为减轻对下部套管的压力，可在套管柱适当位置设置1～2根减压绳，垂直引向钻探平台并固定，使管柱上部受压，下部受拉，防止套管折断。

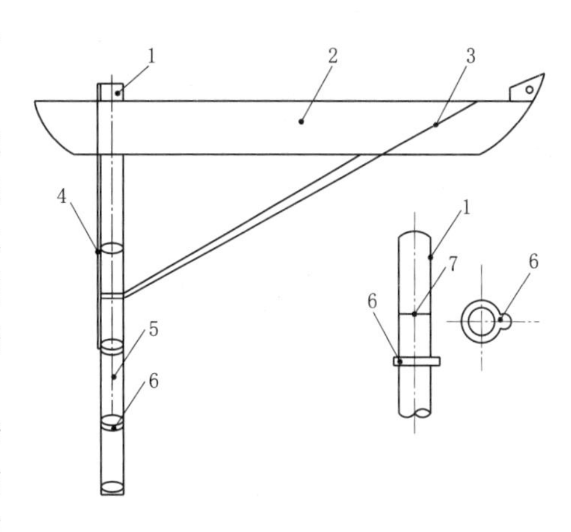

图5.1-8 保护套管示意图

1—保护套管；2—钻探平台；3—定位绳；4—减压绳；5—保险绳；6—铁环；7—接箍

3. 正常钻进工艺

在钻探平台就位前先安装好钻机、水泵及三脚架，如果作业区域江面风速较大，三角钻架上必须铺设挡风油布，并用横杆支撑加固。平台抛锚定位后，下入孔口管至河床底部，然后采用锤击法将孔口套管打入河床覆盖层，打入深度视覆盖层厚度及结构组成确定，一般不少于3m，或者采用跟管法将孔口套管下入覆盖层内。

孔口套管打入后，一般用ϕ150硬质合金钻具进行覆盖层钻进，钻进深度达到10m左右时，视钻孔具体情况可下入护壁套管，改用ϕ130硬质合金钻具钻进。若钻孔为抽水试验孔，则采用清水循环跟管钻进，钻穿覆盖层后下入花管进行水文地质试验；若钻孔为取样孔，则采用植物胶掺膨润土护壁钻进，钻穿覆盖层进入强风化基岩即下入套管护壁止水。之后换用ϕ110金刚石单动双管钻具取芯钻进，为了提高效益，减轻劳动强度，当岩层相对完整时，换用绳索取芯钻具钻进直至终孔。

5.1.2.3 取样技术

（1）上覆松软土层。采用孔底干钻＋投珠的方法采取。将单管钻具下入孔内，通泥浆冲洗液回转钻到接近孔底后，关掉泥浆泵进行干钻，稍后投入钢珠。提钻后，将变径接头内钢珠倒出，用泥浆泵冲压，短时间即可将管内柱状岩芯压出，每回次进尺应控制在2m内。采取这种方法，岩芯采取率可达到90%以上。

（2）基岩层。采用以下措施：①采用冲击力小、切削刃多而出刃均匀的钻进工艺，如金刚石钻进比硬质合金钻进好，硬质合金比钢粒好；②提高冲洗液的润滑性能，既减小钻具振动力，也起到润滑岩芯和降低岩石破碎力的作用；③足够的冲洗液量，使孔底岩粉量小，避免岩粉二次破碎时对岩芯的破坏，并能提高时效；④合理的钻进参数，避免剧烈振动的产生；⑤缩短岩芯受破坏的时间，使之尽快进入内管得到保护。

（3）卵石层的取芯。卵石层取芯一直是工程勘察中的一个难点，不同的地层厚度、不同粒径的卵石、不同的胶结物必须采用不同的取芯方法。常用的方法有跟管钻进取芯、多重管跟管金刚石钻进取芯、特殊泥浆护壁钻进取芯、反循环钻进取芯等。

（4）原状土样的采取。采取原状土样应根据地层特点、孔深、样品测试项目和精度要求，选择适当的取土器和取样方法。在淤泥类软土和砂层中取样应采用泥浆护壁，主要采用套管隔离、泥浆固壁。水上钻探采取原土试样应防止船体升降和摇晃的影响，取土器主要采用活塞薄壁取土器。

5.1.3 安全及注意事项

在施工过程中，钻船的起抛锚过程比较容易发生安全事故，这里提出几点安全事项，希望能在工作过程中多加注意。

水上钻探易受水文、气象、航运和潮汐等条件的影响，容易发生事故，因而安全管理显得特别重要。为保证水上钻探顺利进行，必须配备必要的安全设备，采取有效的安全措施，切实把“安全生产”放在首要位置。

5.1.3.1 安全设备

（1）交通设备。由于作业人员生活、工作均在钻探平台上，因此应备小型机动船作为交通运输工具，正确运用航行标志、信号，严格遵守航行规程，保证水上交通安全。平台和交通船上必须配备足够的救生衣、救生圈。

（2）航行标志。在河流湖泊上进行水上钻探，钻探平台应遵守海事局有关内河湖泊航行、水上水下作业的有关规定，悬持号灯、号旗与航行标志。

（3）照明设备。一般采用电力照明，可配备12～24kW的发电机，为防止发电机发生故障，造成电力中断，应配备煤油马灯。严禁采用火焰外露的照明设备，防止造成火灾。

（4）通信设备。水上钻探，为了使钻探平台与来往大型机动船舶或岸上进行联系，保证钻探顺利进行，应设有通信设备。如采用高频无线电话机、对讲机、高音喇叭设备，指定专人负责管理，规定通信时间，保持经常联系。此外，应配备足够的灭火砂箱、医疗设备、防寒设备与防滑设备及安全护栏等。

5.1.3.2 施钻过程应注意的安全问题

为防止钻杆、套管折断、钻船被撞、钻孔报废等重大事故发生，应采取各种有效技术措施：①轮船过境产生涌浪时，应松开卡盘、停止钻进，待轮船过境后，才可继续作业；②值班人员经常检查锚绳、定位绳、保险绳等安全情况，注意观察来往船舶，严防发生撞船事故；③各班记录员应观测、记录水位涨落情况，及时校正孔深、接卸套管；④及时掌握风力与水情资料，如有大风、洪峰预报，应及时通知机组人员作好准备，采取预防措施；⑤严禁在钻船及其抛锚范围内进行爆破作业和采取砂石；⑥如有五级以上大风，应卸掉钻探平台篷布，以减小风的阻力，保持钻船稳定；⑦停工时，钻船上必须派专人值班，注意钻船安全与防火事宜；⑧铁驳钻探船应按时进行维护和管理，保证船舶安全，延长使用寿命。

5.2 急流水上钻探

急流水上钻探是水上钻探的一种，指在水流流速大于3m/s的水域进行钻探。由于我国许多大型水电工程都是建在大江大河上，为了减少投资费用，通常把坝址选在高山峡谷，地震烈度高、地形地质条件复杂。因此为了查明工程场地的基础地质条件，需要进行急流水上钻探，本节主要介绍急流水上钻探的环境特征、钻探与取样技术和安全及注意事项等。

5.2.1　环境特征

水上急流环境是指峡谷河流由于河道又窄又陡，在流量一定的条件下，加上水本身的势能转化，水流速度大于3m/s的水域环境，一般出现在河道宽度小、高差大的地形中。

急流钻探属于水上钻探的一种，受自然条件等方面的影响较多，施工时的危险性也较大。急流钻探水域的环境主要有以下几方面特点：①急流水域对钻探的影响体现在平台布置困难且稳定性差；②由于急流水域周边地形往往陡峭狭窄，河流截面积小，因此水位的变化幅度比一般的水域要明显许多；③由于急流水域的特殊地形，上下游的高差大，容易形成大的风浪。

总的说来，急流水上钻探的作业环境比一般水域的水上钻探更加恶劣，需要注意的事项也更多。鉴于急流流域所处的地理环境特殊，往往地质构造较为复杂，因此急流流域的水上钻探还需要考虑地质构造等对钻探工作产生的影响，其具体的工程特点包括：①急流流域在一年中有明显的汛期和旱期，在汛期水流流速很大，属于无法施工阶段，因此急流水上钻探只能选择旱期流速小的时间段进行，这使得工程的工期紧、任务重；②急流水域地区地形复杂，水流湍急、河道狭窄、河床沉积物较浅，水深较深，给钻场定位及钻孔施工带来困难。

5.2.2　钻探与取样技术

5.2.2.1　钻探装备选择

水上钻探装备选用时，一般包含两方面：水上钻探平台和常规钻探设备。针对急流水上钻探，水上钻探平台的选用是其关键，常规钻探设备与河流湖泊水上钻探类似，都是在满足钻孔任务书要求的前提下选小型设备。另外，急流水域一般河床覆盖层较厚，因此宜选用动力较大、性能较好的XY-2型钻机，配备BW150变量泥浆泵、S195柴油机、12kW柴油发电机组、管子四角钻塔等。

1. 钻探平台选择

水上钻探平台应结构牢靠，布置紧凑、周正，工作面上要铺设40～50mm木板，平台四周应架设高度不低于1.2m的安全防护栏并配置足够救生、消防设施。

对于急流水上钻探，常用的钻探平台有浮筒式钻探平台、船式钻探平台等，而且对具体平台的选择与搭建以及选用的设备类型有着十分严格的要求。

（1）浮筒式钻探平台。应符合下列规定：

1）根据平台载重后最大荷载，按4～8倍安全系数确定浮筒承载力。

2）浮筒应逐个经过检查及试验，应无大变形、无伤痕、无腐蚀和漏孔，筒盖完好并密封。

3）钻探平台宜为长方形，浮筒纵向并联排列不宜少于8排，每排不宜少于10个，分层分排绑扎，保持单筒的位置固定，保持整体牢固。

4）水上作业时，每天应检查浮筒是否漏水及捆扎是否有松动，发现异常应及时处理。

（2）船式钻探平台。应符合下列规定：

1）船式钻探平台可选取专用的钢质或木质船舶，一般选用双船结构，吨位宜按工作负荷并考虑5～10倍的安全系数进行计算。船舶应根据水流速度、钻孔深度和吨位进行选择，具体见表5.2-1。

2）双船搭建钻探平台时，两船间距宜为0.5～1.0m，平台骨架宜选择槽钢或工字钢，间距应小于1.5m，铺设枕木间距宜为0.8～1.0m，并用钢丝绳围箍船底。

3）单船一侧搭建钻探平台时，工字钢伸出船体长度宜小于3.0m，并且船上的工字钢长度应大于3.0m，工字钢间距应小于1.5m，铺设枕木间距宜为0.8～1.0m。

4）水深小于或等于20m时，主锚绞车拉力应为30kN；水深大于20m时，主锚绞车拉力则为50kN，绞车安装位置应进行加固。

5）钻机宜安装在平台中后部，塔架底座应增设木质垫板压于基枕木上并将其固定。

6）交通船应设置专用码头，非机动交通船应使用钢丝绳牵引，连接在固定索道上行驶，不得自由滑行。

表5.2-1　船舶的选择

水流速度/(m/s)	<2		2～3		3～4	
孔深/m	≤200	>200	≤200	>200	≤200	>200
双船吨位/t	2×30	2×40	2×50	2×80	2×80	>2×100
单船吨位/t	≥200				≥300	

2. 钻探平台安装

（1）单体船式钻探平台一般均布置在船舶尾部甲板上，在适当位置开设一个矩形空洞，以便起下套管。在平台以下距水面0.2m处，焊接钢结构小工作台作为接卸套管的操作平台。钻场面积一般为7m×10m，钻场上布置基台木与台板（或钢质基台与钢板），其上安装钻探机械，如钻机、水泵、柴油机与发电机组等设备。钻塔采用四脚铁塔，塔高11～12m。塔顶应设避雷针，绝缘电缆应接到水面以下。

（2）双体船式钻探平台布置在船前部，两船中间空档为孔位，在平台以下也要布置小工作台，用以接卸套管，其他布置和单体船相同。

（3）为保持平台的稳定，船舱内除放置钻探设备、器材以外，可装入适量重物，如锚链或铸铁块，使船体下沉到一定深度，以减少波浪对钻探平台的影响。

（4）为满足金刚石钻进工艺的需要，可在平台的适当位置放置循环箱、沉淀箱，以利于冲洗液的循环和净化。

5.2.2.2　钻探取样技术

1. 水上定位

（1）可抛锚定位。确定合适的钻探平台之后，应对相应的平台进行定位。抛锚平台在定位时应注意以下事项：

1）锚绳的拉力应根据河床特点、水文情况、风力和船舶总吨位，并考虑5～8的安全系数计算，锚绳的破断力不得小于计算所得锚绳的拉力。

2）主锚绳直径宜为 15～38mm，长度应为水深的 5～10 倍，宜为 100～300m。

3）锚绳与水面的夹角宜为 10°，主锚绳与前边锚绳夹角宜为 35°～45°。

4）主锚的固定应牢固可靠，并设锚漂。

5）抛锚定位由现场负责人或机长统一指挥，应有持证船工参加，先抛主锚、后抛边锚。在岸边固定主锚应选择在岩壁或其他坚固的场地上，应先将主锚固定再向孔位移动船舶，并配合抛固边锚。

6）钻场长边方向应与水流方向一致，主锚的位置应在船舶的正前方；特殊情况下，可使用 2 根前锚代替。

7）当水上有漂流物时，应在船舶前方适当位置设置人字筏。

（2）难抛锚定位。对于难以抛锚定位的河段，其定位应注意以下几点：

1）钻孔位置上、下游 5～18m 处，各架设一根直径为 18.5mm 的平行于钻孔横断面的主钢丝绳；在钻孔上游 0～30m 处，架设一根直径为 15mm 的辅助钢丝绳。主、辅钢丝绳垂度最低点距船舶工作面的距离分别宜为 4～8m 和 5～14m。

2）船舶首部主枕木两端系上牵引钢丝绳，共同连接于辅助钢丝绳上滑轮的吊环上，再移钻场到钻孔设计位置，进行临时定位。

3）直径为 8mm 的钢丝绳和载荷重量为 0～30kN 的滑轮组成四组复式滑车，将设置于船舶首尾的枕木四角连接在主钢丝绳上并呈 10°～90°夹角，通过调整四组复式滑车的间距达到船舶准确定位。

4）舶定位后，定期检查主、辅钢丝绳与船舶各连接部位，并保持连接坚固。

2. 钻探工序

（1）钻探平台就位前先安装好钻机、水泵及三脚架，就位后进行抛锚等一系列准备工作。

（2）下入孔口套管，并将其打入河床覆盖层，打入深度根据现场情况而定，一般不低于 3m。

（3）将孔口套管打入后，采用直径递减的钻具依次钻进。若钻孔为抽水试验孔，则采用清水循环跟管钻进，钻穿覆盖层后下入花管进行水文地质试验；若钻孔为取样孔，则采用植物胶掺膨润土护壁钻进，钻穿覆盖层进入强风化基岩即下入相应尺寸套管护壁止水。

（4）为了提高效益，减轻员工的体力劳动强度，当打到较完整的岩层时可换用绳索取芯钻进技术。

（5）钻孔终孔并验收后，起拔各级套管。在起拔套管时要注意变径接头连接是否可靠、上接头螺纹是否上紧、卷扬机钢丝绳是否能满足要求等事项，以确保操作安全。

3. 取样技术

对于急流水上钻探，岩芯容易在内管卡塞产生岩芯对磨或被冲刷缺失而降低岩芯采取率，也会在钻进、退芯、搬运等过程中受扰动、震动容易断裂破碎而降低岩石质量指标（RQD）。针对这些问题，可采用 SM 植物胶 SDB 系列（ϕ94 或以上）金刚石钻具，加大钻具直径，有利于提高岩芯采取率，提高节理性状等地质信息采集的准确性。

5.2.3 安全及注意事项

为了保证急流水上钻探的安全和工程质量，需注意以下事项：

（1）应编制水上作业安全管理办法，办理相关手续，按规定悬挂标志。

（2）水上钻场、水上交通工具等应备有足够的救生衣、救生圈、通信设备，规定呼救信号并保持畅通。

（3）水上钻探平台荷载应保持平衡，不常用的材料应及时搬移上岸并妥善保管；岩芯满箱后及时转运上岸。

（4）处理孔内事故时，不得使用千斤顶强行顶拔。

（5）每班应有专人检查锚绳、绞车等安全情况，应根据水情变化及时调整锚绳；随时清除套管及锚绳上的漂浮物。

（6）及时掌握上游水情及水库调度信息。应与上游水文站、水库管理单位、当地政府相关部门商定防洪度汛方案，遇洪峰警报应及时通知钻探作业人员做好准备，并由钻探项目负责人指挥度汛或撤退。

（7）水深流急时，水上钻场下游宜设救生安全站，配备救生艇和必要的通信、医疗器材，并设专人值守。

（8）钻探作业宜选择风速较小时段进行。遇大雾或5级以上大风时，不得抛锚定位和移动钻场；遇雷雨、大雾、6级及以上大风、浪高超过2.0m等恶劣天气或船舶横摆角大于3°时，不得进行水上钻探作业；当预计有6级及以上大风浪时，船舶要及时移开孔位避风，孔位处要留有明显的标志。

（9）浪高大于0.8m时，接送人员的船只不得靠近平台，通过悬吊装置上下。

（10）停工停钻时应派人值守。

（11）应配备救生艇，钻场应储存足够的淡水、食品、急救药品等。

水上交通应满足以下要求：①操作人员应持证上岗；②操作人员和搭乘人员应正确使用救生装备，搭乘人员应听从操作人员的指挥；③运载物资时，应保持平稳；不得超载，不得人货混载；④水上交通工具停泊应固定可靠，不得住人。

5.3 近海钻探

海洋空间广阔，蕴藏有丰富的能源及矿产资源，是人类生存和社会可持续发展的重要基地，进行海洋工程建设和海洋开发具有深远的意义。根据中国气象局详查的初步结果，我国的海上风电资源比较丰富，其中在东部沿海的海上可开发风能资源约达7.5亿kW。随着技术的不断发展和经验的逐步积累，海上风电将迎来一个快速发展的时代，在未来30年内将会得到大力发展。在海洋潮汐能、潮流能、海上风能等海洋可再生能源开发利用中，钻探是地质环境调查、资源调查和工程地质勘察的必要手段之一。

水上钻探与陆上钻探差异较大，工作程序、影响因素多；而海上钻探，因受潮汐、潮流、风浪和涌浪的影响，比江河、湖泊和急流水上钻探更困难。因此在钻探施工过程中，需要对钻探取芯工具和钻探方法做出一定的适应性调整，本节主要论述在近海变水位水域条件下对钻探平台的要求、钻探与取芯技术以及安全注意事项等。

5.3.1 环境特征

近海水域环境因地域不同而有较大的差异，因此在近海变水位水域进行钻探作业时要提前收集当地的水文资料，因地制宜地制订合适的施工方案，这样才能在保障安全的基础上取得良好的取芯取样效果。如福建省靠近东海，其沿岸地区是比较典型的近海变水位环境，潮流在沿海港湾内多呈往复流，流速较大，平均1～2m/s。波浪为风浪和涌浪的混合浪，受风力和风向的影响较大，平均波高0.9～1.6m，最大波高可达10m。上述因素给近海钻探带来了很大的困难，在钻探过程中需要根据水深等因素合理选择钻探平台的搭建方式，并对钻探和取芯工具及技术作出适应性调整。

与一般的钻探工程相比，近海钻探有以下特点：

(1) 钻探设备和技术要求高。海洋钻探工期长、投入大、离岸远、钻进工艺复杂，钻探平台一般为自升式平台或大吨位移动式勘探船。

(2) 水上作业环境影响大。钻机与海底孔口间存在深度不等的海水，增大了海上钻探的复杂性。海上钻探作业需将设备安装在水面以上，需依据水深、勘探规模及工程性质选择或搭建具备钻探设备及附属设备的水上平台。移动式水上钻探平台一般采用钻探船，但对钻探船的锚泊定位、移位、固定等要求十分严格。水上钻探施工时，受潮汐、潮流、风暴、波浪等因素影响，勘探船会产生水平和竖向运动，对水上钻探、取样和测试造成影响。

(3) 需要护孔导管及升沉补偿装置。孔口位于水下海床，需要在水底孔口和水上钻探机具间安装特殊隔水装置，确保孔内泥浆循环，并用于引导钻具和套管。对勘探船作业，还需要安装升沉补偿装置以克服海浪和潮水位变化的影响。

(4) 测试与试验困难。受海洋动力环境影响，海洋钻探获得的试样、取样和运输都可能造成不同程度的扰动。由于远离陆地实验室，不易及时开样试验，海上试验和原位测试受海洋环境的影响也较大。

(5) 消防管理严格。海上钻探平台远离陆地，缺乏淡水，作业和生活场地受到较大的限制。勘探作业、人员生活、淡水等均在勘探平台上，而平台上还有机械燃油、润滑油、液化气、氧气瓶等易燃物，钻探时还可能遭遇有害易燃气体喷发，因此需严格的消防措施和管理制度。

(6) 安全管理要求高。勘探现场远离海岸，在交通、通信、急救、救生、逃生、照明、标识、信号、防撞、消防、平台检测、作业许可等方面，海洋钻探都有特别的要求。为满足生产和生活要求，需要专门的海上交通船只。因海上信号传输受限，需要专门的卫星电话或者高频电话，并需与各级搜救中心、陆地管理部建立通信联络制度。在远离海岸的茫茫海域，必须配备足够的海洋专用救生衣、救生圈、救生绳、逃生筏等救生和逃生设施，并需有专门培训和管理。海上外来急救十分不便，首要开展自救，必须配备急救药箱以应对消毒、止血、包扎等需要，并需考虑常见疾病和突发疾病配备足够的药品。

(7) 培训和应急预案。海洋钻探必须经过专门的各项培训，并需制订完善的应急预案。

5.3.2 钻探与取样技术

5.3.2.1 钻探装备选择

1. 钻探平台选择

（1）海洋钻探平台类型：按移动性分为固定式平台和移动式平台两大类。固定式平台包括导管架平台、重力式平台、张力腿式平台、绷绳塔式平台。固定式钻探平台适宜在油田开发阶段钻生产井，而后作为采油平台使用，且有储油、系泊等多种功用。移动式钻井装置包括坐底式钻井平台、自升式钻井平台、半潜式钻井平台和钻探船。按照平台采用的材料可划分为木质平台、钢质平台、混凝土平台、混合平台。钻井平台（船）就是在海上进行钻井的装置，依照海洋钻井的发展过程可以分为以下几种的钻井装置，如图 5.3-1 所示。

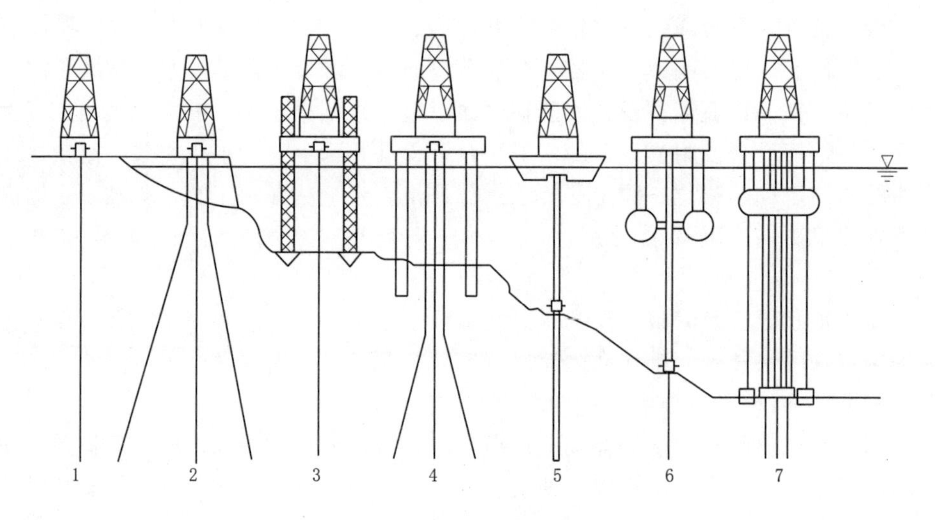

图 5.3-1 海洋钻探平台种类

1—陆地钻探平台；2—栈桥式平台；3—自升式平台；4—固定式平台；
5—钻探船；6—半潜式平台；7—张力腿平台

（2）近海风电场钻探平台。海上风电场勘察可分为潮间带勘察、近海勘察，钻探平台宜参照《海上风电场钻探规程》的规定选用。目前近海范围内海上钻探还是以移动式船筏为主，也包括浮箱、油桶等组成的平台，其受水深、风浪等影响较大；固定式钻探平台是平台体重量经桩等被海底土承受，其稳定性较好，受风浪等影响较小。目前在国内应用较多的为移动式钻探平台，多为渔船、工程船改进等，有单体船和双体船，单体船吨位较大，钻探平台安装在船体一侧或船体中间；双体船为两条相对较小的船拼装而成，钻探平台安装在两条船甲板中间。浮箱、油桶等钻探平台在潮间带应用广泛。

海上风电场钻探由于受气象、水文、地形、地质、航道、管线及障碍物分布的影响较大，其平台类型选择见表 5.3-1。当在潮间带钻探建议采用桁架式钻探平台，或者采用漂浮式钻探平台搁浅作业。有原位测试要求的钻孔，应优先选择自升式钻探平台。

表 5.3-1　　海上风电场钻探平台类型适用表

<table>
<tr><th colspan="2">海上风电场钻探平台类型</th><th>浪高/m</th><th>流速/(m/s)</th><th>水深/m</th><th colspan="2">安全距离/m</th></tr>
<tr><td rowspan="4">漂浮式钻探平台</td><td>50～100t</td><td><0.8</td><td><2.0</td><td>1.5～5.0</td><td rowspan="4">全载时吃水线距钻探平台面距离</td><td>>1.0</td></tr>
<tr><td>100～300t</td><td><1.0</td><td><3.0</td><td>2.0～20.0</td><td>>1.0</td></tr>
<tr><td>300～500t</td><td><2.0</td><td rowspan="3"><4.0</td><td>10.0～30.0</td><td>>1.2</td></tr>
<tr><td>500～1000t</td><td><3.0</td><td>10.0～50.0</td><td>>1.5</td></tr>
<tr><td rowspan="2">固定式钻探平台</td><td>桁架式</td><td><1.0</td><td><3.0</td><td rowspan="2">钻探平台底面与海面距离</td><td>>1.0</td></tr>
<tr><td>自升式</td><td><3.0</td><td><5.0</td><td>按平台适用水深确定</td><td>>3.0</td></tr>
</table>

1）潮间带浮动式平台。潮间带地区涨落潮水流紊乱、潮流流速高，冲刷严重，且在涨落潮时，平台船搁浅过程中船底易被淘蚀，造成平台倾斜。因此，对于一般底部非扁平的船体，不适用于潮间带区域。根据潮间带海域特点，应选择适用于潮间带勘探的底部平坦的勘探船只，如图5.3-2所示。

图5.3-2　潮间带浮动式平台

该船专门为潮间带钻探施工而建造，在建造时预留好钻孔孔眼，船宽6.60m范围内设计成平面型，可使用长度超过10m，该空间正好满足海洋地质钻探使用，只要架设机台就可以直接安装钻机。该平台优点如下：①钻探效率高，此平台利用涨潮时移动到孔位，退潮搁浅后作业，避免了潮流、波浪等的影响，减少了外在因素对作业时的影响，大大提高了作业效率；②平台稳定，平台坐落于海底面上，不受潮流、波浪等的影响，与陆地钻探无异，对原位测试等的准确性提高极大；③成果精确，作业时，平台完全搁浅于海底，进行原位测试准确性、地层划分精度等都有较大提高。

该平台已在江苏沿海潮间带区域完成大量潮间带风电场勘察，极大地提高了潮间带风电场勘察的效率，并降低了作业成本。但由于该平台底部平坦，抗风浪能力小，不适合近海非搁浅海域勘探。

2）双体船钻探平台。双体船钻探平台一般由两艘吨位、尺寸相等的船体通过槽钢焊接而成，每艘船核定吨位不小于50t，套管不得紧贴船身。平台用20号工字钢焊接，工字钢长度一般为两船体宽度、两船体之间预留宽（约为0.8m）以及工字钢向每艘船体外延伸长度（约0.5m）之和。平台按间距2m焊接6根工字钢，船头、船尾各焊接一根20号工字钢，每根工字钢与内外船沿之间均用直径为16mm圆钢U形焊接。然后用方木以及厚度约5cm木板铺设成10m×12m（长×宽）的平台，最后在平台沿海两侧设置高度不低于1.20m防护栏杆，并悬挂安全防护网，平台外形和平面示意图分别如图5.3-3和图5.3-4所示。

该种船舶的主要优点：①适应性强，该平台抗风浪能力强，一般能适应较大风浪，且船速快，遇到紧急情况时可较快靠岸；②效率高，平台抛锚、起锚时间短，定位快速，极大减少非作业时间花费，作业效率高。但是这种双体船钻探平台稳定性差，6级风浪后晃动就较大影响钻探精度。

图 5.3-3　双体船钻探平台外形

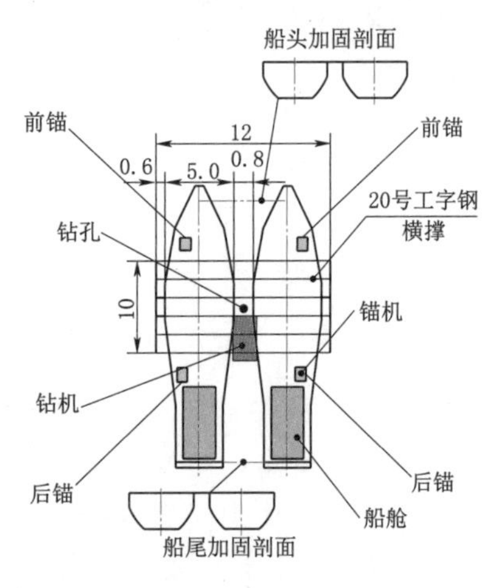

图 5.3-4　双体船钻探平台平面示意图（单位：m）

3）单体船钻探平台。此种平台选择船的一侧搭建，其平台面积一般在 $90m^2$ 左右，船体宽度应大于 6m，吨位应在 200t。平台搭建一般用长 9.0m 的 20 号工字钢 6 根，平台搭建选择船的一侧向外延伸 3m，船内 6m。工字钢按间距 2m 布置，工字钢与船沿之间用直径为 16mm 圆钢 U 形焊接，工字钢伸出船外的一端，用 18 号短槽钢与船体焊接成一体。平台用方木以及厚 5cm 的木板铺设成 10m×9m（长×宽）的平台，平台悬空沿海部位设置高度不低于 1.20m 的防护栏杆，并悬挂安全防护网，平台外形和平面示意图如图 5.3-5 和图 5.3-6 所示。

图 5.3-5　单体船钻探平台外形

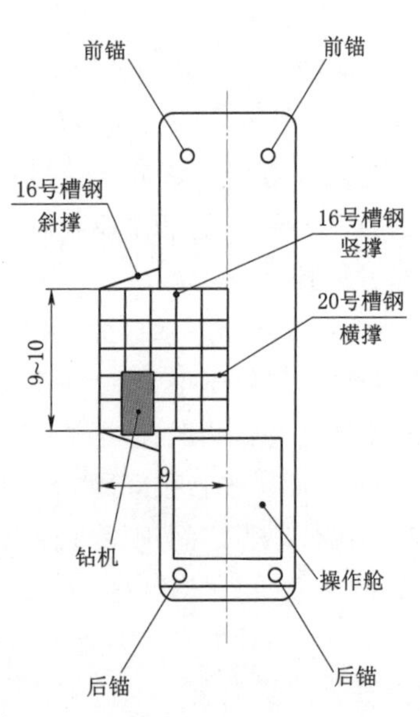

图 5.3-6　单体船钻探平台平面示意图（单位：m）

此种平台具有的优点：作业效率高，平台足够稳定，在小于4级风浪条件下，可满足静探作业，船上自带起重设备，可协助钻探设备吊装等。目前，这种单体船钻探平台已在浙江、福建等海域的风电勘察及其他新能源勘察中广泛应用，实际效果较好。

4）自升式钻探平台。在海洋地质勘察项目中，为全面揭示海底土层的物理力学性能，往往还布置静探、触探、标贯等原位测试，这些测试项目通常需要选用自升式勘探平台来完成。采用自升式勘探平台作业，应综合考虑水深、桩腿入泥深度、潮汐潮差高度、平台型深、平台上部预留高度等因素，图5.3-7～图5.3-9为近几年来近海钻探所使用的自升式勘探平台。

图5.3-7　桩腿18m自升式钻探平台

图5.3-8　桩腿36m自升式钻探平台

5）钻探船。钻探船是以钻井为目的的船舶（图5.3-10），早期的钻探船是用驳船、运矿石船、油船或供应船改装的，虽然现在改装仍然存在，但也有一些专为钻井而设计的全新船舶。钻探船的船体结构大都与普通船相似，通常为单船体式，也有设计成双体式的，钻井月池大都开设在船体中央，方便船舶安全作业。

钻探船按航行方式分为自航和拖航两类；按停泊方式又可分为锚泊定位式和动力定位式，其中锚泊定位又可分为多点锚泊（一般为4～8个辐射状锚泊）和中心转塔式锚泊。中心转塔式锚泊可任意调节船舶艏向，使船艏正对风浪方向，以大大减少风和波浪的影响。

图5.3-9　桩腿56m自升式钻探平台

钻探船的主要优点：①在所有钻井平台中机动性最好，调速迅速，移运灵活，且航速较快，停泊简单，适应水深范围大；②水线面积较大，船上可变载荷大，船上装载物资器材的变化对平台吃水影响较小；③储存能力大，海上自持力强；④钻探船还可利用旧船改造，节省投资。但是，钻探船受风浪影响大，对波浪运动敏感，稳定性差，作业海况限制了钻

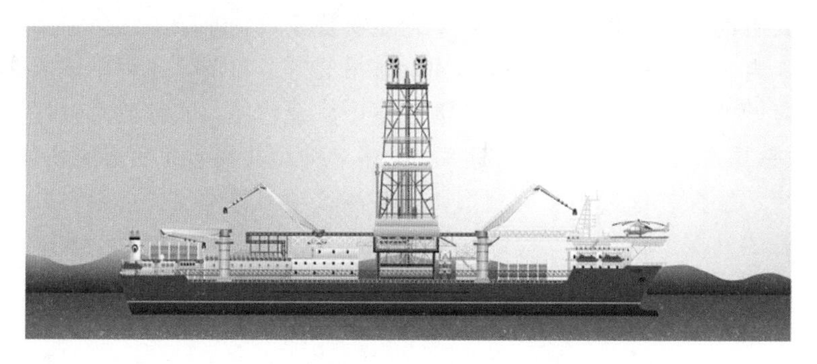

图 5.3-10 钻探船

井的作业效率。

2. 海洋钻探设备选择

(1) 水深 20m 以内钻探设备。海洋风电场钻探钻孔通常深度在 100m 以内，钻探设备的选择应根据海上勘察任务要求，结合海域水深、地形、潮汐、风浪等海况，选择确定勘探船结构型式及吨位，同时按钻孔任务书要求合理选择钻探及取样机具，海上钻探基本设备配置见表 5.3-2。

表 5.3-2 海上钻探基本设备配置

序号	设备名称	单位	数量	潮间带	近海	备注
1	钻机	台	1	XY-1 型	XY-2 型	
2	水泵	台	1	BW-150 型	BW-150 型	
3	发电机	台	1	15kW	15kW	
4	电焊机	台	1	BX-250	BX-250	
5	护孔装置	套	1	219/151	219/180	
6	钻塔	付	1	长 7～8m	长 7～8m	
7	锚机	台	4	3t	大于 3t	
8	取样器	套	若干	薄壁、真空	薄壁、真空	
9	钻杆	m	若干	孔深 1.5 倍	孔深 2 倍	ϕ50 钻杆
10	测探仪	台	1	FIND448	FIND448	测深仪
11	测斜仪	台	1	CX-03D	CX-03D	必要时
12	测量仪	套	1	RTK-GPS	RTK-GPS	

(2) 水深大于 20m 以上钻探设备。对水深在 20～50m 的海域，随着海水深度改变，在涨落潮过程中海水流速将会成倍的加快，原钻孔隔水套管入土深度将明显不够。

为了解决水深 20～50m 范围的海上钻探装备，通过市场调研发现，国内海洋工程勘察长期以来依赖于陆地的立轴式岩芯钻机，目前国内具备生产海洋工程钻机的厂家不多。相比于陆地岩芯钻机，海洋工程钻机取芯质量好、安全性高，但价格昂贵、工作效率低，导致销量欠佳、厂家生产此类钻机的意愿低，一般根据客户需要组织生产，基本不会留有库存。

海洋工程钻机（图 5.3-11）由塔架、动力头、泥浆泵、卷扬机组、驱动装置、控制箱、波浪补偿装置及连接油压管路等模块化组装而成，适用于水深小于 100m 的海上钻探，可以解决常规陆上立轴式钻机在海上钻探过程中存在的问题。按照我国不断加快的海洋开发形势，该型钻机可能会成为 20～100m 海域的主流勘探装备之一，应用前景广泛，是目前针对海上工程钻探的典型装备。

图 5.3-11　海洋工程钻机

海洋工程钻机基本工作原理：波浪补偿分离式液压钻机由塔架、动力头、泥浆泵、卷扬机组、驱动装置、控制箱、波浪补偿装置及连接油压管路等组成，如图5.3-12～图 5.3-15 所示。塔架由方钢分段焊接，再拼装而成，其高度为 8.60m；可以提吊长 6.0m 的钻杆，泥浆泵为 BW-250 型泥浆泵，通过油马达驱动。塔架上设有动力头，动力头和钻具连接，动力头通过钢丝绳分别与波浪补偿配重箱和卷扬机组连接；在塔架侧边设有驱动装置分别与动力头、卷扬机组、泥浆泵等连接。

波浪补偿分离式液压钻机中，驱动装置由柴油机、液压泵和控制箱组成，控制箱分别与动力头和卷扬机组连接。

图 5.3-12　分离式液压钻机动力头

图 5.3-13　BW-250 型泥浆泵

图 5.3-14　起下钻卷扬系统

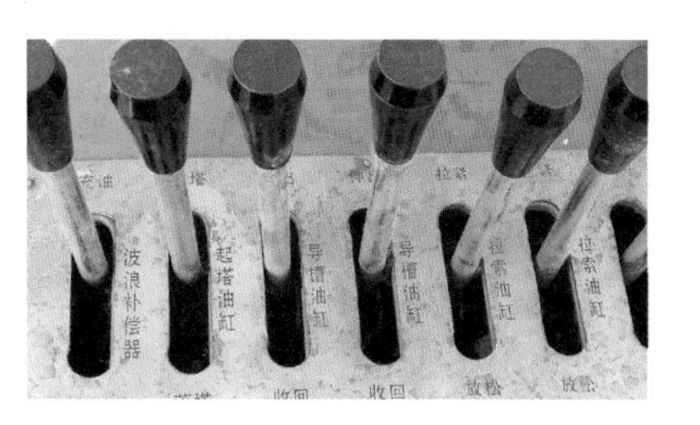

图 5.3-15　液压操作系统

钻机塔架上活动连接动力头，直接连接钻具，动力头通过钢丝绳分别连接波浪补偿装置和卷扬机组，波浪补偿配重箱的重量约为动力头和钻具总重量的1/2，驱动装置分别与动力头和卷扬机组通过油压管路连接。勘探作业过程中，波浪补偿配重箱和钻具之间调节为平衡状态后，当波浪导致钻探平台上下浮动时，波浪补偿配重箱能够在导轨内自由滑动，动力头、孔底的钻具与孔底之间则保持相对的静止，由波浪补偿配重箱的上下滑动来补偿钻探平台的浮动，达到了波浪补偿的目的，保证了在勘探过程中不会因钻探平台受波浪影响而上下浮动造成对孔底土层的扰动。

海洋工程钻机的优点：钻机与动力头分体，驱动装置由柴油机、液压泵和控制箱组成，控制箱分别与动力头和卷扬机组连接。钻进压力通过动力头自重压力，致使钻进加压不受潮汐变幅的影响。在钻进过程中，当波浪补偿装置和钻具之间调节为平衡状态后，如果有波浪影响钻探平台上下浮动，波浪补偿器能够在张紧器内自由滑动，动力头、孔底的钻具与孔底之间则保持相对的静止，达到了波浪补偿的目的，避免了孔底土层的扰动。

(3) 200kN海床式CPT。ROSON 200kN海床式静力触探仪最大作业水深超过60m，最大锥尖阻力达到50MPa，总压力达200kN以上。

ROSON 200kN静力触探仪主机自重为28t，需要通过吊装设备把主机吊入海底，但由于主机自重大，主机底面土体受到主机自重压力的作用下，将会与土产生吸力，在选择吊装能力时，须按不小于主机自重的3倍考虑安全系数，即吊装起吊能力应不小于84t。如选用某型号平台（船舶）起吊CPT，其自带A型架最大起吊能力可以达到200t。A型吊装形式和海床式CPT吊装如图5.3-16和图5.3-17所示。

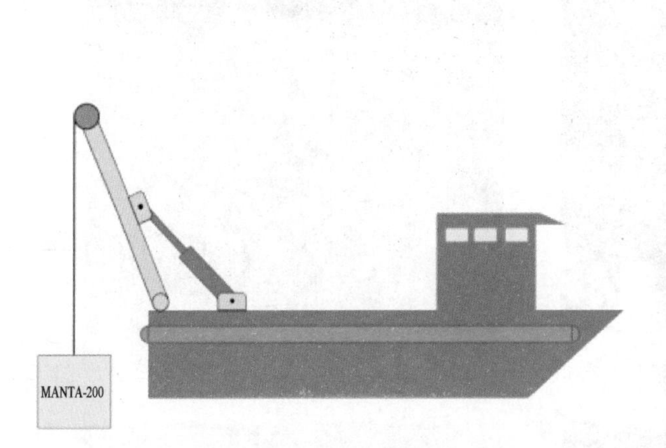

图5.3-16　A型吊架形式图

图5.3-17　海床式CPT吊装

海床式CPT主机需用通过吊装装备入海，而由于受主机底面长宽的限制，一般要距离船沿2.0m进行控制，当把主机吊入海底之后，通过主机中心加入探杆延伸到浮吊沿边正好是2.0m的距离，为了主机上下吊装不受影响，以及在探头贯入海底土层的运行期间，不断接长或拆卸探杆，需要设计一个如图5.3-18所示的可自由伸缩的工作平台。

伸缩工作平台在需要接长探杆时，工作平台能够往船体外延伸2m，工作结束，平台

图 5.3-18 伸缩工作平台

向外延伸部分主动收回，避免了安装探杆时起吊钢丝绳与船体发生碰撞的危险；该伸缩工作平台在延伸的状态下，能承受人员作业载荷 0.5t，以满足探杆接长或拆卸时的作业需要。

5.3.2.2 钻探取样技术

1. 隔水套管结构

在变幅的浮动式平台上钻探，需要克服海洋波浪和潮汐的影响，如何选择安装隔水套管将成为钻孔能否正常施工的关键。一种不用加接或拆卸护孔套管的装置，即通过内外套管组合，利用潮涨潮落的自然规律，把外套管深入海底土层中，内套管上端与平台固定，下端内套管为自由端，且套在外套管内径中，而形成自由伸缩的装置。但为满足钻孔结构、安全施工、管材强度等，如法兰盘以下直径 219mm 套管，与法兰盘连接的上部接头为带 O 型圈的导向装置，上部套管为直径 151mm 或 168mm 的无缝钢管，其伸缩护孔套管装置如图 5.3-19 所示。

图 5.3-19 伸缩护孔套管装置

内套管上端通过管卡固定在勘探船平台钻孔孔口处，而下端内嵌到导向装置内自由端，外套管深入海底土层中，外护孔套管与内护孔套管之间的重叠长度大于 3.0m，当海上涨潮时，勘探船会随海水水位的上升而上升，从而带动内套管向上延伸；当海上落潮时，借用内套管自身重力，自动回收至护孔套管内，根据涨落潮自动调节，省去了人工加接或拆卸套管的步骤，达到了波浪补偿的效果，从而提高了钻进工效。另外，内套管外径在导向装置中通过 O 型圈来起到密封作用，从孔内返回的浆液就不会漏失。

当选择单管做隔水套管时，为适应潮位变化，应备有足够数量的短套管。

2. 取样要求

海上钻探取土器应根据土层的特性、土试样质量等级选择。不同质量等级土试样的取样工具和方法见表 5.3-3。

表 5.3-3　　不同质量等级土试样的取样工具和方法

试样质量等级	取样工具		适用土类										
			黏性土					粉土	砂土				砾砂、碎石土、软岩
			流塑	软塑	可塑	硬塑	坚硬		粉砂	细砂	中砂	粗砂	
Ⅰ	薄壁取土器	固定活塞	×	++	+	×	×	+	+	×	×	×	×
		水压固定活塞	++	++	+	×	×	+	+	×	×	×	×
		自由活塞	×	+	++	×	×	+	+	×	×	×	×
		敞口	×	+	+	×	×	+	+	×	×	×	×
	回转取土器	单动三重管	×	+	++	++	+	++	++	++	×	×	×
		双动三重管	×	×	×	+	++	×	×	×	++	++	+
Ⅰ～Ⅱ	原状取砂器		×	×	×	×	×	++	++	++	++	++	+
Ⅱ	薄壁取土器	水压固定活塞	++	++	+	×	×	+	+	×	×	×	×
		自由活塞	+	++	++	×	×	+	+	×	×	×	×
		敞口	++	++	++	×	×	+	+	×	×	×	×
	回转取土器	单动三重管	×	+	++	++	+	++	++	++	×	×	×
		双动三重管	×	×	×	+	++	×	×	×	++	++	++
	厚壁敞口取土器		+	++	++	++	++	+	+	+	+	+	×
Ⅲ	厚壁敞口取土器		++	++	++	++	++	++	++	++	++	+	×
	标准贯入器		++	++	++	++	++	++	++	++	++	++	×
	岩芯钻头		++	++	++	++	++	++	+	+	+	+	+
	柱状取土器	振动式	+	+	+	+	+	+	+	+	+	+	×
		重力式	+	++	++	++	++	+	+	+	+	×	×
Ⅳ	标准贯入器		++	++	++	++	++	++	++	++	++	++	×
	岩芯钻头		++	++	++	++	++	++	++	++	++	++	++
	柱状取土器	振动式	++	++	++	++	++	++	++	++	++	++	×
		重力式	++	++	++	++	++	++	++	++	++	++	×

注　1. ++为适用；+为部分适用；×为不适用。

2. 采取砂土试样应有防止试样失落的补充措施。

3. 取样注意事项

(1) 取样前，应先清孔，并防止孔底土层扰动；应根据水深变化情况计算与校正取样深度，每回次取样孔深误差不应大于 0.2m。

(2) 岩土体试样直径和取样质量等级应满足岩土体物理力学性质试验的要求。

(3) 海底底质取样可分为表层取样和柱状取样两种。表层取样宜使用阀式、蚌式或箱式取样器；柱状取样宜使用重力取样器或振动取样器。

(4) 当采取表层底质取样器进行取样时，其取样量不应少于 1kg。

(5) 当采取柱状样时，采用振动式或重力式取样器，柱状样直径不应小于 65mm。黏性土柱状样长度应大于 2m；砂性土柱状样长度应大于 0.5m。

(6) 当柱状样采集长度达不到要求时，应再次取样，连续两次以上未采到样品时，可改用蚌式或箱式取样器取样。

(7) 当需要采取表层底质样和确定水与底质界面时，应选择阀式取样器。

(8) 钻孔原状取土可采用贯入式或回转式取样法，具体可参照表5.3-3选择。

(9) 对Ⅰ、Ⅱ级土试样应妥善密封，直立安放不得倒置，必要时应拍照保存。

(10) 海上钻孔土试样采取之后至开启试验之间的储存时间，不宜超过两周。

5.3.2.3 护壁工艺方法

(1) 性能要求。与陆地钻探不同，海上钻探受环境的限制，主要采用海水配制冲洗液，因此本节主要介绍海水冲洗液。海上钻探冲洗液应具有良好的防塌和携岩能力；应有利于安全、优质、高效钻进；应有利于取芯及其他地质资料录取；应有利于孔内复杂情况的预防和处理；应有利于环境保护。

(2) 冲洗液配制步骤：

1) 详细了解处理剂性能、调配方式和加量，并按设计配方计算泥浆材料及化学处理剂用量。

2) 海水的软化处理，为清除海水中的钙离子和镁离子等高价离子，同时提高冲洗液的pH值，向海水中加入0.2%～0.5%的氢氧化钠和0.1%～0.3%的纯碱，搅拌溶解后待用。

3) 黏土预水化：在淡水或经软化处理的海水中加入8%～20%的黏土粉，使黏土得到充分的水化，得到预水化黏土浆。

4) 海水基浆配制：在预水化黏土浆中加入软化处理过的海水，并进行充分搅拌。为了提高冲洗液的抑制性能，可在海水中直接加入预水化黏土浆，也可直接加入MBM或抗盐土。

5) 冲洗液性能调配：在配制好的海水基浆中加入泥浆处理剂。若要加入多种处理剂时，应先加入分子量较小的，后加分子量较高的泥浆处理剂。处理剂应慢慢撒入，以免结团；为方便配制，高分子聚合物可预先在处理剂搅拌器中溶解成胶液，再加入海水基浆中。

(3) 适用条件。冲洗液类型与适用条件见表5.3-4。

表5.3-4 冲洗液类型与适应条件

冲洗液类型	适用条件
淡水冲洗液	适用于离岸近、淡水充足、泵送方便的环境；淡水冲洗液类型及其适用条件按《地质岩心钻探规程》(DZ/T 0227—2010) 执行
海水	适用于钻进完整、孔壁稳定地层
海水无固相冲洗液	适用于钻进较稳定地层和一般的水敏性地层
海水分散型冲洗液	适用于松散地层、破碎地层及配制高密度冲洗液
海水聚合物冲洗液	适用于水敏性地层
饱和盐水冲洗液	适用于钻进盐岩层
海水充气（或泡沫）冲洗液	适用于钻进各类较稳定地层、漏失地层或承压较低地层

5.3.2.4 升沉补偿装置

在浮船上钻井作业时，钻探船会随海流漂浮。在风浪作用下，钻探船做平移、摇摆及上下升沉运动。船体随波浪周期性上下运动使井架及大吊钩上悬吊的钻杆柱也做周期性的上下运动，导致大钩载荷呈周期性变化，大钩拉力忽高忽低，使钻头一会儿提离孔底，一会儿又紧压孔底，不能正常钻进。为此，要保证钻探船的正常钻进，就必须对船体的升沉进行补偿，保持钻头与孔底间不发生相对运动。

1. 伸缩钻杆补偿装置

在浮船钻井的初期阶段，普遍采用的补偿方法是在钻杆柱的钻铤上部加一根伸缩钻杆，主要包括内筒、外筒、圆键、密封件等。内外筒可以升缩拉开，圆键传递扭矩如图5.3-20所示。

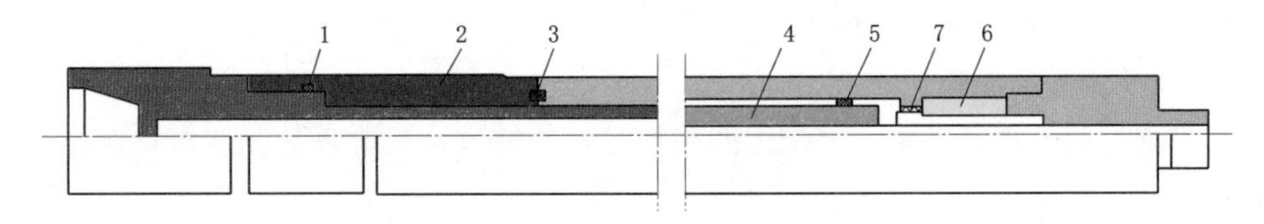

图5.3-20 伸缩钻杆（全缩状态）

1—上密封件；2—外筒；3—圆键；4—外筒；5—下密封件；6—浮动活塞；7—圆键

钻探船上下运动时，只带着伸缩钻杆以上的钻杆柱运动。而伸缩钻杆柱以下的钻铤和钻头不再随船起落。这样就可以保持一定的恒压进行钻井。

2. 钻柱升沉补偿装置

钻柱升沉补偿装置在游动滑车与大钩之间装设升沉补偿液缸，大钩上的载荷由液缸中的液体压力承受，有以下两种类型：

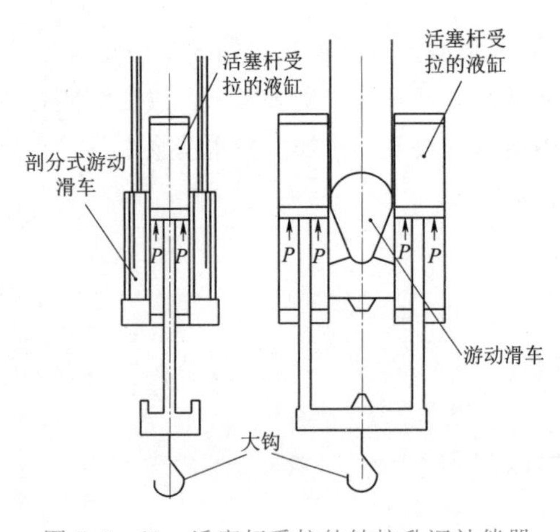

图5.3-21 活塞杆受拉的钻柱升沉补偿器

(1) 活塞杆受拉的升沉补偿装置。升沉补偿装置的下横梁、活塞、活塞杆与大钩相连，上横梁、液缸本体与游动滑车相连。这样，当游动滑车随井架及船体上下升沉时，只带动液缸的缸体做上下周期地运动，而液缸中的活塞和活塞杆、下横梁及大钩基本保持不动，载荷也基本不受影响（影响的大小是随气压的大小和气瓶的多少来决定的），从而实现升沉补偿，其受力简图如图5.3-21所示。

(2) 活塞杆受压的升沉补偿装置。这种装置大钩与下支架连接，下支架上部安装有链条，绕过安装在活塞顶端的滑轮装置与上支架连接，上支架与缸体固定在一起，上支架与游动滑车相连。当游动滑车做上下周期性运动时，活塞缸上下运动，而下支架、大钩却保持基本不动。由于是动滑轮，因此活塞杆的行程仅为钻探船升沉的一半。该装置的受力简图如图5.3-22所示。

3. 天车上装设升沉补偿装置

天车型补偿装置是把升沉补偿装置装到天车上。它的工作原理比较简单，如图5.3-23所示，当船体上升时，天车相对于井架沿轨道向下运动，并压缩主气缸。当船下沉时，天车相对于井架向上运动，主气缸气体膨胀，起气动弹簧作用。这种形式补偿装置的优点是占用钻探船的甲板面积和空间小；不需要两条活动的高压油管，管线短。缺点是需要特制井架、特制天车，钻探船重心高，维修也不太方便。

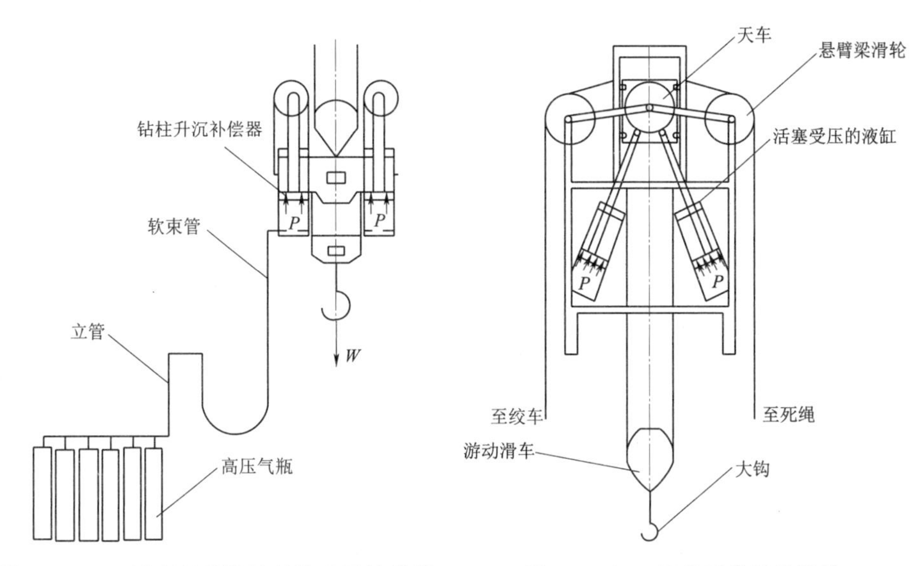

图5.3-22 活塞杆受压的钻柱升沉补偿器　　图5.3-23 天车型升沉补偿器

4. 死绳上装设升沉补偿装置

这种形式较前两种方式为少，该装置通过调节游动系统上钢丝绳的有效长度来补偿在波浪作用下游动滑车与大钩随船体升沉的位移，从而实现保持和调节井底钻压的目的，如图5.3-24所示。这种方式的升沉补偿装置不占井架上的空间，维修和保养均在下面，所以比较方便。但是它要装设一套可感应游动系统钢丝绳上拉力变化的电动系统，另外，钢丝绳寿命也会降低。

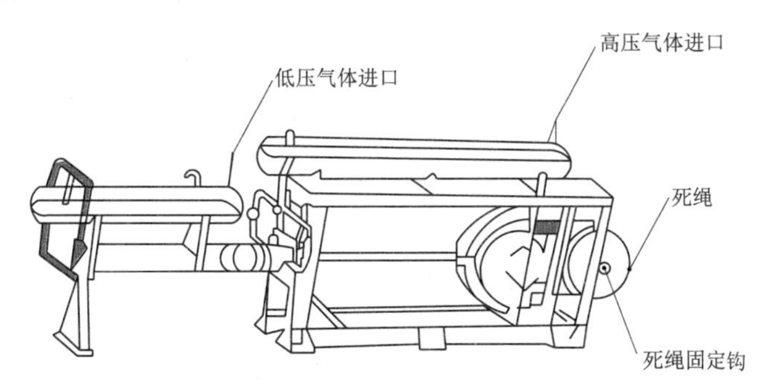

图5.3-24 死绳上装设的升沉补偿装置

上面所述装设升沉补偿装置的四种方法有各自的优缺点，均有可取之处。但从世界各国实际应用情况来看，在游动滑车和大钩之间装设升沉补偿装置较多。

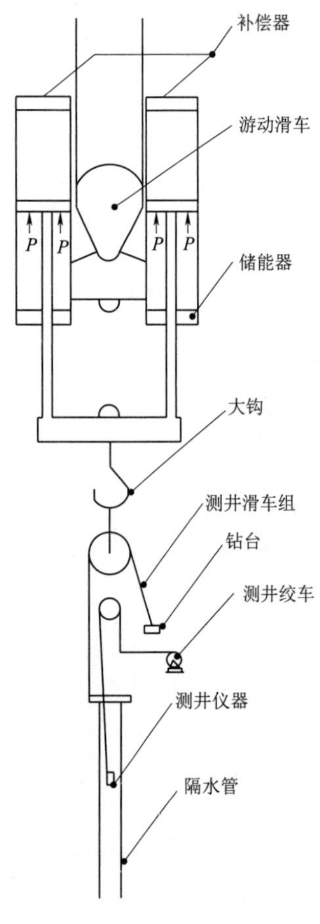

图 5.3-25 钻井补偿器（上部）和测井滑车组

5. 升沉补偿的工作原理

海上井对升沉运动的补偿主要是用在正常钻井作业和绳索作业。起下钻作业，下套管均锁定，不用补偿。正常钻井时，钻头上的钻压是钻杆柱的重量减去大钩起吊的重量，即钻压等于钻杆柱重量减钩载，要求钻压即能保持相对恒定又能随时调节，同时还要改善钻杆柱载荷条件，主要通过调节液压油缸压力来调节钻压。

绳索作业主要包括电测井、打捞、射孔、试油等，这些作业的共同特点是大钩悬重轻，绳索上的悬挂物往往不在井底，而是在某一个固定位置上，如图 5.3-25 所示。滑车组上有两个滑轮，一个滑轮穿引参照绳，参照绳下端固定在隔水管上（相当于海底），上端固定在钻台上，另一个滑轮穿引测井电缆。补偿的提吊力调整后略大于 2 倍的井下电缆总重量，也就是使参照绳始终有一定的张力，井下仪器的起落只取决于测井绞车的收放，而不受船体升沉的影响。

6. 张紧器

从水下井口装置连到船体上的钢丝绳，如导向绳和隔水管提吊绳，需要经常保持一定的张力，而从钢丝绳水下固定点到船体的距离是周期性不断变化着的，既给钢丝绳一定张力，又能随着船的起落（包括潮差和波浪引起的升沉）而吞吐钢丝绳，这就是张紧器的作用。钢丝绳张紧器主要有隔水管张紧器和导向绳张紧器两种。二者的原理和结构是完全相同的，差别仅在于张力的大小。导向绳张紧器和隔水管张紧器的补偿长度（单绳收放距离）为 10～15m，单绳张力在 8～10t 之间。现在普遍使用的是活塞式张紧器，压缩空气（经油液）推动活塞。在液缸活塞杆一端装有两个滑轮，在液缸的固定端也装有两个滑轮，滑轮组构成复滑车系统。钢丝绳一端穿过滑轮系统后固定在船体上，另一端固定在海底或者隔水管上，活塞杆的伸出和缩进，改变了滑轮间的距离，形成钢丝绳的收放。改变推动活塞空气的压力就可以调节钢丝绳的张力。张紧器的作用相当于一个弹力均匀而又可调节的气力“弹簧”，图 5.3-26 为几种不同受力的张紧器示意图。

5.3.3 安全及注意事项

近海钻探相对陆上钻探而言，其不确定因素众多，危险性大，因此在作业过程中有许多注意事项。

首先，浅海地质钻探作业活动应当遵守《中华人民共和国海洋环境保护法》等有关法律法规和标准，采取有效措施，防止造成海洋环境污染。依据《中华人民共和国水上水下施工作业通航安全管理规定》，项目委托方或施工单位应事先向所涉及的钻探海区的海事管理机构报送相应材料，申请发布海上航行通告或警告，申请并获得水上水下活动许可证

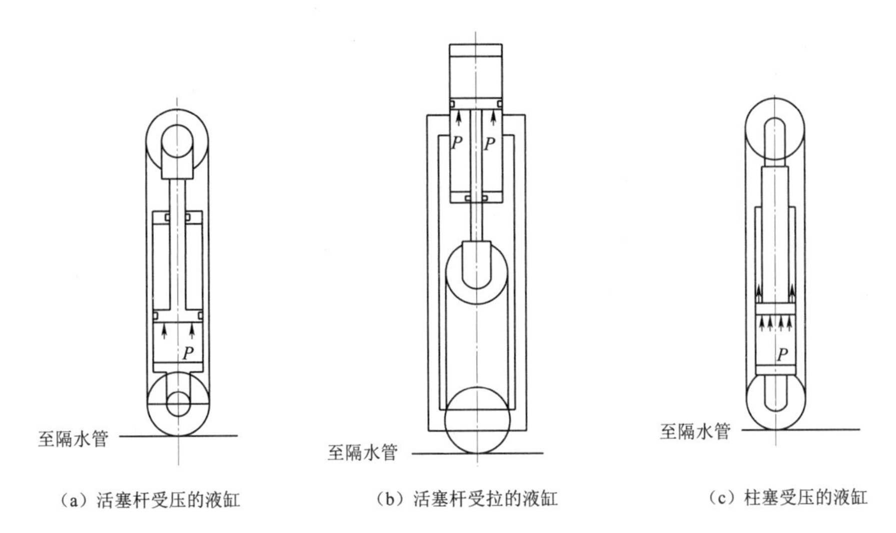

(a) 活塞杆受压的液缸　　(b) 活塞杆受拉的液缸　　(c) 柱塞受压的液缸

图 5.3-26　几种不同受力的张紧器

后，方可进行相应的钻探作业。根据《安全生产事故应急预案管理办法》，制定相应的应急预案，并报主管安全生产监督管理部门备案。施工单位应对平台的运移、安装、拆卸以及海上吊装等作业编制专项施工方案，并经审查同意后进行施工。在满足上述条件后方可开始钻探施工。开始钻探之前，首先，要进行踏勘，收集详尽的资料。收集或踏勘的海域资料包括：①风浪、潮流、冰等气象、水文资料；②水深、海底地形地貌和地质资料；③地层、岩石可钻性资料；④地质灾害和地质构造资料；⑤以往钻探资料；⑥海底光缆、电缆、油气管道等铺设资料；⑦海底沉船资料；⑧渔业活动资料；⑨军事活动资料；⑩航运资料；⑪自然保护区设置资料；⑫其他对钻探作业有影响的资料。

其次，在钻探过程中，要求钻探人员责任心强、应变能力敏捷、决策果断、处理措施得当。海上钻探中的安全保障是一个很重要的条件，应确保现场人员及设备的安全，并有相应的安全保障措施和设备。使用的钻探平台应安全可靠，船（海）员必须素质高、能力强、经验丰富，对当地的潮流、航线、风浪等自然条件熟悉；备齐救生衣、救生圈等安全保障用品，切勿因为身穿救生衣操作不方便而不穿救生衣；交通船不能另作他用，应随时等候在钻探平台周边，以便调遣；现场人员应掌握必要的海上钻探操作技能、应急处理办法，最好能有一定的游泳能力。

因海上气象变化复杂，近海钻探应合理安排、调整，一般情况下钻孔当天完成，尽量不过夜，尽量避免夜间操作。个别必须隔天继续钻探的，建议留下套管，做好标记，作业船只撤出，以免夜间潮水涨落造成作业船只与套管造成的碰撞。在现场钻探过程中，首先，应有专人负责瞭望、观察，协助指挥过往船只避让，拉开距离缓速通过；其次，应注意观察远处海面的波浪变化，发现异常应及时决断。因此，作为海上钻探人员，不仅要具备钻探技术，还应当掌握风浪、潮水的基本知识以及当地气象的变化规律。

在施工过程中，下面几点安全问题需要引起注意：

(1) 海上钻探除了钻船，还需使用一艘吨位为 10t 的交通船，其作用为：运送施工人员上下班、抛锚收锚、临时运送所带器材以及与陆地联系。

(2) 钻探平台的组装必须牢固，受海浪冲击后容易松动，要定期检查。

(3) 锚的抛位和绳的松紧调节应由专人指挥。

(4) 水深大于 10.0m 或离岸大于 5km 的沿海钻探作业，遇 6 级以上大风或浪高 3.0m 以上等恶劣天气时，不得进行钻探作业。

(5) 因湖汐的影响，每孔均需三班连续作业，直至终孔。

(6) 钻探平台上设备器材的放置应按重量均匀分布，保证平台平稳。

(7) 作业时使用的工具（垫叉、管子钳、自由钳等）应用绳子系于平台上，防止掉落海中。

5.4 高海拔气候环境钻探

辽阔的西部高原是自然资源开发的远景区，但由于地理环境恶劣、经济欠发达等原因，地质调查程度较低。近年，随着西部大开发战略不断推进，在我国西部高海拔地区进行地质找矿和水电开发任务越来越多，高海拔钻探取样技术也越来越被人们重视。和常规钻探相比，高海拔地区钻探难度高，对钻探设备、工艺技术和施工人员都有一定的要求。本节主要论述高海拔气候环境对钻探、取样设备和钻探方法的要求及施工过程中的安全注意事项。

5.4.1 环境特征

5.4.1.1 高海拔特点

通常情况下，海拔小于 100m 属于低海拔；100～1500m 属于中海拔；1500～3500m 称为高海拔，这个高度，如果有足够的时间，大多数人都能够适应；3500～5500m 为超高海拔，在这种高度下施工对工人的身体素质有一定的要求，无法适应的施工人员应及时安排调离；5500m 以上为极高海拔，在这个高度，人体机能会严重下降，甚至会造成不可逆的损伤，极高海拔施工情况很少出现。一般常说的高海拔是指海拔高度大于 1500m 的区域，即高海拔、超高海拔和极高海拔的总称。在该区域由于海拔高，形成的高原气候具有以下特点：

(1) 低压缺氧，易出现高原反应。高海拔地区大气压降低，大气中的含氧量和氧分压降低，人体肺泡内氧分压也降低，弥散入肺毛细血管血液中的氧也将降低，动脉血氧分压和饱和度也随之降低，当血氧饱和度降低到一定程度，即可引起各器官组织供氧不足，从而产生功能或器质性变化，进而出现缺氧症状，如头痛、头晕、记忆力下降、心慌、气短、恶心、呕吐、疲乏、失眠、血压改变等。

(2) 寒冷干燥。气温随着海拔高度的升高而逐渐下降，一般每升高 1000m，气温下降约 6℃，有的地区甚至每升高 150m 可下降 1℃。高海拔地区空气稀薄、干燥少云，白天地面接收大量的太阳辐射能量，近地面层的气温上升迅速，晚上地面散热极快，地面气温急剧下降，这是高海拔地区气候的一大特点。

(3) 湿度低，失水量大。高原的湿度较低，使人体排出的水分增加。据测算，高原上每天通过呼吸排出的水分为 1.5L，通过皮肤排出的水分为 2.3L，在不包括出汗的前提下，就达到同一纬度平原地区人体所有体液排出总和的1倍。

(4) 日照时间长，太阳辐射强。高原空气稀薄清洁，尘埃和水蒸气含量少，大气透明度比平原地带高，太阳辐射透过率随海拔高度增加而增大，电离辐射和紫外线强度对皮肤的穿透力是海平面的三倍强。高原地区太阳光中的强紫外线辐射容易引起眼睛的急性损伤，主要是引起急性角膜炎、白内障、视力障碍及雪盲症等。

5.4.1.2 高海拔地区钻探施工特点

高海拔的地域条件决定了它独特的施工特点，与内地钻探工程相比有一些不同，需要注意。

(1) 钻探施工区偏远，交通和搬迁极为不便。钻探施工地区普遍远离居民区和工矿区，从队部或基地到项目工作区最近的路有时也有上千米，并且多为山区简易道路，往往一场大雨道路即被冲毁，造成交通中断。即使在钻探工区内部，钻孔之间的距离有时达几十千米甚至上百千米，造成钻探设备迁移工作量巨大，搬运十分困难。

(2) 施工作业期间短，每年只有4～5个月。西部高海拔地区通常每年5月初开始解冻，9月底恢复冰冻。海拔4500m以上背阴处，则终年积雪。有些地区即使夏季温度有时也会在0℃以下。加之交通不便，设备老化，工艺方法落后等原因造成工期延误和钻探效率低下，以致有时在一个施工作业期内不能完成一个300～400m深的钻孔。

(3) 生活生存条件恶劣，作业环境危险。强烈的高原生理反应，恶劣的生存环境，重体力的劳动对施工人员是严峻的考验。为保持人体生理的需要，肺部和呼吸系统负担较大，大部分人适应这样的环境气候很困难。在内地，40～45岁左右、技能熟练、技术全面的机班长是机台的核心骨干，但是在高海拔地区，年龄超过45岁一般不再适宜机场重体力劳动和钻机操作。同时，高海拔地区补给线比较脆弱，受自然影响较大，经常出现的暴风雨雪、雷击、严寒、强辐射等也给钻探施工人员的人身健康和生命安全带来较大的危险。

(4) 钻探施工供水普遍困难。例如羊拉铜矿钻探施工用水开始设计为三级泵站从金沙江抽水向机台供水，后改为接水管从20km外引雪山脚下的雪水，加压向机台供水，封山期由于水管冻裂，只能采用大群毛驴送水。

(5) 其他。高海拔地区独特的寒冷、缺氧气候对施工造成了很多不利的影响，在施工过程中，要因地制宜，努力克服供水、补给和工具搬迁等方面的困难；同时坚持以人为本，合理安排工期，对施工人员定期安排身体检查和心理疏导，同时加强安全保障和安全教育，努力将发生危险的可能降至最低。

5.4.2 钻探与取样技术

除了上文介绍的施工上的难点之外，由于高海拔地区地质条件复杂，存在多年冻土、地下水、冰丘、热融坍塌、融冻泥流等许多不良地质现象，导致钻探的难点也很多，这就需要根据当地的气候因素和地层特点对钻探取芯工具和技术作出调整。

5.4.2.1 钻探难点

(1) 有些深部地层，可钻性差，研磨性强，钻进速度非常慢，孔底沉砂易影响正常钻进，超深井起钻下钻时间长，钻进过程中容易遇到中风化、强风化等岩石层造成钻杆偏移。

(2) 部分地层溶洞发育，岩石裂缝呈网状分布，溶洞、溶孔与裂缝连通，岩石破碎、完整性极差钻进困难，位移偏差等不利于形成岩芯，易造成磨芯、取芯困难，采取率差。同时同一井段可能包括压力梯度相差非常大的地层，会造成井下发生坍塌、埋杆、缩径、漏失等复杂事件，难免影响到正常钻进。

(3) 由于高原的白天和夜间温差非常大，冻土层经过低温高温等不同温度变化影响形成“泥沼”，使机架不稳定；在该层段施工，在钻杆回转中的搅动产生的温度升高使冻土融化、塌孔、孔径变大、阻卡等各种事故发生。

(4) 受喜马拉雅造山运动影响，西部高海拔地区地质条件复杂，地层破碎（例如羊拉铜矿是个以铜为主、金银等为辅的多金属矿山，岩石主要以夕卡岩、变质石英砂岩、大理岩为主，岩石坚硬、破碎，且软硬变化异常），即使采用常规优质泥浆钻进，钻孔坍塌现象仍比较严重，中深孔钻探施工难度极大，钻探取芯质量有时无法满足地质规范要求。

5.4.2.2 钻探设备适应性

我国西部高海拔地区（青藏高原）空气稀薄、气压低，同时具有低温缺氧、太阳辐射强、温差大、大风、干燥等显著特点。通过实践证明，内地低海拔地区常规使用的钻探装备及与钻探装备配套的内燃动力机、空气压缩机等设备在海拔超过 3500m，特别是达到 4500m 以上时不能达到标示的技术性能，致使钻机无法发挥应有的效用。根据有关资料，海拔每升高 1000m，温度下降 6℃，内燃机功率和扭矩相对于平原地区性能指标下降 8%～12%；海拔超过 4500m，发动机功率参数急转直下，空气压缩机自身的性能指标亦大幅下降。此外，在高海拔地区施工人员的体能和耐力明显下降，钻探施工装备的迁移甚至操作必须符合人机工程学的要求，同时尽可能选用轻质材料，降低搬迁难度。一般的钻探机械很难适应我国西部高海拔地区（4500m 以上）钻探施工要求，有必要研究开发适合西部高海拔地区应用条件的新型钻探装备。对钻探相关设备的适应性调整主要包括如下方面：

(1) 动力机调整。目前工程装备使用的内燃动力机在国外仅应用在最高海拔不超过 3800m 的北美安第斯山脉（康明斯发动机），而国内应用高度则接近 5000m。因此，钻探设备动力机应带有进气增压的高原功率型增压器。高原应用的内燃机的供油量和供油提前角应易于调整。一般情况下，在海拔 2500m 左右每增高 300m，发动机油量需要校正，限制机械负荷和热负荷的增加，燃油系统的调整可避免不完全燃烧引起的黑烟与高燃油消耗。由于空气阻力减少，在高原上使用的增压器往往超速运转，轴瓦磨损加快，通常每 2500h 更换一次。

在我国西部高海拔地区钻探施工时，发动机低温启动特性亦应特别关注。一般情况下在－10℃以上不需要辅助启动装置，－10℃以下需要增加启动辅助装置。通常采用以下装置和措施，改善动力机低温启动特性：①在动力机缸体、油底壳上增加电加热装置；②在动力机上增设乙醚助燃启动装置；③加大动力机蓄电池的容量，提供大的启动电流输出；④增加动力机启动马达的功率；⑤推荐选择适于低温环境应用的燃油和机油，如日本开发的 DF－4L 燃油；⑥使用柴油滤芯电加热器，防止天气寒冷导致柴油析出石蜡将滤芯阻塞；⑦动力机冷却风扇旋转方向可以调整，夏季排气，冬季吸气以保持发动机温度；⑧通常动力机蓄电池在$-20^{\circ}C$时容量下降50%，为了保持蓄电池的温度，有的动力机将散热器的排放气体排到蓄电池上以保持温度。

(2) 钻机液压系统。高海拔地区气压低，如在海拔4600m时大气压约是0.06MPa。在此环境下，液压钻探设备中液压油内产生的气泡有时难以分离和消除，可在液压油箱中加压0.04MPa。目前从国外引进的全液压钻探设备中有的采用了带有压力油箱的闭式循环系统。高海拔地区温度低，紫外线强度高，钻机有机材料外露部件、橡胶部件（胶管）应选用耐紫外线辐射、耐老化的塑料和橡胶，密封件应选用低温耐久性好的材料，如丁腈低温橡胶材料，该材料在$-40^{\circ}C$时扯断力及延伸率性能仍较为理想。另外合理使用润滑油、液压油，并保证用油的清洁度，使柴油机油的质量等级应在CF级（API等级）以上。

(3) 钻机轻量化。受道路条件制约，车装钻机及运移钻探设备的大中型车辆往往不适合在西部高海拔地区应用。为此在高海拔地区应用的钻机应具有轻量化、组件化、液压化、小型化的特征，设计研制和选用钻机要重视其运移性能，以减小设备搬迁难度，减轻因钻探施工运输对高原脆弱生态环境的影响和破坏。在此方面，国外的经验是：钻机结构件（桅架）和机架（底座）采用轻合金材料，例如6061T6、TS6061铝合金等铝合金型材。其他零部件采用精密铸铝件或镍、镁合金材料制作。

新机型研制中要体现组件化、模块化的设计理念。难进入的高海拔地区用钻机的组合式设计思路，与过去习惯的解体性好、限制部件最大质量、以解决整体搬运困难的组合式设计思路不完全相同。通过模块化设计方法，可使整套设备变成若干组件的集合，每个件自成一体，成为可以单独搬运的运输单元（包括人力搬运），以适应钻孔之间、场地内和运输过程中的装卸搬运轻便化要求。运用这一设计理念能够较好地解决设备搬运困难问题，减轻人力搬运钻探设备的劳动强度，并且可以解决设备轻量化、小型化后，设备能力有时难以满足工程需要的问题。适于多工艺空气钻进的轻型钻机，在采用不同的空气钻进技术（空气、空气泡沫、潜孔锤）施工时，所需的压缩空气量和空气压力不同，通过采用不同数量的“空压机动力机”模块组件可以满足不同的空气钻探工艺要求。

(4) 钻探用空压机。如前所述，西部高海拔地区空气稀薄，使得压缩机输出性能下降，在确定配备方案时应考虑选取适于高原环境特点，油耗低、动力储备大、质量较轻的多级螺杆式压缩机以保证钻探工作的正常需要。具体匹配方案有必要进行科学试验并经过实践检验，匹配方案最好与双壁钻杆和钻具通道优化工作同时进行。西部高海拔地区施工季节风沙较大，地表空气中含尘密度可达$15g/m^3$（干净的空气含尘密度一般为$0.001\sim0.002g/m^3$），为保护相对昂贵的螺杆式空压机，部分进口空压机采用了双层空气滤清器，并加装空气预滤器。同时许多进口空压机装有空气滤芯指示器，能够显示滤芯的积尘阻塞状况，提示及时更换滤芯。在西部高海拔地区钻探施工中采用有这些装置的空压机有利于充分发挥其性能。

(5) 金属结构件冷脆性处理。应用于青藏高原高寒地区的钻机结构部件应选择耐低温性能好的金属材料，通过优化热处理工艺使金属结构组织均匀，提高金属材料的冲击韧性，降低材料的冷脆性。改进钻机结构件的焊接工艺，消除焊接内应力，否则应力集中可能导致开焊。冬季钻探施工期间，钻探附属器具和孔底钻具的金属冷脆性问题尤其应予重视。

5.4.2.3 钻探工艺适应性

在高海拔地区钻探，除钻探设备需要改进设计外，钻探工艺方法也需要根据施工条件作出适应性调整，主要做出调整的有以下几个方面：

（1）完善和推广空气钻进技术。空气钻进技术采用压缩空气或气液混合物作为钻进循环冲洗介质和碎岩机具动力，具有钻进效率高，工程质量好，综合成本低，能适应多种复杂地层与环境，可实现无水或节水钻探等明显优势。由于我国西部高海拔地区空气稀薄、含氧量低，目前大多数动力机和空压机高原性能不理想，同时缺乏适合高原地区应用的多功能钻机等原因，与平原地区相比，高原地区应用空气钻探技术效果有时并不突出。考虑到西部高海拔地区地质调查特点和地层情况，有必要确定切实可行的技术路线，目前应首先完善和推广空气正循环（潜孔锤）取芯钻探技术、空气泡沫（取芯）钻进技术，在研制高原钻探设备和配套装备后，适时试验完善国产化小口径双壁钻具并推广空气反循环（潜孔锤）中心取样钻探技术。

（2）推广应用轻合金钻杆、钻具。轻合金钻杆的使用源于20世纪60年代末瑞典的Craelins公司，因其较传统的钢质钻杆有很明显的优越性，至20世纪70年代在比利时、加拿大、美国和苏联等国家得到推广，现已在金刚石地质岩芯钻探、水井钻探、石油钻井以及科学深钻中得到成功应用。

目前，国外的轻合金钻杆有铝合金钻杆和钛合金钻杆两类，均为非磁性材料，其屈服极限不低于255MPa。国外轻合金钻杆已成系列，如瑞典Craelins的33mm、43mm、53mm直径的普通铝合金钻杆和EW、AW和BW绳索取芯钻杆，比利时BEL的A1u76绳索取芯钻杆，美国Raynoldas Meta公司的API101mm、114mm铝合金钻杆。直径相同的铝合金钻杆与钢钻杆质量对比见表5.4-1。

表5.4-1 直径相同的铝合金钻杆与钢钻杆质量对比

钻杆外径/mm	钢钻杆单位质量/(kg/m)	铝合金钻杆单位质量/(kg/m)	钻杆外径/mm	钢钻杆单位质量/(kg/m)	铝合金钻杆单位质量/(kg/m)
33	3.2	1.5	53	6.5	3.0
43	4.1	2.0			

国外铝合金钻杆的使用经验表明，在外径、强度相同时，铝合金钻杆要比钢质钻杆轻得多。铝合金钻杆与孔壁间的摩擦系数较钢制钻杆小，所需回转扭矩较小。钻具的抗冲击能力较强，有利于提高钻杆和钻头的使用寿命。铝合金钻杆的低温特性好、耐蚀性强。在空气钻进时使用铝合金钻杆，能使钻机的钻进能力提高30%，而在泥浆钻进时，则可提高100%。铝合金钻杆的质量轻，运输质量也可大大减少。因此，采用铝合金钻杆是实现机具轻量化的重要途径，是增加高原钻机钻探能力、减轻工人劳动强度的有效措施之一。

（3）重视钻探工艺措施研究和施工组织管理工作。应针对西部高原复杂地层特点研究提高钻探取芯质量和效率的具体工艺措施，开展高原钻探施工组织管理和施工方案研究。

5.4.3 安全及注意事项

5.4.3.1 气压和含氧量降低的影响

海拔高度与大气压力对照关系见表5.4-2。由表可知，随着海拔高度上升，大气压力明显下降。气压、含氧量与海拔高度的关系如图 5.4-1 所示。

表 5.4-2　　海拔高度与大气压力对照关系表

海拔高度 /m	大气压力 /kPa	海拔高度 /m	大气压力 /kPa	海拔高度 /m	大气压力 /kPa	海拔高度 /m	大气压力 /kPa
0	103	300	100	700	95	1000	92
100	102	400	98	800	94	1500	86
200	101	600	96	900	93	2000	81

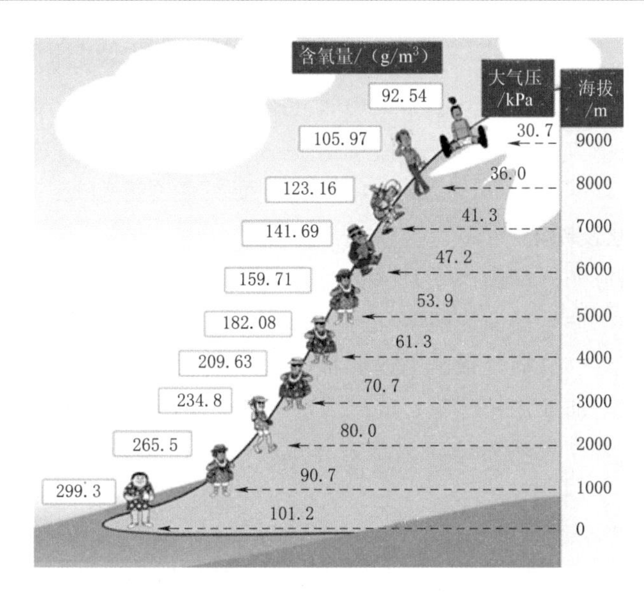

图 5.4-1　气压、含氧量与海拔的关系

1. 生理影响

在高海拔地区，低压和低氧气含量会对人体产生影响。随着离地高度的增加，气压有规律地下降，气压越低，空气越稀薄，空气中氧分压也降低，肺内氧分压也随之降低，这样血红蛋白就不能被氧饱和，会出现血氧过少现象。

习惯低海拔环境下生活的人一般在海拔 3000m 以下感觉比较正常，没有明显反应。3000m 为反应临界高度，这一高度的气候特点与平原低地大不相同，钻探施工人员到了这一新的环境，机体必须进行一系列的调节才能适应。一旦超过这个高度，由于气压低，空气中含氧量少，因供氧不足人们常会出现头疼、呼吸困难、乏累、疲倦等高原反应。如果在施工作业时剧烈运动，更会出现呕吐等不良症状，高原上钻探作业需要长时间在这样的环境下进行高强度劳作。

缺氧和低气压可以使人的机体发生一系列复杂的适应性和代偿性变化，对人的身心健康、劳动能力造成一定影响，使人的工作效率降低。尤其是从低海拔地区到高海拔区域的钻探施工人员，由于气候等方面的急剧变化，超过了正常人机体自动调节限度，在海拔 3500m 以上地段，60%～100%的人会发生急性缺氧反应或者疾病。

海拔 3000～5000m 可产生一系列缺氧症状，但一般无生命危险。海拔 7000m 为危险临界高度，在此高度以上机体不能代偿，为高山死亡带。施工地点应尽可能避免超高海拔地区，以免造成人员伤亡。

2. 心理影响

气压还会影响人体的心理变化，主要是使人产生压抑情绪。当人感到压抑时，自律神经（植物神经）趋向紧张，释放肾上腺素，引起血压上升、心跳加快、呼吸急促等。同时，皮质醇被分解出来，引起胃酸分泌增多、血管易发生梗塞、血糖值急升等。因此施工方还要合理安排工作时长，积极对工人进行心理疏导，排解不利情绪，在施工过程中真正做到以人为本。

3. 其他影响

气压降低还会造成其他一系列影响，例如会造成水的沸点降低，导致烧水、煮饭等比较困难，这就需要施工方提供高压锅等生活用品，尽可能解决高海拔对工人生活造成的影响。

5.4.3.2 高原病症状及防治

高原反应亦称高原病、高山病，是人体急速进入海拔 3000m 以上高原暴露于低压低氧环境后产生的各种不适，是高原地区独有的常见病。常见的症状有头痛、失眠、食欲减退、疲倦、呼吸困难等。头痛是最常见的症状，常为前额和双颞部跳痛，夜间或早晨起床时疼痛加重。肺通气增加如用口呼吸、轻度活动等可使头痛减轻。高原病根据发病急缓分为急性、慢性两大类，高原病对施工人员身体危害极大，需要提前预防，出现症状及时送医。

1. 预防

入高山前应对心理和体质进行适应性锻炼，如有条件最好在低压舱内进行间断性低氧刺激与锻炼，使机体能够对于由平原转到高原缺氧环境有某种程度的生理调整。目前认为除了对低氧特别易感者外，阶梯式上山是预防急性高原病的最稳妥、最安全的方法。建议初入高山者如需进 4000m 以上高原时，一般应在 2500～3000m 处停留 2～3 天，然后每天上升的速度不宜超过 600～900m。到达高原后，头两天避免饮酒和服用镇静催眠药，避免重体力活动。避免寒冷防冻，注意保温，主张多用高碳水化合物饮食。避免烟酒和服用镇静催眠药，保证供给充分液体。上山前使用乙酰唑胺、地塞米松、刺五加、复方党参、舒必利等药对预防和减轻急性高原病的症状可能有效。有器质性疾病、严重神经衰弱或呼吸道感染患者，不宜进入高原地区。

2. 诊断

高原反应主要与病毒性疾病如流行性感冒等相鉴别：

(1) 急性高原反应 (acute high - altitude reaction)。很常见，未适应者一天内进入高原地区后 6～24 小时发病，出现双额部疼痛、心悸、胸闷、气短、厌食、恶心和呕吐等。中枢神经系统症状与饮酒过量时表现相似。通常在高原停留 24～48 小时后症状缓解，数天后症状消失。少数可发展成高原肺水肿和（或）高原肺水肿。

(2) 慢性高原反应。急性高原反应持续 3 个月以上症状仍然持续存在，可有心悸、气短、食欲减退、消化不良、手足麻木、颜面水肿，有时发生心律失常或短暂性昏厥。

3. 治疗

治疗基本原则是早期诊断，避免发展为严重高原病。轻型患者无特殊治疗，多数人在12～36小时内获得充分适应后，症状自然减轻或消失。

急性高原反应治疗措施如下：

(1) 休息，一旦考虑急性高原反应，症状未改善前，应终止攀登，卧床休息和补充液体；轻症者可不予处理，一般经适应1～2周症状自行消失。

(2) 氧疗，经鼻管或面罩吸氧（1～2L/min）后，几乎全部病例症状缓解。

(3) 药物治疗，头痛者应用阿司匹林、对乙酰氨基酚、布洛芬或普鲁氯哌嗪；恶心呕吐时，肌肉注射丙氯拉嗪（或甲哌氯丙嗪）；反应较重者酌情选用镇痛、镇静、止吐等药物对症治疗，如去痛片、地西泮、甲氧氯普胺等。头痛及呕吐还可用氨扑苯及消呕宁，后者主要作用于呕吐中枢而对其他区域无抑制作用。严重病例，口服地塞米松或地塞米松和乙酰唑胺联合应用。

(4) 宜地治疗，症状不缓解甚至恶化者，应尽快将患者转送到海拔较低的地区，即使海拔高度下降300m，症状也会明显改善。

慢性高原反应治疗措施如下：

(1) 宜地治疗，在可能情况下，应转送到海平面地区居住。

(2) 氧疗，重症者夜间给予低流量吸氧（1～2L/min）能缓解症状。可予间断或持续吸氧，不主张长时间吸氧，因有碍机体对低氧环境习服。必要时可用轻缓利尿剂如醋氮酰胺或用氨茶碱口服等治疗。

(3) 药物，乙酰唑胺，能改善氧饱和度。

(4) 静脉放血。静脉放血可作为临时治疗措施。

5.4.3.3　其他注意事项

(1) 在高海拔地区可能出现暴风雨雪、雷击、强辐射等自然灾害，对工人的人身安全有很大的威胁，因此在高海拔地区施工时，要根据当地自然特征，提前做好防范措施，排除安全隐患，为工作人员配备全套安全装备，同时加强对工人的安全教育。

(2) 高海拔地区生态环境较为脆弱，很容易受到外部影响，因此在施工过程中要尽量使用环保材料，降低对周边环境的影响。同时也要要求工人注意保护生态环境，对偷猎、盗采和故意破坏环境等行为一经发现，立刻严肃处理。

(3) 在高原施工过程中要处理好和当地居民的关系，尊重其宗教信仰和生活习惯。当产生纠纷时要妥善处理，保证公正公开，避免激化矛盾影响施工或造成其他恶劣影响。

(4) 钻进注意事项：①控制钻进速度，严禁快钻、猛钻、保持一个稳定持续的速度钻进；②下钻中途要分段循环，以减少泥浆的静切力，利于开泵，以防止钻到底开泵时泵压非常高、蹩漏地层或开泵困难；③应该保持轻压慢转，深井地层一般较硬，慢钻速有助于工具的稳定性，然后再逐渐调整到设计钻进参数在允许钻压和转速范围内调整优选最佳钻速的钻压和转速；④根据钻时、泵压、扭矩变化、岩性变化、振动筛出砂情况综合分析判断井下情况，以便正确处理井下复杂情况。

(5) 泥浆适应性调整。根据高海拔地区气候因素、地温低、温差较大、岩层不稳定等特点选取适合的钻进添加剂。当受到高原地区气候影响，泥浆组成物质溶解度变小，泥浆会产生絮凝现象，导致泥浆流动性下降，黏度增加，携粉能力下降，有些严重地区会发生冻钻及冰凌埋钻，所以对冲洗液的要求极高。施工前可在合适的地方先加热高分子聚合物，并事先研制成一定调配比例的预置液，改善低温条件下泥浆流变性在泥浆中加入5% NaCl和一定比例乙二醇来降低泥浆凝固点，以稳定泥浆的流变性和解决泥浆的絮凝问题，并在一定程度上缓解冻钻问题，以及延长冰凌产生所需的时间，降低钻进难度。

5.5 寒冷气候环境钻探

根据工程施工相关规程，室外平均气温连续5天稳定低于5℃时即进入冬季施工状态；当其温度连续5天稳定高于5℃时即解除冬期施工。我国部分地区冬季时间长，气温较低，每年冬季施工时间达到5个多月（即当年10月至次年3月中下旬）。这样严寒的气候加大了钻探施工的难度，同时在冬季高寒地区常常需要进行冻土钻探、冰上钻探等特殊钻探。为了保证工程质量，提高工作效率及经济效益，保障施工人员安全，需要对高寒地区冬季施工方法进行相关研究。本节内容主要论述在冬季高寒气候环境下对钻探取样设备和钻探工艺的适应性调整，以及相关的安全注意事项等。

5.5.1 环境特征

冬季高寒地区主要为山区，这些地区通常海拔较高，常年低温，冬季气候尤其寒冷，土壤下有冻土层常年不化。中国高寒山区较多的地域有黑龙江省北部、青藏高原、甘肃、山西、内蒙古及云南部分地区。

5.5.1.1 高寒山区及冻土层特点

（1）高寒山区的特点：

1）气候比较冷，作物生育期有效积温低。在第五积温带大于等于10℃活动积温只有1900～2100℃，第六积温带则在1900℃以下，不少地方甚至只有1700～1800℃。

2）生育期短，霜来得早。一般无霜期有110～120天，有时只有80～90天。

3）小气候明显，不仅山上山下气候大不一样，而且就同一地块而言，南坡北坡气温亦有很大差别。

4）低温早霜危害比较频繁，一般3～4年就有1次低温早霜。总体来说，高寒山区昼夜温差大、平均温度低、无霜期短、紫外线强度高、污染较少，部分高寒山区较干旱。

（2）高山寒冷的高海拔气候是地面低温及产生永久冻土层的重要原因。在海拔4200m以上，地表温度一般在－2℃以下，钻孔（地层）温度随孔深增加逐渐下降至－4～－5℃，之后趋于相对稳定或缓慢下降。

（3）地面温度受季节影响较为明显，夏季（7—8月）随气温升高，地面温度最高可增加至6℃，表层冻土（深度2m左右）开始融冻，下部永冻地层温度有所升高，这一时段孔内地层冻结程度最低，是钻探工程最佳施工期。

（4）在同一海拔地区，施工钻孔地势越陡，永冻地层越厚，冻结程度越严重。

（5）在陡峻山坡钻孔施工时，永冻地层冻结厚度和钻孔水平出露地面（坡底）的距离基本相同。

（6）岩层松散破碎、裂隙发育、漏失严重的钻孔冻结程度远比完整岩层严重。

5.5.1.2 施工难点

（1）永冻地层孔段由于受岩层冰点以下低温影响，冲洗液在循环过程中温度逐渐降低，导致孔壁缓慢结冰缩径，钻进回次终了提钻受阻。

（2）施工中因孔内事故或机械事故停钻时，钻孔内冲洗液自孔壁开始冻结，直至将钻孔封冻密实，导致冲洗液循环中断，整套钻具冻结于孔内。

（3）在地表温度相对较高的季节施工时，进入钻杆柱内的冲洗液温度大于0℃，在循环过程中通过外环状间隙返流的冲洗液与周围地层岩石处于不断的热交换中，导致部分孔段温度升高，岩石融冻，在松散破碎和裂隙发育部位发生坍塌掉块或漏失现象。

（4）第四系覆盖层（主要为季节性融冻层）及基岩上部松散破碎且裂隙发育地段是发生坍塌掉块和漏失现象的主要部位，在钻探施工中应予以高度重视。

（5）施工安全管理比较困难。主要表现在以下几方面：①施工区海拔高、坡面陡峭、高寒缺氧、冻土层等因素对安全生产影响较大；②由于极端负温度要停止施工，工期被压缩到较短的时间内，工作量大、工期短，作业机台、车辆和人员较多，易导致重视施工进度、忽视施工安全的情况；③作业区修路、平机台、槽探作业等均要依次施工，造成上下交叉作业频繁。此外，天气异常、雨雪天气频繁、天气回暖冻土融化、滚石和塌方事故多发，极易造成人员伤亡和财产损失。

5.5.2 钻探与取样技术

在高寒山区、冻土层以及冰上钻探时，由于温度低，环境恶劣，加之地层条件比较复杂，采用常规的钻探取样设备和技术往往无法取得令人满意的效果。因此在这些地区施工时，需要因地制宜，对设备和工艺方法进行适应性调整。

5.5.2.1 钻探设备适应性

1. 柴油机调整

（1）选用带功率恢复型增压器及中冷器柴油机的工程机械，以避免高寒山区海拔升高，空气密度降低而导致柴油机功率下降过大。

（2）减小进气阻力，增加充气量，柴油机空气滤清器要换用特殊型号的空气滤清器，并经常对空气滤芯进行清理或更换。

（3）钻探机械配套的柴油发电机组从低海拔地区到达西部高原缺氧环境后要及时根据海拔高度适当减少喷油泵供油量，适当增大供油提前角，防止柴油机工作粗暴，以降低热负荷。

（4）换用适应当地气温的柴油、润滑油及润滑脂，经常清洗燃油箱、燃油滤清器、机油滤清器，定期或根据需要更换润滑油。

（5）使用低温蓄电池，根据气温调整电解液密度，对蓄电池采取保温措施。机械长时间停机，要经常对蓄电池充电，确保其电量充足。

（6）柴油机冷却液采用满足气温要求的、腐蚀性小、沸点高、防锈的防冻液，使用带有空气蒸气阀的散热器盖，适当增加蒸气阀弹簧的压力，提高冷却液的沸点。

（7）经常检查节温器，对不能正常工作的节温器要及时修理或更换。

(8) 柴油机组低温启动前可用喷灯加热油底壳机油至15℃左右，但应该注意安全，使用启动预热装置时，电热塞连续通电时间应不大于40s，启动时可辅助喷以启动液，使柴油机首先通过低燃点燃料启动。不得采用一台已发动的机械推拉另一台机械使之强行启动（除非特殊情况）。

(9) 柴油机启动后，要低速运转一段时间，待机油压力上升至正常，冷却液温度上升后再逐渐加大油门，提高转速；禁止在柴油机刚启动时就迅速提高转速或立即对柴油机施加负荷。

(10) 柴油机工作完毕停机前，应保证柴油机怠速运转5min左右，以使柴油机温度缓慢降低。

2. 钻探机械液压系统维护

(1) 换用闪点高、凝点低、黏温性较好、能适应当地气温的适当牌号的液压油，避免随气温下降液压油黏度过高而导致液压元件动作迟缓，甚至无法正常工作。

(2) 因气压的降低，高压软管比低海拔地区容易爆裂，因此要多备用一部分，或者换用允许压力更高的软管。

(3) 高寒高海拔地区密封件易老化破损，要备用液压系统各部密封件。尤其是直接接触空气受日光照射的密封件，要经常更换新件。

(4) 经常清洗或更换液压油（液力传动油）滤清器滤芯。

(5) 液压系统修理或更换元件时，在装配过程中要清除零件表面锈迹、脏物，将外来颗粒清理干净，安装前，缸筒、活塞杆及密封件等部件需抹润滑油或润滑脂，但要确保所抹润滑脂不含固体添加剂（如MoS_2等）。安装密封时要避免密封件被零件的尖角或螺纹损伤，防止将橡胶碎片带入液压系统内部造成颗粒污染。更换液压油时，将油箱放净，清理沉积物后冲洗油箱。

(6) 经常检查液压油质，发现油质发生变化应立即全部更换。

(7) 钻探机械冷车启动后，“热车”完毕进行工作之前，应操纵液压系统各执行元件（如油缸）控制杆使油缸等元件往复动作数次。

3. 机具及运输车辆的调整和维护

(1) 选择平坦场地建造停车库，钻探机械结束工作后停放在其中，避免停放在户外造成履带或轮胎与地面冻结；机库可采取合适的方式增温，以利于第二天钻探机械的起动。

(2) 对于轮胎式机械，在轮胎上装配防滑链，防止机械在冰雪冻土上行走时打滑，并可延缓轮胎的磨损。

(3) 由于钢材的冷脆性，挖掘机和装载机等机械斗齿齿套在工作时易发生脆裂，可增大斗齿套壁厚以增加其强度，延长使用寿命。

(4) 钻探机械工作完毕停机后，要及时清理车体上的泥土和污水，尤其液压油缸活塞杆上的泥土和水滴要清除干净，防止冻结成冰后活塞杆动作时损伤密封件。

(5) 由于天气异常寒冷，主动钻杆由孔内提出时便挂有一层薄冰，致使正常钻进时卡盘卡不住主动钻杆，可能造成钻杆折断事故。通过提钻时用喷灯将薄冰烤化，然后用棉布将泥浆擦净；使用蒸汽炉对泥浆进行加温，提下钻时一直保持泥浆循环的方法，使卡瓦与主动钻杆之间不产生冰夹层，可以解决这一难题。

（6）由于泥浆泵空气室内的泥浆是不流动的，在气温较低的情况下，空气室内会结冰，影响泵压表读数的准确性。通过将蒸汽炉的蒸汽管在空气室上进行缠绕，对空气室进行加温，保证了泵压表读数的准确性和泥浆泵的正常运转。

（7）钻杆在配制立根时钻杆接头要用喷灯烤热，以便于拧紧丝扣。在下钻时，要将钻杆丝扣上的冰烤化，并且缠线、拧紧，以防产生假循环，造成烧钻事故。

5.5.2.2 钻探工艺适应性

1. 永冻地层钻探

（1）钻孔结构和钻进方法。为了顺利穿过第四系覆盖层（包括季节性融冻层）和基岩上部破碎且裂隙发育地层，防止发生钻孔漏失和坍塌掉块事故，为下部施工打下良好的基础，正确合理地选择钻孔结构和钻进方法尤为重要。在第四系覆盖层特别是季节性融冻层钻进时，冲洗液在循环过程中与孔壁岩石发生热交换而使孔壁冻土融化，同时相对较高的地表温度使季节性融冻层中的地表水对孔壁发生侵蚀作用（主要集中在融冻层和永冻层的界面处），再者由于钻孔形成了自由面，而第四系地层的应力分布又不均匀，在以上三种因素的综合作用下，孔壁松散破碎的岩石失去胶结性，进而发生严重的坍塌事故，这时冲洗液护壁已不起任何作用。

大量工程实例证明，在钻孔上部复杂地层钻进最有效的施工方法是采用跟管钻进法，逐次下入护壁套管，从而对钻孔上部复杂地层起到有效的隔离保护作用。工法要点如下：

1）开孔选用普通合金钻头或外出刃加大的合金肋骨钻头钻进。

2）钻进至孔深一定深度后，提出开孔钻具，下入第一节下部带普通合金钻头的护壁套管。

3）再次下入开孔钻具，在原孔深基础上钻进一定深度（1m左右），然后提出钻具，接护壁套管跟进下入孔内。

4）按以上跟管钻进法交替进行，钻进时护壁套管下部钻头距钻进钻头1.5m，先钻进1m，再将护壁套管跟进下入，直至穿过第四系地层（融冻层）将第一级护壁套管坐实于下部永冻层中相对比较稳定的位置上。第一级护壁套管下入后，即可对第四系覆盖层（融冻层）起到有效的隔离保护作用。

5）第一级护壁套管下入孔内后，换用特制肋骨式合金钻头（增大外出刃30～50mm）钻进，并配制使用低温聚合物冲洗液，穿过永冻层中基岩上部松散破碎且裂隙发育地层至稳定层位后，下入第二级护壁套管。钻进过程中如发生坍塌漏失事故而使钻进无法正常进行时，亦可采用跟管钻进法。第二级护壁套管（长度视地层情况不同而有差异）下入后对基岩上部松散破碎且裂隙发育地层即可起到有效的隔离保护作用。

6）第二级护壁套管下入孔内后，经清（磨）孔后换用金刚石钻头（普通双管）钻进至终孔。为提高钻探效率，中深孔钻进时亦可采用S75绳索取芯钻进成孔。

7）在钻进方法和钻探工具的选择上，根据不同的地层条件，硬质合金钻进和金刚石钻进可以互换使用。实践证明，采用硬质合金钻进时，宜使用肋骨式钻头或外出刃大的钻头；采用金刚石钻进时，应对常规形式钻头结构进行改进，增加水口数量，调整水口排列，钻头侧面设计成肋条式，以减小钻头阻力，改善钻头冷却条件。

8）无论采用何种钻进方法和冲洗介质，在一般情况下均不宜采用干钻法施工，因为这种方法不但机械钻速低、破坏岩芯的原始结构，而且极易发生孔内烧钻、糊钻等事故。

（2）泥浆的选型及配置。在冬季高寒地区的冻层钻探时，在泥浆选配上主要出现了以下几点困难：①普通细分散型泥浆或清水事故多，效率低；②将冲洗液地表预热后送入孔内时，只在钻进状态下有效，但增大了发生孔内事故的频率；③孔内注入柴油或煤油时，短时间有效，但易形成油垢糊在钻杆柱上，甚至造成冲洗液循环中断而发生烧钻事故；④添加各种类型的有机抗冻剂时，成本高，效果亦不理想；⑤不同类型和浓度的无机盐类冲洗液效果明显。

冲洗液在循环过程中向孔壁岩石传递的热量不仅使岩石的自然负温度升高到0℃以上，而且可使岩石中的冰态胶结物逐渐由固态转化为液态，失去岩石的聚集性，孔壁岩石开始解冻，进而发生坍塌缩径事故。因此，保证冰冻胶接的岩石不融解的必要条件是在孔壁任意点位的冲洗液温度不得小于0℃，这是保证孔壁安全稳定、不发生孔内坍塌缩径事故的先决条件。

为了达到上述目的，必须采取有效措施，降低冲洗液的冰点，制备低温聚合物冲洗液。在冻土岩石中钻进时，传热系数小、失水量低、黏度大的冲洗液最为有效。为了降低冲洗液冰点，可以使用 $NaCl$、KCl、$CaCl_2$、Na_2CO_3 等无机盐类添加剂制成盐水泥浆，同时加入适量有机添加剂作为稳定剂，制成低温耐寒聚合物泥浆。

第四系覆盖层和松散破碎、裂隙发育地层钻探时，这类地层在施工中极易发生坍塌、缩径及漏失现象，宜选用以优质膨润土作为固相含量、以工业纯碱 $NaOH$ 作为防冻添加剂、以羧甲基纤维素作为聚合物稳定剂的低温耐寒聚合物泥浆，此类型泥浆对冻结砾石层和泥岩层钻进尤为有效。而在岩层完整或相对稳定地层钻进时，孔内发生坍塌、缩径或漏失情况的概率相对较小，故应以防止岩石融冻、提高钻探效率为主而进行冲洗液的配制。在实际施工中宜选用以工业用盐 $NaCl$（根据原料情况亦可选用 KCl 或 $CaCl_2$）作为防冻添加剂、以聚丙烯酰胺作为聚合物稳定剂的无固相低温耐寒聚合物冲洗液。

2. 冰层钻探

（1）钻孔结构和钻进方法。冰上钻探，从表面到河底有一定厚度的冰和一定深度的水层，必须下入套管隔绝冰和水才能保证冲洗液正常循环和钻孔导向作用，采取的方法如下：

先用合金钻头开孔，打穿冰层后钻进0.5～1m，下入套管，将上端扶正，固定好，灌入水泥将管底固定密封（由于水泥提固时间受温度影响较大，冬季温度低，所以候凝时间适当延长），为了防止因钻进时撞击使孔口管松动，可以加工出一定尺寸的方形木管，套在套管外，中间填充黏土粉捣实，确保孔口管的稳定；再换用肋骨钻头，采用饱和盐水优质泥浆打穿表层，钻至基岩1～2m，下套管，用水泥将管底部封固；然后换小钻头钻至终孔。

钻进注意事项：①为防止水泵和管路内冻结，工作过程中短时间的停歇也要保证水泵循环；②在停止工作时一定要放出水泵柴油机及各部分管路中的水，以防冻裂或冻塞；③因冬季温度低，柴油机应选用35号轻柴油和8号机油；④钻探平台内器材设备尽量精减，不常用的器材应放在距钻探平台一定距离的地方；⑤气温回升后，随时注意冰层的变化，如果发现开始溶化产生裂隙、强度降低等现象，应即刻撤离，以免发生意外。

（2）泥浆的选型及配置。在高寒地区施工，即使设有场房，管道也可能逐渐冻结，所以冲洗液必须采取防冻措施。在完整基岩中钻进时采用饱和盐水溶液，第四系地层采用饱和盐水泥浆。配制饱和盐水泥浆时，由于 Na^+ 浓度过高泥浆颗粒发生聚结下沉，在这种情况下泥浆黏度和切力降至最低值，失水量继续上升，泥浆丧失稳定性，必须加入高分子化学处理剂使黏土颗粒形成网状结构，在粗分散状态下保持稳定，配方为：基浆＋1.5% FCLS＋1%CMC＋200ppm PHP＋0.5%烧碱（20%浓度），最后加盐至饱和。

5.5.3　安全及注意事项

5.5.3.1　存在的安全隐患

（1）天气回暖、冻土积雪融化易引发机台临坡面、施工道路发生滚石、塌方等事故，其中滚石、塌方事故频发，也最易引起群死群伤事故。故预防滚石、塌方事故为寒冷气候环境岩芯钻探施工安全管理的重点。

（2）作业区常在山区，山体陡峭，地形起伏较大，上下班及运输材料零件较频繁，易引发车辆伤害事故。

（3）施工任务重，机台搬迁频繁，尤其是立轴钻机，机台搬迁中起重吊装频繁，孔位之间相距较远，路面陡峭且崎岖不平，易引发起重伤害事故。

（4）立轴钻机多使用柴油发电机发电，驱动电机、水泵、卷扬机等，用电线路短路或漏电易引发触电事故。

5.5.3.2　场房设计

冬季施工需要有保暖的场房，使人员和设备不至在温度很低的条件下工作，并保证水泵与水管的水流通畅。场房建立在基台板上，保证与冰面隔绝。此外，场房不宜过大，防风要严密，设有门窗，保证白天能正常工作。

场房一般需放 2～3 个火炉，装在不妨碍工作和较安全的地方，火炉与台板之间要垫上隔热物，防止台板烧坏。为防止万一，机场内必须配备灭火器。

5.5.3.3　车辆安全管理

（1）高山地区行车应由经验丰富的专职司机驾驶，定期进行车辆检查、维修和保养，尤其是制动系统，须保证完好有效。

（2）车辆应配备必要的车载用具，如灭火器、千斤顶、随车工具箱、防滑链、三角木等。斜坡停车做好防范措施，防止溜车事故。

（3）遵守交通规则和道路限速要求，在公路、矿区行车，注意限速。

（4）运输重型设备、机械零件、岩芯箱或其他物品时禁止人货混载，后车厢放置货物应固定牢固，易燃易爆物品要固定，防止碰撞。

（5）进入矿区途经滚石滑坡多发路段时，应注意观察坡面滚石，快速通过，不应停留，频繁上下山时应注意检查刹车。

（6）乘车人员应对司机进行监督，一旦发现司机超速行驶应及时制止，若司机存在违反车辆安全管理规定的现象时应及时上报项目部。

5.5.3.4　人员安全管理

（1）开工前做好全员安全培训工作，做好重大危险源公示，指出重大危险存在的部位和作业程序，明确各施工部位、作业程序中作业人员的安全职责。

（2）为工人发放防寒服、防寒安全帽、口罩、保暖鞋、保暖手套等劳保用品，配备急救包、应急药品、氧气袋、应急车辆、救援绳、担架、灭火器等应急救援器材；为防止钻塔结冰打滑，每台钻机配备防坠器一台。

（3）在日常安全培训、安全检查工作中，安全管理人员和翻译人员应不断普及应急救援知识，加强工人应急反应能力，确保在紧急情况下工人能自救互救，将人员伤亡减至最低。

（4）工作人员的饮食必须是温性食物，这样能够提高员工御寒的体质，而且每一个员工都要配备相应的御寒衣物，还要配备常用的药品。同时，由于天气寒冷，人的体力下降会变快，施工方应合理安排工期和轮岗制度，确保工人不会因为疲劳造成施工事故，极端负温情况下要停止施工。

5.6 干旱缺水环境钻探

"干旱"和"缺水"是两个相辅相成又相互区别的概念，如很多地表干旱的地方蕴含充足的地下水，因此并不缺水。缺水的类型通常分为资源型缺水、水质型缺水和工程型缺水三种。资源型缺水是指当地本身缺乏水资源。我国有着广阔的干旱及半干旱的荒漠区、黄土高原和沙漠区，这些地区生态环境十分脆弱，水资源极其匮乏，属于典型的资源型缺水。水质型缺水是指该地区虽然含有充足的水资源，但由于水质本身问题或遭到破坏，不满足饮用或其他要求，仍然出现缺水的情况，这种情况在一些重污染地区尤为常见，是非常值得警惕的一种现象。工程型缺水是指施工过程中遇到供水困难等情况，这种类型的缺水存在但不限于干旱地区，在山区、高海拔地区和漏失地层也会遇到。

在干旱缺水地区钻探过程中若使用常规的清水泥浆钻进，需要大量的施工用水，特别是遇到漏失地层时，常规的方法将无法钻进，并且钻进成本也很高，会加剧工程型缺水。因此施工时往往要对钻探机具和钻探工艺做出调整。同时干旱等环境气候恶劣，在施工安全方面也有一些值得注意的地方。本节内容主要论述干旱缺水环境对取样设备与钻探方法的要求和安全注意事项等。

5.6.1 环境特征

中国有接近半数的国土在西北干旱半干旱地区，地势比较平坦，但由于远离海洋，因此气候干燥、降水稀少，基本都为沙漠、戈壁、草原和贫瘠低产的农田。

沙漠是指沙质荒漠，大多是沙滩或沙丘，沙下岩石也经常出现。其泥土很稀薄，植物也很少。有些沙漠是盐滩，完全没有草木，一般是风成地貌。沙漠地区，气候干燥，雨量稀少，年降水量在250mm以下，有些沙漠地区的年降水量甚至在10mm以下（如塔克拉玛干沙漠），但是偶尔也有突然而来的大雨。沙漠地区的蒸发量很大，远远超过当地的降水量；空气的湿度偏低，相对湿度可低至5%。而气候变化颇大，平均年温差一般超过30℃；绝对温度的差异，往往在50℃以上；日温差变化极为显著，夏秋午间近地表温度可达60～80℃，夜间却可降至10℃以下。沙漠地区经常晴空，万里无云，风力强劲，最大风力可达飓风程度。在沙漠地区钻探，由于沙层不稳定容易塌陷，因此在钻进过程中如何保证井壁稳定一直是业内重点探讨的问题。

气温、地温的日较差和年较差大，多晴天，日照时间长。冬季严寒，春季干冷，夏季温暖。年气温升降幅度相当大，1月平均低温可达到−40℃，而7月平均温度则可攀升到45℃；日气温升降幅度也可十分巨大。年总降水量从西部的不足76mm至东北部的203mm不等。由于戈壁地区有着独特的气候和地形地貌，应因地制宜安排生产。

5.6.2　钻探与取样技术

5.6.2.1　钻进方法

由于西部干旱缺水地区特殊地质地理环境，传统的钻探技术和机具无法满足地质勘探的需要。因此，在施工过程中常采用一些特殊的钻进工艺，并对钻探设备做出适应性调整。

1. 振动钻进技术

振动钻进技术适用于砂性土、黏土、粉质黏土及淤泥质黏土等土层。在软岩层和松散岩层中钻进与取样都有很高的效率。由于不使用泥浆，不污染岩样和地层设备，在资源匮乏、气候恶劣的干旱缺水地区具有一定的优势。

（1）钻进原理与钻具结构。用振动器带动钻杆和碎岩工具产生周期性振动力，使之对地层产生垂直静载，以及钻具产生高频冲击振动所产生的动载，使周围岩层或土壤也产生振动。由于振动频率较高，岩层或土壤强度降低，在钻具和振动器自重及振动力的联合作用下，使钻头吃入（沉入）岩土层，从而实现钻进。

双轴双轮振动器的工作原理如图5.6－1所示，无论两个偏心轮处于何位置，离心力 Q_1 和 Q_2 均可分解为两组分力，其中水平分力 S_1 和 S_2 大小相等、方向相反，互相抵消；垂直分力 P_1 和 P_2 大小相等、方向相同，其合力 P 等于 P_1 与 P_2 之和。当偏心轮重心位于水平轴线以下时，合力 P 的方向向下；当偏心轮重心位于水平轴线以上时，合力 P 的方向则向上。因此，合力 P 将使钻具产生垂直方向的振动。

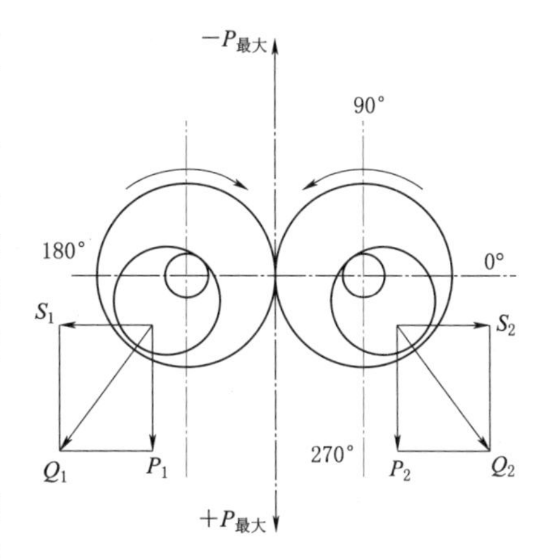

图5.6－1　双轴双轮振动器的工作原理

（2）操作注意事项：

1）振动器频率很低时，钻具只有轻微振动，钻头没有进尺。当超过某一频率值时，钻具的振幅也随之加大，钻具与岩层间产生相对滑移并开始切入岩层中，称为“起始频率”。随着频率的提高，钻速也增加，频率进一步提高时，钻具的振幅达到“极限振幅 A_∞”。

2）只有当振幅超过某个值时钻头才能切入土层，此时的振幅叫作“起始振幅 A_0”。振幅超过 A_0 后，钻速随振幅增大而增大。起始振幅 A_0 不是定值，随频率、钻具断面尺寸和地层条件而变化。正常钻进一般选 A 等于3～5倍的 A_0，A_0 与频率 f 的关系见表5.6－1。

3）增大偏心矩，在坚实土层中钻进效率增大。但偏心力矩过大，会使上部钻杆变形。

4）钻进中取样管完全装满后才结束回次是不合理的。为提高回次钻速存在着最优回次长度。一般取极限值的80%～95%作为最优值。

表5.6-1　起始振幅与频率的关系

频率/Hz	5～8	25	38～40
起始振幅/mm	1.5～2.5	1.2～1.5	0.5～0.8

2. 孔内局部循环节水钻探

考虑到西部一些干旱地区具有地表缺水，但深部有水的特点，可以充分利用这些深部水，让其在孔内实现局部循环来冷却钻头、排除岩粉，以实现节水钻探、降低成本和保护环境的目的。孔内局部循环节水钻探具有以下特点：①无泵式最简单，不消耗地表水，但钻进时必须频繁提动钻具以实现孔底局部反循环，这可能会造成孔内事故，且钻进效率低；②有些方法虽然不消耗地表水，但需往孔内下放离心泵、轴流泵等设备，导致机构过于复杂；③喷嘴（射流）式钻进曾得到广泛应用，但必须开大泵量钻进，这在中国西部干旱缺水地区显然不可取；④若孔内一定深度有地层水，则可用地表钻探泵提供的水力脉冲来驱动潜水泵柱塞，形成孔底局部循环，达到排除岩粉、冷却钻头的目的，且钻探效率明显提高。同时，由于未采用堵漏材料，避免了对环境的污染。

（1）实现孔底冲洗液局部循环的原则：①为了不消耗或尽量少消耗地表水，钻进过程中必须把地表水的通道与地层水完全隔离开（因为浅部孔壁漏水），地表水仅提供水力脉冲以驱动孔内潜水泵，而不参加孔底循环；②孔内潜水泵工作时，必须保证参加孔底局部循环的地层水达到一定的流量和压力，同时在孔内潜水泵柱塞反向行程时能对水击现象进行补偿。

（2）脉动器的设计。为了在钻进过程中让地表水仅提供水力脉冲，而不参加孔底循环，就必须使少量的地表水在地表泵缸套和孔内潜水泵以上的管线中循环使用。因此，设计替代地表钻探泵出水阀的脉动器是该技术的关键之一，借助孔内局部循环来实现节水钻探，原理示意图如图5.6-2所示。其中，图5.6-2（a）为脉动器，脉动器实质上是一个增压阀，安装在图5.6-2（b）中的2位置上，图5.6-2（b）为地表泵与潜水泵组成的节水钻探系统。增压阀体12被弹簧14压紧在出水阀座13上，中心通道中有被弹簧18压住的反向阀16。工作时，把潜水泵6串接在钻杆柱中下入钻孔，使潜水泵完全淹没在地层水中。首先，地表钻探泵活塞1从水池中吸水，经高压管3、水龙头4、钻杆5送往潜水泵6。在整个高压管3和潜水泵6充满水之后，地表钻探泵活塞1工作行程时，脉动器在缸内的水压作用下整体抬升，压缩弹簧14，向高压管3压出部分流体（传递的实质是水压脉冲）来驱动潜水泵6，使钻孔内的地层水形成局部循环。此时脉动器的反向阀16被弹簧18和流出的液体压住，紧贴在鞍形衬套17的下端。当地表钻探泵活塞1反向行程时，地表钻探泵缸体中的压力下降，在潜水泵6的工作弹簧恢复力和地下水位11的静压水头作用下，来自高压管3中的承压液体打开脉动器的反向阀16而进入地表钻探泵的缸体内。在地表钻探泵活塞1后续的每次工作行程中，都会有部分液体从地表钻探泵压向潜水泵6；当其反向行程时，这部分液体又重新返回地表钻探泵内，周而复始地循环使用。

只有当高压管中的压力大于当地的大气压力时，才能保证地表钻探泵活塞1的每次工作行程都能驱动潜水泵6，使孔内建立不中断的、稳定的液体循环。在钻进过程中，可根据地质、技术条件，通过调整地表钻探泵的冲次来调节孔内液体局部循环的流量。如果有接头出现泄漏，则高压管3中的液体压力将降至当地大气压力。在这种情况下，当地表钻探泵活塞1反向行程时，反向阀16在预压缩弹簧18的作用下处于关闭状态，而地表钻探泵通过吸水阀由水池中吸入液体，系统可自动向高压管3补充接头所泄漏的液体，以保证潜水泵6能稳定工作。

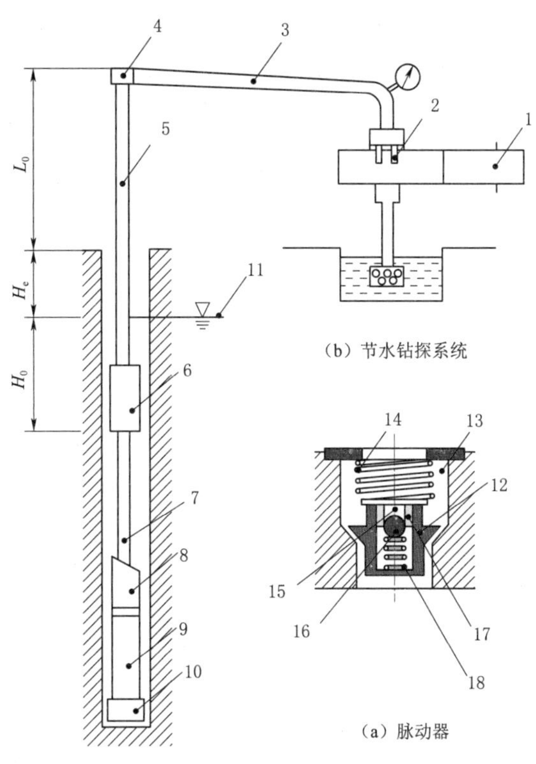

图5.6-2 节水钻探系统的工作原理

1—地表钻探泵活塞；2—地表泵出水阀；3—高压管；4—水龙头；5—钻杆；6—潜水泵；7—钻杆柱；8—取粉管；9—岩芯管；10—钻头；11—地下水位；12—增压阀体；13—出水阀座；14—弹簧；15—中心通道；16—反向阀；17—鞍形衬套；18—弹簧；L_0—水龙头至地表的高度；H_e—地表至孔内静水位的深度；H_0—潜水泵吸水口至液面的潜水深度

(3) 孔内潜水柱塞泵的结构设计。孔内潜水柱塞泵的结构如图5.6-3所示，它通过上接头19、下接头28与钻杆柱连接。潜水泵的传动柱塞20将整个机构的上、下腔分隔开，在脉动水压的作用下传动柱塞20和工作柱塞22向下位移并压缩弹簧21，工作柱塞22把泵腔中的液体由通水孔24压出，经出水阀27、钻杆柱和粗径钻具内腔流向孔底。当地表钻探泵反向行程时，由于脉动器的作用使管路中的水压力下降，被压缩的弹簧21释放能量，给传动柱塞20一个向上的作用力；同时，来自管外空间液柱的静水压力通过水眼26、进水阀25和泵腔作用于工作柱塞22的下端，使传动柱塞20和工作柱塞22返回到原来的位置。这时钻孔外环状空间中的水经打开的吸水阀而充满泵腔。然后，在来自脉动器下一个水力脉冲的作用下，传动柱塞20、工作柱塞22又向下位移，把泵腔内的液体压向孔底，然后开始下一个循环。

(4) 其他注意事项。完成了借助孔内局部循环实现节水钻探关键技术的研究与设计之后，节水钻探仍难以达到预定的试验目标，还必须对若干相关的配套技术进行分析研究。

1) 解决高压管刚度和气泡的方法。当地表脉动器的压力脉冲沿橡胶高压管传输时，潜水泵工作柱塞的行程随高压管长度的增大而缩短。这说明在传输过程中高压流体的大部分能量耗散，仅小部分用于驱动潜水泵柱塞。因此选用高强度和密封性能的高压胶管，若管中有空气且被压缩，则会出现类似于弹簧的效应，从而吸收大部分能量，因此需要设计

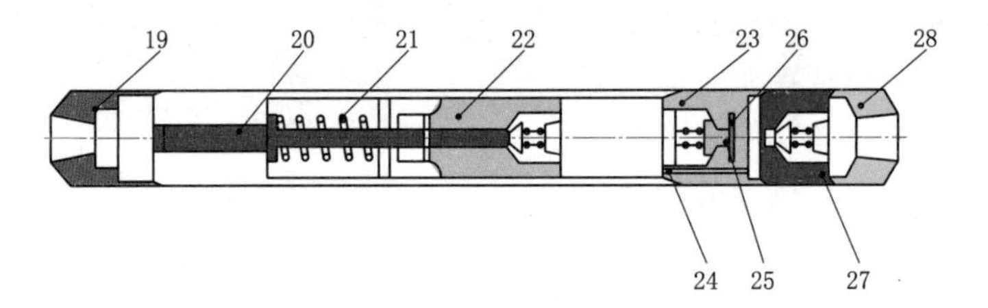

图 5.6-3　潜水泵的结构示意图

19—上接头；20—传动柱塞；21—弹簧；22—工作柱塞；23—进水阀体；24—通水孔；25—进水阀；26—水眼；27—出水阀；28—下接头

专用的排气阀。

2）提高吸水效率的措施。先排除离心力的有害影响，防止潜水泵的吸水阀、排水阀在离心力的影响下失去平衡，将吸水阀和排水阀设计在回转轴线上，还可以利用速度水头来提高潜水泵的吸水效率。

3）对潜水泵柱塞反向行程水击的补偿。在传动柱塞和工作柱塞之间的柱塞杆上套有工作弹簧，它被上、下支撑盘定位。由于在结构上为下支撑盘留了一定的向上位移的间隙，当工作柱塞反向行程时，靠工作弹簧的弹性压缩便可以吸收水击的能量，从而消除了水击现象，保持了潜水泵工作的稳定性。

4）研制专用多功能防事故接头，该设计兼有“冲击震动”和“反转卸扣”两种处理卡钻、埋钻事故的功能，除用于节水钻探外，还可用于常规的钻探领域。

3. 空气泡沫钻井技术

泡沫被为大体积的气体分散在含有泡沫溶剂（表面活性剂）的小量液体中，外部连续相是液体，内部不连续相是气体，其中气相是分散相，常压下体积占比可高达 90%；液相是连续相，一般以水为主，所占的体积较少。因此泡沫的重量比水轻得多，兼具气、液介质的相性特点和作用机理，常在沙漠等供水困难的条件下钻进。由于泡沫大部分为压缩空气，含水量很少，体积仅为空气的 1/60～1/300，故采用泡沫钻进可以大大减少水的消耗量。与液体泥浆相比可以节约大量用水，同时成本比较低。由于空气来源充足，且机械钻速高，大大地降低了钻井周期。因此，空气泡沫钻井技术也比较适合干旱缺水环境。

（1）钻进原理与钻具结构。泡沫钻井的基本循环系统如图 5.6-4 所示。一路由压风机泵送空气通向泡沫发生器，另一路由输液泵泵送泡沫液通向泡沫发生器，空气与泡沫液在泡沫发生器中剧烈混合形成泡沫，再通往机上钻杆向钻孔内输送。泡沫发生器可以由若干层金属网栅组成，高速气流携带着泡沫液冲打在金属网栅上形成泡沫。

泡沫钻进的设备和器具是在常规空气钻进设备的基础上增加计量泵、消泡装置和孔口密封装置等。

1）空气压缩机。空气压缩机是泡沫钻进的重要设备之一，用于制取泡沫，以及利用喷射装置抽取和消除泡沫所必需的设备之一。一般根据钻进条件、钻孔口径和制取泡沫的工艺流程来选择压力。泡沫钻进对空压机的要求比纯空气钻进要低，泡沫钻进对空压机的要求是中压、大风量、体积小、重量轻等。

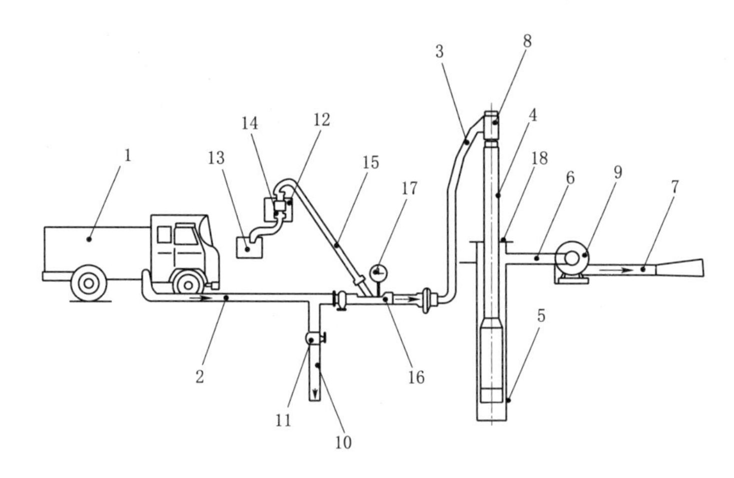

图 5.6-4　泡沫钻进基本循环系统示意图

1—空压机；2—送风管；3—高压管；4—钻杆；5—孔口管；6—引风管；7—排粉管；8—水龙头；9—引风机；10—排气管；11—控制阀；12—泡沫泵；13—泡沫箱；14—进液管；15—出液管；16—泡沫发生器；17—压力表；18—井口管

2）泡沫发生器。泡沫形成的关键装置，通过液体和气体在发生器内的高效混合，形成高质量泡沫。

3）泡沫泵。泡沫泵是泡沫钻进的又一专用设备，其作用是将泡沫液从贮液箱中吸出然后注入泡沫发生器中，使泡沫液与压缩空气在泡沫发生器中混合形成稳定的泡沫。泡沫液注入方法最好用变量泵，泵的类型应是流量可以调节的多缸柱塞泵。

4）消泡装置。使泡沫液重复利用，实现闭式循环。否则，不但会增加成本，还会影响机台正常操作。可供选择的消泡装置较多，有超声波消泡装置、离心式消泡装置、喷射式消泡装置和缝隙式消泡装置。后两种与前两种相比，其安装和使用简单，消泡效果好。

5）孔口密封装置。泡沫钻进时为了使用消泡装置，孔口必须有一密封装置，否则上返泡沫会从孔口喷出，而不会流到消泡装置内，孔口启封装置要求较复杂，不但要保证钻进时主动钻杆既回转又上下移动时的密封，还要保证密封时能承受一定的压力，常采用补芯密封块。

（2）操作注意事项：

1）设备的安装及试压。空气泡沫钻井要严格地按照规程规范安装，特别要保证动力装置安装调试合格，旋转头胶芯要及时更换，确保井口密封。

2）钻具组合。空气泡沫钻井与常规泥浆钻井所要求的钻具组合基本相似。钻头不再安装喷嘴，为了防止回流堵塞钻头水眼，下钻时必须在钻头上部安装一只箭形止回阀，同时在井口附近的钻具上安装一只活瓣式止回阀，以避免接单根时钻柱内大量空气喷到钻台上。

3）气举排液。空气泡沫钻井前，井筒内如果有泥浆，需要把泥浆举升到地面来。气举排液分为充气排液和分段排液两种，一般多采用分段排液。根据增压机的工作压力确定气举井段的长度（一般为 600～900m）。

4）吹干井筒。气举排液结束后，使用压缩机吹干井筒内的泥浆。

5）试钻。空气泡沫钻井正式钻井前，控制机械钻速进行试钻，观察泡沫携砂情况，并调整气量大小及泡沫含量。

6）空气泡沫钻进。钻井时，要求送钻均匀，并注意立管压力及井下情况，发现立压突然升高、扭矩变化、憋跳严重、上提遇卡等异常情况出现时，应立即停钻，活动钻具，循环观察，及时处理。

7）接单根及起钻。由于空气泡沫悬浮岩屑速度很低，起钻或接单根前必须进行充分循环，将井下钻屑或其他沉积物带到地面。循环时间长短取决于钻井情况。

5.6.2.2 护壁工艺方法

1. 泥浆回灌技术

砂层防塌和护壁在钻探施工中是一个技术难题，对泥浆性能要求高，既要有良好的护壁性能（防止失水量过大和排屑），还要能防坍塌、防渗水。泥浆如果过稠，在起、下钻时会因激动压力而产生抽吸作用，加剧沙层井壁失稳，影响正常钻进。泥浆如果过稀，防失水效果不好。为了解决沙层井壁不稳定、易坍塌这个难题，可采用下套管隔离沙层的办法，虽然能解决沙层坍塌问题，但在终孔后因套管不易起拔而造成一定的经济损失和时间浪费，降低了时间利用率和钻探效率。另外，在钻进中、粗粒砂岩时，泥浆失水量大、岩屑多，如不及时补充和调整其性能，会造成泥浆过稠，给起、下大钻带来困难。针对上述两个问题，需要通过调整泥浆性能及合理使用来解决。

（1）泥浆配制。井壁各点所受到的压强是随着钻孔深度增加而增大的，足以平衡地层侧应力。就利用液体的这一性质来平衡沙层侧应力阻止其坍塌。并且使用优质泥浆造就薄而韧的泥皮，将井壁表面砂粒粘连在一起成为一个整体，使点转换成面。由泥浆柱产生的压力作用在这个整体面上，平衡沙层井壁侧应力使其保持稳定、不坍塌。同时，优质泥浆对中、粗粒砂岩也起到了良好的降失水和排屑的护壁效果。所使用的泥浆在满足了施工需要的护壁、排屑和降失水的基础上，应尽量增大泥浆柱对井壁压力来平衡沙层不垮塌，例如泥浆配方：$1m^3$ 水＋20％土粉＋(0.1％～0.3％)碱＋0.5％CMC＋0.3％KHm＋(0.3％～0.5％)PHPA，就可满足此类环境下的钻探要求。

（2）工艺方法。针对沙层容易从上部往下垮塌，究其原因是回次终了起大钻时，由于钻具离井没有及时用泥浆回灌钻孔来充填因钻具离井留下的空间，没有了泥浆柱产生的压力作用在沙层井壁上来平衡沙层侧应力，所以沙层井壁容易垮塌。因此始终保持泥浆灌满钻孔，是防止沙层井壁坍塌的关键措施。具体做法是：在往井内送水的管线上加装一阀门开关，起钻时将其关闭（阻止泥浆通向主动钻杆），把阀水开关打开将阀水管置于泥浆循环槽内并在槽内架半桥隔断循环槽，使泥浆泵工作将泥浆通过阀水管注在半桥内，这样做的目的是：一方面使泥浆顺循环槽回灌钻孔及时补充因钻具离井留下的空间使之平衡；另一方面多余泥浆流回泥浆池内，起到了循环泥浆并改善其触变性的作用。

2. 泡沫泥浆

空气泡沫钻井技术是干旱缺水地区常用的一种钻进方法，这里介绍一下这种钻井方法所用的泡沫泥浆。泡沫是气体介质分散在液体中，并配以发泡剂、稳泡剂或黏土形成的分散体系，现场用的泡沫流体分为硬胶泡沫和稳定泡沫两类。

（1）硬胶泡沫，是由气体、液体、黏土、稳定剂和发泡剂配成的稳定性比较强的分散体系。在水基泡沫基础上加入一定量的坂土，利用坂土在水化时能形成大量微小胶体粒子来提高泡沫的稳定性；同时黏土颗粒所形成的结构可以增强泡沫强度，因此硬胶泡沫相对水基泡沫具有稳定性好、携岩能力和抗污染能力强的特点。它用于需要泡沫寿命长，携岩能力强的场所，例如解决大直径井眼携岩问题等。硬胶泡沫的成本低，但对电解质等污染较敏感。

（2）稳定泡沫，是由气体、液体、发泡剂和稳定剂配成的分散体系，能与各种电解质匹配，处理产自地层的水，对低压易漏地层特别有效，是目前广为应用的泡沫流体。稳定泡沫流体在地热井中主要应用于钻井、修井、洗井、冲砂、清除积水和砾石充填等作业，可防止地层污染和漏失，特别是对低压地层更为有效。

（3）组成与配置。泡沫种类很多，但就其基本组成而言，有以下几种：①淡水或咸水，其矿化度和离子种类由地层条件而定，含水量为4%～25%；②发泡剂，是具有成膜作用的表面活性剂，种类很多，常用的有烷基硫酸盐、烷基磺酸盐、烷基苯磺酸盐、烷基聚氧乙烯醚；③水相增黏剂，用以提高水相黏度的水溶高分子聚合物，如CMC等，加量多少根据水相黏度的要求；④气相，空气、氮气、二氧化碳等由压风机或气瓶提供；⑤其他，用以提高泡沫稳定性的专用组分等。

泡沫的组成（配方）是否合适，除了它与地层是否匹配外，主要是看由这种组分所形成的泡沫液的稳定性。稳定性越强，其组成（配方）越好，反之则差。泡沫液一般是由发泡剂、稳泡剂和其他添加剂三部分组成。

1）发泡剂。在液相中加入少量的发泡剂，经搅拌或专用混合装置与气体混合即能形成泡沫。发泡剂从原理上看就是气相和液相界面上的表面活性剂。这种表面活性剂的分子一般由两个极性端组成，一端是亲气相结构，而另一端则是亲液相结构，所以在气、液界面上表面张力将大大降低，使气、液相容，从而形成稳定的泡沫，发泡能力（难易程度和多少）与发泡剂种类、浓度、黏度、温度等因素有关。钻井用的发泡剂应具有以下特性：①起泡性能好，产生的泡沫量大，体积膨胀倍数高；泡沫稳定，长时间循环不会消泡，受温度影响也较小；②抗干扰能力强，遇地下岩土和地下水中的杂质时，仍能维持较稳定的泡沫体系；③毒性和腐蚀性均小，凝固点低，同时配制泡沫时的用量少，来源广，成本低。常用的发泡剂有阴离子型、阳离子型、非离子型、两性型等。

2）稳泡剂。稳泡剂是以延长泡沫持久性为目的而加入的添加剂。稳泡剂含量为0.1%～1.5%。一些有机化合物和表面活性剂可用作稳泡剂。钻进时为了增大泡沫的稳定性，常使用的稳泡剂有羧甲基纤维素、聚丙烯酰胺、羟乙基纤维素、聚乙烯醇等。稳泡剂能够使泡沫长期稳定存在，分析其机理之一是稳泡剂的加入显著地增强了液膜的强度。例如CMC长链分子在液膜上的搭结效应，对稳定泡沫起到良好的保护作用。CMC抗钙和氯化物比PAC、XC强。但泡沫太稳定，增加了消泡难度，使成本增加；推荐：基液马氏漏斗为50～80s，这是加泡沫剂前的一个好起点，再加起（发）泡剂。

3. 充气泥浆

（1）原理。充气泥浆中黏土颗粒在水中的分散稳定与一般泥浆相同。气泡的产生和稳定是靠加入表面活性剂和高聚物（起泡剂和稳泡剂）而达到的，其原理同泡沫。由于泥浆具有较大的黏度和切力，气泡在泥浆中稳定的寿命较长。试验表明，含少量的微细固体可促使泡沫稳定性进一步提高。

(2) 性能。充气泥浆的性能取决于它的组成和气液的相对含量。按照现场充气泥浆的配方，在室内进行了充气泥浆的性能测试，并与普通膨润土泥浆进行了性能对比，实验结果见表5.6-2。普通膨润土泥浆的基本配方是：$1m^3$ 水+50kg 膨润土；充气泥浆的基本配方是：$0.5m^3$ 水+25kg 膨润土+(2～3kg) CMC+0.25kg KCl。

表5.6-2　充气泥浆与普通膨润土泥浆性能试验对比

配方	密度/(g/cm³)	ϕ600	ϕ300	G10s/G10min	AV	PV	YP	FL	B
充气泥浆	0.5～0.9	31	20.5	7/8	15.5	10.5	5	15.6	0.5
普通泥浆	1.01～1.04	12.5	10	6.5/9	6.25	2.5	3.75	30.8	1.5

注　AV—表观黏度，mPa·s；PV—塑性黏度，mPa·s；YP—动切力，Pa；FL—失水量，mL；B—泥皮厚，mm。

充气泥浆的配制是在泥浆搅拌机中配制性能合乎要求的原浆。在原浆中加入起泡剂和稳泡剂，强力搅拌。待泥浆充分充气膨胀后测量充气泥浆的比重、黏度和失水特性，合乎要求即可，用常规泥浆泵泵入井内循环使用。在钻进过程中依漏失和废液排除情况，补充新充气泥浆。不同充气度的充气泥浆性能指标见表5.6-3。

表5.6-3　不同充气度的充气泥浆性能指标

泥浆密度/(g/cm³)	空气含量/%	静切力/Pa	漏斗黏度/s	动切力/Pa	黏度/(mPa·s)
1.16	0	8.8	38	11.7	18.0
1.08	7.3	9.0	43	14.2	22.5
0.90	22.8	10.0	61	18.0	28.5
0.80	31.3	10.8	82	19.5	39.0
0.65	44.2	11.7	148	20.3	48.0
0.40	65.5	14.3	不流	24.0	63.0

注　漏斗黏度计为700mL，流出500mL时的读数。

为了达到泥浆充分充气的效果，应采取强力搅拌措施。例如加大动力的旋转搅拌机搅拌，以及采用高压水枪进行循环喷射搅拌等。

试验表明，充气泥浆携带岩屑能力强，使用充气泥浆时携带的钻屑颗粒粒径以3～5mm为主，有时也出现粒径10～20mm的钻屑，充气泥浆的强携带岩屑能力主要是因为它的动切力高。携带岩屑能力强也表现为孔底干净，没有沉渣，每次下钻都能顺利下到孔底。

5.6.2.3　取芯技术

地勘工作中采集岩石样品，目前常通过探槽、探井、岩芯钻探等工程手段实现，一方面探槽、探井开挖深度有限，并且会破坏大面积地表植被；另一方面岩芯钻探不仅需要充足的水源，而且形成的废浆也会对环境造成一定的污染，因此在干旱缺水地区、沙漠等生态环境脆弱地区开展探矿工程作业有很大的局限性。在这些地区钻探取芯时，需要采用特殊的节水取芯技术。

1. 打入式孔内取土器

目前工程勘察实践中把取土器沉入土体的常用方法有：打入法（多次冲击或单次冲

击）、压入法、振动法和扩孔钻入法等。节水钻探往复式潜水泵内固有的工作柱塞就是一个很好的孔内打入法“重锤”，而且它的打击频率受地表往复泵的控制，重锤的打击动作可以自动完成，不必人工手动操作，可靠性好。另外，如果在干旱缺水地区施工，必然自带节水钻探往复式潜水泵，只要对它加以改造并与取土器相连，就可以作为孔内打入式取土器完成作业，不必购买或运输专用的孔内打入机具，从而降低了成本，提高了取土效果与质量。

2. 射流式取芯工具

取芯的技术可分为成芯、护芯、取芯三方面。

（1）成芯。首先是形成岩芯，采用一种抗涡旋的钻头，其特征是钻进时无横向振动，使岩芯能形成柱状，防止振动破坏岩芯柱，使其平稳的进入内岩芯管。钻头的设计原理：切削具在钻头上按力的平衡设计，钻头外径有一部分光滑的耐磨表面，与孔壁有一个平稳的接触，钻进中不形成抖动，岩芯柱不被破坏。

（2）护芯。钻杆内岩芯柱一旦形成，首先是防止岩芯根部被冲洗液冲蚀，采用孔底局部反循环，冲洗液只能沿底喷水眼进入孔底，而不直接冲刷岩芯。岩芯进入内管后，一般由于岩芯的自重向下，岩芯之间互相磨损，严重影响岩芯的采取率。现采用射流式取芯工具，射流元件工作示意图如图5.6-5所示，冲洗液流经水道，从喷嘴中射入承喷室中，形成负压，将内管中的冲洗液通过长轴的回水孔顶开球阀进入承喷室中，其作用是给内管中岩芯一个上浮力，使岩芯悬浮在液体中，岩芯之间不发生相互摩擦，有效提高岩芯采取率；射流元件在接头中，射流直接射向内外管之间，不搅混内管中岩芯位置，保持其原来的岩层结构和岩层顺序。

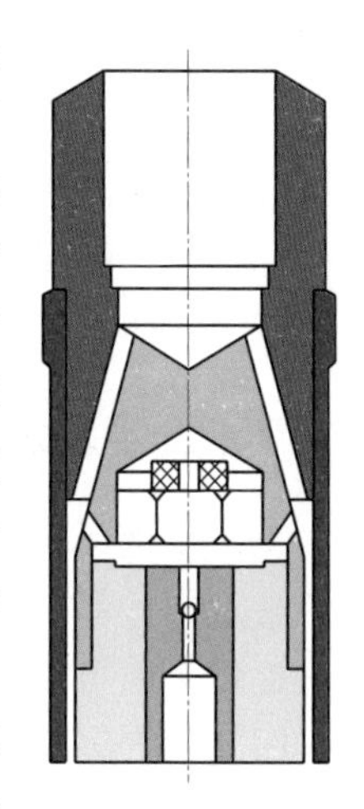

图5.6-5 射流元件工作示意图

（3）取芯。回次终了提取岩芯时，球阀密封回水通道，减小岩芯上液柱的压力。扭断岩芯时由于卡簧内有耐磨材料，能牢靠地卡住岩芯，不致脱落。射流式取芯工具系列，可依据地层的变化及地质要求选用下列3种结构：①标准式射流取芯工具（图5.6-6），用于结构松散、胶结不好的地层；②伸缩式射流取芯工具（图5.6-7），用于完全没有胶结的松软地层；③半合管式射流取芯工具（图5.6-8），适用于对岩芯要求无任何人为的干扰时。根据实际使用效果发现，采用射流式双管钻具所采取的岩芯，不但采取率高，而且保持了原状的结构。

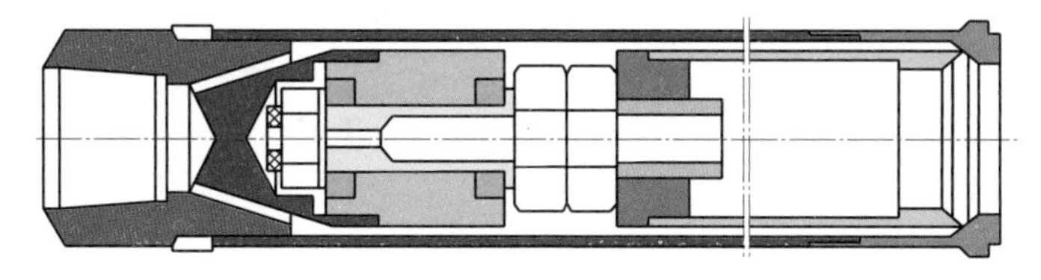

图5.6-6 标准式射流取芯工具

3. 高效实用的锥形取样器

锥形取样器的工作原理为：样本通过旋流器、上闸门，进入样本沉箱中，当钻到要求

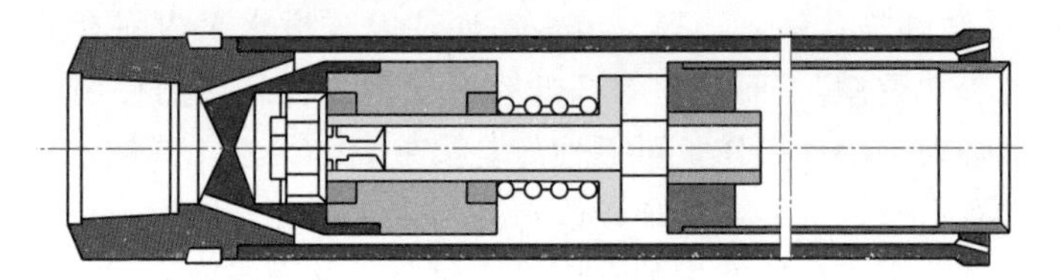

图 5.6-7　伸缩式射流取芯工具

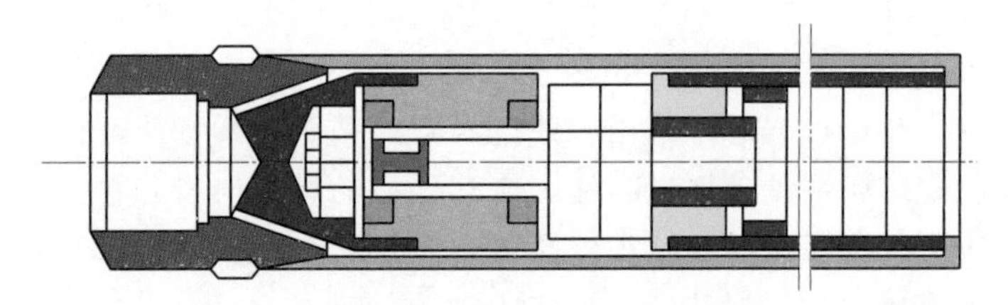

图 5.6-8　半合管式射流取芯工具

的取样长度时，关闭上闸门，一方面可继续钻进，使下一取样长度的样本落入旋流器中；另一方面，打开下闸门，将沉箱中的样本通过缩分器缩分，得到混合均匀并符合地质要求的两套样本，一份提供给实验室，一份留存备用。可实现取样、钻孔同时进行，提高生产效率。

5.6.3　安全及注意事项

在干旱地区钻探施工，由于气候恶劣，风沙活动频繁，地表干燥、裸露，砂砾易被吹扬，常形成沙暴，冬季更多，因此要做好防护工作，施工方应发放全套安全工具，为施工人员提供全面可靠的安全保障。由于干旱缺水地区供水困难，一定要保证补给线的畅通，防止因自然灾害或其他因素导致的补给中断。由于干旱地区较为偏僻，医疗卫生设备相对落后，一旦出现受伤、流行病等情况时及时送医救治。要加强对工人的安全教育和违章惩罚力度，将安全生产的原则落至实处。

第 6 章

特殊孔钻探技术

在水利水电工程地质勘察或岩土工程钻孔施工中，为满足地质勘探或工程施工某些特殊钻孔的要求，往往需要进行一些特殊孔钻进，如在急流险滩等地，不便进行水上勘探时，为查明河床地质条件，需要布置一些穿过河底的斜孔、弧形孔、分支孔等定向孔；为查明地下岩层缓倾角结构面产状，进行坝基抗滑稳定性分析时，需要进行钻孔岩芯产状原位定向；在进行大坝变形监测时，需要布置一定数量的高精度倒垂孔或正垂孔；碾压混凝土水工建筑物通常需要进行大口径钻孔取芯，用来检查碾压混凝土质量。这些特殊钻孔的工艺方法与一般地质勘探钻孔有所不同，需要采用特殊工艺处理。本章主要介绍定向钻探、倒垂孔、斜孔和大直径钻孔等特殊孔的钻探工艺方法。

6.1 定向钻探

定向钻探是利用地层自然弯曲规律或人工造斜工具使钻孔按设计要求钻入目标地层的一种方法，通过调整顶角、方位角和曲率半径等参数控制钻孔轴线的延伸方向，使钻孔最终钻达预定的靶区。

6.1.1 概述

定向钻探是使钻孔按预定方向和轨迹钻达地下预定目标的一门科学技术，与常规钻孔相比最大的区别是定向钻孔设计有特殊的轨迹，钻进中须利用地层自然弯曲规律、孔眼控制理论和人工造斜工具控制孔眼轨迹，最终钻达预定目标靶位，广泛应用于石油、地矿、市政、水电等行业，如图 6.1-1 所示。

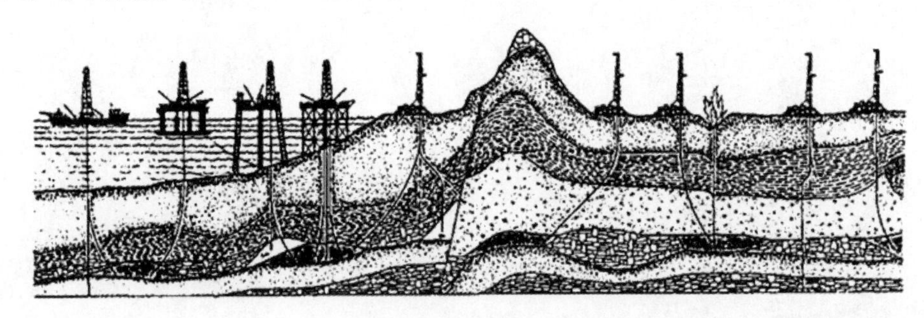

图 6.1-1 定向钻井的应用范围

定向钻探具有以下特点：①钻孔纠斜，当钻孔孔斜超过地质规定时，采用定向钻进技术进行定向纠斜，挽救钻孔免于报废；②补取岩矿心，当钻孔岩矿心采取率未满足地质规定要求或打丢矿层时，侧钻或偏斜钻进补取岩矿心；③偏斜钻进绕过事故孔段或复杂的地质孔段（如地下大溶洞、老窿或坑道等），避免多次重复穿过复杂地层，改善钻进工艺条件；④避开地表障碍，如高山、湖泊、河流、建筑物等；⑤为获取更多的工程或地质效果，穿过更多结构面或构造，减少钻探工作量，获得代表性强的地质资料；⑥在煤层中钻定向孔排放瓦斯；⑦在海洋钻井平台上钻丛式定向井，控制较大面积的油气构造，生产设施集中在平台上，节省建造平台费用；⑧钻进对接孔、斜孔或水平孔，获取更多地下资源；⑨勘探和开发近海岸油气田，使钻井定向弯曲，钻达海底油气层，节约海上钻井平台的建设费用；⑩钻定向救援井与原井衔接控制井喷或扑灭火灾。

定向钻孔分类见表6.1-1，主要用于特殊环境条件下普通钻孔无法实施或不能达到地质要求与工程目的的钻孔，尤其是在西部地区的高山峡谷和急流险滩等特殊地理环境条件下，可以通过两岸斜穿河底定向孔或分支孔来替代或减少前期坝址比选阶段水上勘探工作量。另外，对于抽水蓄能深埋地下厂房地质勘探，若交通、供水等辅助条件具备，也可以借助多分枝孔定向钻孔技术，配合钻孔地应力测试技术，来完成深埋地下厂房洞室群及高压叉管等的初期选址、快速勘探与试验工作。

表6.1-1 定向钻孔分类

分类依据	类别名称	类别内容
按施工技术方法	自然弯曲定向钻孔	利用一定地质条件下钻孔的自然弯曲规律，采用常规钻进技术、工艺使钻孔基本按设计轨迹钻进而形成的钻孔
	人工造斜定向钻孔	采用人工造斜工具与技术措施强制实现钻孔弯曲，使钻孔按设计轨迹钻进而形成的钻孔
按造斜式效和连续性	单点定向	钻进前完成造斜工具定向，在钻进过程中无法获得或改变造斜工具的工具面向角，不能随时完成造斜工具的再定向
	随钻定向	定向钻进过程中，仪器实时地将造斜工具面向角和孔斜参数传至地表计算机，可随时调整工具面向角，控制钻进方向

6.1.2 钻孔结构设计

在开钻前认真进行设计可以大幅度节约定向钻探的成本。影响钻孔轨迹的因素很多，其中一些因素很难进行估算（如在某些地层中的方位漂移情况等）。因此，在同一地区得到的钻探经验很重要，这些经验可以在其他钻孔的设计中起重要的参考作用。孔轴线轨迹形式越复杂，钻进难度越大，成本越高。三维定向孔比二维定向孔复杂。三维定向孔中，空间任意弯曲型定向孔又比空间平面弯曲型定向孔复杂。二维和三维定向孔中，直线-曲线-直线型孔身剖面因只有一个人工弯曲段，容易施工，特别是曲线段（造斜段）不长时。因此，在可能的情况下，受控定向孔应选择比较简单的二维直线-曲线-直线型孔身剖面型式。必须设计三维定向孔时，应尽可能选择空间平面弯曲型。垂直开孔和近垂直开孔比倾斜开孔便于钻进和起下钻具。《水电工程钻探规程》（NB/T 35115—2018）规定定向钻孔设计宜选用平面型定向孔，穿河底定向孔宜选用垂面型定向孔。

6.1.2.1 设计资料

设计时，首先需要确定靶点的垂深、水平位移和方位角，或提供孔口与靶点的坐标位置，通过坐标换算，计算出方位角和水平位移。根据《水电工程钻探规程》（NB/T 35115—2018），定向钻孔设计前应了解钻孔地层条件。收集的资料宜包括下列内容：①定向钻孔所穿过的岩层结构、地质构造、岩石硬度、可钻性等；②现场环境条件对定向钻孔开孔位置与轨迹参数的限定条件；③已有钻孔偏斜规律、防斜措施和测斜资料；④造斜机具的造斜能力。

6.1.2.2 设计原则和内容

1. 设计原则

设计原则主要包括：①满足定向孔施工目的和要求；②选择合理的钻孔轴线的设计顺序；③充分利用地层的自然弯曲规律；④选择易于钻进的钻孔轴线轨迹剖面型式；⑤选择合适的造斜强度，定向孔造斜孔段应均匀造斜，避免急弯；⑥选择恰当的造斜点（分支点）；⑦钻孔结构应考虑孔身剖面形状和造斜工具类型；⑧选择钻孔轴线轨迹计算方法应与设计质检部门一致；⑨必须对定向孔的社会经济效益进行预测。

2. 设计内容

钻孔设计的主要内容：①确定矿区定向孔孔底结构型式（指单孔底钻孔和多孔底钻孔）和施工技术方法类型（指利用钻孔自然弯曲规律和人工造斜）；②选择和确定定向孔孔身剖面型式；③确定开孔点坐标或开孔范围、靶点坐标、靶区范围、穿矿遇层角、靶点至终孔点的距离及层倾角；④选择造斜点（分支点）位置和造斜孔段的造斜强度，可以选取几组不同数值择优确定；⑤求出孔身剖面（钻孔轨迹）参数，包括各孔段的顶角、方位角、长度、垂深、水平位移以及定向钻孔中靶孔深和终孔孔深，当开孔位置未定时，还要求出开孔位置及开孔顶角和方位角；⑥绘制设计的孔身剖面轨迹；⑦确定钻孔结构；⑧制定钻孔护壁措施。

6.1.2.3 剖面设计中应考虑的问题

（1）选择合适的钻孔轨迹曲率。曲率不宜过小，过小会增加造斜孔段、扭方位孔段和增（降）斜段的轨迹长度，从而增大了井眼轨迹控制的工作量，影响钻井速度；曲率也不宜过大，否则钻具偏磨严重、摩阻力增大和起下钻困难，也容易造成键槽卡钻，还会给其他作业造成困难。因此，在定向井中应控制井眼曲率的最大值。《水电工程钻探规程》（NB/T 35115—2018）规定定向钻孔造斜孔段应均匀造斜，采用偏心楔单点造斜或钻杆驱动连续造斜钻进时，造斜强度宜为 0.2°～0.5°/m；采用螺杆马达孔底驱动进行造斜钻进时，造斜强度宜为 0.5°～1.0°/m，并应保证钻杆组顺利通过和正常回转钻进工作。可以通过钻速变化及早判断所钻地层岩性的变化，选择合理的孔底动力钻具组合，获得可靠的造斜率，有利于轨迹控制，应尽量控制造斜率小于 1.5°/30m，避免产生轨迹“狗腿”现象。

（2）泥浆的设计。定向井泥浆设计十分重要，泥浆应有足够的携砂能力和润滑性，以减少卡钻的机会，同时泥浆密度与黏度必须随时控制。泥浆性能控制对减少定向井钻柱拉伸与扭矩也很重要，应尽量使用高排量和低固相含量的泥浆，这样有利于清洁钻孔，润滑冷却钻头。

（3）造斜点的选择。造斜点选择原则：①造斜点（分支点）的岩层要易于造斜钻进，一般较完整、稳定，岩石硬度中等，可钻性不超过 8 级，宜避开硬、脆、碎岩层以及断层带、岩溶发育区等；②造斜点（分支点）应避开矿层和矿化带，选在对岩芯采取率不作要求的孔段；③单孔底定向孔的造斜点应尽可能选在钻孔上部，这样造斜段较小的弯曲角就可获得较长的水平距；如果造斜点选在孔底，应先进行孔底清理；如果造斜点选在钻孔中部，应预先进行人工架桥，建立人工孔底。造斜点一般选在套管靴以下30～50m处；④分支孔的分支点位置应适中，一般不宜选在钻孔的下部孔段；⑤在浅层软地层中造斜时，由于地层很软，造斜完成后下入稳斜钻具时，要特别小心，以免出现新井眼，尤其是在稳斜钻具刚度大或造斜率较高时。

6.1.2.4 剖面设计

钻孔剖面的设计方法有试算法、作图法、查图法和解析法四种。我国定向孔设计通常采用解析法。解析法是将给定和选定的数据通过公式计算，求得各轴线段的参数值，然后绘制钻孔轴线结构图。计算方法根据选用公式的不同，有不同的计算方法。计算方法准确、可靠、精度高，使用比较广泛。钻孔剖面设计计算结果应整理列表，并校核钻孔剖面最大曲率是否小于动力钻具和下井套管抗弯曲强度允许的最大曲率。

为了便于设计与施工，必须将钻孔轨迹设计成最简单的形式，尽量将钻孔轨迹设计成二维定向孔，当必须设计成三维定向孔时，亦应设计成平面型三维定向孔。

1. 二维定向孔轴线轨迹设计

钻孔轴线轨迹在垂直平面内或在水平面内的钻孔称为二维钻孔，其中钻孔轴线在垂直平面的钻孔应用最多。垂直平面内钻孔轴线轨迹有直线与曲线的多种组合，一般以直线-曲线-直线型和直线-曲线-曲线型居多。

(1) 直线-曲线-直线型钻孔是指从孔口钻一段直线孔后，再以一定的曲率半径造斜，造斜结束后再稳斜钻进一段直线孔到达靶点目标。一般开孔位置已确定，若开孔点未确定，则可以优化设计。直线-曲线-直线型可分为垂直线-曲线-直线型和斜直线-曲线-直线型两种形式。

(2) 直线-曲线-曲线型定向孔是指开孔钻一段直线孔后，再以一定的曲率半径造斜，造斜结束后，利用地层的自然弯曲规律钻达设计目标，或先利用地层的自然弯曲规律钻一段曲线孔后，再采用人工造斜弯曲，钻达靶点目标。直线-曲线-曲线型定向孔轴线轨迹一般也有垂直线-曲线-曲线型和斜直线-曲线-曲线型两种形式。

2. 三维定向孔轴线轨迹设计

三维定向孔必须采用平面法设计，也就是将三维定向孔轴线设计在空间1～2个平面上，设计方法有倾斜平面弯曲型、倾斜平面直线型及垂直平面弯曲型。

(1) 倾斜平面弯曲型钻孔，一般是用连续造斜器或孔地动力机实现，钻孔弯曲为连续曲线型。其适用范围最广。

(2) 倾斜平面直线型钻孔，一般用偏心楔实现，钻孔弯曲为折线型，弯曲不合理，仅适用于钻孔轴线全弯曲且弯角不大时采用。设计施工简单。

(3) 垂直平面弯曲型钻孔，必须先将钻孔轴线转化为垂直孔（顶角降为0°），钻孔轴线在2个平面内，仅适用于原钻孔顶角较小时，设计简单，施工复杂。

6.1.2.5 定向造斜计算

施工定向钻孔时，由于地层条件和工艺技术因素的影响，实际钻孔轨迹往往偏离设计孔身轨迹。因此，必须根据测斜资料，用一定的计算方法，确定和绘制孔身轨迹在空间的位置，与设计轨迹进行比较。如果两者基本一致，则钻孔可继续施工；如果两者存在差别，则预估钻孔按偏斜趋势延伸时，终孔点是否会落在靶区之内，若不超出靶区范围，则钻孔可继续钻进，但技术要求应更加严格；若明显超出靶区，不能中靶，则必须采取纠偏措施。

定向造斜中，造斜楔顶角 γ（$\gamma=iL$，i 为全弯强，L 为孔段长度）、安装角 ω、钻孔顶角 θ、钻孔方位角之间的关系可归结为球面三角问题。如图 6.1-2 所示，设球心 O 为钻孔内某一造斜点，OA 为通过造斜点的铅垂线，OB 为造斜前的钻孔轴线，$\angle AOB=\theta_1$ 是原孔顶角，OC 为楔面中心线，$\angle BOC=\gamma$ 是造斜楔顶角或连续造斜器在某一孔段的全角变化。楔面或造斜工具面中心线也是造斜后的钻孔轴线。因此，OC 与铅垂线 OA 之间的夹角 $\angle COA=\theta_2$ 是新孔顶角。OAB 和 OAC 是两个直立大圆，过 A 作两大圆的切线。这两条切线（图中未画出）与铅垂线 OA 垂直，代表原孔轴线 OB 和新孔轴线 OC 在水平面上的投影。它们之间的夹角就是新孔与原孔之间的方位角增量 $\Delta\alpha$。在球面三角中，这个夹角与球面三角形 ABC 的 $\angle A$ 是等值的，即 $\angle A=\Delta\alpha$。倾斜大圆 OBC 相对于直立大圆 OAB 的扭转角 ω，就是造斜楔或连续造斜器的安装角，所以 $\angle B=180°-\omega$。

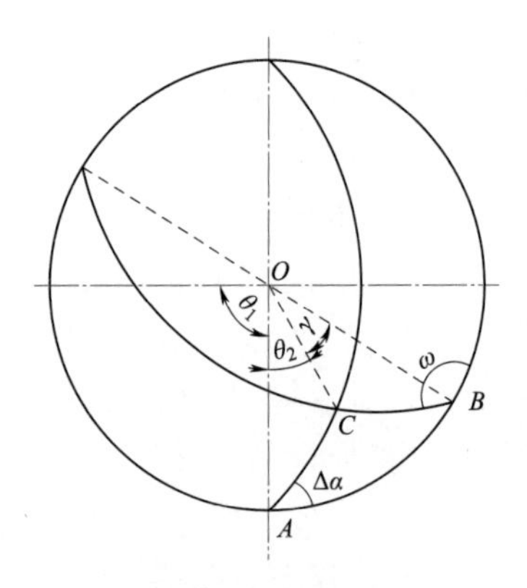

图 6.1-2　定向造斜诸角度关系的球面三角表示

根据球面三角形边的余弦公式，得到：

$$\cos\gamma=\cos\theta_1\cos\theta_2+\sin\theta_1\sin\theta_2\cos\Delta\alpha \tag{6.1-1}$$

$$\cos\theta_2=\cos\gamma\cos\theta_1+\sin\gamma\sin\theta_1\cos\omega \tag{6.1-2}$$

根据球面三角形的余切公式，得到：

$$\begin{cases}\cot\Delta\alpha\sin(180°-\omega)=-\cos(180°-\omega)\cos\theta_1+\sin\theta_1\cot\gamma\\ \cot(180°-\omega)\sin\Delta\alpha=-\cos\Delta\alpha\cos\theta_1+\sin\theta_1\cot\theta_2\end{cases} \tag{6.1-3}$$

即

$$\begin{cases}\tan\Delta\alpha=\dfrac{\sin\omega}{\cos\omega\cos\theta_1+\sin\theta_1\cot\gamma}\\ \tan\omega=\dfrac{\sin\Delta\alpha}{\cos\Delta\alpha\cos\theta_1-\sin\theta_1\cot\theta_2}\end{cases} \tag{6.1-4}$$

由式（6.1-1）可知：

$$\cos\gamma-\sin\theta_1\sin\theta_2\cos\Delta\alpha=\sqrt{1-\sin^2\theta_2}\cos\theta_1 \tag{6.1-5}$$

得

$$(\sin^2\theta_1\cos^2\Delta\alpha+\cos^2\theta_1)\sin^2\theta_2-2\cos\gamma\sin\theta_1\cos\Delta\alpha\sin\theta_2+\cos^2\gamma-\cos^2\theta_1=0 \tag{6.1-6}$$

令 $A=\sin^2\theta_1\cos^2\Delta\alpha+\cos^2\theta_1$，$B=-2\cos\gamma\sin\theta_1\cos\Delta\alpha$，$C=\cos^2\gamma-\cos^2\theta_1$，则有

$$\sin\theta_2=\frac{-B\pm\sqrt{B^2-4AC}}{2A} \tag{6.1-7}$$

按式（6.1-1）、式（6.1-2）、式（6.1-4）、式（6.1-5）和式（6.1-7）可以求

得用造斜工具造斜的大部分参数。除用球面三角公式计算造斜工具角、安装角与钻孔顶角、方位角的关系以外，还可用作图法来求解。作图求解法的实质是把球面三角问题简化成平面三角问题，把球面三角形边和角的关系简化为平面三角形边和角的关系，如图6.1-3所示。在球心角（即 θ_1、θ_2 和 γ）不太大的情况下，以弦代弧是足够精确的。

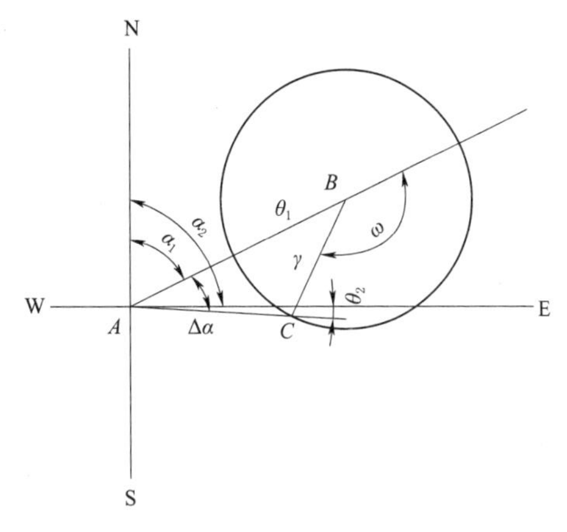

图6.1-3 定向造斜角度关系的平面三角表示

作图求解法的步骤如下：

(1) 以 A 为中心，在平面上画出纵横垂直的两条方位轴线 N-S 和 W-E。

(2) 以 A 为起点，用量角器按原孔方位角 α_1 画射线 AB，AB 代表原孔方位，并且取 AB 的长度代表 θ_1（例如以1cm代表1°或2°）。

(3) 以 B 点为中心，以代表造斜楔顶角 γ（或造斜段的全角变化量）的长度为半径（其比例尺与前同）画圆。

(4) 在圆周上任取一点 C，连接 AC，则 AC 代表新孔顶角 θ_2；BC 代表造斜楔顶角或连续造斜器在某孔段的全角变化量 γ；AC 与正北方向的夹角代表新孔方位角 α_2，$\angle BAC$ 是新孔方位角增量 $\Delta\alpha$。

(5) AB 的延长线与 BC 之间的夹角，代表造斜工具安装角 ω。

用孔底动力机造斜钻具进行定向造斜时，存在着反转矩问题。此反转矩使钻杆柱发生扭转变形，因而带动造斜体（如弯接头、弯外管、造斜靴等）朝逆时针方向（从孔口往孔底看）扭转一个角度，从而改变了造斜工具原来的安装角。为了消除这一影响，要根据造斜需要计算出来的安装角 ω，加进扭转角 ϕ，作为造斜工具的实际安装角 ω_p，即

$$\omega_p = \omega + \phi \qquad (6.1-8)$$

反扭角的大小与钻杆直径的大小、孔深、孔内条件及钻孔顶角等因素有关，一般可通过理论计算和实际测定来求解。

使用YL系列螺杆钻造斜钻具时，钻杆的扭转角 ϕ 的推荐值见表6.1-2。

表6.1-2 YL系列螺杆钻造斜钻具造斜钻进时钻杆的扭转角数值

型号	不同孔深扭转角/(°)				备注
	150m	300m	450m	600m	
YL-54	6～10	10～16	18～25	22～30	ϕ53或ϕ55绳索取芯钻杆
YL-65	6～12	12～18	18～26	25～35	ϕ73绳索取芯钻杆

6.1.3 钻探设备与机具

与常规钻进相比，定向钻进技术的实施通常需借助于专用的机具，定向钻进技术纠正钻孔弯曲时常用的机具主要有偏心楔（又称斜向器）、机械式连续造斜器、液动螺杆钻具以及涡轮钻具等。

造斜方法与造斜机具选择应符合下列要求：①全孔取芯定向钻孔宜采用地面动力钻杆驱动、单点造斜钻进方法进行定向孔钻进，单点造斜工具宜采用偏心楔进行；②造斜段不要求取芯的定向孔，可采用连续造斜器连续造斜进行定向孔钻进，连续造斜器可由地面动力钻杆驱动，也可由螺杆马达孔底驱动；③根据岩石可钻性，造斜钻头可选用专用的硬质合金、复合片、金刚石造斜钻头或牙轮钻头。

6.1.3.1 偏心楔

偏心楔又称钻孔导向器（图 6.1－4），是钻探与钻井工程中最早的一种人工弯曲工具，将长圆柱钢体一端表面铣切加工成斜槽，斜槽的中心对称线与圆柱体中心线偏转一楔角，故称偏心楔。一个完整的偏心楔一般由楔体、卡固装置、连接装置三个部分组成。偏心楔有三个结构要素：楔顶角、楔体直径与楔面（斜槽面）直径、楔面长度。楔顶角 φ 是楔体导斜槽偏离楔体中心线的偏角，也是其改变钻孔轴线的全弯曲角。

如图 6.1－5 所示，偏心楔下入到孔内某处固定后，钻头与钻具自楔顶开始，沿斜槽（导斜槽）的方向、角度延伸钻进，使钻孔轴线在导斜槽位置发生折线式急剧弯曲，改变原钻孔轴线的方向与角度。

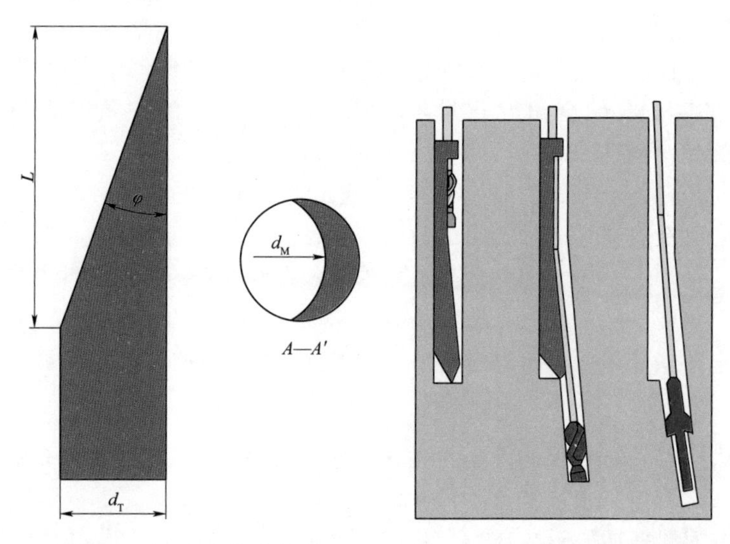

图 6.1－4　偏心楔示意图　　　图 6.1－5　偏心楔工作原理图

偏心楔可用于钻孔纠斜、绕过孔内事故钻具、补取岩矿心、施工单个定向孔及多孔底钻孔。其适用的造斜岩层应比较完整，可钻性可以是 4～9 级，在完整的中硬地层效果最好。由于其结构简单、易于加工制作、使用操作简单，至今应用仍比较广泛。

偏心楔造斜分支的缺点：①造斜全弯曲角受楔顶角限制，$\gamma=\varphi$；②造斜段有“狗腿”急弯，无法从根本上消除，造斜段不均匀，偏斜后回转钻进有一定困难；③造斜工艺中工序复杂，效率低；④固定式偏心楔留在孔内，一旦活动十分容易造成事故。

6.1.3.2 机械式连续造斜器

机械式连续造斜器是一种连续造斜的器具，其回转动力是钻机，通过钻杆柱传递扭矩、钻压给造斜器底部的造斜钻头，利用专门的机械机构使钻头在孔底产生一个方向固定的倾斜角或侧向力，实现定向连续造斜。

机械式连续造斜器一般有定子、转子两大部分组成：

（1）转子部分（回转转动部分）。造斜钻进时，钻杆柱带动转子部分回转，传递扭矩，驱动钻头回转，破碎孔底与孔壁岩石。

（2）定子部分。造斜钻进时，定子部分不回转，起定位、导向、卡固、传递钻压的作用，通过卡固机构产生固定方向的造斜作用，并随着钻进进尺与转子部分同步轴向下行。

机械式连续造斜器可分为三类：①以侧向切削造斜的连续造斜器；②以不对称破坏孔底造斜的连续造斜器；③以侧向切削和不对称破坏孔底共同造斜的连续造斜器。

LZ机械式连续造斜器（图6.1-6）是国内使用最广泛的一种连续造斜器，它以侧向力切削孔壁为主，不对称破碎孔底岩石为辅造斜钻进，是属于第三类造斜器，其定子的卡固、定位是在孔内通过滑块机构来实现的。定子部分主要包括上轴承室2、传压弹簧3、外壳7、上半楔9、滑块10、下半楔11等，转子部分主要包括接头1、上半轴4、复位弹簧6、花键轴套8、下半轴12、短管13、钻头14等。机械式连续造斜器造斜钻进时，回转动力仍是地表钻机，通过钻杆柱传递扭矩、钻压给孔底造斜器转子部分钻进碎岩，利用造斜器定子部分的滑块机构，使造斜器在孔内产生固定方向的侧向造斜力，并随钻进过程与钻头同步滑行，实现连续造斜。

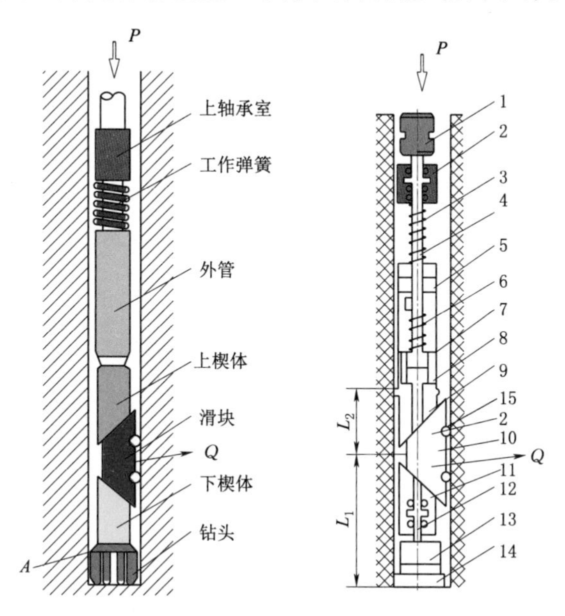

图6.1-6　LZ机械式连续造斜器结构原理图

1—接头；2—上轴承室；3—传压弹簧；4—上半轴；5—离合机构；6—复位弹簧；7—外壳；8—花键轴套；9—上半楔；10—滑块；11—下半楔；12—下半轴；13—短管；14—钻头；15—滚轮

LZ机械式连续造斜器主要包括钻压传递、滑块滑出定位与收缩回位、离合机构的离与合、传递扭矩四个部分。

（1）钻压传递。LZ机械式连续造斜器压力传递示意图如图6.1-7所示。

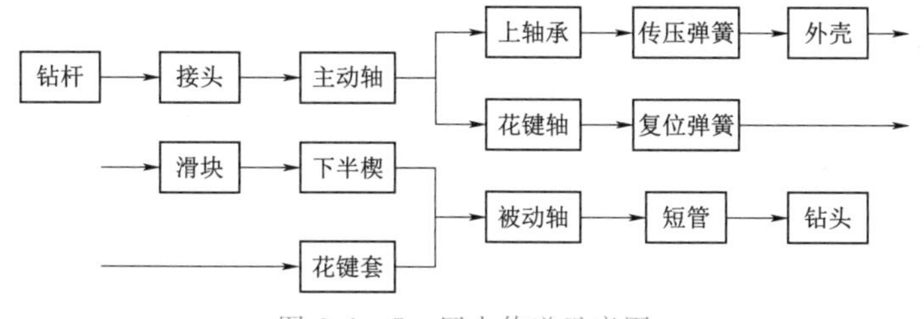

图6.1-7　压力传递示意图

（2）滑块滑出定位与收缩回位。在钻压作用下，滑块与上下半楔沿斜面滑动，分别移向孔壁一侧。其中滑块通过滚轮与孔壁接触，对孔壁施加侧压力Q，上半楔通过凸肩与孔壁接触，对孔壁施加侧压力 T；上下半楔滑动时，通过钻头与孔壁接触，对孔壁施加侧压力 A，侧压力 Q 和 T 使造斜器定子与孔壁卡固。因此，Q、T 又称卡固力，侧压力 A 的方向与卡固力 Q 相反，它使钻头切割孔壁，因此，A 又称侧向切削力。去掉钻压，复位弹簧使上下半楔呈张拉状态，滑块收缩回位。

(3) 离合机构的工作原理。①离：钻杆加压—传压弹簧压缩—主动轴下行—啮合件分离—转子部件可单动回转；②合：钻杆卸压—传压弹簧张开—复位弹簧的作用—啮合件回位啮合—定转子合为一体。

(4) 传递扭矩。扭矩传递路线：钻杆—接头—主动轴—花键轴套—被动轴—短管—钻头。钻杆加压，离合器分离，滑块滑出定位卡固后，钻机带动钻杆回转。造斜钻进时，滑块滑出通过滚轮与孔壁卡固，并随着钻进的延伸，沿孔壁滚动同步下行。

依据机械式连续造斜器结构工作原理，孔内造斜钻进时，可推导得出滑块机构滑出对孔壁施加的卡固力 Q 和钻头的侧向力 A，计算公式为

$$Q=\frac{2P(\cos\alpha-f\cos\alpha)}{\sin\alpha+f\cos\alpha+f_1\cos\alpha-ff_1\sin\alpha} \tag{6.1-9}$$

$$A=\frac{QL_2}{L_1+L_2} \tag{6.1-10}$$

式中：P 为钻压，kN；α 为滑块楔角，(°)；f 为钢与钢的摩擦系数；f_1 为钢与岩石的摩擦系数；L_1 为滑块轴向中截面与钻头底端面的距离，cm；L_2 为滑块轴向中截面与上半楔凸环的距离，cm。

机械式连续造斜器使用要点：①机械式连续造斜器主要用于钻孔纠斜、定向孔造斜分支，增、减顶角与方位角均可，但以增顶角效果最好，此时，滑块位于钻孔下帮，定子卡固位置最稳定，不易产生偏转；②造斜钻进孔段应选择在5～8级中硬完整地层，地层太软，滑块定位卡固时，滚轮吃入孔壁岩石，不能随进尺同转子同步下行，产生“悬挂”现象；③造斜器连接钻杆下入孔内造斜位置上0.2～0.5m处，定向后，下放到孔底（不回转），加压使离合机构分离，滑块滑出定位后，才能开动钻机回转钻进；④造斜钻头一般选用全面钻进钻头（或取细小岩芯）。粗岩芯与钻头内径之间有导正作用，不利于钻具的侧向切削和不对称破碎孔底岩石；⑤造斜完毕后，一般还需用锥形钻头修扩孔；⑥选用不同长度的短管可实现造斜强度的调节，加长短管，造斜强度减小。

机械式连续造斜器的主要优点：①机械式连续造斜器既是钻具，又是连续造斜器具，与钻杆连接下入孔内后，加压回转，直接产生造斜作用，辅助工序少，工艺简单，效率高；②可实现同径造斜；③造斜强度一定范围内可调（0.3°～2.0°/m）；④造斜全弯曲角不受限制，仅与造斜钻进的进尺有关，$\gamma=iL$，可以达到较大的值；⑤造斜可连续和比较均匀地进行，造斜后的孔身平滑，无“狗腿”急弯；⑥造斜钻进可采用常规钻探设备，但配套器具少。

6.1.3.3 螺杆马达

在定向钻进中常用涡轮钻具和容积式马达（PDM型）作为孔底造斜工具，螺杆马达钻具是以泥浆为动力的一种井下工具，由传动轴总成、马达总成、万向轴总成、防掉总成和旁通阀总成五部分组成，如图6.1-8所示。泥浆泵输出的泥浆流经旁通阀进入马达，

在马达进出口形成一定压差推动马达的转子旋转，并将扭矩和转速通过万向轴和传动轴传递给钻头。

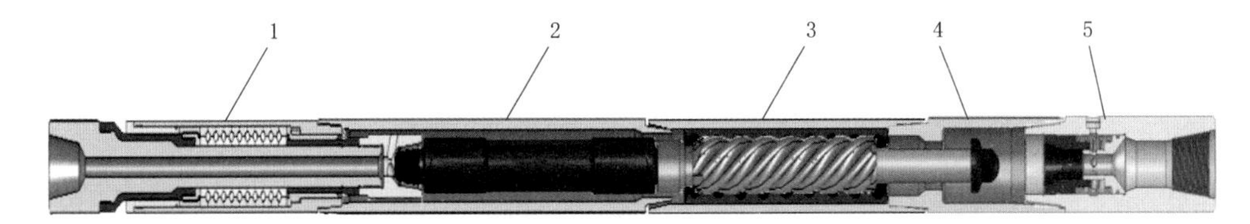

图 6.1-8　螺杆马达基本结构

1—传动轴总成；2—万向轴总成；3—马达总成；4—防掉总成；5—旁通阀总成

马达转子的螺旋线有单头和多头之分（定子的螺旋线头数比转子多1）。转子的头数越少，转速越高，扭矩越小；头数越多，转速越低，扭矩越大。转子头数与定子头数比一般有1∶2、3∶4、5∶6、7∶8、9∶10等几种。图6.1-9是几种典型马达配合的截面轮廓。

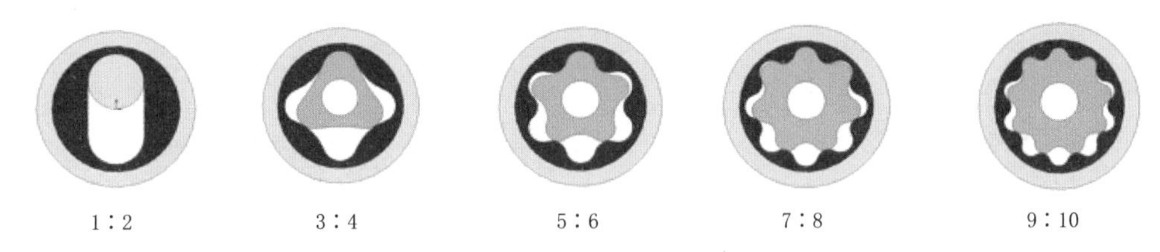

图 6.1-9　几种典型马达配合的截面轮廓

1. 螺杆马达造斜原理

螺杆马达能实现定向钻进基于钻头回转碎岩而钻杆柱不回转，钻杆可连接不同造斜件实现定向钻进。目前与螺杆钻具配合使用的造斜件主要有弯钻杆、弯接头、弯外管、偏心块、液压可调式弯接头、组合式偏斜工具等。造斜件使螺杆钻具在孔内产生倾斜角（主要），并由于弯曲角受孔径限制而产生侧向弯曲应力（次要）。

弯接头（图6.1-10）造斜时，须在弯接头上端连接一个定向接头（孔内定向工具），定向接头内有定向键，定向键中心母线一般与钻杆弯曲方向一致（也可以不一致）。弯接头内本身设置有定向键，定向键中心母线与接头偏转方向一致，所以，用弯接头配合螺杆钻具造斜时，不需另配定向接头。

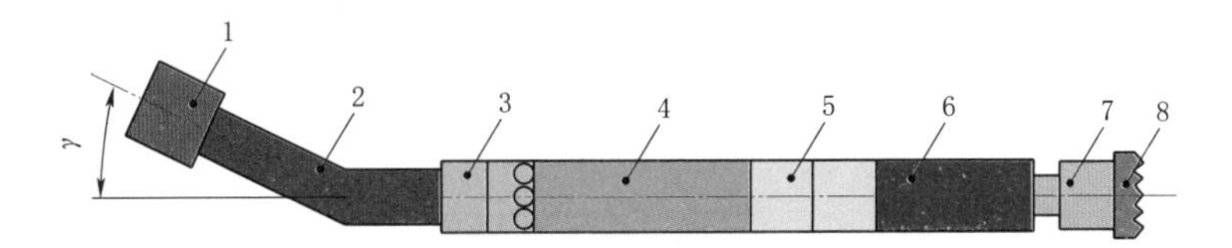

图 6.1-10　弯接头示意图

1—定向接头；2—弯钻杆；3—溢流阀；4—马达；5—外管；6—驱动轴；7—接头；8—钻头

弯外管（图6.1-11）与弯接头类似，也是一端螺纹偏转的接头，但其在螺杆钻具中的位置不同，在螺杆马达与驱动轴之间（替代原螺杆钻具的直外管），由于内部有万向节，所以可以使用弯外管使螺杆钻具在该部位弯曲，但弯外管内不能设置定向键，所以使用弯外管时，必须在溢流阀前端连接定向接头。

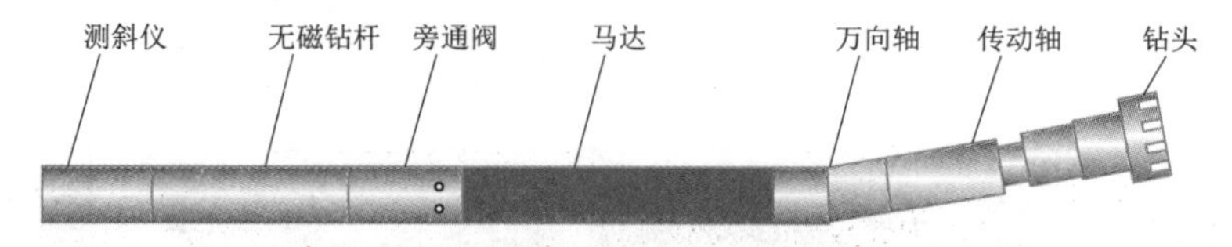

图 6.1-11　螺杆钻具弯外管

根据设计钻孔轨迹，在钻孔施工过程中，通过调节泵量可控制钻头的转速；泵压可作为孔底工况的监视器来反映扭矩的大小，即钻压的相对大小。通过钻测斜数据来调整弯外管的工具面向角，如图 6.1-12 所示，可调角度范围一般为0°～3°，从而使钻孔的倾角和方位基本达到预定目标。

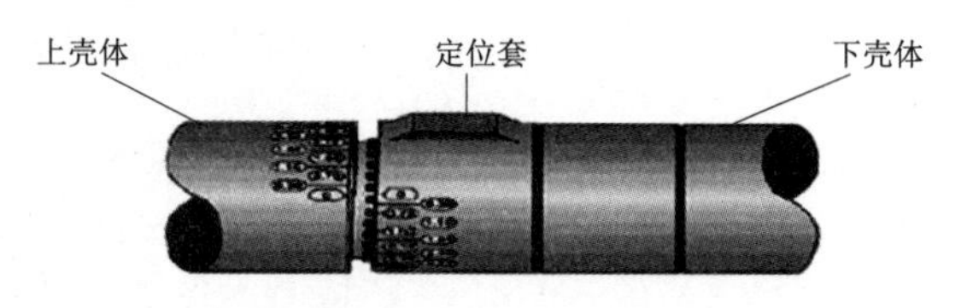

图 6.1-12　可调弯壳体

2. 扭矩的要求

螺杆钻具的扭矩与泥浆流经马达产生的压力降成正比，转速与输入排量成正比，排量一定时，扭矩增加而转速基本保持不变，螺杆钻具从空载到满载，速度降低一般不超过10%左右。螺杆马达工作异常分析见表 6.1-3。

表 6.1-3　螺杆马达工作异常分析

异常现象	可能原因	判断与处理方法
压力突然升高	马达失速	将钻头提离孔底，压力降至正常的循环压力，逐步加钻压，压力又随之逐步升高，可确认为失速问题
	零件卡死或钻头堵塞	将钻头提离孔底，压力表读数仍很高，可能是某部位卡死或堵塞，应提钻检查或更换
泵压缓慢升高	钻头水路堵塞	将钻头提离孔底，如压力仍高于循环压力，可试着改变循环流量或上下移动钻具，如无效，可能是堵塞，应提钻检查
	钻头磨损	将钻头提离孔底，压力下降至正常循环压力，继续加钻压但仍无进尺，可能是钻头磨损，只能更换钻头
	地层变化	把钻具稍稍提起，如果压力与循环压力相同，则可继续工作
泵压缓慢降低	泥浆流量变小	检查泥浆泵
	钻杆损坏	稍提钻具，压力表读数仍低于循环压力，可能是钻杆刺穿，应检查钻杆
没有进尺	地层变化	适当改变钻压和循环流量
	钻压不合适	将钻具提离孔底，检查循环压力，钻压由小到大，逐步增大
	旁通阀未关闭	压力表读数偏低，稍提起钻具，启停泥浆泵数次仍无效，则需要提出检查旁通阀
	螺杆钻具故障	常伴有压力激动，稍提起钻具压力波动范围小些，只能取出钻具，检查更换

3. 泥浆的要求

螺杆钻具对于各种泥浆都能有效工作。泥浆黏度和密度对钻具的影响很小，但对整个系统的压力有直接影响，如果推荐排量下的压力大于额定泵压值，就得减少泥浆排量，或者有必要降低通过钻具或钻头的压力降。泥浆中的砂粒等杂质会影响钻具性能，杂质增多会加速轴承和马达定子的磨损，因此，泥浆中的含砂量必须控制在1%以内。每种型号的钻具都有各自的流量范围，只有在此范围内，钻具才能有较高的效率，一般情况下，流量范围的中间值是钻具最佳输入流量值。

4. 压力降的要求

钻具悬空时排量不变，则通过螺杆钻具的泥浆压力降也不变，随着钻头接触井底钻压增加时，泥浆循环压力增加，泵压也增加。打钻时的泵压为循环泵压与螺杆钻具的负载压降之和。循环泵压，就是钻头没有接触孔底时的泵压，也叫离底泵压。钻头接触孔底，扭矩增大，泵压就要上升。这时压力表的读数就是打钻泵压。

离底泵压不是一个常数，它随井深和泥浆的特性变化而变化，但实际操作中，没必要随时测取循环泵压的精确值，一般取每次接单根后的离底泵压为近似值。

钻具工作中泵压达到最大推荐压力时，钻具产生最佳扭矩，继续增加钻压将增加泵压，当超过最大设计压力时，马达可能会停止转动，此时应立即降低钻压，以防螺杆钻具内部损坏。

6.1.3.4 造斜专用钻头

定向造斜可以采用牙轮钻头、全面金刚石钻头以及全面硬质合金钻头。目前，打钻探定向孔使用较多的是全面金刚石钻头。

由于造斜钻进时钻头既要沿自己的中心轴线钻进，又要沿垂直钻头中心线方向钻进，才能使钻孔轨迹偏离原来的方向，因此造斜钻头结构须满足以下要求：

(1) 外径切削性好。造斜钻进时，钻头既破碎孔底岩石，又磨削孔壁岩石，钻头外侧刃和边刃不仅起保径作用，而且还要侧向破碎岩石，因此，外侧刃要选用更高品级的金刚石进行补强。同时外侧刃部分不应过长，以免与岩石接触面过大，造斜器的造斜力不能满足钻进孔壁的需要。

(2) 钻头侧移性好。造斜钻进时，钻头最好能全面破碎岩石，这样孔底无岩芯柱，不会对钻头侧向移动起阻碍作用。岩芯直径越大，导正作用越强，越会把钻头引向岩芯轴线方向。另外，钻头底唇最好近似平面，或呈微凹状，凹面角150°左右，便于钻头向侧旁位移。

(3) 避开中心“死点”。全面钻头中心部分线速度为零，被称为“死点”，此点对岩石无切削作用。因此，钻进8～9级以上坚硬岩层时极易造成钻头中心部位金刚石和胎体唇的损坏，导致钻头过早报废。为了解决这个问题，在钻头中心往往设置小眼，钻取小岩芯，以避开“死点”。另外，为容纳细小的岩芯，在钻头内还安装岩芯管。钻进中硬岩层时，可在钻头中心部位设置偏心水眼，以便泥浆对钻头中心部分加强冲洗和冷却，改善钻头“死点”工况。

(4) 排除岩粉好。由于造斜时钻头全面钻进，产生岩粉较多，所以钻头的水眼和水路应布置合理，以便水马力在整个钻头唇面分布均匀，泥浆能够充分排除岩粉并冷却钻头。

图6.1-13是一种ϕ59表镶天然金刚石造斜钻头，钻头唇面内锥角为160°，外边刃部分采用R6、R8两段圆弧相切缓慢过渡，中心部分留有ϕ8小眼，可钻取ϕ7小岩芯。钻头

内有装小岩芯用的岩芯篮，提钻时随同钻头一起提出。钻头底面有均布的 3 个 ϕ4 水眼，内水槽深 2mm、宽 3.5mm，总过水面积 0.59cm^2；另外，有 6 条宽 4mm、深 2mm 的主水道，3 条与内水槽相通，3 条与水眼相通，6 条低压水道（宽 4.5mm），水马力均匀分布于整个唇面上。金刚石粒度为 30～40 粒/克拉，保径部分用 10～12 粒/克拉的天然金刚石，以改善保径效果和侧钻能力，金刚石覆盖面积为钻头总投影面积的 50%，胎体硬度为 HRC35～40。

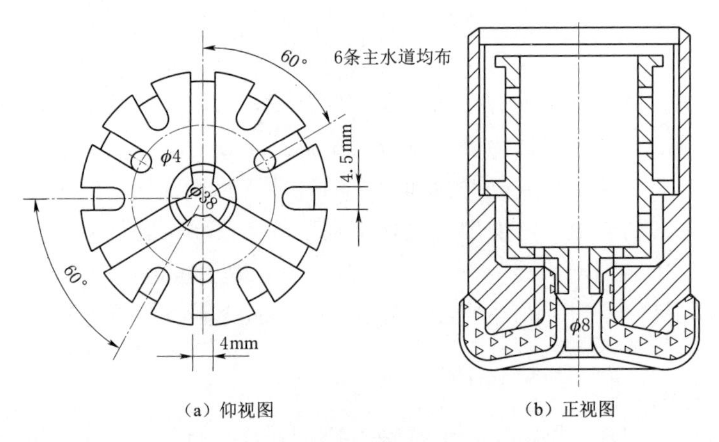

图 6.1-13　ϕ59 造斜专用金刚石钻头

6.1.3.5　定向钻杆

为了快速高质量完成定向钻任务，专用定向钻杆是一种理想选择。目前市场化定向钻杆是通缆钻杆。通缆钻杆的结构型式和规格见表 6.1-4，钻杆参数和级配见表 6.1-5。

表 6.1-4　　通缆钻杆的结构型式和规格

钻杆名称	结构	连接方式	规格/mm
普通通缆钻杆	外平式	双台肩梯形螺纹	ϕ73×3000
CHD 通缆钻杆	外平式		ϕ70×3000
螺旋槽定向钻杆	连续螺旋槽		ϕ70×3000、ϕ75×3000

表 6.1-5　　随钻测量钻杆参数和级配表

规格	长度 /mm	抗拉强度 /kN	抗扭强度 /(N·m)	通缆电阻 /Ω	绝缘电阻 /Ω	承压能力 /MPa	适配扭矩 /(N·m)	适配钻头 /mm
ϕ73	3000、1500	950	6500	＜0.5	＞2M	8	4000、6000	ϕ96（推荐）、ϕ113

定向钻杆能够进行孔底马达定向钻进（内径不小于 55mm），具有传输测量定向信号的能力，能够进行大直径钻孔回转钻进（扭矩不小于 3000N·m），具有施工千米定向孔的能力。

定向钻杆由外管和中心电缆组件组成，其中外管传递动力，中心电缆组件传输信号，实现孔底与孔口设备之间通信信号的双向传递，也可作为孔底测量管充电的通道，如图 6.1-14 所示。

使用定向钻杆的注意事项：①钻杆必须存放在钻杆架上；②上钻杆时必须在钻杆螺纹

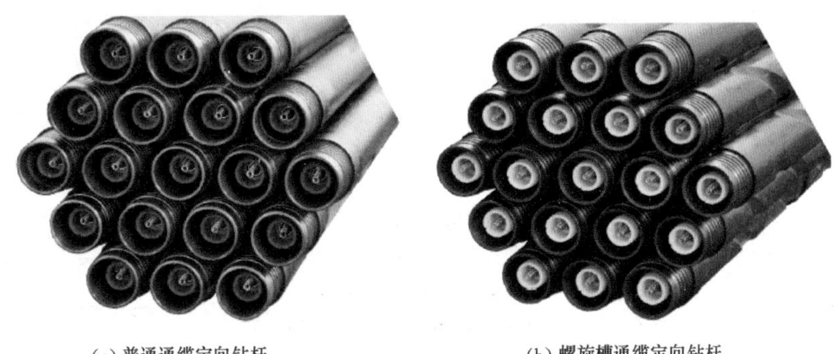

图 6.1-14 普通通缆定向钻杆和螺旋槽通缆定向钻杆

及公塑料接头上抹黄油润滑并检查弹簧安装是否牢固；③上钻杆时用自由钳将钻杆上紧，不得使用钻机拧扣；④下钻杆时用钻机将丝扣拧松1～2圈，采用手动卸钻杆；⑤钻杆不用时必须将保护帽及时戴上，防止粉尘进入。

无磁钻杆是定向钻进随钻测量的配套设备，具有信号传输、输送孔底马达动力介质和钻机动力传递等作用，同时减少了外界对随钻测量装置的干扰，如图6.1-15所示。目前主要规格为ϕ73。国内无磁钻杆主要选用铍铜C17200制造，其具有良好的无磁性，该合金时效处理后强度较高，但断裂延伸率低，即合金的断裂韧性差。铍铜和钛合金两种无磁材料的性能参数见表6.1-6。

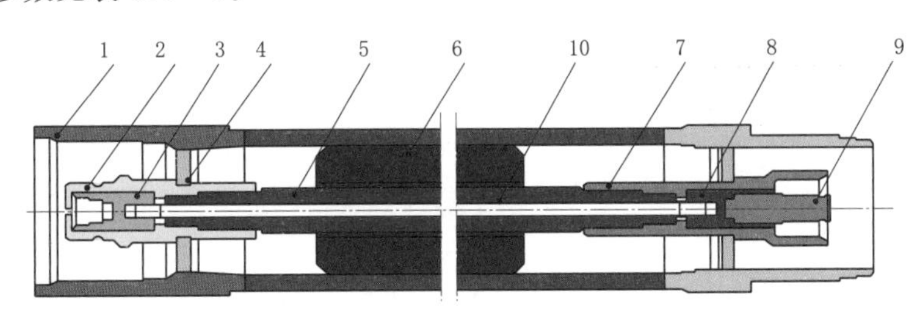

图 6.1-15 随钻测量钻杆结构图

1—钻杆体；2—塑料接头（公）；3—钢接头（锥）；4—定位挡圈；5—线管；6—稳定器；7—塑料接头（母）；8—钢接头（柱）；9—变径弹簧；10—导线

表 6.1-6 两种无磁材料性能参数表

材料	密度/(g/cm^3)	屈服强度/MPa	弹性模量/MPa	延伸率/%	无磁性
铍铜 C17200	8.3	460	1.35×10^5	3	良好
钛合金 TC4	4.5	827	1.17×10^5	≥12	良好

小口径斜孔采用的无磁钻杆规格有ϕ73和ϕ70，长度有1000mm、1500mm、2000mm和3000mm（可根据用户要求加工）。其特点为磁导率小于1.005H/m（享/米），且不易被磁化，抗扭强度大于12000N·m，其机械性能优越。

6.1.3.6 定向仪器

YSX15型号矿用随钻测量装置（图6.1-16和图6.1-17）可用于钻孔轨迹的跟踪监测，随钻测量钻孔倾角、方位角、工具面向角等主要参数见表6.1-7，同时可实现钻孔参数、轨迹的即时显示，便于司钻人员随时了解钻孔施工情况，并及时调整弯头方向和工艺参数，准确地实现定向钻进，具有以下特点：①可实时监测多项数据：倾角、方位、工具面向角、总磁场强度和总重力加速度；②探管直接采用计算机外部供电方式；③响应速度快、抗干扰能力强；④探管采用插接式三翼固定，现场拆装简便。

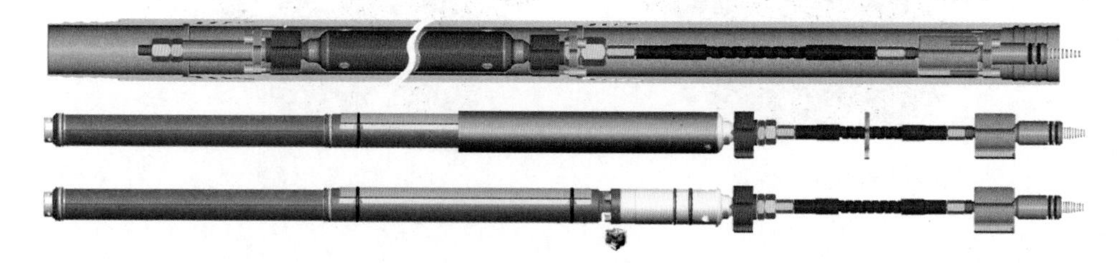

图 6.1-16　随钻式定向钻进仪器孔内部分

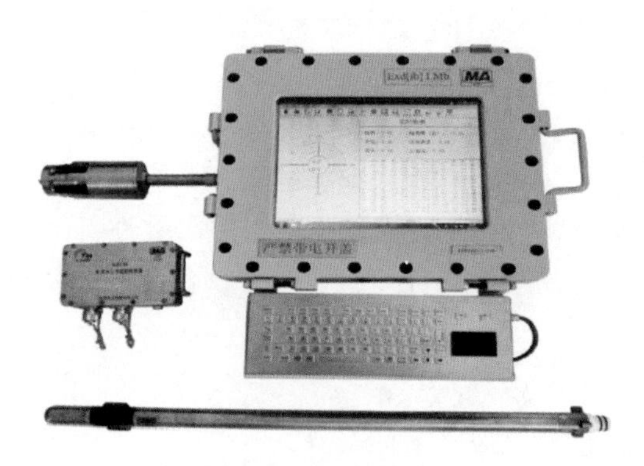

图 6.1-17　YSX15 型号矿用随钻测量装置计算机

表 6.1-7　YSX15 型随钻测量装置主要性能指标

性　　能	技 术 指 标
结构尺寸	ϕ35×950
倾角测量范围及精度	(+90°～-90°)±0.2°
方位角测量范围及精度	(0°～360°)±1.0°
工具面测量范围及精度	(0°～360°)±1.0°
供电方式	本安 15V-18VDC 输出，孔口供电
安装方式	金属三翼固定
减震方式	橡胶四翼减震
质量	5.2kg

6.1.4　钻探工艺与方法

定向作业前，应先做好施工前的准备，包括以下内容：①选择合适的开孔部位、钻孔轴线的设计与计算、造斜钻进器具的准备；②定向钻进作业人员应熟悉和掌握造斜机具、造斜定向仪器的结构、原理、性能，以及操作方法和维护保养技术，对造斜机具或定向仪器进行性能检查与定向精度确认；③造斜钻进时，导斜钻具组宜配置弹性钻杆或万向接头，也可用直径小一级的钻杆作为柔性钻杆。导斜钻具宜采用比原钻孔小一级的直径，钻具长度应小于 1.0m；④造斜钻进前，应先计算确定造斜机具工具面角，根据造斜方法选定合适规格的造斜机具，造斜机具下入造斜点或分支点后应严格按照计算工具面角进行孔内定向与固定。

6.1.4.1　建立人工孔底

施工单底受控定向孔时，通常造斜点从孔底开始，在下造斜楔造斜或用连续造斜器及孔底动力机造斜钻具直接造斜之前，必须清理孔底。清理孔底的目的在于去除孔底残留岩芯，排净孔底堆积的岩粉和钻粉，磨平孔底和修整孔底附近的孔壁，以利于人造斜楔的下放并将其牢固地固定在孔底，或者为连续造斜器及孔底动力机造斜钻具顺利开始侧钻创造良好条件。

施工多孔底受控定向孔时，分枝点往往选择在主孔中部，在这种情况下，事先必须

“架桥”，建立人工孔底。所谓的建造人工孔底就是用一些材料或器具将开孔部位以下孔段堵塞起来（当只堵塞开孔部位以下局部孔段，称之为“架桥”），以便在钻孔中给偏心楔的安装固定提供一个坚实的基础。

常用的“架桥”方法有两种：一种是下木塞堵孔，然后填以碎石或灌注水泥等胶结材料，建立“水泥桥”；另一种是下金属塞，建立“金属桥”。

（1）不下楔打分枝孔时，多采用“水泥桥”。“水泥桥”的质量对分枝孔的造斜钻进有决定性的作用。胶结材料应与孔壁岩石有良好的黏结性和较高的冲击韧性。胶结材料的强度最好大于或接近孔壁岩石的强度。为此，在中硬岩层可以用强度较高的各种速凝混合物建立人工孔底，例如早强水泥、高标号普通水泥加三乙醇胺和食盐等；在硬岩层应该用坚固的环氧树脂类快硬混合物建立人工孔底。

建立“水泥桥”的工艺过程：首先，要洗刷孔壁，特别是采用泥浆洗孔时更是如此。然后，计算好孔深，将木塞下到钻孔预定部位。按一定的水灰比搅拌好水泥浆，按灌注20～30m水泥塞高度计算好用量，用水泵经钻杆直接泵入孔内，或者用漏斗连续不断地经钻杆灌入孔内，不得停顿，否则将在水泥塞中形成软夹层而影响“水泥桥”质量。水泥浆灌注完毕后，用清水替换出钻杆中的水泥浆。然后根据使用水泥的性能决定候凝时间，一般为24～48h，最后下钻试探灰面，并钻取水泥石，确认凝固良好即可造斜钻进。

（2）下楔打分枝孔时，可采用“水泥桥”，也可采用“金属桥”。用液压金属孔底塞“架桥”，操作简单，可在“金属桥”上直接安装造斜楔。只要“架桥”孔段岩石完整，不超径，不松软，下放位置准确，按要求进行操作，就能保证“架桥”质量。

YTS金属孔底塞（图6.1-18）由液压传动和金属塞两部分组成。液压传动部分包括活塞2、缸套4、空心顶杆6、母接头5等部件。金属塞由公接头7、锥体10、卡瓦座8、卡瓦11等组成。其工作原理为：用钻杆连接金属孔底塞下入到孔内预定位置，投入钢球3送入冲洗液，利用液压推动活塞2、顶杆6，推动锥体10下移，卡瓦张开与孔壁卡固，钻杆加压后卡瓦座8锁死卡瓦，旋转钻杆柱，左丝接头5与接头7脱开，提钻并将液压传动部分提出来。

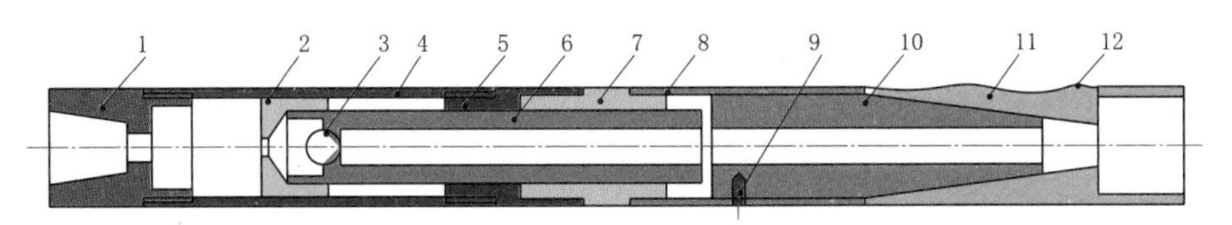

图6.1-18　YTS金属孔底塞结构示意图

1—接头；2—活塞；3—钢球；4—缸套；5—母接头；6—顶杆；7—公接头；8—卡瓦座；9—螺钉；10—锥体；11—卡瓦；12—铁丝

6.1.4.2　造斜钻进

造斜钻进时应符合的规定：①开泵时应将导斜钻具提离导斜槽，轻压慢转进行导斜钻进，过导斜面1/2长度后，方可进入正常钻进。导斜钻进应严格控制钻进速度，钻进时应经常提动钻具，以便修正孔径，减少钻进阻力。②导斜钻进时，每回次进尺应小于钻具长度，不得使导斜钻具上端超过楔脚。导斜钻进孔段长度达到1～2m后，应进行孔内清洗与造斜孔段测斜，确认符合设计要求后再继续造斜钻进，直至分段导斜钻进结束。③造斜孔段导斜钻进完成后，进入新孔正常钻进前，应对导斜孔段进行扩孔。扩孔钻具钻头应根据偏心楔安装固定方式并结合岩石可钻性进行选择与配置，导向杆长度宜为0.5～1.0m。④扩孔完毕后，应用岩芯管长度为1.5m的金刚石钻具钻进一个回次，清除孔中岩粉后，按照钻孔结构定向要求钻进后续孔段。

（1）用造斜楔造斜和分枝时，工序比较复杂，包括以下方面：

1）沿楔面打导向眼。用导斜钻具沿楔面钻进并钻离楔面0.5～1.0m。其实质是在楔体导斜槽的引导下导斜钻具切削一侧孔壁，并最终自原钻孔轴线偏钻分支出一个完整新孔的过程。

2）导斜延伸钻进。将导斜钻具适当加长（导斜槽长＋回次进尺），继续钻进2～4m，加长导斜钻具长度的目的是增加导斜槽对钻具的导向性。

3）测量新孔顶角、方位角并检验偏心楔定向、导斜钻进的效果。

4）扫除“狗腿”弯。扫除“狗腿”弯的方法是：采用长、直粗径刚性导向钻具并在钻具表面镶上合金（或装配若干金刚石铣刀），利用钻具的刚性扫除拐点。

（2）用机械式连续造斜器进行造斜钻进时，下降钻具速度应稍慢，特别是在可能被卡阻的孔段和深孔段时速度应更慢一些。造斜器下到孔底，大泵量冲孔后，应先加压（约为钻头所需压力的70%左右），然后开车慢转钻进，约5min后，再用较大压力、泵量和中等转速的正常规程钻进。正确掌握压力特别重要，一方面要保证钻头轴向破碎岩石，另一方面又要保证在该压力下有适当的侧向卡固力和足以进行侧向刻取岩石的造斜力，当孔壁不太硬时，卡固力过大，会使钻具产生悬挂现象。倒杆时，应先停车使立轴不回转，再卸去轴向压力，若先卸压后再停车，则会引起造斜器定向方位变动，一旦定向破坏，应立即停止造斜钻进，提钻。

（3）用螺杆钻造斜钻进时，在确信定向准确后即开泵钻进。钻井中严禁提动钻具，机械钻速应控制在0.5m/h左右，钻进时要随时观察返到地表的岩粉情况。如采用带弯接头的螺杆钻造斜钻进，因造斜强度一般为0.1°～0.15°/m，施工中不必改用其他钻进方法；如采用带弯外管的螺杆钻造斜钻进，因造斜强度较大，最好改用常规钻进方法钻2m左右，以防钻孔轴线产生急弯，螺杆马达定向钻进工艺流程如图6.1-19所示。

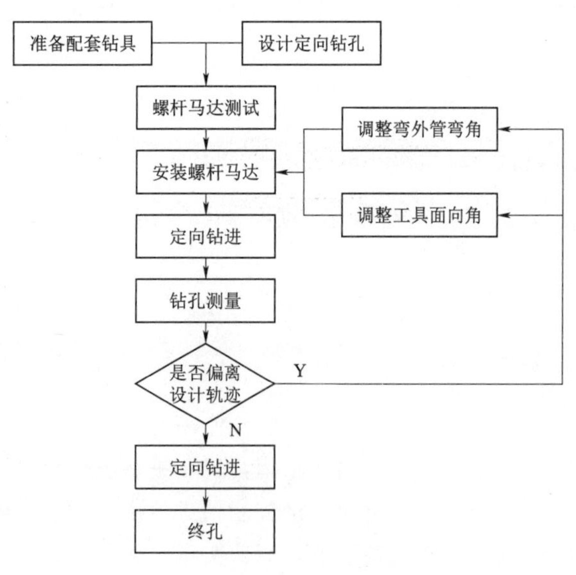

图6.1-19 螺杆马达定向钻进工艺流程

（4）液动螺杆钻具定向钻进技术要点。

1）螺杆钻具应用于定向钻进或钻孔纠斜时需在钻具上配置造斜件，常用的造斜件主要有弯接头、外壳体等，必须根据所需要的造斜强度适当选择。

2）螺杆钻具在使用清水、卤水、泥浆等各种类型的冲洗液条件下均能有效地工作，但冲洗液应尽量洁净，含砂量应低于1%，颗粒直径应小于0.3mm，禁止添加大颗粒固相、纤维质和布料等堵漏材料。

3）第四系松软地层造斜钻进时配用2°弯接头或1.5°弯外管，同时在钻杆柱与弯接头之间接一个长1.5～2.0m直径与钻孔直径相同的稳定器。

4）螺杆钻具工作时，螺杆马达定子会产生一个逆时针方向的反扭矩，因此螺杆钻具在孔内定向的工具面向角必须补偿该反扭矩所产生的反扭角。

5）在单一的稳定的地层中，造斜钻进可连续地集中完成；在软硬互层或是易斜地层，造斜钻进可分段进行；在坚硬地层中，为了减少造斜工作量，有时需加大造斜强度，可采用交替钻进法。

6）根据岩石可钻性选择造斜钻头，5级以下的岩石可选用硬质合金造斜钻头，6级以上的岩石则选用金刚石造斜钻头。

7）螺杆钻具下钻过程中必须将钻杆接头螺纹上紧，以防止螺杆钻具工作时反扭矩上紧螺纹所造成的工具面向角误差。

8）螺杆钻具在孔内定向结束后，必须在无载荷条件下启动，缓慢扫孔到底后，逐渐加钻压直到正常工作钻压。

9）造斜钻进时，操作者应时刻观察水泵压力的变化，如泵压稳定，说明螺杆钻工作正常，孔内情况也正常。如泵压突然升高，钻杆柱上的反扭矩明显增加，应立即减小钻压或用钻机立轴提升钻具。

10）每一个造斜钻进回次结束后，必须对造斜孔段进行修孔，修磨孔壁可采用锥形硬合金钻头和锥形金刚石钻头。

11）造斜之后应进行测斜。当钻孔方向偏离设计轨迹较大，影响中靶精度或有可能脱靶时，可灌注水泥，然后用长粗径钻具（3.5～5m）钻进，使孔身回到原来方向，然后才考虑用组合钻具或造斜器纠正，重新造斜。

12）造斜钻进达到预定要求后，转入普通方法钻进之前，必须修整人工弯曲孔段的孔壁，用专门钻具扩扫钻孔，以便嗣后稳斜钻进的钻具能顺利通过，继续用稳斜钻具或普通钻具钻进。

（5）定向造斜工具安装角的准确度直接影响钻孔质量，是最关键的工序之一，计算安装角时要复核，避免出错。

1）不下楔造斜或分枝时，将组合好的造斜钻具下到造斜位置上0.2～0.5m处，用定向仪定向，确认定向准确后，下放到孔底（不回转），加压使离合机构分离，滑块滑出定位后，才能开动钻机回转钻进；用螺杆钻造斜钻具时也应先准确定向，然后开泵钻进。

2）下楔造斜或分枝时，用接有定向接头的钻杆连接偏心楔慢速、平稳地下放至人工孔底上方0.5m处，然后在孔内定向安装偏心楔，使偏心楔斜槽面处于设计方向，最后下放偏心楔到孔底，加压卡固、提钻。定向方法与选用的定向仪有关，在顶角小于3°的钻孔和垂直孔中可用KDJ-1型磁性定向仪等定向，在顶角大于3°的钻孔中可用其他定向仪定向。

6.1.5 钻孔轨迹控制技术

钻孔轨迹控制贯穿定向钻探的全过程，是使实际钻轨迹沿着设计轨道钻达靶区的综合性技术，也是定向孔施工中的关键技术之一，包括优化钻具组合、优选钻探参数、采用先进的井下工具和仪器、利用计算机进行钻孔轨迹的检测预测、利用地层的方位漂移规律、避免井下复杂情况等内容。

根据《水电工程钻探规程》，定向钻孔测量与轨迹计算应符合下列规定：①根据定向钻孔设计要求和地层特性选择合适的测量方法和测量仪器；②孔斜测量宜从孔口开始向孔底逐点测量，直线孔段测点间距可为10～20m，造斜孔段测点间距宜为5m，可根据需要缩短测点间距；同一测点至少测量两次，若两次测量读数差较大时，宜重新测量；③定向钻孔轨迹测量结果见表6.1-8，并计算钻孔轴线上各测点的坐标值，绘制实际定向孔内轴线轨迹图。

表6.1-8　定向钻孔轨迹测量成果

序号	段长	孔深	顶角	方位角	X 坐标	Y 坐标	Z 坐标
0	L_0	H_0	θ_0	α_0	X_0	Y_0	Z_0
1	L_1	H_1	θ_1	α_1	X_1	Y_1	Z_1
2	L_2	H_2	θ_2	α_2	X_2	Y_2	Z_2
3	L_3	H_3	θ_3	α_3	X_3	Y_3	Z_3
4	L_4	H_4	θ_4	α_4	X_4	Y_4	Z_4
5	L_5	H_5	θ_5	α_5	X_5	Y_5	Z_5
i	L_i	H_i	θ_i	α_i	X_i	Y_i	Z_i

轨迹控制技术按照定向钻探的工艺过程，可分为直孔段、造斜段、增斜段、稳斜段、降斜段和扭方位段等控制技术。直孔段与常规垂直孔钻进要求类似，在此不做叙述。

6.1.5.1 造斜段

初始造斜方法有五类，即孔内马达和弯接头定向、喷射法、造斜器法、弯曲导管定向、倾斜钻机定向。根据《水电工程钻探规程》（NB/T 35115—2018）规定：全孔取芯定向钻孔宜采用地面主动钻杆驱动、单点造斜钻进方法进行定向孔钻进。单点造斜工具宜采用偏心楔进行。造斜段不要求取芯的定向孔，可采用连续造斜器进行定向孔钻进。连续造斜器可由地面钻杆驱动，也可由螺杆马达孔底驱动。造斜钻具的造斜能力主要与弯接头的弯角和动力钻具的长度有关。弯接头的弯角越大，动力钻具长度越短，造斜率也越高。

造斜钻具组合、钻探规程参数和钻头水眼应根据厂家推荐的规程参数设计。根据测斜仪器的种类不同，可分为四种定向方式：单点定向、地面记录陀螺（SRO）定向、有线随钻测斜仪（SST）定向及随钻测量仪（MWD）定向。

定向造斜中的注意事项：①如果定向作业前的裸眼段较长，应进行一次起下钻，保证孔内畅通；②孔底马达下孔前应测量轴承间隙，在孔口试运转，工作正常方可入孔；③MWD等仪器下井前，必须输入磁场强度、磁倾角等参数；④定向造斜钻进，要按规定加压，均匀送钻，以保持恒定的工具面。

6.1.5.2　增斜段

定向增斜孔段施工注意事项：①按设计钻进参数钻进，均匀送钻，使轨迹曲率变化平缓；②每钻进一段距离测量一次，随时作图，掌握孔斜、方位的变化趋势。如果增斜率不能满足设计要求，应及时采取措施；③如果增斜率比设计值稍低，可采用强行增斜法。采用强行增斜法要注意：一是当前钻进的扭矩不应过大；二是启动钻机时，要保持钻压达到预定的数值。

6.1.5.3　稳斜段

定向稳斜段施工注意事项：

（1）造斜或增斜结束后，下入第一趟稳斜钻具时，从造斜点开始要慢慢下钻，尤其是在软地层、高造斜率的情况下，容易遇阻，并可能产生新钻孔，必须注意：①下钻遇阻时，活动钻具，切勿“压死”钻具；②开泵，慢慢下放；③在遇阻点以上1.5m处中高速转动，快速下放；④通过遇阻点以后，上、下活动钻具1～2次，继续下钻。在硬地层时，稳斜钻具在造斜段遇阻，仍可采用前述①、②步骤，只是活动钻具的次数要适当减少，仍然遇阻时，同样要转动钻具，只是转速适当降低，且控制钻压，慢慢下放，切勿“压死”钻具。

（2）在方位右漂严重的地层钻进时，可采用“超长翼”的稳定器，以稳定方位角。

（3）总结同一地层的自然增斜或降斜特性，合理地选择稳斜钻具组合。

（4）测斜要增加关键井段测斜频率，并及时绘制垂直剖面图和水平投影图，随时掌握实钻孔井眼轨迹情况。

6.1.5.4　降斜段

定向降斜段施工注意事项：①定向孔的降斜钻具组合不宜采用钟摆式钻具，否则降斜率过高，起下钻困难；②降斜段一般接近终孔，孔内扭矩和摩擦阻力较大，在满足中靶的前提下，应尽量简化钻具组合。

6.1.5.5　扭方位段

一般地说，顶角的控制要比方位角控制容易一些，如何实现方位的自由控制，也是定向钻孔的一大难题。影响方位的因素很多，除地层这一不可改变的因素之外，钻进规程参数和钻具组合也对方位产生一定的影响。

当实钻轨迹严重偏离靶区范围，且根据当前的方位漂移趋势无望进入靶区时，应下入造斜钻具组合扭方位。

6.1.6　常见问题处理

6.1.6.1　造斜率太低

造斜率太低，达不到设计的增斜速度，其可能的原因及处置措施分析如下：

（1）弯接头度数不够。对设计的某一造斜率，通常能找到合适的弯接头弯度。但由于地层走向、硬度等情况的变化，增斜速度不一定能达到要求。如果实际增斜速度比设计要求低30％以上，在考虑最大顶角的大小以后，可以考虑换较大度数的弯接头。

（2）地层太软，而钻头水眼相对太小，使钻头来不及侧向切削，水力喷射流就已冲掉地层，钻头无法获得足够的钻压，降低了工具增斜效果，则应降低排量，减少井眼冲蚀。

（3）钻具刚性太强，不能产生足够的侧向力，则应考虑降低钻具刚性。

（4）工具面没有掌握好，工具面反复调整不容易获得稳定的造斜率。所以工具面应相对稳定，调整时，要逐步调节，若工具面不稳定，无法获得稳定的造斜率，则应采用均匀送钻、稳定排量等措施加强工具面控制。

（5）水泥塞太软。在侧钻作业中，如果水泥塞没有足够的强度，则难以侧钻脱离钻眼。尤其在深孔侧钻时，地层比水泥强度高得多，要采取小钻压低机械钻速的方法，同时，必须保证水泥塞有足够的强度。如钻水泥塞时，水泥强度能承受钻压为 50～60kN，钻进效率在 5～10min/m 的范围内，水泥强度就能够满足要求。

（6）马达性能不好。一种情况是马达不工作，应加以更换；另一种可能情况是马达工作，且有较快的进尺，但造斜率远不如其他马达或达不到设计要求，产生这种情况的原因可能是马达本体太长或者轴承处横向间隙太大，使钻头偏移量减小。因此，当遇到造斜不成功时，应具体分析原因，合理采取补救措施。

（7）弯接头标线反向。由于制造上的原因，弯接头标线没有标到高边位置，而定向施工时又没有仔细检查，导致弯接头反向，因此在弯接头下井之前，要丈量弯接头标线处的接头长度以及标线对边的长度，标线处的长度要比对边长度短几毫米（具体值视弯角大小而定）。

6.1.6.2 方位偏差太大

方位偏差太大的原因包括：①钻孔轨迹发生始料不及的漂移，如上部孔段严重左漂或右漂；②由于一些特殊原因，方位没有稳定好就提前结束造斜作业，起钻时就没有获得预计的孔斜和方位；③由于测量仪器故障或测量工程师的失误，使真实定向方向不是测量仪显示的方向，致使方位偏差太大。

解决方位偏差太大的办法是进行扭方位作业，扭方位作业时主要应考虑可能带来的“狗腿”和安全问题，特别是在裸眼段较长的孔段。如果偏差值大得无法以扭方位来弥补，只有填孔重钻。

6.1.6.3 钻出新孔眼

新孔眼往往在以下情况中可能出现：①较浅、较软和较疏松的地层；②“狗腿”较大的孔段，如造斜段、扭方位段；③钻具刚性发生变化以后；④扩划眼时。

为避免钻出新孔眼，定向钻探时应注意以下几方面：①如造斜是在较浅、较疏松的地层，造斜过程中应尽量使顶角、方位平缓变化，避免急剧“狗腿”，特别是方位的变化；②如增斜结束后，要下入刚性较强的稳斜组合，下钻要小心，不可轻易划眼；③如遇阻严重，则应开泵冲洗，如仍遇阻，则应考虑起钻用刚性较小的增斜组合通孔；④有时也可采取划眼的方式，但应在孔斜较大的孔段中进行，必须注意划眼时钻压、扭矩等的变化；⑤在轨迹过渡段、扭方位段以及地层交接面，采用多次起下钻，修正井壁，光滑井眼。

6.2 倒垂孔

6.2.1 概述

为监测水库大坝的原位变形，需在坝体内钻孔安置铅垂线进行长期观测，这种垂线孔可分为上下两部分，上部孔从坝顶至坝体内廊道，铅垂线上端固定于孔口，下端悬吊测锤，称为正垂孔；下部孔从廊道向下钻入坝底基岩内，铅垂线下端固定在孔底，上端系于孔口浮动装置的浮子上，则称为倒垂孔，如图6.2-1所示。正垂孔主要用于监测坝体本身的变形，下垂孔主要用于监测坝体与岩层间的位移、坝肩错动及不均匀沉陷等。倒垂孔是大坝或其他水工建筑物位移监测的主要方式之一，常与引张线和正垂装置配合使用，具有较高的监测精度。

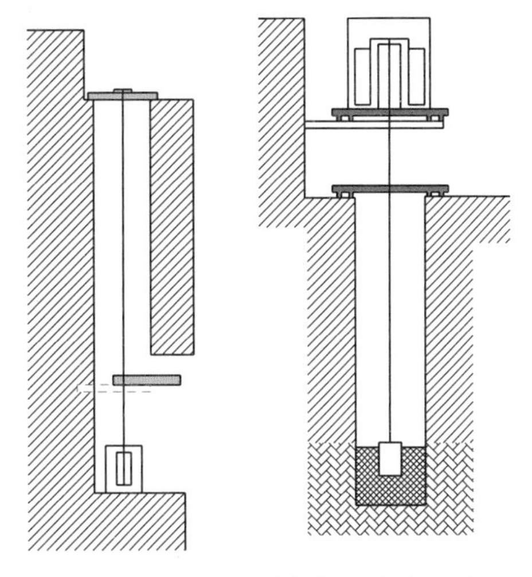

图6.2-1 正垂孔与倒垂孔示意图

倒垂孔要求垂直度偏差不超过1‰，下入护管后有效铅垂空间直径不小于70mm，入岩深度一般为坝高的2/3，因而施工难度很大。另外，倒垂孔施工过程中钻孔偏斜方向和偏斜率的精确测量和校正是其关键技术难点，并且受空间限制。保护管短管连接、埋设工艺也是一项关键技术。

倒垂孔钻探施工工艺是自20世纪80年代末期开始使用的一种大口径地质取芯钻孔工艺，具有钻孔垂直精度要求高、技术难度大等特点。目前这类孔的钻进方法主要有两种：①全面钻进，即利用冲击式钻机，使钻头反复冲击孔底，从而破碎岩石形成钻孔；②取芯钻进，即利用回转式钻机，使钻头的切削刃或研磨材料磨削孔底岩石，使之破碎形成钻孔。目前国内倒垂孔施工主要采用回转式钻机中的油压钻机，与硬质合金或金刚石等钻进工艺配合使用。

6.2.2 钻探设备与机具

倒垂孔在钻探施工过程中因其特殊工程目的和高垂直度要求，设备与机具的选用与常规钻孔相比要求和安装精度要明显高于常规钻孔，因此选用设备与机具也略有不同。

6.2.2.1 设备选用

1. 选用要求

倒垂孔的施工精度要求高，故对设备的选用有严格的要求，主要有以下几点：

(1) 钻机要求机械技术性能良好，油压给进，转速调速范围广，导管活动距离长且间隙小，稳定性能好，一般选用300型、500型、1000型立轴钻机。

(2) 钻杆应采用无弯曲变形的标准锁接头钻杆，节长可根据现场情况选择，原则上应尽量加长，但对于在施工空间较小的场所（如廊道内），采用2～3m一节的钻杆较好。

(3) 钻具直径的选择，即钻孔孔径的选择。视设计要求的有效孔径而定，一般在满足设计的有效孔径前提下，一般地钻孔直径比设计要求的有效孔径大30～50mm，而倒垂孔建议最好是一径到底，有利于控制钻孔的垂直度。孔径选择时应重点考虑如下因素：

1) 地质条件。地质条件较好，岩层完整均一的地方，可选择较小的孔径；地质条件复杂，岩层比较破碎或坚硬不均，特别是有高倾角裂隙（或层面）发育的地方，应考虑选择大一些的孔径。

2）技术条件。指工人的操作水平和钻进方面的实践经验。技术水平较低时，选择大一些的孔径；技术水平较高时，可选择小一些的孔径。

3）钻孔深度。钻孔的偏斜一般随深度的增加而增大，纠斜工作难度也随着孔深的增加而增大。因此，钻孔深度越大，选择的孔径也应越大，反之选择的孔径越小。

4）固管方式。固管的方式主要有同心式和并列式两种。采用同心式（即注浆管安装在保护管内，通过保护管低端预设的特殊弹簧逆止阀注浆）固管时，钻孔直径一般较小；采用并列式管外注浆，保护管与孔壁之间必须留有下置注浆管的间隙，钻孔直径就较大。

（4）钻头的选择取决于倒垂孔所处位置的地质条件。如果岩石可钻性在7级以下，可选用硬质合金钻头；如果岩层均匀、完整、可钻性级别为6～9级，可优先选用钢粒钻进，这样材料成本较低。大直径的钢粒钻进适用于钻进较软的裂隙性的以及有承压水的岩层，小直径的钢粒钻进适用于硬度高、裂隙少的岩层。如果岩层较破碎、脆，节理发育，可优先选用金刚石钻进，能有效提高钻孔质量。

2. 设备选择

（1）钻机。根据不同地层和地质条件来选择合适的钻机类型。钻机机械技术性能满足钻孔要求，如XY-2型岩芯钻机。该钻机具有低转速、大扭矩的特点，不仅可以进行小口径岩芯钻探，也可以进行大口径工程钻探。

（2）水泵。根据不同地层和地质条件以及工程实况选择合适的水泵。

（3）钻塔。根据施工条件，合理选择或者自行设计制造适用于相应工程的钻塔，常见的钻塔类型有四脚钻探、三脚钻探、两脚钻探、桅杆钻探。一般对钻塔的要求：①应有足够的承载力，能够起下或悬挂全部孔内钻柱杆、套管柱，也能支撑一般的孔事故处理荷载；②应有足够的操作空间，包括钻塔的有效高度和横截面尺寸，前者是确保起下钻效率的重要因素；后者是满足钻进设备和升降工具的安装、运行及操作的必要条件；③应有合理的结构，钻塔结构应当简单轻便，便于拆装、运移和维修；④应有合理的制造和使用成本，应尽量采用高强度轻型材料，简化制造工艺，尽可能采用整体起放方式。

（4）水龙头。根据全孔管柱式钻具钻进特点，自行设计制作。上端连接立轴下端丝扣、下端连接管柱的专用水龙头。

（5）钻机支垫墩。当采用全孔管柱式钻进时，水龙头在立轴下端，为增大钻机立轴下端与孔口之间的距离，以保证回次进尺不低于1m，故需垫高钻机，为此应浇筑混凝土墩，其尺寸为3m×2m×1m（长×宽×高），并且要预埋地脚螺栓或自制略大于钻机底座的刚性支垫架。

（6）孔口导向盘。为确保钻孔定位准确，开孔钻进铅直，升降拧卸钻具安全，设计制作孔口导向盘。

6.2.2.2 钻探设备安装

1. 钻机的安装、校准与固定

将钻机置于混凝土支垫墩上，找准位置，基本校平，然后再立轴内孔挂垂线对准倒垂孔中心点，接着与挂在立轴 X、Y 两方向的垂线互相校对，调直立轴，使立轴铅垂，最后将钻机地脚螺栓紧固。钻机的安装是影响钻孔弯曲的重要因素之一，直接决定钻孔开孔时的垂直度，一般的安装要求如下：①安装要稳固，工作时要既不产生平面位移，又不改变立轴的垂直度；最好先浇筑混凝土底座，预埋地脚螺栓，地脚螺栓长300～500mm，直径22mm，底部设置锚钩，顶部设置螺牙，这样可防止钻机在钻进中产生振动位移，保证钻孔的同心度。②钻机安装一定要水平，尤其是立轴要垂直，与钻孔中心线同轴。

2. 孔口导向套管的安装

在孔口凿一个直径大于导向盘尾管直径的孔，并预埋四根螺栓，将导向套管放置在孔口，与立轴对准调平，做好尾管止水工作后与螺栓紧固。

3. 钻塔的安装

钻塔顶部天车、立轴中心和孔口导向盘中心要“三点一线”，从而保证钻孔开孔垂直度。提升钢丝绳前端必须悬挂特制重锤找正，提升钢丝绳尾部必须用导向滑车导正在钻机卷筒中部，钻塔脚要用螺栓紧固在钻机混凝土支垫墩上。

6.2.3 钻探工艺与方法

6.2.3.1 施工工序

倒垂孔施工工序如图6.2-2所示。

6.2.3.2 钻探方法

1. 导向管柱钻进

钢粒钻进宜使用短钻头、长钻具组成的钻杆柱。当选用ϕ150钢粒钻头钻进时，钻头上部连接长度2m的ϕ146岩芯管，岩芯管上部再连接ϕ152×(10～12)的地质管作为导向管，组成全孔灌注式钻具钻进。

金刚石单管钻头钻进时，选用特制ϕ151/126孕镶金刚石单管钻头，ϕ151.5扩孔器和ϕ146岩芯管与ϕ150接箍连接组成钻杆柱。

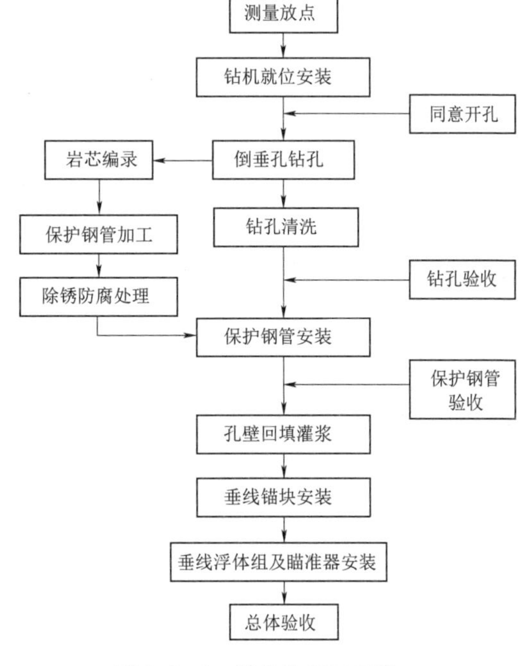

图6.2-2　倒垂孔施工工序

2. 孔底导向钻进

孔底导向钻进一般在倒垂孔位置，先用ϕ75绳索取芯钻具钻至终孔深度，若孔斜符合要求，可用锯末黏土泥球将钻孔填实，然后用特制导向钻具套钻扩孔至设计深度。

孔底导向桩钻进在遇到造斜强度大的地层时，为了保证钻孔垂直度，可在钻孔中先下入导向管，先用小直径金刚石钻具在导向管内钻导向孔，然后下入定位桩，并用快干水泥砂浆固定，再用大直径钻具钻进，如此反复进行。

3. 大口径金刚石钻头钻进

首先用ϕ275大口径金刚石钻头开孔，钻至一定深度后下入ϕ273导向管，并用水泥砂浆浇筑固定，然后用ϕ220导向钻具进行钻进，直至钻至设计孔深为止。当遇到特殊情况时，可变径使用ϕ170口径钻至终孔。

4. 空气潜孔锤钻进

在坚硬岩层中，选用低转速大通孔立轴式钻机，如LGY250－17/7型螺杆式或低压空压机，CIR－150型潜孔锤等设备，采用全孔ϕ152管柱加ϕ159接箍（间距1.5～2m）导向扶正钻具，并使钻具与孔壁的环状间隙控制在0.5mm左右。

6.2.3.3 钻进规程参数

倒垂孔口径较大，在坚硬地层钻进时，规程规范中没有规定相应的钻头口径，所以常使用钢粒钻进和金刚石钻进，通常采用低转速、小压力和适宜水量的钻进规程，立轴转速为60～200r/min，压力为300～400N，水量为50～80L/min，每个回次进尺控制在1m左右，回次岩芯不能有残留，否则易造成钻孔弯曲。另外，在钻进过程中，还要控制进尺速度，不宜太快，保持钻机运转平稳，出现异常及时停机检查。

1. 转速

转速可以根据下列公式计算：

$$n=\frac{60v}{\pi D} \tag{6.2-1}$$

式中：n为转速，r/min；v为线速度，m/s；D为直径，m。

2. 钻压

孕镶金刚石大口径工程钻头的钻压根据式（6.2－2）计算：

$$P=P_{m}eS_{0}u \tag{6.2-2}$$

式中：P_{m}为加在金刚石单位面积上的载荷，一般取28～32MPa；e为金刚石断面面积与钻头唇部工作面面积的百分比；S_{0}为金刚石断面面积总和，cm^{2}；u为金刚石参加切削的比例系数，取0.4～0.6。

根据上式计算的钻压值是正常钻进的钻压。实际生产中应根据具体情况进行调节。新钻头下入孔内初次使用，钻压须减轻到正常钻压的1/4～1/5，经过一段时间磨合后，再增到正常钻压。同样浓度的钻头，金刚石颗粒大的用小钻压，颗粒小用大钻压。岩石完整、硬度高、中等研磨性，宜采用大钻压；岩石较软、研磨性强、裂隙发育、破碎且不均质，应采用小钻压。超径大口径钻进，也要适当降低钻压。

钢粒钻头钻进钻压可根据式（6.2－3）计算：

$$P=kp\,\frac{\pi}{4}(D^{2}-d^{2}) \tag{6.2-3}$$

式中：P为钻压，即总的轴向压力，N；p为单位压力，Pa；k为考虑水口使钻头唇面面积减少的系数，$k=0.7\sim0.8$；d、D分别为钻头内、外径，m。

采用全孔管柱式钻具或配加重钻铤钻进时，由于钻具自重大宜采用减压钻进法，如果孔内压力损失较大时，方可适当加压。

3. 泥浆

钢粒钻进一般使用清水作为泥浆，若孔壁阻力较大时，可加入适量的润滑剂；金刚石钻进宜用0.3%～0.5%（体积）的具有润滑性的乳化液。

钢粒钻进时，流量主要根据投砂量、投砂方法、钢粒直径等确定，保证孔底工作钢粒正常工作并能顺利携带出岩屑，可根据 $Q=KD$ 计算，具体见表 6.2-1。

表 6.2-1 不同钻孔直径的泥浆量 单位：L/min

K	D			K	D		
	3mm	4mm	5mm		3mm	4mm	5mm
150	45	60	75	220	66	88	110
170	51	68	85	275	83	110	138

表 6.2-1 所列数据，回次钻进开始时取大值，结束时取小值。此外，泥浆流量还须与钻压和转速相匹配。转速一定时，钻压增加，泥浆流量也相应增加；钻压一定时，转速增加，则相应减小。

金刚石钻进根据下式计算：

$$Q=6S_nU_n \tag{6.2-4}$$

式中：Q 为泥浆流量，L/min；S_n为钻孔与钻具之间的环空最大横截面积，cm^2；U_n为泥浆流上升速度，m/s，一般不小于 0.3～0.5m/s。

大口径金刚石钻进所用钻杆规格尺寸与环状面积的关系见表 6.2-2。

表 6.2-2 钻杆与钻孔间的环状面积 单位：mm^2

钻杆外径	钻头直径			
	151mm	171mm	222mm	275mm
94mm	84.04	160.22	317.68	667.89
114mm	74.61	127.56	284.97	626.25
130mm	43.98	96.93	254.34	587.25
146mm	11.84	62.24	219.66	543.09
152mm		48.20	205.63	525.21
168mm		7.99	165.41	474.01
219mm			10.39	217.27
273mm				10.96

从表 6.2-2 可以看出，大口径金刚石钻进时钻具与孔壁之间的环状间隙小，且钻具与孔壁间的环状面积同钻杆柱与钻孔孔壁之间的环状面积相差很大，因此计算所需泥浆流量误差较大，难以在实际生产中应用。基于这种情况，采用大口径金刚石钻进时必须对泥浆流量公式进行修正，修正后的公式如下：

$$Q=6.5S_kU_ke \tag{6.2-5}$$

式中：S_k 为水口流水断面面积之和，cm^2；U_k 为水口处急流水流流出速度，m/s，一般不低于 1.5～2m/s；e 为孔底结构形状系数，平弧形的取 1，阶梯形锯齿形的取 1.5。

4. 钢粒钻进投砂方法及投砂量

（1）投砂方式。采用连续结合性投砂，以防钻孔超径，导致钻孔弯曲。

（2）投砂量。倒垂孔采用钢粒钻进工艺时投砂量对于钻孔质量影响很大，投砂量大，会造成钻孔严重弯曲，增加消耗；投砂量少，则起下钻频繁，钻进效率很低，推荐投砂量见表 6.2－3。

表 6.2－3　推荐投砂量表

钻孔直径/mm	150	170	220	275
投砂量/kg	2.5	3	3.5	4.5

6.2.3.4　垂线保护管安装埋设技术

倒垂孔钻好后要安装保护管，以保证垂线满足在孔内长期观测的要求。下入的保护管要从材料和接头加工质量等方面进行严格控制，一般要求如下：①保护管应采用未变形的无缝钢管；②钢管的接头丝扣螺纹加工要在公差范围内，配合严密，两端丝扣螺纹同轴度偏差应小于 0.25mm；③还应分段或全段连接拉线检查，如果明显往一方向弯曲，则应上下位置调整，或更换重新加工，检查合格后统一编号，下管时按顺序安装。

由于保护管直径比钻孔直径小，管柱超过一定长度后柔度会增大，在孔内将失去稳定而产生弹性弯曲。因此在下保护管前，应根据钻孔测斜结果在保护管外侧分段焊接导垂环，保证保护管中心与有效孔径中心重合。保护管在导垂环的径向支撑下能克服管柱不稳定而产生的弹性弯曲，提高了保护管的安装精度，倒垂孔保护管如图 6.2－3 所示。

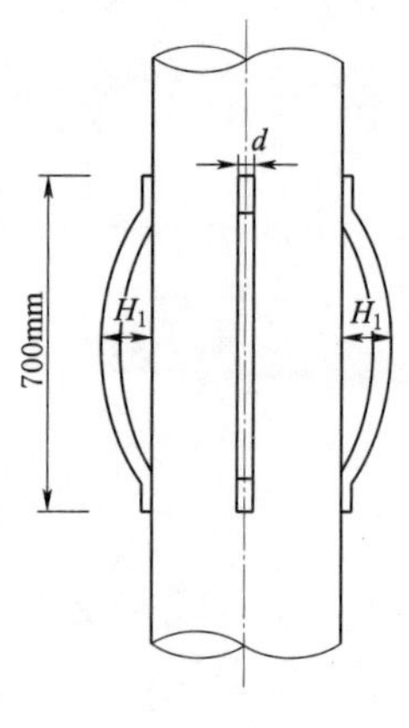

图 6.2－3　倒垂孔保护管

如果钻孔内有水，由于保护管具有密封止水的特性，下入孔内时管柱会产生较大的浮力。因此，在下管前可向管内注入水，以便克服浮力下入保护管，并固定在孔口。在保护管下好注浆前，再次测斜，确定精度符合要求后再进行水泥砂浆的回填。回填时，一般采用水泵压浆，沿软胶管将 1∶1 水泥砂浆注入钻孔和管壁之间，应逐段进行，以防浆液挤弯保护管。回填完成后，再次测斜，确定保护管的安装精度。待回填水泥砂浆凝固后，再将管内水抽干，最后进行垂线的埋设工作。

目前国内常用的垂线埋设方法大致有以下两种：

（1）常规的埋设方法。即用锚杆放入孔底，再用 1∶1 水泥砂浆固结。这种方法在回填水泥砂浆固定锚杆时，会产生较大的误差，同时若固结不好，牢固性也差。

（2）定向倒钩埋设垂线法。用正钩和倒钩来完成垂线埋设。倒钩是根据钻孔测斜资料和有效孔径中心，确定孔底有效孔径中心的位置，将倒钩事先焊在保护管底部，倒钩交叉点正是管底对应有效孔径中心，下好保护管，再将正钩连同垂线钩住倒钩，这样既简单、准确，又省时省力。如果垂线和保护管有效孔径中心不重合，还可调整正钩的弯曲度和上部焊筋的长度，直至垂线和保护管的有效孔径中心重合为止。调整好后，再用 1∶1 水泥砂浆固结。定向倒钩埋设垂线法原理如图 6.2－4 所示。

6.2.3.5　倒垂线锚块埋设

在倒垂孔施工作业中，埋设倒垂线锚块也是一个十分重要的工作，埋设前应认真做好各项准备工作，埋设方法有以下两种：

(1) 放浆筒法。用砂浆比为1∶1的525号水泥砂浆装满放浆筒，并将其放入孔底后再上提约0.5m，然后拉开活门放出砂浆，接着将圆形木板上的小孔上穿过钢线并在钢丝下固定好锚块，然后将圆形木板中心与钻孔中心线重合且木板平面于孔口平台重合，最后方可慢慢将锚块沿小洞位置下放。当锚块到达孔底后，再往上提起，距孔底5～10cm，反复几次并用倒垂法检测钢丝的正确性，使锚块正确放在设计位置固定，切忌将钢丝埋入水泥砂浆中。

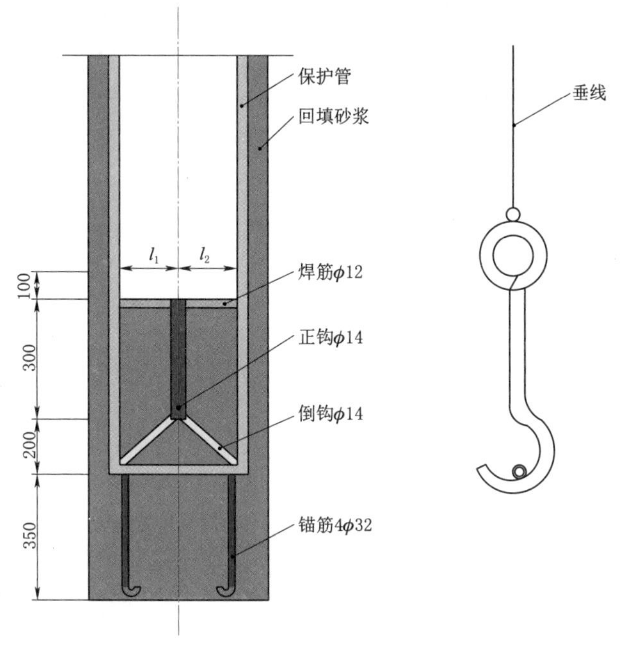

图6.2-4　定向倒钩埋设垂线法结构示意图（单位：mm）

(2) 卡口法。自行设计一套卡口装置，将卡口座先固定在保护管底部，然后下入卡头，使其结合成一体。

6.2.4　钻孔纠斜与防斜

6.2.4.1　钻孔弯曲的原因

受空间条件限制，倒垂孔施工作业只能选用小型钻机，并且对钻具长度、开孔孔径、变径次数有较大的限制。一般不能使用具有防斜功能的长钻具，这给钻孔垂直度控制和纠斜增加了难度。因此了解钻孔弯曲的原因是十分必要的，这有利于在钻进过程中控制钻孔垂直度。在钻探施工中，钻孔弯曲（偏斜）是一个必然事件，主要受地质构造和工艺技术的影响。

1. 地层构造方面的原因

岩层产状不规则、软硬不均或松散无胶结或胶结差的破碎带、砾石层、断层、溶洞等地质条件是造成钻孔弯曲的重要原因。

(1) 各向异性的岩层。对于有层理或者片理构造的岩石，当外力垂直其层面或平行其片理作用时，它们表现的力学性能指标是不一致的，称为岩石的各向异性。在层理和片理构造中的岩石中钻进，由于层状岩石的各向异性，钻头朝着钻进阻力最小的垂直于层面方向偏斜，因此，钻孔的顶角和方位角都趋向垂直岩层层面方向弯曲。各向异性越强的岩石，钻孔弯曲的程度越大。

(2) 倾斜的软硬不均的交错岩层。钻孔穿过倾斜的软硬互层时，因软硬岩石抵抗破碎的能力不同，使孔底产生不均匀破碎，造成钻速低，引起钻孔顶角及方位角的变化。钻孔偏斜的方向和顶角变化率取决于钻孔轴线与岩层面的夹角（遇层角）和软硬岩石的硬度差，差值越大，钻孔弯曲越大。

（3）地质构造复杂、自然破碎的地层。在这类地层钻进，钻孔也会发生顶角和方位角的变化。如在松散的流砂层或破碎层钻进孔斜时，因其具有流散性，故在钻具的自重作用下，钻孔极易下垂；遇大溶洞时，由于重力作用，斜孔钻进时钻孔顶角会急剧缩小而向下弯曲；由于孔底不规则，钻孔钻进时粗径钻具也易偏离钻孔轴线而发生弯曲；钻遇到大的裂隙或断层，其方向和角度又与钻孔的方向和角度相近似时，钻孔会沿着裂隙或断层的方向和倾角发生弯曲；在松散的地层中遇到大的砾石、卵石等坚硬的包裹体时，钻孔会沿其斜面弯曲。

2. 钻探工艺方面的原因

（1）设备性能及安装方面。钻机陈旧或性能不良，不能保证粗径钻具垂直，就会发生钻孔弯曲，如钻机的回转给进部件导向性能差、立轴导管弯曲、立轴箱固定不牢、油压钻机滑道弯曲等。钻机没有水平地安装在固定的基础上（或地基填方上），使得基台枕木受力不均，造成钻塔钻机倾斜；塔上滑车、钻机立轴和钻孔没在同一轴线上；钻机立轴没有准确地固定在既定的倾角和方位上；这些都会导致钻孔的严重弯曲，如图 6.2-5 所示。原设计钻孔为直孔，其轴线 OO_1，孔深为 L_1，在安装时，若立轴偏斜 θ，$R=L_1\tan\theta$，R 为偏离原孔底（O_1 点）的半径 O_1A_1，θ 角越大，L_1 越长，则 R 值越大。

（2）开孔换径方面。钻孔开孔时，使用的钻具同心度差；随着钻孔的延伸而没有及时加长粗径钻具；在下导向管时，它与钻孔不同心，上下固定不牢而晃动，不起导向作用也会引起钻孔弯曲。换径或扩孔时，没有使用导向钻具，或导向钻具太短等都容易造成钻孔弯曲。

（3）钻进方法方面。钻进方法不同，孔眼与钻具（主要是粗径钻具）之间的间隙也不相同。两者之间的间隙，是造成钻具在孔内偏斜的重要条件（图 6.2-6），间隙越大，则钻具轴心线与钻孔轴心线的夹角愈大，钻具偏斜也越严重。一般来说，硬质合金钻孔直径为钻头直径的 1.1～1.3 倍；金刚石钻进的孔壁间隙最小，在 7～8 级岩石中，间隙为 1.0～3.0mm；在 11～12 级岩石中，仅为 0.2～0.5mm。

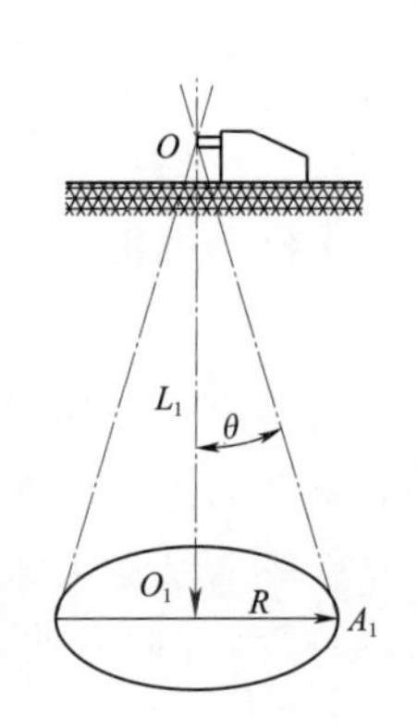

图 6.2-5 钻机立轴偏离时产生的钻孔轴线

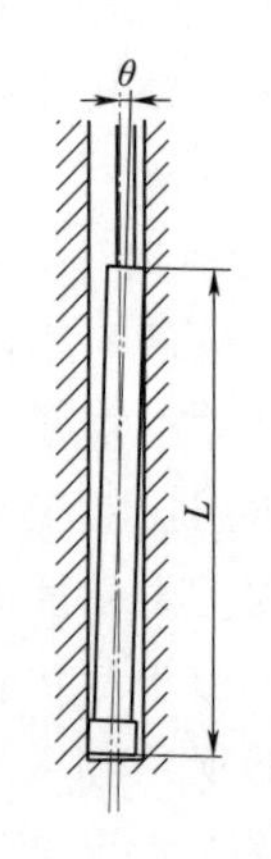

图 6.2-6 钻具在孔内偏斜示意图

（4）钻进技术参数方面。不视地质和设备条件而盲目采用强力钻进技术参数，贪图进尺，也会促使钻孔弯曲率增大。如钻压过大，钻杆弯曲严重，迫使粗径钻具上端靠向孔壁，使粗径钻具轴线偏离原孔轴线；过高的转速，会使钻具离心力增大，从而加剧了钻具的横向振动，扩大了孔壁；钻进松软地层时，泥浆量过大，冲刷孔壁严重，使孔壁间隙急剧增大，所有这些不恰当的钻进技术参数都会增大钻孔的弯曲率。

（5）钻具结构方面。

1）钻具的级配。钻具在孔底工作时，当钻压增加到临界值时，钻杆柱就失去直线稳定的形状而发生弯曲，且与孔壁有接触点，称为切点。当钻杆柱在钻孔中处于弯曲状态时，则钻具不再保持原始孔轴线方向，而对孔壁产生侧压力作用，因而在钻进中就会发生钻孔弯曲。当钻具级配不合理，环状间隙增大时，钻杆柱的挠度增大，弯曲钻杆柱对孔壁的侧压力也越大，钻孔弯曲率也就越大。

2）钻具的刚性。钻具在孔底钻进，主要是靠粗径钻具在孔内导正。一般来说，粗径钻具刚性越好，在孔内导正就越好，钻具轴线与钻孔轴线越接近，则孔斜率越小。如果粗径钻具刚性差，而作用力超过极限时，则钻具发生弯曲，此时钻具与钻孔二轴线形成夹角（轴偏角），于是钻头偏斜钻进而造成钻孔弯曲。因此粗径钻具的刚性越差，其弯曲越严重，则轴偏角越大，钻孔弯曲也就越严重。钻孔的弯曲与粗径钻具的刚度有密切的关系。小口径金刚石粗径钻具刚度相对还是比较小，因而对易孔斜地层，小口径金刚石钻进的孔斜率也会增大。

3）粗径钻具的长度。钻孔弯曲角度 $\theta=\arctan(f/L)$，当间隙一定时，增加粗径钻具长度 L，则轴偏角 θ 迅速减小，孔斜率也会减小。但当 L 增加到一定程度后，再增加 θ 基本不变。因此，粗径钻具长度要有一个合理的长度。

4）粗径钻具质量。粗径钻具质量差，如不圆、不同心，钻进时工作不稳定，易扩大孔壁而造成钻孔弯曲。

6.2.4.2　测斜要求

倒垂孔施工时，一般每钻进 2m 须进行一次测斜。通常的测斜方法为同径测斜法，此方法原理简单，测斜精度高。同径重锤测斜法是利用 ϕ0.9 的不锈钢丝做垂线，下端连接与钻孔直径相同的鼓形弹簧测斜器中心，上端与孔口浮体空心垂杆卡头固定。将重锤放入所需要测的深度，形成以测斜器中心点为定点，重锤中心为动点的倒垂线。在钻孔孔口设置三维坐标系，从孔口中心坐标原点为定点 O，垂线在孔口的位置 O_i，根据坐标系可以测出与定点 O 的水平距离即为所测深度钻孔的中心偏距，如图 6.2-7 所示，同径重锤重 10kg 左右，外侧有 8 个弹簧活动支点，适用范围根据钻孔孔径而定，一般适用孔径 168～300mm 的钻孔。

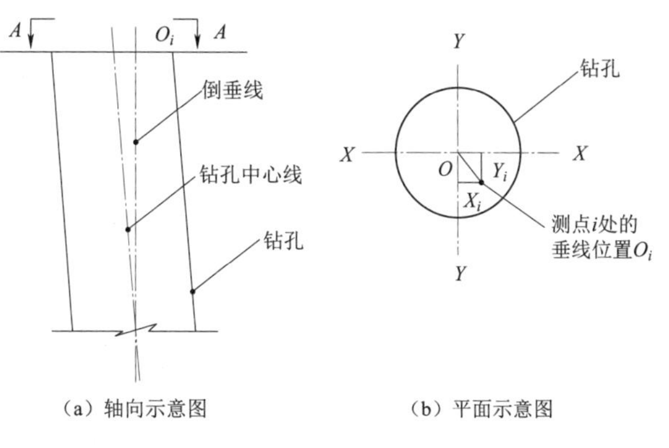

图 6.2-7　钻孔测斜

6.2.4.3　防斜的主要措施

防斜实践表明，造成钻孔弯曲的原因是多方面的，主要有地层构造、工艺与技术方法等。因此为了避免钻孔偏斜，应做好以下几点：

(1) 对机组人员进行技术培训，熟悉、掌握倒垂孔钻探施工工艺和技术要求，牢固树立质量第一的思想和作风。

(2) 选用性能好的钻机，满足各项技术要求，安装稳固、周正。

(3) 下入孔内的钻具、钻杆（或管柱）、扶正器、钻铤等均应按照要求加工生产，同心度好。入孔前应在地面进行连接检验，确定满足设计要求方可使用。严禁使用呈弯曲状态的钻具，避免钻孔偏斜增大。部分国产钻铤规格参数见表 6.2-4，选用时应与所使用的钻具配套，若钻铤外径有差异时，可采用大车小、小补大的方法。

表 6.2-4　部分国产钻铤规格参数

管材规格（外径×壁厚）/(mm×mm)	尺寸/英寸	每米重量/kg	定尺长度/m	钢级或钢种
ϕ146×38	5 3/4	111.2	8～12.5	DZ-55
ϕ159×42	6 1/4	123.2	8～12.5	DZ-65
ϕ165×45	6 1/2	127.3	8～12.5	DZ-75
ϕ178×51.5	7	164.3	8～12.5	DZ-85
ϕ203×64	8	219.3	8～12.5	DZ-95

(4) 严格控制孔壁间隙。在不同的钻探方法下，确定粗径钻具与钻孔间环状间隙不同，由此所产生的钻具偏斜值因此不同。一般通过局部增大粗径钻具长度，则轴偏角迅速减小，孔斜率也随之减小。但是，当粗径钻具长度增加到一定程度后，则轴偏角减小很少。同时，粗径钻具的稳定性则随之降低。因此，粗径钻具长度应有一个合理的长度。根据压杆稳定计算，在不同环状间隙下，粗径钻具长度的适宜值见表 6.2-5。

表 6.2-5　粗径钻具长度适宜值

环状间隙/mm	0.5	1.0	1.5	2.0	2.5	3.0
粗径钻具长度/m	2～3	3～5	4～6	5～8	7～10	8～12

(5) 优化钻孔结构，争取“一径到底”。首先用 ϕ275 钻头开孔，钻至孔深 1～3m 后下入 ϕ273 导向管（又称孔口管），然后用 ϕ222 钻头钻进。

(6) 规范钻孔开孔和换径操作。在开孔时应将钻具接在立轴下端丝扣上，并将钻具放在开有比其外径大 1mm 的导向盘内孔中，导向盘内孔的中心应与孔位坐标重合，导向盘应用螺栓固定在混凝土机座上。换径必须导向，当小径孔段长度等于大径钻具长度时，才能去掉作为导向的大径钻具。在开孔和变径时应采用小压力低转速钻进的参数。

(7) 做好地面安装工作，首先根据施工现场和孔位坐标及钻机安装尺寸，布置并浇筑钻机混凝土机座，在安装钻机时应用仪器对立轴进行 X、Y 方向的校对，钻塔顶部天车与立轴中心线及孔位坐标应成为一垂直线。钻机和钻塔应用螺栓紧固在预浇的混凝土座上，钻机前应有足够的工作场地，在钻进中也要经常对钻机立轴、钻塔天车和孔位坐标进行校核。

(8) 每 2m 测孔斜一次。如遇换层、变径或软互层钻穿之后应立即测孔斜，确认钻孔未发生偏斜后，方可继续钻进。

6.2.4.4　纠斜方法

钻进过程中发生孔斜是很难避免的，常用的纠斜（防斜）方法有以下几种：

(1) 立轴纠斜。当测得钻孔倾斜方位角和偏斜值后，将孔内岩芯全部取出，并用磨孔钻头将孔底磨平。然后相对偏斜方向调整钻机立轴角度，采用轻压慢转待钻出一个新孔后再恢复正常钻进。

(2) 扩孔纠斜。钻孔变径后，在一定深度时发现孔斜超过允许值时，应先将孔内岩芯打捞干净，再用快干水泥将该段填封然后用大直径长管钻具导向轻压慢转钻进，直至将孔斜纠正之后再继续钻进。

(3) 回填封孔纠斜。发现钻孔某一孔段偏斜过大时，用水泥加砾石混合填封。由于水泥和掺合料凝固后强度比孔内岩石强度略高或相等，可避免纠斜钻进时又回到原来偏斜的孔段里，因而取得较好的效果。

(4) 孔底导向桩（孔）纠斜。当钻孔钻至一定深度后，受孔径限制，若发生钻孔偏斜，可将孔底打捞干净，下偏心套管，钻小孔并埋设钢桩，待水泥浆凝固后，利用钢桩中心导向纠斜。如不埋设钢桩，则采用双管钻具，将其内管先插入小孔，导向扩孔钻进纠斜。

(5) 跳级换径纠斜。就倒垂孔而言，单纯换径是没有必要的，应该将换径与纠斜结合起来，当需要纠斜时才变换孔径。跳级换径就是一次缩小孔径二至三级。例如用 ϕ276 钻具钻进到一定深度，发现钻孔偏离轴心线较大时，就下 ϕ219 套管作导向管，然后换 ϕ171 孔径继续钻进。

此外，如遇到一些特殊原因造成的孔斜，则应视孔内情况，现场确定纠斜方法。

6.2.5 安全及注意事项

(1) 倒垂孔施工作业时应使用专用防斜钻具，钻杆柱增添扶正器。孔深大于 15m 时，若孔斜偏移超过 10mm，可采用立轴纠斜法纠斜；孔深小于 15m 时，若孔斜偏移超过 20mm，可采用下套管的方法进行纠斜。

(2) 如果钻孔偏斜超过 10mm，在后续钻进过程中应增加测斜次数，及时掌握钻孔偏斜参数，防止钻孔偏斜超出纠斜范围而报废。倒垂孔孔斜测量间距孔深不宜太大，否则孔斜变化规律容易被测量误差所掩盖，可能造成判断失误。

(3) 在绘制保护管平面投影图时应关注坐标变化趋势，并结合偏心点坐标变化过程线判断孔底有无碰壁现象。

(4) 垂线一经定位严禁再动，注浆后待凝期间，严禁扰动垂线及浮筒。

(5) 在垂线安装过程中，避免异物及垂线掉入孔内，封孔时要特别注意孔中杂物的清理，保证封孔回填密实。

(6) 倒垂孔施工要进行全过程质量监控，包括放孔、钻机对中、调平、导向管预埋校正、钻孔过程中的测斜纠偏、变径、终孔测斜、保护管加工、保护管的安装校正、注浆固定等步骤。

(7) 作业时有两个最重要的控制点：①钻孔的全孔最小垂直有效孔径应大于保护管的外径；②保护管在校正、注浆固定后管内垂直有效孔径应不小于 100mm。

(8) 在倒垂孔施工过程中要严格注意控制开孔段的精度，特别是前 10m 的垂直度。开孔选用的钻具同轴度要好，采用小压力、低转速的工艺参数，并且随着孔深的增大而逐渐增长钻具。一般应在孔口处埋设长度为3～5m的导向管，导向管安装精度也要严格控制。

6.3 斜孔

斜孔钻进的目的是经济、快速地揭示各种目标地层，降低钻探工作量，节约成本。在一些特殊环境，如山坡、河流区域，环境条件不满足垂直孔施工要求时，斜孔的设计和施工就成为首选。斜孔由于揭示的地层多，钻遇复杂地层和大倾角地层的概率急剧增加。这些地层中往往存在低强度的薄弱面，钻穿地层后会引起岩石应力的重新分布，当地层应力大于泥浆液柱压力时，岩石体会发生破裂，从而引起孔壁垮塌。另外，在斜孔中，岩屑在自重作用下具有向下沉积的趋势，在一定条件下将形成岩屑床，由此给钻探施工带来的困难比垂直孔更大。

6.3.1 概述

斜孔钻进是常规钻探的技术延伸，钻进过程中产生的孔斜易超过规定要求，这也是斜孔钻进的最主要特点之一。斜孔钻探与垂直孔钻探和水平孔钻探有很大的区别，不仅仅是设备工艺上的区别，循环介质在孔内的流动特征也有很大的差异。图6.3-1为钻孔中泥浆流动示意图。斜孔处于两种钻孔的中间状态，具有更多的不确定性。

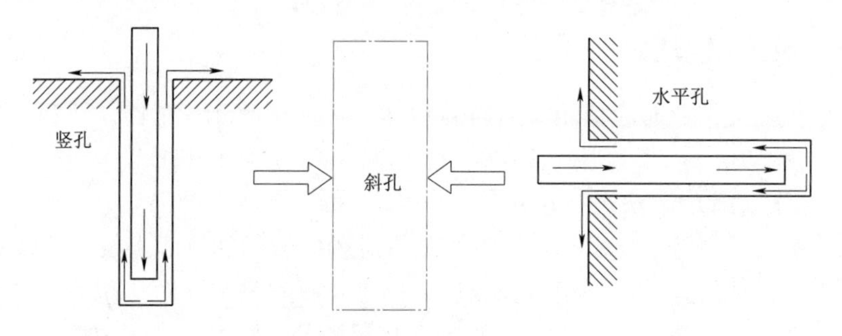

图6.3-1 钻孔中泥浆流动示意图

在垂直孔中，泥浆一般充满环空，孔壁上作用有较大的液柱压力。泥浆流量和流速满足一定条件后，携带岩屑的能力就能得到提高。目前能实现泥浆的正反循环钻进，泥浆体系完善，护壁效果较好。

在水平孔中，泥浆不一定充满环空，孔壁上液柱压力分布不均，且岩屑重力方向与流动方向正交，泥浆沿水平方向流动，孔壁稳定性差。

岩屑在垂直孔中能够上返至地面，只要满足泥浆的上返流速大于岩屑的相对下沉流速，则这两个速度的矢量和即为岩屑终速度，方向向上。但对斜孔而言，轨迹与流速方向成一定角度，岩屑在重力作用下，有沉向重力低边的运动趋势（图6.3-2），极易形成岩屑床，给钻探带来一系列复杂问题。钻进时，会增大扭矩；接单根、起下钻时，由于“岩屑床”占据了钻孔的有效截面积，接箍、扶正器和钻头上下移动时会出现阻卡，严重时还会因“岩屑床”突然“滑坡”堆积卡钻。另外，岩屑床大大改变了泥浆的流态，对泥浆携渣有重要影响。

不同于垂直孔，在斜孔中钻进，转速低、钻压大，钻速较快时，岩屑颗粒粗大，不易排出孔外，虽然钻杆回转可以搅动泥浆，使钻屑旋甩起来，减少下沉（图6.3-3），但由于钻杆与岩粉颗粒间摩擦力作用的差异，使钻杆左侧岩屑堆积较右侧多，形成岩屑楔，易造成埋钻和抱钻等孔内事故（图6.3-4）。同时，岩楔迫使钻杆向右，使钻孔轨迹上仰并向右偏。

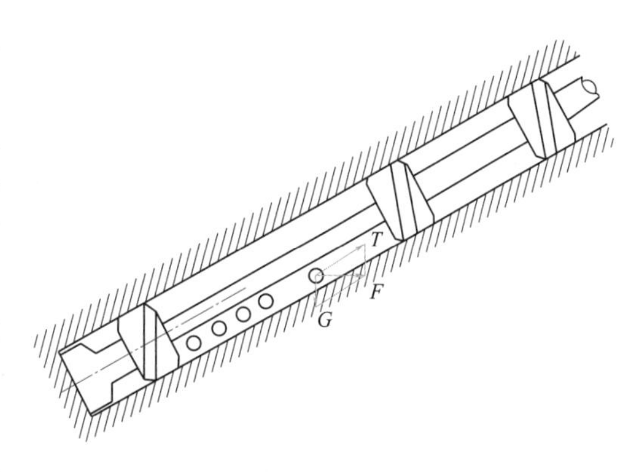

图6.3-2　斜孔中钻屑流动示意图

分析可知，在斜孔中，因钻杆周围被泥浆包围，钻孔倾角越大，泥浆在钻杆周围的流速分布越不均匀，对排粉越不利；在水平孔中，受重力作用的影响，钻杆多处于钻孔的下侧，大颗粒岩屑也向钻孔下侧聚集，钻孔中泥浆流速分布极不均匀，上部流速高，下部流速低，不利于岩屑排出，造成憋泵。

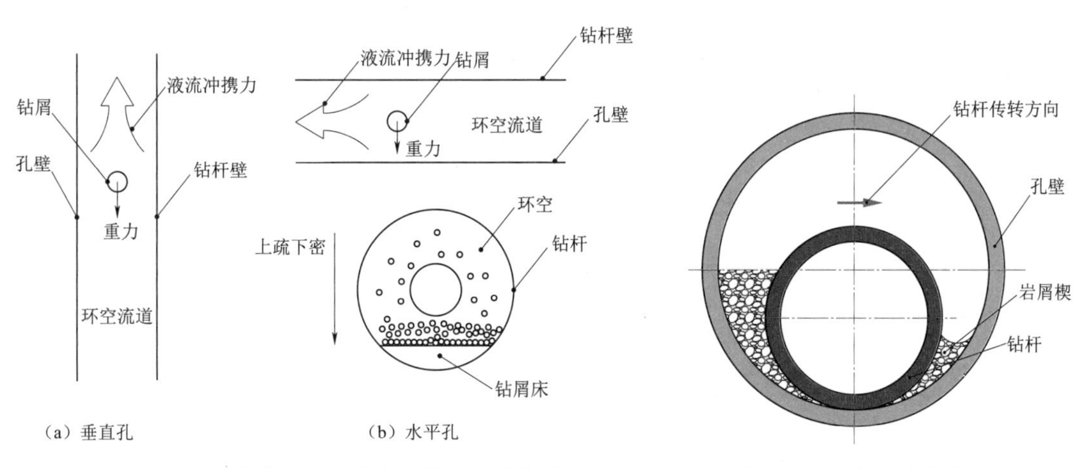

图6.3-3　垂直孔和水平孔中岩屑流动示意图　　图6.3-4　斜孔孔内岩屑堆积

由于钻杆柱受重力作用，在钻进中不断地敲击下孔壁，从而使钻孔不断向下扩大，这是离心力作用与重力作用叠加的结果。

总之，斜孔特点如下：①斜孔钻具将岩屑反复研磨、碾压，使岩屑变得细碎，泥浆固相含量会逐渐升高，从而会降低钻速并增加起下钻的抽吸压力，若得不到适当处理，可能会导致卡钻或钻孔报废；②钻进带来了岩屑的堆积，加大了摩阻，从而导致钻柱、套管磨损大，套管下入困难；③对钻柱施加压力变得困难，不能有效将钻压传至钻头，地面驱动设备扭矩不足，影响钻进的效果；④随着岩屑床厚度的堆积变大，环空间隙逐渐减小，容易引起憋泵，而且停泵后孔内岩屑下沉和岩屑床下滑也可能导致卡钻等孔内事故；⑤长时间在长斜裸眼段钻进，泥浆性能变差，易造成孔壁失稳导致坍塌，引发事故；⑥固孔质量难以保证。

6.3.2 钻孔结构设计

6.3.2.1 一般要求

斜孔的钻孔结构应根据钻孔任务书、地质条件、物探与测井要求等进行设计，在满足勘探要求的前提下，还应遵循安全作业和经济性的原则。

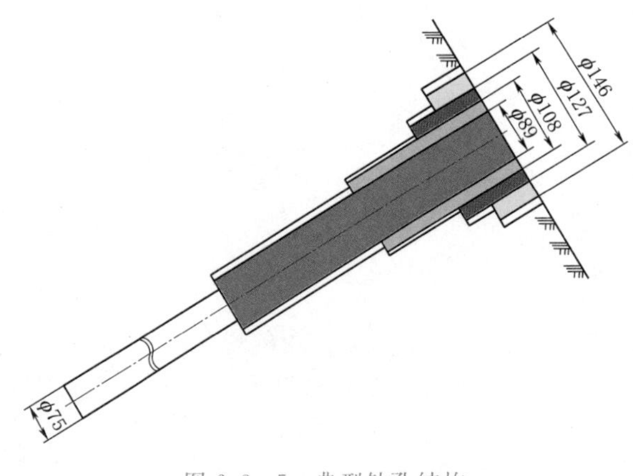

图 6.3-5 典型钻孔结构

由于深孔大斜度因素，钻遇的地层较多，可能包含断层带、构造带、破碎带等，硬、脆、碎、软硬交互层；也可能钻遇地层压力系统较多（多压力体系地层）、水敏性地层、多孔性地层等。加之斜孔的井壁稳定性差，就需要对钻孔结构进行综合考虑。合理的钻孔结构是减少压差、防止黏附卡钻的先决条件；良好的钻孔轨迹和泥浆性能是钻孔防卡的保障。设计时一般采用 ϕ75 终孔，ϕ60 做备用，如图 6.3-5 所示。钻孔结构尽量考虑硬、脆、碎、涌、漏、坍塌、缩径等各种复杂地层状况，孔口应高精度安装导管，同时应满足以下两点经济性原则：①在满足安全、高效作业的前提下，减少套管层数；②套管和钻孔尺寸的确定应考虑不同钻孔尺寸的钻进效率和材料消耗，以缩短钻进周期，降低钻探成本。

斜孔的钻孔结构设计在一般钻孔设计基础上还应考虑下列因素：①地层孔隙压力；②钻孔倾角及钻孔轨迹因素；③裸眼孔段的长度；④低压渗透性砂岩层厚度；⑤斜孔换径处，特别是套管级差较大时，应设置换径导向装置，起下钻防挂。

斜孔的钻孔结构设计无论采用自下而上还是自上而下的设计方法，钻孔结构设计均应保证同一裸眼段内满足压力平衡原则，需要考虑地层孔隙压力和地层破裂压力及最大裸眼压差值，以免压差过大而频繁卡钻。

6.3.2.2 设计的内容

（1）确定各岩层的钻进方法。

（2）确定钻孔终孔直径。

（3）确定套管层次、下放深度和套管直径。

（4）拟定孔身直径和开孔直径。

（5）斜孔钻探套管柱强度必须校核。对于斜孔还应按《套管柱结构与强度设计》（SY/T 5724—2008）和《定向钻探技术规程》（DZ/T 0054—2014）校核套管柱弯曲强度、计算摩阻。

斜孔开孔的口径宜大不宜小，因为斜孔扩孔难度大，不仅速度慢，而且很易扩弯曲。斜孔钻孔结构设计时可参考直孔设计规范，如典型钻孔结构推荐表见表 6.3-1，复杂深孔钻孔结构推荐表见表 6.3-2。

表 6.3-1　典型钻孔结构推荐表　单位：mm

典型钻孔	地层简单	地层复杂
开孔口径/导向管	110/108	150/146
第一层孔径/套管	95/89	130/127
第二层孔径/套管		110/108
第三层孔径/套管		95/89
终孔直径	75	75

表 6.3-2 复杂深孔钻孔结构推荐表 单位：mm

复杂深孔钻孔	地层简单	地层复杂
开孔口径/导向管	122/114	150/146
第一层孔径/套管	96/91	122/114
第二层孔径/套管		96/91
终孔直径	76	76
终孔备用套管/备用口径	73/60	73/60

斜孔环状间隙的大小对钻进轨迹的影响较大，需要考虑钻具规格、套管规格，并结合钻头尺寸和套管尺寸级配关系，确定各层套管、钻孔规格以及级间间隔。套管与钻孔直径配合见表 6.3-3。

表 6.3-3　套管与钻孔直径配合表　单位：mm

钻孔直径	76（75）	（91、95）	96	（110）	122	（130）	150	75	200
套管直径	73	89	91	108	114	127	140（146）	68	194

注　括号中的数据为非国家标准数据。

6.3.3　钻探设备与机具

体现斜孔钻机能力的指标有钻孔深度、钻杆直径、钻孔倾角、给进行程、回转速度、输出扭矩、起拔和给进能力、电机功率、外形尺寸及重量等。

斜孔用的钻探设备跟常规钻探相比，主要体现在施工效率和施工质量保障性方面：

（1）斜孔钻进时所需钻压大，水平分力亦大，需选用机重大、重心低、功率大的设备；施工风险大，应选择能力大的设备，具有较强处理黏卡事故的能力。

（2）钻机要求角度调整方便以适应不同斜孔要求，扭矩大以适应斜孔回转阻力大的要求，同时要兼顾高速回转特性，适应于金刚石回转钻进工艺；钻机具有夹持拧卸功能以适应斜孔钻钻杆的起下钻工序，起下钻操作空间较大。

（3）钻塔不同于直塔，需要满足斜孔施工的水平负载和稳定性要求。

（4）泥浆泵性能参数需满足斜孔条件下钻孔冲洗要求和斜孔孔内机具的工作要求，与常规钻进相比泥浆泵结构不做特殊要求。

（5）斜孔钻探的钻杆要求更高。斜孔由于回转阻力大，钻杆强度等级和加工要求高，同时应兼顾排渣能力，复杂地层斜孔钻杆宜采用螺旋槽钻杆和三棱钻杆。

6.3.3.1　钻探设备

1. 钻机

适应于大顶角超深斜孔钻探的钻机按照回转器不同可分为立轴式、移动回转器式。移动回转器式又分为全液压动力头式和机械动力头式。

立轴式钻机用主动钻杆钻进，每加一次钻杆需提出孔内主动钻杆，加上钻杆，再接上主动钻杆继续钻进。如果孔内钻杆与孔壁环空间隙悬浮有大量粗、中粗颗粒岩粉，极易造成加钻杆困难，二次下钻不能到位，无法接上主动钻杆，形成重复透孔。

全液压动力头式钻机具有自动化程度高，转速可实现无级调速，容易实现机械化拧卸钻杆等优点，特别适合于斜孔施工。

钻机的回转器除可直接连接钻杆回转外，还可采用通孔式结构，此时，钻杆的长度不受给进行程的限制，可根据工作空间尽量使用较长的钻杆，减少拧卸次数。立轴式钻机与全液压钻机在斜孔钻进的经济技术指标对比见表 6.3-4。

表 6.3-4　　立轴式钻机与全液压钻机的经济技术指标对比

工程指标	立轴式钻机	全液压钻机	工程指标	立轴式钻机	全液压钻机
工作量/m	2000	6000	纯钻时间/%	25	55
台效/m	130	450	辅助时间/%	40	32
时效/m	0.5	1.06	孔内事故/%	33	4

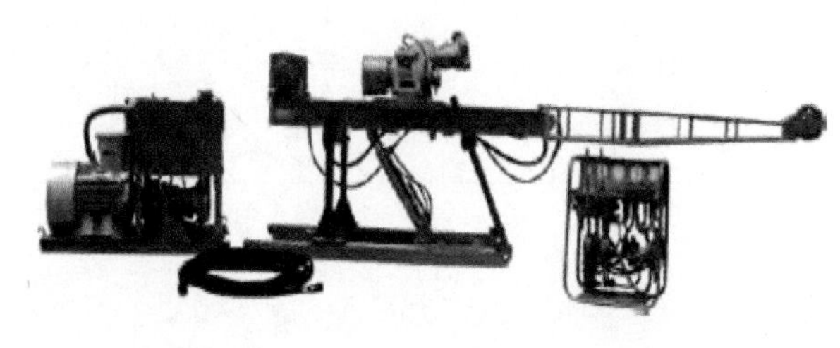
图 6.3-6　ZDY1000G 型全液压坑道钻机

对于斜孔钻探而言，坑道取芯钻机是优选。如 ZDY 系列高转速钻机，包括 ZDY600SG、ZDY750G、ZDY900SG、ZDY1000G（图 6.3-6）型全液压坑道钻机，采用分体式结构，布置灵活，调整角度方便，尤其是 ZDY1000G 型全液压坑道钻机具备垂直钻进 500m（NQ）、水平钻进 400m（NQ）的能力，比较适用于斜孔钻探。该钻机夹持器和卡盘联动，方便自动拧卸钻杆，同时解决了斜孔孔口夹持不方便的难题。大扭矩、高效率的钻机，如 ZDY1200S 和 ZDY10000S 型等，在国际领域已处于领先地位。

2. 辅助设备

斜孔采用塔机一体钻探设备或坑道钻设备具有极大的优势，这类设备辅助配套齐全，有专用升降和夹持拧卸装置。但对我国最常用的立轴式钻机而言需要其他辅助装置或设备。

（1）孔口专用夹持器。斜孔设计对钻探施工带来复杂性。斜孔钻探由于钻孔轴线的倾斜，钻杆在孔口的夹持不同于常规钻探，夹持卡瓦的轴线需要与钻孔轴线一致。此时，自重式夹持器不能发挥钻具自重夹持的功能。因此，现场可以采用专用夹持器或利用钻机自带夹持器来夹持钻杆。

（2）扶管器与拧管器。为减轻升降钻具的劳动强度，可以制作钻杆拧管器和扶管器，如图 6.3-7 所示。拧管器用旧垫叉割去尾部，用钢管弯成圆盘焊上支撑即可，拧卸钻杆时卡在锁接头切口内。扶管器用小直径套管接箍剖去一半，焊上撑棍。起下钻时，在钻杆中部扶正，可减轻拧卸时的阻力。

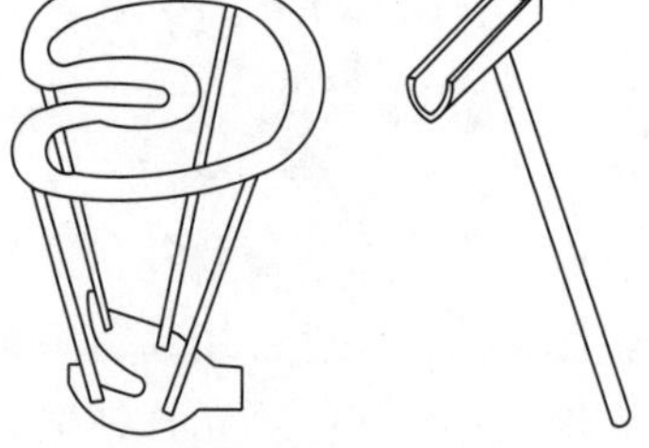

(a) 拧管器　　(b) 扶管器

图 6.3-7　斜孔钻杆扶管器与拧管器

（3）提升系统导向装置。当采用立轴式钻机钻进斜孔时，即使采用斜塔，在起下钻过程中，由于游动滑车重力作用，使得游动滑车的运动轨迹与钻孔轨迹不在一条直线上，造成提下钻阻力增大，长期提下钻对钻孔轨迹和钻孔形貌带来不利影响，钻孔顶角越大，影响越显著。因此需要改制适于大倾斜钻进的斜塔，并配套专门的游动滑车的引导装置。为防止高转速钻进时机上水龙头、提引器摆动，从塔顶向孔口前安装两根导向钢绳，配套3个小滑轮，分别导正游动滑车、提引器和水龙头。如图6.3-8所示，是利用一根钢丝绳把两端分别固定在钻塔顶和地脚钢梁上，导向绳用ϕ12.5以上钢丝绳，下端必须用绷绳器绷紧，且与钻孔中心线平行。这种导向使孔口、游动滑车、天车三点一线，保障了起下钻的高效和安全，装置安装简单，小滑轮在导向绳上移动，牵引游动滑车灵活，在不同斜孔中均能应用。

斜孔钻进中，油压卡盘以上机上钻杆加上水龙头和高压胶管的质量较大，造成机上钻杆弯曲，回转时将严重晃动使钻进无法进行，升降钻具中提引器无法定位而易砸伤井口操作人员，因此也必须安装导向装置。

机上钻杆导向装置如图6.3-9所示，可采用ϕ50钻杆，上端装在横支杆上，用十字滑套进行连结，使导向杆既可上下移动亦可左右移动；下端用螺帽固定在支撑钢板上，钢板利用立轴油缸活塞杆的固紧螺帽压紧在立轴横梁上。机上钻杆与导向杆的连结通过一字型滑套和水龙头上的夹板用铰链连成一体，其距离应与导向杆与立轴中心距离相等。

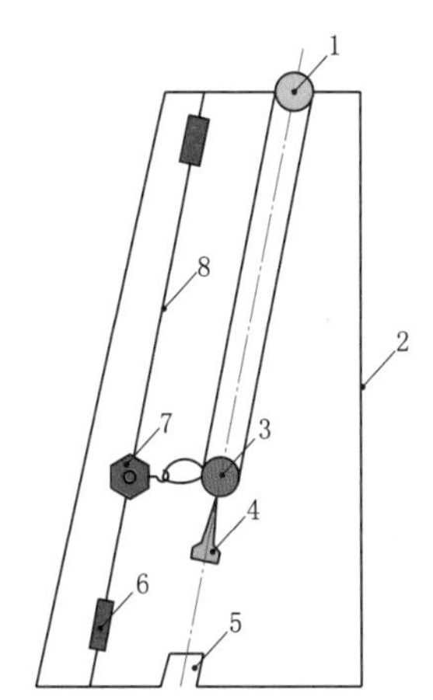

图6.3-8　大斜度斜孔游动滑车导向装置

1—天车；2—钻塔；3—游车；4—提引器；5—孔口装置；6—绷绳器；7—滑轮；8—绷绳

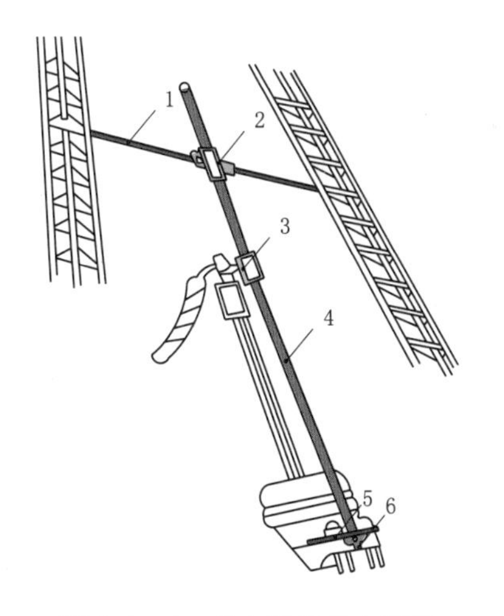

图6.3-9　机上钻杆导向装置

1—横支杆；2—十字滑套；3—一字型滑套；4—导向杆；5—支撑铁板；6—固定螺帽

提引器的导向是通过井口与开车横梁处的导向钢丝绳解决，导向钢丝绳用ϕ12.5钢丝，下端必须用松紧螺栓绷紧，且与钻孔中心线平行，通过提引器上的夹板和钢绳上的滑轮连结，以保证提引器沿钻中心线上下运行。

3. 钻塔固定装置

在立轴式钻机钻进斜孔时，由于天车与钻孔孔口不在垂直于地面的轴线上，钻塔在提钻时将产生偏心受力，为便于钻具提升，现有钻塔必须做相应改造。由于钻塔具有自重加上提升时的垂直分力，安装时若钻塔倾斜则天车与孔口不易对中，如钻机立轴为45°倾斜，则钻塔宜47°倾斜。

按照确保钻塔的强度和塔基稳定性，方便安装、便于操作的要求，钻塔安装在C20混凝土基座上，在混凝土基座中预埋ϕ27螺杆加固。将塔基前后底梁固定在水泥座上，或将前后底梁分别从后部用4根ϕ42钢钎锚固，以防加压钻进时所产生的后坐力使塔基后移。同时，由于钻塔倾斜，在提升钻具时，向前的水平分力较大，提升中易造成整个机台向前滑动，故钻塔安好后应在钻塔所在的机台前方端打入铁棒或灌注水泥墩以防止滑动。另外，为避免升降钻具时挂动套管和碰撞孔口，钻塔主腿倾角（主腿与地面水平夹角）安装时，一般比设计钻孔倾角大5°，较实际开孔倾角大7°。由于钻塔支撑腿受力较大，应在四个方向设置地锚、拉绳，防止发生意外，4根绷绳分别与天梁水平投影线成60°角，与地面成30°、60°夹角。

4. 固控设备

斜孔钻进中岩屑的运移特征：钻具的研磨效应特别明显，岩屑被反复碾压而变细，造成泥浆固相含量升高、钻速下降、起下钻抽吸压力升高、扭矩/摩阻猛增等，严重影响钻进安全。因此，斜孔钻进应推广应用振动筛、除砂器、除泥器等固控设备。

（1）振动筛。振动筛是用于泥浆固相处理的一种过滤性的机械分离设备，由筛网和振子组成。筛网的粗细以目表示，一般50目以下的为粗筛网，80目以上的为细筛网。振子是一个偏心轮，在电动机带动下旋转，使筛架发生振动。由于筛架的振动，泥浆流到筛面上时较粗的固体颗粒就留在筛面上，并沿斜面从一端排出，较细的固相颗粒和泥浆液体一起通过筛孔流到泥浆池去。振动筛使用的好坏直接影响下一级固控设备的效果，应选择合适的筛网。泵排量、筛网面积、固相浓度、泥浆黏度等因素都会影响振动筛网的选择以及分离的效果。除特殊情形外（如加入堵漏材料），一般原则是以泥浆覆盖筛网面积的70％～80％为合适。

（2）旋流器。旋流器是一种内部没有运动部件的圆锥筒形装置，根据其直径尺寸，分为除砂器、除泥器等。

1）直径为150～300mm的旋流器称为除砂器，其处理能力在进浆口压力为0.2MPa时不低于20～120m^3/h。正常情况下能清除约大于74μm的钻屑的95％和大于40μm的钻屑的50％，除砂器的最佳工作状态是沉砂呈伞状喷出，伞面角不宜过大，以刚能散开为宜。另外，由于重晶石大部分颗粒在“泥”的范围，在此密度范围内除砂器的使用一般不会造成大量的重晶石损失。

2）直径为100～150mm的旋流器称除泥器，其处理能力在进浆口压力为0.2MPa时不低于10～15m^3/h。正常情况下能清除约大于40μm的钻屑的95％和大于15μm的钻屑，能清除12～13μm的重晶石，因此除泥器用于非加重泥浆。

6.3.3.2 钻杆

钻杆是钻机向孔底钻头传递扭矩和动力的最关键部件之一，也是最薄弱的环节，且斜孔钻探对钻杆强度要求更高。在斜孔中钻头与钻具的各向受力不均，其工况恶劣，容易导致钻具偏磨、钻杆易折断、钻头磨损严重等情况，因此要做到：①在钻进前，要经常检查钻杆钻具，对于有弯曲或磨损严重的钻杆，严禁下入孔内；②在钻进过程中，要控制好钻进参数，尽量减小钻具振动和偏磨；③调配好泥浆，保持泥浆的润滑，减轻钻具摩擦；④在钻杆钻具接头增加保护箍或热处理，延长钻杆钻具使用寿命。

1. 一般要求

斜孔对钻杆的要求：①强度高，抗弯、抗扭性能好；②接头耐磨性好，在生产制造环节，要对管材质量与材质、热处理，及钻杆的加工精度、结构参数作出具体要求，否则钻杆的寿命低，易发生断钻杆事故；③在使用环节，要注重钻具的组合，使钻杆处于屈曲工作状态的概率减少，同时合理使用钻杆，避免超龄钻杆的使用，拧紧钻杆时要注重预扭矩和丝扣油的施加；④斜孔施工，在有条件的情况下，尽量采用防卡钻具，防卡钻具由螺旋钻杆、螺旋钻铤和加重钻杆组合而成，螺旋钻具因外表加工成螺旋槽，减少了与孔壁的接触面积，并提供了泥浆循环通道，是斜孔理想的钻具；⑤适当简化钻具，采用小钻压钻进时少下钻铤。

2. 钻杆材质

地质钻杆沿用国产地质管材机械性能标准，在斜孔钻探中宜选择 DZ－75 以上钢级，按石油行业要求宜选择 G105 及以上钢级。钻杆主要加工方法有三种：热镦粗法、电弧焊法、摩擦焊接法。宜选择摩擦焊钻杆。

3. 钻杆的结构类型

根据钻杆适应的地层条件、钻进方式及排渣方式的不同，可将钻杆分为光钻杆、螺旋钻杆、三棱钻杆、三棱螺旋钻杆（通缆钻杆）等，具体见表 6.3－5。

表 6.3－5　不同结构类型钻杆

钻杆名称	结　构	连接方式	规格/mm	长度/m
光钻杆	外平式	API 螺纹	42，50，63.5，73，89	0.75，1.5，3.0
三棱钻杆	三角形截面	API 螺纹	73	
螺旋钻杆	连续螺旋槽	双台肩梯形螺纹	73，89	
三棱螺旋钻杆	整体式，三角形截面，不连续螺旋槽		73	

（1）光钻杆。光钻杆适用于在地质结构简单的岩层中进行斜孔钻进。使用 $\phi 50$ 钻杆钻进斜孔时，单根长度不宜过长，推荐钻杆一般长度为 1.0～3.0m，有利于保证钻杆整体刚度和钻孔方向，其规格参数件表 6.3－6。

表 6.3－6　光钻杆规格参数表

钻杆直径/mm	钢级	钻杆长度/m	接头形式
42，50，63.5	R780	0.5，0.75，1.0，1.5，3.0	平扣、锥扣
73	R780		
89	G105		

（2）螺旋钻杆。斜孔由于岩屑流动状况变差，容易在钻孔的下帮产生岩屑的堆积。特别是松散性地层和钻进速度过快，岩屑堆积严重，会造成回转阻力增大，甚至造成卡钻事故。螺旋钻杆由于表面的螺旋结构与钻孔之间形成一条“螺旋输送带”，在回转力作用下，依靠螺旋升角，连续不断地将孔内的岩粉排出孔外。同时，在回转力作用下螺旋叶片将孔壁下侧堆积的岩屑搅起并进行二次破碎，岩屑在螺旋叶片的二次破碎作用下细化，向孔口运移，直至返出孔外。采用螺旋钻杆有利于斜孔钻探，主要用于软地层和复杂地层斜孔钻探。图 6.3－10 为双头和三头凹槽螺旋钻杆，双头的规格直径为 63mm/63mm，三头的规格直径为 73mm/73mm，其成孔率比常规钻杆高出数倍。

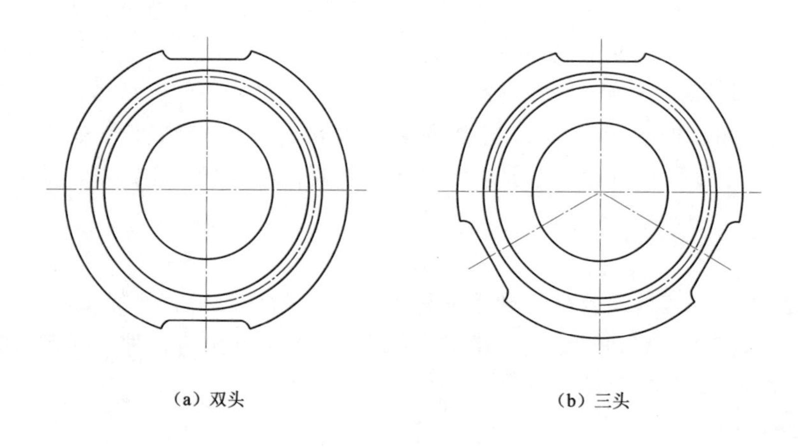

图 6.3－10　双头和三头凹槽螺旋钻杆剖面图

（3）三棱钻杆。三棱钻杆在钻孔内的排渣通道大于同级传统钻杆，增大了排渣通道，提高了大体积渣块的通过率，塌孔时减少了埋钻现象，有效提高了钻进速度和成孔长度。在钻进过程中，三棱钻杆可围绕钻杆做离心向运动，利用三棱差径搅拌使岩屑钻渣不沉淀，处于悬浮状态，在运动中高效排出。三棱钻杆与钻孔间为不规则间隙，通过棱状钻杆搅动和挤压块状钻渣，对钻渣的粉碎作用极好，钻渣粒度变细，更易排出。三棱钻杆有普通三棱钻杆和螺旋三棱钻杆两种类型。

普通三棱钻杆结构如图 6.3－11 所示。三棱钻杆的规格有：$\phi63/\phi73$（手工焊结构）、$\phi50/\phi50$、$\phi63/\phi63$、$\phi73/\phi73$、$\phi89/\phi89$（摩擦焊结构），有手工焊结构和摩擦焊结构两种，其中手工焊已停产。普通三棱钻杆的结构特点是：强度高，耐磨性强，能有效解决螺旋钻杆排渣通道被堵死的现象，出现严重的垮孔或塌孔时也不易发生钻杆抱死的现象。适用于松软破碎地层的回转钻进施工。

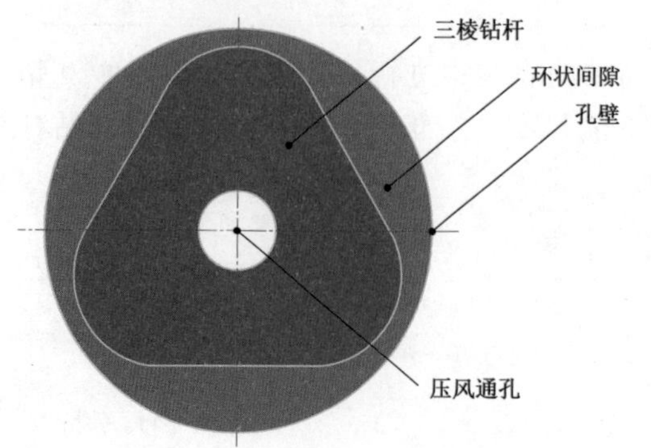

图 6.3－11　普通三棱钻杆结构图

三棱螺旋钻杆如图 6.3－12 所示，其结构特点是：为大通孔整体式结构，它是在普通三棱钻杆的外圆上铣削螺旋槽，以增强搅拌孔内岩屑的作用。适用于松软破碎地层的回转钻进施工。

图 6.3-12 三棱螺旋钻杆

当然，三棱钻杆由于受到结构上的限制，钻杆强度低于传统圆形钻杆。若孔内钻渣较多，受力大，可能会发生断钻现象，因此三棱钻杆在钻进过程中采取低压、低速钻进，给予充分排渣时间，防止断钻杆。

6.3.4 钻探工艺与方法

6.3.4.1 套管定向钻进工艺

斜孔中孔口导向管即是定向管，多采取开挖埋设，也可以钻机开孔埋设。定向管的初级定向至关重要，上部差之毫厘，下部谬以千里。

斜孔钻探施工时应总结分析该区域过往施工历史数据，掌握钻孔弯曲规律和弯曲强度规律，确定初级定向钻孔顶角和方位。钻孔初级定向角度一般上仰 1°～3°，如设计钻孔顶角 55°，一般安装成 52°，以消减钻孔在钻进过程中的下垂。同时考虑钻头钻进过程的右漂移趋势，应设置左向提前角，即在定向时把方位角定在孔底目标的左侧，以补偿钻头向右的方向漂移。

孔口导向管的埋设（图 6.3-13）：在钻机安装定位后，人工挖槽，埋设一定长度的定向管，定向管长度不少于 1m，第四系松散地层 2.5～3m 较为可靠，用经纬仪测定定向管、主轴符合安装角度，且定向管、主轴、天车在同一直线内。用高标号水泥砂浆或混凝土将定向管外围固结。孔口浇筑不小于 100cm × 100cm × 80cm C20 混凝土基座，如果岩石完整，基座可适当减小。孔口板的摆置比直孔的摆置复杂很多。要使主动钻杆可以垂直通过孔口板的中心点，因此要人工挖槽让孔口板的倾向与主动钻杆倾向成互余角度，同时还需要灌注水泥固定孔口板防止在钻进的过程中孔口板跑动。

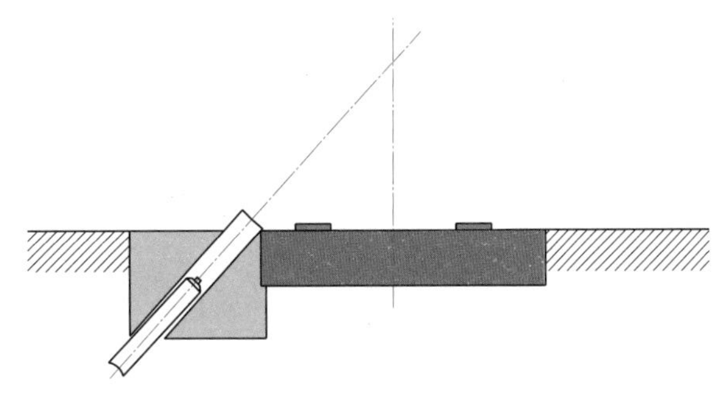

图 6.3-13 孔口导向管的埋设和导向变径钻进示意图

在开孔前应根据不同地层的斜孔倾角变化规律，将钻机立轴角度按孔斜规律，稍微增大或缩小 1°～2°的角度开孔，这样可以在一定程度上保持钻孔偏差不超出设计要求。同时为了预防钻孔发生过大弯曲，应当增加测孔斜频率以便及时掌握钻孔轨迹的变化，边纠斜边钻进。

换径时采用小一级钻头开孔，导向钻具换径，开孔必须采用低压力、低转速。随钻孔加深逐渐加长导向钻具长度，把握好换径斜度。为控制斜孔精度，减小孔壁间隙采用小出刃合金钻头和标准尺寸金刚石钻头为宜。

斜孔下套管时，因斜孔套管摩擦振动大，极易发生套管事故，要选择较新的套管与接箍，强化检查。当钻具在套管中下不去时，应分析原因，谨慎处理，禁止乱扫，防止发生严重套管事故。

在导向管内开孔，孔底应先磨平或在埋设导向管时用砂浆找平。开孔后及时测定孔斜，如孔斜不合格，必须用水泥砂浆封孔后重新开孔。开孔尽量使用硬质合金钻进，在钻进过程中，不能采用越级钻进。套管下入深度主要考虑复杂地层深度和各级孔段深度，套管柱必须安置在牢固的基岩上，钻进至完整基岩后下入下一级保护套管。下管前必须测量孔斜，如果孔斜、孔向偏差过大，采取在管脚焊接偏心片的方式纠斜。管脚、管口采取止水及可靠固定措施，防止保护管在钻进过程中晃动或丝扣松脱，必要时采用水泥浆或水泥砂浆将保护管固定。对于任何套管柱下端来说都必须把钻孔钻到薄弱接触带以下不少于2m处，才能下入套管。

按地质钻孔要求，一般每50m测斜一次，在斜孔钻进中，宜增加测斜频次，重要换径孔段，宜每5m测斜一次，并做好分析及预测工作，根据测斜数据及时调整钻进参数。最好采用两套仪器进行对比、调试，防止误差过大。

为了控制斜孔精度，应采用“三环式”钻具，即上、下扩孔器、钻头外径依次递减0.3mm，限定取芯外管长度为3m左右，此类钻具组合有较强的自定心和稳定性。同时，要求采用铅直度好的高强度钻杆。应对全部钻杆进行检测，下入孔内钻杆单边磨损和双边磨损分别不得超过0.4mm和0.7mm，钻杆弯曲每3m不得超过1mm。

6.3.4.2 取芯技术

完整基岩宜采用金刚石单管钻进；针对断层、破碎带钻进，可采用金刚石单动双管钻进，但回次进尺应减少，遇堵塞必须提钻，以提高岩芯采取率和岩芯完整度。分析认为：一方面，单动双管钻具的钻头壁厚较大，钻进速度比单管慢；另一方面，由于是斜孔，单动双管的内管会偏心，单动性能变差，甚至出现单动失效，容易造成岩芯堵塞。目前双管钻具主要是提高单动性能和扶正性能以保障取芯效果。

影响岩芯采取率的主要因素有斜孔倾角、钻孔轴线与岩层层理面夹角，转头与卡簧之间的合理搭配，操作人员的操作经验和技能水平，岩层的完整或破碎程度等。

6.3.4.3 钻进规程参数

1. 钻压

斜孔钻进，钻具摩擦力大，所需钻压亦大。钻压不仅要保证钻头的切削压力，还需要考虑孔壁的摩阻力问题，钻压一般比垂直孔钻压大。如采用ϕ91金刚石单管钻进斜孔，钻压一般应比规程规定数值大100～200kg，即800～1200kg。当然，钻头总压力应要适当控制，以避免钻杆弯曲造成的过度磨损，钻杆弯曲对钻孔轨迹影响极大。适当的钻压可防止钻孔弯曲。在钻进时，如果地层变化不大，各班组应采用相同压力，有利于保持孔斜度。

另外，压力过大，相对钻速加快，也易产生大颗粒钻屑；钻具倾斜，压力大又不易排屑。此时，钻头下半部承压较大，使岩芯柱变得粗细不一，再加上斜孔中岩芯柱倾斜靠于一旁，相比较直孔，岩芯柱易折断，所以斜孔所取得的岩芯容易破碎而且长度短，岩芯极易堵塞。因此，斜孔钻进钻压一定要均匀，切忌钻压忽大忽小或随意提动钻具，以防岩芯堵塞。

2. 转速

斜孔钻进的转速不仅影响钻速，而且与岩屑楔也相关，转速低，岩屑楔形成相对容易，也易埋钻。

3. 泵量

对于垂直孔来说，提高流体黏度或流速可以提高钻屑运移能力。然而，从垂直段到水平段之间，斜度的增加带来了额外的挑战，比如岩屑床的形成。因为受重力作用的影响，钻屑将会回滑，岩屑多处于钻孔的下帮，大颗粒岩屑也向钻孔下帮聚集。孔斜在40°～60°时孔眼清洗是最难的。同时，钻孔中泥浆流速分布也极不均匀，上部流速高，下部流速低，不利于岩屑排出，因此，在斜孔中为了及时排屑，可适当加大泵量。提供较大的泵排量，需要更高的流速；或阶段性改变泵量，使孔内流动形成串动。当然应避免盲目加大泵量排屑而造成泵压过高、冲蚀或压漏地层。

斜孔下部井段由于地层变硬，钻速慢，井眼净化显得比较重要，加之上部孔段逐渐扩大，为达到良好的携砂效果，应在一定条件下，尽量增加其泵排量，以实际岩屑上返效果作为确定泥浆流变参数的依据。

6.3.4.4 泥浆工艺

斜孔施工时，应选择相应的泥浆类型，满足钻探正常工作要求，同时要求泥浆原料来源广泛，性价比高。斜孔井壁的稳固性远不如直孔，掉块与坍塌的机会也较多；斜孔钻进孔底携渣能力减弱，容易沉积，形成岩屑床，斜孔中高效、及时清除钻落的岩屑是个难题；斜孔钻进施工，钻具回转阻力大，转速上不去且钻杆磨损严重对孔壁的破坏作用增大。因此，从钻孔稳定和携渣能力来说，斜孔泥浆应采取以下针对性措施：

(1) 提高密度、黏度和切力，平衡地层的同时，提高泥浆的携屑能力，解决携渣难题。

(2) 在保证孔壁安全的条件下，应该增大泵量，尽可能消除钻屑沉积床。

(3) 斜孔中，钻具在成孔中的运动形态、受力情况也与常规不同，钻进中的摩擦阻力较大，泵压高，超过仪器的使用负载，机具、器材损耗严重，寿命减小。因此，泥浆的润滑性能非常关键，可采用乳化油或乳化水溶液。对于漏失较大的地层采用钻杆涂抹油脂和小泵量环隙注入清水或乳化油泥浆方法解决钻具回转阻力大和磨损的问题。

(4) 斜孔施工中，泥浆的固相含量、失水量以及泥饼性能对卡钻的影响很大。良好的泥浆性能应是固相含量低、滤失小、泥饼厚度薄而致密，减小钻杆柱与孔壁的黏附系数，从而使钻柱活动阻力和泥饼剪切屈服力减小，使钻柱可以静止的时间增长。有效的泥饼能控制固相颗粒进入地层，同时将滤失量控制在比较小的范围。而泥饼性能的调整方法主要是使用合适的封堵剂和降滤失剂。如采用碳酸钙或重晶石可以封堵在高渗透率地层的孔喉，减少黏附卡钻的风险。使用CMC等降滤失剂，减小泥浆的滤失量，减小泥饼的厚度，形成薄而致密的泥饼，从而减小钻柱自由运动的阻力。

泥浆设计的基本流程是：①设计泥浆的比重、流变性、降失水性等主要技术指标；②确定泥浆的胶体率、允许含砂量、固相含量、pH、润滑性、渗透率、泥皮质量等重要参数；③选择造浆黏土和处理剂；进行泥浆处理剂配方设计；④泥浆材料用量计算；⑤确定泥浆的制备方法；⑥拟订泥浆循环和净化管理措施。

泥浆各项性能参数的确定如下：

(1) 按平衡地层压力（$\rho gH=P_H$或$\rho gH=P_0$）的要求计算泥浆的密度ρ，一般泥浆的密度为1.02～1.40g/cm³。

(2) 流变性的指标主要是黏度η和切力τ，应视不同钻孔情况确定，要考虑悬排钻渣、护壁堵漏的要求。另外，在一些情况下还要考虑泥浆的剪切稀释作用和触变性。

(3) 泥浆的其他设计指标的参考范围为：滤失量一般不大于15mL/30min，含砂量不大于8%，胶体率不小于90%，pH值为6～11。

(4) 泥浆采用多组分、多功能的复配技术，如添加防塌剂、乳化剂、降滤失剂、流型调节剂、降黏剂、润滑剂等组分；地表采用多形式的固控技术，如采用振动筛、旋流除砂器、除泥器以及离心机等，除掉劣质固相，保持泥浆性能。

根据钻进目的、地层特点、钻进工艺方法的不同，泥浆的设计重点也不一样。例如，在钻渣粗大及井壁松散的地层中钻进斜孔，泥浆的黏度和切力等流变性指标成为设计重点；在稳定的坚硬岩中钻进，泥浆设计的重点是针对钻头的冷却和钻具的润滑，而此时护壁和排粉等则处于次要位置；又如在遇水膨胀塌孔的地层中钻进，泥浆的设计重点则应放在降失水护壁上；在压力敏感的地层中钻进，泥浆的密度设计又显得尤为重要。针对特定的钻进情况，在全面设计中找出相应的设计要点，是做好泥浆设计的关键所在。

在泥浆性能设计中可能会遇到一些相互矛盾的情况，在满足一些设计指标时，另一些指标则得不到满足。对此，应该抓住主要问题，兼顾次要问题，综合照顾全面性能。在一些要求不高的场合，可以酌情精简对泥浆性能的设计，适当放宽对一些相对次要指标的要求，以求得最终的低成本和高效率。

6.3.5 孔内事故预防与处理

斜孔钻探工程不同于石油钻井、固体钻探等，斜孔稳定性相对较差，排渣不畅，钻杆回转接触孔壁，所以钻探过程中经常遇到各种不同类型的孔内事故，特别是复杂地层事故就更加频繁。任何一个条件的改变，都可能诱发孔内事故的发生，而任何一个孔内事故的发生，如果处理不当，又都存在着事故进一步恶化的危险。特别是事故往往很难直接观察，对事故的具体情况只能依靠经验进行推理判断，这就使得处理事故的决策异常困难。通过处理不同类型的孔内事故所得出的经验，虽然不能在新的事故发生时完全照搬，但相同类型事故的基本原理与基本处理原则应该是一致的。而通过对事故发生的原因进行分析、总结，又可形成一系列事故预防措施乃至规程，从而在最大限度上减少孔内事故的发生。一旦发生事故，又可根据过去的成功经验进行快速决策和作业，以把事故的损失降到最低程度。

一旦发生事故，应做到处乱不惊，根据预案，结合具体情况进行综合分析研究，将预案转化成系列方案，按部就班严格执行，并根据实施过程中发生的新情况及时调整处理方案。只要判断准确，决策及时，措施到位，规范管理，就可以把事故所造成的损失减少到最低限度。

6.3.5.1 孔内事故分类

(1) 钻具事故。钻具事故有钻具断脱、卡钻、埋钻、烧钻、钻头非正常损耗等，其中卡钻是指钻具在孔内失去活动自由，既不能转动又不能来回起下，是斜孔钻孔常见的钻孔事故。

卡钻原因主要由于地层不稳定、钻孔结构设计不合理、工艺选择不当以及突发事件等原因造成。卡钻按其性质分为沉渣卡钻，黏吸卡钻、坍塌卡钻、砂桥卡钻、缩径卡钻、键槽卡钻、泥包卡钻、落物卡钻和钻头干钻卡钻等。斜孔钻进中，除落物卡钻相对较少外，其他卡钻事故发生的频率相对较高。

(2) 孔壁失稳。孔壁失稳包括孔壁塌陷、孔壁崩落、泥浆漏失、涌水或井喷、钻孔超径、钻孔缩径等。

(3) 其他故障主要有岩芯堵塞或脱落、落入工具物件、套管事故等，其中套管事故有套管整体下滑、中间断开、管壁损坏等。

6.3.5.2 预防孔内事故的基本要求

(1) 加强钻探生产技术管理，增强工作人员责任心，认真执行各项规章制度，严格遵守施工设计和操作规程，杜绝违章作业。

(2) 全面了解区域环境与地质情况，制订孔内事故防治预案。

(3) 注重设备、钻具、机具、仪表的检查维护，确保运行正常、工作可靠。

(4) 注重泥浆性能的调配和维护。

(5) 在深孔或复杂地层施工应制定专门的安全技术措施。

(6) 采用高效钻进技术快速通过不稳定地层。

6.3.5.3 处理孔内事故的基本原则

(1) 安全原则。孔内复杂事故多种多样，孔下情况千变万化，处理方法、处理工具多种多样。总原则是将“安全第一”的思想贯彻到事故处理全过程。从制订处理方案、处理技术措施、处理工具的选择以及人员组织等均应有周密的策划，避免事故恶化。操作人员应熟知入孔打捞工具的结构和正确使用方法。处理方案中还应包括人员设备的防护和环境保护等措施。

(2) 快捷原则。复杂事故随着时间的推移而恶化，要求在短期内进行处理，不能延误时间。快捷原则体现在迅速决策制订处理方案。制订几套处理方案，迅速组织处理工具与器材，加快处理作业进度，协调工序衔接，减少组织停工。同时有几套处理方案时应优选其中最有把握、最省时、风险最小的方案。

(3) 科学诊断原则。科学诊断原则就是还原复杂事故的本来面貌，科学分析，去伪存真，准确地描绘孔下情况，切忌主观臆断或仅凭以往的经验武断做出结论。少犯错误，加快处理进度，减少经济损失。

(4) 经济原则。根据事故性质、现场环境条件、地质条件、工具和器材供应状况、技术手段等，全面分析、评估事故处理的时间与费用。根据处理方案对比，经济合算，则继续处理下去，若处理时间长，费用太高，则停止处理，另想其他办法。如条件许可，移孔位重钻或原孔眼填孔侧钻等。

6.3.5.4 处理孔内事故的步骤和主要工具

1. 处理步骤

处理事故应按照先简易、后复杂的步骤进行，依序为：①从提、打、震、捞、冲、抓、吸、黏、窜、顶等较简单易行的方法中选取；②用反、套、切、钩等方法；③用剥、穿、扫、泡等方法；④用炸、绕等方法。

2. 主要工具

（1）打捞锥类工具。打捞孔内折断、脱扣、滑扣的钻具。孔内打捞工具最常用的是公锥、母锥，以及卡瓦打捞筒、卡瓦打捞矛等打捞工具。

（2）倒扣、切割工具。倒扣或切割是在浸泡、震击之后仍不能解除卡钻的条件下进行的下一步处理事故程序。外切割和倒扣一般用于被卡的钻柱或钻铤，而内切割一般用于管径较大的被卡管柱，如套管等。倒扣工具有测卡仪、爆炸松扣、反扣钻杆、倒扣接头、倒扣捞矛与倒扣打捞筒等；切割工具包括各种割刀。

（3）套铣工具。常见的套铣工具有铣鞋、磨鞋、铣管、防掉接头、套铣倒扣器等。

（4）其他孔底落物打捞工具。打捞孔底落物工具常见的有一把抓、打捞杯、打捞篮、打捞筒、壁钩或弯钻杆、可变弯接头、铅模以及缆刺等。

6.3.5.5 卡钻事故的预防与处理

1. 卡钻事故的原因

施工措施不当也是造成卡钻的重要原因之一，具体如下：

（1）泥浆性能方面：①泥浆性能维护不好，黏度和切力高，失水量大；②润滑材料加入量少或效果差；③固控设备不配套，使用效果不好，造成泥浆固相含量高，含砂量大。

（2）其他措施方面：①钻具结构组合不合理，无防卡效果；②钻具在孔内静止时间长；③泵排量小，携砂不好；④携砂效果不好时，没有采取有效地清除孔内岩屑的措施，如短起下钻等。

2. 注意事项

为确保钻探安全施工，必须通过制定和执行严密的技术措施来实现。在轨迹设计和控制方面，根据施工现状应注意下列两点：①重视“易卡孔段”的轨迹质量，采取跟踪测斜的措施，有条件的应使用导向钻井技术，防止出现孔斜角和方位角变化过大而形成的波浪形轨迹；②地层层位、岩性、断层、岩石可钻性等变化情况对钻孔轨迹影响很大，应予以充分考虑。当钻孔轨迹没有控制好，对下一步安全施工产生威胁时，应尽早采取果断措施——填孔重钻。

3. 处理的一般程序

卡钻事故的处理应遵循以下六个程序：

（1）保持水眼畅通，恢复泥浆循环。卡钻后，尽可能维持泥浆循环，保持循环畅通。一旦循环丧失，就失去了浸泡、爆炸松扣的可能，并诱发塌孔和砂桥的形成，加大卡钻事故处理的难度。

（2）活动钻具，上下提拉或扭转，以提拉为主。卡钻后，开始以提、窜为主，继而用拉顶结合或增加工作钢丝绳数来增大提升能力；在提拉、扭转钻柱时，不能超过钻杆的允许拉伸负荷和允许扭转圈数，保持钻柱的完整性。一旦钻杆被拉断和扭断，断口不齐会造成打捞工具套入困难，同时下部钻柱断口会被钻屑和孔壁落物堵塞，给打捞作业造成极大困难。

（3）注入解卡剂，对卡钻部位进行浸泡。处理泥包、泥皮黏附卡钻和岩粉埋钻可以采用油浴或盐酸浴解卡法。这类方法首先降低泥浆密度，再将一定数量的石油、废柴油或废机油通过泥浆泵压注到卡钻事故孔段，浸泡8～16h，每隔1～2h上下活动钻具一次；盐酸浴解卡法是生物岩、碳酸岩等地层解卡的有效方法，将3%～5%浓度的稀盐酸溶液通过钻柱或孔口注入孔内，浸泡1～2h，并辅助活动钻具，配合拉顶一般可以解卡。

（4）震，使用震击器震击（单独震击或泡后震击）；提、顶、窜无效时，应采用震、打等方法解卡。

（5）倒杆、套铣、倒扣，上述方法处理无效后，将钻杆全部返回，再用削、磨钻头，将孔内事故遗留钻具消灭。

（6）侧钻，在鱼顶以上进行侧钻。

4. 常见卡钻类型处理

（1）岩屑床沉渣卡钻。岩屑在斜孔中的运移情况与它在直井中的运移情况不一样。在斜孔中，由于泥浆液流冲击力和重力构成的合力把岩屑推向下孔壁，所以，岩屑被运移过程中靠近下孔壁走，有的被携带出孔，有的就沉降在钻孔壁。随着斜度的增大，这一问题越来越严重，甚至造成岩屑床沉渣卡钻。另外，复杂松散地层岩屑颗粒较大，给进速度过快、泵量过小、没有定期冲孔作业，将产生大量的大颗粒岩屑，不易排出，特别是在深下斜孔钻进中钻进速度较快，产生的岩粉未能迅速及时排出孔口，造成卡钻。

斜孔中岩屑堆积形成砂桥式沉砂卡钻，特别是当泥浆切力低、钻孔漏失、钻速较快时容易砂桥卡钻。提钻前应充分循环，防止停止循环后，钻屑沉积在小孔眼处，造成卡钻。

由于不同地层的岩石硬度不同，钻进过程中不易掌握钻进压力和给进压力，遇到软岩时推进过快，造成钻孔内积聚的岩粉不能及时排出导致卡钻。或者钻进过程中由于突然停电等原因停泵时间较长，钻具未能及时提至安全孔段等，导致大量的岩粉沉淀到孔底埋住孔底段钻具。

具体预防和解决措施有以下方面：

1）使用高黏度高切力的泥浆。提高其携带和悬浮岩屑的能力，以降低岩屑在输送过程中的下沉速度，达到减缓“岩屑床”形成速度的目的。

2）坚持每次接单根前循环一周，尽可能把岩屑带出，减少孔内岩屑的浓度，从而减少停止循环后下沉到下井壁的“沉垫床”。

3）在不影响孔壁稳定的情况下，尽量开大泵排量，使之成紊流，有利于岩屑的输送。

4）钻进中使用螺旋钻杆和钻铤。螺旋钻具旋转时与孔壁组成一部“螺旋输送机”，它可把下孔壁沉积的岩屑往上赶，并可使岩屑翻滚，使之卷入环形空间高速流中去。因而，螺旋钻具是预防和清除“沉垫床”的有力工具。

5）进行短程起下钻清砂或下专用清砂工具清砂时，清砂口要清除已形成的“沉垫床”。

（2）吸附卡钻。斜孔易发生吸附卡钻的主要原因是压差大、钻具侧向力大、孔眼清洗效果差等。在泥浆柱压力与地层孔隙压力的共同作用下，以孔壁泥皮为媒介，钻具与孔壁局部发生吸附导致的卡钻事故。斜孔钻探由于钻杆和孔壁接触面积大，钻具紧贴孔壁，在钻具侧向作用力大的孔段，钻具始终与井壁接触，侧向作用力越大，接触越紧密，越易形成封闭区。若处于渗透性砂岩孔段，一旦停止活动，在压差和钻具侧向力的共同作用下，短时间内即可发生吸附卡钻。泥浆性能不好，排渣不畅时，孔壁泥饼皮过厚，均易产生吸附卡钻。当钻孔结构在施工中已被认为不合理、压差值过大时，采取封堵渗透性低压层的方法来降低渗透性和提高承压能力。

钻孔轨迹是斜井施工的关键技术，不仅关系到能否准确中靶，达到地质要求，而且决定着钻具在孔内侧向力的大小，是斜孔黏附卡钻的重要因素。

（3）坍塌卡钻。坍塌主要由于孔壁失稳造成，由于斜孔不同于直孔，孔壁稳定性较差，加之钻杆的回转敲击，特别在钻遇地层强度低、节理发育的地层，钻穿后，孔壁产生自由面，应力重新分布时或泵量太大、冲蚀严重时，松散岩从孔壁剥落或脱落造成坍塌，其预兆不明显、突发性强。这种事故占钻探事故的50%以上。另外，因泥浆性能不佳、提下钻时压力激动与抽吸作用导致孔壁坍塌、掉块，进而造成卡钻事故。另外地质构造、岩石应力和岩石种类等地质因素是造成坍塌卡钻的客观因素。沉积岩中70%的成分是泥页岩，泥页岩是一种亲水性物质，泥吸水后强度会大幅度下降，导致坍塌。一旦坍塌卡钻宜采取以下措施：

1）活动解卡。在钻柱和设备能力范围内，采用上下提放的方式，重复操作该动作，直到解卡。但是如果此时的钻具已经被卡住，就该在最大程度上保持循环同时结合钻具的性能，注意不能强制拔出，最好在卡钻初期进行解卡，这样才能最大程度上降低损失。

2）震击解卡。首先要准确在卡点周围进行具有一定的频率的震击，结合钻柱和其他工具进行解卡。

3）倒扣与切割解卡。先判断卡点位，然后再利用反扣钻具和反扣工具（如公母锥、捞筒、安全接头等）进行倒扣操作。还可以采用爆炸松口和局部机械切割等配合倒扣作业。

4）钻磨铣套法。通常是先取出卡点以上杆柱，然后再使用合适的钻头、磨铣鞋、套铣筒等硬性的工具处理，如对电缆、钢丝绳、粗径钻具等都进行钻磨、套铣、清除，最终完成卡阻的解卡工作。

（4）缩径卡钻。钻遇遇水膨胀地层、蠕变地层或钻遇地层渗透性强、泥浆滤失性能不能满足要求时，可能导致缩径卡钻事故。钻进期间如遇到软岩时，应慢速钻进，穿过软岩后，应反复扫孔，防止缩径卡钻。

（5）键槽卡钻。在地层可钻性级别低、钻孔顶角和“狗腿”度较大的情况下，非外平钻杆柱在提下钻过程中反复摩擦孔壁下帮，可能在“狗腿”度大的孔段拉出键槽，引起卡钻。斜孔钻进，在钻具侧向力的作用下，钻具无论是转动还是上下活动都与孔壁发生摩擦，这种“摩擦效应”导致在松软地层孔段形成键槽，特别是钻具接头和钻柱管体旋转摩擦孔壁，使孔壁出现凹槽，从而增大了钻具与孔壁的接触面积，键槽越严重接触面积越大，键槽卡钻越严重。斜孔中的孔内清洗效果本身就比直孔差，键槽因素又造成孔径扩大，环空上返速度变慢，易造成岩屑沉积，造成孔壁滤饼质量差，摩擦系数大，形成恶性循环。

（6）泥包卡钻。由于地层松软水化成泥团附在钻头、扩孔器、扶正器等粗径处，加之泥浆性能差，滤饼泥皮松软，导致泥包卡钻。

（7）干钻卡钻。由于钻头设计不合理、糊钻、堵塞或泥浆循环短路、泵量不足、冷却不足等原因引起干钻烧钻或楔死形成的卡钻。

6.4　大直径钻孔

6.4.1　概述

通常把直径大于 $\phi225$ 的钻孔称为大直径钻孔，多在水文地质钻探、煤田勘探和水电勘探中使用，如压力管道、调压井、闸门井、出线井、通风井等，以及在调查水电大坝时为详细调查地质情况而钻取大直径钻孔。在大直径钻孔施工时，随着钻孔直径的增大，岩石的破碎功也增大，特别是硬岩钻进尤为明显，因此要求钻机具备较好的能力，并且对钻杆和钻头制造技术也同样提出了更高的要求。大直径钻孔还有以下两个显著特点：

（1）孔壁稳定性低。钻孔孔径增大，钻孔“拱效应”降低，孔壁的稳定性降低。原来完整的地层大面积被钻开后，钻孔附近地层中的应力将重新分布。孔壁岩石失去支持，在上部岩层压力的作用下，会向井眼内移动。一般来说，在上部岩层压力和岩性一定时，孔壁的径向位移与钻孔直径成正比。当孔壁岩石的位移超过岩石所能承受的变形极限时，岩石即发生崩坍破坏。钻孔直径越大，孔壁稳定性越低。对于松散层，由于泥浆的冲刷和渗透，随着孔径增大，其稳定性更差。

（2）环空大，岩屑上返困难。随着孔径增大，破碎岩石量成倍增加，而钻杆直径变化不大，在泵量有限的条件下，不仅钻进难度大，而且往往由于泥浆返速不足，以正循环携渣变得更加困难。岩屑无法及时带到地面，钻进效率低，甚至由于孔内不干净造成埋卡钻事故。

6.4.2　钻探设备与机具

随着孔径的增大，钻探难度会成倍增加，对施工场地和设备能力均有特殊要求。

6.4.2.1　钻机

大直径钻孔使用的钻机，除有与一般钻机相同的要求外，还应具备以下性能：

（1）钻机应有与所钻孔径和岩层相适应的能力，立轴钻机应有较大的立轴通径，转盘亦可采用移开式，以便使用大直径钻头、钻具。

（2）应有与孔深、孔径相适应的提升能力。由于使用的大直径钻杆和钻铤的质量重，常用直径为89mm或114mm的钻杆、120～198mm的钻铤，钻机的提升能力要求高。同时，为减轻工人的劳动强度和提高生产效率，应备有拧卸、提吊和甩放钻具的辅助设备和能力。

(3) 足够的紧（卸）扣能力。大直径钻进需要的扭矩大，需要的紧（卸）扣扭矩也很大。理论上，卸扣扭矩等于紧扣扭矩，但在实际钻进中，由于振动、冲击和瞬间大扭矩的作用，会使钻具丝扣更紧，有时由于丝扣间润滑不好还会发生黏扣。所以，实际卸扣扭矩要比紧扣扭矩大得多。根据以往经验，卸扣扭矩是紧口扭矩的1.2～1.5倍。

(4) 较宽的转速选择范围。为了满足不同钻进工艺的需求，钻机应有较大的调速范围。

《水电工程钻探规程》建议大直径孔钻机应具有足够的功率、扭矩、变速范围、提升力和通孔直径，钻塔应有足够的承载力和提升能力。在孔深100m及以上基岩中钻进时，钻探设备技术参数见表6.4-1。

表6.4-1　钻探设备技术参数

规定功率/kW	转盘扭矩/(kN·m)	主卷扬提升力/kN	钻塔承载力/kN
50～70	10～20	30	250

6.4.2.2 泥浆泵

在大直径钻探中，要想提高钻探效率，必须选择大泵量、高压力。泥浆排量越大，上返速度快，携渣能力强，井底干净，越不易形成重复破碎；反之，岩屑不能及时排除，会沉聚在孔底，造成重复破碎，降低钻进效率，严重时引发埋钻事故。

岩石在孔底被破碎之后，在环形空间里，一方面冲洗液携带岩屑颗粒向上运动，另一方面岩屑颗粒由于重力作用向下滑落。冲洗液携带岩屑颗粒向上运动的速度取决于钻井液的上返速度与颗粒自身滑落速度二者之差。

泥浆的上返速度按式(6.4-1)计算：

$$V_a=\frac{1273Q}{d_h^2-d_p^2} \qquad (6.4-1)$$

式中：V_a为上返速度，m/s；Q为流量，L/s；d_h为井眼直径，mm；d_p为钻杆外径，mm。

按式(6.4-1)可以求出不同钻具组合、不同流速所需的泵量，见表6.4-2。

表6.4-2　不同流速所需泵量对照表

钻井直径/mm	钻杆直径/mm	环状面积/m²	不同环隙上返流速所需泵量/(L/min)								
			0.3 m/s	0.35 m/s	0.4 m/s	0.45 m/s	0.5 m/s	0.6 m/s	0.7 m/s	0.8 m/s	0.9 m/s
444.5	127	0.1424	2564	2991	3419	3846	4273	5128	5982	6837	7692
311.1	127	0.0633	1140	1330	1520	1709	1899	2279	2659	3039	3419
244.5	127	0.0343	617	720	822	925	1028	1234	1439	1645	1850
	89	0.0407	733	855	977	1099	1221	1466	1710	1954	2198
215.9	89	0.0304	547	638	729	820	911	1093	1276	1458	1640
152	89	0.0119	215	250	286	322	358	429	501	572	644

在大直径钻探和水文水井地质钻探中，常用的泥浆泵有 TBW－1200、BW－1200、BW－600/60、3NB－350 等型号。泥浆泵的大小主要与输入的功率有关，一般配有数种不同直径的缸套，加大缸套直径可增加排量，但会降低压力。

6.4.2.3　大直径钻孔配套钻具

大直径钻探需要使用相应的配套钻具，工程地质手册推荐的大口径配套钻具系列见表6.4－3。

表 6.4－3　大口径配套钻具系列　单位：mm

钻具规格	钢粒钻头			岩芯管			套　管		备注
	外径	内径	长度	外径	内径	长度	外径	内径	开孔
1280	1300						1220	1200	
1160	1160	1080	800	1140	1100	<3500	1130	1110	
1050	1050	970	800	1030	990	3500	1030	1010	
950	950	870	800	930	890	3500	920	900	
850	850	770	800	830	790	3500			备用

6.4.3　钻探工艺与方法

6.4.3.1　钻进方法

大直径钻探的难点主要表现在钻孔垂直度要求高、中靶点位范围小、下管难度大、固井要求高以及施工进度要快等几方面，每个环节都必须有可靠的技术保证和管理措施，才能保质保量地完成施工。在设备配置、过程控制和工艺选择上，要针对不同的地质条件、工程条件和施工条件选用不同的施工方法，加快施工进度，提高安全质量保证。

目前，大直径钻孔施工，从施工方法上来分，有正向施工法和反井施工法；从施工工艺上来分，有正循环法和反循环法。

（1）正向施工法。从上至下逐级扩孔的一种施工方法，也是目前常规的钻井方法。优点是不需要配置专门的设备和设施；缺点是与反井施工法比，其效率低、材料消耗大、施工周期长。

（2）反井施工法。从下向上逐级扩孔的一种施工方法。优点是与正向施工法相比，效率高、材料消耗小、施工周期短；缺点是需要配置专门的设备和设施，而且钻机价格很高。采用反井施工法有两个前提条件：一是上部覆盖表土层厚度大于50m；二是下部井口有水平巷道排渣。

（3）正循环法。循环介质经钻杆内孔送入钻孔底部而沿钻杆外的环状间隙返回地面的常规循环方式，也是目前常规使用的工艺方法。

（4）反循环法。循环介质从双壁钻杆内外管间的环状间隙送入孔底或一定深度处的升液器，返回的循环介质携带岩屑通过内管排至孔外，这种方法与正循环法相比，最突出的特点是钻进时泥浆上返速度快，携带岩粉能力强，钻进效率高。

大直径孔施工通常采用回转钻进方法。按钻进地层可以分为基岩地层大直径回转钻进和第四系地层大直径回转钻进两大类。

6.4.3.2 基岩地层回转钻进

基岩地层结构致密，岩石强度、硬度和耐磨性较大，一般采用大直径单回次取芯钻进。一方面，大直径硬岩取芯钻进能取出原状地层，获取更多的地层信息；另一方面，大直径硬岩取芯钻进避免了全体积破碎，钻进效率高。基岩大直径岩芯如图 6.4-1 所示。

图 6.4-1 基岩大直径岩芯

1. 取芯钻具

KT 系列取芯钻具是一种可用于科学钻探、地质勘探、石油天然气钻井、页岩气钻井、干热岩钻井等的钻具，适应坚硬、破碎、松散等复杂多变地层。该型钻具结合了传统石油钻井大口径钻具及岩芯钻探金刚石钻进技术，结构简单、可靠好、强度高，适应性广，并兼顾薄壁取芯技术的特点，在钻穿多套地层的连续取芯作业中具有巨大的技术优势。KT 系列大直径取芯钻具规格和推荐取芯钻进参数见表 6.4-4 和表 6.4-5，取出的岩芯如图 6.4-2 所示。

表 6.4-4 KT 型大直径取芯钻具规格

型号	外筒规格/mm	内筒规格/mm	最大岩芯直径/mm	推荐钻头外径/mm	顶端扣型
KT-194	194	140	128	216	NC50
KT-273	273	219	198	311	NC56
KT-298	298	245	214	311	7-5/8REG

注 实际钻头外径可在一定范围内调整。

表 6.4-5 推荐取芯钻进参数表

钻具型号	推荐参数			
	钻头尺寸/mm	钻压/kN	转速/(r/min)	排量/(L/s)
KT-194	216	10～60	60～250	20～25
KT-273	311	20～90	60～200	35～45
KT-298	311	20～90	60～200	35～45

注 使用孕镶金刚石钻进时，转速可增加 50%。

2. 取芯钻头

大直径钻头的制造难度较大，需要结合岩芯和钻头体强度综合考虑。按碎岩方式钻头种类分为牙轮钻头、刮刀钻头、合金钻头、金刚石钻头、PDC钻头、取芯钻头、扩孔钻头或者复合类钻头等。图6.4-3为KTB主孔采用的大直径薄壁金刚石钻头，钻头外径和内径分别为311mm和234mm；图6.4-4为大直径金刚石表镶钻头；图6.4-5所示为大直径复合片取芯钻头；图6.4-6为四牙轮取芯钻头。

图6.4-2 松科二井钻取的直径214mm的岩芯

由于钻头直径较大，制作钻头时一般采用复合形式，图6.4-7为松科二井使用的金刚石孕镶块镶嵌式钻头，克服了一次成型的工艺难度，采用金刚石孕镶块焊接在钻头刚体

图6.4-3 KTB主孔采用的大直径薄壁金刚石钻头

图6.4-4 大直径金刚石表镶钻头

图6.4-5 大直径复合片取芯钻头

图6.4-6 四牙轮取芯钻头

上，节省了制作成本，也便于修复。图 6.4－8 为松科二井专门设计取芯＋扩孔复合形式的钻头，取芯采用常规系列钻头，拧卸在前端，后端采用牙轮扩孔跟进，一次钻进取芯和扩孔。

图 6.4－7　金刚石孕镶块镶嵌式钻头

图 6.4－8　取芯＋扩孔复合形式的钻头

3. 注意事项

超大直径岩芯（图 6.4－9）由于地层坚硬、完整，岩芯粗不易被扭断，给取芯带来一定的困难，采用常规取芯方法难以奏效，同时易造成卡钻、折钻事故。

图 6.4－9　超大直径牙轮取芯钻头和取出的岩芯

大直径岩芯的离断方法：

（1）尽量延长回次进尺，增加岩芯长度，岩芯管与岩芯多次碰撞，岩芯易沿节理处断开；然后，投入卡料卡牢，一般投入 2～3kg 卡料，或利用岩石自然节理面或断裂面提离岩芯。

（2）使用由同径岩芯管或铁楔断器制成的岩芯楔断器，下至距岩芯顶部 0.5m 时，猛松升降机，借助钻具自重冲力，楔断器楔入岩芯与孔壁间隙中，多次冲击后，楔断岩芯。再下入原钻具，投卡料卡取芯。铁楔断器（图 6.4－10）借助冲力楔断岩芯，岩芯破裂，提出钻具。

（3）在未断离大岩芯上再钻进小孔，下入一定量的炸药，炸断岩芯后取出。

（4）使用投球式异径接头（图 6.4－11）能防止提钻时钻具内液压压掉岩芯，并避免拧卸钻杆时泥浆四处喷射。提钻前，向钻杆内投入钢球，开泵后，在水柱压力下，钢球迫使球阀座1下降，当超过异径接头右侧小卡2后，小卡弹簧3伸入球阀座空腔，挡住球阀座使其不能上升。此时，钻具的泥浆从排水孔7流出。

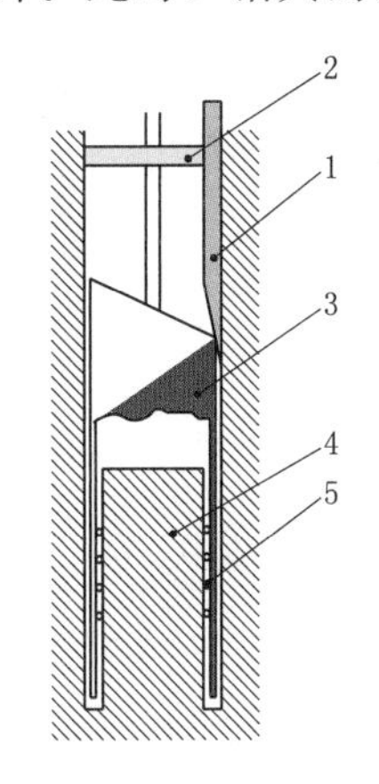

图6.4-10　铁楔断器
1—铁楔；2—导向环；3—岩芯管；
4—岩芯；5—卡料

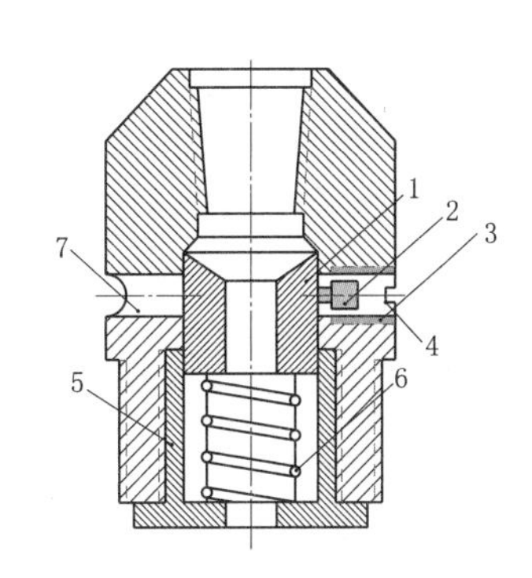

图6.4-11　投球式异径接头
1—球阀座；2—小卡；3—小卡弹簧；
4—小卡丝堵；5—弹簧座；
6—弹簧；7—排水孔

6.4.3.3　第四系地层回转钻进

根据机械设备能力和不同的取芯要求，第四系地层回转钻进可分为小直径取芯钻进大径扩孔成井和大直径一次钻进成井。

1. 小直径取芯钻进大径扩孔成井

在常规口径钻进完成采芯任务后，再按设计要求进行大直径扩孔，这种钻进方法称为小径取芯钻进大径扩孔成井。该钻进方法具有钻孔质量高，施工进度快等优点。在设备能力不足或岩芯采取率要求高的钻孔中经常被采用。

大直径扩孔钻进可分为一级扩孔和多级扩孔，扩孔的次数称为扩孔级数，每级扩孔所加大的径差称为扩孔级差。

一级扩孔是用小一级或两级的钻头取芯钻进，终孔后再用大径扩孔到底，这种施工方法简单，不易产生孔斜，故在设备条件允许时应尽量采取一级扩孔，在松软地层效果好。多级扩孔时用小径取芯钻进，终孔后分级逐级扩孔，该方法多在地层较硬、钻孔直径大、设备能力不足时采用。多级扩孔每级扩孔差的大小取决于设备能力和地层的可钻性，一般原则是：在设备能力允许、地层稳定性好时，扩孔级差可大些；反之应小。

第四系黏土、砂类地层常用的扩孔钻头主要有翼螺旋肋骨扩孔钻头和牙轮扩孔钻头，如图6.4-12和图6.4-13所示。牙轮扩孔钻头的特点是回转阻力小，钻速高，操作简单，适应范围较广，软地层、硬地层均可使用，特别是早第四系卵、砾石、漂石地层中钻进，效果更为显著。

扩孔钻具由于孔径大、阻力较大，因此扩孔钻头在结构上应具备以下特点：①要有足够的连接强度，扩孔钻进提钻间距长，孔内阻力大，因此要求牢固可靠，防止脱落或折断；②必须连接导向装置，为使扩孔过程回转平稳，减少扩孔阻力，防止出现螺旋形孔壁，

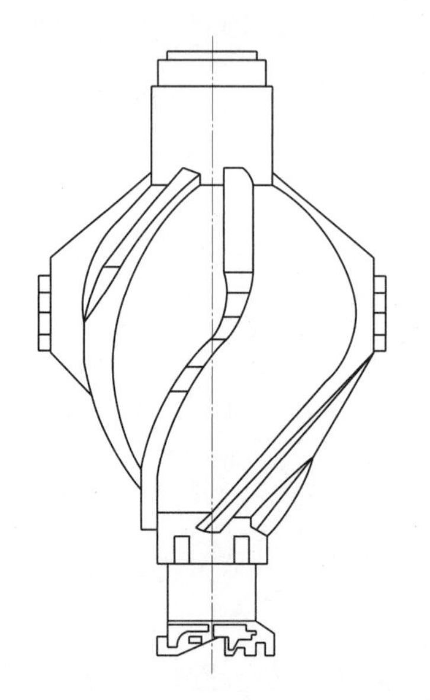

图 6.4-12　翼螺旋肋骨扩孔钻头

图 6.4-13　牙轮扩孔钻头

可以在扩孔钻头翼片上及离钻头5～6m左右的位置放置导正圈，导正圈外周焊有硬质合金，以修刮孔壁；③下部必须带有小径导向，在扩孔钻具底部焊接比原小径孔径小一级的钻具，长度300～500mm，作为大直径钻具的引向，沿原小径钻孔扩孔。

扩孔钻进时应注意以下几方面：①下钻前必须认真检查钻具，凡是弯曲和磨损严重的钻具，严禁下入孔内；各连接处必须牢固；一般要求每24h应提钻检查一次，不合要求的钻具应及时更换。②扩孔压力要均匀，避免忽大忽小，造成螺旋形孔壁，影响扩孔质量和进度；在黏土层中扩孔可适当提动钻具，以防止糊钻和堵塞，在砂层中扩孔不易提动钻具，以免造成超径现象。③要切实保证水泵工作正常和泥浆性能稳定，扩孔时应由专人监视水泵工作情况，经常注意返浆情况，要及时清理泥浆循环系统，发现水泵排量不足时，绝不能使用，要及时检查修理。

2. 大直径一次钻进成井

在取芯要求不高、设备能力允许的情况下，采用大直径一次钻进。如图6.4-14所示为全面一次性钻进用钻头，回转阻力大，稳定性差，易出现钻孔不规则等现象，故钻进技术参数一般为低压、慢转、大泵量。由于泵量往往达不到要求，故在黏土、黏砂类地层中钻进时，要控制时效，以防因排粉不畅造成糊钻、埋钻等现象。

3. 大直径全面钻进

大直径全面钻进回转阻力大，钻具跳动剧烈，一般选用转盘水井钻机。其适用在结构松散、稳定性差的第四系地层中钻进，特别是卵、砾、漂石发育的地层中，由于卵石、漂石具有一定硬度，卵、砾、漂石之间又无胶结，钻进难度很大。材料、钻头设计、加工技术的进步使得硬岩全面钻进得以实现，研制了多种型号的全面钻进钻头，其中复合切削型PDC钻头将牙轮钻头的切削方式和复合片剪切切削方式结合起来，实现了高效碎岩。图6.4-15和图6.4-16分别为复合切削型PDC钻头切削原理图和实物；图6.4-17为硬岩全面钻进大直径钻头。

图 6.4-14　第四系地层全面钻进用钻头

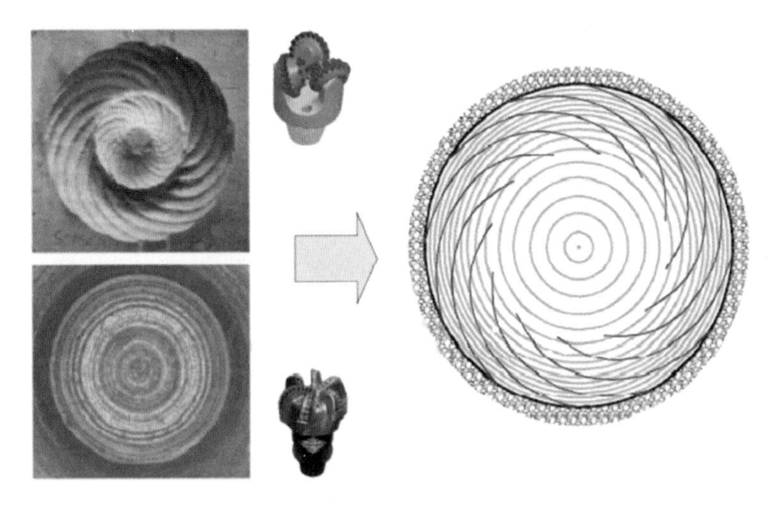

图 6.4-15　复合切削型 PDC 钻头切削原理

图 6.4-16　复合切削型 PDC 钻头　　图 6.4-17　硬岩全面钻进大直径钻头

6.4.4　常见问题的处理

大直径钻探由于施工难度大，易出现问题，任意一个环节出现问题，都将直接影响整个工程的质量和进度，甚至给投资者造成巨大经济损失和不良社会影响，因此必须防止在钻孔过程中出现质量问题，保质、保量地完成钻孔施工任务。以下介绍几种钻孔过程中常见的问题及其解决方法。

6.4.4.1 偏孔

偏孔的可能原因有场地不坚实、水平差，地表循环不科学，钻机安装不水平（或在施工时出现外斜），天车与孔口中心不在一直线上，钻机运转中振动过大，主杆没有导正，摆动过大，钻具刚性小，加之钻进中转速过快，钻压大且不均匀以致造成孔径不规则等。

预防处理方法包括：①应选择导向性能好的钻头成孔；②开孔时必须保证主动钻杆垂直度，钻机必须平稳、牢固；③在钻进过程中要求经常检查钻机转盘水平，若不平要及时调整；④加钻杆时要注意钻杆是否有弯曲，弯曲钻杆坚决不能用；⑤当钻进至软硬互层时应注意控制钻进速度，采用轻压慢转钻进；⑥可使用自制带导正圈的钻具；⑦一旦出现偏孔现象，应该利用翼片较多的扫孔钻头慢转，从偏斜处上方反复多次扫孔，或者直接使用筒状钻头加以修正，向孔内回填黏土，捣实后重新缓慢钻进。

6.4.4.2 塌孔或溶洞

如果在钻孔过程中发现孔内泥浆水位忽然上升溢出护筒，伴随气泡冒出，且出渣量增多、钻进速度减慢，钻机负荷明显增加，很可能发生了塌孔；若泥浆突然下降，进尺突变，应怀疑钻遇溶洞。发生塌孔或遇到溶洞后，应及时查明，减少机械材料的损失，采取相应措施。塌孔不严重时，可回填到塌孔位以上，并采取改善泥浆性能、加高水头、深埋护筒等措施，继续钻进；塌孔严重时，应立即将钻孔全部用砂类土或砾石土回填，或采用黏质土并掺入5%～8%的水泥砂浆，应等待数日，待回填土沉实后，重新钻孔，此时须采取相应措施，如改善泥浆浓度、减缓钻进速度等；塌孔部位不深时，可采取深埋护筒法将护筒填土夯实，重新钻孔。

6.4.4.3 钻进困难

考虑到孔深的要求，钻机只能配置摩擦钻杆，而摩擦钻杆钻进时靠钻杆键条之间压紧后的摩擦力传递压力。随着孔深增加，传递的扭矩和压力随其逐层耗减，以致压力和扭矩不足导致打滑、钻进困难，施工效率降低。在微风化岩层中进行直径2.1m的桩孔施工对动力头的扭矩有很高要求，如扭矩不足则易产生动力头卡死、发动机熄火等现象。如果因此成孔动力头扭矩输出不足以破坏微风化岩层，则可采取分级钻进方法。先用加重钻斗钻进，然后用特制扩孔嵌岩筒钻扩孔至2.1m，最后用特制捞砂钻斗捞取松散钻渣。

6.4.5 反井钻井

竖井钻井分为正井钻井法和反井钻井法。正井钻井法是从上往下，从地表往地下正向钻进的方法。反井钻井法则是先有地下巷道，利用正向钻进小孔进入巷道，再在巷道内组装钻头，反方向扩孔的成井方法。反井钻井法相比正井钻井法，其施工的主要优点有：①施工安全，反井钻机施工时，工作人员不需进入巷道工作，工作环境和安全状况都好，避免落石、淋水、有害气体的伤害；此外，反井钻机采用液压传动控制，操作简单，工人劳动强度低；②工作效率高，反井钻机施工为机械化连续作业，成井速度高，综合效益显著；③工程质量好，反井钻机采用滚刀机械破岩，井壁光滑，对围岩破坏小，有利于扩挖溜渣、通风、排水。

反井钻机钻进为机械破岩，能够很好地控制断面形状和超欠挖，相对于爆破破岩对围岩以及支护体的扰动小。反井钻井一次钻进直径达到 5～7m。扩孔钻头需要布置更多滚刀，一次钻井深度达到 600m，可穿越复杂地层，破碎岩石的抗压强度甚至超过 200MPa。

6.4.5.1　施工设备

反井钻机是以正向钻出导孔后反向扩孔方式进行作业，这是区别于其他类型钻机最本质的特点。反井钻机（图 6.4－18）一般包括主机和钻具两大部分。主机部分包括机架、液压泵站及操作控制系统。

图 6.4－18　中煤科工集团设计的反井钻机

主机部分通过钻杆为破岩刀具提供强大的工作扭矩和有效的工作压力，对岩石进行冲击、挤压和剪切，从而破碎岩石。钻进导孔时，破碎的岩渣通过正循环的泥浆排出钻孔；扩孔破岩时，产生的岩渣在重力作用下由导孔落至地下巷道，然后及时清理。钻机的主机工作点在上水平位置，确保工作过程中人员和设备的安全。部分国内外反井钻机主要技术参数对比见表 6.4－6。

表 6.4－6　部分国内外反井钻机主要技术参数对比

国家	中国	芬兰	美国	德国	芬兰	日本
公司	BMC	TAMROCK	ROBBINS	WIRTH	INDAU	BIGMAN
型号	ZFY5.0/600	RHINO2000	83RM－DC	HG330	120－H	BM－500A
导孔/mm	380	380	311	400	381	349
扩孔/mm	5000	3600	3300	6000	5500	6120
深度/m	600	500	600	500	600	500
拉力/kN	6000	6000	5693	6700	2465	4850
扭矩/(kN·m)	400	350	298	648	137	450
转速/(r/min)	15	—	—	48	45	43
主机质量/kg	25000	—	—	—	8500	35500
功率/kW	282	270	300	400	160	—

钻具部分包括开孔钻杆、稳定钻杆、普通钻杆、异径接头、导孔钻头和扩孔钻头，如图 6.4－19 所示。导孔钻头在钻进导向孔时使用，一般为三牙轮钻头。

大直径扩孔钻头作为反井钻机关键，要求具有平衡的受力结构，合理的破岩滚刀布置和岩渣排放结构，可拆卸式扩孔钻头，拆装方便，满足狭窄巷道的运输、安装要求和大直径钻进需要。中心滚刀是布置在距离中心管最近的滚刀；边滚刀是布置在钻头体最边缘的一组滚刀；正滚刀是介于中心滚刀和边滚刀之间布置的滚刀。在钻头体上设计了降尘喷雾

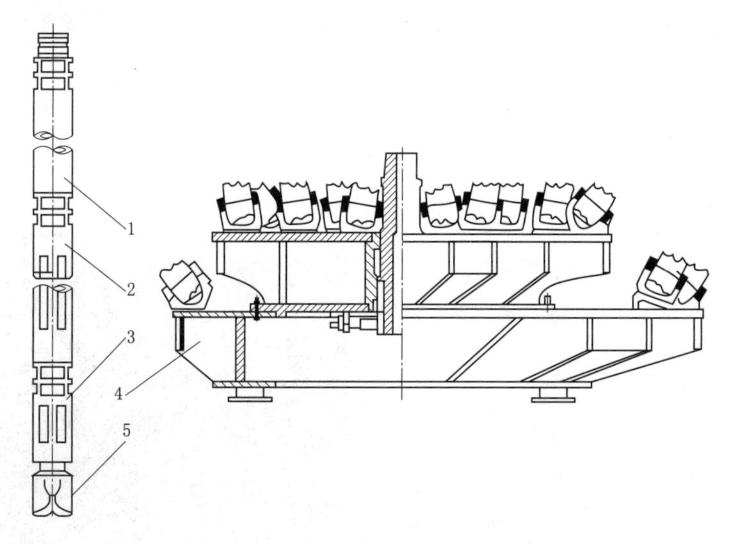

图 6.4-19　大直径分体式扩孔钻头

1—普通钻杆；2—稳定钻杆；3—异型短接；4—分体式扩孔钻头；5—导孔钻头

水头，扩孔时在钻杆内放水，利用水的静压产生喷雾效果，起到较好的降尘作用。

扩孔钻头体布置破岩滚刀和具有岩屑掉落空间的金属结构；中心管用来连接钻杆和扩孔钻头体的金属结构；滚刀用于破碎岩石，是相对于钻头体和岩石面转动的锥形或盘形结构；刀座连接于钻头体上，是承受滚刀芯轴传递作用力的金属结构；滚刀又是扩孔钻头的关键，滚刀结构和实物如图 6.4-20 所示。

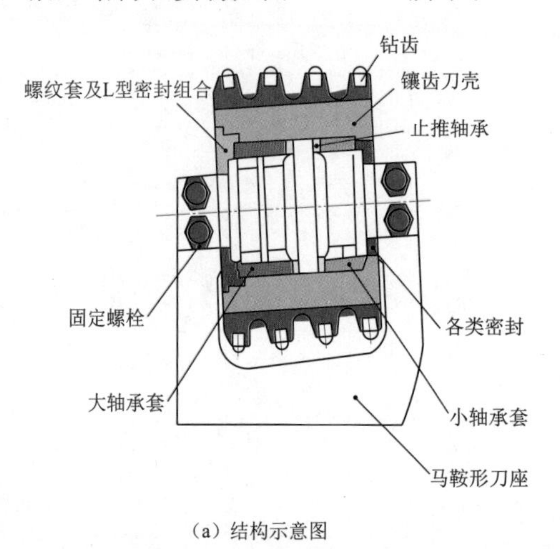

(a) 结构示意图

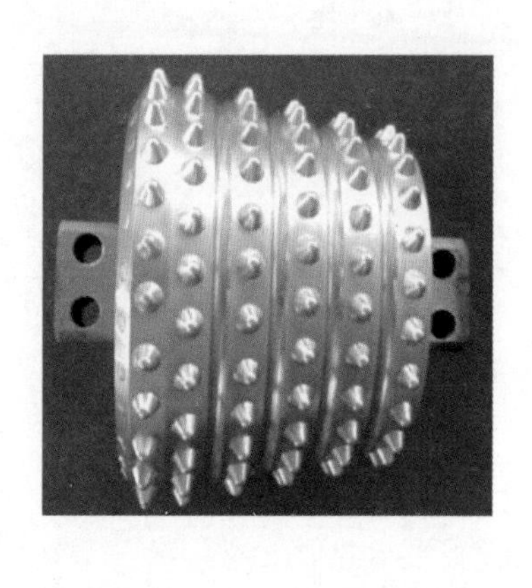

(b) 实物图

图 6.4-20　反井扩钻头用滚刀

滚刀刀体材料的热处理强化，使得滚刀刀体的硬度、耐磨性和强度均达到实际硬岩钻进的要求。滚刀齿的排布有多种方案，如等间距排布、等面密度排布、放射状排布、螺旋线排布等，应用计算力学和数值模拟，仿真模拟滚刀钻头破碎岩石的过程，以碎岩比功为目标函数优选滚刀齿的排布方案，提高滚刀钻头的使用寿命和钻进效率尤为重要。

大直径钻杆接头螺纹是配套钻具设计的难点。根据反井钻机的工作原理，其在导孔钻进期间的工作原理与普通钻机如石油钻机、地质勘探钻机等几乎是一样的，由于钻孔直径较小，钻杆承受的拉、扭载荷相对也较小，钻杆接头通常不会出现什么问题，但在扩孔钻进期间，钻杆接头不仅要承受钻具自重，而且还要承受来自扩孔钻头钻进压力的反作用力和旋转的反向扭矩，扩孔期间的载荷值将数倍于导孔钻进，尤其是反向扭矩。为了达到承载要求，反井钻机钻杆必须选用大直径优质合金钢，但由于其自重较重，使得钻机提升和输出扭矩负荷增大，增加的负荷又迫使钻杆直径进一步加大，从而形成恶性循环，尤其是对大直径反井钻机，钻具自重带来的这种内耗尤为明显。

图6.4-21　国产的反井钻杆

因此如何选择合理的钻杆接头螺纹形式，保证钻杆接头螺纹的承载能力，是关键技术，如图6.4-21为国产（江苏和信石油机械有限公司）生产的直径406mm的反井钻杆。

反井钻机的钻杆分为普通钻杆（1m）和稳定钻杆（0.5m），差别在于后者比前者外周多了均匀分布的4条3cm厚的钢肋板，其作用是导向与稳定，防止钻杆随深度的增加、旋转产生过大的摆幅引起弯曲，同时防止钻杆与孔壁的直接接触，减少磨损。

6.4.5.2　施工工艺

大直径反井钻井工艺原理如图6.4-22所示。

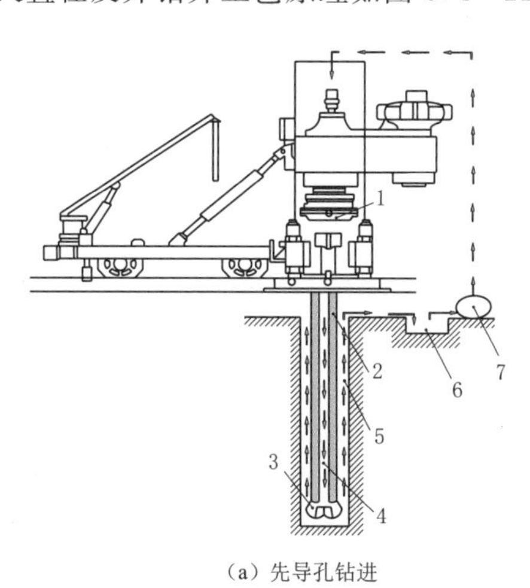

（a）先导孔钻进

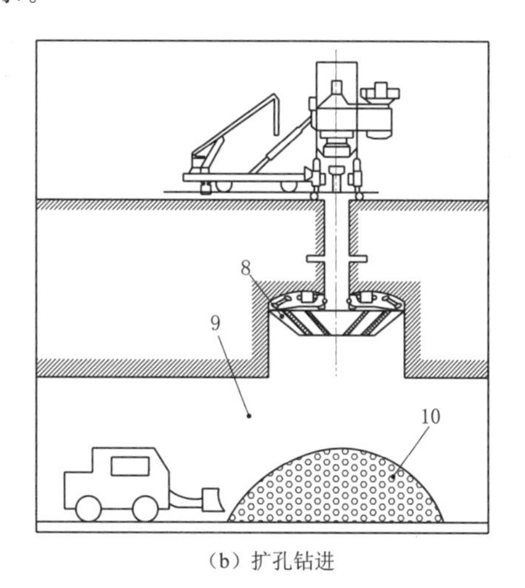

（b）扩孔钻进

图6.4-22　反井钻井工艺原理

1—动力水龙头；2—钻杆；3—导孔钻头；4—钻杆中孔泥浆；5—环空返流泥浆；6—泥浆池；7—泥浆泵；8—反井钻头；9—下部巷道；10—扩孔岩渣

施工时包含以下步骤。

1. 钻机定位与安装

（1）钻机定位。钻机定位的精度对导向孔偏斜率有很大影响，通过确定主机左右侧倾角相等的方法，确保钻机安装位置，防止钻机机架扭伤。

（2）钻机安装。将钻机的混凝土基础坐落在坚固的岩石上，若不能满足，则根据工程实际情况，将地基进行加固处理。为了保证钻机与钻机基础之间作用的有效传递，将钻机通过地脚螺栓等方式安装在基础上，调整钻机机架与基础面垂直，防止钻机偏移震动对钻杆钻头等设备损坏。

2. 导孔钻进

采用定向钻机开孔，如采用 ϕ216 钻头开孔。钻进过程通过泥浆泵将泥浆通过钻杆和三牙轮钻头以正循环方式，将工作面岩屑携带到地面。在地面将泥浆和岩屑分离，泥浆循环利用。导孔的作用是精准钻到巷道目标区，以便连接扩孔钻头。导孔的破岩量虽然只占很小的破岩量，但导孔是反井施工的关键技术之一。导孔的垂直度决定了钻孔的偏斜率；导孔成孔的偏斜率直接影响导井施工的成功与否。一般导孔贯通的偏斜率应控制在 1%以下。导孔钻进的过程也是对地层探测的过程，可以了解岩石性质、地质构造等，对扩孔钻头破岩刀具选择及工程支护方式选择都有参考价值；还可以通过导孔对稳定性较差的地层进行预加固处理。钻进参数如下：在导孔钻进过程中，每钻进 50m，用测斜仪测量钻孔的偏斜度，如果超斜需用螺杆钻具及时纠偏。针对工程地质和水文地质条件复杂的地层，如断层破碎带较多、存在溶洞、陷落柱、泥浆漏失、膨胀性岩层，需要采用专门定向钻进工艺技术。

导孔钻进时，钻机系统设置适当压力，动力头向下，正向旋转即可。当钻井深度一定时，考虑钻具自重作用，压力逐步减小；必要时，调整平衡阀来控制钻压，使刀具对岩石的压力合理。对于松软地层采用低钻压，对于硬岩稳定地层采用较高钻压。对于岩层交界地区、岩层倾角大的地区钻进时要慢速运转；对于破碎带，开钻时要有准备，如突然发现钻具旋转困难，应将钻具提升一定高度，再慢慢向下旋转扫孔，一次扫孔不行，可多进行几次，扫孔仍不能解决问题，需提钻进行检查。

3. 扩孔钻进

在导孔钻进的同时，将扩孔钻头和拆装工具通过下部巷道运输到预定位置。当导孔钻透到下部巷道以后，通过井上井下联系，上下配合将导孔钻头拆下，安装上大直径扩孔钻头。扩孔钻头上的破岩滚刀在钻杆拉力和扭矩驱动下，对岩石进行挤压、冲击破碎，形成钻孔。岩屑靠自重落到下水平巷道，用皮带机或装载机运走。

扩孔钻进时根据岩石硬度、岩层结构、扩孔深度等来调整钻进参数，以取得最佳钻进效果。岩石硬度大，可适当增加钻压，反之可以减小钻压。当钻头钻至地表的混凝土基础前，需降低钻压和转速，并观察地表变形和位移情况，确保钻头安全钻出井筒。

扩孔时采用低速钻进，严禁反转，以免发生重大事故。在扩孔钻头全部进入钻孔时，为防止钻头剧烈晃动而损坏钻头钻具，应使用低钻压。扩孔钻压大小根据地层情况而定，一般为 10～13MPa。卸钻杆时，扩孔钻进一根钻杆后停转，用下卡瓦卡住下一根钻杆的方扁，下放动力头，将下卡瓦放入卡座。操作辅助卸扣装置和液压马达反转松扣，使钻杆上端丝扣松动。上升动力水龙头使活动套指示杆处于最低位置，用上卡瓦卡住钻杆的上方扁，下放动力水龙头使上卡瓦进入动力水龙头内齿圈，液压马达反转，并慢慢上升动力水龙头，使上卡瓦始终在动力水龙头内齿圈里，直到下端丝扣卸开。上升动力水龙头，卸下上卡瓦，操作机械手抱住钻杆，马达反转，卸开上端丝扣。将动力水龙头上升到最高位置，回收机械手并用转盘吊将钻杆放到钻杆车上，在钻杆丝扣抹上油脂，套好保护套。放下动力水龙头，马达正转接上丝扣。上紧丝扣后，提升动力水龙头取出下卡瓦，进行扩孔钻进。扩孔时通过钻杆进入钻头中心管，通过喷嘴冷却破岩滚刀。

4. 井壁支护

反井钻井成井后，通过配备一套单钩提升系统负责下放材料和人员，用整体式金属模板砌壁，安置无缝钢管，下放混凝土，浇筑井壁。

6.4.5.3 常见问题的处理

在实际工程应用中，多数反井施工没有确切的地质水文等相关资料，在先导孔钻进中易出现缩径、塌孔、卡钻和漏失等现象。

（1）缩径，指先导孔钻进过程中，导孔钻头在岩石中钻进形成的钻孔，随时间的变化钻孔直径逐渐变化的现象。钻孔缩径，轻则造成先导孔内岩粉增多、重复钻进、钻进效率低下、钻具磨损加快，重则造成埋钻、断钻杆事故，甚至钻孔报废。若遇钻孔缩径事故发生，主要应对措施如下：首先必须尽快将孔内钻具提出，再对相应地层岩石进行分析，并进行相关室内试验和化验分析，以确定该地层条件是否满足后续第二阶段扩孔钻进井筒稳定性的需求。若能满足后续扩孔稳定要求，则可采用适合的泥浆作为循环洗井介质来通过膨胀地层的钻进工艺，但先导孔与下部巷道贯通后，孔内洗井液会突然流失，必将打破由冲洗液所形成的井帮平衡支撑条件，进而可能会造成塌孔、卡钻或埋钻等二次事故发生。因此在发生缩径事故后，在地层用水较少时，即可采用压风循环洗井，也可采用泥浆循环洗井，主要是为减少渗入膨胀性地层的水量，但不论采用哪种循环洗井介质，都要尽量增加扫孔次数，观察并记录钻进参数变化，从而减少次生事故的发生。

（2）塌孔，指先导孔钻进过程中，钻孔形成的孔壁不能自稳，岩石从孔壁掉落到钻孔内，造成排渣量增加、钻具旋转不平稳甚至发生卡钻。发生塌孔后，首先要尽快将孔内钻具提出，分析发生塌孔的原因，然后进行试探扫孔，循环清理钻孔内的岩渣，并注意观察钻进参数，防止发生卡钻事故。根据对排出岩渣量和钻进循环的观察，确定继续钻进还是灌浆、注浆及灌注混凝土等不同的处理方法。若风险很大，可考虑变化反井位置。

（3）卡钻，指钻具旋转困难，扭矩增大，提升和下放钻具的活动空间变小，有时达到钻具卡死，不能旋转、提升和下放。事故原因是缩径量继续增加而造成塌孔，断层塌孔、高角度发育裂隙和层理岩石掉落，坚硬岩石不稳定岩块掉落，钻具和孔壁不能挤碎排除，造成卡钻。工程应用中若有卡钻事故发生的先兆，首先要尽量将钻具提出钻孔，若钻具已卡死，无法提出钻具，则需要进一步研究处理方法。具体可采用反转钻具后，先提出部分钻具，然后制作专用的套钻工具，将钻具周围的堵塞物钻除，钻扫一定深度后，下放反井钻机钻具，反转将下部钻杆反出，逐渐重复直到完全处理完毕所有钻具后，再研究下一步施工方法，确定相应的钻进工艺。

（4）漏失，指在先导孔钻进过程中，钻遇裂隙发育地层或者溶洞地层，循环洗井液部分或全部渗入到地层中，致使洗井液不能正常循环排渣，钻进不能正常进行。对于冲洗液漏失现象严重者，可采取地层预注浆处理或者局部灌水泥浆来处理；轻者可在洗井液中加入颗粒状材料、橡胶粒、硅藻土、沥青及其他堵漏剂等堵漏材料处理。近年来，使用可循环微泡泥浆钻进成为一种新的处理漏失地层的方法。微泡泥浆就是在连续相（水或盐水）中加入表面活性剂、聚合物处理剂，通过物理、化学作用形成粒径 15～150μm、壁厚 3～10μm、内部似气囊、外部黏附绒毛的微泡，分散在连续相中形成稳定的气-液体系。在温度与压力共同作用下，依据地层漏失通道尺寸大小，微泡的体积和形状自行发生变化，从而实现对不同大小漏失通道的全尺寸封堵。可循环微泡泥浆具有防漏堵漏能力强、能够有效地提高地层承压能力、携岩能力强、维护方便等优点，目前已应用于多口钻井工程中，取得了良好的应用效果。

第 7 章

典型工程案例

7.1 杭州湾淤泥层和含气地层钻探技术

7.1.1 工程概况

杭州湾海域某风电场位于舟山市大鱼山岛北侧海域，属杭州湾海域百万千瓦级风电基地，场址东西向长约 12km，南北向宽约 10km，规划面积 120km^2，规划风电装机总容量 300MW，水深在 5～20m 之间。

资料显示，浙江省沿海潮汐主要由太平洋传入的潮波引起，多数港湾为规则半日潮型，是我国潮差最大的地区之一。浙江省沿海潮差自南向北逐渐减少，南部沿海港口年平均潮差在 4.0m 以上，到北部杭州湾口以南及舟山群岛一带的年平均潮差为 2.0～2.5m。

东海近岸海域海底浅层气普遍分布在第四系松散地层中，如杭州湾至舟山群岛地区、象山港、象山东部海域、浙中南海域等，在三门湾以南海区，浅层气主要分布在岸线至 25m 水深线范围内。

1. 钻探任务

勘察任务地处浙江杭州湾海域，布置钻孔 9 个（编号为 ZK1～ZK9），勘探要求钻孔 ZK1～ZK3、ZK5～ZK9 孔深不小于 80m（遇基岩可适当减少），ZK4 孔深为 100m，现场视持力层深度做相应调整。

2. 钻孔技术要求

钻孔取芯应符合《岩土工程勘察规范》（GB 50021—2001）规定，采用植物胶护壁工艺，黏性土回次进尺不大于 2m，砂性土回次进尺不大于 1.5m，取原状样。

3. 技术难点

（1）海上钻探受潮汐、风浪、浪高等环境的影响，在钻探过程中，平台需要克服潮汐变化。

（2）勘察海域海底表层为淤泥质黏土，其中 0～2.0m 表层含水量为 70%～90%，导致表层取样困难。

（3）据物探资料显示，勘察海域海底有浅层气分布，深度在 30～60m 之间，需同步完成浅层气数据监测。

4. 海洋钻探关键技术

（1）针对潮汐、风浪、浪高等影响，在钻进过程中，应克服潮汐的影响。

（2）针对海底表层高含水层淤泥质土，应确保高含水土层的钻孔取样。

（3）当钻孔遇到浅层气时，应同步开展浅层气检测和采取必要的安全防范措施。

7.1.2 钻孔方案

1. 钻孔结构

针对项目海域海底表层土含水量高的特点，选用 ϕ219 套管作为隔水套管。ϕ219 套管依靠自重入泥深度可达 10m 以上，因此不需要再下第二套保护导管，若采用植物胶护壁工艺钻进，一般开孔口径为 130mm，终孔口径为 110mm。

2. 钻探设备、机具

钻机选用 XY-2 型立轴岩芯钻机，水泵选择 BW-150 型泥浆泵。在 20m 以内水深开展钻探作业，一般选择额定载重量 200t 以上的平底工程船，船锚为重 500kg 的飞机锚 4 个。为确保夜间施工安全，配备 3kW 发电机 1 台。另外，配备 1 艘交通船用于现场警戒及人员上下班接送。

7.1.3 钻孔施工

1. 伸缩套管装置

为降低波浪和潮汐的影响，研制了一种方便、便捷、不用加接或拆卸隔水套管的装置（图 7.1-1）。该装置通过内外套管组合，借助潮涨潮落的自然规律，形成自由伸缩的护孔装置。其中外套管深入海底土层，内套管上端与平台固定，下端内套管为自由端，套在外套管内，以达到波浪补偿的目的。

图 7.1-1 伸缩护孔套管装置

2. 高含水层取样

浙江海域海底表层 0～2.0m 范围内土层含水量大，利用自主研制的 ϕ75 双管水压式原状取样器（图 7.1-2），成功获取了高含水流塑淤泥土的原状样（图 7.1-3），采取率达 100%。

取样器原理：该取土器通过与钻杆连接至孔口以上，用钻杆自重或人工加压即可；把取样器深入土层达到需要取样位置，上部钻杆与钻进供水管路连接，通过水泵向取样器内供水，使取样器上部活塞从上死点运行至下死点，从而关闭管靴上部的阀门，启动钻机卷扬系统把取样器竖直提至平台上，先拆除长连杆与短连杆固定的螺栓和螺母，再松开套在外管上锁紧螺母，使阀座与外管分离，此时所取土试样在有机玻璃管中清晰可见，先用端盖保护好有机玻璃管的上端，再把有机玻璃管倒立，拆除阀座与有机玻璃管之间的螺纹，使内管与阀座分离，最后用端盖保护。

3. 植物胶护壁工艺

在众多的泥浆种类中，经过比选，选用钠土和植物胶作为原料，配置低固相泥浆，常用配比为植物胶：水：钠土＝1：100：(5～6)（重量比），加入烧碱（氢氧化钠），加量为植物胶干粉重量的 8%～10%。在条件允许时，若能浸泡 4～8h 再使用，其浆液黏度也可达 100s 以上，其所配浆液情况见图 7.1-4。

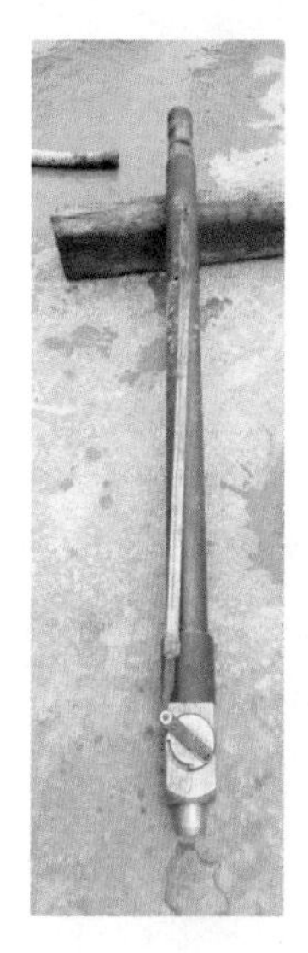

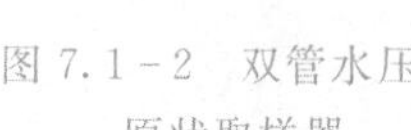

图 7.1-2 双管水压式原状取样器

图 7.1-3 取样器内管试样（淤泥与水交界面）

图 7.1-4 无固相或低固相护孔浆液

4. 钻孔原状取土技术

（1）淤泥质土采用薄壁取土器静压法取土，取土器外观见图 7.1-5，孔内取土见图 7.1-6，所取土样见图 7.1-7。

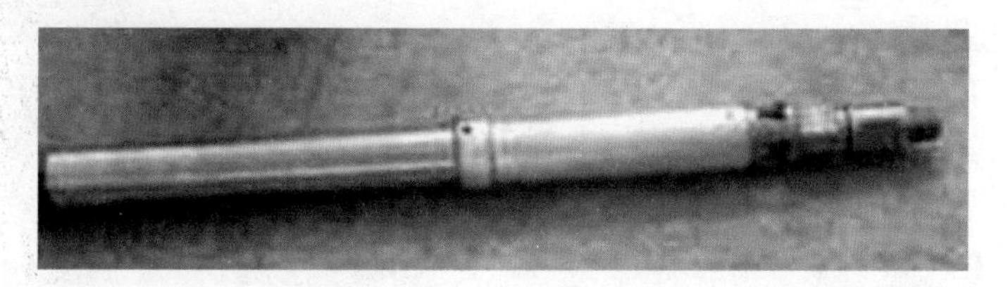

图 7.1-5 薄壁取土器

图 7.1-6 取样器取土

图 7.1-7 所取土样

（2）砂土采用原状取砂器取土（或哈夫半合管取土器取土），如图 7.1-8 所示。

图 7.1-8 哈夫半合管取土器取土

(3) 为保证岩芯采取率，圆砾回次进尺控制在 0.5～1.0m。圆砾取芯如图 7.1-9 所示。

图 7.1-9 圆砾取芯（右侧 5m 均是圆砾层，外面包裹干钻后的泥皮）

5. 浅层气防护措施和测试

(1) 浅层气防护措施。钻探过程中，一旦遇到浅层气体从钻孔孔口喷出（图 7.1-10），应停止船上一切作业活动，并在第一时间隔离火源，禁止船上一切明火，待孔口无气体喷发后，再恢复钻探作业。

(2) 浅层气监测。浅层气监测工艺流程如图 7.1-11 所示。

浅层气监测仪为自主研发，是在油气开采的通用设备与静力触探设备的基础上改进研制而成，采用静压的施工工艺。它由沉淀池、LZB-15 型玻璃转子流量计（图 7.1-12），以及安装在管路中截止阀、减压阀、压力表等设备组成。该仪器可以监测气体流量和压力，并能减少对周围土层的扰动。

监测步骤如下：

1) 核对钻孔位置准备。

2) 将探杆静压至预定深度，接三通将探杆、压力罐等设备连通，并检查其密封性，确保整个装置无漏气现象。

3) 缓慢提取探杆，此时探头留在土层中，探杆底端为进气口，地下浅层气体通过中空探杆逐渐释放出来，对孔口无喷发钻孔，按要求采集气压和流量等数据。对监测过程中孔口出现喷发泥、砂状况或实测压力值大于 0.10MPa 时，则迅速调节减压阀及出气口阀门，以减小出气口的流量（必要时可关闭出气口阀门，静置一段时间再慢慢打开出气口阀门），进行缓慢均衡放气，以不带出泥沙为控制标准，完成气压和流量等数据采集后，再上拔 1m，继续监测。

图 7.1-10　孔内喷发浅层气体

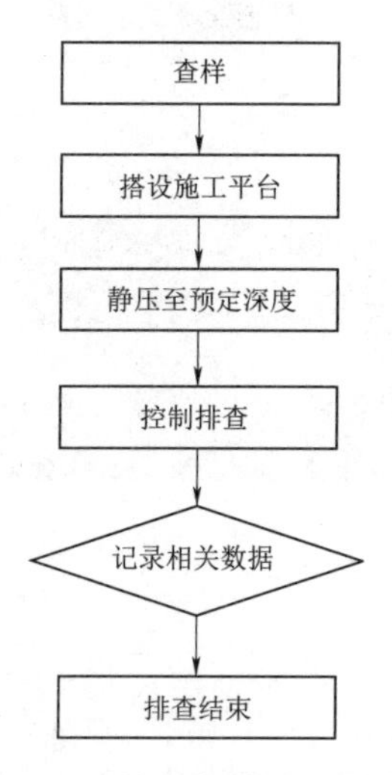

图 7.1-11　浅层气监测工艺流程图

图 7.1-12　压力罐（沉淀池）、LZB 型玻璃转子流量计

4）重复上述操作，直至储气层顶板埋深后，即为完成单孔监测。

在钻孔监测气体期间，应严格按上述顺序进行，并对每个钻孔的监测范围、监测前后气压大小、点火后火焰高度等进行记录，火焰高度监测见图 7.1-13。

监测原则：释放过程中压力要动态平衡，要采取均衡监测原则，即气体释放的速率应缓慢均衡，不产生监测孔周围地层的显著扰动和不带出泥沙。

7.1.4　成果与经验

通过本次实践，形成以下成果与经验：

(1) 采用伸缩套管装置解决了海上潮涨潮落对钻探的影响。

图 7.1-13 火焰高度监测

（2）选择不同土层的取土器可以有效提高钻孔的取土质量，从而减少起钻次数，提高钻探工效。

（3）自主研制的 $\phi75$ 双管水压式原状取样器获取了高含水流塑淤泥土的原状样，达到了表层取样的目的。

（4）形成了一整套含气地层钻孔、监测的工艺流程及装备。

7.2 巧家台地超深厚覆盖层钻探技术

7.2.1 工程概况

云南省巧家县县城位于金沙江畔，距离下游白鹤滩水电站坝址 40km。县城地势总体呈东高西低，东面环山，西面临江，整体坐落在一宽阔的山前不规则扇形台地上，后山最高海拔约 3400m，前缘金沙江常年水位高程约 640m，主体建筑分布在高程 784～985m 之间。

白鹤滩水库正常蓄水后，县城周边被淹没，水库年水位变幅在 765～825m，库水对库岸稳定条件影响较大，一旦发生边坡失稳就会造成严重后果。因此，为了解白鹤滩库区巧家县城的边坡稳定情况并查明覆盖层厚度、结构、密实程度、物质组成等及下伏基岩情况，在过往工作基础上再布置了一个以钻穿覆盖层为目的的钻孔 QK9（图 7.2-1），设计深度 500m。

（1）技术要求：①终孔口径不得小于 91mm；②覆盖层岩芯采取率要求在 80%以上，基岩岩芯采取率要求在 95%以上；③钻孔倾斜度要求小于 1%；④计划深度 500m，并根据勘探情况调整，进入基岩以下 20m。

（2）技术难点。由于 QK9 钻孔位于县城中心区域，根据要求，晚上 11 点至次日 7 点

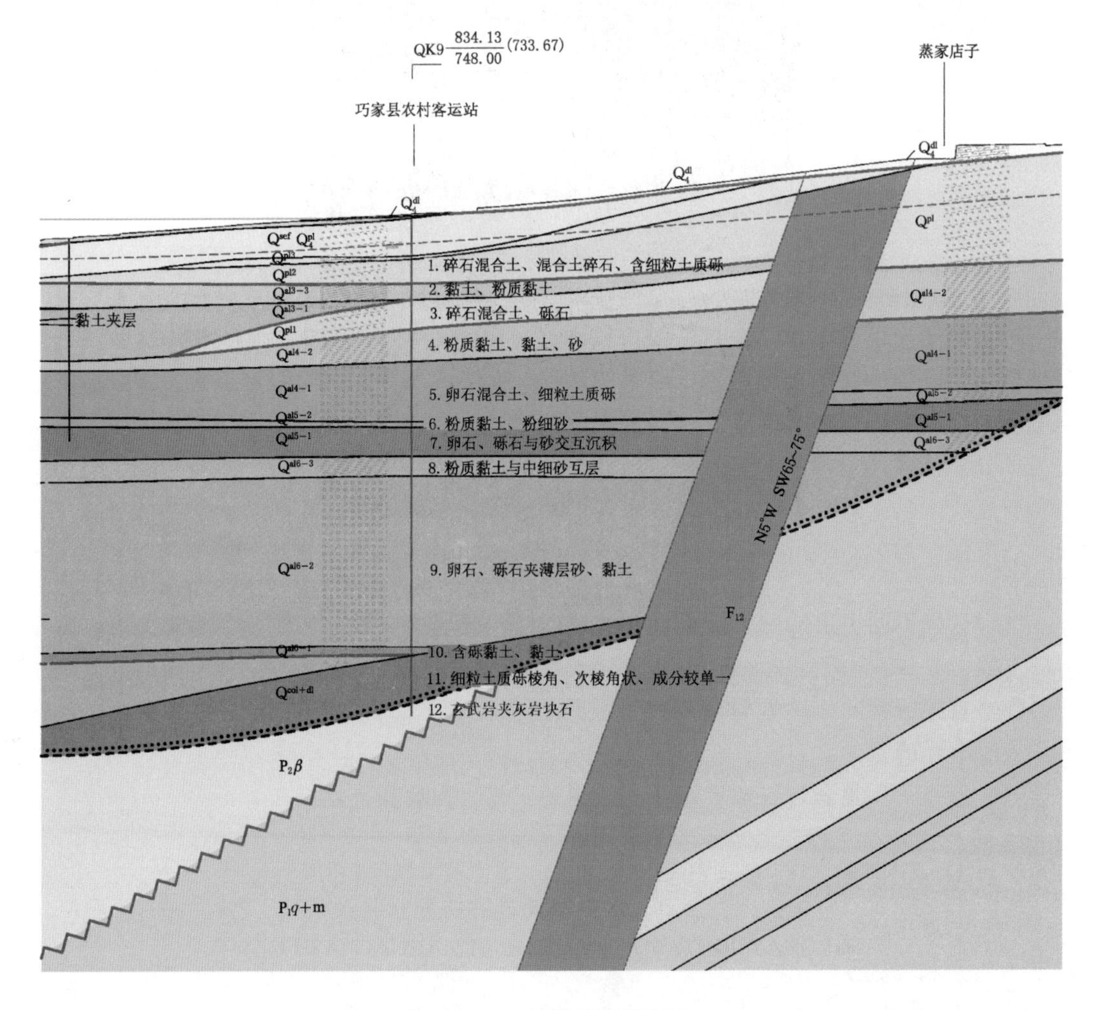

图 7.2-1 钻孔地质剖面图

不能进行施工作业。结合过往在该地区的钻探施工经验，冲洗液护壁问题是 QK9 钻孔在作业过程中最大的技术难点。另外，由于巧家覆盖层厚度较大，以砂卵砾石层为主，局部有软弱夹层，钻孔易偏斜，因此孔斜控制也是此次钻孔的难点之一。

（3）项目完成情况。巧家斜坡控制性钻孔于 2017 年 2 月进行前期策划和准备，于 3 月 27 日正式开孔，至 10 月 14 日终孔，终孔深度为 748.00m。

7.2.2 钻孔方案

1. 组织管理

为保证钻孔施工作业的顺利开展，本着精干、高效的原则，成立项目管理部。项目经理和总工程师分别由实践经验丰富的人员来担任，在钻孔现场设有技术指导组、钻探班组、后勤保障，形成以现场管理为中心、确保钻孔质量为目标、参加人员责任到人的管理体系。

参与钻探的机组人员选用熟悉地层、有类似钻孔施工经验的钻探技术和技能骨干，其他人员按钻孔深度逐渐增加：实行一天两班16h工作制。

2. 钻孔结构

根据过往巧家台地完成的300m级QK3和QK7深厚覆盖层钻孔施工经验，计划采取冲洗液和套管的护孔工艺，钻孔结构设计如图7.2-2所示。

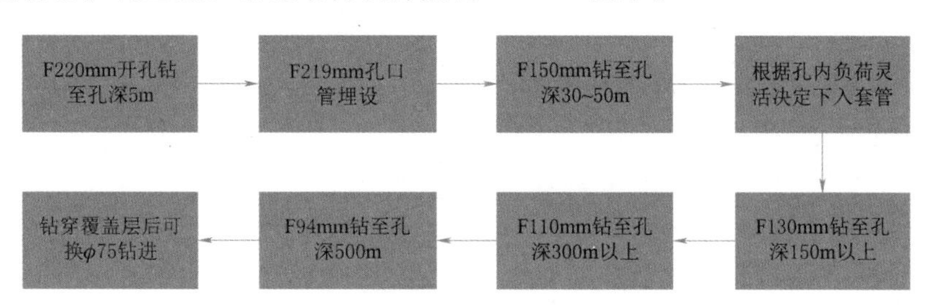

图7.2-2　钻孔结构设计

在实际钻孔施工过程中，采用由植物胶+膨润土配制的低固相冲洗液护孔、SD系列双管单动钻具钻进技术，QK9钻孔实际下入孔内ϕ146套管为51.04m，其余均为裸眼钻进，钻孔结构如图7.2-3所示。

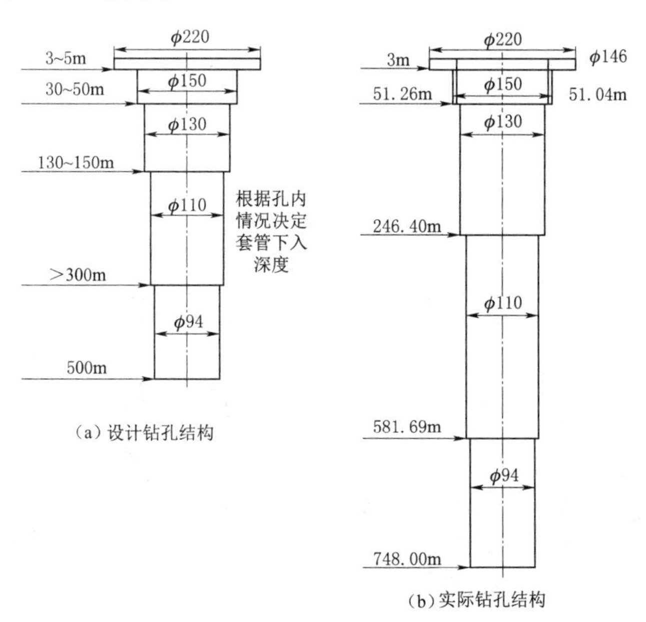

图7.2-3　钻孔结构图（直径单位：mm）

3. 现场布置图

为规范化、标准化钻机现场布置，参考相关规范按图7.2-4所示布置钻场。钻进浆液循环系统应设在靠地盘下方斜坡的一面，距塔脚0.5m以上，要防止雨水浸入循环系统。钻进浆液自泥浆池经泥浆泵、高压胶管、钻杆、钻孔环状间隙反至孔口，经长循环槽流回泥浆池内。为防止在施工作业过程中泥浆泵和搅拌机损坏后造成钻进作业停工，在设备选型时选择了双份。

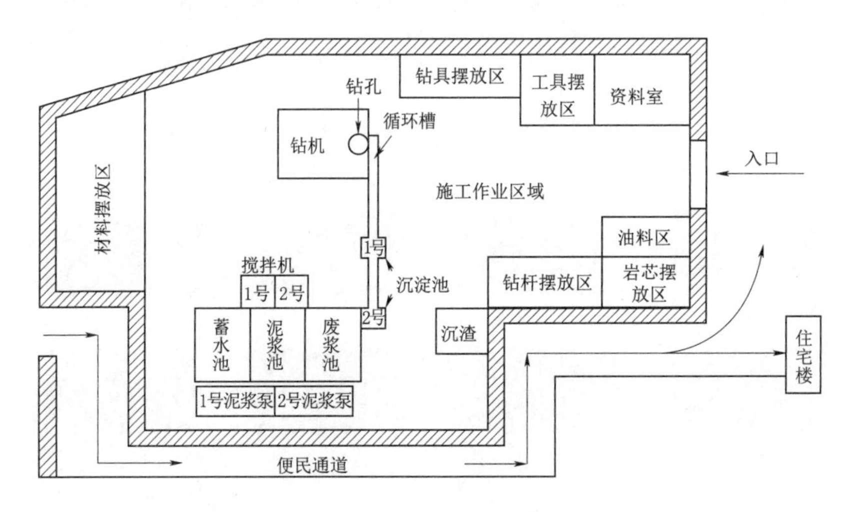

图 7.2-4　现场布置图

4. 设备选型

根据任务书要求孔深为500m，考虑到钻孔存在进一步加深的可能，设备选型按可钻深度600m考虑。选择钻探设备XY-4-3型钻机、BW-250泥浆泵、AY12-20型钻塔、ϕ60锁接头钻杆、改进优化后的SDB系列双管单动钻具、NY-3型液压拧管机、300L高速搅拌机、柴油机和其他等辅助机械，如图7.2-5所示。

(a) XY-4-3型钻机

(b) AY12-20型钻塔

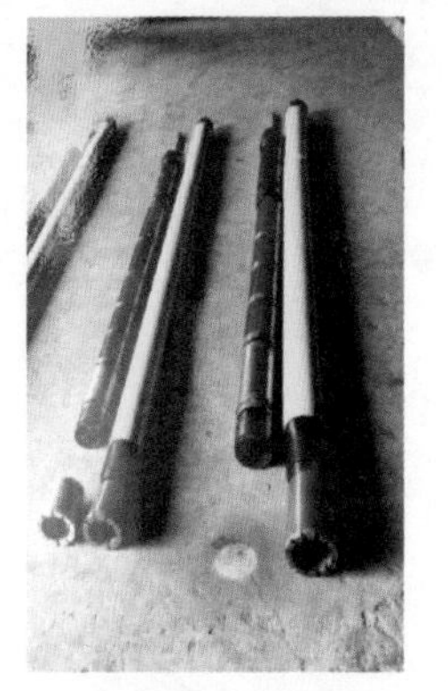

(c) SDB系列钻具

(d) BW-250泥浆泵

图 7.2-5　开钻时选用的设备

钻孔深度超过计划孔深500m时，因未钻穿覆盖层、揭露下伏基岩，根据钻孔任务书要求需要继续钻进。当钻孔深度超过600m后，钻机和泥浆泵接近使用极限。针对这个问题，在综合分析和比较经济成本、时间成本、钻进深度和安全后，更换了钻机和泥浆泵，如图7.2-6所示。

(a) XY-44 型钻机　　(b) BW-300/16 型泥浆泵

图 7.2-6　600m 后更换的设备

5. 低固相冲洗液

根据过往巧家深厚覆盖层钻探经验，钻孔拟采用由植物胶+膨润土配制而成的低固相冲洗液（图 7.2-7），冲洗液配比须根据地层情况调整，确保孔壁稳定，保证钻进安全。钻孔使用的不同地层浆液配比参数见表 7.2-1。

(a) 植物胶

(b) 膨润土

(c) 配制好的冲洗液

图 7.2-7　低固相冲洗液

表 7.2-1　不同地层浆液配比参数

地层名称	配制材料	配比（水：植物胶：膨润土）/kg
碎石混合土层	水，植物胶，膨润土	300：(2～6)：(2～5)
黏土、粉砂、细砂层		300：(3～7)：(6～9)
砂卵砾石		300：(5～9)：(6～9)
渗水砂卵砾石层		300：(6～10)：(7～12)

6. 钻孔安全环保措施

钻孔在作业过程中制定了多项技术和管理措施，供现场人员规范操作和执行，防止发生孔内和其他安全事故，确保了钻孔的顺利终孔。

（1）技术交底与安全教育。组织学习了区域地质情况，介绍钻孔施工过程中采取的工艺方法、拟采用的钻孔结构和施工中应重点注意的问题。

（2）班前检查制度。班组开始作业前必须对主要钻探设备进行安全检查。

(3) 班前5min会议。由班长组织召开，检查班组成员着装，安排各岗位本班具体工作和目标，提醒大家注意安全。

(4) 定期检查。每半月一次抽检，每月一次安全大检查，确保作业安全。

(5) 环保措施。通过定期组织学习班强化施工人员的环保意识，杜绝环保违法行为。

7. 钻进参数

鉴于深厚覆盖层地层复杂，为确保安全顺利钻进并保证取芯质量，确定钻进参数应遵循“中速、低压、小泵量”的原则，并且根据不同的钻头直径选择不同的钻进参数。正常钻进的情况下，转速选择范围为300～655r/min，钻压选择范围为4～7kN，泵量选择范围为30～50L/min。

8. 孔内事故预防与处理

确保孔壁稳定是本钻孔的最大难点，孔壁失稳易引发孔内事故的发生，为了降低孔内事故的发生，钻孔必须严格控制冲洗液的质量，主要采取以下措施：

(1) 每个班组设专人管理、配制、检测泥浆性能，根据地层变化及时调配浆液性能，孔内返回的浆液每班至少检测一次。

(2) 当孔深超过300m后，冲洗液循环一次后就需要更换，从而保证了钻孔冲洗液的使用要求。

另外，为了避免孔内事故的发生，钻进过程中每个回次都要检查钻杆柱垂直度和丝扣完好情况，发现问题及时更换。

钻孔在钻进过程中虽未发生重大的孔内事故而影响施工进度，但时常会发生掉块、缩径和沉孔等情况。针对这些孔内事故，处理办法：钻杆柱正常下钻，当遇见下钻阻力较大时即开始扫孔，扫孔时需要减压，转速不宜过快，以40～60r/min为宜。待扫至孔底后，要暂时停止向下钻进，继续向孔内提供优质浆液，直至新搅拌的冲洗液完全替换孔内浆液为止。当从孔口返出冲洗液后，方可继续钻进，钻进时要严格控制转速、进尺速度和进尺。

7.2.3 关键技术

1. 低固相冲洗液护孔优点

低固相冲洗液具有较好的悬浮和携带岩屑能力，能在孔壁上形成致密的聚合物薄膜并能提高孔底钻头的碎岩效率，有较好的护芯、护壁、防塌和润滑减阻作用，具有密度低、黏度可调、流动性好等优点。

2. 钻进技术参数选择

钻进过程中，钻压、转速和泵量相协调保持了高效的钻进效率。钻孔采用较小的钻压，一般在门限压力和最大合理压力之间，保证钻头切削岩石产生大颗粒的体积破碎，提高了钻进效率，同时减小钻杆柱的挤压形变，降低了孔斜，保证了超深厚覆盖层裸眼钻进的安全。

3. 优化钻具结构，缩短施工周期，保证裸眼安全

通过延长钻具长度等改进并优化SDB钻具（图7.2-8），使回次最大进尺长度由1.30m增加到2.50m，从而减少提钻次数和辅助作业时间，提高台班效率，缩短施工工

期。另外，取芯钻具的增长，缩短了钻孔裸眼的停滞时间，有利于裸眼钻进工艺的实施。

4. 设备选型合理，满足深孔钻进要求

钻机、泥浆泵、钻具、钻塔和钻杆等主要钻探设备选型合理，满足超深厚覆盖层裸眼钻进要求。特别是AY12－20型钻塔和拧管机匹配应用，不但减轻工人劳动强度而且减少2名辅助工人，并且提高了作业效率，缩短了施工周期。

图7.2－8　加长的SDB钻具

7.2.4　成果与经验

巧家斜坡控制性QK9钻孔，终孔深度为748.00m，全孔岩芯采取率为91.2%。0～733.67m为覆盖层，岩芯采取率为90.9%；733.67～748.00m为基岩，岩芯采取率为96.6%。钻孔偏斜率仅为0.51%，钻孔典型岩样如图7.2－9所示。

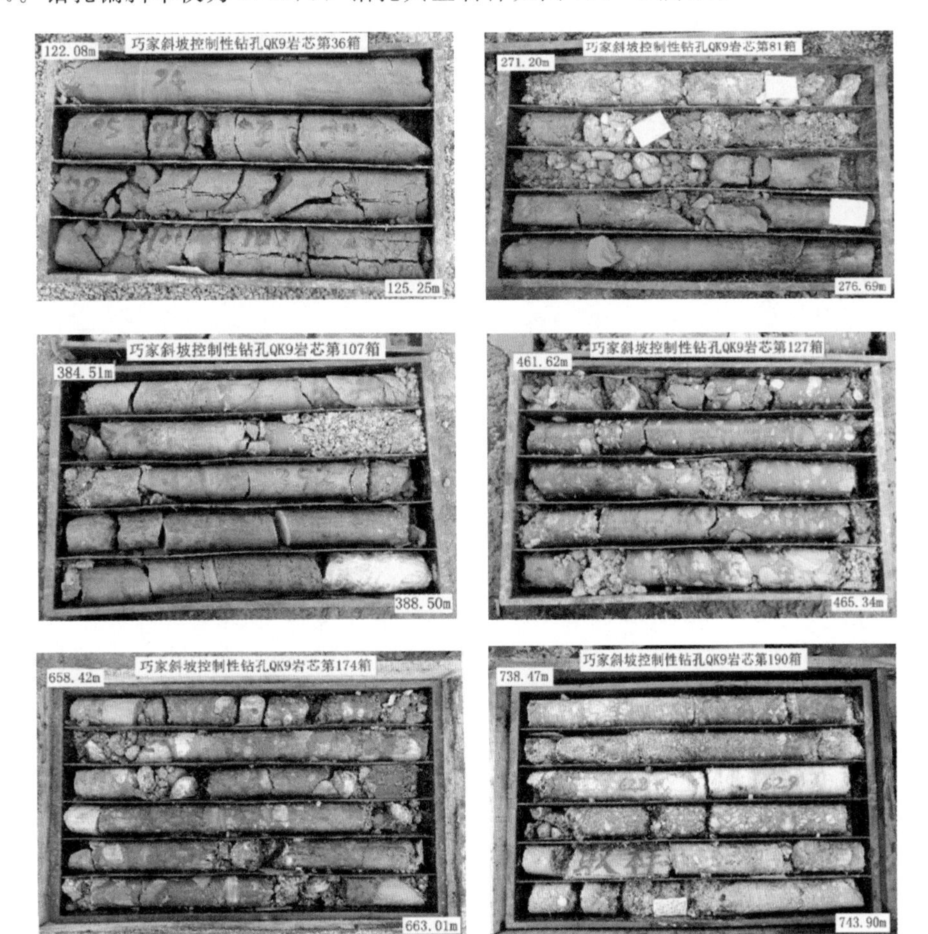

图7.2－9　钻孔典型岩样

经组织国内专家组对QK9钻孔进行验收，根据《水电水利工程钻探规程》（DL/T 5013—2005）和《水电工程覆盖层钻探技术规程》（NB/T 35066—2015）规定，对钻孔质量评分为98.1分，质量评定等级为优，QK9孔钻进、护壁、取芯技术先进，超深覆盖层裸孔钻进技术为国内领先水平。

7.3 某水电站深厚卵砾石层钻探技术

7.3.1 工程概况

某水电站采用坝式开发，坝区河水面高程约3084m。坝址控制流域面积162468km²，多年平均流量1170m³/s。初拟正常蓄水位3119m，与上游水电站衔接，坝壅水高35m，装机容量340MW，最大坝高50m，初拟坝型为沥青混凝土心墙堆石坝。坝址岩性以浅变质砂板岩、片岩为主，岩性较软弱，岩体完整性较差，河床覆盖层较深厚，滑坡、泥石流、倾倒变形等物理地质现象相对较发育；工作区两岸阶地发育，水面一般宽200～400m。一级阶地相对水面高20～30m，二级阶地相对水面高40～50m。河床覆盖层主要由卵砂砾石构成，最大厚度达70m，以细颗粒为主，结构较松散，承载及抗变形能力低，基础条件差。

该次勘探共布置钻孔10个，总计进尺1000m。任务书要求终孔孔径不小于75mm，覆盖层孔段全孔采取原状样（原状样取出后应立即封闭取土器或装入盛土容器并将土筒所有缝隙均应以胶布封严，贴上标签，蜡封，防止水分散失），并选择性的进行动力触探试验。基岩孔段岩芯采取率不小于95%。

7.3.2 工程特点

坝址区卵砂砾石厚度大，组成复杂，既有薄层均匀松散砂层，又广泛分布漂石、块石层、砂卵石层，还夹杂有崩坡积物，成孔、护孔难度大，取芯技术要求高。如何合理的设计钻孔结构，选用适当的钻探工艺是难点。由于技术难度大，对人员技术水平、综合素质、设备性能、器材配备要求高，因此人员配备、设备组织是关键。同时，由于工作位于高海拔地区，自然条件恶劣，社会环境复杂，且是首次开展工作，如何处理好与当地政府、居民的关系，保证人员生命财产安全是工作开展的重点。

7.3.3 施工工艺

7.3.3.1 施工程序

施工程序依次为施工准备、测量放孔、钻机安装、调试、钻进、取样及原位测、终孔、竣工验收。

7.3.3.2 施工技术

1. 施工工艺

该次勘探砂卵石覆盖层厚（任务书预计厚度为80m），砂卵石级配不明，从查勘情况看，下坝址表面存在大量漂石、孤石，砂卵石粒径较大，细颗粒含量少；坝址岩性以浅变质砂板岩、片岩为主，岩性较软弱，岩体完整性较差。任务书要求砂卵石层全孔取原状样，技术难度大。为此，该次勘探砂卵石层中拟采用植物胶半合管钻进取样，套管跟管护壁工艺，基岩采用植物胶钻进取芯。

2. 钻孔结构设计

拟采用四级钻孔结构，上级套管尽量跟进，为后续可能的孔内复杂情况预留处理口径。具体钻孔结构如下：

（1）第一级 ϕ219：此级作孔口管用，设计深度 3m。先采用 ϕ114 钻进采取原状样，再采用 ϕ146 扩孔，最后将 ϕ219 套管夯入，并将管内掏净。

（2）第二级 ϕ146：计划下入深度 17m，下入前，先采用 ϕ114 钻进采取原状样，再采用 ϕ127 扩孔跟进 ϕ146 套管。

（3）第三级 ϕ127：计划下入深度 20m，下入前，先采用 ϕ94 钻进采取原状样，再采用 ϕ110 扩孔跟进 ϕ127 套管。

（4）第四级 ϕ110：计划下入深度 20m，下入前，先采用 ϕ77 钻进采取原状样，再采用 ϕ91 扩孔跟进 ϕ110 套管。

（5）第五级 ϕ91：计划下入深度 20m，下入前，先采用 ϕ77 钻进采取原状样，再跟进 ϕ91 套管。

（6）第六级 ϕ75：此级在基岩中取芯，终孔。

7.3.3.3　质量控制措施

质量控制单位主要措施：①严格控制回次进尺；②注重钻进过程中回水颜色、钻进感应的观察记录；③根据岩层情况及时调整施工方法，确保岩芯采取率；④勤起钻、下钻，遇到钻进困难、有卡钻情况时，立即起钻，不贪快冒进；⑤加强与地质值班人员的沟通，及时准确地对地层分界作出判断；⑥水文地质试验严格按照地质及规范要求进行，原始记录及时、准确、规范；⑦严格机长跟班制度，地质值班制度，班长负责制度，联合验收制度；⑧加强植物胶冲洗液的配制监控，保证冲洗液质量；⑨取样前，清除孔内浮渣，保证孔内干净，试样及时标识、封存。

7.3.3.4　安全控制措施

为保证项目安全、高效完成，必须制定相应的安全措施，主要包括：①进场前，针对该项目的特点，做好危险源识别、分析，并制定相应的措施对策；②按照要求给每一个施工人员配备好相应的劳动保护用品，并监督正确佩戴、使用；③做好班前、班后安全技术交底，明确各作业班组的岗位安全责任，加强勘探作业过程中的项目部中间检查和督导；④对设备搬迁、装卸车等特殊作业，严格执行负责人、机长跟班制度，确保生产安全；⑤针对高海拔地区的特殊性，进场前做好人员培训，身体健康检查，并配备足够的药品等应急物资；⑥工作中做好防火安全，充分依靠政府，妥善处理与当地居民关系。

7.3.4　成果与经验

勘探前，选用工艺合适，实现了覆盖层岩芯采取率 95%以上，保证了勘探质量。

勘探揭露覆盖层组分复杂，以砂卵石夹漂石为主（图 7.3-1～图 7.3-4）；层厚较大，最大厚度达 83.9m，为深厚、复杂砂卵石地层勘探积累了宝贵的经验。勘探过程中采取的植物胶低固相冲洗液，有效地保证了孔壁稳定，实现了最大裸孔钻进 35m，降低了套管跟进难度，提高了套管跟进效率。冲洗液的泵量、钻进转速对植物胶半合管取芯质量影响较大，需要根据地层的特性（密实度、颗粒组成、粒径、地下水情况等）综合考虑。

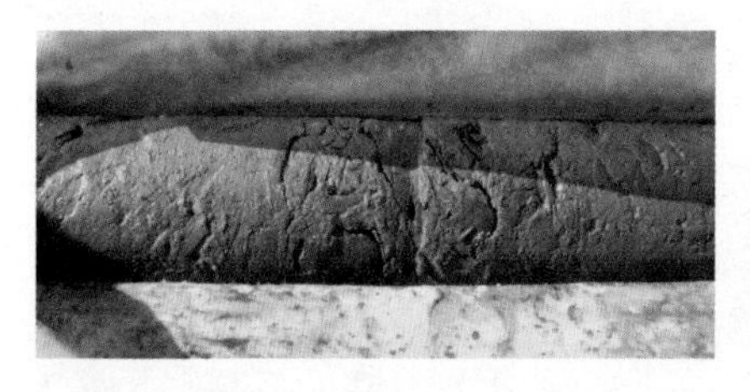
图 7.3-1　砂卵石夹堆积物

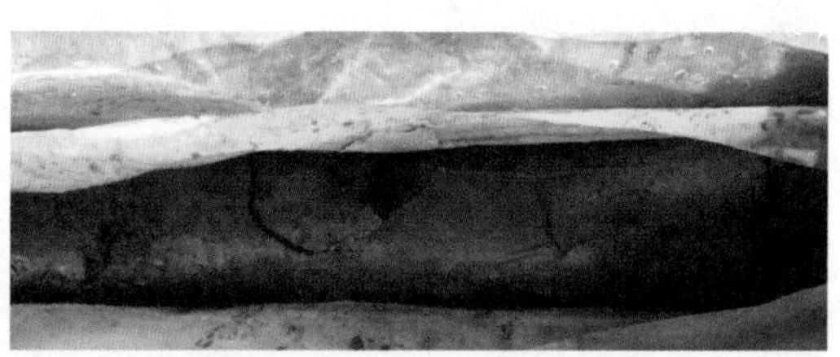
图 7.3-2　砂砾层

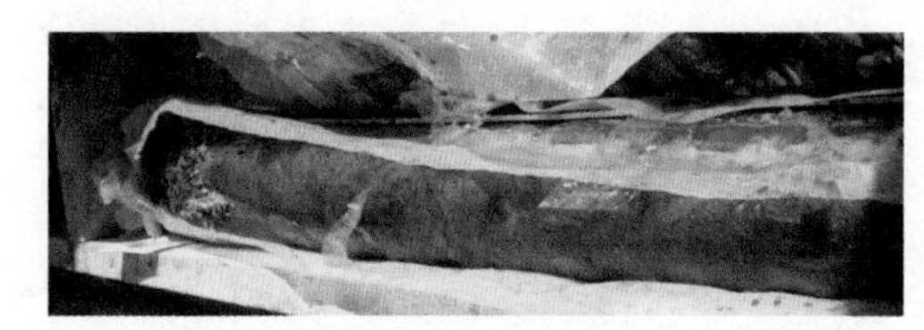
图 7.3-3　砂卵石层

图 7.3-4　砂卵石夹块石

7.4　白鹤滩水电站硬脆地层与软弱夹层钻探技术

7.4.1　工程概况

白鹤滩水电站位于金沙江下游攀枝花至宜宾河段，坝址左岸属四川省宁南县，右岸属云南省巧家县。水电站规模巨大，混凝土双曲拱坝高度达 289m，泄洪流量大，地震烈度高，拱坝承受各种基本荷载作用时，下游拱端最大压应力近 10.0MPa，上游拱端最大拉应力超过 1.0MPa，总推力高达 1400 万 t。大坝对坝基及两岸岩体质量要求很高，作为支承拱坝结构的基础岩体，应当具有足够的承载能力和变形稳定性。此外，大坝正常挡水水头近 270m，坝基也需要有可靠的截渗和排水措施。

1. 地质条件

白鹤滩水电站坝区主要为二叠系上统峨眉山组玄武岩和三叠系下统飞仙关组砂页岩，第四系主要为河床冲积砂卵砾石。峨眉山组玄武岩可分为 11 个岩流层，坝基范围出露第二层（$P_2\beta_2$）～第六层（$P_2\beta_6$）5 个岩流层，局部发育柱状结理。坝基的主要岩层 $P_2\beta_2$ 层柱状节理普遍发育，柱体细小，出露大多柱体直径为 13～25cm，纵向及横向微裂隙切割后，岩体块度仅 5～10cm，甚至更小。项目现场 PD36 号平洞内已完成的 EPD36-1 钻孔终孔孔深 50.79m，其揭露地层情况为：0～39.40m 为柱状节理玄武岩（图 7.4-1），岩芯呈极破碎～较破碎，除孔深 8.4～11.70m、12.20～15.90m、33.10～40.60m 等数段可见大于10cm岩芯外，其余孔段岩芯多呈4～8cm块状或2～4cm碎块状，且在孔深23～24.5m段，发育层内错动带。全孔岩芯破碎，*RQD*值低，完整性差，力学指标相对较低，钻进困难。

图7.4-1 地表揭露柱状节理玄武岩

图7.4-2 平洞内揭露软弱夹层

2. 钻孔目的

针对白鹤滩坝区地质条件复杂，在玄武岩地层中夹有柱状节理、断层、层内错动带等软弱地层，为了解不同高程内的地层结构，要求在不同深度的探洞内布置钻孔进行原状取芯。为了确保取芯质量，需要采取合理、行之有效的钻进工艺，加强过程控制，减少因钻进技术或人为因素对岩芯的扰动，保持岩芯的原始结构状态，提高节理性状等地质信息采集的准确性和完整性，为金沙江白鹤滩水电站300m级高拱坝基础选择等工程地质研究提供基本保证。

3. 钻进难点

玄武岩内柱状节理发育，并有断层、错动带、凝灰岩等软弱层带（图7.4-2），柱状节理玄武岩具有节理发育、易碎等特点，并总结以往类似地层的钻进经验教训，经综合分析，存在以下钻进难点：①地层破碎容易产生掉块、岩芯卡塞等问题，影响工作进度和钻进安全；②岩芯卡塞后若不能及时处理，会发生岩芯对磨，从而降低岩芯采取率，影响芯样的原状性；③钻进、退芯和搬运的过程中，容易受到外部扰动，降低芯样完整性和岩石质量指标*RQD*。

7.4.2 钻孔方案

1. 钻探设备选择及安装

（1）钻探设备选择。结合工程现场地质情况及钻孔设计深度，钻机采用XY-2型岩芯钻机，泥浆泵采用BW-150往返式泥浆泵，制作泥浆池2个。钻机基座安装后进行水泥浇筑加固，安装后垂直孔采用水平仪检测，斜孔倾角采用罗盘校准，并检查合格后方可开孔，确保钻孔走向准确。

（2）钻探设备的安装。在洞室内进行钻探时，受平洞尺寸限制，钻探设备安装困难，需要进行扩洞，若进行倾角较小的钻孔施工（尤其是钻孔布置在洞壁与洞底相交线处）时，因受钻机与洞壁间距限制，仅凭摆动立轴来调整钻进角度有时难以达到特定位置钻孔开孔要求，这种情况往往采取搭设排架以满足钻孔倾角要求，且倾角越小排架搭设越高，这样对施工难度、进度造成了一定影响，并增加了安全风险。经实际操作探索、总结得出，在不调整钻机立轴角度的前提下，可采用改变基座与地面夹角来满足钻孔倾角要求。这样既确保了平台稳定性，又大大提高了钻探作业安全性。

2. 取芯钻具

针对白鹤滩水电站玄武岩内柱状节理发育，并有断层、错动带、软弱层带等特点，在岩芯采集时选用了具有单动双管的 SDB 系列金刚石钻具，该钻具有很强的稳定性和单动性，防止减少岩芯的相对磨损；其中岩芯管为半合管取芯装置，减少退芯过程中人为扰动；并在退芯时，严禁用铁锤敲击内外管，拧卸钻头、扩孔器和内外管时严禁用管钳，而采用多触点的自由钳，保证半合管不变形。最终在钻进中取得了很好的效果，基本维持了岩芯的原始结构状态。

3. 冲洗液

钻进过程中，选用了黏度高、胶护与减振性能好、携带岩粉能力强的 SM 植物胶作为钻进冲洗液，该冲洗液具有对钻具、钻杆的黏弹性减振作用和稳定孔壁效果的同时，更有利于完整取出原始结构状态的碎裂结构柱状节理岩芯。

SM 植物胶为无固相冲洗液，在配置 SM 植物胶冲洗液时，应加入一定量的 NaOH 进行处理，提高了滤饼的致密性，减低了失水量。在钻进冲洗液实际循环过程中，分别采用两个 1.5m×0.7m×0.5m（长×宽×深）的泥浆池，一个用于搅拌送浆池，另一个为沉淀池，并在孔口至沉淀池之间设置了一条泥浆槽（长度大于 3m），整个钻进冲洗液循环系统形成良好的供给效果，不仅保证了钻孔技术要求的冲洗液性能指标，又较好地起到了沉淀、清理、补充等作用。

7.4.3 钻孔施工

1. 钻孔施工要求

钻进过程需要满足以下基本要求：

（1）钻机设备安装稳固，确保钻孔平稳钻进。

（2）现场安排技术和经验丰富的操作人员和技术人员进行跟踪，并做好翔实钻探记录，发现问题及时总结纠正。

（3）钻进时，按钻头和扩孔器外径的大小，排好顺序轮换使用，即先使用外径大的，后使用外径小的。

（4）换新钻头时要“初磨”，即轻压（为正常钻压的 1/3 左右）、慢转（100r/min 左右）钻进 10min 左右，然后再采用正常参数继续钻进。

（5）钻进过程把握“三必提”，即遇下钻受阻轻转无效时、岩芯堵塞时、钻速骤降时必须提钻。

（6）钻进时，随时观察泵压变化，严防冲洗液中断和钻具中途泄漏。

2. 钻进施工技术

（1）钻压。根据岩石的可钻性、研磨性、完整程度、钻头底唇面积、金刚石粒度、品级和数量来选择。在实际操作中，根据地层的变化，适当增减钻压，在钻孔开孔时地层结构破碎时，选用低压钻进，相对完整地层适当加压，根据钻孔实际情况探索得出在该地层钻进时的钻压控制在1.2～1.7MPa为宜。

（2）转速。根据岩石的可钻性、研磨性、完整程度及钻头直径选择转速，正常钻进时，在机械能力、管材强度允许的前提下，尽可能提高转速；在钻孔较深、钻孔弯曲或孔内复杂情况下以及钻进强研磨性、破碎岩层时，转速适当降低；根据现场操作实际情况，该地层钻进时的转速控制在中高速为宜，即538r/min或849r/min，一般控制在538r/min。

（3）泵量。根据岩石的可钻性、研磨性、完整程度、钻进速度和钻头直径等选择，在转速较高、钻进速度较快、岩石研磨性较强、岩石颗粒较粗时，选用较大泵量，反之则泵量应减少，根据实际操作中的探索，考虑到植物胶冲洗液的黏度，钻进中采用的泵量为30～50L/min。钻进开始时，先用低压、低转速钻进一定时间后，发现稳定后再慢慢加压、提速，在这种坚硬、破碎地层严格控制钻压、转速，防止岩芯对磨、扰动；地层由硬变软时减压并控制钻进速度；钻进过程中安排专人，定时观察冲洗液消耗情况，防止孔内事故发生。

3. *岩芯采集与维护*

取芯过程中，从孔内提上来的岩芯很好地保持了原始结构状态，但是由于岩芯破碎、完整性差，从半合管取出放入岩芯箱后就很难再维持原状，为了确保获取岩芯完整、保持原始状态，作业人员须第一时间对在半合管中和岩芯箱中的岩芯拍照。从半合管取出放入岩芯箱时，因地制宜采取了相应级配PVC胶管包装、透明胶带缠裹岩芯等措施，尽可能地减少了人为扰动，很好地维护了岩芯的原始状态（图7.4-3和图7.4-4）。

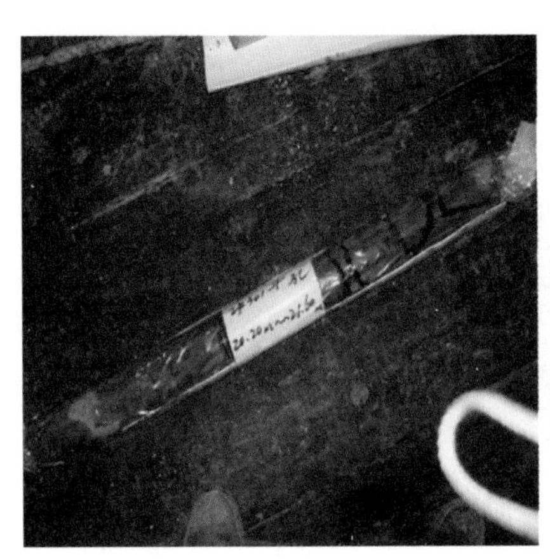

图7.4-3 岩芯包扎保护

7.4.4 成果与经验

该项目采用半合管结合SM植物胶钻探取芯工艺，钻进过程中大大减少了对岩芯的磨损和扰动，岩芯提取和收集过程中对岩芯扰动程度也有了很好的控制和降低，提高了在柱

图 7.4-4 岩芯（单位：m）

状节理及软弱层带发育玄武岩中钻进时钻孔取芯质量和 *RQD* 指标，很好地保持了岩芯的原始结构状态，提高了节理性状等地质信息采集的准确性和完整性。实践证明，钻进循环冲洗液使用 SM 植物胶明显优于清水钻进，在柱状节理发育的基岩中使用 SM 植物胶钻进，与在复杂的覆盖层（如卵砾石层）中相比，SM 植物胶发挥的作用有一定的差异，它主要起到对钻具、钻杆的黏弹性减振作用，并在相对较破碎的地层，也能很好地将破碎颗粒黏结，保持岩芯完整性和节理原状性。

7.5 甲茶水电站坝区岩溶地层钻探技术

7.5.1 工程概况

贵州六硐河甲茶水电站位于贵州省黔南布依族苗族自治州平塘县城西南面的甲茶村处，距平塘县城直线距离约 24km，公路里程约 60km，交通条件较为便利。该水电站以发电为主，兼顾其他。水库正常蓄水位 665m，死水位 635m，正常蓄水位库容 4.33 亿 m^3，调节库容 1.52 亿 m^3，属年调节水库。装机容量 200MW（2×100MW），多年平均年发电量 6.996 亿 kW·h。

坝址区内出露地层有泥盆系上统尧梭组，石炭系下统岩关阶、大塘阶，岩性以灰岩为主，夹少量白云岩，覆盖层以第四系崩积、冲积物为主，物质组成为黏土夹石为主，有少量巨型孤石。坝址区主要岩溶形态为钻孔揭示溶洞及岩溶管道，溶洞内偶有松散黏土填充物。据前期钻孔揭示，古河床地下岩溶主要分布在 528.75～531.25m、415.50～422.54m、358.61～379.47m、349.44～350.87m、289.00～320.99m 等 5 个高程，在高程 358.61～379.47m 和 313.00～320.99m 规模较大。

施工区内覆盖层厚度一般为 5～40m 不等，主要物质为泥夹石，岩石粒径不大。在覆盖层钻进过程中，孔壁不稳定、坍塌严重、造孔困难、取芯质量差。针对该地层，采用植物胶跟管钻进，ϕ94 SDB 半合管取芯，钻进速度较慢，钻进效率低，平均每班进尺 5m 左右。跟管钻进进入基岩后，采用金刚石单管取芯钻进，清水作为冲洗液。基岩主要为灰岩，岩层稳定性好，孔壁完整，钻进中无掉块现象，回水颜色为灰白色，钻进效率高，岩芯质量好，岩芯采取率达 90%以上，平均每班进尺 10m 左右。钻进遇溶洞时出现掉钻、孔内突然不返水现象，需进行封堵或下套管隔离，待溶洞处理完毕后方可正常钻进。

(1) 钻探目的：①查明覆盖层厚度、结构与物质组成；②查明下伏基岩地层岩性及岩体风化情况；③进行压（注）水试验，了解岩体透水性；④钻孔录像、声波测试。

(2) 钻孔技术质量要求，包括：①钻孔终孔直径不得小于 75mm；②套管须下至覆盖层底部基岩上，以及其他钻进过程中垮孔严重孔段；③岩芯获得率大于 90%；④终孔后测定稳定地下水位；⑤要求进行水位观测以及压水试验。

7.5.2 技术方案

1. 主要设备选择

针对地层特点，施工区覆盖层厚度 40m 左右，设计最大孔深为 200m，因此选用 SGZ-ⅢA 型钻机，配备 BW100/30 型三缸柱塞泥浆泵，兼顾孔内压水试验。

2. 钻头选择

覆盖层以泥夹石为主，伴有大直径孤石，钻进时宜选用孕镶金刚石钻头，胎体硬度为 HRC20～25，跟管钻头为单管薄壁孕镶金刚石钻头，胎体硬度为 HRC25～35。基岩以灰岩为主，岩石可钻性级别为Ⅲ～Ⅳ级，宜选用表镶金刚石钻头，胎体硬度为 HRC20～25。

3. 冲洗液选择

为保证取芯质量，覆盖层钻进采用 SM 植物胶半合管钻进。进入基岩以后，下入护孔套管，然后改用清水钻进，在基岩岩性较好，孔壁较完整孔段，进行钻孔压水试验。

4. 主要钻进参数

覆盖层钻进过程中，金刚石钻进转速为 100～200r/min，钻压为 9～15kN，泵量为 50～80L/min，泵压为 0.5～1.0MPa；基岩钻进过程中，金刚石钻进转速为 300～500r/min，钻压为 8～12kN，泵量为 60～90L/min，泵压为 0.7～1.2MPa。

5. 钻孔结构

钻孔结构根据孔深以及覆盖层厚度决定，在覆盖层跟管时，如某级套管跟管过深，会导致钻机负荷过重，套管出现喇叭口现象，降低套管使用寿命，严重时有可能导致套管断裂，每级套管的有效跟管深度控制在 20～30m，套管要进入完整基岩。基岩中钻进预留两级钻进口径，且保证终孔孔径不小于 ϕ75。

7.5.3 施工过程

1. 开孔前准备

修建的钻探平台尺寸为 4m×6m（长×宽），钻场的地基稳定，采用枕木与钻机、三脚架牢固连接。钻孔的中心、立轴和天车前沿在同一铅垂线上，保证钻孔的垂直。

在开孔前，配备开孔口径大小、长度 0.5～1m 的短套管 10 根，为避免在跟管过程中因套管过长，无法跟至钻进孔位，导致来回扫孔、掏心、重复施工工序。准备的套管要求无明显变形，套管丝扣及连接拉手丝扣无严重磨损，避免在跟管钻进过程中发生套管脱落事故。

2. 覆盖层钻进

(1) 跟管钻进。开孔时，充分分析地质下达的任务书要求，了解钻孔设计孔深以及覆盖层厚度，选择适当大小口径的钻具开孔。覆盖层采用单管钻具开孔，开孔单管钻具长度为50cm，随孔深加深，逐渐加长钻具，同时跟管护壁。跟管时无法锤击套管到跟进孔位时，不得使用重锤硬砸，应开动钻机以低速、低压缓慢将套管跟至预定孔位。当某钻孔施工完成后使用该套管继续进行下一钻孔施工时，所下入孔内的套管与上一钻孔的下入顺序相反，使每根套管磨损程度均匀。

(2) 半合管取芯。在半合管每回次钻进取芯时，进尺控制在使半合管钻具螺丝头保留在套管内，避免发生埋钻事故，每回次进尺完成后及时跟进套管。当孔深超过 ϕ94 SDB双管钻具长度时，改用 ϕ94 SDB半合管钻具取芯。为提高覆盖层取芯率，钻进过程中回次进尺不超过1m，使用SM植物胶保护岩芯。

(3) 冲洗液控制。钻进过程中，控制好冲洗液的流量，利用冲洗液循环清理孔内泥沙，并在泥浆池与孔口之间设置沉淀池，每钻进2小时后，对沉淀池进行清理，保证冲洗液的质量。当发现孔口不返浆时，适当调高冲洗液浓度，如调高浓度后仍然不返浆，要及时起钻、跟管，避免冲洗液漏失。

3. 基岩钻进

基岩主要以灰岩为主，岩层完整，孔壁无掉块现象发生，取芯使用普通单管钻具，钻具长度为2.5m，钻进过程中控制好转速、钻压、泵量即可。取芯时，为了使回次进尺的岩芯捞取干净，提钻前，停止向孔内送水，打开水接头，向钻具内投放条形或颗粒状卡料，拧紧水接头，向孔内送入少量清水，将钻具上提2～5cm后缓慢回转钻进3～5min，提升钻具至地面。在孔内有残留岩芯，进行下一回次钻进时，需要将钻具放置距残留岩芯顶部5cm位置，缓慢扫至孔底，再恢复正常钻进。发生岩芯脱落孔内时，要进行专门岩芯打捞，使孔内清洁后方可继续钻进。

4. 组织管理

为加快施工进度，现场组织两台机组同时进场同时施工，项目设置施工现场负责人一名，全面负责该阶段钻孔施工工程。每台机组设置机长一名，负责本机组日常生产工作。项目设置安全员一名，负责安全生产与质量安全工作。

7.5.4 溶洞段探查与处理

1. 溶洞段探查

钻进过程中遇到大小不一的溶洞，溶洞最高为9m，最低为2.1m；部分溶洞有填充，填充物为松散黏土夹碎石。钻进过程中如出现突然孔口不返水、掉钻现象或钻进进度加快时，应起钻分析是否遇到溶洞。钻遇溶洞时应首先探明溶洞大小、透水情况，以及有无填充物。

(1) 探明溶洞规模。具体施工方法为：出现掉钻现象后，标记掉钻位置，并做好原始记录，起钻查看岩芯。在孔外将粗径钻具拆卸，加长孔内钻杆，使用钻机缓慢将钻杆放入孔内，直到钻杆接触溶洞底板为止。标记好底板位置后，计算溶洞高度，然后开动钻机，使用低压力钻进。如果立轴下行，说明溶洞内有填充物，如立轴无明显下行现象，说明溶洞内无填充物。遇溶洞有填充物时，需要将填充物取样。通过计算出的溶洞高度确定使用单管或者双管取芯，如溶洞高度小于双管钻具长度，使用SD双管钻具钻取填充物，有利于提高岩芯采取率；如溶洞高度大于SD双管钻具长度，采用加长的单管钻具进行钻进，并采用干烧方法，钻进过程中不使用冲洗液或仅泵入少量冲洗液，以弥补单管钻具取芯率低的问题。

（2）探明溶洞连通性。为探明溶洞与周边区域的连通情况，首先做注水试验，若注水时间不长孔口即返水，说明此溶洞空间不大，且无与周边区域相连通的通道，属于小型溶洞。若长时间注水孔口仍不返水，可说明此溶洞空间较大或者有与外界连通的通道。

2. 溶洞段常用的钻进方法

钻进中遇溶洞常用的三种处理方法：

（1）水泥砂浆法。即使用水泥砂浆灌入溶洞，待水泥砂浆凝固后，使用单管钻具慢慢扫孔，待扫至溶洞底板后，起钻，查看水泥砂浆固结效果。确保溶洞被完全封堵后，方可继续钻进。

（2）旋喷钻进法。遇溶洞有填充物时，不可将水泥浆直接灌入孔内，应使用旋喷钻进方法，固结填充物。

（3）套管隔离法。使用下入套管方式隔离溶洞。下套管的方式可分为两种：常规下套管和下飞管。在具体施工中，具体方式应根据现场实际情况来决定。

3. 钻遇溶洞具体施工情况

通过以下三个钻孔实例进行阐述钻遇溶洞具体施工情况：

（1）ZK34号钻孔位于副坝渣场，设计孔深30m，终孔孔深29.8m，覆盖层厚度6.7m。钻孔在施工至11.9m处遇到溶洞，溶洞高9m，在23.4m处再次遇到溶洞，溶洞高度为2.4m。通过试验可知，第一层溶洞空间较大，第二层属于小型溶洞。该孔使用ϕ130开孔，遇到第一层溶洞时，ϕ127套管长度为7.5m，距离溶洞4.4m，第一层溶洞处理采用常规下套管方法。具体施工为：使用ϕ127套管扫孔至溶洞底板隔离，套管扫穿溶洞顶板后，使用夹板在孔口固定套管，卸下孔口螺丝头，连接准备好的套管，再带上螺丝头，用钻机卷扬将套管往下送，依次循环操作，直至套管立于溶洞底板为止。再利用钻机带动套管，使套管进入底板0.5～1m，确认套管稳固后，继续进行正常钻进。二层溶洞位于23.4m处，ϕ127套管距离溶洞顶板较远，加之该层溶洞较小，继续使用套管隔离的方法不经济，现场使用水泥砂浆灌入孔底，待凝48h。使用单管钻具下入孔内，采用低泵量、低钻压、低钻速缓慢扫孔。扫孔应进入底板0.5～1m，起钻查看岩芯，确认水泥砂浆固结良好，继续钻进直至终孔。

（2）ZK29孔位于副坝右岸，设计孔深60m，终孔孔深73.1m，覆盖层厚度13.5m。孔深59m处钻遇溶洞，洞高3.8m，孔深65m遇第二层溶洞，洞高4.8m，两层溶洞均充填松散黏土夹碎石。使用加长单管钻具干烧，取出溶洞填充物，单管钻具长5.2m。采用旋喷法固结溶洞填充物，旋喷使用钻头为特制钻头。

（3）副坝横3辅勘探线ZK30号钻孔，设计孔深60m，终孔孔深60.4m，覆盖层厚度34.7m，该孔施工至孔深47.3m处遇溶洞，溶洞高度2.4m，洞内有少量黏土夹碎石填充物。该溶洞采用下飞管方法封堵，具体施工过程为：使用单管钻具在溶洞底板钻进1m，做好钻孔记录，起钻取芯。将螺丝头带上该钻具的同径套管，套管母丝为特制反扣螺纹。螺丝头丝扣进入套管，钻杆连接，钻杆与钻杆间连接用管钳拧紧，采用钻机卷扬准确将套管放入溶洞底部1m的钻孔内，用钢卷尺测量，校核准确、无误后，确保飞管进入溶洞底板1m位置，开动钻机使用低速正转，使飞管与螺丝头分离，提升钻杆至地面。换用下级钻具进行正常钻进。下飞管需要注意以下两点：使用单管钻具在溶洞底板钻进时，钻具长度要比溶洞高度长1.5～2m，避免出现钻具螺丝头进入溶洞内而出现卡钻现象。底板钻进不能有残留岩芯，遇到有残留岩芯时，必须将岩芯清理干净方能下入飞管。

7.5.5 成果与经验

坝址区施工共计持续3个月，完成钻孔12个，共计1030m，圆满完成地质要求的各项试验，配合物探完成声波、孔内录像以及物探CT等试验，钻孔取芯质量良好，满足成果要求。

岩溶地区钻探经常会遇到溶洞，溶洞的处理办法主要有三种：①水泥砂浆封堵法；②旋喷法；③套管隔离法。套管隔离是一种行之有效的方法，但是每使用一级套管，在后续钻进中如多次遇到需要套管隔离的孔段，将难以保证终孔。水泥砂浆封堵法与套管隔离法相比，前者适合于溶洞空间较小，无与外界连通的溶洞，且成本小，操作方便。旋喷法适用于溶洞内部有填充物，水泥封堵效果不好的情况。总之，选择处理方法时，本着高效、节约成本的原则来选择，才能产生效益。

7.6 堰塞湖水上钻探技术

7.6.1 工程概况

拉哇水电站为一等工程，主要建筑物级别为1级，次要建筑物级别为3级，具有坝高、河谷狭窄、覆盖层厚、地质条件复杂、处于高地震烈度区等特点。混凝土面板堆石坝坝高244m，坝顶长度423m，坝体宽高比为1.8。根据前期河床钻孔揭露，河床覆盖层物质成分复杂，主要由金沙江河流冲积物、堰塞湖沉积物、崩（滑）堆积物组成，包含砂卵石、砾石、漂石、中细砂、粉细砂、黏土质砂、砂质低液限黏土、低液限黏土、块石及碎石，由上至下可分为4层。

（1）Q^{al-5}层：河床冲积砂卵石层夹少量漂石，主要为卵石夹砂、砾石、漂石，卵石、漂石成分为绿片岩、花岗岩等，磨圆度较好，卵砾石块径一般为5～20cm，少部分漂石达80cm左右，厚度1.8～10.8m。

（2）Q^{al-3}层：以黏土质砂为主，局部为砂质低液限黏土、含细粒土砂及少量的卵砾石。该层从上游至下游，含泥量增高，厚度变小。坝址上游河段表现为灰褐色粉细砂含少量的泥以及极少量的砾，泥含量一般为5%～10%，厚度22～30m。坝址区表现为黏土质砂夹砂质低液限黏土、含细粒土砂，厚度一般为15～25m。

（3）Q^{al-2} 层：以砂质低液限黏土为主，局部为黏土质砂、低液限黏土，最大厚度约为30m，岩相变化大，组成复杂。灰褐色黏土呈软塑状，局部呈流塑状，失水后具有一定的硬度。

（4）Q^{al-1} 层：河床冲积层，块石、砂卵石夹砂，局部见碎石土、粉土透镜体，分布在河床底部，厚度一般为5～15m，局部达到21.6m（含崩坡积物），主要为河床冲积、崩积及坡积物。

按照初拟方案，工程基坑开挖时围堰高度超过100m。由于拟建围堰地处地震高烈度区，覆盖率层厚度超过70m，成分、性状复杂，且分布有约30m的软塑-流塑状淤泥质土。为进一步查明覆盖层物理力学性质，为设计、施工提供科学准确的岩土物理力学参数，专门布置了拉哇水电站堰塞湖沉积物钻孔取样工作。

钻孔取样技术要求见表7.6-1。

表7.6-1　钻孔取样技术要求表

试验项目	土　层	钻进方式	取土器	钻孔口径
钻孔取样	Q^{al-5}	植物胶浆液护壁	—	>110mm
	Q^{al-4}、Q^{al-3}、Q^{al-2}	回转钻进	薄壁取土器	
	Q^{al-1}	植物胶浆液护壁	双层岩芯管	

注　1. 取土器长度为0.5m。
2. 运输时取样筒放入防震铁皮箱以防止扰动。
3. 钻孔深度预估为60～70m。

7.6.2　钻孔方案

（1）钻孔结构。拉哇水电站堰塞湖沉积物钻孔取样土层主要为覆盖层第2～3层，共布置4～5个钻孔，设计钻孔深度为70m。钻孔采用跟管钻进工艺，对不同目的的钻孔采用不同的钻孔结构。取样钻孔结构及工作量见表7.6-2。

表7.6-2　取样钻孔结构及工作量

类型	孔径/mm	孔数/个	层厚/m	工作量/m	备　注
取样孔	178	5	10	20	为采取不小于 ϕ100 试样，选用 ϕ117 外径薄壁取样器，设计终孔孔径 ϕ114
	146	5	55	110	
	114	5	5	10	

（2）钻探设备与机具。钻孔取样采用XY-2型地质回转钻机、金刚石钻头或合金钻头钻进、套管跟管钻进护壁成孔。

（3）冲洗液。钻孔选用SM植物胶冲洗液，部分孔段采用干钻。

7.6.3　钻孔施工

1. 钻孔过程

钻孔取样施工流程：钻机就位开孔→钻进和跟管→钻进至取样深度后清孔→薄壁取土器取原状样（双管钻具取扰动样）→样品运输（采取减震措施）→重复上述步骤直至终孔

→单孔波速测试→跨孔波速测试→试验完成。

2. 钻孔技术要点

(1) Q^{al-5}层为河床冲积砂卵石层夹少量漂石，开孔采用ϕ178钻具钻进2m后，下入ϕ178套管；下入套管时必须反复校正，保证套管垂直度；然后用ϕ150钻头在ϕ178的套管内继续钻进取样，每钻进0.5～1.5m后起钻跟进ϕ178套管，直至贯穿砂卵石层并进入Q^{al-3}层0.5m为止。然后用ϕ130钻头钻进，每钻进1.0～2.0m跟进ϕ146套管。

(2) Q^{al-3}以黏土质砂为主，局部为砂质低液限黏土、含细粒土砂及少量的卵砾石，钻孔取样采用ϕ146套管跟管护壁，并优先采用植物胶低固相泥浆钻进护壁，以减少土样扰动。其间需要取样的孔段均采用薄壁取土器取样。

(3) Q^{al-2}以砂质低液限黏土为主，并存在软塑状和流塑状灰褐色黏土。软塑状和流塑状灰褐色黏土是该覆盖层的研究重点，取样按照Ⅰ级原状样取样要求，采用活塞式薄壁取土器静压法进行。

(4) 深部Q^{al-1}为块石、砂卵石夹砂，主要采用ϕ114 SD单动双管钻具、植物胶低固相泥浆护壁进行钻孔取样。

(5) 为了保证钻孔成孔质量及提高岩芯采取率，钻孔取样按照低压、慢转、小冲洗液量工艺进行。

(6) 钻孔取样终孔后进行单孔波速测试与相邻孔跨波速试验。跨孔试验孔在试验前需下入PVC管保护钻孔。

7.6.4 成果与经验

拉哇水电站堰塞湖沉积物钻探累计完成4个钻孔，总共取得Ⅰ级原状土样（图7.6-1）216件，取样成功率95%以上，所取Ⅰ级样品数量和质量均满足室内试验要求。采用植物胶低固相冲洗液与跟管钻进成孔，有效地保护了孔壁，防止孔壁坍塌，为今后同样地层钻孔提供了经验。

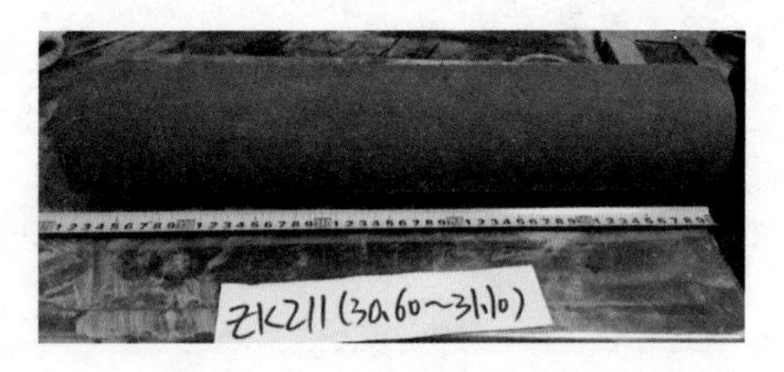

图7.6-1 取样结果

7.7 向家坝水电站坝区破碎带水上钻探技术

7.7.1 工程概况

向家坝水电站二期工程坝基处于挠曲带的核部及两侧附近，地质构造条件复杂。前期勘探揭露的立煤湾膝状挠曲核部的岩层陡倾带内层间错动和节理裂隙发育、岩体完整性较差，存在Ⅲ～Ⅳ类岩体，甚至局部分布有Ⅴ类岩体。该挠曲带形态十分复杂，岩层陡倾带本身不存在明显边界，在平面和空间上均存在一定的变化。

前期有针对地先后两次开展了河底平洞勘探，但因施工难度极大均未能达到预期的深度。岩层陡倾带的宽度和分布范围，以及带内岩体详细情况，仍不完全确定。为此，有必要开展专门性工程勘察工作，详细查明坝基挠曲带工程地质条件。该次勘察工作布置有水上（二期上下游围堰施工正在进行）勘探孔23个，具体位置如图7.7-1所示。

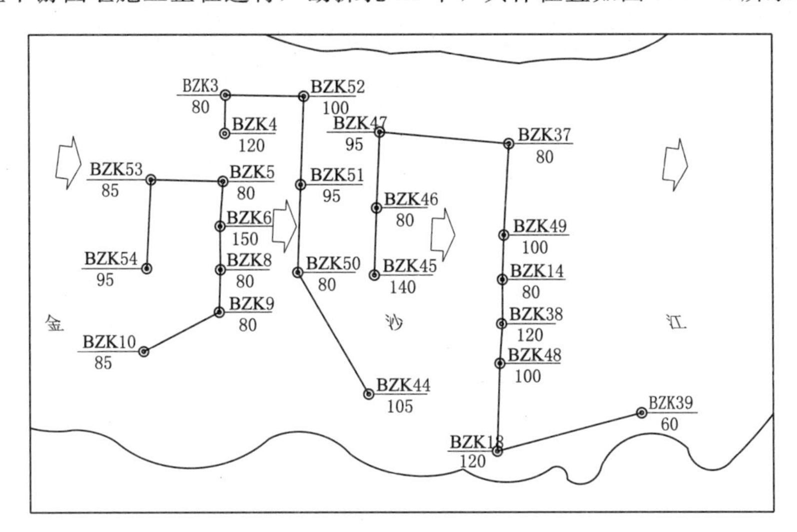

图7.7-1　钻孔平面布置示意图

7.7.2　钻孔方案

1. 钻孔结构

深水隔离导向套管采用外接箍 ϕ219 套管，套管从水上平台下至河床，然后采用 ϕ150 钻头从河床开孔至完整基岩后，下入 ϕ160 套管，改用 ϕ94 钻头钻至终孔。

2. 作业平台

钻探工作全部在上下游围堰中进行，堰内水深约30m。由于上下游围堰主体已经填筑完毕，围堰内基本处于静水状态。根据工期要求，水上勘探计划投入6个作业机组。为确保专项水上勘探尽快安全开展作业，经过调研分析，决定采用模块组合式泡沫平台。根据作业平台上所布置的设备、机具及其辅助设施等所有荷载，并考虑到钻孔施工过程中事故处理等非正常作业，计算确定每个模块组合式泡沫平台载重量约20t。水上勘探平台布置图和实物如图7.7-2和图7.7-3所示。

由于水上钻探平台面临钻孔机械震动、事故处理等多种工况，从而对平台整体结构性能要求较高。平台采用钢骨架结构，台面采用对称斜拉锁紧，上部机枕木与机台板与平台槽钢或工字钢牢靠绑扎。钻孔平台上部设备布置、机具应摆放合理，不用的管材及时清除。由于泡沫溶解于有机溶剂，钻进过程中严禁油类物质流入平台内。

3. 设备机具

根据钻孔地层条件及设计的钻孔结构，选择XY-2型钻机，配备BW-200型泥浆泵；取样钻具采用 ϕ114、ϕ94 两种口径的SDB双单动钻具。

4. 冲洗液

该次专项水上勘探重点是进行构造挤压带破碎岩体原状取样。为此，钻孔冲洗液选用SM植物胶冲洗液。

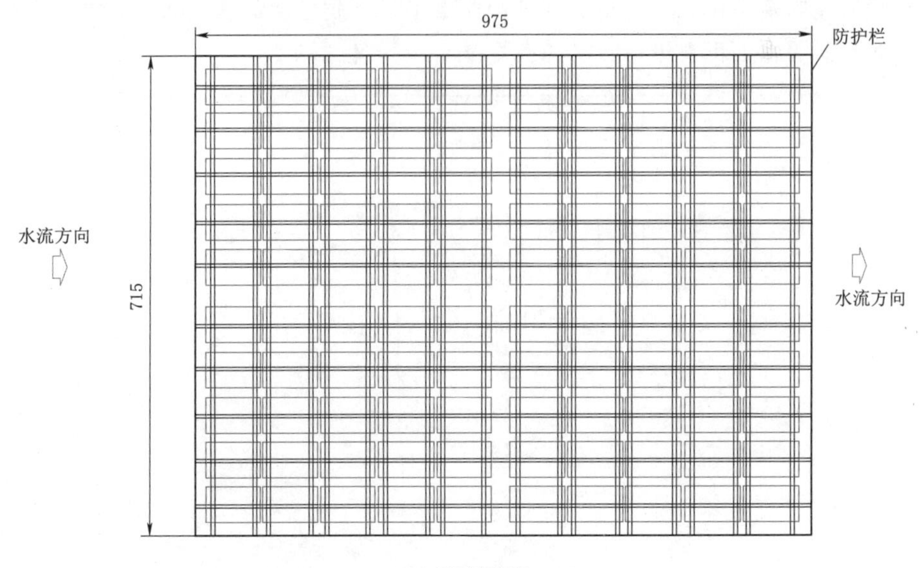

(a) 平面布置图

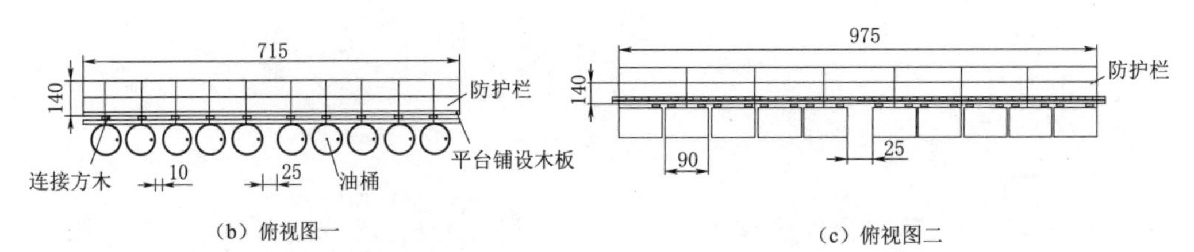

(b) 俯视图一

(c) 俯视图二

图 7.7-2　水上勘探平台布置图（单位：mm）

图 7.7-3　水上勘探平台

7.7.3 钻孔施工

首先下入 ϕ219 隔离套管，隔离套管中间部位与管脚处设置安全牵引钢丝绳。选用 ϕ150 钻具开孔钻进 2m 后，下入 ϕ146 套管。上部覆盖层采用植物胶低固相泥浆护壁、ϕ114 SDB 双单动金刚石取芯钻具进行钻孔取样，进入下部基岩后下入 ϕ108 套管。下部Ⅲ～Ⅳ类岩体采用植物胶低固相泥浆护壁、ϕ94SDB 双单动金刚石取芯钻具进行钻孔取样。钻孔取样时宜采用小钻压、低转速、小泵量的规程参数，回次进尺一船控制在 1.5m 以内。

7.7.4 成果与经验

（1）模块组合式泡沫钻孔平台首次应用于水电勘探行业水上作业，并取得了较好的效果。模块组合式泡沫平台具有造价低廉、结构简单、拼装方便、自身轻等优点，特别适合作为静水或流速不大的江河、湖泊的水上作业平台。

（2）在深厚覆盖层和构造破碎带勘探取样时，钻孔结构、冲洗液性能、取样机具与工艺等是关键。该次专项水上勘探采用单动双管半合管 SD 系列取芯钻具，配合优质植物胶低固相冲洗液，采用低压、慢速、短进尺对松散软弱复杂地质体取芯，取芯率与芯样品质均达到了设计要求，为全面了解向家坝坝基不良地质体结构性状提供了基础条件。

7.8 白鹤滩水电站急流峡谷水上钻探技术

7.8.1 工程概况

白鹤滩水电站位于金沙江下游峡谷中，上距乌东德水电站坝址 182km，下邻溪洛渡水电站枢纽 195km。坝址区河谷呈 V 形，两岸地形陡峻、漩涡密布、流态紊乱，不通航，枯水期流速可达 6.7m/s，洪水期可达 13m/s；上游二滩水电站发电时，坝址区河水位有 1～2m 的变化。

该地区河床覆盖层深度最深近 50m，下覆地层为玄武岩地层，柱状节理发育，并有断层、错动带、凝灰岩等软弱层带，断裂构造较发育。

按照以往的工作经验以及规程要求，在水流湍急河段中可搭建索桥钻场进行河中钻探。但由于白鹤滩水电站坝址区的地形复杂，水流湍急、河道狭窄、水深较深，河中钻孔孔位分布点多面广，钻场及钻孔定位困难，并且勘探工期紧、任务重、有效作业周期短，因而难以采用。

针对白鹤滩水电站水上钻探的特定环境和作业条件，选用安全可靠的水上钻探平台结构型式、抛锚定位方法、平台移位与水上交通方式及钻孔钻进工艺与措施等，以满足工程需求。

7.8.2 钻孔方案

7.8.2.1 钻探平台

项目开展前对白鹤滩水电站坝址区内河道及两岸的地形、地势、水情、风速等进行了细致地调研，预可行性研究初期在坝址区江边流速较小部位（流速 1.0m/s 左右）尝试了浮筒漂浮钻探平台。在借鉴和汲取西部急流水上钻探经验与教训后，在项目预可行性研究后期及可行性研究阶段使用了船型钻探平台，并确定了钻探平台的基本技术参数及要求，作为平台结构设计的依据。

1. 浮筒式钻探平台

在白鹤滩水电站勘测初期，由于水流湍急、流速大于 5m/s，无法全天候开展钻探作业，经研判分析确定当年的 11 月至次年 4 月枯水期间可使用浮筒式平台进行水上钻探作业。

图 7.8-1　浮筒式钻探平台

单个浮筒直径为 500mm，用 3mm 厚钢板经卷筒、焊接后制成的，高度为 1m，容积为 785L，重量约 110kg。单个浮筒在轴线方向上可用螺栓与其他浮筒连接，靠近浮筒的两端设置了 2 个直径为 16mm 的 U 形螺栓，通过焊接固定浮筒，方便拼接。浮筒式钻场平台纵向（河流方向）布置 5 排，每排 9 个浮筒，浮筒间距为 0.25m，实用浮筒数 44 个，其中中间第三排纵向第六个浮筒位置为平台钻孔孔位。平台建成后，其工作面积为 $54m^2$（9m×6m），如图 7.8-1 所示。

平台过河时（平台上只有钻机、三脚架和水泵，其他钻探附属设备及工具已移上岸），因金沙江中水流速过快（约 5m/s），导致平台被水压入水中而引发事故，因此使用浮筒式钻探平台只完成了 2 个孔深为 200m、孔径为 75mm 的水上钻孔。实践证明，该结构的钻探平台只适用于流速小、无风浪、小旋涡的河段，浮筒式钻探平台不能满足白鹤滩坝址区大流速的水上钻探要求。

2. 船型钻探平台

针对白鹤滩水电站坝址区急流（流速大于等于 5m/s）水上钻探，提出了采用钢质、平头纵流圆舭线型、横骨架式的船型钻探平台，将两船（单船长 18m、宽 3m、高 1.5m）拼装固定后进行稳定性校核，以满足急流水上钻探时的稳性要求。另外，考虑上岸后平台的搬迁及运输，将船体分三段制造，每段 6m，如图 7.8-2 和图 7.8-3 所示。

船型钻探平台须满足以下要求：①平台用双船拼装而成，有效作业面积达 $100m^2$ 以上，单体船的头部（迎水面）结构型式要求适合于急流；②正常作业时平台工作面与水面高差要大于 0.8m；③白鹤滩水电站坝址区金沙江河段枯水期常态流速为 5m/s 左右，因此要求平台在此水况下能安全作业及移动；④平台的载重主要是钻探设备与机具确定，一般为 15～20t；⑤平台系泊所用的绞锚器规格、数量、缆桩的设置以及系船所用的钢绳数量、规格应通过计算确定。

7.8.2.2　钻探设备与机具

因河床覆盖层较厚，钻孔深度可达 100～150m，宜选用动力大、性能好的 XY-2 型立轴岩芯钻机，配备 BW-150 型泥浆泵。

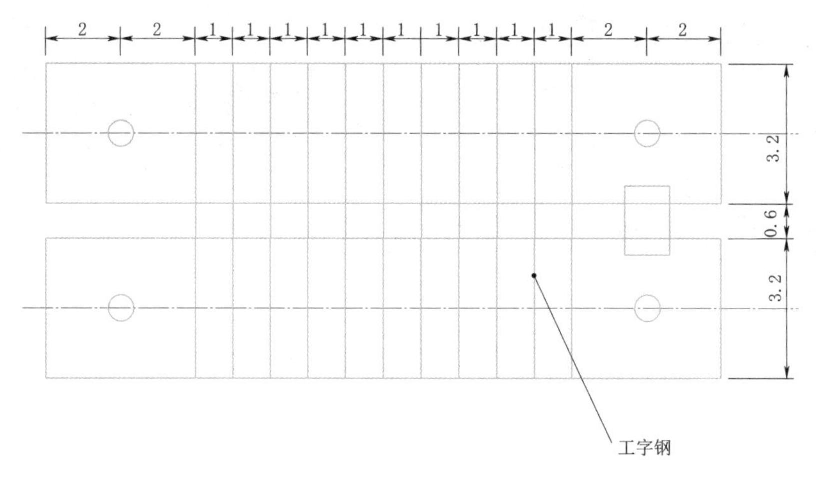

图7.8-2　钻探平台平面布置图（单位：m）

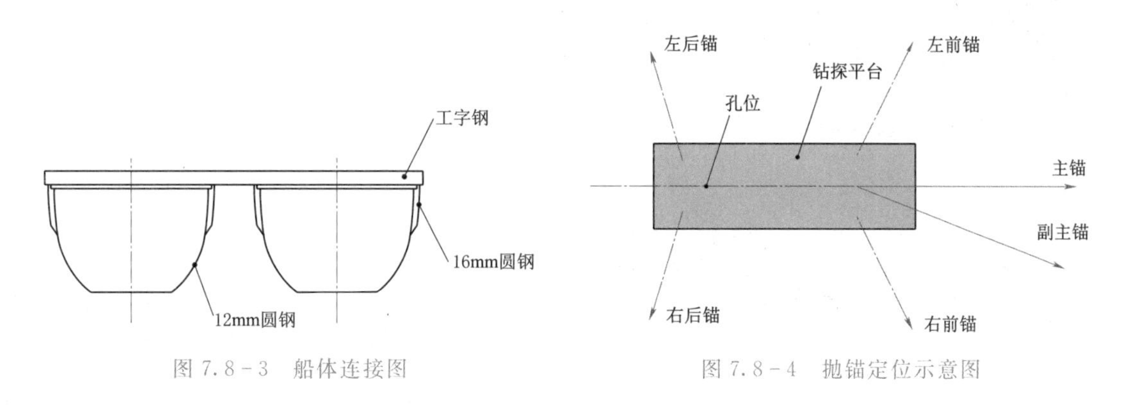

图7.8-3　船体连接图

图7.8-4　抛锚定位示意图

7.8.3　急流水上钻探技术

7.8.3.1　钻探平台的定位与移动

1. 平台抛锚定位

主锚机是保证平台在急流条件下安全稳定运行的关键部件。由于是在岸上固定主锚，为了充分发挥主锚的作用，应将其尽量抛远（200～300m），使主锚绳与平台的迎水面尽量垂直。主锚机采用船用卧式绞锚机，额定载荷为3t，主锚钢绳直径为19mm，配备350m。

平台的锚根据设计及施工好的锚桩位，依次送出左前锚、左后锚、主锚、副主锚、右前锚、右后锚各锚绳，抛锚定位。2个前锚机和2个后锚机分别采用1.5t和1t立式绞锚机，其钢绳规格为ϕ19，配备200m，图7.8-4为抛锚定位示意图。

2. 钻探平台移动

平台移动过程中，应有专人指挥，随时调节各锚绳的松紧程度并使其相互匹配；在用绞杆绞锚机时，绞杆应分布均匀，用力平稳。图7.8-5为钻探平台移动场景。

7.8.3.2　施工过程

（1）钻探平台就位前须先安装好钻机、水泵及钻塔，鉴于作业区域处于峡谷地带，江面风速大，钻塔不能铺设挡风油布，需用横杆支撑加固，如图7.8-6所示。

图 7.8-5 钻探平台移动场景

(2) 下好孔口套管后，采用锤击法将孔口套管打入河床覆盖层，打入深度视覆盖层打入难易程度确定，一般不少于 3m，或者可采用跟管法将孔口套管通过边钻边打进入覆盖层合适的深度。

图 7.8-6 水上钻探平台作业

(3) 孔口套管打入后，一般用 ϕ150 硬质合金钻具进行覆盖层钻进，钻进深度达到 10m 左右时，视钻孔具体情况下入 ϕ146 套管护壁，然后改用 ϕ130 硬质合金钻具钻进。若钻孔为抽水试验孔，则采用清水循环跟管钻进，钻穿覆盖层后下入花管进行水文地质试验；若钻孔为取样孔，则采用植物胶掺膨润土护壁钻进，钻穿覆盖层进入强风化基岩即下入 ϕ127 套管护壁止水。

(4) 继续钻进一段时间后可换 ϕ110SDB 钻具钻进，为了提高效益，减轻劳动强度，当岩层相对完整时，换用 ϕ75 绳索取芯钻具钻进直至终孔。

(5) 钻孔终孔并验收后，打拔各级配的套管。在打拔套管时要注意变径接头连接是否可靠、上接头螺纹是否上紧、卷扬机钢丝绳是否能满足要求等事项，以确保操作安全。

7.8.3.3 取芯措施

河床坝基范围内柱状节理及软弱层带发育玄武岩地层，钻进取芯时易堵塞内管，造成岩芯对磨或被冲刷缺失而降低岩芯采取率，并且岩芯在钻进、退芯、搬运等过程中受震动容易断裂破碎而降低岩石质量指标（*RQD*），可采用 SM 植物胶 SBD 系列（ϕ94 及以上）金刚石钻具钻进。这类钻具有利于提高岩芯采取率、节理性状等地质信息采集的准确性，具有两级单动装置，内管光滑，具备很强的单动性、稳定性，保证岩芯进入内管基本静止，减少岩芯的相对磨损；利用半合管技术减少了退芯时的人为扰动。使用黏度高、胶护与减振性能好、携带岩粉能力强的 SM 植物胶冲洗液，不仅起到对钻具、钻杆的黏弹性减振作用和稳定孔壁的效果，而且有利于取出原始结构状态的破碎岩芯，从而查明地质结构面的成因及演化、结构面及软弱层带的类型、性状及空间分布特征等。

7.8.3.4 施工注意事项

(1) 施工前，要搜集了解上游的水文、气象及水库运行资料，与上游水文站和水库取得联系，商定报汛通知。施工期间，该项工作须由专人负责。

（2）查勘现场，具体了解水文地质情况，使施工措施更趋合理。

（3）施工期间，每班须安排人员检查锚绳及保护绳索的状况，并根据水位的涨落情况，收放锚绳调整松紧。

（4）随时清除锚绳上的漂浮物，以减轻平台负荷。

（5）平台上要有足够的救生设备，工作人员要穿救生衣、戴安全帽。

（6）经常检查平台的重要连接部位，发现问题及时解决。

（7）开钻后，平台上要确保有人，实行三班制运转，确保施工连续进行。

（8）在距离钻探作业平台下游约200m处设置安全网，有助于工作人员意外落水后得到救护，避免被水流冲走。安全网跨河悬挂于横河缆上，安全网采用尼龙绳编制而成，尼龙绳直径为10mm，网格规格为15cm×15cm，高度为4m。挂网时，上部用U形挂钩悬挂于横河缆上，两头用白棕绳系于锚桩上，通过拉动白棕绳可以将安全网拉回至岸边；下部悬挂重物，使安全网自由垂落于水中。

7.8.4　成果与经验

通过调研—设计—建造—下水—移动—定位—钻孔施工等过程的安全细致管理，为金沙江急流水上钻探工作安全顺利地实施提供了保障。该项目的实施不仅满足了白鹤滩水电站工程勘测的需要，而且为开展其他急流水上钻探提供可借鉴的案例和经验。

7.9　钱塘江入海口钻探技术

7.9.1　工程概况

钱塘江入海口地处杭州湾，属感潮型河流，呈不规则半日潮型，水位直接受潮汐影响，变化幅度大。杭州七堡水文站资料表明，钱塘江水域潮流动力异常强劲，河段涌潮的最大高度可达2.50m，当涌潮高度达2.50m时，流速可达6～9m/s，持续15min左右。

杭州市市区地处浙西中低山与浙北平原接壤地带，其西南部为低山丘陵地貌，北、东、南三面为杭嘉湖沉积平原，所规划的10座大桥区域范围内覆盖层属第四系堆积，地下水类型主要是第四系浅部的松散土层孔隙潜水和深部承压水。

钱塘江北岸下伏地层为中生代白垩系下统朝川组（K_1c）泥质粉砂岩，钱塘江南岸下伏地层为白垩系上统（K_2）砂砾岩、泥质粉砂岩，砂砾岩与泥质粉砂岩呈互层状，与（K_1c）泥质粉砂岩地层呈不整合接触，场区第四系地层见表7.9-1。

表7.9-1　场区第四系地层一览表

深度/m	土层编号及岩性名称	地层时代	状态
0.00～2.00	①层填土	Q_4	松散
2.00～3.50	②-1层砂质粉土	Q_4	稍密
3.50～10.00	②-2层砂质粉土	Q_4	稍密

续表

深度/m	土层编号及岩性名称	地层时代	状态
10.00～15.00	②-3层粉砂夹砂质粉土	Q_4	稍密
15.00～20.00	②-4层砂质粉土夹淤泥质粉质黏土	Q_4	稍密
20.00～25.00	③层淤泥质粉质黏土	Q_4	流塑
25.00～40.00	⑤-1层淤泥质粉质黏土	Q_4	流塑
38.00～42.00	⑤-2层粉质黏土	Q_4	流塑～软塑
40.00～45.00	⑥层粉质黏土	Q_3	可塑
45.00～46.50	⑧-1层中细砂	Q_3	中密
46.50～51.00	⑧-2层圆砾	Q_3	中密～密实
51.00～54.00	⑧-3层粉质黏土	Q_3	硬可塑
54.00～56.00	⑧-4层粉细砂	Q_3	中密
56.00～67.00	⑧-5层圆砾	Q_3	中密～密实

据地质资料揭示，钱塘江勘察工程所在河段地质条件较复杂、基岩岩性种类较多、基岩面起伏较大、风化夹层较多，需要查明拟建工程所在地的地层分布、工程地质条件和水文地质条件，特别是基岩顶面埋深、覆盖层及基岩性质、基岩风化程度、地下水动力和化学特性等，为拟建工程基础施工图的设计与实际施工提供地质依据。该勘察工程具体目的详述如下：

（1）详细查明拟建场区的地形地貌、地层岩性、地质构造以及水文地质条件。

（2）详细查明拟建场区岩土层的成因时代、岩性特征、分布规律及物理力学性质；重点查明可供选用的桩基持力层的地层岩性、埋藏深度、风化程度、岩石抗压强度、岩体的完整性以及软弱夹层的分布情况，分析和评价地基土的稳定性、均匀性和承载力。

（3）查明拟建场地范围内不良地质作用，划定构造复杂地段，主要查明有无抛石、沉船、沼气、拦洪堤坎、暗塘、暗浜分布，并提出整治方案的建议。

（4）详细查明拟建工程区水文地质条件，分析评价钱塘江江水、地下水水质对拟建工程基础施工的影响程度以及水质对结构物的腐蚀性影响。

（5）评价场地和地基的地震效应，对抗震地段建筑场地类别进行划分，提供抗震设计依据；判断20m深度内饱和砂土、砂质粉土的液化等级。

（6）提出基础型式、桩端持力层和桩型的建议，并对成桩可能性进行分析；提供为估算单桩轴向受压容许承载力所需的各岩土层桩侧土的摩阻力标准值、桩端处岩土的承载力标准值 q_{rk}、桩端处岩土的地基承载力基本容许值等数据，并估算单桩轴向受压容许承载力。

该次入海口钻探的技术难点主要为以下两个：①钱塘江地处入海口，受江面水位的变化，在钻孔施工时，需要应对潮汐变化；②钱塘江地层复杂，覆盖层厚为60～70m，且在基岩面以上砂与砾石互层较厚。由于基岩全、强风化岩层的砂砾岩和泥质粉砂岩岩性较软，岩芯易破碎，需要注意提高取芯质量。

7.9.2 钻孔方案

1. 钻孔结构

河床以下10m内，考虑从平台至河床底的水深距离，采取219mm护孔套管隔离；

10.0～20.0m之间，为防止套管底部漏浆，采用146mm套管做保护；孔深20m以后至终孔，采取依靠泥浆护孔，争取裸孔钻进。

2. 钻探设备、机具

钻探设备选用SGZ-Ⅲ型或XY-2型，配备BW-150型泥浆泵。在钱塘江开展水上钻探时应考虑不同季节水流和潮汐变化规律，一般采用额定载重量100t以上的平板货船作为勘探船，钻船用锚为200kg的飞机锚4个。为确保夜间施工安全，勘探船须配3kW发电机1台。另外，配备1艘交通船用于现场警戒及人员上下班接送。

7.9.3　钻孔施工

(1) 利用自重把ϕ219隔水套管下入河床底面，孔口用套管管卡固定在平台上，然后用ϕ150单管取样钻具获取表层土样，然后采取跟管工艺钻进，隔水套管应进入土层5～10m。

(2) 从ϕ219护孔套管底部开始，至深20.0m左右，按6%～8%配制膨润土泥浆进行护壁，并先满足取样或动力触探试验的要求，再下入146套管护孔隔离。取样器规格可选用ϕ130或ϕ110两种。

(3) 深入淤泥质粉质黏土层后，要确保钻孔的取样质量，同时还应考虑钻孔缩径问题。为此，增加膨润土用量至10%，从而抑制钻孔缩径。

(4) 深入40m以下，当遇到粉砂层与圆砾互层时，由于砂砾石层中含有承压水，为了确保钻进成孔，需要抑制砂层的坍塌，其方法是在10%膨润土泥浆基础上，再增加1% SM植物胶，从而改变泥浆的黏度，增强护壁效果。

(5) 当钻进深入岩层，由于全、强风化岩层的砂砾岩和泥质粉砂岩岩性较软，易软化，且岩层均为泥质胶结，有一定的崩解性、膨胀性。如果用单管钻具钻进，岩芯就会磨成粉砂状态，根本无法判定真正基岩面在哪里。为了改变取芯效果，采用94mm单动半合管钻具，匹配植物胶低固相泥浆钻进，即通过植物胶浆液来保护岩芯。钻进时，通过半合管的单动性能，使进入岩芯管内的岩芯处于静止状态；岩芯打捞至地表后，半合管可直接打开取出岩芯，以防止岩芯敲击振动影响，从而确保了钻孔取芯的质量。

7.9.4　成果与经验

钱塘江勘察工程，在钻探施工过程中不但受潮汐影响，而且钱塘江地层复杂，覆盖层厚在60～70m，按设计勘察钻孔应深入微风化岩层，钻孔终孔深度均需要在100m以上，而且在深入岩层之前，有超过20m粉砂与圆砾互层，这些因素都会给钻进成孔带来难度。为了满足钻孔取芯的要求，通过套管护孔以及按不同土层配制不同护孔泥浆进行钻进提高岩芯采取率。同时，为了在全、强风化岩层中提高岩芯采取率，采取水电勘察的单动半合管钻具进行取芯钻进，以尽量减少冲洗液与岩芯之间的接触时间，从而确保钻孔取芯的质量。

通过自主研制的低固相泥浆，解决了钻孔缩径、塌孔等难题，提高了孔壁稳定性；确定了分级下套管的工序和流程，达到了裸孔钻进的目的，一个潮期内可完成进尺100m左右，保障了工期，降低了生产成本和安全风险。

7.10 干旱缺水地区钻探技术

7.10.1 工程概况

某拟建厂区地处晋中“多”字形构造体系西南端，距离该厂区最近的构造形迹为断层，位于拟建厂区东部约2.0km，该断层总体走向北东—南西，并呈似“S”形延伸，断层面倾向北西，北西盘下降，断距约300m，构成北部二叠系下石盒子组与石炭系山西组断层接触关系，为张扭性正断层，断层破碎带宽度达50m。

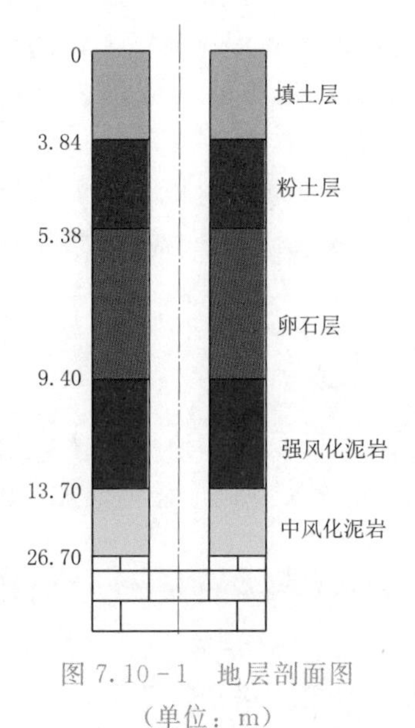

图7.10-1 地层剖面图
（单位：m）

某拟建厂区地层构造自上而下依次为：填土层（由泥岩，砂岩碎块及黄土状粉土组成）；粉土层；卵石层（粒径2～8cm）；卵石层（粗砾砂及黏性土充填，另见少量直径30～60cm的漂石）；强风化泥岩、砂岩层；中风化泥岩、砂岩层，如图7.10-1所示。

本次工程钻探主要是为场地详细勘察服务，协助地质工程师为施工图设计提供岩土技术参数及依据，对建筑地基作出岩土工程分析评价，并对地基处理、基础设计、不良地质作用的防治等提出方案和建议。

在该拟建场区进行钻探，主要的难点有以下三方面。

1. 砂卵石地层钻进速度慢

砂卵石地层具有如下特点：

（1）固结性差，砂卵石地层由砂子和黏土充填在卵石周围形成的一种地层，卵石之间的填充物非常容易被冲洗液冲刷掉，因此导致孔壁易坍塌、掉块，在钻进时扫孔困难，同时钻进过程中冲洗液漏失。

（2）砂卵石质地坚硬，砂卵石是在不断的滚动冲刷下形成的，在不断的滚动冲刷下，易碎的、较软的部分都在该过程中消失，留下的都是比较坚硬的部分，因此钻机钻进时比较困难。钻头进尺主要是将钻头周围的小砂卵石挤开，一部分进入到岩芯管内，一部分被挤压到四周，而当遇到大块的漂石时，钻头必须将漂石击穿方能进尺，钻进效率势必不高。

（3）砂卵石大小不一，几乎呈球状，有的卵石大小刚好和取芯钻具的钻头直径相仿，因此在钻进过程中，卵石在钻头旋转切削的过程中跟随钻头转动，直到钻头将卵石切削到小于钻头内径时，该卵石才会进入岩芯管，钻进才会进尺，有时卵石刚好卡在钻头内，钻进不再进尺，因此导致钻进效率低下。

2. 砂卵石地层取芯率低

取芯率的高低取决于两点：一是刻取岩芯让其进入到岩芯管内；二是留住岩芯不让岩芯掉出。砂卵石地层的特点决定了在砂卵石地层中取芯的困难程度，卵石之间的填充物沙子容易被水冲刷掉，且容易从挡簧之间漏出去；卵石大小不一，在钻进时容易被挤压到一边去，导致进入岩芯管内的卵石变少等。

3. 黄土状粉土层钻进速度慢

黄土状粉土中含水量极低，地层吸水性强，常规钻进需要大量水来排出切削下来的土，进尺速度慢。

7.10.2 钻孔方案

根据干旱少水地层钻进难点及采取的施工工艺，该次施工使用的是 YGL－S100 型声波钻机，配备 BW－160 型泥浆泵。该钻机采用日本进口的声波动力头，冲击频率为 4000 次/min，适用于复杂地层的钻进。配套的 SS140 型绳索取芯钻具，使用 ϕ140 的整体钻套管、ϕ155 的钻头。

复杂地层钻进的重点是防止塌孔。声波钻进利用套管很好地保护了新钻孔壁，避免失稳，再利用绳索取芯钻具不提钻取样的优点，极大地提高了钻进效率。

7.10.3 钻孔施工

1. 施工过程

该钻孔需要穿过各种不同类型的地层，包括填土层、黄土状粉土层、砂卵石层、土卵石层及强风化、中风化基岩层等，施工难度大，综合考虑后选用声波钻进技术施工。使用 SS140 型绳索取芯钻具、ϕ155 绳索钻头，钻进过程中实现绳索取芯，实现了“一径到底”。

2. 施工要点

（1）在黄土状粉土层地层钻进时，通过泥浆泵供水，润湿了孔底土体，在高速震动中“液化”，提高了钻进效率。使用带侧喷孔、底喷孔的钻头，可避免冲洗液冲刷土层，提高取样质量。

（2）在砂卵石地层钻进时，砂卵石层塌落严重，卵石强度高，取样钻进难度大。为确保“一径到底”，提高砂卵石地层取芯率，对原有绳索取芯钻具进行改进，调整绳索取芯钻具的水循环通道，减少对岩芯的冲刷；控制冲洗液流量，使用平衡钻进；增加挡簧强度，使得岩芯管内的样品不轻易掉落。

（3）基岩为强风化至中风化泥岩和砂岩基岩层，较为完整，砂岩抗压强度在 90MPa 左右，平均钻进速度可达 5m/h，施工记录见表 7.10－1。

表 7.10－1 施工记录

项目	填土层	黄土状粉土层	砂卵石层	备注
钻速/(m/h)	25	30	12	振动频率 3800 次/min，自重钻进，转速为 77r/min，泥浆循环
取样率/%	95	100	80～90	

（4）控制好泵量。由于地层干燥，地下水位低，钻孔过程中必须掌握好泥浆泵的送水量。水量大了，在砂卵石地层容易冲掉岩芯，打捞岩芯困难，岩芯采取率无法保证；水量小了，土层不能产生“液化”现象，钻进效率降低。

7.10.4 成果与经验

在国内，声波钻机首次用于北方少水地区工程地质勘查，在整个施工过程中，钻机的性能、质量等都经受住了考验，取得了宝贵的声波钻探施工经验。

声波钻机及钻进工艺有其独特性，针对不同的地层，需采取不同的工艺、不同的钻具。钻进施工时，必须按规程操作，不能片面追求速度。

7.11 超深水平孔钻探技术

7.11.1 工程概况

浙江建德抽水蓄能电站位于建德市境内富春江上游段，上水库位于富春江上游左岸、建德市林场梅城分场，下水库利用已建富春江水电站水库，工程距建德市约28km，距上海市260km，距杭州市115km。枢纽工程由上水库、输水系统、地下厂房、下水库及地面开关站等建筑物组成，总装机容量为2400MW（6×400MW），最大毛水头716.50m，最小毛水头667.00m。上水库正常蓄水位738.00m，死水位690.00m，库容1136万m^3，有效库容1004万m^3，大坝采用钢筋混凝土面板堆石坝，坝高131.80m，坝顶长380.30m。

地下厂房采用尾部开发方式，初拟开挖尺寸220m×23m×52m（长×宽×高）。根据最新设计布置的中部厂房方案，前期为尾部式厂房，勘察完成的长探洞PD1离中部厂房较远。为查明中部厂房工程地质条件以及劳村组与黄尖组地层界线，经多方沟通研讨，若开展PD1加深工作，相关手续烦琐，耗时长，不具备施工条件，因此拟在PD1掌子面布置一个深约350m的超深水平钻孔。

由于水平钻孔深度超过300m，孔位位于桩号K_0+1250m处，工作断面（2.5m×2.5m）小，洞口到桩号K_0+570m段为坡度2%的下斜坡，洞内空气循环条件差且存在漏水现象，工作环境较为恶劣。探洞岩体较为破碎，节理、裂隙发育，整个洞身已浸泡达15年之久，且洞身后570m段位于地下水位以下，涌水量很大，钻探现场的管理、用电、排水、浮石清理等工作难度很大，钻孔施工作业困难。经分析，主要存在以下困难：①作业环境恶劣，需要解决通风排水问题；②水平孔深度达到300m以上，无实践经验借鉴；③钻进扭矩大；④由于其钻机加压和自重方向的改变，在钻进过程中，很容易使钻机前后左右出现位移；⑤孔口管受钻杆扰动，固定困难；⑥探洞掌子面狭窄，且水平钻孔深度很深，起下钻存在难度；⑦水平孔钻进过程若出现孔内掉块、卡钻等事故，处理难度大。

7.11.2 钻孔方案

针对钻进过程中存在的困难，采用了以下针对性方案和措施。

1. 通风排水

（1）通风。由于洞口前530m为坡度2%的下斜坡且洞径较小，根据以往的洞探经验采用的单向压入式（抽出式）通风无法达到预期效果，易导致工作面闷热、缺氧。通过研究后，采用混合双向式通风模式，如图7.11-1所示，在0～818m、0～1135m处安装两台内吸风机（送风），用风带输送至掌子面；在0～828m处安装一只外吸风机（抽风），用风带输送至洞口。

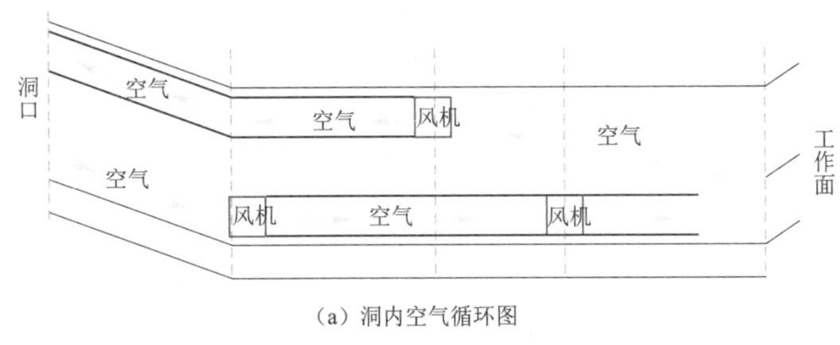

（a）洞内空气循环图

（b）现场布置

图7.11-1　通风系统布置图

（2）排水。洞身位于地下水位以下，岩体裂隙发育，积水情况严重。前期准备工作中，采用两台水泵进行抽水（两台正常工作，一台备用），经抽水半个月后，洞内积水抽干。在钻进施工过程中，视洞内积水情况，调节两台水泵抽水工作时间。

2. 钻探设备选择

通过以往水平钻孔的钻进经验，结合起吊过程的摩擦负荷，经过扭矩和泵压估算，钻机选用XY-4型钻机，水泵选择BW-150型泥浆泵。

3. 钻机固定安装

原探洞断面尺寸仅为2.5m×2.5m，通过扩机位之后，断面尺寸为4m×6m，最大洞高为3.8m。在安装钻机之前，要先清除松动岩块，再对洞顶进行挂网处理，同时，为了使钻机安装牢固稳定，在用混凝土浇筑探洞底板时，先预埋2根长方木，然后再与机台方木90°交叉用于固定钻机，钻机安装就位之后，再用3根顶杆自洞顶与钻机机座固定在一起，如图7.11-2所示。

图7.11-2　洞顶挂网和机座加固

图7.11-3　孔口管安装图

4. 孔口管安装加固

孔口管安装采用水泥砂浆固定并用锚桩焊接加固的措施，如图7.11-3所示。

5. 钻杆起吊装置

为了解决孔内钻杆的起下钻困难的问题，通过在掌子面钻孔上方固定滑轮1，以及钻

机立轴后方设置锚桩固定滑轮 2，形成滑轮组钻杆起吊装置，从而实现钻杆起下工作，起吊作业图如图 7.11-4 所示。

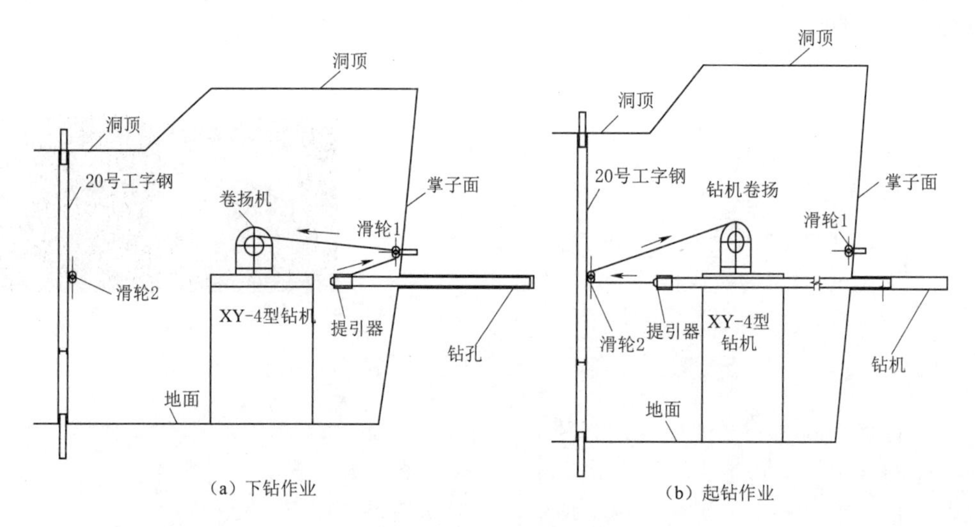

图 7.11-4 起吊作业图

6. 钻杆钻具选择

适宜的钻杆与钻具能够确保岩粉排放顺畅，减少钻具与孔壁间隙，从而有效避免孔内事故。另外，未降低钻压损失，该次钻杆与钻具选择以下两种尺寸：①加工直径为 95mm 的双管钻具匹配直径为 93mm 的 S95mm 绳索取芯钻杆；②75mm 普通双管钻具通过变径匹配直径为 75mm 绳索取芯的钻杆。

7.11.3 常见问题处理

1. 孔斜预防

(1) 影响水平孔孔斜的因素：

1) 地层岩性的影响。岩石是钻孔直接作用的对象，岩石的坚硬程度、风化状态、完整性、裂隙和其他结构面的空间组合等都影响钻孔的斜度。

2) 机械设备的影响。在充分考虑建德抽水蓄能电站工作条件和技术要求的情况下，选用了 XY-4 型钻机。该钻机工作稳定、调位准确方便、转速和给进压力均匀、导向性好，可满足钻进 380m 水平钻孔的要求。

3) 操作因素。一切先进的设备和工艺都要通过人的操作来实现。完善的操作规程和严谨的作风是取得这次成功的重要原因。

(2) 预防措施：

1) 开孔控制。水平钻孔开孔原则上应确保与立轴高度一致。但是根据以往钻探经验，为防止钻孔下垂，往往采取上偏 1°的方法。为了控制好开孔的角度，立轴调整好角度后，应使用短钻杆开孔，选择轻压、低速、小泵量钻进参数，通过不断接长开孔钻具，控制钻进尺不小于 3.0m，直至可以直接使用 3.0m 钻具钻进为止。

2) 钻机稳定性控制。时刻关注钻机机座的稳定性，防止因位移造成钻孔倾斜。

3）钻杆级配选择控制。选择与钻孔孔径相匹配的钻杆，减小钻孔与钻杆之间的间隙，防止钻孔倾斜。

4）钻进过程控制。钻进过程，经常检查校核各项钻进规程参数和钻孔斜度，发现问题及时调整。

2. 孔内事故预防

（1）掉块卡钻事故预防。选择绳索取芯钻杆，减少孔壁与钻杆间隙，降低掉块事故概率。在孔浅的时候，采用 S95 绳索取芯钻进，钻具扩孔器最大外径 95.5mm，钻杆直径为 89mm，接头直径为 93mm，最大间隙只有 6.5mm，大于 6.5mm 的块石无法掉落，这样一来，即使孔内有掉块也不会出现卡钻的问题。但当钻孔深度超过 100m 时，由于钻具以及钻杆自重较大，当出现孔内阻力明显增大时，应改用小一级的绳索取芯钻具进行钻进，即采用 75mm 普通双管钻具与直径 71mm 的绳索取芯钻杆相匹配，从而解决孔内掉块问题。

（2）烧钻事故预防。确保水泵正常运转，供水正常，发现岩芯堵塞，立即停止钻进，马上起钻。

（3）钻杆折断预防。水平孔钻进，钻具磨损严重，要经常检查钻杆钻具磨损情况，发现不合格钻杆钻具及时更换处理；采用润滑钻杆措施，降低磨损。

7.11.4　成果与经验

水平孔钻进与垂直孔钻进相比，对施工设备、施工技术、施工人员要求更高，成孔难度更大，随着孔深的增加，辅助时间更长，孔内事故发生概率更大。因此，超深水平钻孔存在钻机和孔口管固定要求高、起下钻困难和孔内事故（掉块卡钻）处理困难等难题。通过采取一系列的控制措施，经过钻探技术团队共同努力，历时 53 天完成 381.58m 超深水平钻孔钻进任务，且全孔岩芯采取率达到 95%以上，钻孔取芯质量优良，得到设计和地质工程师的认可。总结归纳提出的超深水平孔的钻进技术和工程措施能够为类似超深水平钻孔提供有益的借鉴。

7.12　倒垂孔钻探技术

7.12.1　工程概况

广东惠州抽水蓄能水电站位于广东省惠州市博罗县境内，有上、下水库两个库区，倒垂孔孔位位于上水库，上水库距离博罗县城 45km，交通较为便利。坝区覆盖层较厚，下伏基岩为花岗岩风化较强，成孔困难。

垂线孔分为上、下两部分，上部孔从坝顶至坝体内廊道，铅垂线上端固定于孔口；下端悬吊测锤，称为正垂线孔，主要监测坝体本身的变形，下部孔从廊道向下钻入坝底基岩内，铅垂线下端固定在孔底，上端系于孔口浮动装置的浮子上，则称为倒垂线孔，能够监测坝体与岩层间的位移、坝肩错动及不均匀沉陷等。正、倒垂线孔开孔孔径 220～245mm 不等，要求正、倒垂线有效孔径不小于 100mm。

此次施工任务共计 18 个钻孔，其中 7 个倒垂线孔、3 个正垂线孔、2 个双管倒垂线孔、2 个双金属标孔、4 个测斜、沉降仪钻孔。

7.12.2 钻孔方案

1. 钻探装备选择

垂线孔施工要求所选钻机稳定性好、钻进精度高、功率大，选用钻杆要求强度高、钻进时变形量小。因此该次倒垂孔作业时所选 XY-4 型立轴岩芯钻机液，配备地质 ϕ91 钻杆。

水泵选择具有轻巧、操作灵活、拆解性能良好以及方便搬迁的特点。根据工程实际情况，选择 BW-100/30 三缸往复式泥浆泵。

2. 钻头选择

根据工程地质条件和垂线孔设计要求，施工时采用孕镶金刚石钻头，该类型钻头在混凝土和完整基岩中钻进效率高。

3. 钻进参数

垂线钻孔施工时选用合适的钻进参数可有效防止孔斜，提高成孔质量。根据现场作业经验，转速宜为 500～800r/min，泵量为 85～115L/min。

7.12.3 钻孔施工

以广东惠州抽水蓄能水电站主坝正、倒垂线钻孔为例，简述垂线孔施工工艺方法。

1. 施工过程

(1) 施工放样。按照施工图纸确定开孔位置。正、倒垂线孔位放样位置与孔位埋设坐标之差不得超过±2cm。

(2) 施工准备。清理施工现场，开挖基坑，浇筑机台，将施工用电、用水引至正、倒垂线钻孔施工现场。

(3) 孔口管埋设。开孔采用 245mm 钻头钻进 3～4m 后埋设 245mm×8mm 钢管，对于设计孔深大于 25m 的钻孔，选用 220mm 开孔。建立孔口坐标体系，Y 轴下游为正，上游为负，X 轴右岸为正，左岸为负。孔口导向管下入时，孔口导向管距孔底 20cm 左右，使导向管悬吊于孔内，并对其垂直精度进行严格细致的调整。其垂直精度高于倒垂孔精度，偏差控制在 2mm 以内，调整后灌入水泥砂浆使其与孔壁固结。待孔口导向管固结完成后，对钻孔进行测斜，确认钻孔无偏斜时，继续钻进。在导向管内采用 220mm 钻头开孔钻进，要求正、倒垂线有效孔径不小于 100mm。

(4) 造孔与成孔。正常钻进期间，控制好钻进参数，勤测斜，发现钻孔偏斜及时纠斜。

2. 垂线孔安装与埋设

(1) 钻孔验收合格后，及时进行倒垂线保护管埋设工作，保护管埋设之前，全面冲洗钻孔，直至反出之水完全澄清并持续 10min 停止。

(2) 自下而上准确测定钻孔偏斜值、确定钻孔保护管埋设位置。

(3) 在钻孔孔径一致的情况下，尽可能地选择用对点支撑的方法。通过全孔测斜，知道每个点的偏斜情况，根据偏斜值，选择相应高度的支撑，保证下管后孔的铅直。

（4）钻孔保护管应保持平直，底部加以焊封。底部0.5m的内壁加工为粗糙面，以便用水泥浆固结锚块。各段钢管接头处，应精细加工，保证连接后整个保护管的平直度，并防止漏水。

（5）下保护管之前，在钻孔底部注入少量水泥浆（高于孔底约0.5m），保护管下到底之后略提起（不得提出水泥浆面）并用钻机或千斤顶固定，准确测定保护管偏斜值，调整到满足有效孔径后再用水泥浆固结。

（6）水泥浆凝固后，再次测定保护管偏斜值，以便确定倒锤锚块的埋设位置，并绘制有效孔径图、管加工接头图等，加保护盖。

3. 防斜措施

垂线孔施工最关键、最需要控制好的是防斜，必须时刻注意。另外，对倒垂孔的施工质量管理、工序管理也要十分重视，并且要贯穿于整个施工过程中。主要采用的防斜措施如下：

（1）浇筑的钻机混凝土机座要牢固，根据施工现场条件和钻机安装尺寸一般为3.5m×4.5m×0.8m，安装必须稳固周正；用仪器对立轴进行校对，钻机顶部天车与立轴中心线及孔位坐标应成为一垂直线。钻机和钻塔应用螺栓紧固在预浇的混凝土座上，钻机前有足够的工作场地，在钻进过程中要经常对钻机顶部天车与立轴中心线及孔位坐标（孔口）进行校核。在大坝或者浇筑平整区域，可使用膨胀螺丝固定机座，可节约施工成本，加快施工进度。

（2）优化钻孔结构，争取“一径到底”。

（3）为防止孔斜，钻进过程中应缩短回次进尺，每回次控制在1～1.5m。

（4）保证钻机运转平稳，压力均匀，不得随意改变钻压和进尺速度。

4. 钻孔测斜

施工时采用浮筒同径测斜法测斜，测斜精度高，可以满足施工技术要求。测斜应每1～1.5m进行一次，在发现钻孔出现倾斜时，立即停止钻进，及时进行纠斜。

5. 钻孔纠斜

倒垂孔施工最关键的是要预防孔斜，而不是处理孔斜。纠斜方法只是对钻孔偏斜后采取的一种手段，费时费力。只有及时预防孔斜，才能取得好的施工效果，产生效益。当钻孔出现偏斜时可使用以下几种纠斜方法：

（1）立轴纠斜。在测得钻孔倾斜方位角和偏斜值后，将孔内岩芯全部取出，并用磨孔钻头磨平孔底。然后相对偏斜方向调整钻机立轴角度，或移动垫高钻机，采用轻压慢转、待钻出一个新孔后再恢复正常钻进。

（2）扩孔纠斜。当钻孔变径后钻进到一定深度时，发现孔斜增大超过允许值，此时先将孔内岩芯打捞干净，并用快干水泥填封，然后用大径长钻具导向轻压慢转钻进，直至将孔斜纠正后再继续钻进。

（3）孔底导向纠斜。当钻孔钻到一定深度，且受孔径限制，此时如若发生钻孔偏斜，可将孔底打捞干净，下偏心套管，钻小孔并埋设钢桩，待水泥浆凝固后，利用钢桩中心导向纠斜。如不埋钢桩，则采用双管钻具，以其内管先插入小孔导向扩孔钻进纠斜。

（4）跳级换径纠斜。跳级换径纠斜就是一次缩小孔径二至三级。例如用ϕ276钻具钻进到一定深度后，发现钻孔偏离轴心较大时，就下 ϕ219 套管作导向管，用 ϕ171 钻具进行钻进，这样就可以达到纠斜的目的。

（5）锤击跟管纠斜。在覆盖层中进行倒垂孔钻进施工，因地质条件复杂，需进行跟管钻进。此时就要采用锤击跟管纠斜法，即一边进行偏心掏心、一边进行偏心锤击，可同时达到造孔、防斜和纠斜的目的。

（6）扩孔变径纠斜。当钻具钻进到一定深度后，发现钻孔偏离轴心较大时，用大一至二级的钻具进行扩孔，然后导向钻进。

（7）综合纠斜。根据地质条件、钻孔深度、偏斜程度、钻机性能、工地条件等，综合上述方法，针对性地进行纠斜。

7.12.4 成果与经验

正、倒垂线孔施工应根据施工技术要求确定最小有效孔径，开孔时遵循以大保小的原则，开孔后尽可能一径到底。孔口导向管预埋后要多次测斜确保导向管精度高于钻孔要求精度。在钻孔施工过程中，主要以防斜为主、纠斜为辅；钻进回次进尺不宜过大，以免发生钻孔偏斜事故，每钻进完成 1～1.5m 后，要再次确认孔身是否符合精度要求方能继续进行钻进。在下入保护管工序中，保护管底部进行固结后必须进行一次测斜，保护管应按设计要求进行防锈处理。

在使用浇筑混凝土固结孔口导向管时，由于需要等待水泥凝固，会耽误工期，在以后施工中，可使用焊接或打膨胀螺丝固定导向管。此方法优点为施工方便，工期短，且在钻孔发生偏斜以后，方便重新埋设导向管，对钻孔进行纠斜。

7.13 坝区穿江斜孔钻探技术

7.13.1 工程概况

缅甸伊洛瓦底江某电站坝址河床分布有陡倾角顺河断层，为查明其空间分布，原计划布置过河勘探平洞，因地下水活动剧烈、施工安全隐患多、工期长、造价高等原因改为穿江斜孔，斜孔倾斜度 50°左右，孔深约为 250m，两孔间距约 300m。

技术要求：穿江斜孔要求钻孔对穿准确，并在平面投影上重叠长度不小于 10m；取芯率要求不得小于 95%，同时按照一孔多用要求，积极配合开展相关试验工作。

技术难点：穿江斜孔需穿过河滩覆盖层、河床多条不同角度倾角断层、破碎带等复杂岩体，属典型的复杂地层斜孔，钻孔施工存在孔向控制、护孔固壁、钻孔取样、事故预控等多项技术难题。

7.13.2 钻孔方案

1. 钻孔结构

（1）CHK29 孔位于河岸高处，开孔孔径为 ϕ150，钻穿土层后下入套管变径为 ϕ130，河床堆石体钻穿后下入 ϕ127 套管，然后变径钻至完整基岩，下入 ϕ108 套管，最后 ϕ91

终孔（250.2m），钻孔结构见表7.13-1。

表7.13-1　　钻　孔　结　构

<table>
<tr><td>孔　号</td><td>CHK29（左岸）</td><td>孔　号</td><td>CHK30（右岸）</td></tr>
<tr><td>顶角</td><td>52°</td><td>顶角</td><td>48°</td></tr>
<tr><td>方位角</td><td>291.2°</td><td>方位角</td><td>112°</td></tr>
<tr><td>开孔直径150mm</td><td>钻进至50m、下入ϕ146套管</td><td>开孔直径150mm</td><td>钻进至26m、下入ϕ146套管</td></tr>
<tr><td rowspan="2">ϕ110金刚石单管</td><td rowspan="2">钻进至127m、下入ϕ108套管</td><td>ϕ130金刚石单管</td><td>钻进至127m、下入ϕ127套管</td></tr>
<tr><td>ϕ110金刚石单管</td><td>钻进至178m、下入ϕ108套管</td></tr>
<tr><td>ϕ91金刚石单管</td><td>钻进至终孔250.2m</td><td>ϕ91金刚石单管</td><td>钻进至终孔253.2m</td></tr>
</table>

（2）CHK30孔位于河床，地层条件比CHK29孔差，开孔孔径为150mm，钻穿沙层后下入套管变径为130mm，风化岩体钻穿后下入ϕ127套管，变径110mm钻至基岩，最后ϕ91终孔（253.2m），钻孔结构见表7.13-1。

2. 设备机具

伊洛瓦底江某电站勘察穿江斜孔钻探主要设备机具见表7.13-2。

表7.13-2　　伊洛瓦底江某电站勘察穿江斜孔钻探主要设备机具

序号	设备名称型号	数　量	备　　注
1	XY-4型钻机	2台	两斜孔同时开钻
2	BW-250型泥浆泵	2台	
3	ϕ50钻杆	600m	
4	ϕ150开孔钻具	4套	
5	ϕ130金刚石单管钻具	6套	
6	ϕ110金刚石单管钻具	6套	
7	ϕ110金刚石单动双管钻具	4套	
8	ϕ91金刚石单管钻具	6套	
9	各类套管	若干	
10	改造钻塔	2套	
11	泥浆材料	若干	无固相与低固相泥浆
12	钻孔事故处理器材	一批	
13	钻孔测斜仪	1台	SDBC-1GW测斜仪
14	套管起拔设备	一套	自制

7.13.3　钻孔施工

1. 钻场建设

（1）钻场采用挖掘机结合人工平整，基础挖至坚硬地层。

（2）钻机基座采用C20混凝土浇筑，确保基座整体受力良好。混凝土浇筑前，采用罗盘、全站仪确定斜孔方位，确保钻孔开孔位置与钻机安装方向正确无误。基座基础挖至坚硬地层，清基后铺设钢筋网片，混凝土浇筑一次完成，预埋螺栓前采用整体木质框架（参照钻机基座螺栓孔位置制作，框架两边为垫木，预埋螺栓穿在上面）标出预埋螺栓位置。

（3）钻机垫木（厚度5cm，宽度30cm，长度150cm）在浇筑混凝土的同时安装在混凝土基础上，以便于基座更好的贴合。

（4）设置泥浆池2个，泥浆循环槽长15～20m，中间设置沉淀池2～3个。

2. 施工准备

（1）混凝土浇筑24h后进行钻机安装。

（2）钻机安装完成后调整回转器的角度，使立轴与地面夹角成设计值（为防止钻进过程中钻孔下垂过多，调整角度适当减少2°～3°，即设计倾斜50°，实际调为47°～48°）。

（3）预埋开孔导向钻具。主动钻杆上安装开孔短钻具，短钻具外用牛皮纸包封，包封厚度不宜太大，为1mm左右即可，钻头底部用编织袋包封，再一次测量确认已经安装在主动钻杆上的短钻具的倾斜度是否符合设计要求。

（4）先在钻孔孔位人工挖坑，宽度60cm，深度60cm，具体要视地层而定，地层越松散坑越大。

（5）孔口导向装置浇筑：启动钻机，将包封好的开孔钻具下放到挖好的坑内，编制钢筋网片，浇筑C20混凝土。混凝土浇筑过程中防止对开孔钻具造成过大扰动。混凝土中加入适当速凝剂，24h后即可正常钻进。

（6）斜孔钻探常规的钻塔不能使用（孔口与天车的连线与钻孔轴线不在一条线上），为保证孔口、立轴、天车的三点一线，必须对钻塔进行相应改造。最简单的办法就是将三角塔的后腿缩短（或重新制作），长度根据现场地形条件而定。钻塔安装时两条前支撑腿坐落在混凝土基座上，其倾角不能大于钻孔倾角，否则提钻时容易拉翻钻塔造成事故。钻塔后腿受力较小，但必须可靠固定。钻塔的各个方向用绷绳拉紧并设置地锚，施钻过程中对绷绳加强检查，防止发生意外。钻机基座和开孔定向示意如图7.13-1所示。

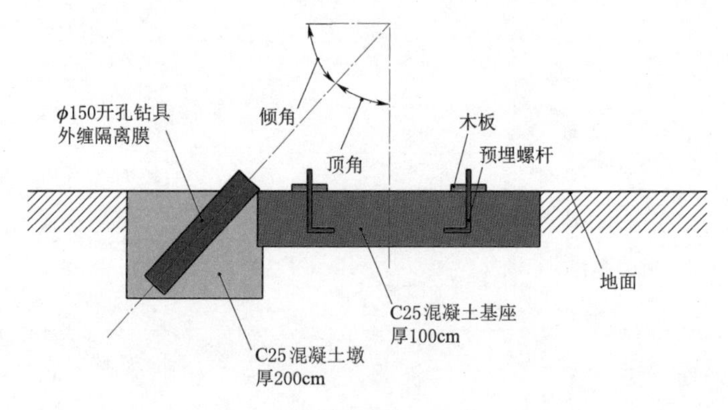

图7.13-1　钻机基座与开孔定向示意图

3. 钻进工艺

（1）覆盖层主要采用合金干烧＋回灌泥浆护壁钻进工艺，遇有块石则采用合金（或金刚石）＋泥浆循环钻进工艺，低转速、小至中等压力、小泵量。泥浆材料主要采用优质膨润土泥浆粉、植物胶、CMC、纯碱等，泥浆采用人工拌制，浸泡24h。在砂层钻进时黏度控制在60s左右，土层钻进控制在30s左右。在覆盖层钻进时，提钻、停班时往孔内回灌泥浆，至少高于水面2m以上，防止塌孔。

（2）基岩破碎地层采取的钻进方法为ϕ110金刚石单管钻进工艺，泥浆护壁。钻机转速为200～300r/min，压力为0.8MPa，泥浆流量为30L/min左右，遇有风化较软弱地层采取干钻。破碎岩石回次进尺一般控制在1.5～2m，取芯较差时，采用单动双管（或半合管）钻具取芯。

（3）遇有探头石或少量掉块时，采取活动钻具、扫孔等措施；遇有严重漏失、严重掉块等采用水泥封孔处理。

4. 孔斜控制

（1）钻孔弯曲度对钻探效率有很大影响。钻孔越直，钻孔事故越少（如折断钻杆等）；钻机故障越少，钻探效率越高。在斜孔钻探中，勘察项目部高度重视对钻孔弯曲度的控制，制定了多项技术措施力求钻孔方位角、倾角（倾角＋顶角＝90°）保持在较小变化范围内。

（2）主要通过加长钻具和严格控制钻探参数、增加钻孔测斜频次、提高钻孔测斜精度等来控制钻孔弯曲度。

（3）钻孔测斜采用高精度测斜仪，一般情况下每班测斜一次，每3～5m测一个点，一旦发现倾角或方位角变化偏大，主要通过调整钻探参数寻找控制规律，并加大测斜频率。

（4）当钻孔下垂时适当增加钻机压力，相反则减小钻机压力，变化幅度控制在0.2MPa以内，钻机转速基本保持不变。方位角的控制主要通过使用长或中等钻具且较为恒定的钻机转速控制。

5. 钻孔质量与效益

（1）钻孔岩芯平均采取率达到90%以上。

（2）通过计算测斜数据，2个对穿斜孔的成孔主要参数见表7.13-3。

表7.13-3 伊洛瓦底江某电站勘察穿江斜孔主要参数表

孔号	孔深/m	倾角（与水平面夹角°）	方位角	终孔孔径/mm
左岸CHK29	250.2	开孔52°，终孔51.1°	开孔291.2°，终孔290°	91
右岸CHK30	253.2	开孔48°，终孔49.7°	开孔112°，终孔106.3°	91

注 两孔水平投影重叠长度12.66m，超过设计要求。

从表7.13-3中数据可以看出，CHK29孔略有上扬，倾角变小，方位角变化较小；CHK30孔略有下垂，倾角变大，方位角变化约6°。

2个钻孔从开孔至终孔分别用时26天、30天，比计划工期提前1个月，除去配合物探（声波测试、孔壁录像及其他测试等）时间，平均每天钻进10m以上。

7.13.4 成果与经验

通过采取合理的工艺方法和泥浆护壁，成功地进行了斜孔施工，取芯、护壁、孔斜等性能指标都满足任务要求。此次项目施工，收获了宝贵的斜孔施工经验，但仍需进一步优化钻孔结构、优化钻具、管材等机械设备的设计与配合，提高工程组织效率，不断完善、改进工程质量，为今后类似项目打下坚实的基础及提供参考。

7.14 大坝混凝土大直径取芯钻探技术

7.14.1 工程概况

西溪河洛古水电站位于四川省凉山彝族自治州境内的金沙江一级支流西溪河上，为西溪河流域水电梯级龙头水库。电站总装机容量为110MW，水库总库容为3730万m^3。洛古水电站大坝为碾压混凝土重力坝，最大坝高80m。

为评价大坝碾压混凝土工程质量，对大坝碾压混凝土实施了大直径钻孔取芯施工。根据要求，布置抽芯孔3孔，其中7号坝段2孔，8a号坝段1孔，预估进尺200m，钻孔直径ϕ275。实际完成抽芯孔3孔，(7号坝段2孔，8a号坝段1孔)，共计进尺116.2m。

大直径抽芯孔钻探的技术难点有：①抽芯施工作业时间正处于大坝填筑施工时期，取芯作业场地狭窄，与大坝施工相互干扰；②工作面交通条件复杂，大型起吊设备难以到达作业面，芯样起吊只能依靠大坝混凝土浇筑的缆吊，而抽芯孔位置偏离缆吊工作轴线较多，不得不进行斜吊作业，给孔内芯样取出作业带来了较大的安全风险，增加了混凝土芯样机械断裂风险。

7.14.2 钻探设备与机具

钻孔一径到底，混凝土芯样直径为246mm。选用XY-4-2型地质岩芯钻机、BW-200型往复式泥浆泵、特制ϕ275单管金刚石钻头、ϕ273无缝钢管型岩芯管等，抽芯投入的主要机械设备见表7.14-1。

表7.14-1 抽芯投入的主要机械设备

名称	规格型号	单位	数量	功率
钻机	XY-4-2	台	1	30kW
水泵	BW-200	台	1	18kW
电焊机		台	1	
取芯钻具	ϕ275	套	1	
钻杆扶正器	ϕ273	组	1	
油压千斤顶	15t	台	1	
吊装设备		台	1	

7.14.3 钻孔施工

1. 抽芯钻进

该次钻进采用金刚石回转钻进施工工艺。钻进冲洗液按照方便、有效、环保的原则，选择清水作为冲洗液。钻进过程中严格控制钻进过程参数，均匀钻进，及时关注孔内变化，一旦发现跳钻等异常情况，立即起钻检查。加长钻具时，固定好孔内已有钻具，并保证垂直度。倒杆时严格控制提升速度，保证钻具的稳定。随着孔深的不断增加，钻具的不断加长，按 3m 左右的间距在岩芯管间加入扩孔器作为扶正装置，所取岩芯如图 7.14－1 所示。

图 7.14－1　西溪河洛古水电站所取岩芯

2. 芯样卡断及吊装

抽芯孔钻进至预定深度后，取出孔内钻具，卸下钻头，更换专用卡断器，再将带专用卡断器的钻具下入孔内，直至孔底。利用钻机油压上顶，卡断混凝土芯样，采用专用起吊设备将岩芯连同钻具一起吊出孔外，放置至芯样存放场。在此过程中，起下钻具需缓慢、均匀，以防突然施加外力导致芯样断裂。专用卡断器下放过程中，不得提升钻具。

芯样吊装时，应尽量保持芯样垂直，避免碰撞。起吊过程应缓慢、平顺。下放时，应做好减振，缓慢下放，下放位置应尽量为芯样存放与取出场地，避免芯样二次扰动。

3. 芯样推出

芯样吊装至芯样存放场地后，利用千斤顶顶出，放置于槽钢上。顶出前，需固定好盛有芯样的岩芯管，保证岩芯管水平，调节好槽钢的高度使其同推出的芯样高度相匹配。芯样推出时，推出速度应均匀，并注意观察，及时调整受力方向，减小对芯样的横向扰动。具备条件时，可在槽钢上涂抹润滑剂，以减小芯样前进阻力。

4. 技术要点

大坝混凝土大直径钻孔取芯质量（长短）受设备、机具、工艺、方法等多种因素的作用和影响。钻头选择上，应充分考虑钻头内外径与芯样大小的匹配性，选择的钻头应尽量减小对岩芯管内芯样的扰动；扩孔器选择上，应在与钻头相匹配的同时，尽量减小与孔壁之间的间隙，对岩芯管起到充分的扶正作用。取芯钻具加工时，应保证管材的刚度、垂直度及螺纹丝扣同心度。岩芯管连接方式宜采用公母相接，以保证内外平顺。芯样卡断最好采用专用的岩芯卡断器，以保证安全、有效。钻进参数选用上，应遵循低转速、保平顺的原则，保证钻进过程的平顺、稳定。钻机操作时，钻机离合、立轴倒杆应缓慢，避免对芯样产生冲击导致芯样机械剪断。

5. 芯样评价与验收

芯样取出后，对芯样拍照、素描，形成芯样外观评价报告。有强度检测和其他要求的，按要求完成检测和试验，形成成果。整理好原始记录后，组织业主、设计、监理共同进行工程完工验收。

7.14.4 成果与经验

该次大坝碾压混凝土抽芯采用全孔取芯的方式，抽芯高程为1988～2037m，完成抽芯孔3孔，共计进尺116.2m，累计岩芯长度115m，岩芯采取率约99.7%，获得率98.6%，达到了预期目标，为大坝碾压混凝土质量验证提供了直观的证据和素材。在如此复杂施工环境下取出长达13.18m的单根连续芯样，充分验证了此次所选用的设备、机具、工艺是可行的、合适的，所采取的质量保证措施是有效的。该次取芯实践经验为，水电行业大口径混凝土抽芯钻探提供了经验借鉴。

7.15 大口径钻探取芯技术

7.15.1 工程概况

泰和水电站位于江西省泰和县境内赣江中游，工程枢纽区河谷开阔，宽1531～1661m，两岸为低矮的低丘岗地，河流靠右岸，左岸发育有一级阶地和河漫滩，其上部9.45～12.96m为第四系松散覆盖层，下伏基岩为白垩系上统南雄组红层，岩相变化大，岩性递变频繁，该红层中夹有较多的条纹状、条带、薄层状黏土岩和黏土质及层状疏松砂岩，特别是前者岩性软弱，遇水崩解性强，存在抗滑稳定问题。因此，为进一步查明该红层分布情况和岩土力学性质，在河流左岸一级阶地和河漫滩进行了大口径取芯钻探，并布置孔径为1.0m的钻孔3个，其终孔深度分别为：ZK429（40.65m）、ZK430（40.03m）、ZK432（40.15m），岩芯采取率均在95%以上，为进行现场大型岩石力学试验和室内岩石物理性测试等试验提供了原状岩芯资料。

7.15.2 钻孔方案

1. 钻探设备选择

（1）钻机选择。经综合考虑钻探技术要求和现场实际，选用ZJ-150型钻机。该钻机动力为37kW，转盘具有15r/min、39r/min、54r/min、78r/min四级转速，钻孔直径为1.5～2.0m，钻孔最大深度为100m，并具有轮胎拖运机构，移动方便。钻杆选用ϕ168法兰式螺栓连接。

（2）柴油发电机组选择。该次钻探选用75kW柴油发电机组提供现场施工用电。

（3）钻进取芯排水设备的选择。由于钻取芯样的直径大，应配备大功率排水设备。考虑现场实际和工期要求，因地制宜、就地取材地选择了项目现场多台流量稍小的潜水泵联合作业方案，以满足现场大功率排水的需要。现场钻孔设备配备一览表见表7.15-1。

表7.15-1 钻孔设备配备一览表

名称	型 号	数量	单位	主要性能及用途
钻机	ZJ150	1	台	功率37kW，钻进口径1.5～2.0m
泥浆泵	3PN	1	台	钻进时供水$100m^3/h$
发电机		1	台	机场供电75kW，135A
发电机			台	钻孔排水设备动力，12kW，25A
潜水泵	SQL210-30-2.2	2	台	钻孔排水$10m^3/h$，扬程50m
潜水泵	SQL53-10-0.55	1	台	排水$3m^3/h$，扬程40m
汽车吊		1	台	起下钻，吊运岩芯，井内升降，12t
切割机		1	台	用于现场加工
电焊机		1	台	
气割设备		1	套	
水泵		若干	台	钻场供水

2. 钻孔结构设计

经充分考虑力学试验对岩芯直径的要求、地质技术人员入井工作必需空间、钻进破碎的可能性以及为断芯创造有利条件等各方面因素，钻孔结构设计为：覆盖层的孔径为1500mm和1200mm，基岩孔段950mm“一径到底”。

7.15.3 钻孔施工

钻孔成孔施工的工序，可分为覆盖层钻进和基岩钻进两部分。开孔时，人工开挖至2m深，埋入内径不小于ϕ1200的护筒，再用ϕ1200钻头钻穿覆盖层，下入ϕ1000的套管，管脚水泥止水，最后以ϕ950钻具钻至终孔。

1. 覆盖钻进工艺

(1) 覆盖层钻进工序如图7.15-1所示。

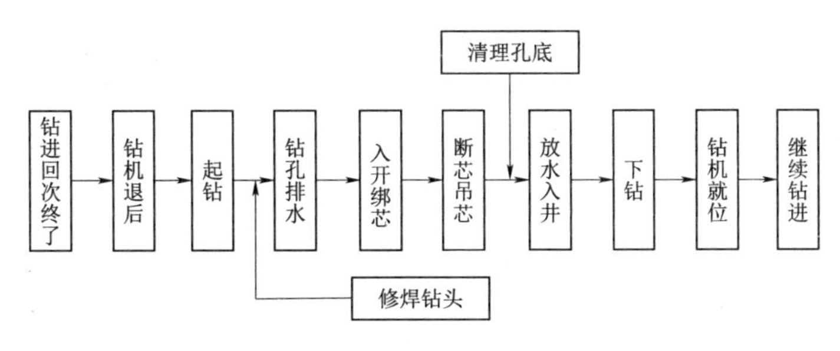

图7.15-1 覆盖层钻进工序

(2) 覆盖层钻进。覆盖层系第四系松散层，主要由砂、砾石、卵石组成。卵石粒径最大直径超过150mm，数量甚多，受设备限制，不能运用反循环钻进技术，而采用泥浆护壁正循环钻进。为了提高在正循环条件下钻进该地层的效率，依据活底集屑原理，设计加工了覆盖层钻头。所谓活底，即钻头底部采取封底措施，随着孔深的变化，钻头的封底位置也随着变化；所谓集屑，指的是经钻头切削刃拨松后的卵石或砂，被泥浆冲至纳屑筒高度后，落入其内。利用此钻头钻进卵石层取得了良好的效果，一般粒径在 40～50mm 的卵石，皆能被泥浆冲起并沉入纳屑筒。在钻进过程中，当进尺突然变慢，须立即起钻，清理集屑桶（此时集屑筒已经装满）。

覆盖层钻进过程中泥浆技术尤为重要，现场利用当地的红土为浆材，基浆用 CMC 和 Na_2CO_3 处理后，再加入一定量的水泥进行改性，不仅泥浆性能满足了钻进的要求，而且降低了成本，现场所用泥浆主要性能指标见表 7.15－2。

表 7.15－2　　泥浆主要性能指标

性能指标	数　值	性能指标	数　值
相对密度	1.4～1.5	胶体率	>95%
黏度	28～30	pH	8～10

（3）下护孔管及止水。因钻孔布置在河漫滩部位，不仅覆盖层松散，而且地下水丰富，为了满足基岩钻进的要求，确保人员入井的安全，钻穿覆盖层后，必须下入钢管护孔，管脚伸入基岩一定深度，并采取可靠的止水措施，实践证明，止水的效果对工期影响极大。

护孔管用厚 5mm 钢板卷制而成，每段 1.5m 长，外径 1000mm，因覆盖层厚度仅为 9.45～12.96m，现场采用在地表将套管用电焊一次性连接好，利用 12t 汽车吊下放护孔钢管，具体护孔管长度由超前钻孔探明的基岩面位置及大口径钻进实际深度来确定。

下管前，采用钻孔灌注桩的成桩工艺，向孔底灌注一定量的水泥砂浆，然后插入 ϕ1000 护孔钢管，为了缩短水泥的候凝时间，可在水泥浆中掺入速凝剂。

2. 基岩钻进工艺

（1）基岩钻进工序与覆盖层钻进工序基本一致，可参照图 7.15－1。

（2）基岩钻进及取芯。基岩钻段的钻进方法采用硬质合金钻进，钻头外径为 950mm、内径为 750mm，需破碎的环状间隙为 10cm，面积为 2870cm^2。

为了对破碎面实施有效破碎，现场对钻具和钻头设计采取了以下措施：

1）三环阶梯应力集中措施。把钻具加工成三环阶梯式，其中一、二环台阶及二、三环台阶破碎面之间形成间隙，其值分别为 15mm 和 15.5mm。这两层间隙，在岩面上无切削刃破碎，当钻进进行过程中，将会形成二岩层环圈，宽度约为 15mm（实际不到此值），厚度可达 80mm。这两圈岩石，在钻头回转晃动及在其形成过程中的根部会导致应力集中作用而自行破碎。这一措施不仅使有效破碎面积减小了 31%，而且三环阶钻头结构极有利于导向和稳定钻具。

2）单阶多自由面应力集中措施。以三阶唇面合金布局为例说明，唇面合金的布局为“品”字结构，相邻两合金之间的间隙为 4mm，出刃值为 5mm，钻进过程中，随着合金切削，环槽会加深，形成一岩网，该间隙形成一岩网，其两边均已破碎，故当切削深度达一定程度后，由于自由面受合金的回转挤撞及破碎过程中岩圈根部的应力集中，会造成自行剪剥崩离，从而达到非切削碎岩。采取以上措施后，实际合金切削环槽总宽度只有50mm，仅为原破碎宽度的一半，并能造成多处应力集中，局部可造成非切入大体积破碎（孔内捞出的体积破碎的钻屑可证明）使单颗合金的压力增大，扭矩减小，从而减小了回转阻力，提高钻进效率。

3）钻具减阻措施。钻具总长约5m，若采用常规的岩芯管与钻头外径配合，则岩芯管外侧面积达14m²，由于这么大的侧面积与孔壁所产生的摩擦力矩严重消耗功率，为此，现场采用相对小的岩芯管外加八个立柱加强的形式，使钻具与孔壁的接触形式发生改变，即由原先的面接触变为线接触。这一措施不仅使钻具减小了钻进阻力，同时还加强了钻具整体的强度和刚度，从而保证了钻压和扭矩的传递，大直径钻具如图7.15-2所示。

图7.15-2　大直径钻具

（3）钻进规程参数。现场采用改进后的钻具在红色砂岩中钻进，一般钻速为0.80～1.00m/h，在较疏松的砂岩中，钻进速度可以超过4m/h。钻进参数如下：①钻压，无外加压措施，靠钻具和钻杆自重加压，自重加压能力为3.5～4.0kN；②转速，正常钻进用54r/min，若孔内阻力较大时，改用39r/min或15r/min；③泵量，3PN泥浆泵全泵量供水，流量为108m³/h。

（4）钻孔排水、取芯，清理孔底。由于大口径岩芯钻探的岩芯很粗，取芯时无法采用常规口径的取芯方法，因此，取芯时需先进行钻孔排水，然后把岩芯楔断吊出钻孔，若是孔底有破碎岩块或有工作时落入的杂物必须清理孔底方能钻进。

1）钻孔排水。排水是大口径取芯钻探一项耗时较多的工作，受所选设备能力限制，现场在孔深接近40m时，抽水耗时长达2h。排水时要注意井内水位的变化，若水位较平时下降变慢，需要查明原因后，才能继续抽水，否则在排水时，会因管脚涌水，造成孔内涌砂，导致管外孔壁坍塌，冲击力破坏了管脚止水水泥结石，致使止水失效，造成安全事故。

2）取芯。钻孔排水结束后，用吊篮把工作人员吊入孔内捆绑岩芯，然后用副卷扬把套住岩芯的钢丝绳带上孔口，井内工作人员撤至孔口，先用12t吊机试吊，若岩芯较软或岩芯已断，一般能够把岩芯提出孔口，若试吊后，岩芯不断，则下入楔子，用150kg吊锤冲击，一般岩芯长度在1.0m以上较易楔断。岩芯从孔内取出后要排放整齐，并按要求进行编录工作，有试验价值的岩样要采取保护措施，保持岩芯的孔内状态（竖放）用土工薄膜进行密封，现场如图7.15-3和图7.15-4所示。

3）清理孔底。孔底不干净，会造成钻进时冲击振动加剧，致使合金崩刃，回次进尺大大减小，甚至无法钻进。在以下两种情况下要清理孔底：①孔内岩芯破碎，孔底有较多岩芯碎块时；②孔内落入杂物时，如扳手、钻头上的切削块、钻杆连接螺栓等。

图 7.15-3　楔子楔断岩芯

图 7.15-4　吊车提吊岩芯

7.15.4　成果与经验

通过该次钻探项目，积累了大直径钻孔取芯技术，达到了钻探的目的，为后续科研工作提供了原状岩芯资料。在项目实施过程中，项目部钻探技术人员克服现场实际困难，通过大胆创新和实践，对钻具和钻头进行适用性改进，采取有效的措施，提高了钻进效率，降低了成本，为大口径钻探取芯技术积累了实践经验。

7.16　深厚覆盖层声波钻探技术

7.16.1　工程概况

向家坝水电站位于云南省水富县（右岸）和四川省宜宾县（左岸）境内金沙江下游，是金沙江下游河段 4 级开发中的最末一个梯级。坝区地层复杂，上部地层主要为冲积层，砂砾为主，厚度分布不均。

工程初期运行中，坝区下游居民反映，工程泄洪导致所住房屋振动。为查明引起振动的原因及其振动来源，决定在库区及居民点地下埋设振动监测仪器。监测分三个区共布置 18 个监测孔，振动监测仪器直径为 102mm，长度为 550mm。根据振动仪器埋钻孔要求，钻孔深度在 50～150m 不等，钻孔直径不小于 120mm。钻孔穿过地层自上而下主要分为：填方层，主要为混凝土块、灰岩块石、砾石、少量沙土；砂卵砾石层，主要为中粗砂，含少量砾石，粒径一般为 10～50mm，个别地层粒径达 1～2m；基岩，主要为泥岩。

该地区地处金沙江边，地质条件复杂。根据过往钻探经验，钻进时要先后钻穿堆石层、松散砂砾层、强风化层以及基岩；回填层碎石较硬，易塌孔，采用常规回转钻进方法成孔非常困难，以致 1～2 个月不能钻成一个监测孔。

此外，采用常规回转钻进方法，在砂卵石层取样困难、取样率不高、保真度较低；而岩芯取样是对具体地方的具体地质状况判断的依据，因此需所取的样品完整、连续，即要求岩样保真度要高，钻机在取样过程中对地层扰动要小。为此，决定利用声波振动回转钻进的特点，使用YGL-S100型声波钻机对下游县城居民区4个振动仪器埋设孔实施上部覆盖层快速钻孔，借以加快监测仪器埋设进程。同时对个别典型区域地层监测孔进行原状取样。

7.16.2 钻孔方案

1. 钻孔结构设计

振动仪器监测孔使用ϕ160钻头，ϕ140钻套管，一径钻到底，钻套管为内平，以确保放入直径110mm的监测仪。

取样钻进使用SS140-00型绳索取芯钻具，钻头直径为155mm，取样直径为98mm，一径钻到底。

2. 钻机钻具及附属设备的选择

该工程使用YGL-S100型声波钻机，该钻机采用声波动力头技术。钻具全部采用为声波钻进施工而特殊设计的高强度钻杆、钻头、取芯钻具。

3. 泥浆泵

施工使用的是BW-200型泥浆泵。推荐使用变频的BW-160/200型泥浆泵，尤其是在取样钻进时，泵量的控制是非常关键的。

4. 冲洗液

在振动仪器监测孔钻进时，遇到漏失地层使用膨润土泥浆护壁堵漏，其他地层使用清水。绳索取芯取样钻进时，使用清水，需要控制泵量。

7.16.3 钻孔施工

按照设计要求，在坝基下游500m处分别完成了深度55m、67m的两个钻孔，先后钻穿堆石层、松散砂砾层、强风化层以及基岩，达设计孔深后套管仍放在孔中护壁，待测振仪器放入后取出。

1. 绳索取芯钻进

绳索取芯钻进的最大优点就是取样速度快、劳动强度低。YGL-S100型声波钻机也配套了专用的绳索取芯钻具（图7.16-1），实现绳索取芯取样。

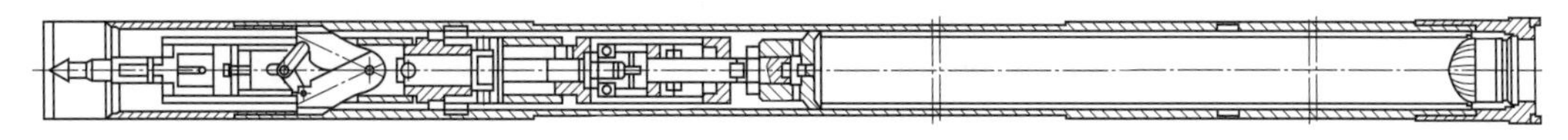

图7.16-1 SS140型绳索取芯钻具

在钻进过程中，将绳索取芯双管总成放入外钻杆内，取芯钻具同外钻杆一起旋转钻进，达到取样长度后，用打捞器将绳索取芯双管总成打捞出来，取出其中的样品；重新放入双管总成，加接外钻杆继续钻进。采用绳索取芯钻进，不需要提取钻杆，取样速度快、提高了钻进效率，绳索取芯钻具如图7.16-1所示。

向家坝水电站取样施工中，一共钻了两个孔，钻进借用了ϕ140特制的厚壁钻套管做外管，使用ϕ155钻头，如图7.16-2所示，取样直径98mm。为达到保真取样的目的，钻头设计成特殊的喷水结构，以保证循环液不冲刷样品。

取样钻进过程显示，在填方层时（0～9m），钻进速度快，钻进速度可达 20m/h，取样率高，可达 95%以上，且所取的样品呈现完整的圆柱状，保真度好，能够反映地层的真实状况，如图 7.16－3 所示。

图 7.16－2　ϕ155 钻头

图 7.16－3　填方层岩样

图 7.16－4　砂砾层岩样

进入砂砾层后，钻进同样快速，其钻进时速可达十几米，所取岩样分为两种情况，一部分是较为完整的圆柱状；也有散落的砂砾石，分析其原因是砂砾层胶结性不好，钻头与取样器之间的间隙过大，水流将砂土冲走，只剩下砂砾石，无法形成圆柱状，因此呈现散落状，如图 7.16－4 所示。针对该状况，在 XK02 号孔的取样钻进过程中，采用少量清水钻进，提高振击力，快速成孔，这样岩样被水冲刷的概率减小很多，岩样可以较为完整的保持圆柱状。

在砂砾层的钻进过程中，也会遇见大块砾石（粒径 30～45cm），此时钻进速度会放慢点，但取样效果很好，岩样较为完整，如图 7.16－5 和图 7.16－6 所示。

图 7.16－5　块状岩石岩样

图 7.16－6　直径为 30～45cm 卵石岩样

根据两个取样孔钻进情况分析，YGL－S100型声波钻机可以满足在复杂地质条件下的取样，取样率高，效果好。

2. 事故预防与处理

在复杂地层中施工，卡钻、埋管是个难题，由于声波动力头的高频振动的特性，钻具不怕卡钻、埋管，施工过程中没有遇到卡钻、埋钻的孔内事故。遇到漏失地层，需要用泥浆护壁。

7.16.4　成果与经验

在向家坝施工中YGL－S100型声波钻机在复杂地层的高效钻进能力、取样能力进行了很好的验证。声波钻机作为一种新型钻机应用于覆盖层，钻进取样具有较好的效果，具体如下：

（1）钻机性能稳定、可靠。

（2）地层适应性强。在振动仪器监测孔施工中，可不变径钻穿复杂的地层：坚硬块石填方层、松散砂砾层、强风化层及基岩。

（3）钻孔速度快。在填石层（大灰岩块、卵砾石），平均进尺3～4m/h；砂砾石层、黏土层、淤泥层或不含较大孤石的覆盖层钻进时，成孔速度快，平均进尺可达20m/h。基岩平均进尺为4～5m/h。

（4）在深厚砂砾石层中取样钻进速度快、取样率高，可获取原状样。在覆盖层取样率可达95%以上，在砂砾层也有80%以上。

参考文献

［1］ 王达，何远信，等. 地质钻探手册［M］. 长沙：中南大学出版社，2014.

［2］ 郭绍什. 钻探手册［M］. 武汉：中国地质大学出版社，1993.

［3］ 汤凤林，A. Г. 加里宁，段隆臣，等. 岩芯钻探学［M］. 武汉：中国地质大学出版社，2009.

［4］ 鄢泰宁，孙友宏，彭振斌，等. 岩土钻掘工程学［M］. 武汉：中国地质大学出版社，2001.

［5］ A. И. 斯彼瓦克，A. H. 波波夫. 钻井岩石破碎学［M］. 吴光琳，张祖培，译. 北京：地质出版社，1983.

［6］ 王达，张伟，张晓西，等. 中国大陆科学钻探工程科钻一井钻探工程技术［M］. 北京：科学出版社，2007.

［7］ 武汉地质学院. 钻探工艺学［M］. 北京：地质出版社，1980.

［8］ 武汉地质学院. 岩芯钻探设备及设计原理［M］. 北京：地质出版社，1980.

［9］ 李世忠. 钻探工艺学［M］. 北京：地质出版社，1992.

［10］ 刘广志. 金刚石钻探手册［M］. 北京：地质出版社，1991.

［11］ 刘广志. 特种钻探工艺学［M］. 武汉：中国地质大学出版社，1992.

［12］ 屠厚泽，俞承城，张希浩，等. 钻探工程学［M］. 武汉：中国地质大学出版社，1988.

［13］ 肖圣泗. 钻孔弯曲与测量［M］. 北京：地质出版社，1989.

［14］ 吴翔，杨凯华，蒋国盛，等. 定向钻进原理与应用［M］. 武汉：中国地质大学出版社，2006.

［15］ 吴光琳. 定向钻进工艺与原理［M］. 成都：成都科技大学出版社，1991.

［16］ 王斌. 定向钻井测量仪器［M］. 北京：石油工业出版社，1988.

［17］ 王清江，毛建华，韩贵金，等. 定向钻井技术［M］. 北京：石油工业出版社，2010.

［18］ 曾祥熹，陈志超. 钻孔护壁堵漏原理［M］. 北京：地质出版社，1986.

［19］ 索忠伟，王生. 钻孔冲洗与护壁堵漏［M］. 北京：地质出版社，2009.

［20］ 乌效鸣，蔡记华，胡郁乐. 钻井液与岩土工程浆液［M］. 武汉：中国地质大学出版社，2014.

［21］ 乌效鸣，胡郁乐，贺冰新，等. 冲洗液与岩土工程浆液［M］. 武汉：中国地质大学出版社，2002.

［22］ 鄢捷年. 钻井液工艺学［M］. 东营：中国石油大学出版社，2006.

［23］ 蒋国盛，王达，汤凤林. 天然气水合物的勘探与开发［M］. 武汉：中国地质大学出版社，2002.

［24］ 王年友. 岩芯钻探孔内事故处理工具手册［M］. 长沙：中南大学出版社，1995.

［25］ 张惠，张晓西，胡郁乐，等. 岩土钻凿设备［M］. 北京：人民交通出版社，2009.

［26］ H. E. 博宾，H. И. 瓦西里耶夫，Б. Б. 库德里亚绍夫，等. 冰层机械钻探技术［M］. 鄢泰宁，等译. 武汉：中国地质大学出版社，1998.

［27］ 段隆臣，潘秉锁，方小红. 金刚石工具的设计与制造［M］. 武汉：中国地质大学出版社，2013.

［28］ 方啸虎. 超硬材料基础与标准［M］. 北京：中国建材工业出版社，1998.

［29］ 万隆，陈石林，刘小磐. 超硬材料与工具［M］. 北京：化学工业出版社，2006.

［30］ 邢斌. 水利水电工程地质钻探［M］. 北京：水利电力出版社，1974.

［31］ 邢斌. 水利水电工程地质钻探. 第 2 版［M］. 北京：水利电力出版社，1983.

［32］ 中华人民共和国地质部技术司. 长江大桥水上钻探［M］. 北京：地质出版社，1957.

［33］ 刘志国，吴青松，王现国，等. 水文水井钻探工程技术［M］. 郑州：黄河水利出版社，2008.

［34］ 胡郁乐，张惠，张秋冬，等. 深部地热钻井与成井技术［M］. 武汉：中国地质大学出版社，2013.

［35］ 李月良. 砂卵石层金刚石钻进和取样技术［J］. 水利水电钻探，1997，1：10－17.

[36] 李月良. 砂卵石层金刚石钻进和取样技术 [J]. 水利水电钻探，1997，2：12-18.

[37] 工程地质手册编委会. 工程地质手册. 第4版 [M]. 北京：中国建筑工业出版社，2007.

[38] 中华人民共和国住房和城乡建设部. 建筑工程地质勘探与取样技术规程：JGJ/T 87—2012 [S]. 北京：中国建筑工业出版社，2012.

[39] 中华人民共和国国家发展和改革委员会. 水电水利工程钻探规程：DL/T 5013—2005 [S]. 北京：中国电力出版社，2006.

[40] 中华人民共和国住房和城乡建设部. 岩土工程勘察规范：GB 50021—2001 [S]. 北京：中国建筑工业出版社，2009.

[41] 国家能源局. 水电工程覆盖层钻探技术规程：NB/T 35066—2015 [S]. 北京：中国电力出版社，2016.

[42] 中华人民共和国国家发展和改革委员会. 电力工程钻探技术规程：DL/T 5096—2008 [S]. 北京：中国电力出版社，2008.

[43] 中华人民共和国国土资源部. 地质岩心钻探规程：DZ/T 0227—2010 [S]. 北京：中国标准出版社，2010.

[44] 中华人民共和国国家质量监督检验检疫总局，中国国家标准化管理委员会. 钻探用无缝钢管：GB/T 9808—2008 [S]. 北京：中国标准出版社，2009.

[45] 中华人民共和国国家质量监督检验检疫总局，中国国家标准化管理委员会. 地质岩芯钻探钻具：GB/T 16950—2014 [S]. 北京：中国标准出版社，2014.

[46] 中华人民共和国国家质量监督检验检疫总局，中国国家标准化管理委员会. 滑坡防治工程勘查方法：GB/T 32864—2016 [S]. 北京：中国标准出版社，2016.

[47] 国家能源局. 海上风电场钻探规程：NB/T 10106—2018 [S]. 北京：中国水利水电出版社，2018.

[48] 国家能源局. 水电工程钻探规程：NB/T 35115—2018 [S]. 北京：中国水利水电出版社，2018.

[49] 国家标准局. 钻探工程名词术语：GB/T 9151—1988 [S]. 北京：中国标准出版社，1989.

[50] 深厚覆盖层勘探新工艺新技术新材料研究 [R]. 成都：成都勘测设计院有限责任公司勘探部，2014.

[51] 于国伟. 试论浅层气地层钻井技术 [J]. 科技创新与应用，2013（26）：111.

[52] 左重辉. 不同成因深厚覆盖层钻探技术探讨 [J]. 湖南水利水电，2010（2）：34-35.

[53] 曾鹏九，缪绪樟，易学文，等. 深厚覆盖层勘探技术的探讨 [C] //中国水力发电工程学会水工及水电站建筑物专业委员会利用深厚覆盖层建坝技术研讨会. 2009：306-311.

[54] 张连震. 地铁穿越砂层注浆扩散与加固机理及工程应用 [D]. 济南：山东大学，2017.

[55] 刘晓阳. 地浸砂岩型铀矿松散岩层取心钻进技术研究 [D]. 武汉：中国地质大学，2006.

[56] 王人杰，蒋荣庆，韩军智. 液动冲击回转钻探 [M]. 北京：地质出版社，1988.

[57] 张晓静. 水敏/松散地层钻井液的护壁机理分析与应用研究 [D]. 武汉：中国地质大学，2007.

索　引

地质钻探 …… 2
钻探取样 …… 4
岩芯采取率 …… 12
复杂环境 …… 14
复杂地层 …… 18
破碎机理 …… 36
钻进速度 …… 38
硬质合金钻进 …… 46
金刚石钻进 …… 47
冲击回转钻进 …… 49
管钻钻进 …… 51
单层岩芯管取芯 …… 54
双层岩芯管钻具 …… 54
绳索取芯技术 …… 59
三层岩芯管取芯钻具 …… 65
S 系列植物胶泥浆 …… 71
中空圆柱取土器 …… 81
取砂器 …… 83
底质取样器 …… 85
SDB 系列钻具 …… 87
超前保护取样钻具 …… 90
孔底局部反循环钻进 …… 95
多工艺组合取芯技术 …… 109
声波钻进取芯技术 …… 115
岩芯定向取样技术 …… 117
密闭取芯工具 …… 124
强制取芯钻具 …… 131
滑坡堆积体 …… 151
SM 植物胶金刚石钻进 …… 158
植物胶泥浆护壁 …… 160
硬脆碎地层 …… 160
软弱夹层 …… 163
水敏性地层 …… 172
湿陷性黄土 …… 180
冻土层 …… 184
深厚覆盖层 …… 192
浅层气 …… 199
水上钻探平台 …… 214
急流水上钻探 …… 224
海上钻探 …… 228
近海风电场钻探平台 …… 230
自升式钻探平台 …… 233
海洋工程钻机 …… 234
ROSON 200kN 静力触探仪 …… 236
升沉补偿装置 …… 240
孔底局部反循环节水钻探 …… 260
空气泡沫钻井技术 …… 262
定向钻探 …… 270
偏心楔 …… 276
机械式连续造斜器 …… 276
螺杆马达 …… 278
倒垂孔 …… 291
斜孔 …… 302
大直径钻孔 …… 319
KT 系列取芯钻具 …… 322
反井钻井 …… 328

《中国水电关键技术丛书》
编辑出版人员名单

总 责 任 编 辑：营幼峰
副总责任编辑：黄会明　王志媛　王照瑜
项 目 负 责 人：刘向杰　吴　娟
项 目 执 行 人：冯红春　宋　晓
项 目 组 成 员：王海琴　刘　巍　任书杰　张　晓　邹　静
李丽辉　夏　爽　郝　英　范冬阳　李　哲

《复杂条件地质钻探与取样技术》

责任编辑：冯红春
文字编辑：冯红春
审稿编辑：王照瑜　王　勤　任书杰
索引制作：叶晓平　冯红春
封面设计：芦　博
版式设计：芦　博
责任校对：梁晓静　张伟娜
责任印制：崔志强　焦　岩　冯　强
排　　版：吴建军　孙　静　郭会东　丁英玲　聂彦环

7.14 Drilling and sampling technology for large-diameter borehole for dam concrete ········ 382
7.15 Drilling and sampling technology for large-diameter borehole ········ 384
7.16 Acoustic drilling technology for deep and thick overlying strata ········ 388
References ········ 392
Index ········ 394

4.6 Karst and leaky formation ······ 165
4.7 Water-sensitive strata ······ 172
4.8 Deep collapsible loess ······ 179
4.9 Tundra ······ 184
4.10 Deep and thick overlying strata ······ 192
4.11 Loose sand strata ······ 193
4.12 Strata with shallow gas reservoirs ······ 199
4.13 High temperature strata ······ 201

Chapter 5 Drilling and sampling technology in complex environments ······ 213
5.1 Overwater drilling in rivers and lakes ······ 214
5.2 Overwater drilling with rapid fluid ······ 224
5.3 Offshore Drilling ······ 228
5.4 Drilling in high elevation environment ······ 244
5.5 Drilling in cold climate environment ······ 252
5.6 Drilling in arid and water-scarce environment ······ 258

Chapter 6 Special drilling technology ······ 269
6.1 Directional drilling ······ 270
6.2 Plumb line borehole ······ 290
6.3 Inclined borehole ······ 302
6.4 Large-diameter borehole ······ 319

Chapter 7 Typical engineering projects ······ 335
7.1 Drilling technology for silt beds and gas bearing formations in Hangzhou bay ······ 336
7.2 Drilling technology for super Ultra-deep overburden in Qiaojia ······ 341
7.3 Drilling technology for deep and thick gravel-cobble formation in Langzhen hydropower station ······ 348
7.4 Drilling technology for hard-brittle formation and weak interlayer in Baihetan hydropower station ······ 350
7.5 Drilling technology for karst formation in Jiacha hydropower station ······ 354
7.6 Overwater drilling technology in barrier lake ······ 358
7.7 Overwater drilling technology for crushed zone in Xiangjiaba hydropower station ······ 360
7.8 Overwater drilling technology for rapid fluid in Baihetan hydropower station ······ 363
7.9 Offshore Drilling technology in the mouth of Qiantang river ······ 367
7.10 Drilling technology in arid and water-scarce area ······ 370
7.11 Drilling technology for ultra-deep horizontal borehole ······ 372
7.12 Drilling technology of plumb line borehole ······ 375
7.13 Drilling technology for deviating borehole ······ 378

Contents

General Preface

Chapter 1 Introduction ······ 1

1.1 Usage and characteristics of drilling and sampling ······ 2

1.2 Technology status and development of drilling and sampling ······ 8

1.3 Main complex conditions of drilling ······ 14

Chapter 2 Drilling and coring ······ 25

2.1 Basic process of drilling ······ 26

2.2 Drilling equipment and tools ······ 28

2.3 Drilling mechanism and drilling bit ······ 35

2.4 Drilling technology and method ······ 42

2.5 Coring ······ 53

2.6 Drilling mud and borehole protection ······ 68

Chapter 3 Coring and sampling implement and technology in complex conditions ······ 77

3.1 Soil sampler ······ 78

3.2 Sand sampler ······ 83

3.3 Sediment sampler ······ 85

3.4 SDB half-pipe core drilling tool ······ 87

3.5 Advanced and isolated coring and sampling implement ······ 90

3.6 Local reverse circulation coring technology in borehole bottom ······ 95

3.7 Percussive-rotary coring technology ······ 102

3.8 Multi-technology combined coring technology ······ 109

3.9 Acoustic coring technology ······ 114

3.10 Core-directional sampling technology ······ 117

3.11 Sealed coring technology ······ 124

3.12 Gas hydrate coring technology ······ 135

Chapter 4 Drilling and sampling technology in complex strata ······ 141

4.1 Shallow miscellaneous fill strata ······ 142

4.2 Landslide accumulation body ······ 151

4.3 Gravel-cobble strata ······ 156

4.4 Hard and brittle strata ······ 160

4.5 Weak interlayer ······ 163

of China.

As same as most developing countries in the world, China is faced with the challenges of the population growth and the unbalanced and inadequate economic and social development on the way of pursuing a better life. The influence of global climate change and extreme weather will further aggravate water shortage, natural disasters and the demand & supply gap. Under such circumstances, the dam and reservoir construction and hydropower development are necessary for both China and the world. It is an indispensable step for economic and social sustainable development.

The hydropower engineering technology is a treasure to both China and the world. I believe the publication of the *Series* will open a door to the experts and professionals of both China and the world to navigate deeper into the hydropower engineering technology of China. With the technology and management achievements shared in the *Series*, emerging countries can learn from the experience, avoid mistakes, and therefore accelerate hydropower development process with fewer risks and realize strategic advancement. The *Series*, hence, provides valuable reference not only to the current and future hydropower development in China but also world developing countries in their exploration of rivers.

As one of the participants in the cause of hydropower development in China, I have witnessed the vigorous development of hydropower industry and the remarkable progress of hydropower technology, and therefore I am truly delighted to see the publication of the *Series*. I hope that the *Series* will play an active role in the international exchanges and cooperation of hydropower engineering technology and contribute to the infrastructure construction of B&R countries. I hope the *Series* will further promote the progress of hydropower engineering and management technology. I would also like to express my sincere gratitude to the professionals dedicated to the development of Chinese hydropower technological development and the writers, reviewers and editors of the *Series*.

Ma Hongqi

Academician of Chinese Academy of Engineering

October, 2019

river cascades and water resources and hydropower potential. 3) To develop complete hydropower investment and construction management system with the aim of speeding up project development. 4) To persist in achieving technological breakthroughs and resolutions to construction challenges and project risks. 5) To involve and listen to the voices of different parties and balance their benefits by adequate resettlement and ecological protection.

With the support of H. E. Mr. Wang Shucheng and H. E. Mr. Zhang Jiyao, the former leaders of the Ministry of Water Resources, China Society for Hydropower Engineering, Chinese National Committee on Large Dams, China Renewable Energy Engineering Institute, and China Water & Power Press in 2016 jointly initiated preparation and publication of *China Hydropower Engineering Technology Series* (hereinafter referred to as "the *Series*"). This work was warmly supported by hundreds of experienced hydropower practitioners, discipline leaders, and directors in charge of technologies, dedicated their precious research and practice experience and completed the mission with great passion and unrelenting efforts. With meticulous topic selection, elaborate compilation, and careful reviews, the volumes of the *Series* was finally published one after another.

Entering 21st century, China continues to lead in world hydropower development. The hydropower engineering technology with Chinese characteristics will hold an outstanding position in the world. This is the reason for the preparation of the *Series*. The *Series* illustrates the achievements of hydropower development in China in the past 30 years and a large number of R&D results and projects practices, covering the latest technological progress. The *Series* has following characteristics. 1) It makes a complete and systematic summary of the technologies, providing not only historical comparisons but also international analysis. 2) It is concrete and practical, incorporating diverse disciplines and rich content from the theories, methods, and technical roadmaps and engineering measures. 3) It focuses on innovations, elaborating the key technological difficulties in an in-depth manner based on the specific project conditions and background and distinguishing the optimal technical options. 4) It lists out a number of hydropower project cases in China and relevant technical parameters, providing a remarkable reference. 5) It has distinctive Chinese characteristics, implementing scientific development outlook and offering most recent up-to-date development concepts and practices of hydropower technology

General Preface

China has witnessed remarkable development and world-known achievements in hydropower development over the past 70 years, especially the 4 decades after Reform and Opening-up. There were a number of high dams and large reservoirs put into operation, showcasing the new breakthroughs and progress of hydropower engineering technology. Many nations worldwide played important roles in the development of hydropower engineering technology, while China, emerging after Europe, America, and other developed western countries, has risen to become the leader of world hydropower engineering technology in the 21st century.

By the end of 2018, there were about 98,000 reservoirs in China, with a total storage volume of 900 billion m^3 and a total installed hydropower capacity of 350GW. China has the largest number of dams and also of high dams in the world. There are nearly 1000 dams with the height above 60m, 223 high dams above 100m, and 23 ultra high dams above 200m. There are also 4 mega-scale hydropower stations with an individual installed capacity above 10GW, such as Three Gorges Hydropower Station, which has an installed capacity of 22.5 GW, the largest in the world. Hydropower development in China has been endeavoring to support national economic development and social demand. It is guided by strategic planning and technological innovation and aims to promote project construction with the application of R&D achievements. A number of tough challenges have been conquered in project construction and management, realizing safe and green development. Hydropower projects in China have played an irreplaceable role in the governance of major rivers and flood control. They have brought tremendous social benefits and played an important role in energy security and eco-environmental protection.

Referring to the successful hydropower development experience of China, I think the following aspects are particularly worth mentioning. 1) To constantly coordinate the demand and the market with the view to serve the national and regional economic and social development. 2) To make sound planning of the

Informative Abstract

This book is one of China Hydropower Engineering Technology Series, which is sponsored by the National Publication Foundation. The author summarized and refined the key technologies and latest achievements in geological drilling and sampling in complex conditions during the development and construction of hydropower in China. Meanwhile, forward-looking analysis on drilling sampling, sonic drilling, high-inclination directional drilling, and large-diameter anti-well technologies are conducted. It integrates advanced drilling technologies in the fields of geological core drilling, hydrological drilling, and oil and gas drilling, also provides new solutions for geological drilling and sampling under complex conditions.

The content of this book is informative, the language is concise, the key points are prominent, and the pertinence is strong. It has good theoretical and practical value, and has the function of drilling tool book. It can be used for reference by engineering technology and scientific research personnel engaged in hydropower engineering planning, design, construction, management, etc. , as well as for teachers and students of related majors.

China Hydropower Engineering Technology Series

Geological Drilling and Sampling Technology of Complex Conditions

Shan Zhigang Zhou Guanghui Zhang Minglin et al.

中国水利水电出版社
China Water & Power Press
· BeiJing ·